U0344723

Pro/ENGINEER 野火版 5.0 工程应用精解丛书
Pro/ENGINEER 软件应用认证指导用书
国家职业技能 Pro/ENGINEER 认证指导用书

Pro/ENGINEER 中文野火版 5.0 数控加工教程（修订版）

詹友刚　主编

机 械 工 业 出 版 社

本书全面、系统地介绍了 Pro/ENGINEER 野火版 5.0 数控加工技术，内容包括数控加工概论、数控工艺概述、Pro/ENGINEER 数控加工入门、铣削加工、孔加工、车削加工、线切割加工、多轴联动加工、钣金件制造、后置处理和数控加工综合范例等。

本书是根据北京兆迪科技有限公司给国内外众多行业的一些著名公司（含国外独资和合资公司）的培训教案整理而成的，具有很强的实用性和广泛的适用性。本书附带 2 张多媒体 DVD 学习光盘，制作了 182 个 Pro/ENGINEER 数控加工编程技巧和具有针对性的实例教学视频，并进行了详细的语音讲解，时间长达 275 分钟，光盘还包含本书所有的素材源文件、范例文件以及 Pro/ENGINEER 软件的配置文件（2 张 DVD 光盘教学文件容量共计 6.8GB）。另外，为方便 Pro/ENGINEER 低版本用户和读者的学习，光盘中特提供了 Pro/ENGINEER4.0 版本的配套源文件。

在内容安排上，本书紧密结合范例对 Pro/ENGINEER 数控加工的流程、方法与技巧进行讲解和说明，这些实例都是实际生产一线中具有代表性的例子，这样安排能够帮助读者较快地进入数控加工编程实战状态；在写作方式上，本书紧贴软件的实际操作界面进行讲解，使初学者能够提高学习效率。本书内容全面，条理清晰，范例丰富，讲解详细，图文并茂，可作为机械技术人员学习 Pro/ENGINEER 数控加工编程的自学教程和参考书，也可作为大中专院校学生和各类培训学校学员的 CAD/CAM 课程上课及上机练习教材。

图书在版编目（CIP）数据

Pro/ENGINEER 中文野火版 5.0 数控加工教程 / 詹友刚主编. —3 版（修订本）. —北京：机械工业出版社，2013. 10(2015. 8 重印)

ISBN 978-7-111-44410-7

Ⅰ. ①P… Ⅱ. ①詹… Ⅲ. ①数控机床—加工—计算机辅助设计—应用软件—教材 Ⅳ. ①TG659-39

中国版本图书馆 CIP 数据核字（2013）第 246240 号

机械工业出版社（北京市百万庄大街 22 号 邮政编码 100037）

策划编辑：管晓伟 责任编辑：刘 煊

责任印制：乔 宇

北京铭成印刷有限公司印刷

2015 年 8 月第 3 版第 2 次印刷

184mm×260mm · 23 印张 · 565 千字

3001—4000 册

标准书号：ISBN 978-7-111-44410-7

ISBN 978-7-89405-127-1（光盘）

定价：59.90 元（含多媒体 DVD 光盘 2 张）

凡购本书，如有缺页、倒页、脱页，由本社发行部调换

电话服务	网络服务
社服务中心：（010）88361066	教材网：http://www.cmpedu.com
销售一部：（010）68326294	机工官网：http://www.cmpbook.com
销售二部：（010）88379649	机工官博：http://weibo.com/cmp1952
读者购书热线：（010）88379203	封面无防伪标均为盗版

出版说明

制造业是一个国家经济发展的基础，当今世界任何经济实力强大的国家都拥有发达的制造业，美、日、德、英、法等国家之所以被称为发达国家，很大程度上是由于它们拥有世界上最发达的制造业。我国在大力推进国民经济信息化的同时，必须清醒地认识到，制造业是现代经济的支柱，加强制造业、提高制造业科技水平是一项长期而艰巨的任务。发展信息产业，首先要把信息技术应用到制造业。

众所周知，制造业信息化是企业发展的必要手段，我国已将制造业信息化提到关系到国家生存的高度上来。信息化是当今时代现代化的突出标志。以信息化带动工业化，使信息化与工业化融为一体，互相促进，共同发展，是具有中国特色的跨越式发展之路。信息化主导着新时期工业化的方向，使工业朝着高附加值化发展；工业化是信息化的基础，为信息化的发展提供物资、能源、资金、人才以及市场，只有用信息化武装起来的自主和完整的工业体系，才能为信息化提供坚实的物质基础。

制造业信息化集成平台是通过并行工程、网络技术和数据库技术等先进技术，将CAD/CAM/CAE/CAPP/PDM/ERP等为制造服务的软件个体有机地集成起来，采用统一的架构体系和统一基础数据平台，涵盖目前常用的CAD/CAM/CAE/CAPP/PDM/ERP软件，使软件交互和信息传递顺畅，从而有效提高产品开发、制造各个领域的数据集成管理和共享水平，提高产品开发、生产和销售全过程中的数据整合、流程的组织管理水平以及企业的综合实力，为营造一流的企业提供现代化的技术保证。

机械工业出版社作为全国优秀出版社，在出版制造业信息化技术类图书方面有着独特优势，一直致力于CAD/CAM/CAE/CAPP/PDM/ERP等领域的相关技术的跟踪，出版了大量关于学习这些领域的软件（如Pro/ENGINEER、UG、CATIA、SolidWorks、MasterCAM、AutoCAD等）的优秀图书，同时也积累了许多宝贵的经验。

北京兆迪科技有限公司位于中关村科技园区，专门从事CAD/CAM/CAE技术的开发、咨询、培训及产品设计与制造服务。中关村科技园区是北京市科技、智力、人才和信息资源最密集的区域，园区内有清华大学、北京大学和中国科学院等著名大学和科研机构，同时聚集了一些国内外著名公司，如西门子、联想集团、清华紫光和清华同方等。近年来，北京兆迪科技有限公司充分依托中关村科技园区人才优势，在机械工业出版社的大力支持下，推出了或将陆续推出一系列Pro/ENGINEER软件的“工程应用精解”图书，包括：

- Creo2.0 工程应用精解丛书
- Creo1.0 工程应用精解丛书
- Creo1.0 宝典
- Creo1.0 实例宝典
- Pro/ENGINEER 野火版 5.0 工程应用精解丛书

- Pro/ENGINEER 野火版 4.0 工程应用精解丛书
- Pro/ENGINEER 野火版 3.0 工程应用精解丛书
- Pro/ENGINEER 野火版 2.0 工程应用精解丛书

“工程应用精解”系列图书具有以下特色：

- **注重实用，讲解详细，条理清晰**。因为作者和顾问均是来自一线的专业工程师和高校教师，所以图书既注重解决实际产品设计、制造中的问题，同时又对软件的使用方法和技巧进行全面、系统、有条不紊、由浅入深的讲解。
- **范例来源于实际，丰富而经典**。对软件中的主要命令和功能，先结合简单的范例进行讲解，然后安排一些较复杂的综合范例帮助读者深入理解和灵活运用。
- **写法独特，易于上手**。全部图书采用软件中真实的菜单、对话框和按钮等进行讲解，使初学者能够直观、准确地操作软件，从而大大提高学习效率。
- **随书光盘配有视频录像**。每本书的随书光盘中制作了超长时间的操作视频文件，帮助读者轻松、高效地学习。
- **网站技术支持**。读者购买“工程应用精解”系列图书，可以通过北京兆迪科技有限公司的网站（http://www.zalldy.com）获得技术支持。

我们真诚地希望广大读者通过学习“工程应用精解”系列图书，能够高效掌握有关制造业信息化软件的功能和使用技巧，并将学到的知识运用到实际工作中，也期待您给我们提出宝贵的意见，以便今后为大家提供更优秀的图书作品，共同为我国制造业的发展尽一份力量。

机械工业出版社

北京兆迪科技有限公司

前　言

Pro/ENGINEER（简称 Pro/E）是由美国 PTC 公司推出的一套博大精深的三维 CAD/CAM 参数化软件系统，其内容涵盖了产品从概念设计、工业造型设计、三维模型设计、分析计算、动态模拟与仿真、工程图输出，到生产加工成产品的全过程，其中还包含了大量的电缆及管道布线、模具设计与分析等实用模块，应用范围涉及航空航天、汽车、机械、数控（NC）加工和电子等诸多领域。

本次修订版优化了原来各章的结构，并且由原来的 1 张随书光盘增加到 2 张 DVD 学习光盘（含语音讲解），使读者更方便、高效地学习本书。本书全面、系统地介绍了 Pro/ENGINEER 数控加工技术，其特色如下：

- 内容全面，与其他的同类书籍相比，包括更多的 Pro/ENGINEER 数控加工内容。
- 范例丰富，对软件中的主要命令和功能，先结合简单的范例进行讲解，然后安排一些较复杂的综合范例帮助读者深入理解、灵活运用。
- 讲解详细，条理清晰，保证自学的读者能独立学习。
- 写法独特，采用 Pro/ENGINEER 软件中真实的对话框、操控板和按钮等进行讲解，使初学者能够直观、准确地操作软件，从而大大地提高学习效率。
- 附加值高，本书附带 2 张多媒体 DVD 学习光盘，制作了 182 个 Pro/ENGINEER 数控加工编程技巧和具有针对性的实例教学视频并进行了详细的语音讲解，时间长达 275 分钟，2 张 DVD 光盘教学文件容量共计 6.8GB，可以帮助读者轻松、高效地学习。

本书是根据北京兆迪科技有限公司给国内外一些著名公司（含国外独资和合资公司）的培训教案整理而成的，具有很强的实用性，其主编和主要参编人员主要来自北京兆迪科技有限公司，该公司专门从事 CAD/CAM/CAE 技术的研究、开发、咨询及产品设计与制造服务，并提供 Pro/ENGINEER、Ansys、Adams 等软件的专业培训及技术咨询，在编写过程中得到了该公司的大力帮助，在此衷心表示感谢。读者在学习本书的过程中如果遇到问题，可通过访问该公司的网站 http://www.zalldy.com 来获得帮助。

本书由詹友刚主编，参加编写的人员还有王焕田、刘静、雷保珍、刘海起、魏俊岭、任慧华、詹路、冯元超、刘江波、周涛、赵枫、邵为龙、侯俊飞、龙宇、施志杰、詹棋、高政、孙润、李倩倩、黄红霞、尹泉、李行、詹超、尹佩文、赵磊、王晓萍、陈淑童、周攀、吴伟、王海波、高策、冯华超、周思思、黄光辉、党辉、冯峰、詹聪、平迪、管璇、王平、李友荣。本书已经多次校对，如有疏漏之处，恳请广大读者予以指正。

电子邮箱：zhanygjames@163.com

编　者

丛书导读

（一）产品设计工程师学习流程

1.《Pro/ENGINEER 中文野火版 5.0 快速入门教程（修订版）》
2.《Pro/ENGINEER 中文野火版 5.0 高级应用教程（修订版）》
3.《Pro/ENGINEER 中文野火版 5.0 曲面设计教程（修订版）》
4.《Pro/ENGINEER 中文野火版 5.0 曲面设计实例精解（修订版）》
5.《Pro/ENGINEER 中文野火版 5.0 钣金设计教程（修订版）》
6.《Pro/ENGINEER 中文野火版 5.0 产品设计实例精解（修订版）》
7.《Pro/ENGINEER 中文野火版 5.0 工程图教程（修订版）》
8.《Pro/ENGINEER 中文野火版 5.0 管道设计教程》
9.《Pro/ENGINEER 中文野火版 5.0 电缆布线设计教程》

（二）模具设计工程师学习流程

1.《Pro/ENGINEER 中文野火版 5.0 快速入门教程（修订版）》
2.《Pro/ENGINEER 中文野火版 5.0 高级应用教程（修订版）》
3.《Pro/ENGINEER 中文野火版 5.0 工程图教程（修订版）》
4.《Pro/ENGINEER 中文野火版 5.0 模具设计教程（修订版）》
5.《Pro/ENGINEER 中文野火版 5.0 模具实例精解（修订版）》

（三）数控加工工程师学习流程

1.《Pro/ENGINEER 中文野火版 5.0 快速入门教程（修订版）》
2.《Pro/ENGINEER 中文野火版 5.0 高级应用教程（修订版）》
3.《Pro/ENGINEER 中文野火版 5.0 钣金设计教程（修订版）》
4.《Pro/ENGINEER 中文野火版 5.0 数控加工教程（修订版）》

（四）产品分析工程师学习流程

1.《Pro/ENGINEER 中文野火版 5.0 快速入门教程（修订版）》
2.《Pro/ENGINEER 中文野火版 5.0 高级应用教程（修订版）》
3.《Pro/ENGINEER 中文野火版 5.0 运动分析教程》
4.《Pro/ENGINEER 中文野火版 5.0 结构分析教程》
5.《Pro/ENGINEER 中文野火版 5.0 热分析教程》

本书导读

为了能更好地学习本书的知识，请您先仔细阅读下面的内容。

写作环境

本书使用的操作系统为 Windows XP，对于 Windows 2000 Professional/Server 操作系统，本书内容和范例也同样适用。本书采用的写作蓝本是 Pro/ENGINEER 野火版 5.0。

光盘使用

为方便读者练习，特将本书所有素材文件、已完成的范例文件、配置文件和视频语音讲解文件等放入随书附带的光盘中，读者在学习过程中可以打开相应的素材文件进行操作和练习。

本书附多媒体 DVD 光盘 2 张，建议读者在学习本书前，先将 2 张 DVD 光盘中的所有文件复制到计算机硬盘的 D 盘中，然后再将第二张光盘 proewf5.9-video2 文件夹中的所有文件复制到第一张光盘的 video 文件夹中。在 D 盘上 proewf5.9 目录下共有 4 个子目录：

（1）proewf5_system_file 子目录：包含一些系统配置文件。

（2）work 子目录：包含本书讲解中所用到的文件。

（3）video 子目录：包含本书讲解中所有的视频文件（含语音讲解），学习时，直接双击某个视频文件即可播放。

（4）before 子目录：为方便 Pro/E 低版本用户和读者的学习，光盘中特提供了 Pro/E4.0 版本的配套源文件。

光盘中带有“ok”扩展名的文件或文件夹表示已完成的实例。

本书约定

- 本书中有关鼠标操作的简略表述说明如下：
  - ☑ 单击：将鼠标指针移至某位置处，然后按一下鼠标的左键。
  - ☑ 双击：将鼠标指针移至某位置处，然后连续快速地按两次鼠标的左键。
  - ☑ 右击：将鼠标指针移至某位置处，然后按一下鼠标的右键。
  - ☑ 单击中键：将鼠标指针移至某位置处，然后按一下鼠标的中键。
  - ☑ 滚动中键：只是滚动鼠标的中键，而不能按中键。
  - ☑ 选择（选取）某对象：将鼠标指针移至某对象上，单击以选取该对象。
  - ☑ 拖动某对象：将鼠标指针移至某对象上，然后按下鼠标的左键不放，同时移动鼠标，将该对象移动到指定的位置后再松开鼠标的左键。
- 本书中的操作步骤分为 Task、Stage 和 Step 三个级别，说明如下：
  - ☑ 对于一般的软件操作，每个操作步骤以 Step 字符开始。

- ☑ 每个 Step 操作步骤视其复杂程度，下面可含有多级子操作，例如 Step1 下可能包含（1）、（2）、（3）等子操作，（1）子操作下可能包含①、②、③等子操作，①子操作下可能包含 a）、b）、c）等子操作。
- ☑ 如果操作较复杂，需要几个大的操作步骤才能完成，则每个大的操作冠以 Stage1、Stage2、Stage3 等，Stage 级别的操作下再分 Step1、Step2、Step3 等操作。
- ☑ 对于多个任务的操作，则每个任务冠以 Task1、Task2、Task3 等，每个 Task 操作下则可包含 Stage 和 Step 级别的操作。

- 由于已经建议读者将随书光盘中的所有文件复制到计算机硬盘的 D 盘中，所以书中在要求设置工作目录或打开光盘文件时，所述的路径均以 D：开始。

技术支持

本书的主编和主要参编人员来自北京兆迪科技有限公司，该公司位于北京中关村软件园，专门从事 CAD/CAM/CAE 技术的研究、开发、咨询及产品设计与制造服务，并提供 Pro/ENGINEER、SolidWorks、UG、CATIA、MasterCAM、SolidEdge、AutoCAD 等软件的专业培训及技术咨询。读者在学习本书的过程中遇到问题，可通过访问该公司的网站 http://www.zalldy.com 获得技术支持。

咨询电话：010-82176249，010-82176248。

目　录

第 1 章　Pro/ENGINEER 数控加工基础

本章提要　本章主要介绍 Pro/ENGINEER 数控加工的基础知识，内容包括数控编程以及加工工艺基础、Pro/ENGINEER 数控部分的安装说明、Pro/ENGINEER 系统配置和 Pro/ENGINEER 数控加工操作界面等。

1.1　数控加工概论

数控技术即数字控制技术（Numerical Control Technology），指用计算机以数字指令方式控制机床动作的技术。

数控加工具有产品精度高、自动化程度高、生产率高以及生产成本低等特点，在制造业，数控加工是所有生产技术中相当重要的一环。尤其是汽车或航天工业的零部件，其几何外形复杂且精度要求较高，更突出了数控（NC）加工制造技术的优点。

数控加工技术集传统的机械制造、计算机、信息处理、现代控制、传感检测等光机电技术于一体，是现代机械制造技术的基础。它的广泛应用，给机械制造业的生产方式及产品结构带来了深刻的变化。

近年来，由于计算机技术的迅速发展，数控技术的发展相当迅速。数控技术的水平和普及程度，已经成为衡量一个国家综合国力和工业现代化水平的重要标志。

1.2　数控编程简述

数控编程一般可以分为手工编程和自动编程。手工编程是指从零件图样分析、工艺处理、数值计算、编写程序单直到程序校核等各步骤，均由人工完成的全过程。该方法适用于零件形状不太复杂、加工程序较短的情况，而对于复杂形状的零件，如具有非圆曲线、列表曲面和组合曲面的零件，或者零件形状虽不复杂但是程序很长，则比较适合于自动编程。

自动数控编程是从零件的设计模型（即参考模型）获得数控加工程序的全部过程。其主要任务是计算加工走刀过程中的刀位点（Cutter Location Point，简称 CL 点），从而生成 CL 数据文件。采用自动编程技术可以帮助人们解决复杂零件的数控加工编程问题，其大部分工作由计算机来完成，编程效率大大提高，还能解决手工编程无法解决的许多复杂形状零件的加工编程问题。

Pro/ENGINEER 数控模块提供了多种加工类型用于各种复杂零件的粗精加工，用户可以根据零件结构、加工表面形状和加工精度要求选择合适的加工类型。

数控编程的主要内容有：分析零件图样、工艺处理、数值处理、编写加工程序单、输入数控系统、程序检验及试切。

（1）分析图样及工艺处理。在确定加工工艺过程时，编程人员首先应根据零件图样对工件的形状、尺寸和技术要求等进行分析，然后选择合适的加工方案，确定加工顺序和路线、装夹方式、刀具以及切削参数，为了充分发挥机床的功用，还应该考虑所用机床的指令功能，选择最短的加工路线，选择合适的对刀点和换刀点，以减少换刀次数。

（2）数值处理。根据图样的几何尺寸、确定的工艺路线及设定的坐标系，计算工件粗、精加工的运动轨迹，得到刀位数据。零件图样坐标系与编程坐标系不一致时，需要对坐标进行换算。形状比较简单的零件的轮廓加工，需要计算出几何元素的起点、终点及圆弧的圆心，以及两几何元素的交点或切点的坐标值；有的还需要计算刀具中心运动轨迹的坐标值。对于形状比较复杂的零件，需要用直线段或圆弧段逼近，根据要求的精度计算出各个节点的坐标值。

（3）编写加工程序单。确定加工路线、工艺参数及刀位数据后，编程人员可以根据数控系统规定的指令代码及程序段格式，逐段编写加工程序单。此外，还应填写有关的工艺文件，如数控刀具卡片、数控刀具明细表和数控加工工序卡片等，随着数控编程技术的发展，现在大部分的机床已经直接采用自动编程。

（4）输入数控系统。即把编制好的加工程序，通过某种介质传输到数控系统。过去我国数控机床的程序输入一般使用穿孔纸带，穿孔纸带的程序代码通过纸带阅读器输入到数控系统。随着计算机技术的发展，现代数控机床主要利用键盘将程序输入到计算机中。随着网络技术进入工业领域，通过 CAM 生成的数控加工程序可以通过数据接口直接传输到数控系统中。

（5）程序检验及试切。程序单必须经过检验和试切才能正式使用。检验的方法是直接将加工程序输入到数控系统中，让机床空运转，即以笔代刀，以坐标纸代替工件，画出加工路线，以检查机床的运动轨迹是否正确。若数控机床有图形显示功能，可以采用模拟刀具切削过程的方法进行检验。但这些过程只能检验出运动是否正确，不能检查被加工零件的精度，因此必须进行零件的首件试切。首件试切时，应该以单程序段的运行方式进行加工，监视加工状况，调整切削参数和状态。

从以上内容看来，作为一名数控编程人员，不但要熟悉数控机床的结构、功能及标准，而且必须熟悉零件的加工工艺、装夹方法、刀具以及切削参数的选择等方面的知识。

1.3 数控机床

1.3.1 数控机床的组成

数控机床的种类很多，但是任何一种数控机床都主要由数控系统、伺服系统和机床主体三大部分以及辅助控制系统等组成。

1. 数控系统

数控系统是数控机床的核心，是数控机床的“指挥系统”，其主要作用是对输入的零件加工程序进行数字运算和逻辑运算，然后向伺服系统发出控制信号。现代数控系统通常是一台带有专门系统软件的计算机系统，开放式数控系统就是将计算机配以数控系统软件而构成的。

2. 伺服系统

伺服系统（也称驱动系统）是数控机床的执行机构，由驱动和执行两大部分组成。它包括位置控制单元、速度控制单元、执行电动机和测量反馈单元等部分，主要用于实现数控机床的进给伺服控制和主轴伺服控制。它接受数控系统发出的各种指令信息，经功率放大后，严格按照指令信息的要求控制机床运动部件的进给速度、方向和位移。目前数控机床的伺服系统中，常用的位移执行机构有步进电动机、液压马达、直流伺服电动机和交流伺服电动机，后两者均带有光电编码器等位置测量元件。一般来说，数控机床的伺服系统，要求有好的快速响应和灵敏而准确的跟踪指令功能。

3. 机床主体

机床主体是加工运动的实际部件，除了机床基础件以外，还包括主轴部件，进给部件，实现工件回转、定位的装置和附件，辅助系统和装置（如液压、气压、防护等装置），刀库和自动换刀装置（Automatic Tools Changer，简称 ATC），自动托盘交换装置（Automatic Pallet Changer，简称 APC）。机床基础件通常是指床身或底座、立柱、横梁和工作台等，它是整台机床的基础和框架。加工中心则还应具有 ATC，有的还有双工位 APC 等。数控机床的本体结构与传统机床相比，发生了很大变化，普遍采用了滚珠丝杠、滚动导轨，传动效率更高；由于现代数控机床减少了齿轮的使用数量，使得传动系统更加简单。数控机床可根据自动化程度、可靠性要求和特殊功能需要，选用各种类型的刀具破损监控系统、机床与工件精度检测系统、补偿装置和其他附件等。

1.3.2 数控机床的特点

随着科学技术和市场经济的不断发展，对机械产品的质量、生产率和新产品的开发周期提出了越来越高的要求。为了满足上述要求，适应科学技术和经济的不断发展，数控机床应运而生。20 世纪 50 年代，美国麻省理工学院成功研制出第一台数控铣床。1970 年首次展出了第一台用计算机控制的数控机床（CNC）。图 1.3.1 所示就是数控铣床，图 1.3.2 所示是加工中心。

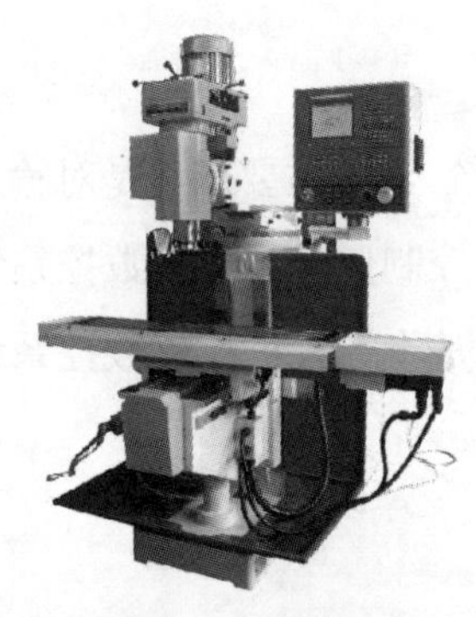

图 1.3.1 数控铣床

图 1.3.2 加工中心

数控机床自问世以来得到了高速发展，并逐渐为各国生产组织和管理者接受，这与它在加工中表现出来的特点是分不开的。数控机床具有以下主要特点。

- 高柔性。数控机床的最大特点是高柔性，即灵活、通用、万能，可以适应加工不同形状工件。如数控铣床一般能完成钻孔、镗孔、铰孔、攻螺纹、铣平面、铣斜面、铣槽、铣削曲面和铣削螺纹等加工，而且一般情况下，可以在一次装夹中完成所需的加工工序。加工对象改变，除相应更换刀具和解决工件装夹方式外，只需改变相应的加工程序即可。特别适应于目前多品种、小批量和变化快的生产要求。
- 高精度，加工重复性高。目前，普通数控加工的尺寸精度通常可达到±0.005mm。数控装置的脉冲当量（即机床移动部件的移动量）一般为 0.001mm，高精度的数控系统可达 0.0001mm。数控加工过程中，机床始终都在指定的控制指令下工作，消除了人工操作所引起的误差，不仅提高了同一批加工零件尺寸的统一性，而且产品质量能得到保证，废品率也大为降低。
- 高效率。机床自动化程度高，工序、刀具可自行更换、检测。例如，加工中心：在一次装夹后，除定位表面不能加工外，其余表面均可加工；生产准备周期短，加工对象变化时，一般不需要专门的工艺装备设计制造时间；切削加工中可采用最佳切削参数和走刀路线。数控铣床：一般不需要使用专用夹具和工艺装备。在更换工件时，只需调用储存于计算机中的加工程序、装夹工件和调整刀具数据即可，可大大缩短生产周期。更主要的是数控铣床的万能性带来高效率，如一般的数控铣床都具有铣床、镗床和钻床的功能，工序高度集中，提高了劳动生产率，并减少了工件的装夹误差。

- 大大减轻了操作者的劳动强度。数控机床的零件加工是根据加工前编好的程序自动完成的。操作者除了操作键盘、装卸工件、中间测量及观察机床运行外，不需要进行繁重的重复性手工操作，可大大减轻劳动强度。
- 易于建立计算机通信网络。数控机床使用数字信息作为控制信息，易于与 CAD 系统连接，从而形成 CAD/CAM 一体化系统，它是 FMS、CIMS 等现代制造技术的基础。
- 初期投资大，加工成本高。数控机床的价格一般是普通机床的若干倍，且机床备件的价格也高；另外，加工首件需要进行编程、程序调试和试加工，时间较长，因此使零件的加工成本也大大高于普通机床。

1.3.3　数控机床的分类

数控机床的分类有多种方式。

1．按工艺用途分类

按工艺用途分类，数控机床可分为数控钻床、车床、铣床、磨床和齿轮加工机床等，还有压床、冲床、电火花切割机、火焰切割机和点焊机等也都采用数字控制。加工中心是带有刀库及自动换刀装置的数控机床，它可以在一台机床上实现多种加工。工件只需一次装夹，就可以完成多种加工，这样既节省了工时，又提高了加工精度。加工中心特别适用于箱体类和壳类零件的加工。车削加工中心可以完成所有回转体零件的加工。

2．按机床数控运动轨迹划分

点位控制数控机床（PTP）：指在刀具运动时，只控制刀具相对于工件位移的准确性，不考虑两点间的路径。这种控制方法用于数控钻床、数控冲床和数控点焊设备，还可以用在数控坐标镗铣床上。

点位直线控制数控机床：就是要求在点位准确控制的基础上，还要保证刀具运动是一条直线，且刀具在运动过程中还要进行切削加工。采用这种控制的机床有数控车床、数控铣床和数控磨床等，一般用于加工矩形和台阶形零件。

轮廓控制数控机床（CP）：轮廓控制（亦称连续控制）是对两个或更多的坐标运动进行控制（多坐标联动），刀具运动轨迹可为空间曲线。它不仅能保证各点的位置，而且还要控制加工过程中的位移速度，也就是刀具的轨迹。既要保证尺寸的精度，还要保证形状的精度。在运动过程中，同时要向两个坐标轴分配脉冲，使它们能走出所要求的形状来，这就叫插补运算。它是一种软仿形加工，而不是硬（靠模）仿形，并且这种软仿形加工的精度比硬仿形加工的精度高很多。这类机床主要有数控车床、数控铣床、数控线切割机和加工中心等。在模具行业中，对于一些复杂曲面的加工，较多使用这类机床，如三坐标以上的数控铣床或加工中心。

3．按伺服系统控制方式划分

开环控制是无位置反馈的一种控制方法，它采用的控制对象、执行机构多半是步进式电动机或液压转矩放大器。因为没有位置反馈，所以其加工精度及稳定性差，但其结构简单、价格低廉、控制方法简单，对于精度要求不高且功率需求不大的地方，还是比较适用的。

半闭环控制是在丝杠上装有角度测量装置作为间接的位置反馈。因为这种系统未将丝杠螺母副和齿轮传动副等传动装置包含在闭环反馈系统中，因而称之为半闭环控制系统，它不能补偿传动装置的传动误差，但却得以获得稳定的控制特性。这类系统介于开环与闭环之间，精度没有闭环高，调试比闭环方便。

闭环控制系统是对机床移动部件的位置直接用直线位置检测装置进行检测，再把实际测量出的位置反馈到数控装置中去，与输入指令比较是否有差值，然后把这个差值经过放大和变换，最后去驱动工作台向减少误差的方向移动，直到差值符合精度要求为止。这类控制系统，因为把机床工作台纳入了位置控制环，故称为闭环控制系统。该系统可以消除包括工作台传动链在内的运动误差，因而定位精度高、调节速度快。但由于该系统受到进给丝杠的拉压刚度、扭转刚度、摩擦阻尼特性和间隙等非线性因素的影响，给调试工作造成较大的困难。如果各种参数匹配不当，将会引起系统振荡，造成系统不稳定，影响定位精度。由于闭环伺服系统复杂和成本高，故适用于精度要求很高的数控机床，如超精密数控车床和精密数控镗铣床等。

4．按联动坐标轴数划分

（1）两轴联动数控机床。主要用于三轴以上控制的机床，其中任意两轴作插补联动，第三轴作单独的周期进给，常称 2.5 轴联动。如图 1.3.3 所示，在数控铣床上用球头铣刀采用行切法加工三维空间曲面。行切法加工所用的刀具通常是球头铣刀。用这种刀具加工曲面，不易干涉相邻表面，计算比较简单。球头铣刀的刀头半径应选得大一些，有利于降低加工表面粗糙度、增加刀具刚度以及散热等，但刀头半径应小于曲面的最小曲率半径。由于 2.5 轴坐标加工的刀心轨迹为平面曲线，故编程计算较为简单，数控逻辑装置也不复杂，常用于曲率变化不大以及精度要求不高的粗加工。

（2）三轴联动数控机床。X、Y、Z 三轴可同时进行插补联动，在加工曲面时，通常也用行切方法。如图 1.3.4 所示，三轴联动的刀具轨迹可以是平面曲线或空间曲线。三坐标联动加工常用于复杂曲面的精确加工，但编程计算较为复杂，所用的数控装置还必须具备三轴联动功能。

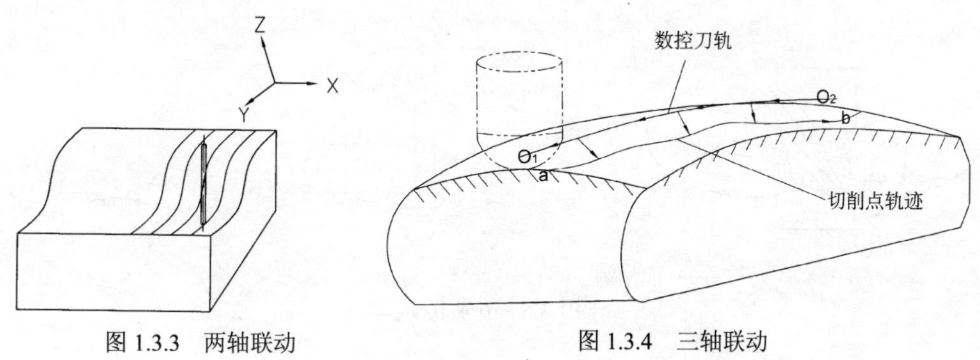

图 1.3.3　两轴联动　　　图 1.3.4　三轴联动

（3）四轴联动数控机床。除了同时控制 X、Y、Z 三个直线坐标轴联动之外，还有工作台或者刀具的转动。图 1.3.5 所示的工件，若在三坐标联动的机床上用球头铣刀按行切法加工时，不但生产率低，而且表面粗糙度值高。若采用圆柱铣刀周边切削，并用四坐标铣床加工，即除三个直角坐标运动外，为保证刀具与工件型面在全长始终贴合，刀具还应绕 O_1（或 O_2）作摆角联动。由于摆角运动，导致直角坐标系（图中 Y）作附加运动，其编程计算较为复杂。

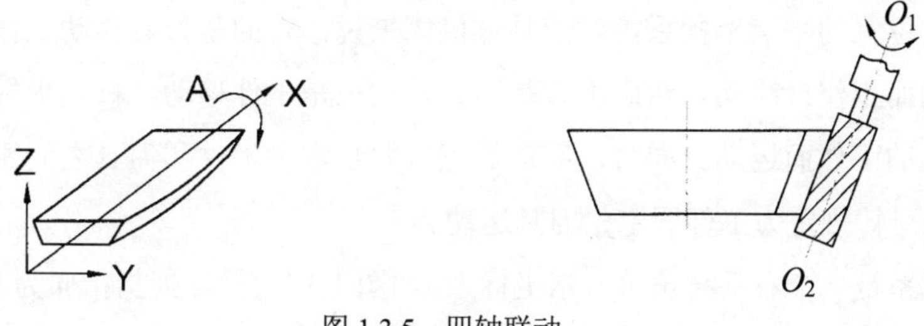

图 1.3.5　四轴联动

（4）五轴联动数控机床。除了同时控制 X、Y、Z 三个直线坐标轴联动以外，还同时控制围绕这些直线坐标轴旋转的 A、B、C 坐标轴中的两个坐标，即同时控制五个坐标轴联动。这时刀具可以被定位在空间的任何位置。

螺旋桨是五轴联动加工的典型零件之一，其叶片形状及加工原理如图 1.3.6 所示。在半径为 R_i 的圆柱面上与叶面的交线 MN 为螺旋线的一部分，螺旋角为 ϕ_i，叶片的径向叶形线（轴向断面）的倾角 α 为后倾角。螺旋线联动 MN 用极坐标加工方法并以折线段逼近。逼近线段 ab 是由 C 坐标旋转 $\Delta\theta$ 与 Z 坐标位移 ΔZ 的合成。当 MN 加工完后，刀具径向位移 ΔX（改变 R_i），再加工相邻的另一条叶形线，依次加工，即可形成整个叶面。由于叶面的曲率半径较大，所以常用端面铣刀加工，可以提高生产率并简化程序。因此，为保证铣刀端面始终与曲面贴合，铣刀还应当相对于 A 坐标和 B 坐标做摆角运动，在摆角运动的同时，还应做直角坐标的附加直线运动，以保证铣刀端面中心始终处于编程值位置上，所以需要 Z、C、X、A、B 五坐标轴加工。这种加工的编程计算很复杂，程序量较大。

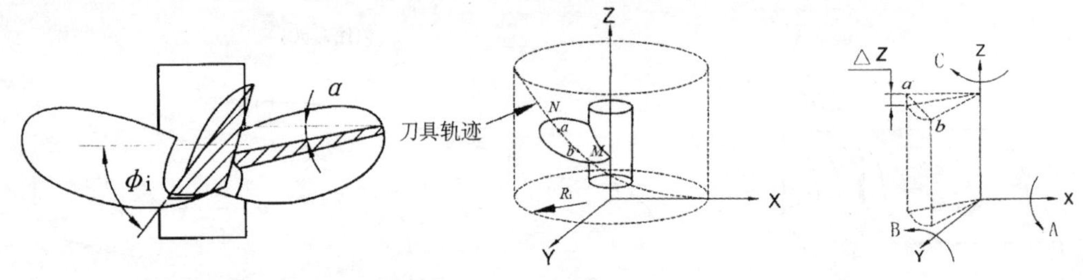

图 1.3.6　五轴联动

1.3.4　数控机床的坐标系

数控机床的坐标系统，包括坐标系、坐标原点和运动方向，对于数控加工及编程，是一个十分重要的概念。每一个数控编程员和操作者，都必须对数控机床的坐标系有一个很清晰的认识。为了使数控系统规范化及简化数控编程，ISO 对数控机床的坐标系系统作了若干规定。关于数控机床坐标和运动方向命名的详细内容，可参阅 JB/T 3051—1999 的规定。

机床坐标系是机床上固有的坐标系，是机床加工运动的基本坐标系。它是考察刀具在机床上实际运动位置的基准坐标系。对于具体机床来说，有的是刀具移动工作台不动，有的则是刀具不动而工作台移动。然而不管是刀具移动还是工件移动，机床坐标系永远假定刀具相对于静止的工件而运动。同时，运动的正方向是增大工件和刀具之间距离的方向。为了编程方便，一律规定为工件固定、刀具运动。

标准的坐标系是一个右手直角笛卡尔坐标系，如图 1.3.7 所示。拇指指向为 X 轴正方向，食指指向为 Y 轴正方向，中指指向为 Z 轴正方向。一般情况下，主轴的方向为 Z 坐标，而工作台的两个运动方向分别为 X、Y 坐标。

若有旋转轴时，规定绕 X、Y、Z 轴的旋转轴为 A、B、C 轴，其方向为右旋螺纹方向，如图 1.3.8 所示。旋转轴的原点一般定在水平面上。

图 1.3.9 所示是典型的单立柱立式数控铣床加工运动坐标系示意图。刀具沿与地面垂直的方向上、下运动，工作台带动工件在与地面平行的平面内运动。机床坐标系的 Z 轴是刀具的运动方向，并且刀具向上运动为正方向，即远离工件的方向。当面对机床进行操作时，刀具相对工件的左右运动方向为 X 轴，并且刀具相对工件向右运动（即工作台带动工件向左运动）时为 X 轴的正方向。Y 轴的方向可用右手法则确定。若以 X′、Y′、Z′ 表示工作台相对于刀具的运动坐标轴，而以 X、Y、Z 表示刀具相对于工件的运动坐标轴，则显然有 X′ =−X、Y′ =−Y、Z′ =−Z。

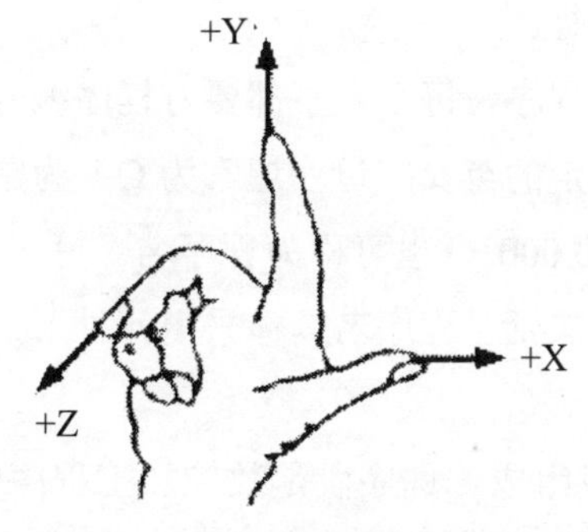

图 1.3.7 右手直角笛卡尔坐标系

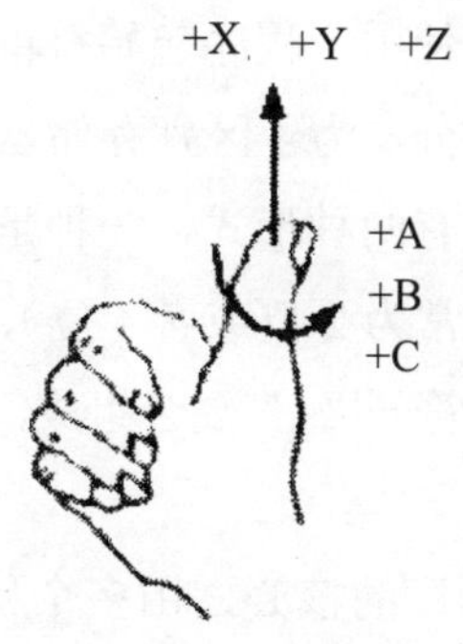

图 1.3.8 旋转坐标系

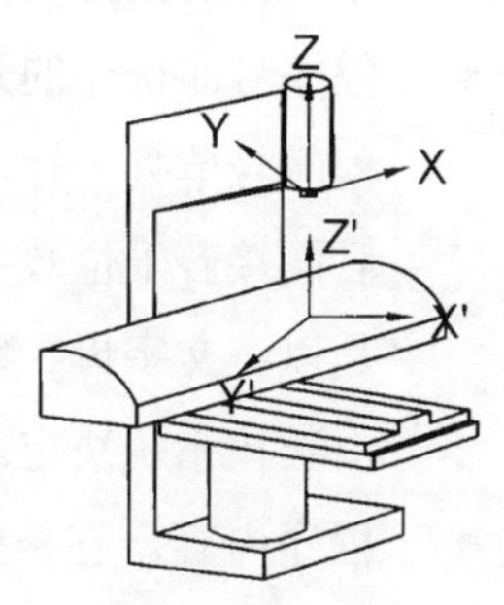

图 1.3.9 机床坐标系示意图

1.4 数控加工程序

1.4.1 数控加工程序结构

数控加工程序由为使机床运转而给予数控装置的一系列指令的有序集合所构成。一个完整的程序由程序起始符、程序号、程序内容、程序结束和程序结束符等五部分组成。例如：

```
1     %
2     O 0001
    ┌ N01     G92 X30 Y30;
    │ N02     G90 G00 X30 T01 M03;
    │ N03     G01 X8 Y8 F200;
3   ┤ N04     XO   YO;
    │ .........
    └ N07     G00 X40;
4     N08     M30
5     %
```

其中，1—程序起始符；2—程序号；3—程序内容；4—程序结束；5—程序结束符。根据系统本身的特点及编程的需要，每种数控系统都有一定的程序格式。对于不同的机床，其程序的格式也不同。因此编程人员必须严格按照机床说明书的规定格式进行编程，靠这些指令使刀具按直线或者圆弧或其他曲线运动，控制主轴的回转和停止、切削液的开关、自动换刀装置和工作台自动交换装置等的动作。程序由程序段（Block）所组成，每个程序段由字（word）和“；”所组成。而字是由地址符和数值所构成的，如：X（地址符）100.0（数值）Y（地址符）50.0（数值）。

程序由程序号、程序段号、准备功能、尺寸字、进给速度、主轴功能、刀具功能、辅助功能和刀补功能等构成。

- 程序起始符。一般为“%”、“$”等，不同的数控机床，其起始符可能不同，应根据具体的数控机床说明使用。程序起始符单列一行。

- 程序号即程序的开始部分。为了区别存储器中的程序，每个程序都要有程序编号。程序号单列一行，一般有两种形式，一种是以规定的英文字母（通常为 O）为首，后面接若干位数字（通常为 2 位或者 4 位），如 O 0001，也可称为程序名。另一种是以英文字母、数字和符号"_"混合组成，比较灵活。程序名具体采用何种形式，由数控系统决定。
- 程序内容。它是整个程序的核心，由多个程序段组成，程序段是数控加工程序中的一句，单列一行，用于指挥机床完成某一个动作。每个程序段又由若干个指令组成，每个指令表示数控机床要完成的全部动作。指令由字首及随后的若干个数字组成（如 Y200）。字首是一个英文字母，称为字的地址，它决定了字的功能类别。一般字的长度和顺序不固定。
- 程序结束。在程序末尾一般有程序结束指令，如 M30 或 M02，用于停止主轴、切削液和进给，并使控制系复位。M30 还可以使程序返回到开始状态，一般在换件时使用。
- 程序结束符。程序结束的标记符，一般与程序起始符相同。

1.4.2　数控指令

数控加工程序的指令由一系列的程序字组成，而程序字通常由地址（address）和数值（number）两部分组成，地址通常是某个大写字母。数控加工程序中地址代码的意义如表 1.4.1 所示。

一般的数控机床可以选择米制单位毫米（mm）或者英制单位英寸（in）为数值单位。米制单位可以精确到 0.001mm，英制单位可以精确到 0.0001in，这也是一般数控机床的最小移动量。表 1.4.2 列出了一般数控机床能输入的指令数值范围，而数控机床实际使用范围受到机床本身的限制，因此需要参考数控机床的操作手册而定。例如表中的 X 轴可以移动±99999.999mm，但实际上数控机床的 X 轴行程可能只有 650mm；进给速率 F 最大可输入 10000.0mm/min，但实际上数控机床可能限制在 3000mm / min 以下。因此在编制数控加工程序时，一定要参照数控机床的使用说明书。

表 1.4.1　编码字符的意义

功　能	地　址	意　义
程序号	O(EIA)	程序序号
顺序号	N	顺序号
准备功能	G	动作模式

（续）

功　能	地　址	意　义
尺寸	X、Y、Z	坐标移动指令
	A、B、C、U、V、W	附加轴移动指令
	R	圆弧半径
	I、J、K	圆弧中心坐标
主轴旋转功能	S	主轴转速
进给功能	F	进给速率
刀具功能	T	刀具号、刀具补偿号
辅助功能	M	辅助装置的接通和断开
补偿号	H、D	补偿序号
暂停	P、X	暂停时间
子程序重复次数	L	重复次数
子程序号指定	P	子程序序号
参数	P、Q、R	固定循环

表 1.4.2　编码字符的数值范围

功　能	地　址	米制单位	英制单位
程序号	：(ISO)O(ETA)	1～9999	1～9999
顺序号	N	1～9999	1～9999
准备功能	G	0～99	0～99
尺寸	X、Y、Z、Q、R、I、J、K	±99999.999mm	±9999.9999in
	A、B、C	±99999.999°	±9999.9999°
进给功能	F	1～10000.0mm/min	0.01～400.0in/min
主轴转速功能	S	0～9999	0～9999
刀具功能	T	0～99	0～99
辅助功能	M	0～99	0～99
子程序号	P	1～9999	1～9999
暂停	X、P	0～99999.999s	0～99999.999s
重复次数	L	1～9999	1～9999
补偿号	D、H	0～32	0～32

下面简要介绍各种数控指令的意义。

1．语句号指令

语句号指令也称程序段号，用以识别程序段的编号。在程序段之首，以字母 N 开头，其后为一个 2～4 位的数字。需要注意的是，数控加工程序是按程序段的排列次序执行的，与顺序段号的大小次序无关，即程序段号实际上只是程序段的名称，而不是程序段执行的先后次序。

2．准备功能指令

准备功能指令以字母 G 开头，后接一个两位数字，因此又称为 G 代码，它是控制机床运动的主要功能类别。G 指令从 G00～G99 共 100 种，如表 1.4.3 所示。

表 1.4.3 JB/T 3208—1999 准备功能 G 代码

G 代码	功 能	G 代码	功 能
G00	点定位	G01	直线插补
G02	顺时针方向圆弧插补	G03	逆时针方向圆弧插补
G04	暂停	G05	不指定
G06	抛物线插补	G07	不指定
G08	加速	G09	减速
G10～G16	不指定	G17	XY 平面选择
G18	ZX 平面选择	G19	YZ 平面选择
G20～G32	不指定	G33	螺纹切削，等螺距
G34	螺纹切削，增螺距	G35	螺纹切削，减螺距
G36～G39	永不指定	G40	刀具补偿/刀具偏置注销
G41	刀具半径左补偿	G42	刀具半径右补偿
G43	刀具正偏置	G44	刀具负偏置
G45	刀具偏置+/+	G46	刀具偏置+/-
G47	刀具偏置-/-	G48	刀具偏置-/+
G49	刀具偏置 0/+	G50	刀具偏置 0/-
G51	刀具偏置+/0	G52	刀具偏置-/+
G53	直线偏移，注销	G54	直线偏移 x
G55	直线偏移 Y	G56	直线偏移 z
G57	直线偏移 XY	G58	直线偏移 xz
G59	直线偏移 YZ	G60	准确定位 1（精）
G61	准确定位 2（中）	G62	准确定位 3（粗）
G63	攻螺纹	G64～G67	不指定
G68	刀具偏置，内角	G69	刀具偏置，外角
G70～G79	不指定	G80	固定循环注销
G81～G89	固定循环	G90	绝对尺寸
G91	增量尺寸	G92	预置寄存
G93	时间倒数，进给率	G94	每分钟进给
G95	主轴每转进给	G96	恒线速度
G97	每分钟转数	G98～G99	不指定

3．辅助功能指令

辅助功能指令也叫 M 功能或 M 代码，一般由字符 M 及随后的 2 位数字组成。它是控制机床或系统辅助动作及状态的功能。JB/T3208—1999 标准中规定的 M 代码从 M00～M99 共 100 种。表 1.4.4 所示是部分辅助功能的 M 代码。

表 1.4.4　部分辅助功能的 M 代码

M 代码	功　能	M 代码	功　能
M00	程序停止	M01	计划停止
M02	程序结束	M03	主轴顺时针旋转
M04	主轴逆时针方向旋转	M05	主轴停止旋转
M06	换刀	M08	1 号切削液开
M09	1 号切削液关	M30	程序结束并返回
M74	错误检测功能打开	M75	错误检测功能关闭
M98	子程序调用	M99	子程序调用返回

4．其他常用功能指令

- 尺寸指令。主要用来指令刀位点坐标位置。如 X、Y、Z 主要用于表示刀位点的坐标值，而 I、J、K 用于表示圆弧刀轨的圆心坐标值。
- F 功能——进给功能。以字符 F 开头，因此又称为 F 指令，用于指定刀具插补运动（即切削运动）的速度，称为进给速度。在只有 X、Y、Z 三坐标运动的情况下，P 代码后面的数值表示刀具的运动速度，单位是 mm/min（对数控车床还可为 mm/r）。如果运动坐标有转角坐标 A、B、C 中的任何一个，则 F 代码后的数值表示进给率，即 $F=1/\triangle t$，$\triangle t$ 为走完一个程序段所需要的时间，F 的单位为 1/min。
- T 功能——刀具功能。用字符 T 及随后的号码表示，因此也称为 T 指令，用于指采用的刀具号，该指令在加工中心上使用。Tnn 代码用于选择刀具库中的刀具，但并不执行换刀操作，M06 用于起动换刀操作。Tnn 不一定要放在 M06 之前，只要放在同一程序段中即可。T 指令只有在数控车床上，才具有换刀功能。
- S 功能——主轴转速功能。以字符 S 开头，因此又称为 S 指令，用于指定主轴的转速，以其后的数字给出，要求为整数，单位是转 / 分（r / min）。速度范围：从 1 r / min 到最大的主轴转速。对于数控车床，可以指定恒表面切削速度。

1.5 数控工艺概述

1.5.1 数控加工工艺的特点

数控加工工艺与普通加工工艺基本相同，在设计零件的数控加工工艺时，首先要遵循普通加工工艺的基本原则与方法，同时还需要考虑数控加工本身的特点和零件编程的要求。由于数控机床本身自动化程度较高，控制方式不同，设备费用也高，使数控加工工艺相应形成了以下几个特点：

1．工艺内容具体、详细

数控加工工艺与普通加工工艺相比，在工艺文件的内容和格式上都有较大区别，如加工顺序、刀具的配置及使用顺序、刀具轨迹和切削参数等方面，都要比普通机床加工工艺中的工序内容更详细。在用通用机床加工时，许多具体的工艺问题，如工艺中各工序的划分与顺序安排、刀具的几何形状、走刀路线及切削用量等，在很大程度上都是由操作工人根据自己的实践经验和习惯自行考虑而决定的，一般无需工艺人员在设计工艺规程时进行过多的规定。而在数控加工时，上述这些具体工艺问题，必须由编程人员在编程时给予预先确定。也就是说，在普通机床加工时，本来由操作工人在加工中灵活掌握并可通过适时调整来处理的许多具体工艺问题和细节，在数控加工时就转变为编程人员必须事先设计和安排的内容。

2．工艺要求准确、严密

数控机床虽然自动化程度较高，但自适性差。它不能像通用机床在加工时根据加工过程中出现的问题，可以自由地进行人为调整。例如，在数控机床上进行深孔加工时，它就不知道孔中是否已挤满了切屑，何时需要退一下刀，待清除切屑后再进行加工，而是一直到加工结束为止。所以，在数控加工的工艺设计中，必须注意加工过程中的每一个细节。尤其是对图形进行数学处理、计算和编程时，一定要力求准确无误，以使数控加工顺利进行。在实际工作中，由于一个小数点或一个逗号的差错就可能酿成重大机床事故和质量事故。

3．应注意加工的适应性

由于数控加工自动化程度高、可多坐标联动、质量稳定、工序集中，但价格昂贵、操作技术要求高等特点均比较突出，因此要根据数控加工的特点，在选择加工方法和对象时更要特别慎重，甚至有时还要在基本不改变工件原有性能的前提下，对其形状、尺寸和结构等作适应数控加工的修改，这样才能既充分发挥出数控加工的优点，又达到较好的经济效益。

4．可自动控制加工复杂表面

在进行简单表面的加工时，数控加工与普通加工没有太大的差别。但是对于一些复杂曲面或有特殊要求的表面，数控加工就表现出与普通加工根本不同的加工特点。例如：对于一些曲线或曲面的加工，普通加工是通过画线、靠模、钳工和成形加工等方法进行加工，这些方法不仅生产效率低，而且还很难保证加工精度；而数控加工则采用多轴联动进行自动控制加工，这种方法的加工质量是普通加工方法所无法比拟的。

5．工序集中

由于现代数控机床具有精度高、切削参数范围广、刀具数量多、多坐标及多工位等特点，因此在工件的一次装夹中可以完成多道工序的加工，甚至可以在工作台上装夹几个相同的工件进行加工，这样就大大缩短了加工工艺路线和生产周期，减少了加工设备和工件的运输量。

6．采用先进的工艺装备

数控加工中广泛采用先进的数控刀具和组合夹具等工艺装备，以满足数控加工中高质量、高效率和高柔性的要求。

1.5.2 数控加工工艺的主要内容

工艺安排是进行数控加工的前期准备工作，它必须在编制程序之前完成，因为只有在确定工艺设计方案以后，编程才有依据，否则，如果加工工艺设计考虑不周全，往往会成倍增加工作量，有时甚至出现加工事故。可以说，数控加工工艺分析决定了数控加工程序的质量。因此，编程人员在编程之前，一定要先把工艺设计做好。

概括起来，数控加工工艺主要包括如下内容：

- 选择适合在数控机床上加工的零件，并确定零件的数控加工内容。
- 分析零件图样，明确加工内容及技术要求。
- 确定零件的加工方案，制定数控加工的工艺路线，如工序划分及加工顺序的安排等。
- 数控加工工序的设计，如零件定位基准的选取、夹具方案的确定、工序的划分、刀具的选取及切削用量的确定等。
- 数控加工程序的调整，对刀点和换刀点的选取，确定刀具补偿，确定刀具轨迹。
- 分配数控加工中的容差。
- 处理数控机床上的部分工艺指令。

- 数控加工专用技术文件的编写。

数控加工专用技术文件不仅是进行数控加工和产品验收的依据，同时也是操作者遵守和执行的规程，还为产品零件重复生产积累了必要的工艺资料，并进行了技术储备。这些由工艺人员做出的工艺文件，是编程人员在编制加工程序单时所依据的相关技术文件。

不同的数控机床，其工艺文件的内容也有所不同。一般来讲，数控铣床的工艺文件应包括：

- 编程任务书。
- 数控加工工序卡片。
- 数控机床调整单。
- 数控加工刀具卡片。
- 数控加工进给路线图。
- 数控加工程序单。

其中最为重要的是数控加工工序卡片和数控刀具卡片。前者说明了数控加工顺序和加工要素；后者是刀具使用的依据。

为了加强技术文件管理，数控加工工艺文件也应向标准化、规范化方向发展。但目前尚无统一的国家标准，各企业可根据本部门的特点制订上述有关工艺文件。

1.5.3 数控工序的安排

1．工序划分的原则

在数控机床上加工零件，工序可以比较集中，一次装夹应尽可能完成全部工序。与普通机床加工相比，加工工序划分有其自己的特点，常用的工序划分有以下两项原则。

- 保证精度的原则：数控加工要求工序尽可能集中，通常粗、精加工在一次装夹下完成，为减少热变形和切削力变形对工件的形状精度、位置精度、尺寸精度和表面粗糙度的影响，应将粗、精加工分开进行。对轴类或盘类零件，将各处先粗加工，留少量余量精加工，来保证表面质量要求。同时，对一些箱体工件，为保证孔的加工精度，应先加工表面而后加工孔。
- 提高生产效率的原则：数控加工中，为减少换刀次数、节省换刀时间，应将需用同一把刀加工的加工部位全部完成后，再换另一把刀来加工其他部位。同时应尽量减少空行程，用同一把刀加工工件的多个部位时，应以最短的路线到达各加工部位。实际生产中，数控加工工序要根据具体零件的结构特点和技术要求等情况综合考虑。

2. 工序划分的方法

在数控机床上加工零件，工序应比较集中，在一次装夹中应该尽可能完成尽量多的工序。首先应根据零件图样，考虑被加工零件是否可以在一台数控机床上完成整个零件的加工工作。若不能，则应该确定哪一部分零件表面需要用数控机床加工。根据数控加工的特点，一般工序划分可按如下方法进行：

- 按零件装卡定位方式进行划分。

对于加工内容很多的零件，可按其结构特点将加工部位分成几个部分，如内形、外形、曲面或平面等。一般加工外形时，以内形定位；加工内形时，以外形定位。因而可以根据定位方式的不同来划分工序。

- 以同一把刀具加工的内容划分工序。

为了减少换刀次数，压缩空程时间，减少不必要的定位误差，可按刀具集中工序的方法加工零件。虽然有些零件能在一次安装中加工出很多待加工面，但考虑到程序太长，会受到某些限制，如控制系统的限制（主要是内存容量）、机床连续工作时间的限制（如一道工序在一个班内不能结束）等；此外，程序太长会增加出错率，查错与检索也相应比较困难，因此程序不能太长，一道工序的内容也不能太多。

- 以粗、精加工划分工序。

根据零件的加工精度、刚度和变形等因素来划分工序时，可按粗、精加工分开的原则来进行工序划分，即先粗加工再进行精加工。特别对于易发生加工变形的零件，由于粗加工后可能发生较大的变形而需要进行校形，因此一般来说，凡要进行粗、精加工的工件都要将工序分开。此时可用不同的机床或不同的刀具进行加工。通常在一次装夹中，不允许将零件某一部分表面加工完后，再加工零件的其他表面。

综上所述，在划分工序时，一定要根据零件的结构与工艺性、机床的功能、零件数控加工的内容、装夹次数及本单位生产组织状况等来灵活协调。

对于加工顺序的安排，还应根据零件的结构和毛坯状况，以及定位安装与夹紧的需要来考虑，重点是工件的刚性不被破坏。顺序安排一般应按下列原则进行。

（1）要综合考虑上道工序的加工是否影响下道工序的定位与夹紧，中间穿插有通用机床加工工序等因素。

（2）先安排内形加工工序，后安排外形加工工序。

（3）在同一次安装中进行多道工序时，应先安排对工件刚性破坏小的工序。

（4）在安排以相同的定位和夹紧方式或用同一把刀具加工工序时，最好连续进行，以减少重复定位次数、换刀次数与挪动压板次数。

1.5.4 加工精度

机械加工精度是指零件加工后的实际几何参数（尺寸、形状及相互位置）与理想几何参数符合的程度。其符合程度越高，精度愈高。两者之间的差异即为加工误差。加工误差是指加工后的零件实际几何参数偏离理想几何参数的程度（图 1.5.1），加工后的实际型面与理论型面之间存在着一定的误差。“加工精度”和“加工误差”是评定零件几何参数准确程度这一问题的两个方面而已。加工误差越小，则加工精度越高。实际生产中，加工精度的高低往往是以加工误差的大小来衡量的。在生产过程中，任何一种加工方法所能达到的加工精度和表面粗糙度都是有一定范围的，不可能也没必要把零件做得绝对准确，只要把这种加工误差控制在性能要求的允许（公差）范围之内即可，通常称之为“经济加工精度”。

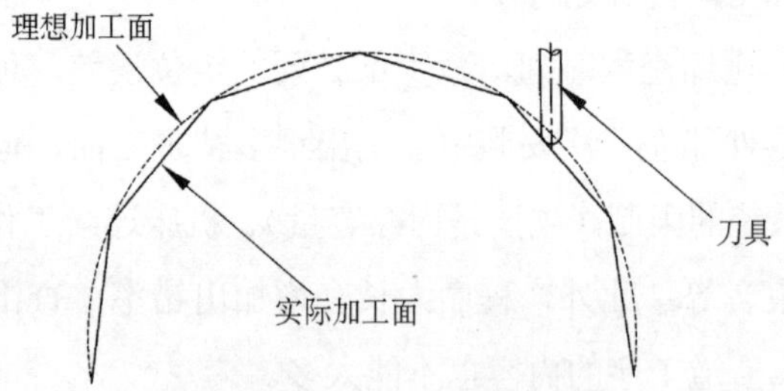

图 1.5.1 加工精度示意图

零件的加工精度包含尺寸精度、形状精度和位置精度三个方面的内容。通常形状公差应限制在位置公差之内，而位置公差也应限制在尺寸公差之内。当尺寸精度高时，相应的位置精度、形状精度也高。但是当形状精度要求高时，相应的位置精度和尺寸精度不一定高，这需要根据零件加工的具体要求来决定。一般情况下，零件的加工精度越高，则加工成本相应地越高，生成效率则会相应地越低。

数控加工的特点之一就是具有较高的加工精度，因此对于数控加工的误差必须加以严格控制，以达到加工要求。这首先就要了解在数控加工中可能造成加工误差的因素及其影响。

由机床、夹具、刀具和工件组成的机械加工工艺系统（简称工艺系统）会有各种各样的误差产生，这些误差在各种不同的具体工作条件下都会以各种不同的方式（或扩大、或缩小）反映为工件的加工误差。工艺系统的原始误差主要有工艺系统的原理误差、几何误差、调整误差，装夹误差、测量误差、夹具的制造误差与磨损，机床的制造误差、安装误差及磨损，工艺系统的受力变形引起的加工误差、工艺系统的受热变形引起的加工误差以及工件内应力重新分布引起的变形等。

在交互图形自动编程中，我们一般仅考虑两个主要误差：一是插补计算误差，二是残余高度。

刀轨是由圆弧和直线组成的线段集合近似地取代刀具的理想运动轨迹，两者之间存在着一定的误差，称为插补计算误差。插补计算误差是刀轨计算误差的主要组成部分，它与插补周期成正比，插补周期越大，插补计算误差越大。一般情况下，在 CAM 软件上通过设置公差带来控制插补计算误差，即实际刀轨相对理想刀轨的偏差不超过公差带的范围。

残余高度是指在数控加工中相邻刀轨间所残留的未加工区域的高度，它的大小决定了加工表面粗糙度，同时决定了后续的抛光工作量，是评价加工质量的一个重要指标。在利用 CAM 软件进行数控编程时，对残余高度的控制是刀轨行距计算的主要依据。在控制残余高度的前提下，以最大的行间距生成数控刀轨是高效率数控加工所追求的目标。

1.6 Pro/ENGINEER 数控部分的安装说明

1.6.1 设置 Windows 操作系统的环境变量

在安装 Pro/ENGINEER 软件前，应先创建 Windows 系统变量 lang，并将该变量的值设为 chs，这样可保证 Pro/ENGINEER 软件的安装界面和操作界面是中文的。

Step1. 选择 Windows 的开始 → 设置(S) → 控制面板(C)命令。

Step2. 在弹出的控制面板中，双击图标系统。

Step3. 在弹出的“系统属性”对话框中单击高级选项卡，在启动和故障恢复区域中单击环境变量(N)按钮。

Step4. 系统弹出“环境变量”对话框，单击该对话框系统变量(S)区域中的新建(W)...按钮。

Step5. 在“新建系统变量”对话框中，创建变量名(N):为 lang、变量值(V):为 chs 的系统变量。

Step6. 单击“新建系统变量”对话框中的确定按钮。

Step7. 单击“环境变量”对话框中的确定按钮。

Step8. 单击“系统属性”对话框中的确定按钮。

1.6.2 安装数控子组件

在安装 Pro/ENGINEER 软件系统的过程中，当出现图 1.6.1 所示的对话框时，要注意在选项组件中选择Pro/NC-GPOST子组件（Pro/ENGINEER 的 NC 后置处理器）。

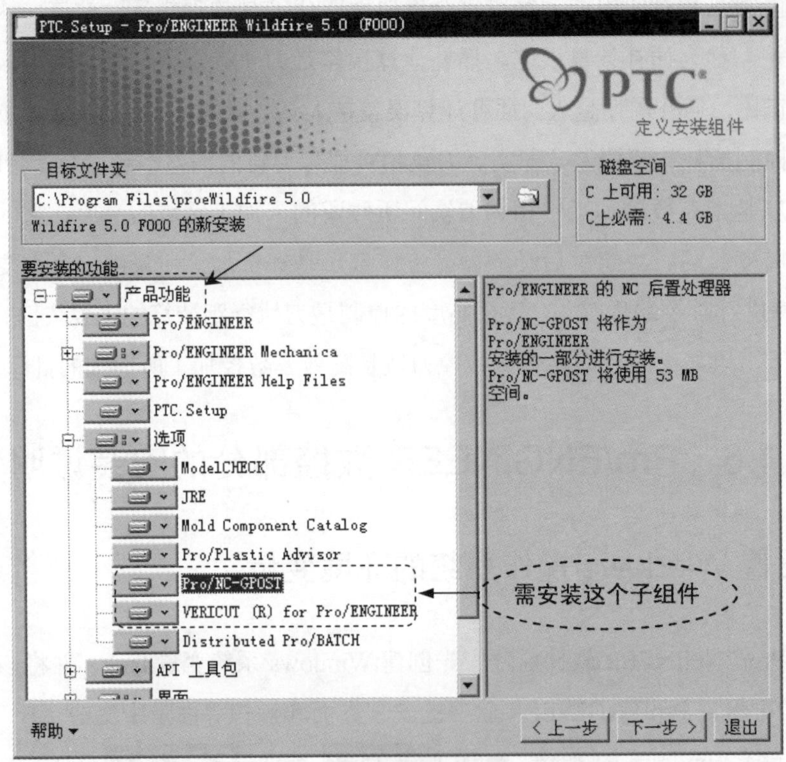

图 1.6.1 选择模具安装选项

1.7 Pro/ENGINEER 系统配置

在使用本书学习 Pro/ENGINEER 数控加工之前，建议进行下列必要的操作和设置，这样可以保证后面学习中的软件配置和软件界面与本书相同，从而提高学习效率。

1.7.1 设置系统配置文件 config.pro

用户可以用一个名为 config.pro 的系统配置文件预设 Pro/ENGINEER 软件的工作环境并进行全局设置，例如 Pro/ENGINEER 软件的界面是中文还是英文或者是中英文双语，这是由 menu_translation 选项来控制的，该选项有三个可选的值 yes、no 和 both，它们分别可以使软件界面为中文、英文和中英文双语。

本书附赠光盘中的 config.pro 文件对一些基本的选项进行了设置，读者进行如下操作后，可使该 config.pro 文件中的设置有效。

Step1. 复制系统文件。将目录 D:\proewf5.9\proewf5_system_file\下的 config.pro 文件复制至 Pro/ENGINEER Wildfire 5.0 安装目录的\text 目录下。假设 Pro/ENGINEER Wildfire 5.0 安装目录为 C:\Program Files\ProeWildfire5.0，则应将上述文件复制到 C:\Program Files\Proe

Wildfire 5.0\text 目录下。

Step2. 如果 Pro/ENGINEER 启动目录中存在 config.pro 文件，建议将其删除。

说明：关于“Pro/ENGINEER 启动目录”的概念，请参见本丛书《Pro/ENGINEER 中文野火版 5.0 快速入门教程》一书相关章节。

1.7.2　设置界面配置文件 config.win

Pro/ENGINEER 的屏幕界面是通过 config.win 文件控制的，本书附赠光盘中提供了一个 config.win 文件，进行如下操作后，可使该 config. win 文件中的设置有效。

Step1. 复制系统文件。将目录 D:\proewf5.9\proewf5_system_file\下的文件 config.win 文件复制到 Pro/ENGINEER Wildfire 5.0 安装目录的\text 目录下。例如 Pro/ENGINEER Wildfire 5.0 安装目录为 C:\Program Files\ProeWildfire 5.0，则应将上述文件复制到 C:\Program Files\ProeWildfire 5.0\text 目录下。

Step2. 如果 Pro/ENGINEER 启动目录中存在 config.win 文件，建议将其删除。

第 2 章　Pro/ENGINEER 数控加工入门

本章提要　Pro/ENGINEER 的 Pro/NC 模块为我们提供了非常方便、实用的数控加工功能。本章将通过一个简单的零件来说明 Pro/ENGINEER 数控加工的一般过程。通过本章的学习，读者能够清楚地了解数控加工的一般流程及操作方法，并理解其中的原理。

2.1　Pro/ENGINEER 数控加工流程

Pro/ENGINEER 能够模拟数控加工的全过程，其一般流程为（图 2.1.1）：

（1）创建制造模型，包括创建或获取设计模型以及工件规划。

（2）设置制造数据，包括选择加工机床、设置夹具和刀具。

（3）操作设置（如进给速度、进给量和机床主轴转速等）。

（4）设置 NC 序列，进行加工仿真。

（5）创建 CL 数据文件。

（6）利用后处理器生成 NC 代码。

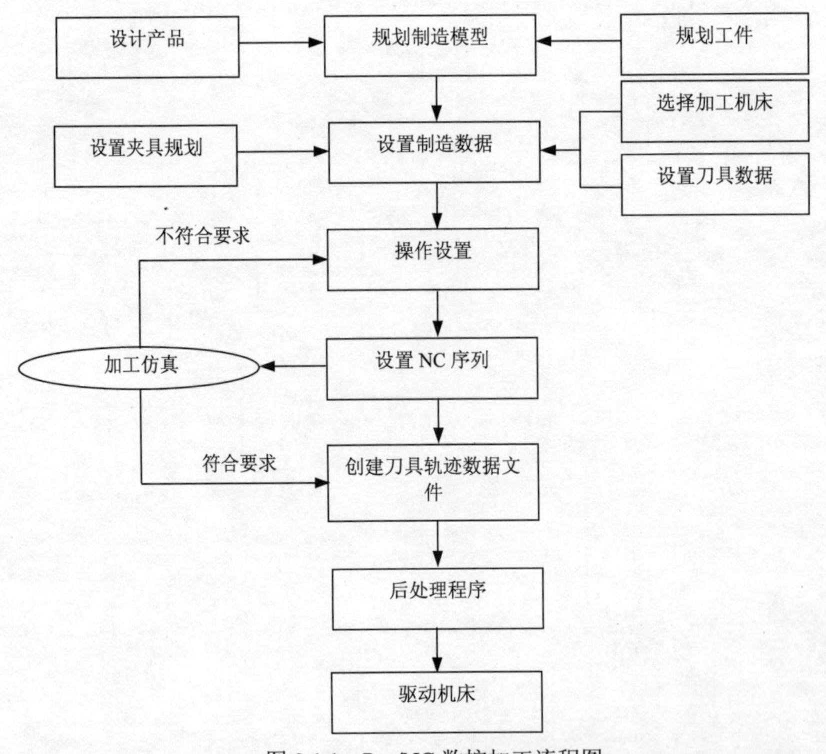

图 2.1.1　Pro/NC 数控加工流程图

2.2　Pro/ENGINEER 数控加工操作界面

首先进行下面的操作，打开指定文件。

Step1. 选择下拉菜单 文件(F) → 设置工作目录(W)... 命令，将工作目录设置至 D:\proewf5.9\work\ch02.02。

Step2. 选择下拉菜单 文件(F) → 打开(O)... 命令，打开文件 volume_milling.asm。

打开文件 volume_milling.asm 后，系统显示图 2.2.1 所示的数控工作界面，下面对该工作界面进行简要说明。

图 2.2.1　Pro/ENGINEER 中文野火版 5.0 数控操作界面

数控工作界面包括下拉菜单区、顶部工具栏按钮区、右工具栏按钮区、消息区、命令在线帮助区、图形区及导航选项卡区。

1. 导航选项卡区

导航选项卡包括四个页面选项："模型树"、"层树"、"文件夹浏览器"和"收藏夹"。

- "模型树"中列出了活动文件中的所有零件及特征，并以树的形式显示模型结构，根对象（活动零件或组件）显示在模型树的顶部，其从属对象（零件或特征）位于根对象之下。例如在活动装配文件中，"模型树"列表的顶部是组件，组件下方是每个元件零件的名称；在活动零件文件中，"模型树"列表的顶部是零件，零件下方是每个特征的名称。若打开多个 Pro/ENGINEER 模型，则"模型树"只反映活动模型的内容。
- "层树"可以有效地组织和管理模型中的层。
- "文件夹浏览器"类似于 Windows 的"资源管理器"，用于浏览文件。
- "收藏夹"用于有效地组织和管理个人资源。

2. 下拉菜单区

下拉菜单中包含创建、保存、修改模型和设置 Pro/ENGINEER 环境的一些命令。

3. 工具栏按钮区

工具栏中的命令按钮为快速进入命令及设置工作环境提供了极大的方便，用户可以根据具体情况定制工具栏。

注意：用户会看到有些菜单命令和按钮处于非激活状态（呈灰色，即暗色），这是因为它们目前还没有处在发挥功能的环境中，一旦其进入有关的环境，便会自动激活。

下面是工具栏中各快捷按钮的含义和作用（图 2.2.2～图 2.2.9），请务必将其记牢。

数控专用工具栏按钮如图 2.2.2 所示，简要说明如下：

A：调出制造信息对话框。　　B：调出编辑步骤参数。

C：调出制造刀具管理器。　　D：调出工艺管理器。

与文件操作有关的按钮如图 2.2.3 所示，各按钮的说明如下：

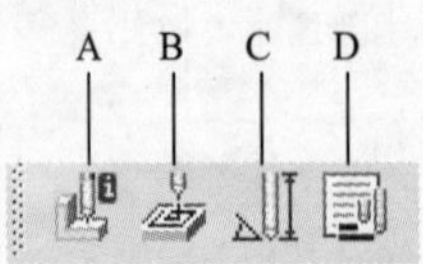

图 2.2.2　数控专用工具栏按钮

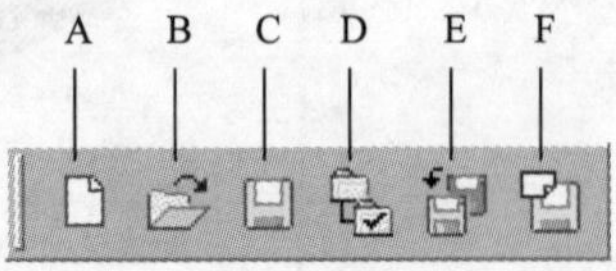

图 2.2.3　工具栏按钮（一）

A：创建新对象（创建新文件）。　　B：打开文件。

C：保存活动对象（当前文件）。　　D：设置工作目录。

E：保存活动对象的副本（另存为）。　　F：更改对象名称。

与图形编辑有关的按钮如图 2.2.4 所示，各按钮的说明如下：

A：撤销前一个操作。

B：恢复前一个被撤销的操作。

C：剪切。

D：复制。

E：粘贴。

F：选择性粘贴。

G：再生模型。

H：指定要再生的修改特征或元件的列表。

I：在模型中按规则搜索、过滤和选取项目。

J：选取框内部的项目。

与视图操作有关的按钮如图 2.2.5 所示，各按钮的说明如下：

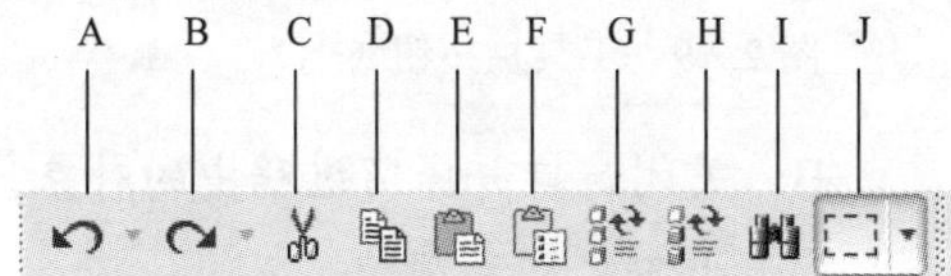

图 2.2.4　工具栏按钮（二）

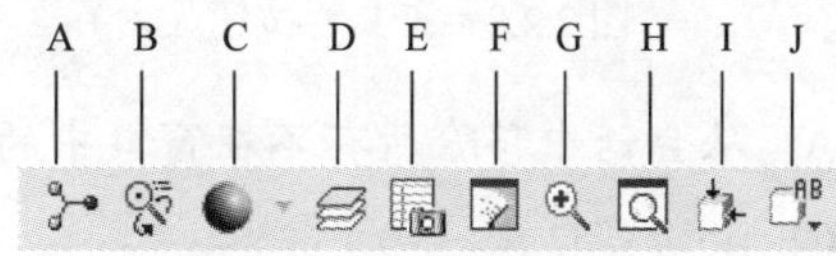

图 2.2.5　工具栏按钮（三）

A：旋转中心开/关。

B：定向模式开/关。

C：外观库。

D：设置层项目和显示状态。

E：启动视图管理器。

F：重画当前视图。

G：放大模型或草图区。

H：重新调整对象使其完全显示在屏幕上。

I：重定向视图。

J：保存的视图列表。

与模型显示有关的按钮如图 2.2.6 所示，各按钮的说明如下：

A：模型以线框方式显示。

B：模型以隐藏线方式显示。

C：模型以消隐方式显示。

D：模型以着色方式显示。

与基准显示有关的按钮如图 2.2.7 所示，各按钮的说明如下：

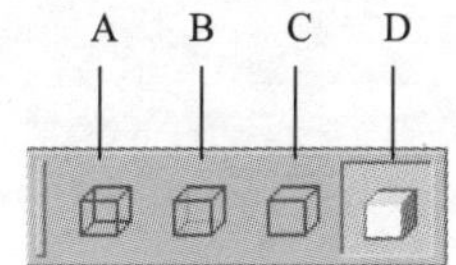

图 2.2.6　工具栏按钮（四）

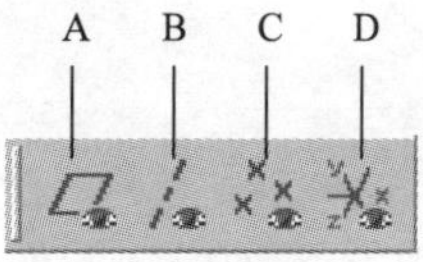

图 2.2.7　工具栏按钮（五）

A：基准平面显示开/关。

B：基准轴显示开/关。

C：基准点显示开/关。

D：坐标系显示开/关。

与创建基准有关的按钮如图 2.2.8 所示，各按钮的说明如下：

A：草绘工具。

B：基准点工具。

C：基准平面工具。

D：基准轴工具。

E：插入基准曲线。

F：基准坐标系工具。

G：插入分析特征。

图 2.2.9 中的几个按钮使用较频繁，各按钮的说明如下：

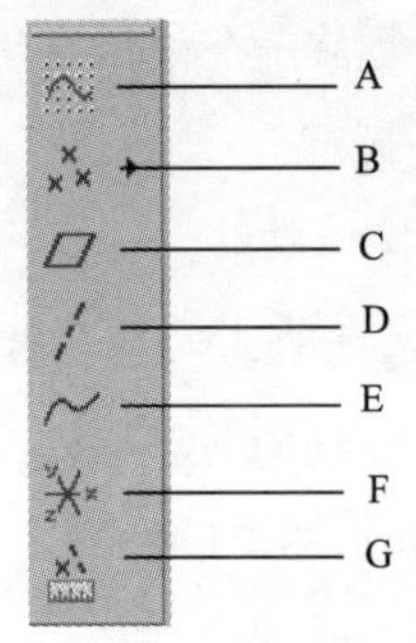

图 2.2.8　工具栏按钮（六）

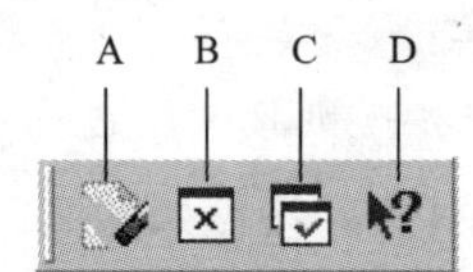

图 2.2.9　工具栏按钮（七）

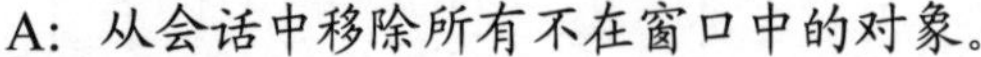

A：从会话中移除所有不在窗口中的对象。　B：关闭窗口并保留进程中的对象。

C：激活窗口。　D：上下文相关帮助。

4．消息区

在用户操作软件的过程中，消息区会即时地显示有关当前操作步骤的提示等消息，以引导用户的操作。消息区有一个可见的边线，将其与图形区分开，若要增加或减少可见消息行的数量，可将鼠标指针置于边线上，按住鼠标左键，然后将其移动到所期望的位置。

消息分为五类，分别以不同的图标提醒。

5．命令在线帮助区

当鼠标指针经过菜单名、菜单命令、工具栏按钮及某些对话框项目时，命令在线帮助区会出现有关提示。

6．图形区

Pro/ENGINEER 各种模型图像的显示区。

2.3　新建一个数控制造模型文件

在进行数控加工操作之前，首先需要新建一个数控制造模型文件，进入 Pro/ENGINEER 数控加工操作界面，其操作提示如下：

Step1．设置工作目录。选择下拉菜单 文件(F) → 设置工作目录(W)... 命令，将工作目录设置至 D:\proewf5.9\work\ch02.03。

Step2．在工具栏中单击“新建”按钮，弹出“新建”对话框（图 2.3.1）。

Step3．在“新建”对话框中，选中 类型 选项组中的 制造 选项，选中 子类型 选项组中的 NC组件 选项，在 名称 后的文本框中输入文件名 volume_milling，取消 使用缺省模板 复选框中的“√”号，单击该对话框中的 确定 按钮。

Step4. 在系统弹出的“新文件选项”对话框的模板选项组中选取 mmns_mfg_nc 模板，然后在该对话框中单击 确定 按钮，如图 2.3.2 所示。

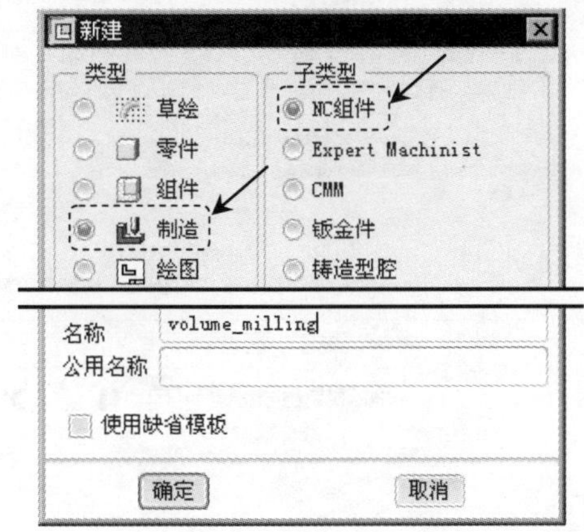

图 2.3.1 “新建”对话框

图 2.3.2 “新文件选项”对话框

2.4 建立制造模型

在进行 Pro/NC 加工制造流程的各项规划之前，必须先建立一个制造模型。常规的制造模型由一个设计模型（由于在创建 NC 序列时将其用作参照，因此也称为“参照模型”）和一个装配在一起的工件组成。随着加工过程的进展，可对工件执行材料去除模拟。一般地，在加工过程结束时，工件几何应与设计模型的几何一致。如果不涉及材料的去除，则不必定义工件几何。因此，加工组件的最低配置为一个参照零件。根据加工需要，制造模型可以是任何复杂级别的组件，并可包含任意数目独立的参照模型和工件。它还可以包含其他可能属于制造组件的一部分，但对实际材料去除过程没有直接影响的元件（例如转台或夹具）。创建制造模型时，它一般由以下三个单独的文件组成。

- 制造组件——manufacturename.asm。
- 设计模型——filename.prt。
- 工件（可选）——filename.prt。

使用更为复杂的组件配置时，还会将其他零件和组件文件包括在制造模型中。制造模型配置反映在模型树中。

Stage1. 引入参照模型

Step1. 选取命令。选择下拉菜单 插入(I) ➡ 参照模型(R) ➡ 装配(A)... 命令，系统弹出“打开”对话框。

Step2. 从弹出的“打开”对话框中，选取三维零件模型——volume_milling.prt 作为参照零件模型，并将其打开。系统弹出“放置”操控板，如图 2.4.1 所示。

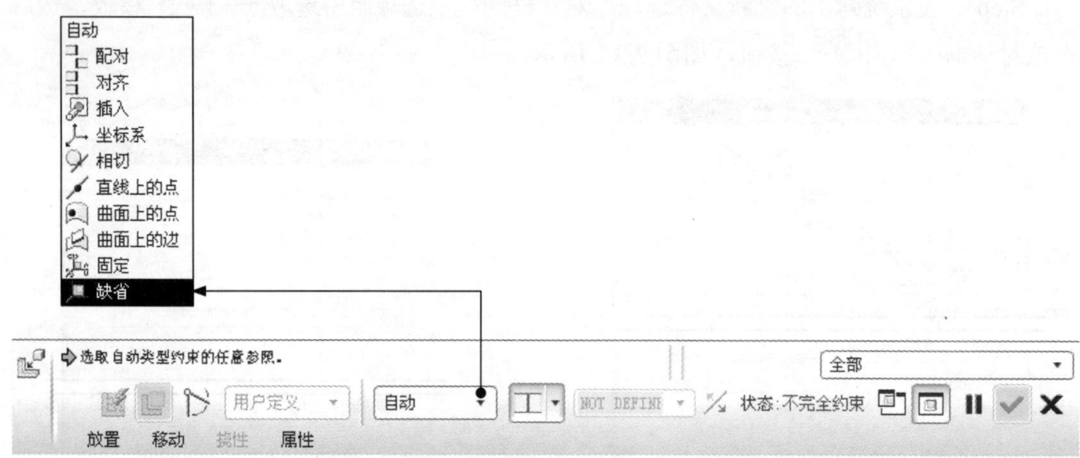

图 2.4.1　“放置”操控板

Step3. 在“放置”操控板中选择“缺省”命令，然后单击✔按钮，此时系统弹出图 2.4.2 所示的“创建参照模型”对话框，单击此对话框中的“确定”按钮，完成参考模型的放置，放置后如图 2.4.3 所示。

Stage2. 创建工件

手动创建图 2.4.4 所示的工件，操作步骤如下：

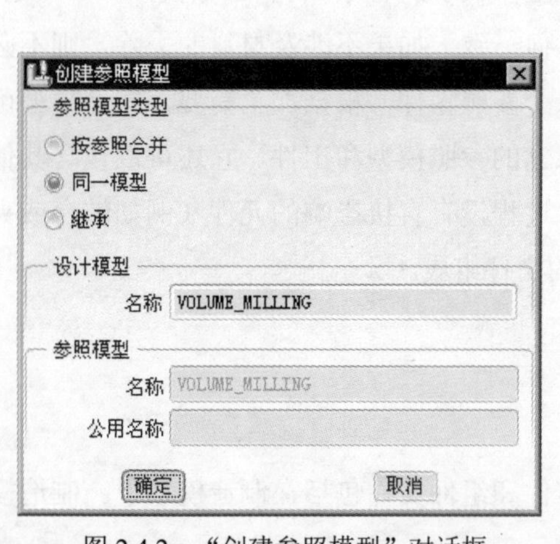

图 2.4.2　“创建参照模型”对话框

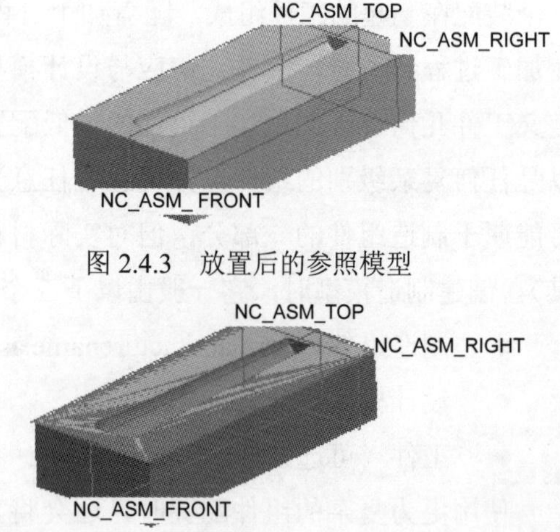

图 2.4.3　放置后的参照模型

图 2.4.4　制造模型

注意：工件可以通过创建或者装配的方法来引入，本例介绍手动创建工件的一般步骤。

Step1. 选取命令。选择下拉菜单 插入(I) ➡ 工件(W) ➡ 创建(C)... 命令。

Step2. 在系统 输入零件 名称 [PRT0001]: 的提示下，输入工件名称 volume_workpiece，然后在提示栏中选择“完成”按钮✔。

Step3. 创建工件特征。

（1）在 ▼ FEAT CLASS（特征类） 菜单中，选择 Solid（实体） → Protrusion（伸出项） 命令。在弹出的 ▼ SOLID OPTS（实体选项） 菜单中，选择 Extrude（拉伸） → Solid（实体） → Done（完成） 命令，此时系统显示实体拉伸操控板。

（2）创建实体拉伸特征。

① 定义拉伸类型。在出现的操控板中，确认“实体”类型按钮被按下。

② 定义草绘截面放置属性。在绘图区中右击，从弹出的快捷菜单中，选择 定义内部草绘... 命令，系统弹出“草绘”对话框，如图 2.4.5 所示。在系统 ➪选取一个平面或曲面以定义草绘平面。 的提示下，选择图 2.4.6 所示的参照模型表面 1 为草绘平面，接受图 2.4.6 中默认的箭头方向为草绘视图方向，然后选取图 2.4.6 所示的参照模型表面 2 为参照平面，方位为 顶，选择 草绘 按钮，至此系统进入截面草绘环境。

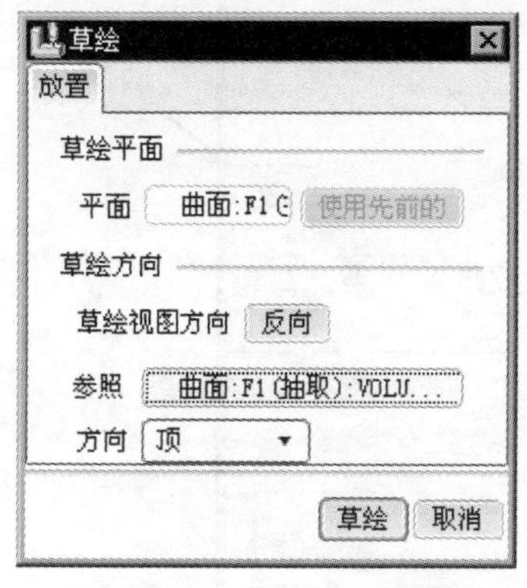

图 2.4.5　“草绘”对话框

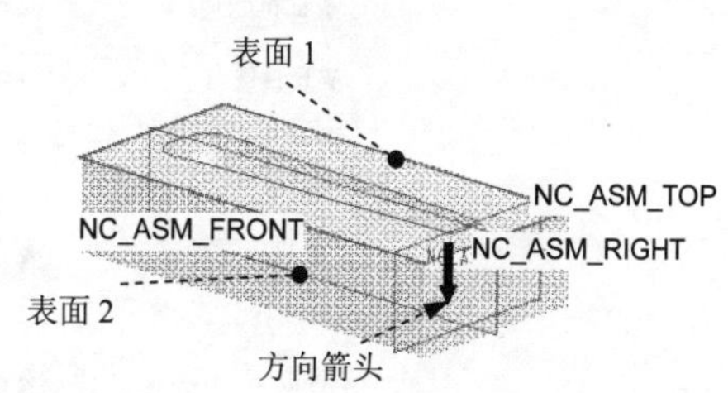

图 2.4.6　定义草绘平面

③ 绘制截面草图。进入截面草绘环境后，选取 NC_ASM_TOP 基准面和 NC_ASM_FRONT 基准面为草绘参照，使用命令绘制图 2.4.7 所示的截面草图。完成特征截面的绘制后，选择工具栏中的“完成”按钮。

④ 在操控板中选取深度类型（到选定的），然后将模型调整到图 2.4.8 所示的视图方位，选取图中所示的坯料表面为拉伸终止面。

⑤ 预览特征。在操控板中选择“预览”按钮，可浏览所创建的拉伸特征。

⑥ 完成特征。在操控板中选择“完成”按钮，完成工件的创建。

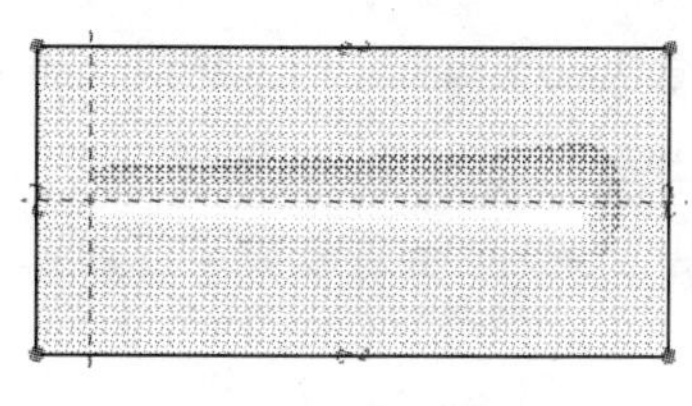

图 2.4.7　截面草图

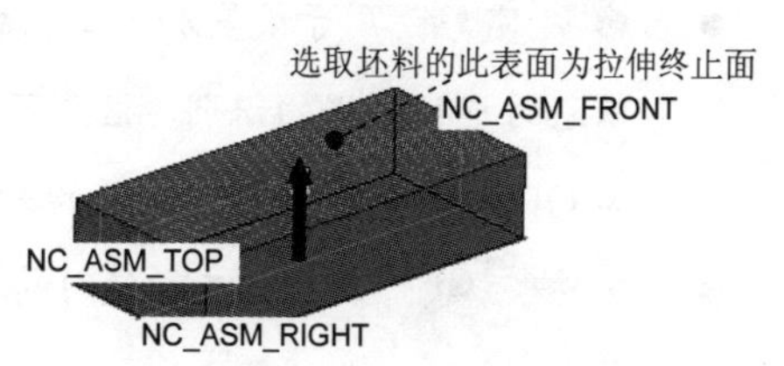

图 2.4.8　选取拉伸终止面

2.5　制造设置

制造设置即建立制造数据库。此数据库包含诸如可用机床、刀具、夹具配置、地址参数或刀具表等项目。此步骤为可选步骤。如果不想预先建立全部数据库，可以直接进入加工过程，然后在真正需要时定义上述任何项目。

制造设置的一般步骤如下：

Step1. 选取命令。选择下拉菜单 步骤(S) → 操作(O) 命令，此时系统弹出图 2.5.1 所示的“操作设置”对话框。

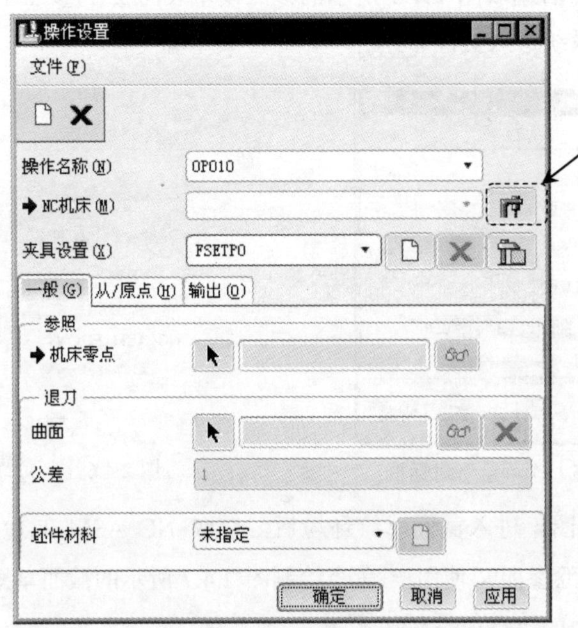

图 2.5.1　“操作设置”对话框

图 2.5.1 所示的“操作设置”对话框中的各项说明如下：

- 按钮：位于对话框左上部，用于创建一个新操作。
- 按钮：位于对话框左上部，用于删除已创建的操作。
- 操作名称(N)：用于设置加工工艺的名称。其目的是用于在读取所设置的加工操作环境信息时进行数据的识别，区别不同的操作。如果是首次设置操作，则系统默认的名称为 OP010，也可以在其后面的文本框中输入所定义操作的名称。
- NC机床(M)：设置加工所使用的机床设备。包括机床的类型、机床的加工轴数和位置等参数。
- 按钮：打开机床对话框以创建或重新定义机床。

- 按钮：位于 夹具设置(X) 后面的第一个按钮，用于新建一个夹具。
- 按钮：删除所选夹具设置。
- 按钮：位于 夹具设置(X) 的后面，用于重新定义夹具设置。
- 一般(G) 选项卡：该选项卡界面包括加工零点的设置、加工退刀面的设置及坯件材料的设置（图 2.5.2 所示）。
- 从/原点(H) 选项卡：该选项卡界面包括加工路径起始点和结束点位置的设置（图 2.5.3 所示）。选择 头1 选项组中 起点 后的 按钮，则系统弹出图 2.5.4 所示的 DEF FROM（定义起始）菜单，用于定义刀具路径的起始位置。选择 原点 后的 按钮，则系统弹出图 2.5.5 所示的 DEF HOME（定义原点）菜单，用于定义刀具路径的结束位置。

定义起始点和定义结束点位置的方法相同，用户可以重新创建点以作为刀具运动的起始点，也可以通过选择现有的点作为刀具运动的起始位置和结束位置。

图 2.5.4 和图 2.5.5 所示的两个命令的说明如下：

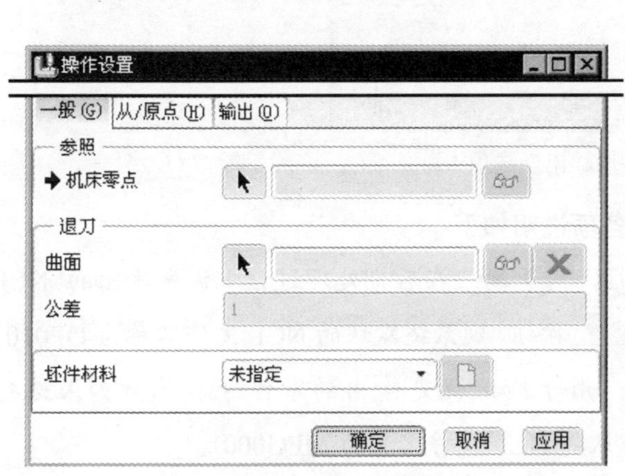

图 2.5.2　“一般”选项卡

图 2.5.3　“从原点”选项卡

☑ Select（选取）：用于选择加工起始点或结束点。选择该选项，系统将弹出“选取”对话框，如图 2.5.6 所示，用户可以选取已存在的点作为刀具轨迹的起始位置或结束位置。

☑ Remove（移除）：用于删除加工起始点或结束点。选择该选项，系统将弹出“选取”对话框，用户可以选取需要删除的点作为需要移除的对象。

图 2.5.4　“定义起始”菜单

图 2.5.5　“定义原点”菜单

图 2.5.6　“选取”对话框

注意：

如果与操作相关的机床有两个头，则可为第二个头设置单独的起始点和结束点。这种情况下，将在为某个头（即头 1 或头 2 ）所指定的“从”点与使用此头的第一个 NC 序列的第一个点之间创建“从”运动；将在使用此头的最后一个 NC 序列的最后一个点与此头的“原始”点之间创建“原始”运动。

- 输出(O)选项卡：该部分用于设置加工过程中优先输出的选项（图 2.5.7）。

图 2.5.7 “输出”选项卡

图 2.5.7 所示的“输出”选项卡中的各项说明如下：

☑ 输出NCL文件：其后面的文本框，用于输入在后期处理过程中优先输出的 NCL 文件名称。如果选择使用缺省设置按钮，则系统默认的 NCL 文件名称为 OP010。

☑ 零件号：其后面的文本框，用于输入优先输出的零件号名称。如果选择使用缺省设置按钮，则系统默认的 NCL 文件名称为 MFG0001。

☑ 启动文件：设置优先输出文件的开始位置。

☑ 关闭文件：设置优先输出文件的结束位置。

☑ 注释：在此文本框中可以输入加工操作环境的文字叙述信息，以方便用户了解所使用的加工操作环境。

☑ 打开...按钮：用于打开选中的文本文件。

☑ 插入...按钮：用于选择要插入的文本文件。

☑ 另存为...按钮：用于选择保存文本的文件。

☑ 清除按钮：用于清除注释。

Step2. 机床设置。选择“操作设置”对话框中的按钮，弹出“机床设置”对话框，在机床类型(T)下拉列表中选择铣削，在轴数(X)下拉列表中选择3轴，如图 2.5.8 所示。

图 2.5.8 所示的“机床设置”对话框中的各项说明如下：

- 机床名称(N)：用于机床名称的设置，可以在读取加工机床信息时，作为一个标识，以区别不同的加工机床设置。如果是首次设置加工机床，该选项默认的名称为 MACH01，用户可以使用其默认的名称，也可以在后面的文本框中设置新的名称。
- 机床类型(T)：机床一般分为两大类：立式和卧式。对于不同的零件特点和工艺要求，需要选择不同类型的机床。不同的机床类型决定了在该机床上所能进行的 NC 工序。
- Pro/ENGINEER 可以进行的加工机床类型有车床、铣削、车/铣床和线切割。

☑ 车床：主要用于二轴/四轴的车削及孔加工，可以进行轮廓车削，端面车削，区域车削，槽、螺纹的加工以及钻孔、镗孔、铰孔、攻螺纹等的加工工序设置。

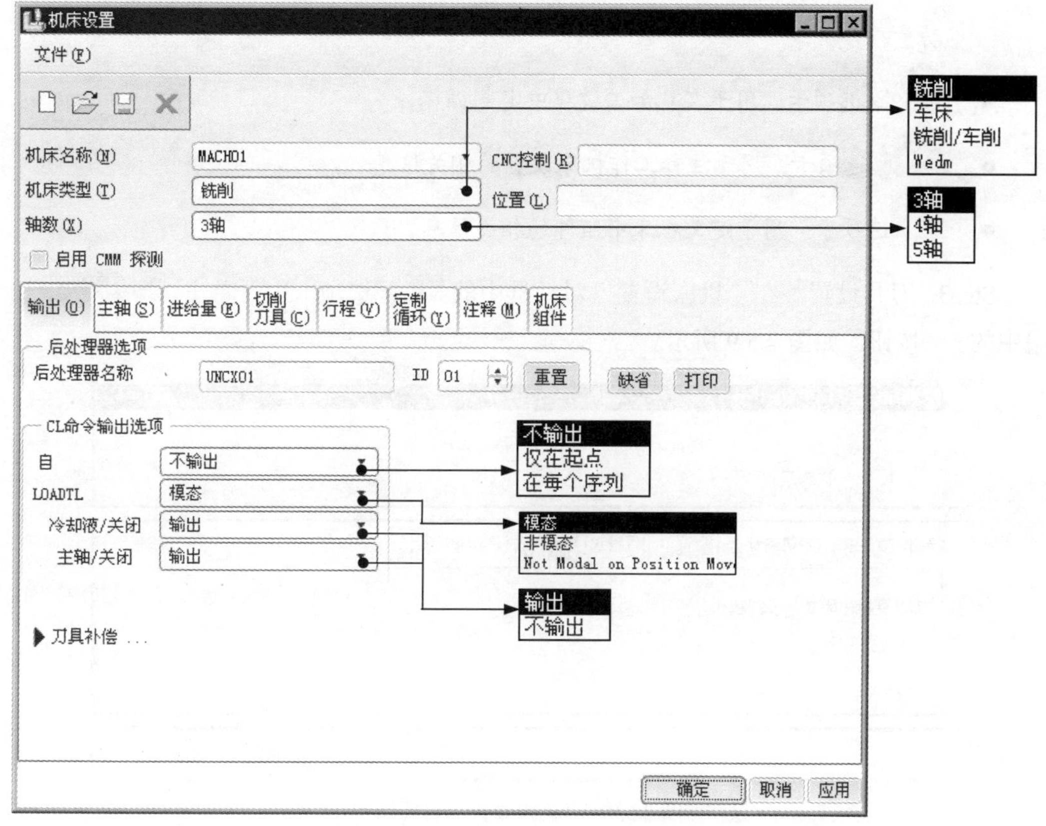

图 2.5.8 “机床设置”对话框

☑ 铣削：主要用于三～五轴的铣削及孔加工，可以进行粗铣，曲面轮廓铣削，凹槽、平面、螺纹的加工，雕刻和孔加工的工序设置。

☑ 铣削/车削：主要用于二～五轴的铣削及孔加工，可以进行车削加工、铣削加工和孔加工的工序设置。

☑ Wedm：主要用于 2 轴/4 轴的加工，可以进行仿形切削、锥角加工和 XY-UV 类型加工的工序设置。

- CNC控制(R)：用于控制器名称的输入。
- 位置(L)：用于加工机床位置的输入。
- 输出(O)选项卡：可以进行后处理器的相关设置、刀具位置输出的相关设置。选择最下面的▶刀具补偿...选项，则会弹出切刀补偿的相关设置。刀具补偿的作用是把零件轮廓轨迹转换成刀具中心的轨迹。
- 主轴(S)选项卡：用于刀具主轴的最大转速和功率的设置。
- 进给量(E)选项卡：用于进给量单位和极限的设置。
- 切削刀具(C)选项卡：用于刀具换刀时间的设置，并进行刀具参数的设置。
- 行程(V)选项卡：用于设置加工机床刀具在各方向（X_，Y_，Z_，）的最大和最小移动量。
- 定制循环(Y)选项卡：用于在孔加工过程中定制循环。
- 注释(M)选项卡：用于注释工作机床设置的相关信息。
- 机床组件选项卡：用于定义机床中组件的相关信息。

Step3. 刀具设置。在“机床设置”对话框中的切削刀具(C)选项卡中，单击切削刀具设置选项组中的按钮，如图 2.5.9 所示。

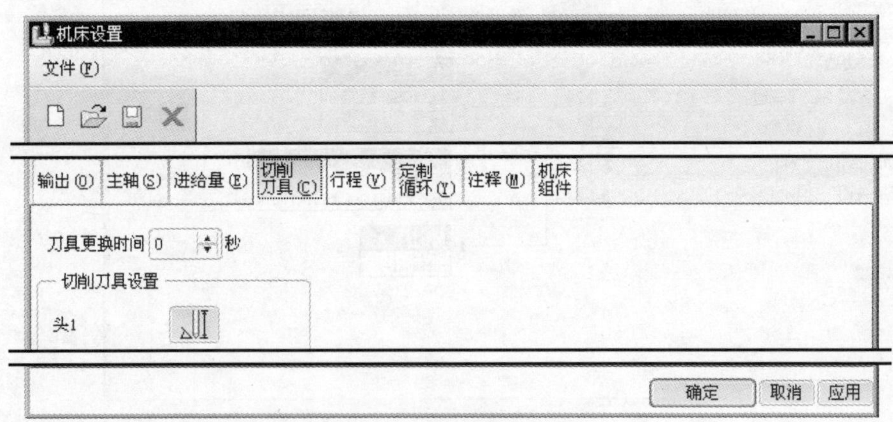

图 2.5.9 “机床设置”对话框

Step4. 在弹出的“刀具设定”对话框中设置刀具参数，完成设置后如图 2.5.10 所示，设置完毕后单击 应用 按钮并单击 确定 按钮，在“机床设置”对话框中单击 确定 按钮，返回到“操作设置”对话框。

图 2.5.10 所示的“刀具设定”对话框上半部的按钮说明如下：

- 按钮：用于新刀具的创建。
- 按钮：用于从磁盘中打开刀具。

- 按钮：保存刀具参数文件。选择该按钮，则系统弹出图 2.5.11 所示的“刀具对话框确认”对话框（一），用户确认是否应用对刀具的改变。
- 按钮：删除刀具。选择该按钮，则系统弹出图 2.5.12 所示的“刀具对话框确认”对话框（二），用户确认是否删除所选刀具。
- 按钮：用于刀具信息的显示。双击该按钮，则系统弹出图 2.5.13 所示的信息窗口，其中显示刀具的相关信息。
- 应用 按钮：用于应用所选刀具或更改后的刀具，选择该按钮，则弹出图 2.5.14 所示的“刀具对话框确认”对话框（三），以便用户确认是否应用更改后的刀具。
- 恢复 按钮：用于恢复刀具的原设置。

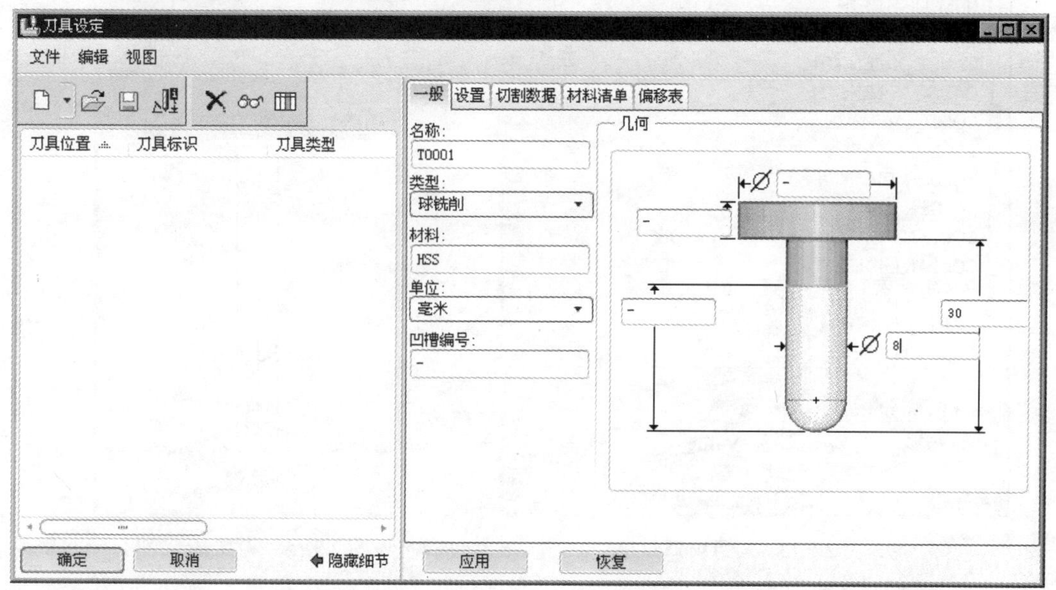

图 2.5.10 “刀具设定”对话框

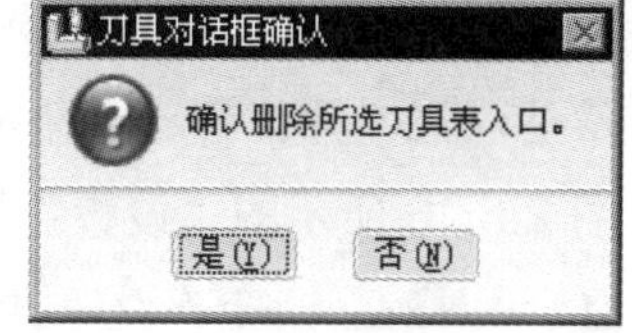

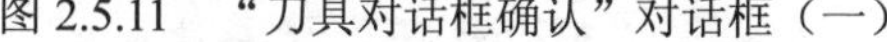

图 2.5.11 “刀具对话框确认”对话框（一）　　图 2.5.12 “刀具对话框确认”对话框（二）

- 按钮：根据当前数据设置在单独窗口中显示刀具。选择该按钮，则系统弹出刀具显示窗口，如图 2.5.15 所示。

说明： 用户可以在刀具预览或刀具窗口中，利用滚轮滚动来缩小或放大窗口，来查看刀具情况。

- 名称：其后的文本框用于刀具名称的输入。
- 类型：用于设置所选加工类型使用的刀具。选择其右侧的下三角按钮，弹出加工类型的选项列表。不同的加工类型，其下拉列表中的选项也不同。

- 材料：用于设置刀具材料。常用的刀具材料有：刀具钢，包括碳素合金钢、合金工具钢和高速钢；硬质合金，包括钨钴（YG）合金、钨钛（YT）合金和钨钛钽（铌）（YW）合金；另外还有陶瓷、金刚石和立方氮化硼（CBN）等。
- 单位：用于设置所选刀具参数的单位。有英寸、英尺、毫米、厘米和米五项。

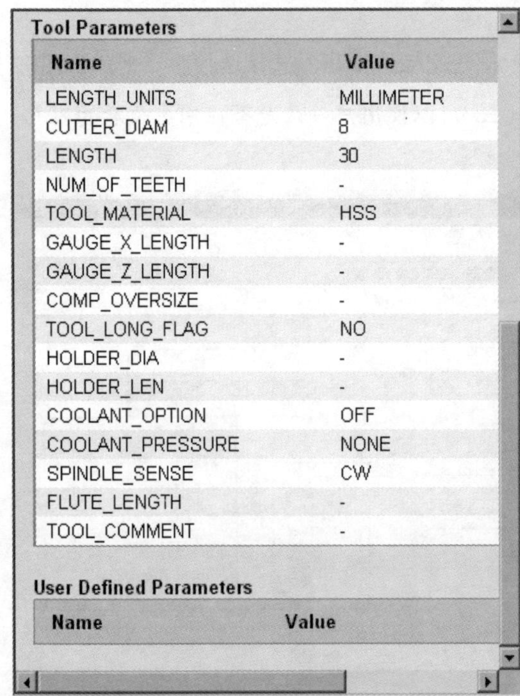

Tool Parameters

Name	Value
LENGTH_UNITS	MILLIMETER
CUTTER_DIAM	8
LENGTH	30
NUM_OF_TEETH	-
TOOL_MATERIAL	HSS
GAUGE_X_LENGTH	-
GAUGE_Z_LENGTH	-
COMP_OVERSIZE	-
TOOL_LONG_FLAG	NO
HOLDER_DIA	-
HOLDER_LEN	-
COOLANT_OPTION	OFF
COOLANT_PRESSURE	NONE
SPINDLE_SENSE	CW
FLUTE_LENGTH	-
TOOL_COMMENT	-

User Defined Parameters

Name	Value

图 2.5.13　信息窗口

刀具对话框确认

刀具说明将改变，请确认。

是(Y)　否(N)

图 2.5.14 “刀具对话框确认”对话框（三）

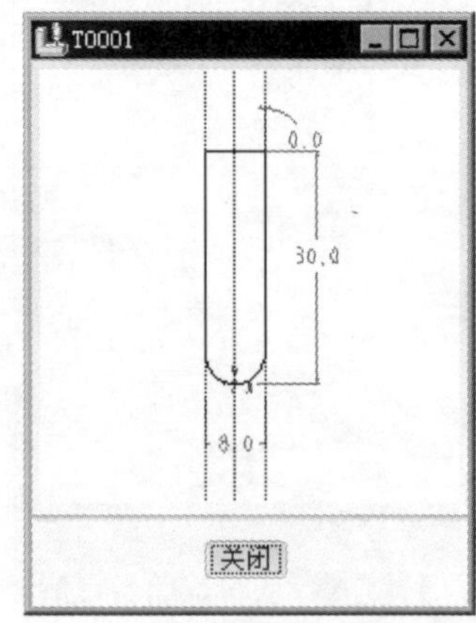

图 2.5.15　刀具显示窗口

图 2.5.10 所示的“刀具设定”对话框右半部的按钮说明如下：

- 设置选项卡：该选项卡主要用于设置车刀的参数，如刀具号、刀具偏置量或位置补偿量以及刀具信息的注释等（图 2.5.16）。

  图 2.5.16 所示的“设置”选项卡中的各项说明如下：

  ☑ 刀具号：用于存放刀具位置编号，用户在加工过程中，可能需要不止一把刀具，所以需要根据在加工机床转塔上存放的正确位置加以编号，从而使加工机床在自动换刀时能正确地转换刀具，避免刀具转换错误，造成加工失败。

  ☑ 偏距编号：指定当前刀具的偏距数。

  ☑ 标距 X 方向长度：刀具切刃的径向深度。

  ☑ 标距 Z 方向长度：刀具切刃的轴向深度。

  ☑ 补偿超大尺寸：在实际加工过程中，各种加工工序使用的刀具可能长短不一，转换不同刀具进行相同加工坐标系的加工时，不同刀长的加工刀具之间需要进行刀长信息的偏距操作，才能正确地完成不同长度刀具间的加工转换。

☑ 注释：将刀具信息储存为文字字符串。

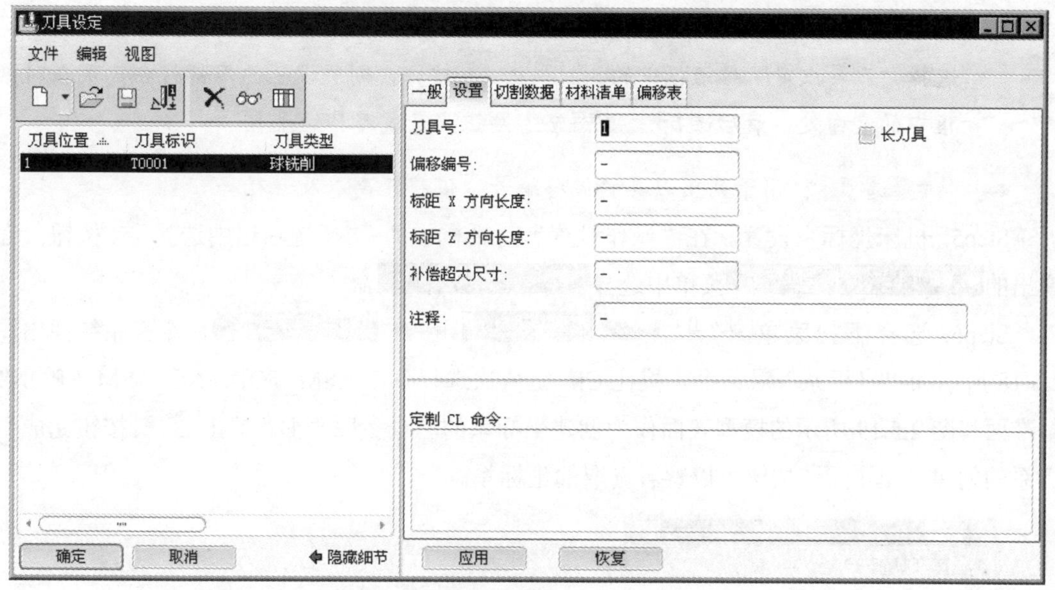

图 2.5.16 “设置”选项卡

- 切割数据选项卡：该选项卡主要用于加工属性和切割数据的设置（图 2.5.17）。

图 2.5.17 所示的“切割数据”选项卡中各项的说明如下：

☑ 属性：包括加工方式的选择，有粗加工、精加工、坯件材料的选择，单位的选择是米制或英制。

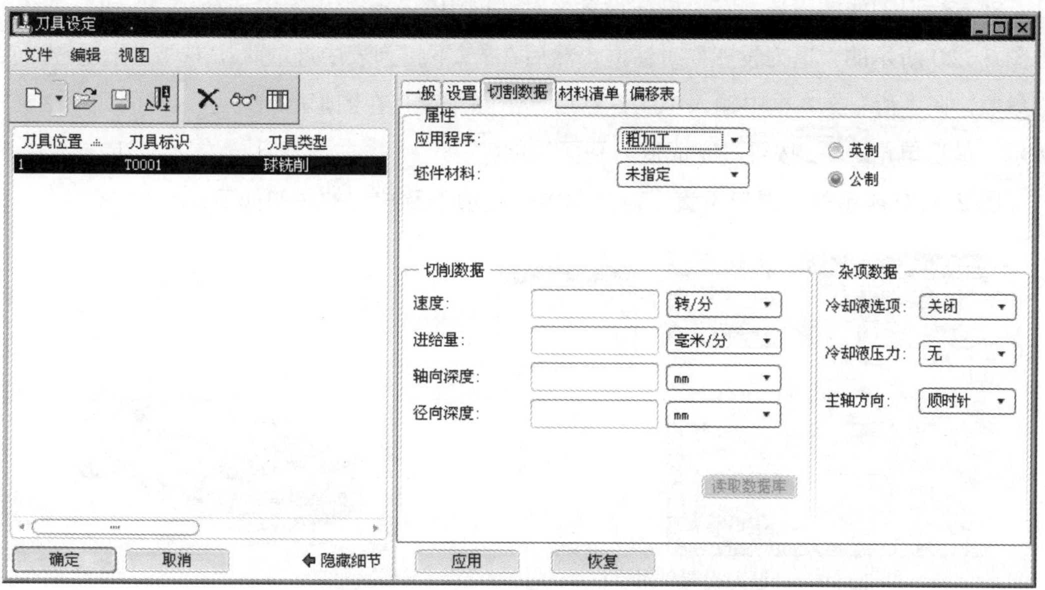

图 2.5.17 “切割数据”选项卡

☑ 切削数据：包括刀具主轴的最大转速及单位、进给量及单位、轴向深度及单位和径向深度及单位的设置和选择。

- 材料清单选项卡：用于列出刀具名称、类型、数量以及注释等。参数设置完成后，选择“刀具设定”对话框中的 应用 按钮，则所设置的刀具就会出现在对话框中的空白处，最后选择 确定 按钮，完成刀具的设置。
- 偏移表选项卡：用于列出刀具的偏移编号、偏移距离以及注释。

Step5. 机床坐标系设置。在“操作设置”对话框中的参照选项组中选择↖按钮，在弹出的▼ MACH CSYS（制造坐标系）菜单中选择 Select（选取）命令。

Step6. 选择下拉菜单 插入(I) → 模型基准(D) ▸ → 坐标系(C)... 命令，系统弹出图 2.5.18 所示的“坐标系”对话框。按住 Ctrl 键依次选择 NC_ASM_TOP、NC_ASM_FRONT 基准面和图 2.5.19 所示的模型表面作为创建坐标系的三个参照平面，单击 确定 按钮完成坐标系的创建。单击 按钮可以察看选取的坐标系。

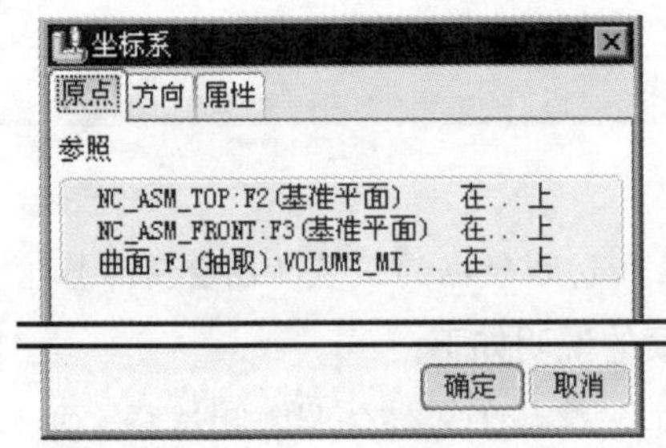

图 2.5.18　“坐标系”对话框

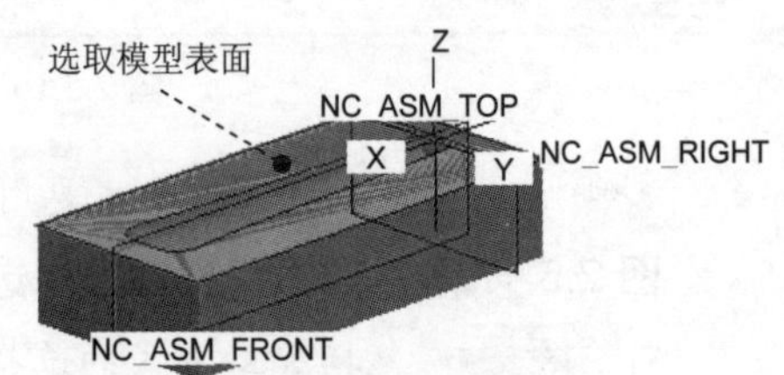

图 2.5.19　所需选取的参照平面

Step7. 退刀面的设置。在“操作设置”对话框中的退刀选项卡中选择↖按钮，系统弹出图 2.5.20 所示的“退刀设置”对话框，然后在类型下拉列表中选取平面，选取坐标系 ACSO 为参照，在“值”文本框中输入 10.0，然后单击回车键，在图形区预览退刀平面如图 2.5.21 所示。最后单击 确定 按钮，完成退刀平面的创建。

图 2.5.20 所示的“退刀设置”对话框中的选项卡及按钮的说明如下：

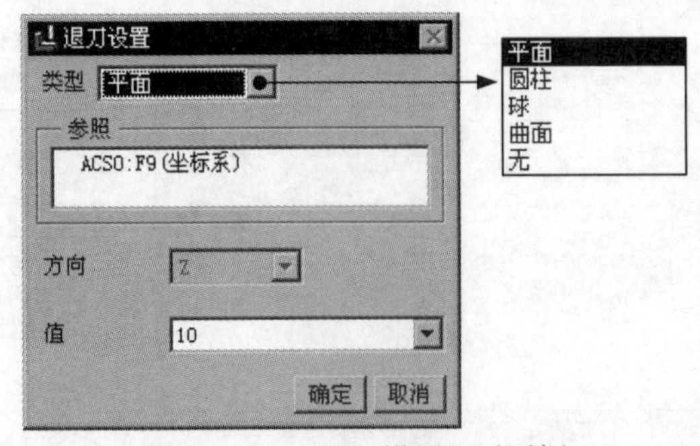

图 2.5.20　“退刀设置”对话框

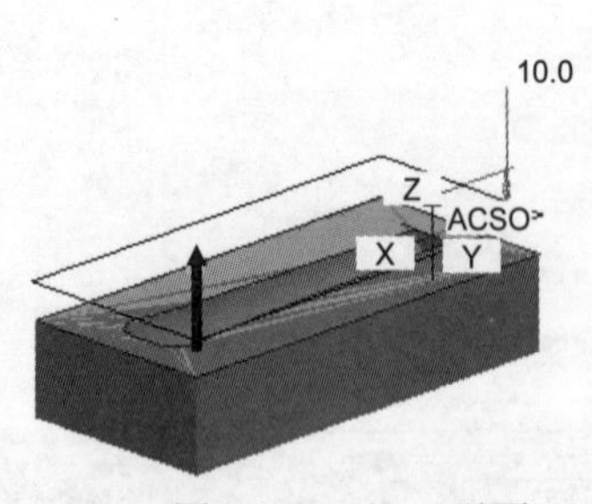

图 2.5.21　退刀平面

在类型下拉列表中有四种退刀方式。不同的退刀方式所对应的设置不同，下面分别对其进行说明。

- 平面：为刀具创建一个平面。
- 圆柱：选取此类型，系统弹出图 2.5.22 所示的对话框，创建退刀圆柱面。
- 球：选取此类型，系统弹出图 2.5.23 所示的对话框，为刀具创建退刀球面。
- 曲面：选取此类型，系统弹出图 2.5.24 所示的对话框，为刀具退刀选取一个曲面。
- 参照：选取一个特征作为创建退刀面的参照。
- 值：在文本框中输入要偏移的距离。

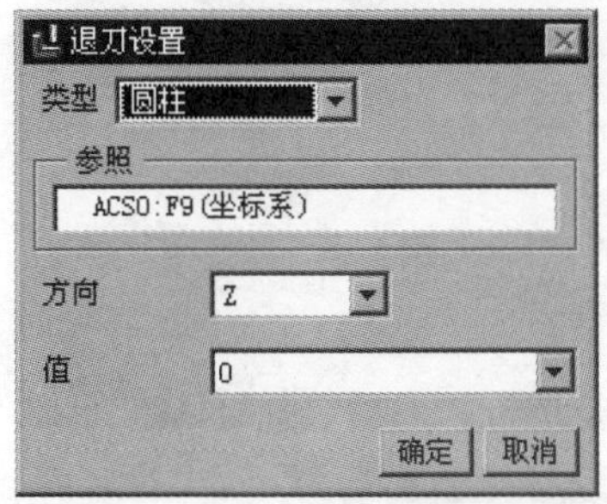

图 2.5.22 “退刀圆柱面”对话框

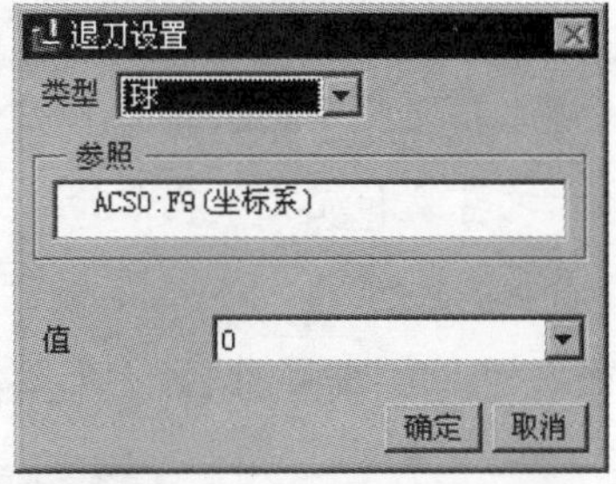

图 2.5.23 “退刀球面”对话框

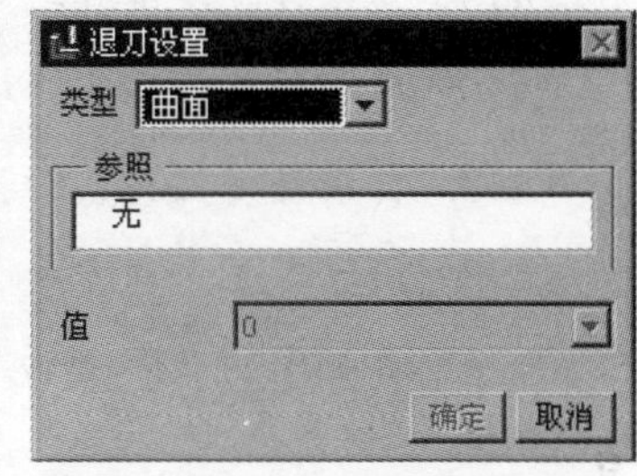

图 2.5.24 “退刀曲面”对话框

Step8. 在“操作设置”对话框中的 退刀 选项组中的 公差 文本框后输入加工的公差 0.01，完成后单击 确定 按钮，完成制造设置。

2.6　设置加工方法

在 Pro/NC 中，不同的数控加工机床和加工方法所对应的 NC 序列设置项目将有所不同，每种加工程序设置项目所产生的加工刀具路径参数形态及适用状态也有所不同。所以，用户可以根据零件图样及工艺技术状况，选择合理的加工方法。设置加工方法的一般步骤如下：

Step1. 选择下拉菜单 步骤(S) → 体积块粗加工(V) 命令，如图 2.6.1 所示，此时系统弹出“序列设置”菜单。

图 2.6.1 中各命令的说明如下：

A1：用 2～5 轴控制铣削平面端面。

A2：用 2～5 轴控制铣削一个材料体积块。

A3：对工件进行粗加工。

A4：用钻削式加工方式加工曲面。

A5：再次对工件进行粗加工。

A6：切除先前的 NC 序列加工残留的材料。

A7：通过生成平行、平面走刀或沿曲面轮廓走刀铣削曲面。

A8：用刀具侧面加工曲面轮廓。

A9：精确加工，使加工后的工件与参照模型相同。

A10：用拐角方式精确加工曲面。

A11：用腔槽加工方式加工曲面。

A12：交互刀具的轨迹。

A13：交互定义刀具的轨迹。

A14：用于对凹槽或凸台类零件的粗加工。

A15：在零件上铣削螺纹。

A16：用于钻孔、镗孔、攻螺纹和沉孔等孔系加工。

A17：自动进行钻孔、镗孔、攻螺纹和沉孔等孔系加工。

A18：用于定义手动方式进行加工。

Step2. 在弹出的“序列设置”菜单中选择图 2.6.2 所示的复选框，然后选择 **Done（完成）**

图 2.6.1　下拉菜单

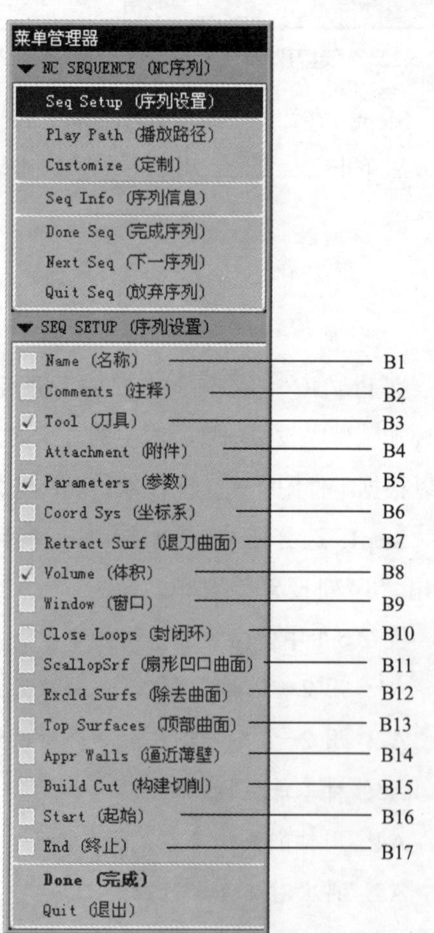

图 2.6.2　“序列设置”菜单

命令，在弹出的“刀具设定”对话框中选择 确定 按钮，此时系统弹出编辑序列参数“体积块铣削”对话框。

图 2.6.2 所示的“序列设置”菜单中各命令的说明如下：

B1：检测并指定一个 NC 序列。

B2：检测并指定 NC 序列的备注。

B3：检测并指定或修改刀具。

B4：选中可指定的或者要对其修改的附加项。

B5：检测并指定 NC 序列的参数。

B6：检测或者指定加工坐标系。

B7：创建或选取一个曲面作为退刀曲面。

B8：创建或选取铣削体积块。

B9：创建或选取“铣削窗口”。

B10：为窗口加工指定要封闭的环。

B11：如果指定了 WALL_SCALLOP_HGT 或 BOTTOM_SCALLOP_HGT，则选取将从扇形计算排除的曲面。

B12：指定从轮廓中排除体积块曲面。

B13：显式定义“顶部”曲面，即可在创建刀具路径时被刀具穿透铣削体积块的曲面。此选项仅在体积块的某些顶部曲面与退刀平面不平行时才必须使用。如果使用“铣削窗口”(Mill Window)，则此选项不可用。窗口启动平面将被用作顶部曲面。

B14：选取铣削体积块的侧面，或“铣削窗口”的侧面，在进刀和退刀过程中可不必如此。

B15：指定构建切削元素（进刀，退刀……)。

B16：指定 NC 序列的起点。

B17：指定 NC 序列的终点。

Step3. 在编辑序列参数“体积块铣削”对话框中设置基础的加工参数，如图 2.6.3 所示，选择下拉菜单 文件(F) 菜单中的 另存为 命令。接受系统默认的名称，单击“保存副本”对话框中的 确定 按钮，然后再次单击编辑序列参数“体积块铣削”对话框中的 确定 按钮，完成参数的设置。此时，系统弹出菜单管理器和“选取”菜单。

说明：用户可以利用该对话框设置欲设置的参数，其方法是选择欲设置的参数内容，则该参数设置栏会高亮显示，该栏内的设置内容也会显示在文本框内。用户可以在欲设置参数后面的文本框中单击，此时，被选中的文本框为激活状态，可以输入参数内容，完成该参数设置。如果参数设置的内容是可选择的，则可以在进行参数设置时，直接选取下拉列表中的选项。可利用鼠标选择所需的内容项目以完成参数设置。

图 2.6.3 所示的编辑系列参数“体积块铣削”对话框中的各项说明如下：

- 切削进给：设置加工过程中的切削进给速度，单位通常为 mm/min。

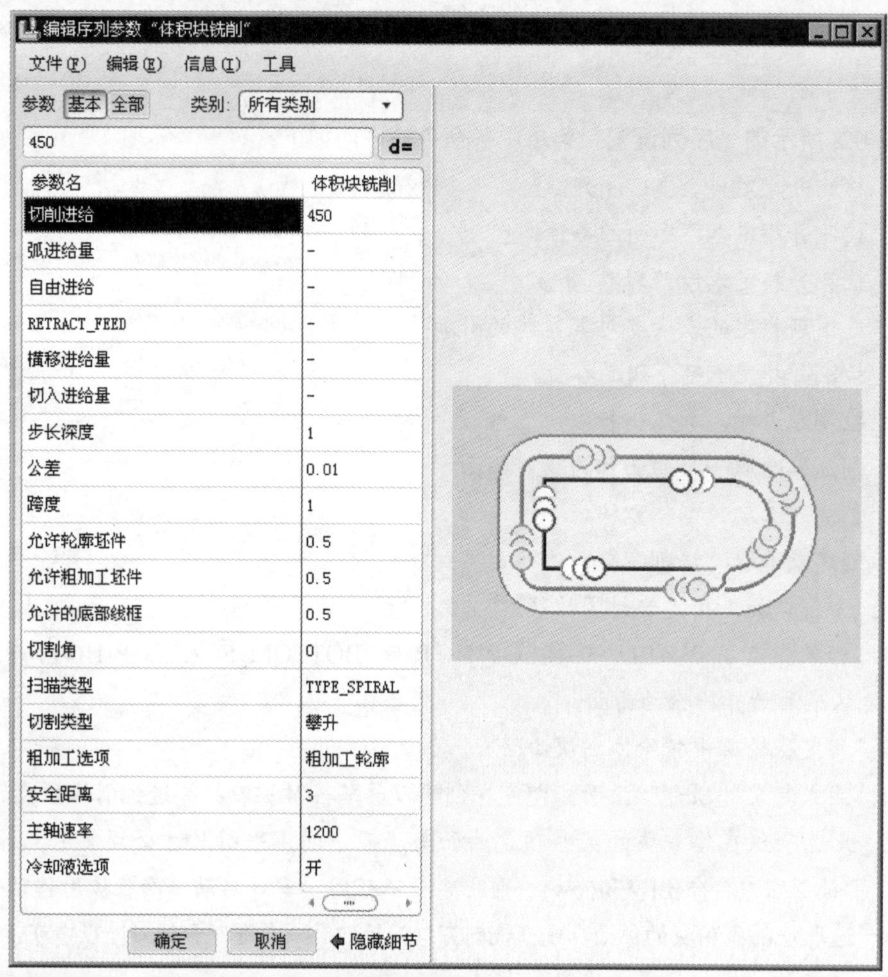

图 2.6.3　编辑序列参数“体积块铣削”对话框

- 弧进给量：设置所有沿弧的切割移动的进给率。
- 自由进给：设置非切割动作的进给率。
- RETRACT_FEED：刀具从工件上移开的进给率。
- 横移进给量：设定所有横向刀具运动的进给速率。
- 切入进给量：用户可以设定插入移动的速度。
- 步长深度：设置分层铣削中每一层的切削深度，单位通常为 mm。
- 公差：从刀具轨迹中的模型几何设置最大允许偏差。
- 跨度：设置相邻两条刀具轨迹间的重叠部分，通常取刀具直径的一半，单位为 mm。
- 允许轮廓坯件：用于设置粗加工余量。
- 允许粗加工坯件：设定原料量留给粗加工刀具轨迹段。
- 允许的底部线框：用于设置底部的加工余量。
- 切割角：用于设置刀具路径和 X 轴的夹角。
- 扫描类型：用于设置加工区域时轨迹的拓扑结构。有下面几种主要类型：

- ☑ 类型 1：刀具连续走刀，遇到凸起部分自动抬刀。
- ☑ 类型2：刀具连续走刀，遇到凸起部分，刀具环绕加工、不抬刀。
- ☑ 类型 3：刀具连续走刀，遇到凸起部分，刀具分区进行加工。
- ☑ TYPE_SPIRAL：刀具螺旋走刀。
- ☑ 类型一方向：刀具单向进刀加工方式，适合于精加工，遇到凸起部分自动抬刀。
- ☑ 类型1连接：当进入或退出每一切割时刀具将遵循零件轮廓线。
- ☑ 常数_加载：用大约恒定刀具加载来扫描层切面。
- ☑ 螺旋保持切割方向：螺旋扫描，保持切削方向。
- ☑ 螺旋保持切割类型：螺旋扫描，保持切削类型。
- ☑ 跟随硬壁：每一切口都沿着特征的硬壁方向。

- 切割类型：用户用来设置加工的切削类型。主要包含下面几项：
  - ☑ 向上切割：决定将把刀具从侧壁推开的切削方向。
  - ☑ 攀升：决定将把刀具从侧壁提升的切削方向。
  - ☑ 转弯_急转：切割方向将在每一薄片上改变。
- 粗加工选项：选择选项以指定轮廓刀路的使用。主要包含下面几项：
  - ☑ 仅限粗加工：刀具轨迹将清除每一薄片区域而并不铣出边界。
  - ☑ 粗加工轮廓：先加工体积块，再加工组成体积块的轮廓。
  - ☑ 轮廓和粗加工：刀具轨迹将仅铣出每一层切面边界。
  - ☑ 仅限轮廓：刀具轨迹将仅铣出每一层切面边界。
  - ☑ 粗加工和清除：当清理侧凹坑时刀具轨迹清除每一薄片的区域。
  - ☑ 腔槽加工：刀具路径将模仿壁面轮廓并清楚水平面。
  - ☑ 仅_表面：刀具路径将清除水平面。
- 安全距离：设置退刀的安全高度，单位为 mm，通常取安全高度为 3 ~ 5mm。
- 主轴速率：设置主轴的运转速度。通常单位为 r/min。
- 冷却液选项：切削液的设置。

Step4. 在系统 ◆选取先前定义的铣削体积块。提示下，选择下拉菜单 插入(I) → 制造几何 → 铣削体积块... 命令，再选择下拉菜单 编辑(E) → 收集体积块... 命令，系统弹出图 2.6.4 所示的“聚合步骤”菜单。选中 ☑ Select（选取）和 ☑ Close（封闭）复选框，然后选择 Done（完成）命令。

图 2.6.4 中各命令的说明如下：

G1：选取要加工的曲面。

G2：如果要忽略某些外环或从体积去除某些选取的曲面，可使用该选项。

G3：如果已选取的平面包含要忽略的内环，可使用该选项。

G4：如果要自定义封闭体积的方法，可使用该选项。

Step5. 在系统弹出图 2.6.5 所示的▼ GATHER SEL（聚合选取）菜单中，依次选取 Surfaces（曲面） → Done（完成）命令，系统弹“选取”菜单，然后在工作区中选取图 2.6.6 所示的曲面组 1，完成后单击▼ FEATURE REFS（特征参考）菜单中的 Done Refs（完成参考）命令。此时系统弹出▼ CLOSURE（封合）菜单。

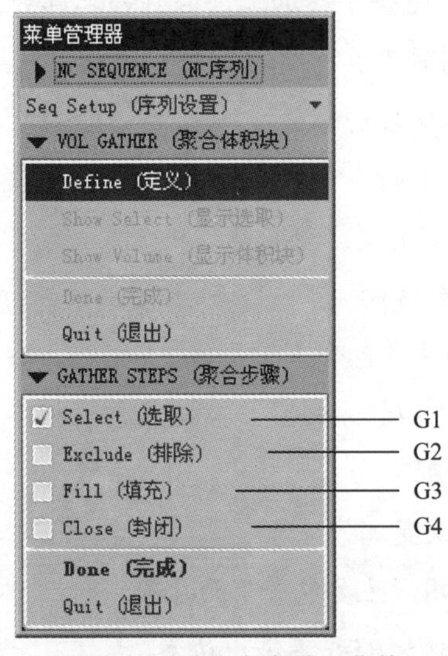

图 2.6.4　“聚合步骤”菜单

图 2.6.5　“聚合选取”菜单

Step6. 在系统弹出的图 2.6.7 所示的▼ CLOSURE（封合）菜单中，选取☑ Cap Plane（顶平面）和☑ All Loops（全部环）复选框，然后选择 Done（完成）命令。

Step7. 在弹出的“封闭环”菜单和“选取”菜单，然后在工作区中选择图 2.6.8 所示的模型表面（曲面 2），然后系统自动返回到▼ CLOSURE（封合）菜单中，在▼ CLOSURE（封合）菜单中选取☑ Cap Plane（顶平面）和☑ Sel Loops（选取环）复选框（图 2.6.7），然后在▼ CLOSE LOOP（封闭环）菜单中选择 Done/Return（完成/返回）命令。

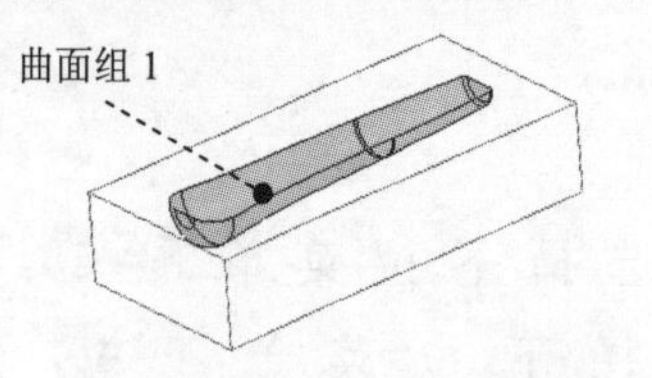

图 2.6.6　选取曲面组 1

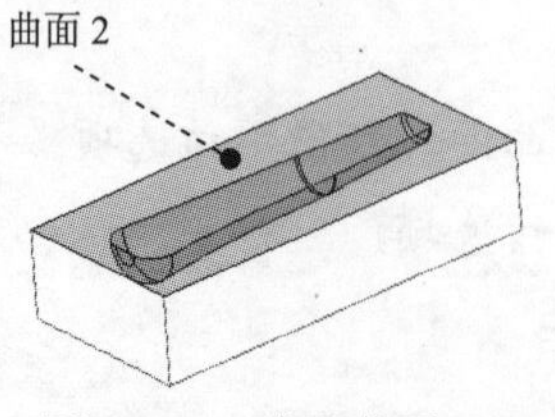

图 2.6.8　选取曲面 2

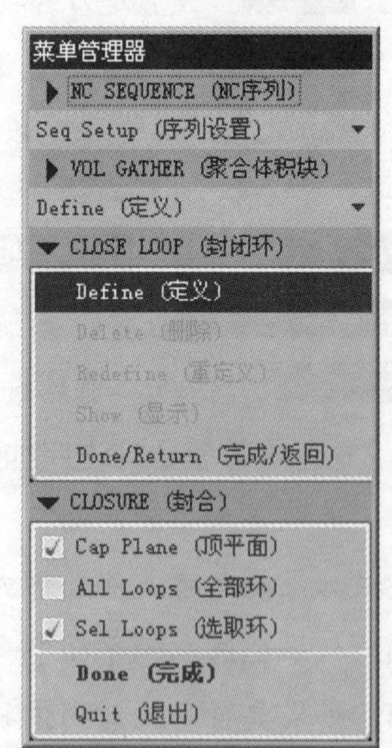

图 2.6.7　“封合”菜单

Step8. 在系统弹出的▼ VOL GATHER (聚合体积块)菜单中选择Show Volume (显示体积块)命令，可以查看创建的体积块。

Step9. 在▼ VOL GATHER (聚合体积块)菜单中选择Done (完成)命令。

Step10. 在工具栏中单击“完成”按钮，则完成体积块的创建。

2.7 演示刀具轨迹

在前面的各项设置完成后，要演示刀具轨迹、生成 CL 数据，以便查看和修改，生成满意的刀具路径。演示刀具路径的一般步骤如下：

Step1. 在系统弹出的▼ NC SEQUENCE (NC序列)菜单中选择 Play Path (播放路径) 命令（图 2.7.1），此时系统弹出图 2.7.2 所示的▼ PLAY PATH (播放路径)菜单。

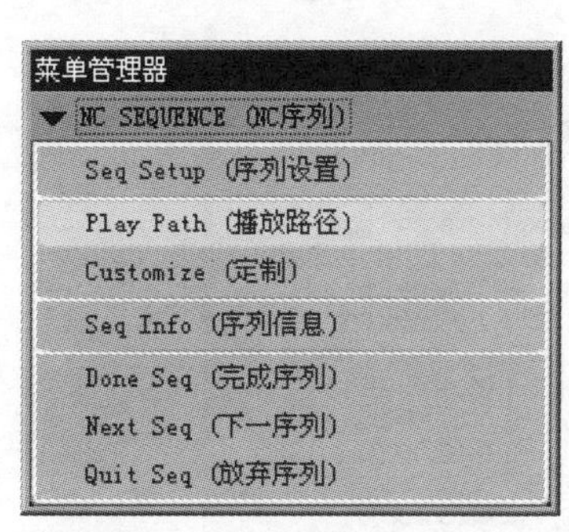

图 2.7.1 “NC 序列”菜单

图 2.7.2 “播放路径”菜单

Step2. 在▼ PLAY PATH (播放路径)菜单中选择Screen Play (屏幕演示)命令，系统弹出图 2.7.3 所示的“播放路径”对话框。

图 2.7.3 所示的“播放路径”对话框中的各按钮说明如下：

- ◀：重新播放。刀具从当前位置返回以重新显示刀具运动。
- ■：停止。停止显示刀具路径。
- ▶：前进。刀具从当前位置向前运动。
- ⏮：转到上一个 CL 记录。
- ⏪：返回。刀具返回到开始位置。
- ⏩：快进。刀具快进到终止位置。
- ⏭：转到下一个 CL 记录。

Step3. 单击“播放路径”对话框中的 ▶ 按钮，观测刀具的行走路线，其刀具行走路线如图 2.7.4 所示。单击 ▶ CL数据 栏可以打开窗口查看生成的 CL 数据，如图 2.7.5 所示。

Step4. 演示完成后，选择“播放路径”对话框中的 关闭 按钮。

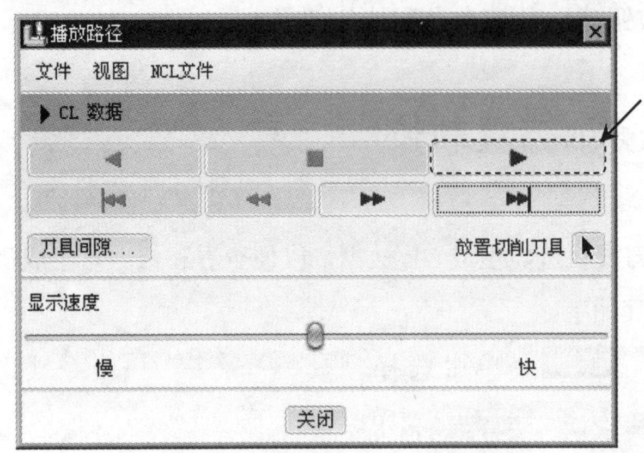

图 2.7.3 “播放路径”对话框

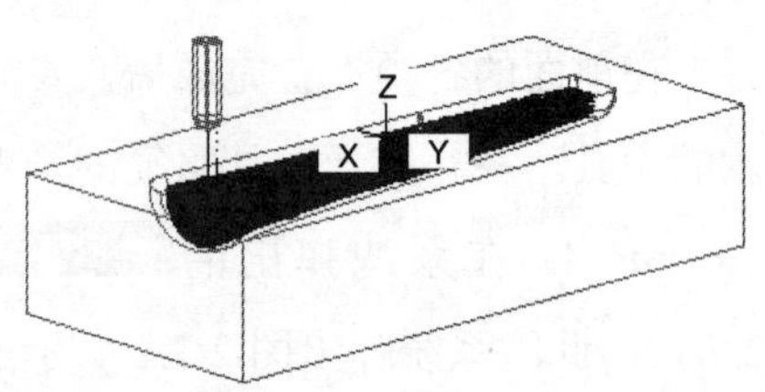

图 2.7.4 刀具行走路线

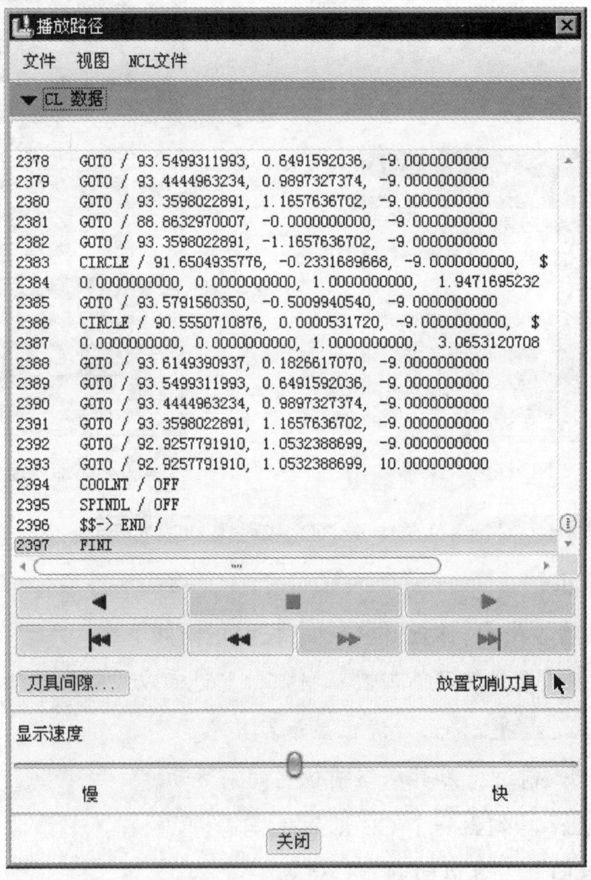

图 2.7.5 查看 CL 数据

2.8 加 工 仿 真

NC 检测是在计算机屏幕上进行对工件材料去除的动态模拟。通过此过程可以很直接地观察到刀具切削工件的实际过程。要进行 NC 检查，首先要安装 VERICUT 软件。加工仿真的一般步骤如下：

Step1. 在▼ PLAY PATH (播放路径)菜单中选择 NC Check (NC 检查) 命令。观察刀具切割工件的运行情况，在弹出的“NC 检查结果”对话框中单击按钮，运行结果如图 2.8.1 所示。

Step2. 演示完成后，选择软件右上角的按钮，在弹出的“Save Changes Before Exiting VERICUT?”对话框中单击 Save Checked Files 按钮，关闭仿真软件。

Step3. 在▼ NC SEQUENCE (NC序列)菜单中选取 Done Seq (完成序列) 命令。

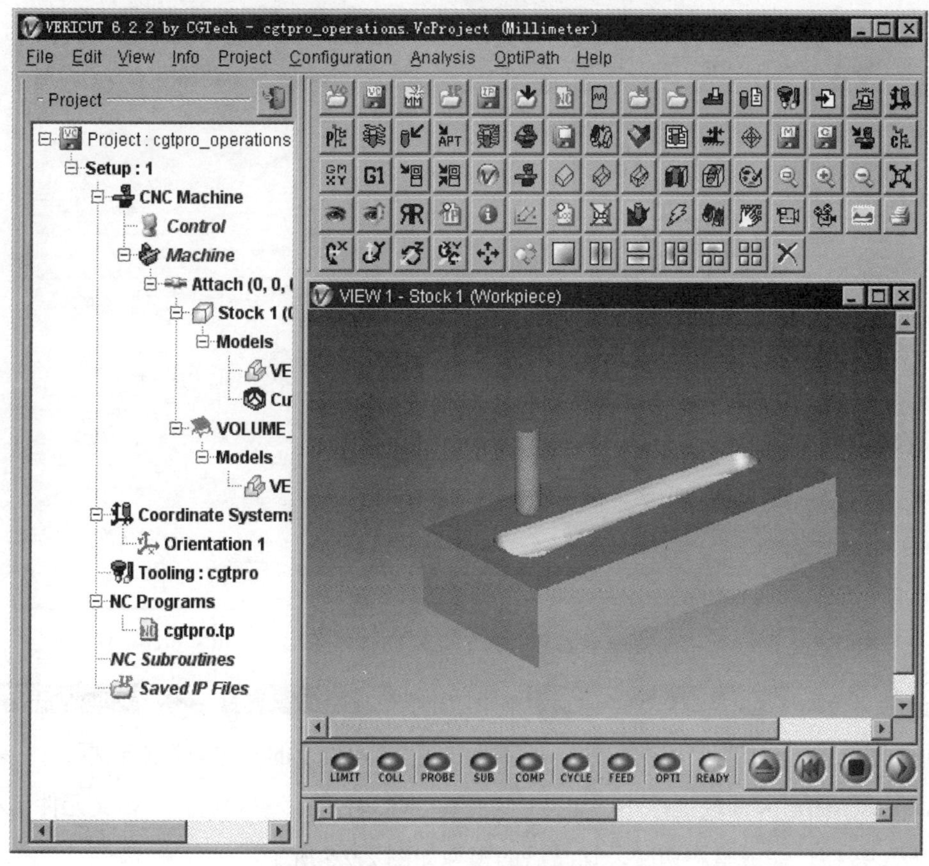

图 2.8.1 NC 检查结果

2.9 切减材料

材料切减属于工件特征，可创建该特征来表示单独数控加工轨迹中从工件切减的材料。Pro/NC 提供了两种方法来生成材料切减的模拟（图 2.9.1）。

- Automatic（自动）：系统根据为数控加工轨迹指定的几何参考，自动计算要切减的材料。
- Construct（构建）：用户自己创建材料切减特征。

切减材料的一般步骤如下：

Step1. 选取命令。选择下拉菜单 插入(I) ➡ 材料去除切削(V) 命令，系统弹出图 2.9.2 所示的 ▼NC序列列表 菜单，然后在此菜单中选择 1：体积块铣削，操作：OP010 ，此时系统弹出 ▼MAT REMOVAL（材料删除）菜单，如图 2.9.1 所示。

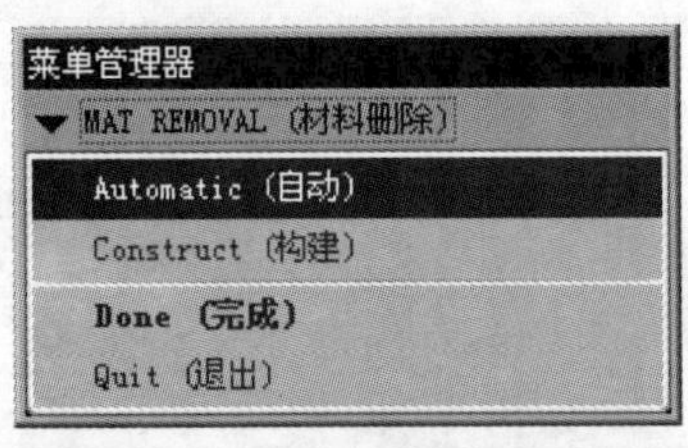

图 2.9.1 “材料删除”菜单

图 2.9.2 “NC 序列列表”菜单

图 2.9.4 “选取”对话框

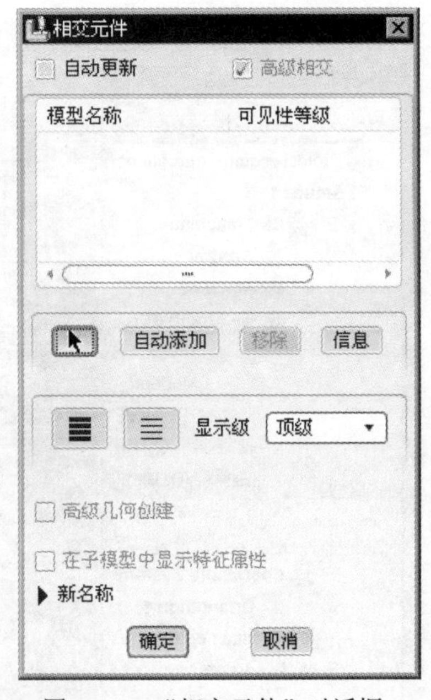

图 2.9.3 “相交元件”对话框

Step2. 在弹出 ▼MAT REMOVAL（材料删除）菜单中选择 Automatic（自动） ➡ Done（完成） 命令，系统弹出图 2.9.3 所示的“相交元件”对话框和图 2.9.4 所示的“选取”对话框。

Step3. 在图形区选取工件——VOLUME_WORKPIECE，然后选择“相交元件”对话框中的 确定 按钮，完成材料切减，切减后的模型如图 2.9.5 所示。

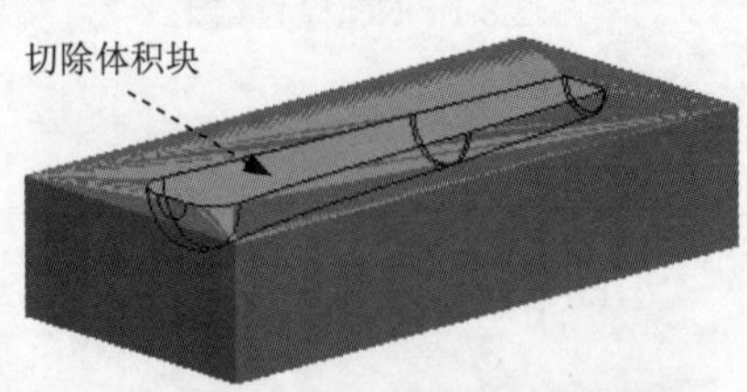

图 2.9.5 切减材料后的模型

2.10　遮蔽体积块

切减材料后的工件被所创建的体积块遮蔽，故在图形中看不到工件的材料被切除了，遮蔽体积块后，才能看见加工后工件的形状。遮蔽体积块的一般步骤如下：

选取下拉菜单视图(V) → 可见性(V) → 遮蔽命令。系统弹出“选取”对话框，然后在工作区中选取图 2.10.1 所示体积块。单击“选取”对话框中的确定按钮，完成体积块的遮蔽，如图 2.10.2 所示。

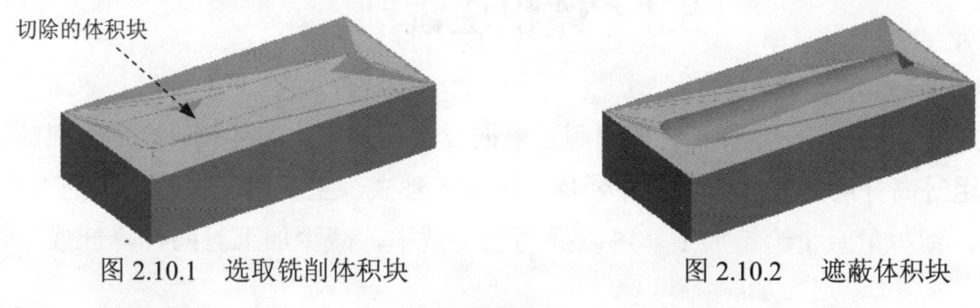

图 2.10.1　选取铣削体积块　　图 2.10.2　遮蔽体积块

最后，在文件(F)下拉菜单中选择保存(S)命令，保存文件。

第3章 铣削加工

本章提要 本章将通过范例来介绍一些铣削加工方法，其中包括体积块铣削、轮廓铣削、局部铣削、平面铣削、曲面铣削、轨迹铣削、雕刻铣削、腔槽铣削、螺纹铣削、陷入加工和孔加工等。学完本章的内容后，希望读者能够熟练掌握一些铣削加工方法。

3.1 体积块铣削

体积块加工用于铣削一定体积内的材料。根据设置切削实体的体积，给定相应的刀具和加工参数，用等高分层的方法切除工件余量。该加工形式，主要用于去除大量的工件材料，进行粗加工，留少量余量给精加工，可以提高加工效率，减少加工时间，降低成本以及提高经济效益。

下面将通过图 3.1.1 所示的零件介绍体积块加工的一般过程。

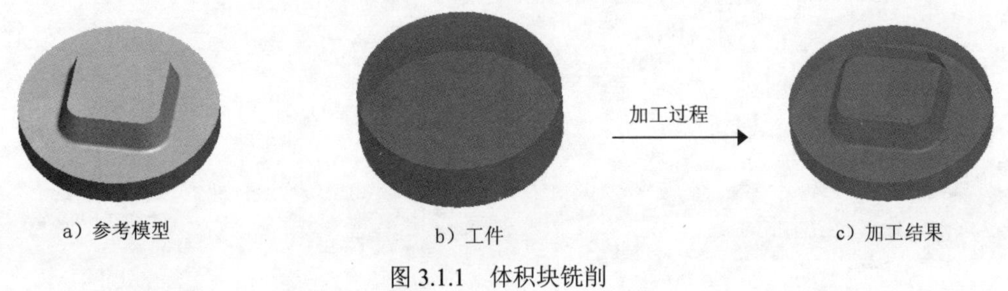

a）参考模型　b）工件　c）加工结果

图 3.1.1 体积块铣削

Task1. 新建一个数控制造模型文件

Step1. 设置工作目录。选择下拉菜单 文件(F) → 设置工作目录(W)... 命令，将工作目录设置至 D:\proewf5.9\work\ch03.01。

Step2. 在工具栏中单击“新建”按钮。

Step3. 在“新建”对话框中，选中 类型 选项组中的 制造 选项，选中 子类型 选项组中的 NC组件 选项，在 名称 文本框中输入文件名 mill_volume，取消 使用缺省模板 复选框中的“√”号，单击该对话框中的 确定 按钮。

Step4. 在系统弹出的“新文件选项”对话框中的模板选项组中选取 mmns_mfg_nc 模板，然后在该对话框中单击 确定 按钮。

Task2．建立制造模型

Stage1．引入参照模型

Step1. 选取命令。选择下拉菜单 插入(I) ➡ 参照模型(R) ➡ 装配(A)... 命令，系统弹出“打开”对话框。

Step2. 从弹出的“打开”对话框中，选取三维零件模型——mill_volume.prt 作为参照零件模型，并将其打开，系统弹出“放置”操控板。

Step3. 在“放置”操控板中选择 缺省 命令，然后单击 ✔ 按钮，此时系统弹出“创建参照模型”对话框，单击对话框中的 确定 按钮，完成参考模型的放置，放置后如图 3.1.2 所示。

Stage2．创建图 3.1.3 所示的工件

Step1. 选取命令。选择下拉菜单 插入(I) ➡ 工件(W) ➡ 自动工件(W)... 命令，系统弹出图 3.1.4 所示的“创建工件”操控板。

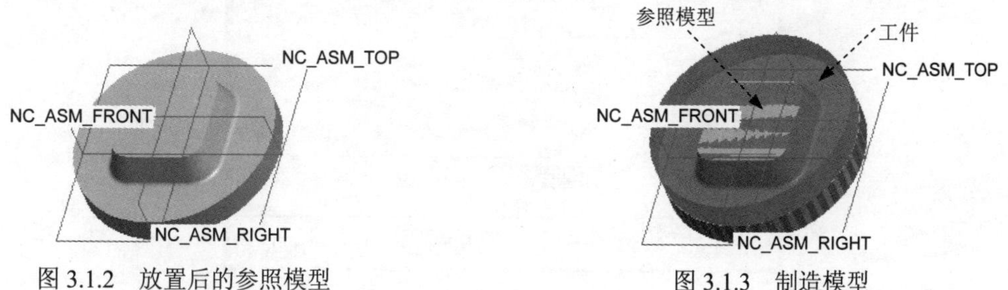

图 3.1.2 放置后的参照模型　　　图 3.1.3 制造模型

Step2. 单击操控板中的 按钮，然后在模型树中选取 NC_ASM_DEF_CSYS 以作为放置工件毛坯的原点，此时图形区工件毛坯的显示如图 3.1.5 所示。单击操控板中的 ✔ 按钮，完成工件的创建。

图 3.1.4 “创建工件” 操控板

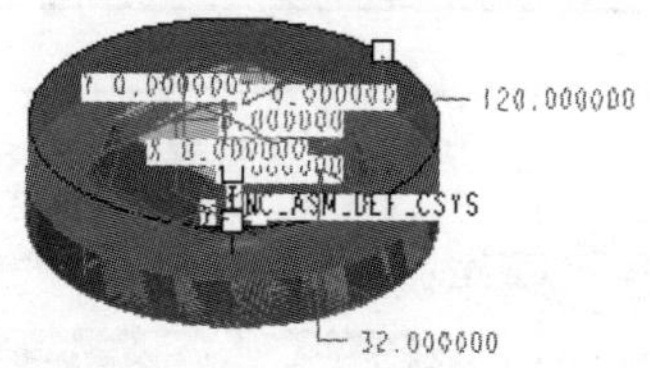

图 3.1.5 预览工件毛坯

Task3．制造设置

Step1. 选取命令。选择下拉菜单 步骤(S) ➡ 操作(O) 命令，此时系统弹出图 3.1.6 所示的“操作设置”对话框。

Step2. 设置机床。单击“操作设置”对话框中的 按钮，弹出图 3.1.7 所示的“机床设置”对话框，在 机床类型(T) 下拉列表中选择 铣削，在 轴数(X) 下拉列表中选择 3轴，然后单击 确定 按钮，完成机床的设置，返回“操作设置”对话框。

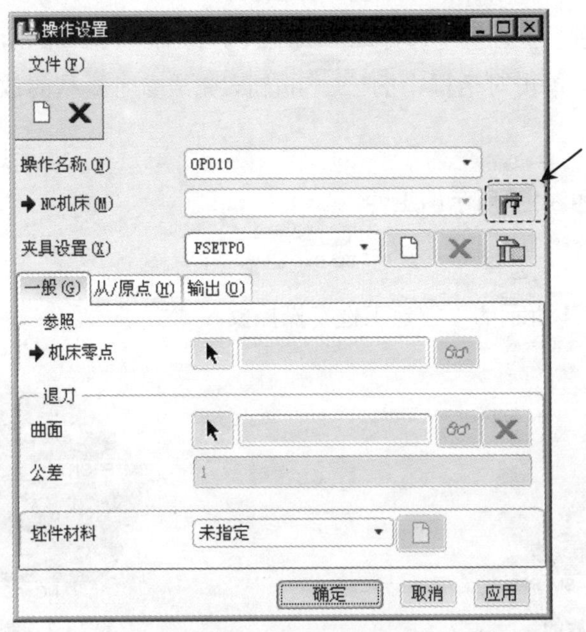

图 3.1.6 “操作设置”对话框

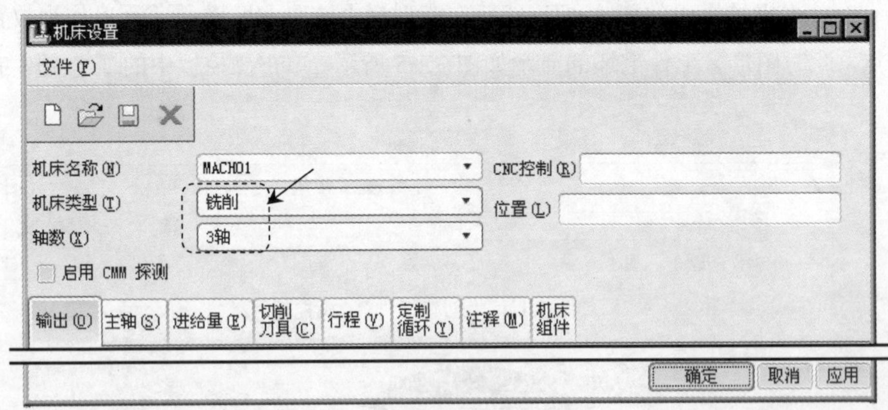

图 3.1.7 “机床设置”对话框

Step3. 设置机床坐标系。在“操作设置”对话框中的 参照 选项组中单击 按钮，在弹出的 ▼ MACH CSYS (制造坐标系) 菜单中选择 Select (选取) 命令。

Step4. 选择下拉菜单 插入(I) ➡ 模型基准(D) ▸ ➡ 坐标系(C)... 命令，系统弹出图

3.1.8 所示的“坐标系”对话框。然后依次选择 NC_ASM_FRONT、NC_ASM_RIGHT 和图 3.1.9 所示的曲面 1 作为创建坐标系的三个参照平面，最后单击确定按钮完成坐标系的创建，如图 3.1.9 所示。在“操作设置”对话框中单击参照选项组中的按钮可以查看选取的坐标系。

注意：在选取多个面时，需要按住 Ctrl 键。

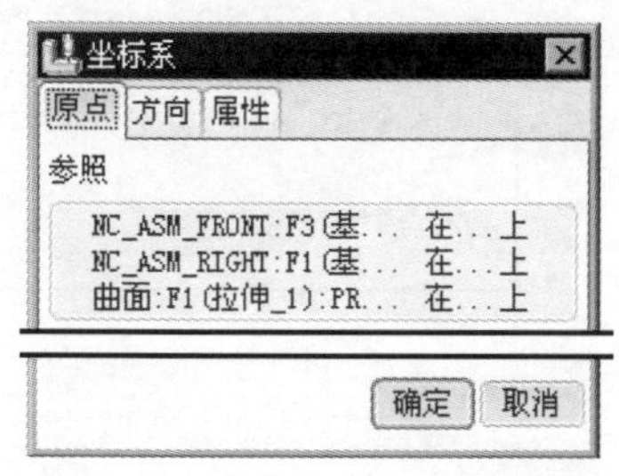

图 3.1.8 “坐标系”对话框

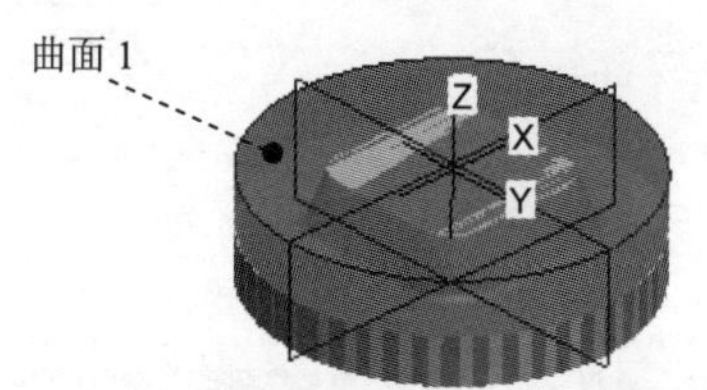

图 3.1.9 创建的坐标系

Step5. 退刀面的设置。在“操作设置”对话框中的退刀选项组中选择按钮，系统弹出“退刀设置”对话框，然后在类型下拉列表中选取平面选项，选取坐标系 ACS1 为参照，在值文本框中输入 10.0，最后单击确定按钮，完成退刀平面的创建。

Step6. 在“操作设置”对话框中的退刀选项组中的公差文本框中输入加工的公差值 0.05，输入完毕后单击确定按钮，完成操作设置。

Task4. 加工方法设置

Step1. 选择下拉菜单步骤(S) → 体积块粗加工(V)命令，此时系统弹出“序列设置”菜单。

Step2. 在系统弹出的▼ SEQ SETUP (序列设置)菜单中选择图 3.1.10 所示的复选框，然后选择Done (完成)命令。

Step3. 在“刀具设定”对话框中，单击“新建”按钮，然后设置图 3.1.11 所示的刀具参数，依次单击应用和确定按钮。此时系统弹出编辑序列参数“体积块铣削”对话框。

Step4. 在编辑序列参数“体积块铣削”对话框中设置基本的加工参数，如图 3.1.12 所示，选择下拉菜单文件(F)菜单中的另存为命令。接受系统默认的名称，单击“保存副本”对话框中的确定按钮，然后再次单击编辑序列参数“体积块铣削”对话框中的确定按钮，完成参数的设置。此时，系统弹出“定义窗口”菜单和“选取”菜单。

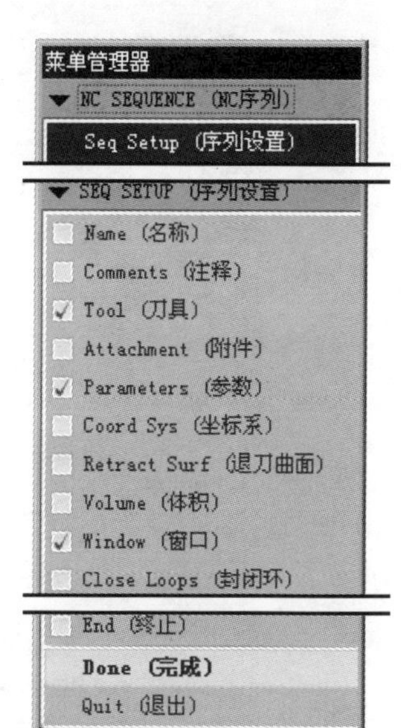

图 3.1.10 “序列设置”菜单

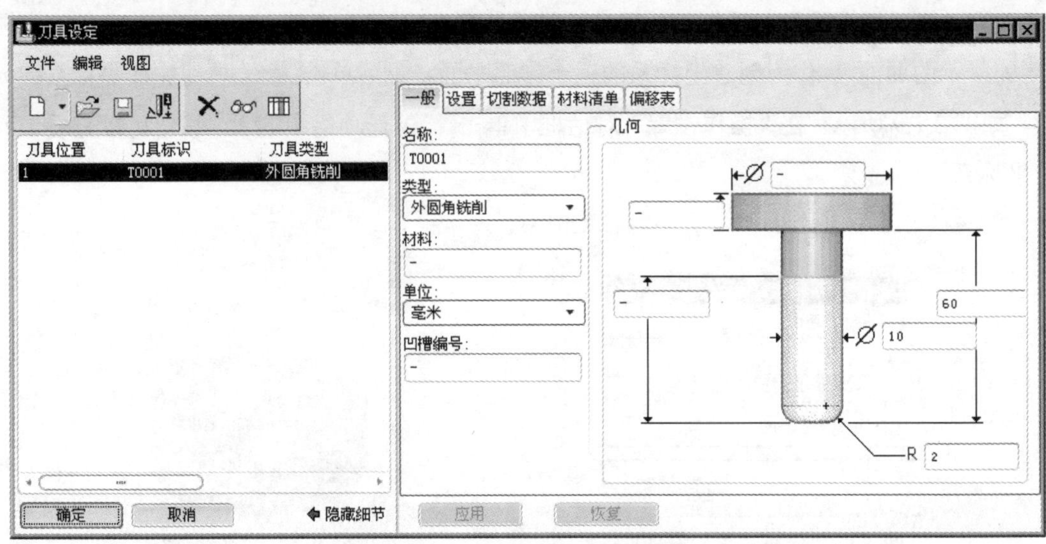

图 3.1.11 “刀具设定”对话框

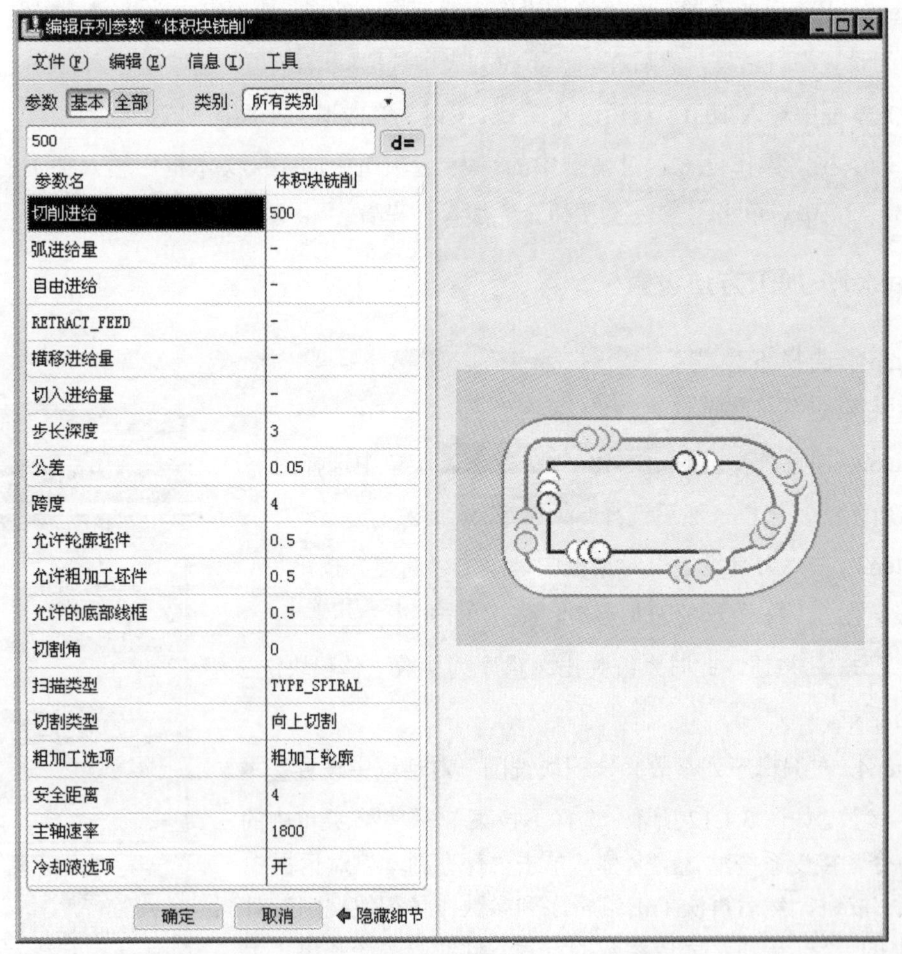

图 3.1.12 编辑序列参数“体积块铣削”对话框

Step5. 在▼DEFINE WIND（定义窗口）菜中选择Select Wind（选取窗口）命令，在系统➪选取或创建铣削窗口提示下，选择下拉菜单插入(I) ➡ 制造几何(G) ➡ 铣削窗口(W)...命令，系统弹出图 3.1.13 所示的“特征”操控板。在操控板中单击按钮，选取图 3.1.14 所示的模型表面为窗口平面，单击按钮，系统弹出图 3.1.15 所示的“草绘”对话框，选取 NC_ASM_FRONT 基准平面为参照平面，方向设置为底部，然后单击草绘按钮，系统进入草绘环境。

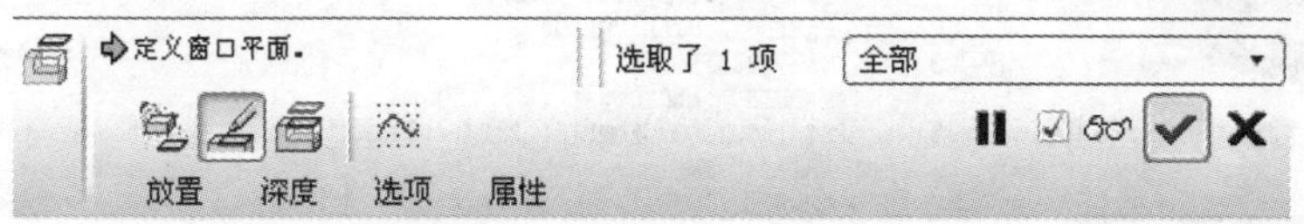

图 3.1.13 “特征”操控板

Step6. 绘制截面草图。进入截面草绘环境后，选取基准面 NC_ASM_RIGHT 和基准面 NC_ASM_FRONT 为草绘参照，绘制的截面草图如图 3.1.16 所示。完成特征截面的绘制后，单击工具栏中的“完成”按钮，然后在“放置”操控板中单击确定按钮，完成铣削窗口的创建。

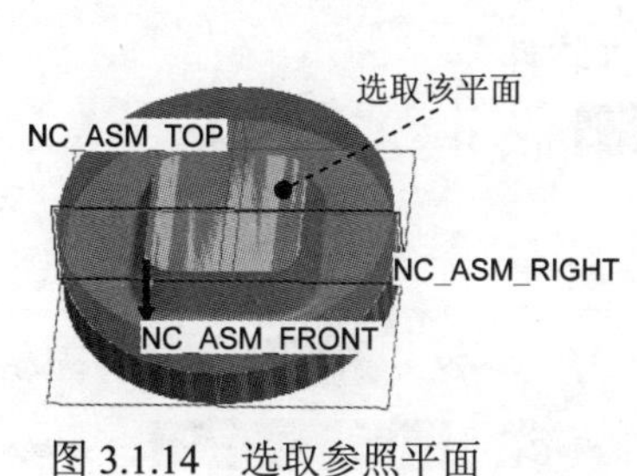

图 3.1.14 选取参照平面

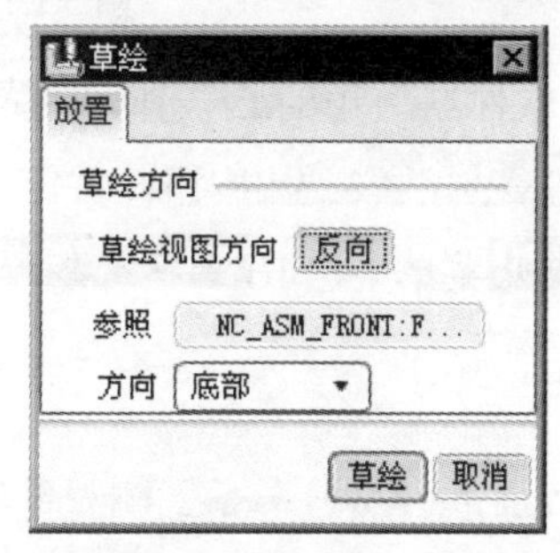

图 3.1.15 “草绘” 对话框

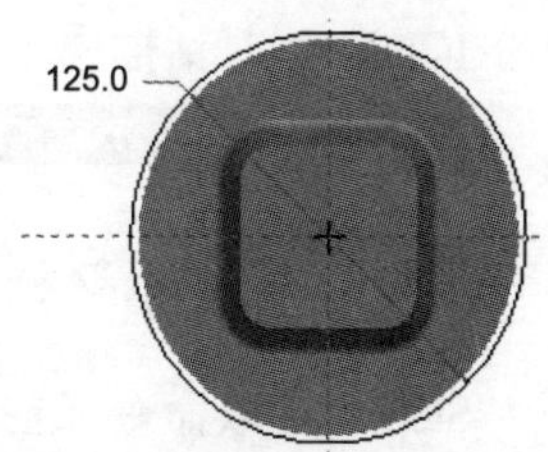

图 3.1.16 截面草图

Task5. 演示刀具轨迹

Step1. 在弹出的▼NC SEQUENCE（NC序列）菜单中选择 Play Path（播放路径）命令，此时系统弹出▼PLAY PATH（播放路径）菜单。

Step2. 在▼PLAY PATH（播放路径）菜单中选择Screen Play（屏幕演示）命令，弹出 “播放路径”对话框。

Step3. 单击“播放路径”对话框中的▶按钮，观测刀具的行走路线，如图 3.1.17 所示。单击▶ CL数据栏打开窗口查看生成的 CL 数据，如图 3.1.18 所示。

Step4. 演示完成后，单击“播放路径”对话框中的关闭按钮。

Task6. 加工仿真

Step1. 在▼PLAY PATH（播放路径）菜单中选择 NC Check（NC 检查）命令。观察刀具切割工件的运行情况，在弹出的“NC 检查结果”对话框中单击按钮，运行结果如图 3.1.19 所示。

图 3.1.17　刀具的行走路线

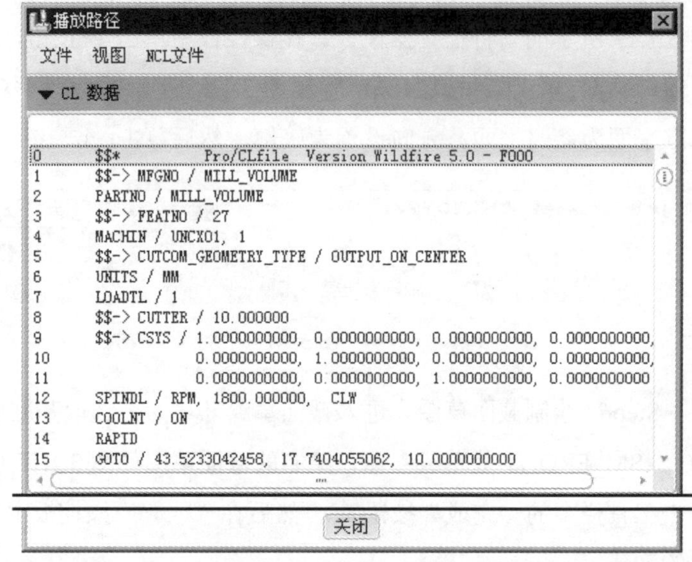

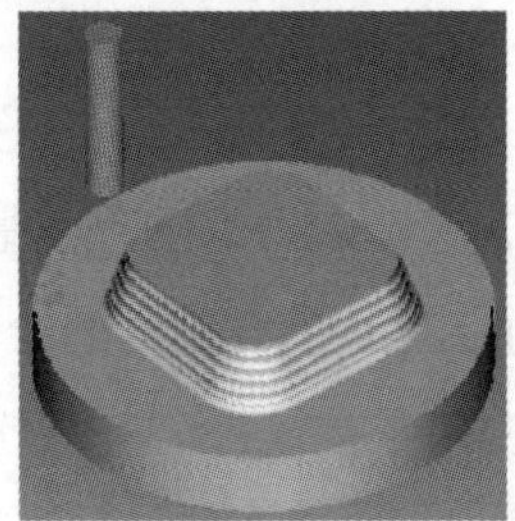

图 3.1.19　运行结果

图 3.1.18 查看 CL 数据

Step2. 演示完成后，单击软件右上角的按钮，在弹出的“Save Changes Before Exiting VERICUT?”对话框中单击 Save Checked Files 按钮，关闭仿真软件。

Step3. 在 ▼ NC SEQUENCE (NC序列) 菜单中选取 Done Seq (完成序列) 命令。

Task7. 切减材料

Step1. 选取命令。选择下拉菜单 插入(I) → 材料去除切削(V) → ▼ NC序列列表 → 1: 体积块铣削, 操作: OP010 → ▼ MAT REMOVAL (材料删除) → Automatic (自动) → Done (完成) 命令。

Step2. 系统弹出图 3.1.20 所示的“相交元件”对话框。选取工件“MILL_VOLUME_WRK_01”，然后单击 确定 按钮，完成材料切减，切减后的模型如图 3.1.21 所示。

图 3.1.20 “相交元件”对话框

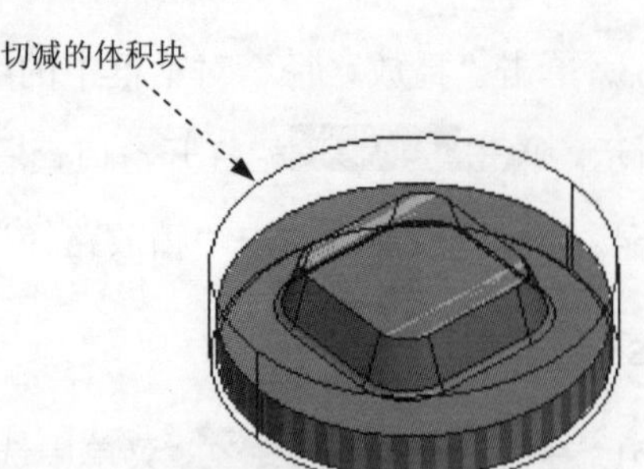

图 3.1.21　切减材料后的模型

Step3. 选择下拉菜单 文件(F) ➡ 保存(S) 命令，保存文件。

3.2 轮 廓 铣 削

轮廓铣削既可以用于加工垂直表面，也可以用于倾斜表面的加工，所选择的加工表面必须能够形成连续的刀具路径，刀具以等高方式沿着工件分层加工，在加工过程中一般采用立铣刀侧刃进行切削。

3.2.1 直轮廓铣削

下面将通过图 3.2.1 所示的零件介绍直轮廓铣削的一般过程。

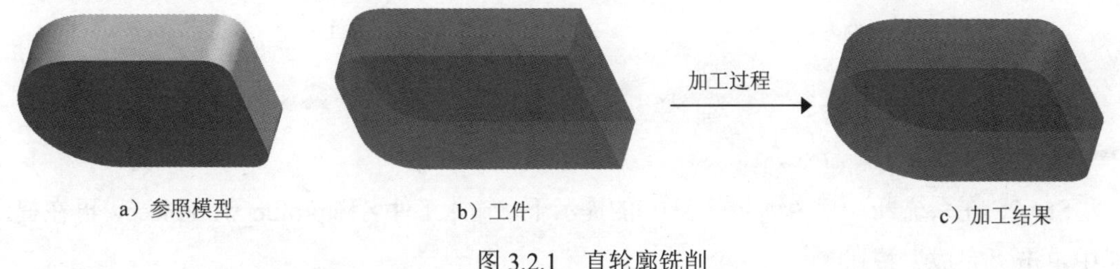

a）参照模型　　b）工件　　c）加工结果

图 3.2.1 直轮廓铣削

Task1. 新建一个数控制造模型文件

新建一个数控制造模型文件，操作提示如下：

Step1. 设置工作目录。选择下拉菜单 文件(F) ➡ 设置工作目录(W)... 命令，将工作目录设置至 D:\proewf5.9\work\ch03.02.01。

Step2. 在工具栏中单击“新建”按钮。

Step3. 在“新建”对话框中，选中 类型 选项组中的 制造 选项，选中 子类型 选项组中的 NC组件 选项，在 名称 文本框中输入文件名 profile_milling，取消 使用缺省模板 复选框中的“√”号，单击该对话框中的 确定 按钮。

Step4. 在系统弹出的“新文件选项”对话框中的模板选项组中选取 mmns_mfg_nc 模板，然后在该对话框中单击 确定 按钮。

Task2. 建立制造模型

Stage1. 引入参照模型

Step1. 选取命令。选择下拉菜单 插入(I) ➡ 参照模型(R) ➡ 装配(A)... 命令，系统弹出“打开”对话框。

Step2. 从弹出的“打开”对话框中，选取三维零件模型——profile_milling.prt 作为参照零件模型，并将其打开。

Step3. 在“放置”操控板中单击缺省按钮，然后单击✔按钮，此时系统弹出“创建参照模型”对话框，单击该对话框中的确定按钮，完成参照模型的放置，如图 3.2.2 所示。

Stage2. 创建工件

手动创建图 3.2.3 所示的工件模型，操作步骤如下：

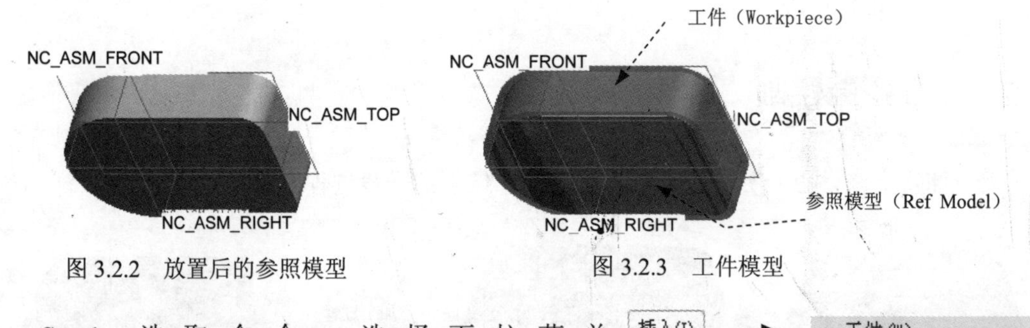

图 3.2.2 放置后的参照模型　　　　图 3.2.3 工件模型

Step1. 选取命令。选择下拉菜单 插入(I) ➡ 工件(W) ➡ 创建(C)... 命令。

Step2. 在系统输入零件 名称 [PRT0001]:的提示下，输入工件名称 profile_workpiece，再在提示栏中单击“完成”按钮✔。

Step3. 创建工件特征。

（1）在▼ FEAT CLASS (特征类)菜单中，选择Solid (实体) ➡ Protrusion (伸出项) 命令；在弹出的▼ SOLID OPTS (实体选项)菜单中，选择Extrude (拉伸) ➡ Solid (实体) ➡ Done (完成)命令，此时系统显示实体拉伸操控板。

（2）创建实体拉伸特征

① 定义拉伸类型。在出现的操控板中，确认“实体”类型按钮被按下。

② 定义草绘截面放置属性。在绘图区中右击，从弹出的快捷菜单中，选择定义内部草绘...命令，在系统◆选取一个平面或曲面以定义草绘平面。的提示下，选择图 3.2.4 所示的表面为草绘平面，接受图 3.2.4 中默认的箭头方向为草绘视图方向，然后选取图 3.2.4 所示的基准面为参照平面，方位为顶，单击草绘按钮，至此系统进入截面草绘环境。

③ 绘制截面草图。进入截面草绘环境后，选取 NC_ASM_TOP 基准面和 NC_ASM_RIGHT 基准面为草绘参照，截面草图如图 3.2.5 所示，完成特征截面草图的绘制后，单击工具栏中的“完成”按钮✔。

④ 选取深度类型并输入深度值。在操控板中选取深度类型（到选定的），选取图 3.2.6 所示的参考模型表面为拉伸终止面。

⑤ 预览特征。在操控板中单击“预览”按钮，可浏览所创建的拉伸特征。

⑥ 完成特征。在操控板中单击“完成”按钮，则完成特征的创建。

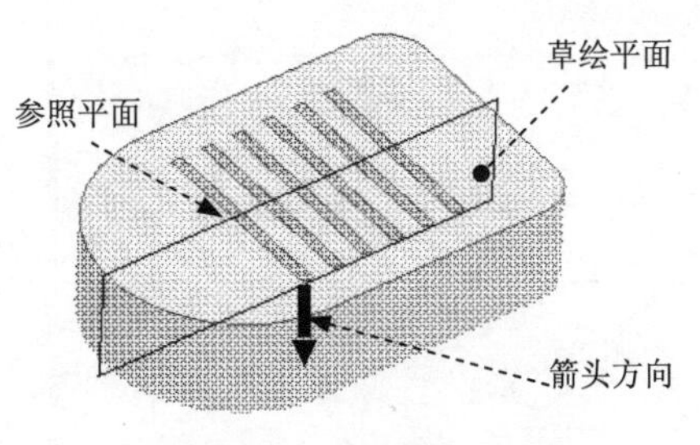

图 3.2.4 定义草绘平面

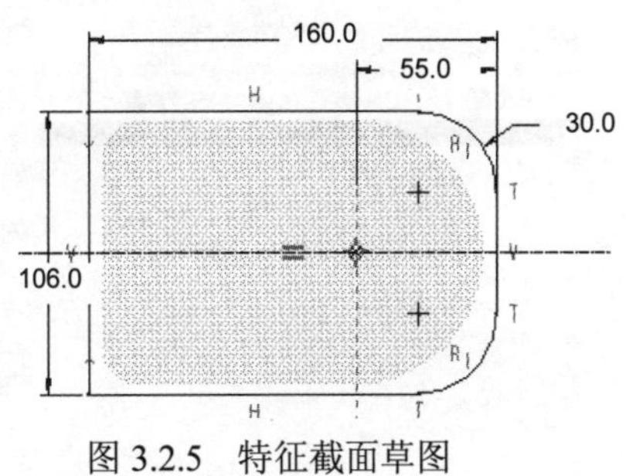

图 3.2.5 特征截面草图

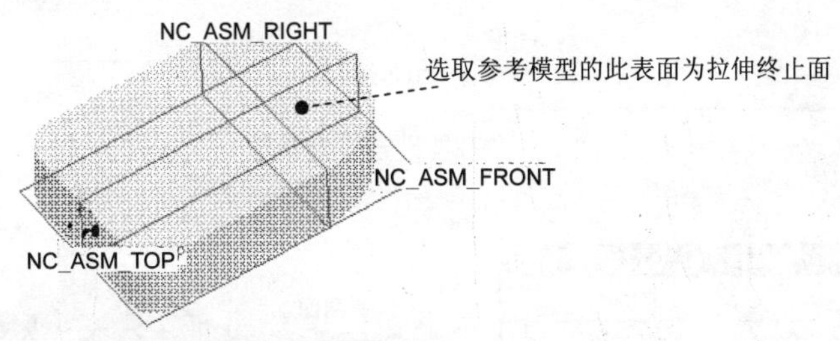

图 3.2.6 选取拉伸终止面

Task3. 制造设置

Step1. 选取命令。选择下拉菜单 步骤(S) ➡ 操作(O) 命令，此时系统弹出“操作设置”对话框。

Step2. 机床设置。单击“操作设置”对话框中的按钮，弹出“机床设置”对话框，在 机床类型(T) 下拉列表中选择 铣削，在 轴数(X) 下拉列表中选择 3轴。

Step3. 刀具设置。在“机床设置”对话框中单击 切削刀具(C) 选项卡，然后在 切削刀具设置 选项组中单击按钮。

Step4. 在弹出的“刀具设定”对话框中设置刀具参数，完成设置后如图 3.2.7 所示，设置完毕后单击 应用 按钮并单击 确定 按钮，在“机床设置”对话框中单击 确定 按钮，返回到“操作设置”对话框。

Step5. 机床坐标系设置。在“操作设置”对话框中的 参照 选项组中选择按钮，在弹出的 ▼ MACH CSYS (制造坐标系) 菜单中选择 Select (选取) 命令。

Step6. 选择下拉菜单 插入(I) ➡ 模型基准(D) ▸ ➡ 坐标系(C)... 命令，系统弹出图 3.2.8 所示的“坐标系”对话框。依次选择 NC_ASM_RIGHT、NC_ASM_TOP 基准面和图 3.2.9 所示的模型表面作为创建坐标系的三个参照平面，单击 确定 按钮完成坐标系的创建。单击按钮可以察看选取的坐标系。

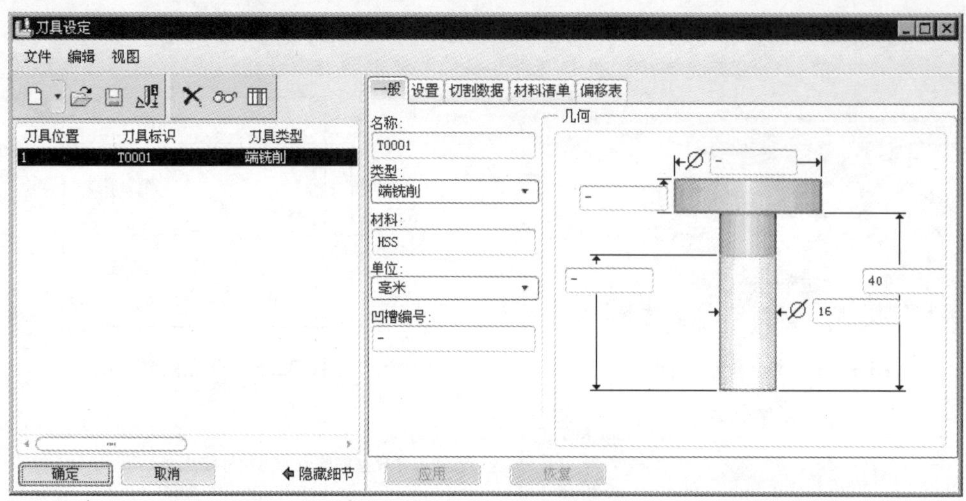

图 3.2.7 “刀具设定”对话框

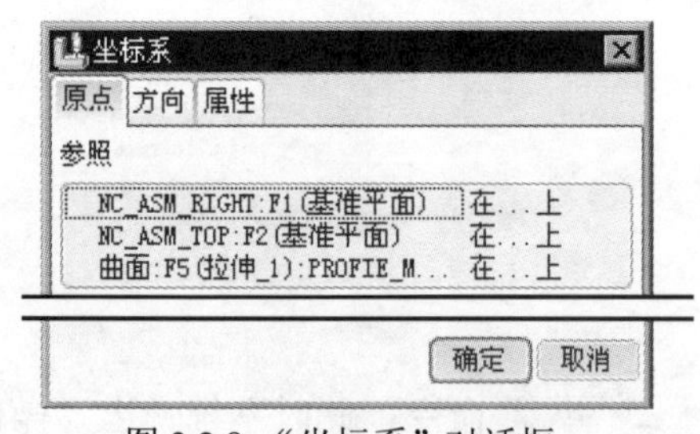

图 3.2.8 “坐标系”对话框

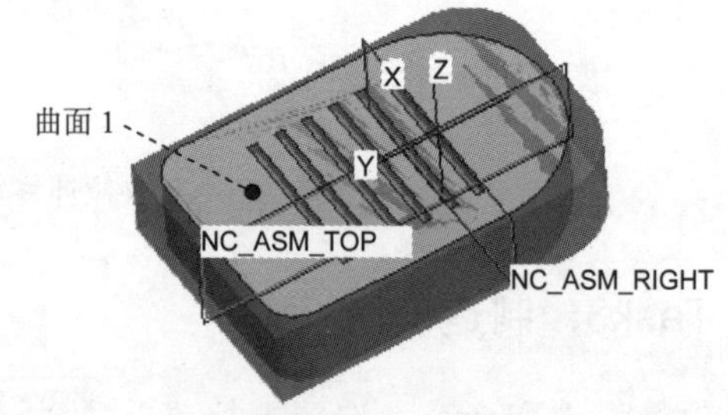

图 3.2.9 坐标系的建立

注意：为确保 Z 轴的方向向上，可在“坐标系”对话框中选择方向选项卡，改变 X 轴或者 Y 轴的方向，最后单击确定按钮，完成坐标系的创建，如图 3.2.10 所示。

Step7. 退刀面的设置。在“操作设置”对话框中的退刀选项组中选择按钮，系统弹出“退刀设置”对话框，然后在类型下拉列表中选取平面选项，选取坐标系 ACSO 为参照，在值文本框中输入 10.0，最后单击确定按钮。完成退刀平面的创建。

Step8. 在“操作设置”对话框中的退刀选项组中的公差文本框中输入加工的公差 0.01，然后单击确定按钮。

Task4．加工方法设置

Step1. 选择下拉菜单步骤(S) ➡ 轮廓铣削(P)命令，如图 3.2.11 所示，此时系统弹出“序列设置”菜单。

Step2. 在弹出的▼ SEQ SETUP（序列设置）菜单中选择图 3.2.12 所示的复选框，然后选择 Done（完成）命令，在系统弹出的“刀具设定”对话框中单击确定按钮，此时系统弹出编辑序列参数“轮廓铣削”对话框。

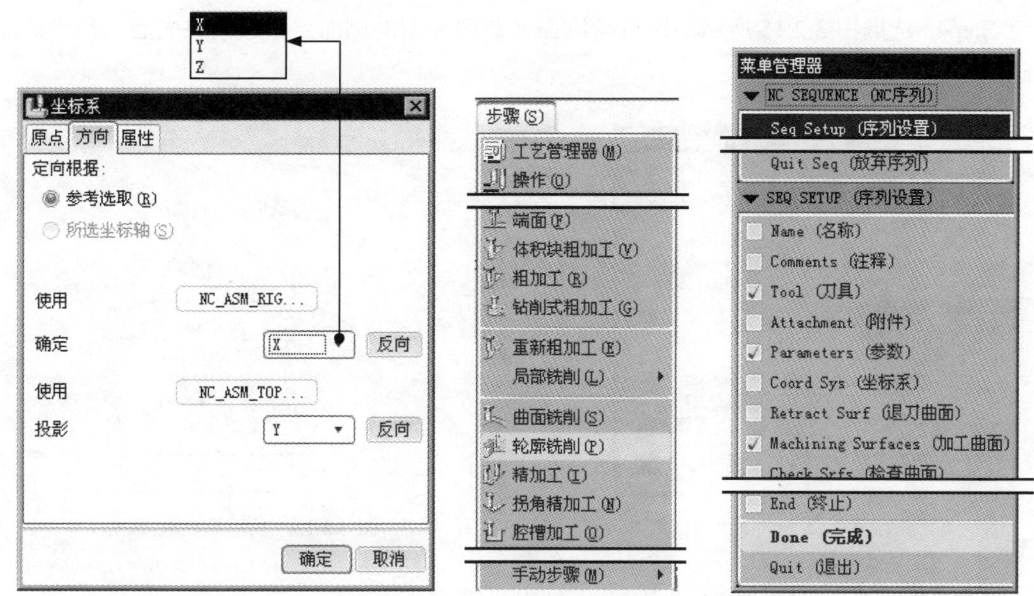

图 3.2.10 “坐标系”对话框　　图 3.2.11 “步骤”菜单　　图 3.2.12 “序列设置”菜单

Step3. 在编辑序列参数“轮廓铣削”对话框中设置基本的加工参数，如图 3.2.13 所示，选择下拉菜单 文件(F) 菜单中的 另存为 命令。接受系统默认的名称，单击“保存副本”对话框中的 确定 按钮，然后再次单击编辑序列参数“轮廓铣削”对话框中的 确定 按钮，完成参数的设置。此时，系统弹出“曲面”对话框，如图 3.2.14 所示。

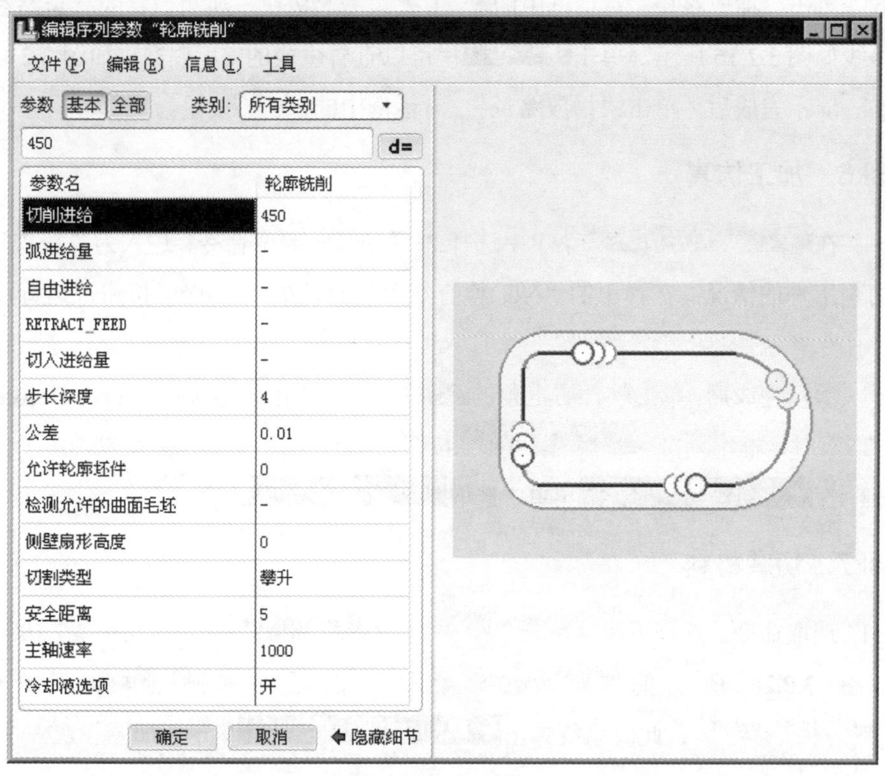

参数名	轮廓铣削
切削进给	450
弧进给量	-
自由进给	-
RETRACT_FEED	-
切入进给量	-
步长深度	4
公差	0.01
允许轮廓坯件	0
检测允许的曲面毛坯	-
侧壁扇形高度	0
切割类型	攀升
安全距离	5
主轴速率	1000
冷却液选项	开

图 3.2.13 编辑序列参数“轮廓铣削”对话框

Step4. 选取图 3.2.15 所示的所有轮廓面（参照模型的侧面），选取完成后，在“曲面”对话框中单击✔按钮。

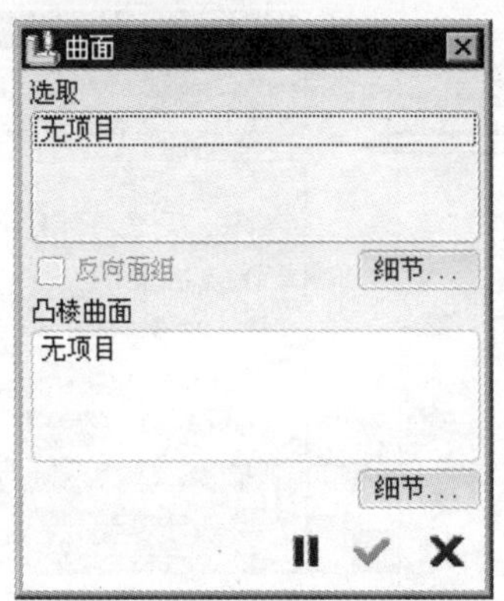

图 3.2.14 “曲面”对话框

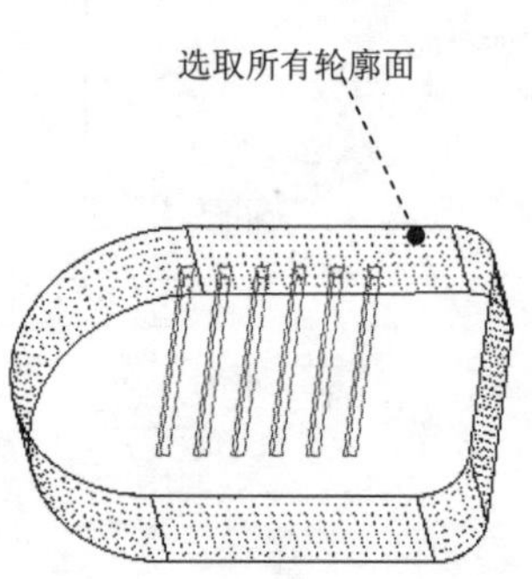

图 3.2.15 所选取的轮廓面

Task5. 演示刀具轨迹

Step1. 在▼ NC SEQUENCE (NC序列)菜单中选择 Play Path (播放路径) 命令，此时系统弹出▼ PLAY PATH (播放路径)菜单。

Step2. 在▼ PLAY PATH (播放路径)菜单中选择Screen Play (屏幕演示)命令，系统弹出“播放路径”对话框。

Step3. 单击“播放路径”对话框中的▶按钮，观测刀具的行走路线，其刀具行走路线如图 3.2.16 所示。单击▶ CL数据栏可以查看生成的 CL 数据，如图 3.2.17 所示。

Step4. 演示完成后，单击“播放路径” 对话框中的关闭按钮。

Task6. 加工仿真

Step1. 在▼ PLAY PATH (播放路径)菜单中选择 NC Check (NC 检查) 命令，进入刀具模拟环境。观察刀具切割工件的情况，在弹出的“NC 检查结果”对话框中单击按钮，运行结果如图 3.2.18 所示。

Step2. 演示完成后，单击软件右上角的✕按钮，在弹出的“Save Changes Before Exiting VERICUT?”对话框中单击Save Checked Files按钮。

Step3. 在▼ NC SEQUENCE (NC序列)菜单中选取Done Seq (完成序列)命令。

Task7. 切减材料

Step1. 选取命令。选择下拉菜单插入(I) ➡ 材料去除切削(V) 命令，如图 3.2.19 所示。系统弹出图 3.2.20 所示的▼ NC序列列表 菜单，然后在▼ NC序列列表 菜单中选择 1: 体积块铣削, 操作: OP010 ，此时系统弹出▼ MAT REMOVAL (材料删除)菜单，如图 3.2.21 所示。

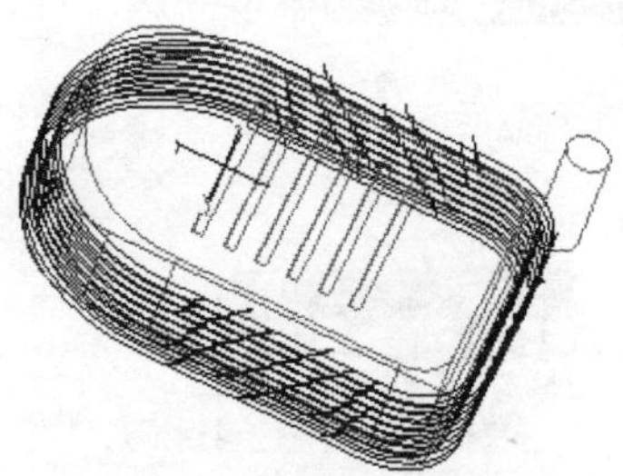

图 3.2.16 刀具行走路线

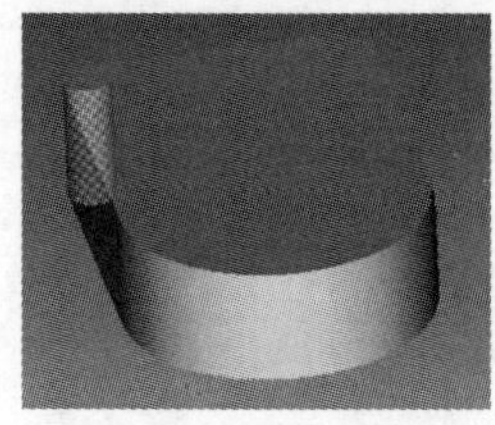

图 3.2.18 “NC 检测”动态仿真

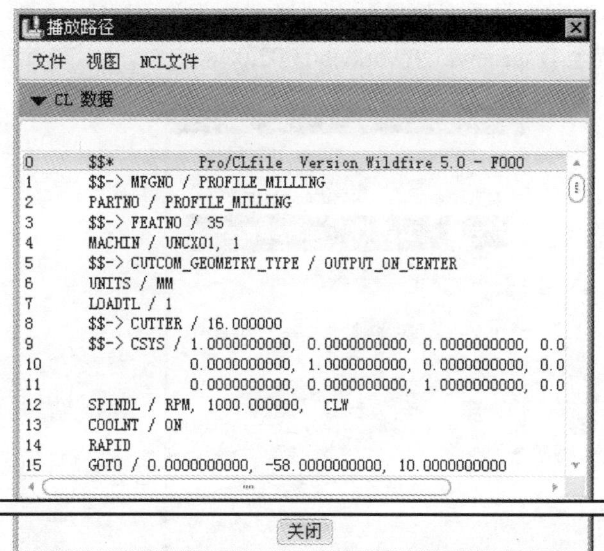

图 3.2.17 查看 CL 数据

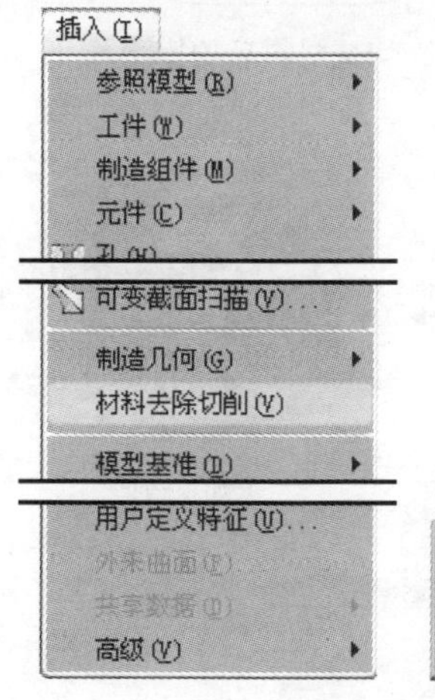

图 3.2.19 “插入”菜单

图 3.2.20 “NC 序列列表”菜单

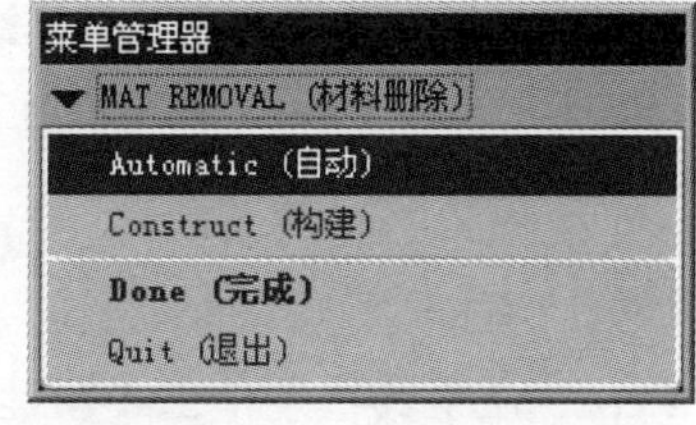

图 3.2.21 “材料删除”菜单

Step2. 在弹出 MAT REMOVAL (材料删除) 菜单中选择 Automatic (自动) → Done (完成) 命令，系统弹出图 3.2.22 所示的“相交元件”对话框和图 3.2.23 所示的“选取”对话框。单击 自动添加 按钮和 ≣ 按钮，最后单击 确定 按钮，切减后的模型如图 3.2.24 所示。

Step3. 在下拉菜单 文件(F) 中选择 保存(S) 命令，保存文件。

3.2.2 斜轮廓铣削

下面将通过图 3.2.25 所示的零件介绍斜轮廓铣削的一般过程。

Task1. 新建一个数控制造模型文件

Step1. 设置工作目录。选择下拉菜单 文件(F) → 设置工作目录(W)... 命令，将工作目录设置至 D:\proewf5.9\work\ch03.02.02。

图 3.2.22 “相交元件”对话框

图 3.2.23 “选取”对话框

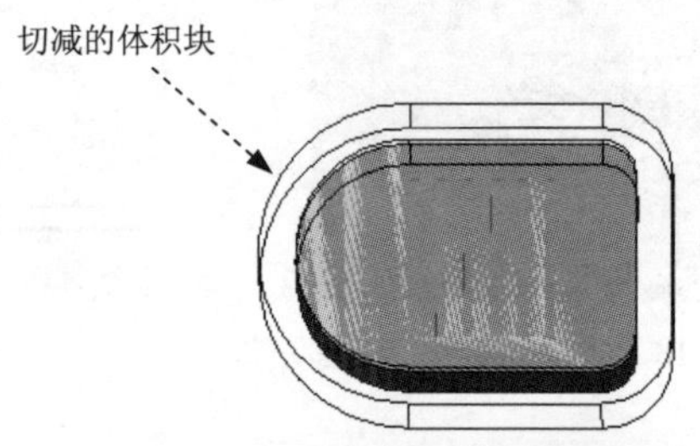

图 3.2.24 切减材料后的模型

a）参照模型

b）工件

c）加工结果

图 3.2.25 斜轮廓铣削

Step2. 在工具栏中单击“新建”按钮。

Step3. 在“新建”对话框中，选中 类型 选项组中的 制造 选项，选中 子类型 选项组中的 NC组件 选项，在 名称 文本框中输入文件名 profile_milling，取消 使用缺省模板 复选框中的“√”号，单击该对话框中的 确定 按钮。

Step4. 在系统弹出的“新文件选项”对话框中的模板选项组中选取 mmns_mfg_nc 模板，然后在该对话框中单击 确定 按钮。

Task2. 建立制造模型

Stage1. 引入参照模型

Step1. 选取命令。选择下拉菜单 插入(I) → 参照模型(R) → 装配(A)... 命令，系统弹出“打开”对话框。

Step2. 从弹出的“打开”对话框中，选取三维零件模型——profile_milling.prt 作为参照零件模型，并将其打开。

Step3. 在“放置”操控板中单击 缺省 按钮，然后单击 ✓ 按钮，此时系统弹出“创建参照模型”对话框，单击此对话框中的 确定 按钮，完成参照模型的放置，放置后如图 3.2.26 所示。

Stage2. 引入工件模型

Step1. 选择下拉菜单 插入(I) → 工件(W) → 装配(A)... 命令，系统弹出“打开”对话框。

Step2. 从弹出的文件“打开”对话框中，选取三维零件模型 profile_milling_workpiece.prt 作为制造模型，并将其打开。

Step3. 在“放置”操控板中单击 缺省 按钮，然后单击 ✓ 按钮，此时系统弹出“创建毛坯工件”对话框，单击此对话框中的 确定 按钮，完成毛坯工件的放置，放置后如图 3.2.27 所示。

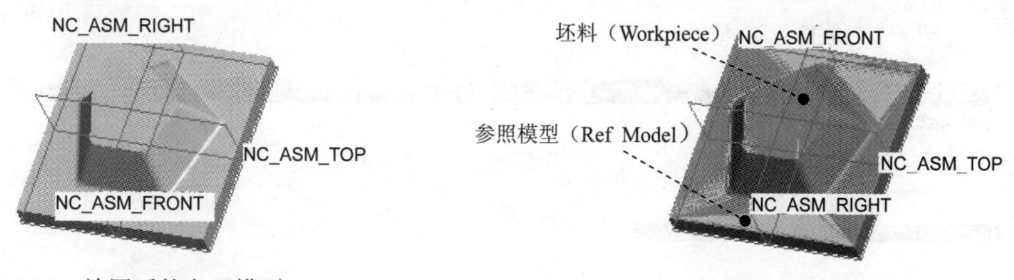

图 3.2.26　放置后的参照模型　　图 3.2.27　制造模型

Task3. 制造设置

Step1. 选取命令。选择下拉菜单 步骤(S) → 操作(O) 命令，此时系统弹出“操作设置”对话框。

Step2. 机床设置。单击“操作设置” 对话框中的 按钮，弹出“机床设置”对话框，在 机床类型(T) 下拉列表中选择 铣削，在 轴数(X) 下拉列表中选择 3轴，如图 3.2.28 所示。

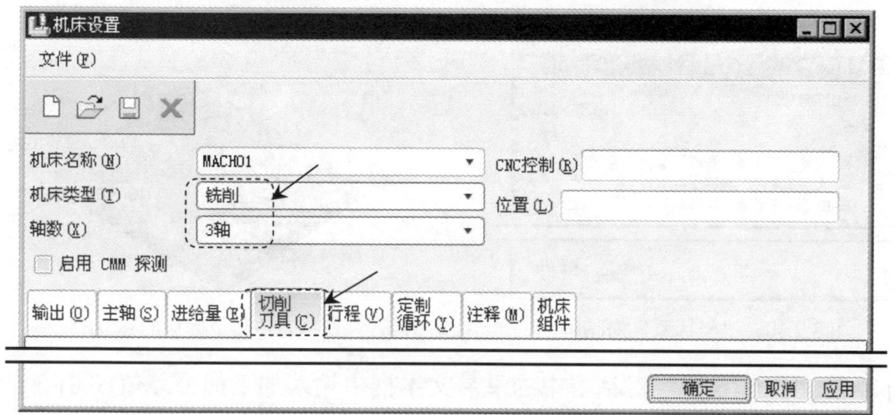

图 3.2.28　“机床设置”对话框

Step3. 刀具设置。在“机床设置”对话框中选择切削刀具(C)选项卡，然后在切削刀具设置选项组中单击按钮。

Step4. 在弹出的“刀具设定”对话框中设置刀具参数，完成设置后如图 3.2.29 所示，设置完毕后单击应用按钮并单击确定按钮，在“机床设置”对话框中单击确定按钮，返回到“操作设置”对话框。

Step5. 机床坐标系设置。在“操作设置”对话框中的参照选项组中选择按钮，在弹出的▼MACH CSYS（制造坐标系）菜单中选择Select（选取）命令

Step6. 选择下拉菜单插入(I) → 模型基准(D)▸ → 坐标系(C)...命令，系统弹出图 3.2.30 所示的“坐标系”对话框。依次选择 NC_ASM_RIGHT、NC_ASM_TOP 基准平面和图 3.2.31 所示的曲面 1 作为创建坐标系的三个参照平面，单击确定按钮完成坐标系的创建。单击参照选项区的按钮可以察看创建的坐标系。

Step7. 退刀面的设置。在“操作设置”对话框中的退刀选项组中选择按钮，系统弹出图 3.2.32 所示的“退刀设置”对话框，然后在类型下拉列表中选取平面选项，选取坐标系 ACSO 为参照，在值文本框中输入 10.0，在图形区预览退刀平面如图 3.2.33 所示。最后单击确定按钮，完成退刀平面的创建。

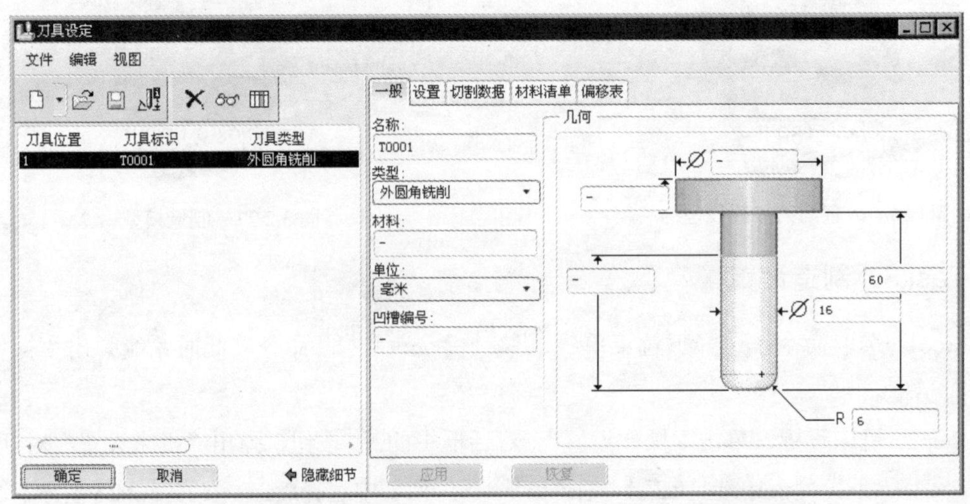

图 3.2.29 “刀具设定”对话框

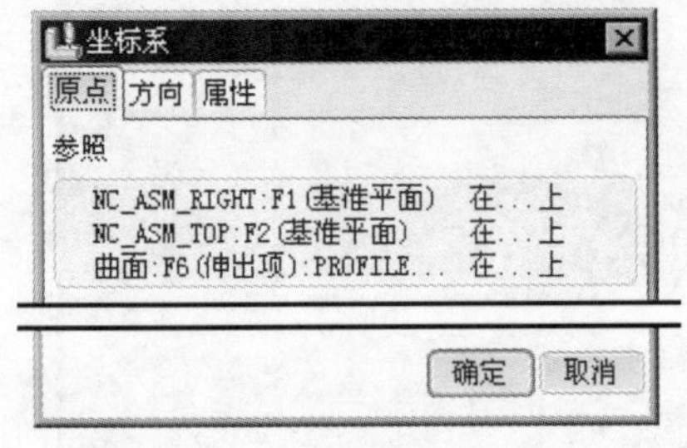

图 3.2.30 “坐标系”对话框

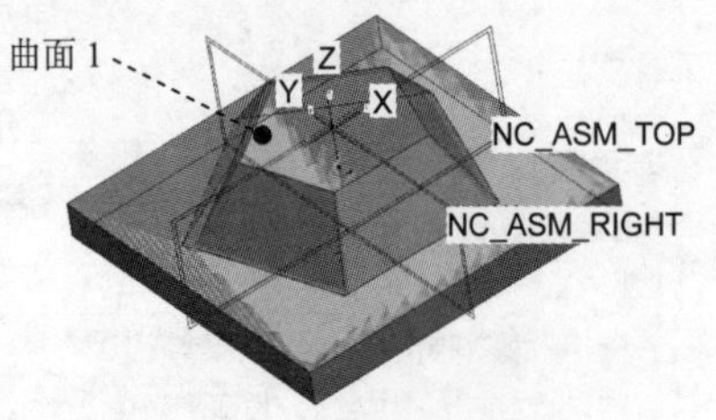

图 3.2.31 坐标系的建立

Step8. 在“操作设置”对话框中的公差文本框中输入加工的公差值 0.01，然后单击

确定按钮，完成工作机床的设置。

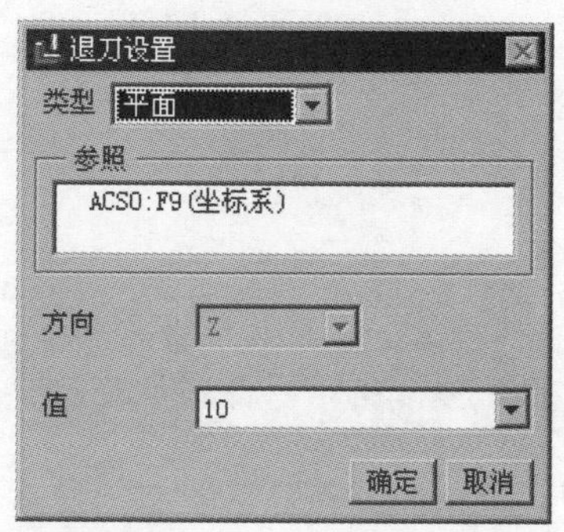

图 3.2.32　“退刀设置”对话框

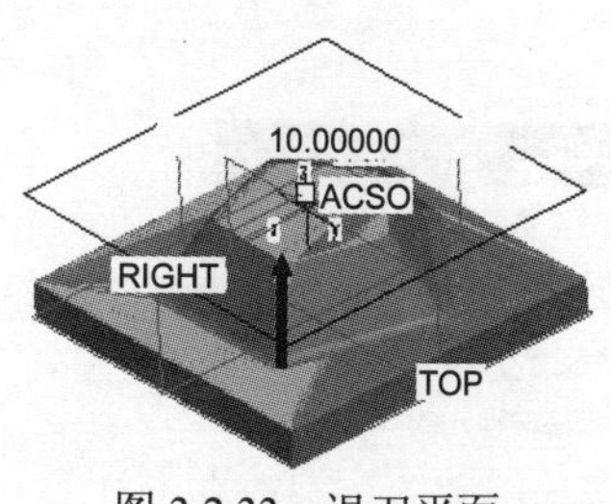

图 3.2.33　退刀平面

Task4．加工方法设置

Step1. 选择下拉菜单 步骤(S) ➡ 轮廓铣削(P) 命令，此时系统弹出“序列设置”菜单。

Step2. 在打开的 ▼ SEQ SETUP (序列设置) 菜单中选择图 3.2.34 所示的各复选框，然后选择 Done (完成) 命令，在系统弹出的“刀具设定”对话框中单击 确定 按钮，此时系统弹出编辑序列参数“轮廓铣削”对话框。

Step3. 在编辑序列参数“轮廓铣削”对话框中设置基本的加工参数，如图 3.2.35 所示，选择下拉菜单 文件(F) 菜单中的 另存为 命令。接受系统默认的名称，单击“保存副本”对话框中的 确定 按钮，然后再次单击编辑序列参数“轮廓铣削”对话框中的 确定 按钮，完成参数的设置。此时，系统弹出“曲面”对话框，如图 3.2.36 所示。

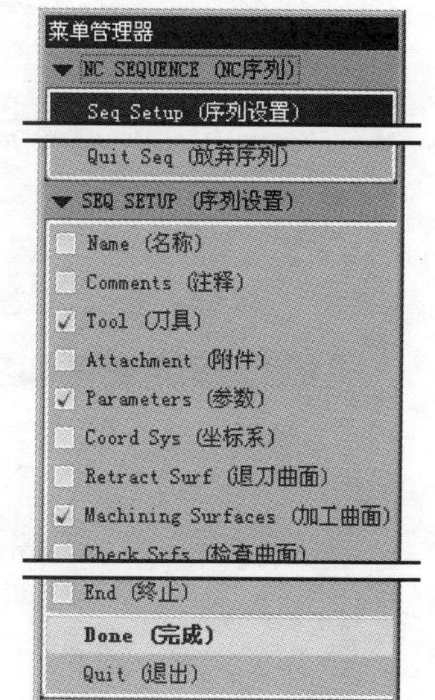

图 3.2.34　“序列设置”菜单

Step4. 选取参照模型所有的轮廓面，如图 3.2.37 所示。选取完成后，在“曲面”对话框中单击 ✔ 按钮。

Task5．演示刀具轨迹

Step1. 在 ▼ NC SEQUENCE (NC序列) 菜单中选择 Play Path (播放路径) 命令，此时系统弹出 ▼ PLAY PATH (播放路径) 菜单。

Step2. 在 ▼ PLAY PATH (播放路径) 菜单中选择 Screen Play (屏幕演示) 命令，弹出“播放路径”对话框。

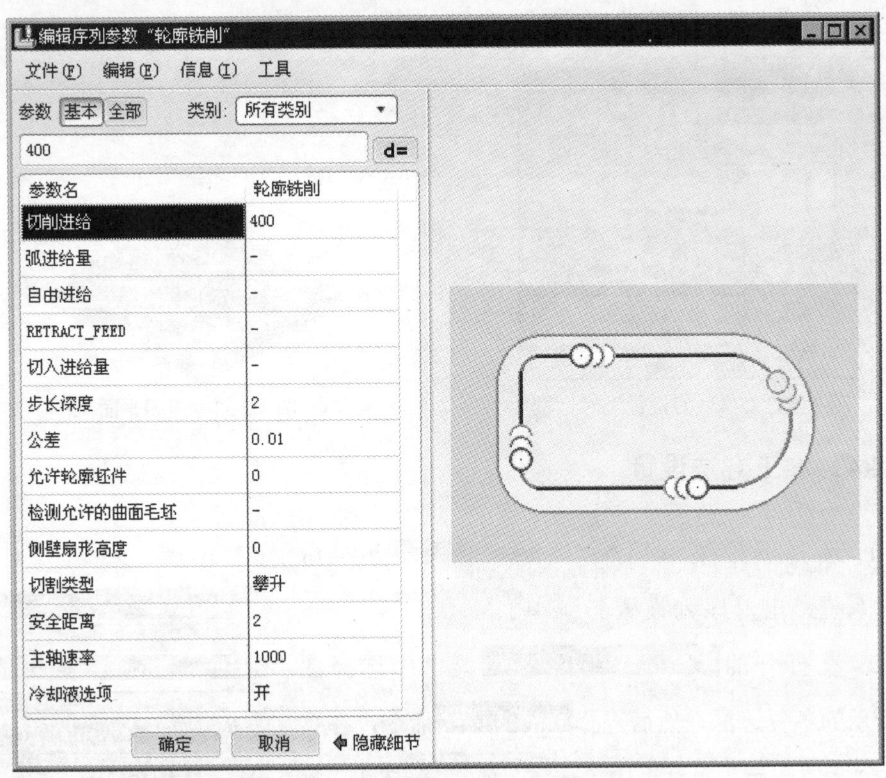

图 3.2.35 编辑序列参数“轮廓铣削”对话框

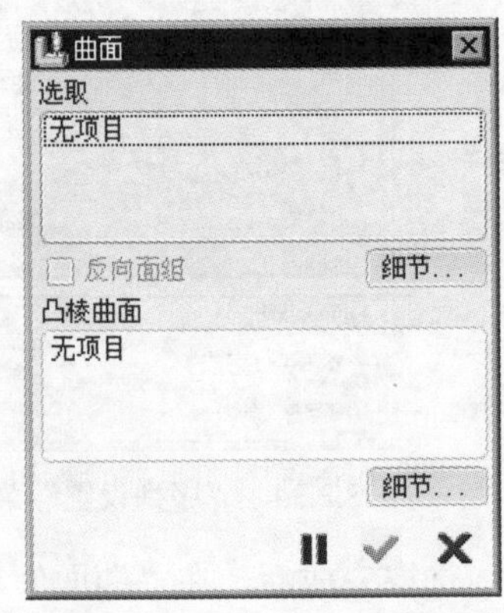

图 3.2.36 “曲面”对话框

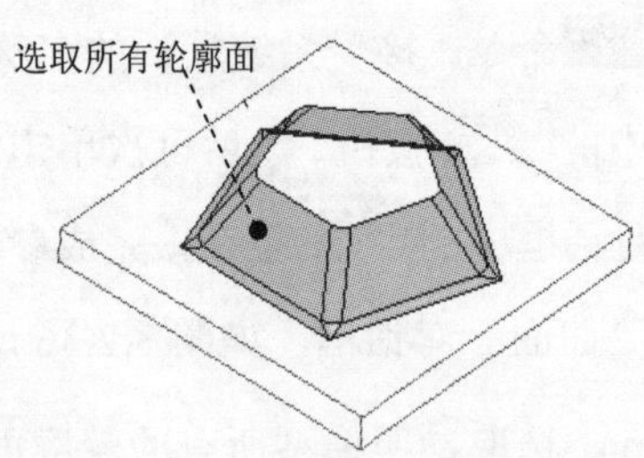

图 3.2.37 所选取的轮廓面

Step3. 单击“播放路径”对话框中的 ▶ 按钮，观测刀具的行走路线，其刀具行走路线如图 3.2.38 所示。单击 ▶ CL数据 栏可以查看生成的 CL 数据。

Step4. 演示完成后，单击“播放路径”对话框中的 关闭 按钮。

Task6. 加工仿真

Step1. 在 ▼ PLAY PATH (播放路径) 菜单中选择 NC Check (NC 检查) 命令，进入刀具模拟环境。观察刀具切割工件的情况，在弹出的“NC 检查结果”对话框中单击按钮，运行结果如图

3.2.39 所示。

Step2. 演示完成后，单击软件右上角的 X 按钮，在弹出的“Save Changes Before Exiting VERICUT?”对话框中单击 Save Checked Files 按钮。

Step3. 在 ▼ NC SEQUENCE (NC序列) 菜单中选取 Done Seq (完成序列) 命令。

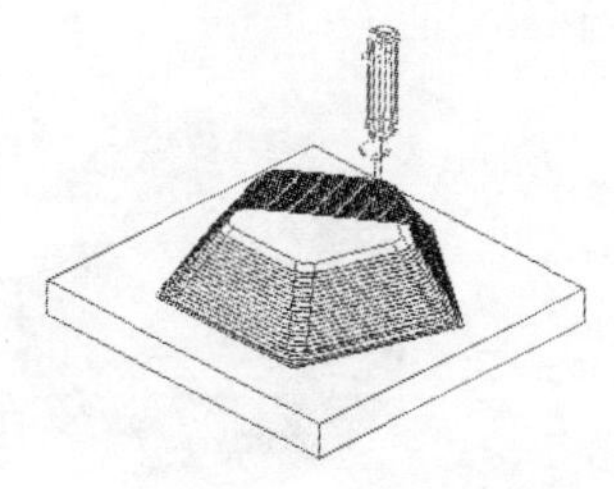

图 3.2.38　刀具行走路线

图 3.2.39　“NC 检测”动态仿真

Task7. 切减材料

Step1. 选取命令。选择下拉菜单 插入(I) → 材料去除切削(V) 命令。系统弹出 ▼ NC序列列表 菜单，然后在 ▼ NC序列列表 菜单中选择 1: 体积块铣削, 操作: OP010，此时系统弹出 ▼ MAT REMOVAL (材料删除) 菜单。

Step2. 在弹出 ▼ MAT REMOVAL (材料删除) 菜单中选择 Automatic (自动) → Done (完成) 命令，系统弹出“相交元件”对话框和“选取”对话框。单击 自动添加 按钮和 ≣ 按钮，最后单击 确定 按钮，完成材料切减。

Step3. 选择下拉菜单 文件(F) → 保存(S) 命令，保存文件。

3.3 局部铣削

局部铣削用于体积块铣削、轮廓或另一局部铣削 NC 序列之后，用较小的刀具去除未被完全清除的材料。在选择局部铣削时，有四种不同的加工方式：前一步骤、前一刀具、铅笔跟踪和拐角。不同的加工方式适用不同的范围。本节采用前一步骤、拐角和前一刀具三种方法对同一模型进行局部铣削，读者可以对比一下，哪种方式比较适合此类情况的局部铣削。

3.3.1 前一步骤

下面以图 3.3.1 中的模型为例来说明根据前一步骤局部铣削的一般操作步骤。

Task1. 调出制造模型

Step1. 设置工作目录。选择下拉菜单 文件(F) → 设置工作目录(W)... 命令，将工作目录

设置至 D:\proewf5.9\work\ch03.03.01\for_reader。

Step2. 在工具栏中单击“打开文件”按钮，从弹出的“打开”对话框中，选取三维零件模型——local_milling.asm 作为制造零件模型，并将其打开。此时工作区中显示图 3.3.2 所示的制造模型。

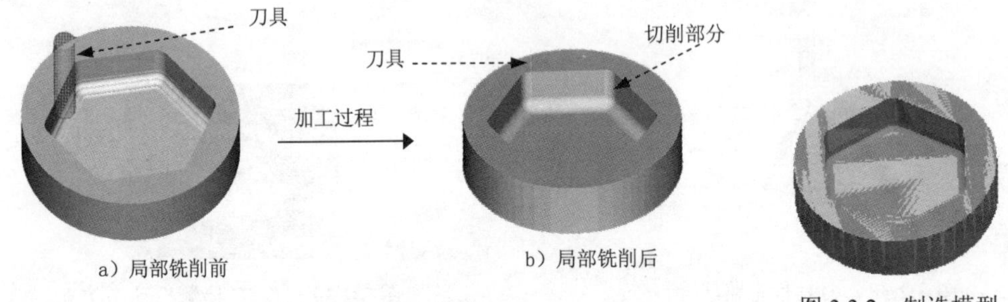

图 3.3.1　前一步骤

图 3.3.2　制造模型

Task2．使用前一步骤类型对四边进行局部铣削

Step1. 选择下拉菜单 步骤(S) ➡ 局部铣削(L) ➡ 前一步骤(S) 命令，如图 3.3.3 所示。此时，系统弹出图 3.3.4 所示的 ▼ SELECT FEAT（选取特征） 菜单和图 3.3.5 所示的“选取”对话框。

Step2.。在系统弹出的 ▼ SELECT FEAT（选取特征） 菜单中选择 NC Sequence（NC序列） 命令，然后在弹出的 ▼ NC序列列表 菜单中选择 1：体积块铣削，操作：OP010 命令，如图 3.3.6 所示。

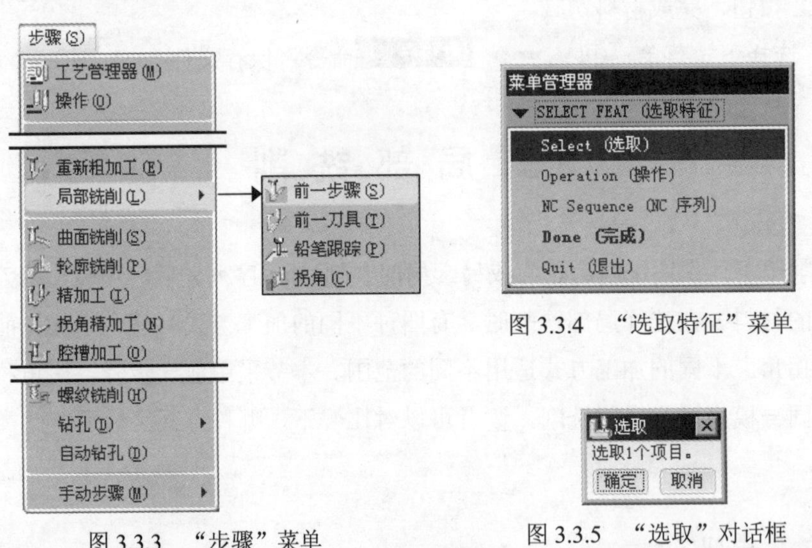

图 3.3.3　“步骤”菜单

图 3.3.4　“选取特征”菜单

图 3.3.5　“选取”对话框

Step3. 从弹出的 ▼ 选取菜单 菜单中选择 切削运动 #1 命令，如图 3.3.7 所示。在弹出的 ▼ SEQ SETUP（序列设置） 菜单中选择 ☑ Tool（刀具） 和 ☑ Parameters（参数） 复选框，然后选择 **Done（完成）** 命令，如图 3.3.8 所示。

Step4. 在弹出的“刀具设定”对话框中，单击“新建”按钮，设置刀具参数，如图

3.3.9 所示，然后单击 应用 和 确定 按钮，完成刀具的设定。

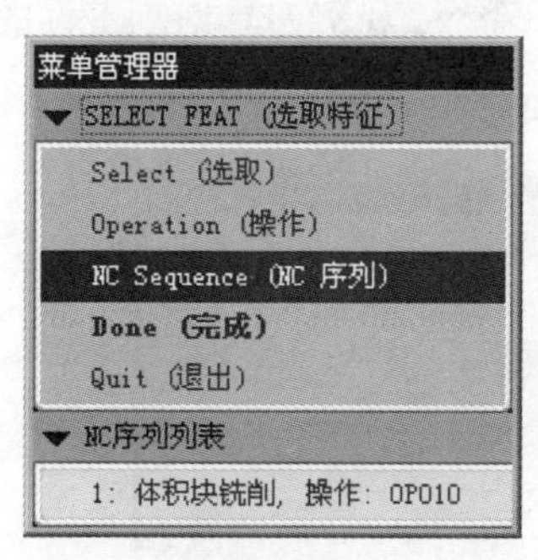

图 3.3.6　“NC 序列列表”菜单

图 3.3.7　“选取菜单”菜单

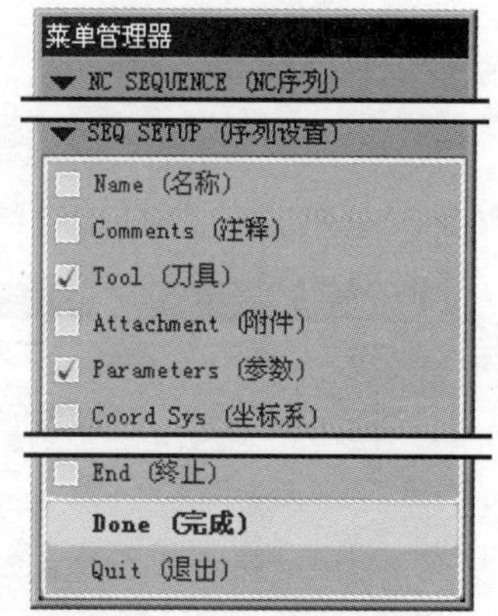

图 3.3.8　“序列设置”菜单

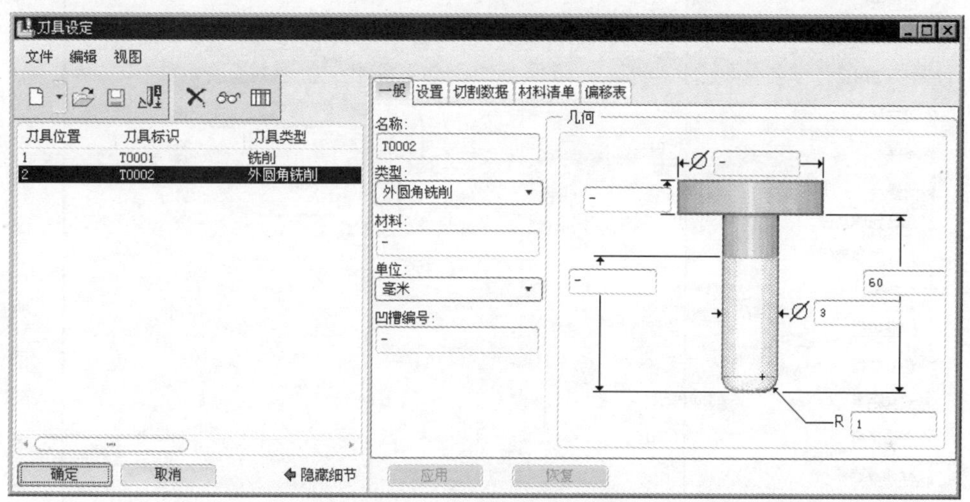

图 3.3.9　“刀具设定”对话框

Step5. 在系统弹出的编辑序列参数“局部铣削”对话框中设置基本的加工参数，如图 3.3.10 所示，选择下拉菜单 文件(F) 菜单中的 另存为 命令。将文件命名为 milprm01，单击“保存副本”对话框中的 确定 按钮，然后再次单击编辑序列参数“局部铣削”对话框中的 确定 按钮，完成参数的设置。

Task3. 演示刀具轨迹

Step1. 从弹出的 ▼ NC SEQUENCE (NC序列) 菜单中选择 Play Path (播放路径) 命令，此时系统弹出 ▼ PLAY PATH (播放路径) 菜单。

Step2. 在 ▼ PLAY PATH (播放路径) 菜单中选择 Screen Play (屏幕演示) 命令，弹出“播放路径”对话框。

Step3. 单击对话框中的 ▶ 按钮，单击 ▶ CL数据 栏可以打开窗口查看生成的 CL 数据，如图 3.3.11 所示。观测刀具的行走路线，如图 3.3.12 所示。

Step4. 演示完成后，单击“播放路径”对话框中的 关闭 按钮。

Task4. 加工仿真

Step1. 在 PLAY PATH (播放路径) 菜单中选择 NC Check (NC 检查) 命令。观察刀具切割工件的运行结果，在弹出的“NC 检查结果”对话框中单击按钮，运行结果如图 3.3.13 所示。

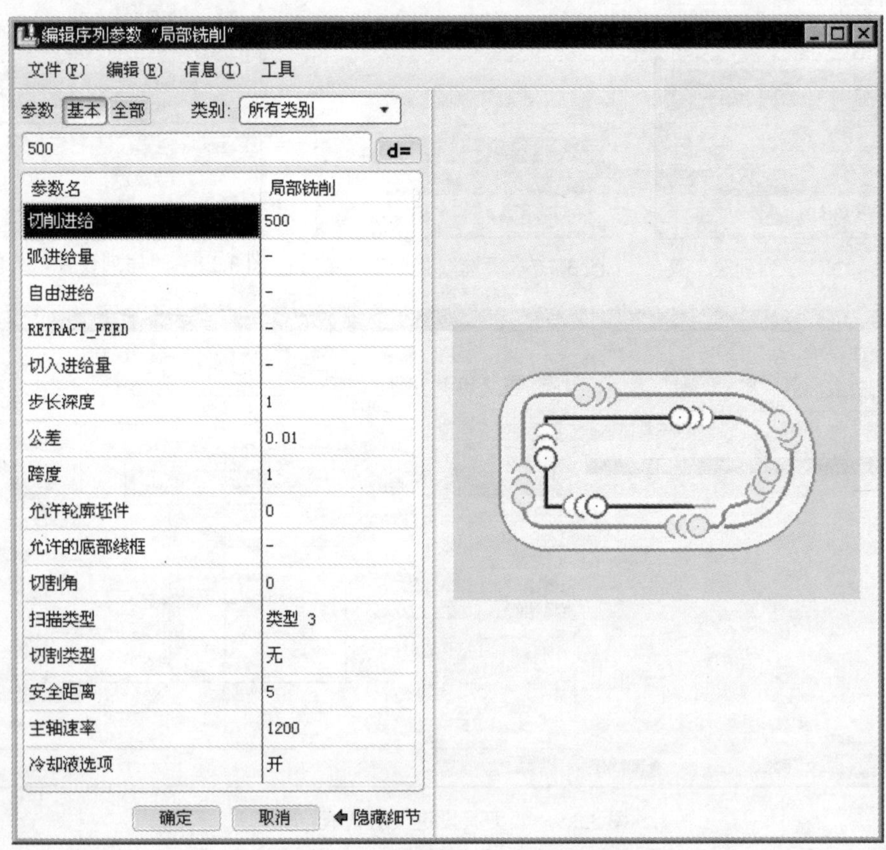

图 3.3.10　编辑序列参数“局部铣削”对话框

Step2. 演示完成后，单击软件右上角的按钮，在弹出的“Save Changes Before Exiting VERICUT?”对话框中单击 Save Checked Files 按钮。

Step3. 在 NC SEQUENCE (NC序列) 菜单中选取 Done Seq (完成序列) 命令。

Step4. 在下拉菜单 文件(F) 中选择 保存(S) 命令，保存文件。

3.3.2　拐角

下面以图 3.3.14 中的模型为例来说明拐角局部铣削的一般操作步骤。

Task1. 调出制造模型

Step1. 设置工作目录。选择下拉菜单 文件(F) → 设置工作目录(W)... 命令，将工作目录

设置至 D:\proewf5.9\work\ch03.03.02\for_reader。

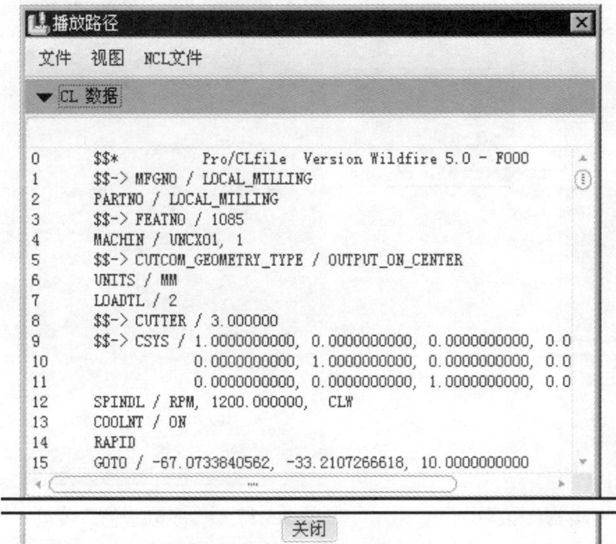

图 3.3.11　查看 CL 数据

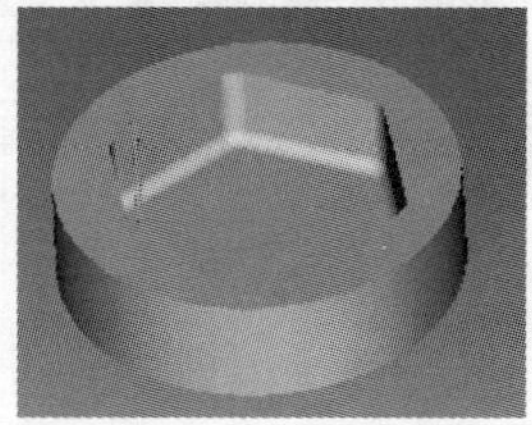

图 3.3.12　刀具行走路线

图 3.3.13　NC 仿真结果

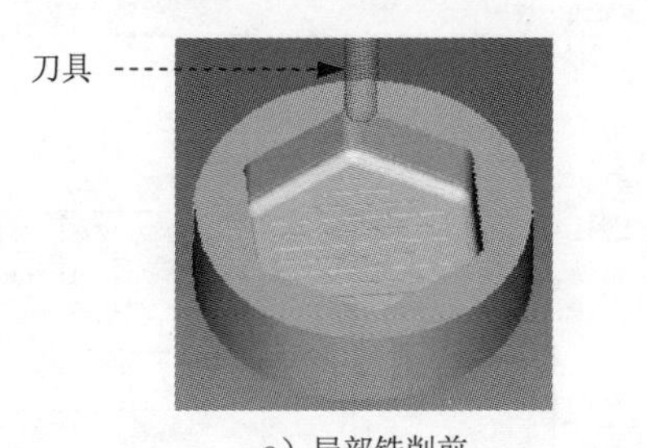

a）局部铣削前

加工过程

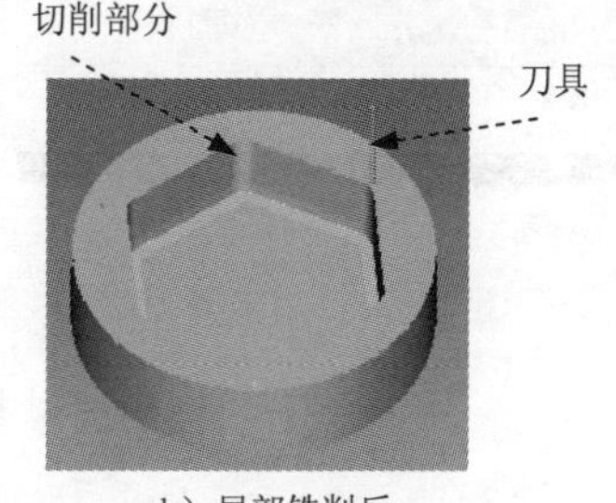

b）局部铣削后

图 3.3.14　拐角

Step2. 在工具栏中单击“打开”按钮，从弹出的“打开”对话框中选取三维零件模型——local_milling.asm 作为制造零件模型，并将其打开。此时工作区中显示图 3.3.15 所示的制造模型。

Task2. 加工方法设置

Step1. 选择下拉菜单 步骤(S) ➡ 局部铣削(L) ➡ 拐角(C) 命令，如图 3.3.16 所示。

Step2. 在弹出的 ▼ SEQ SETUP（序列设置）菜单中选择图 3.3.17 所示的各复选框，然后选择 Done（完成）命令，在弹出的“刀具设定”对话框中，单击“新建”按钮，设置刀具参数（图 3.3.18），然后单击 应用 按钮并单击 确定 按钮，完成刀具的设定。

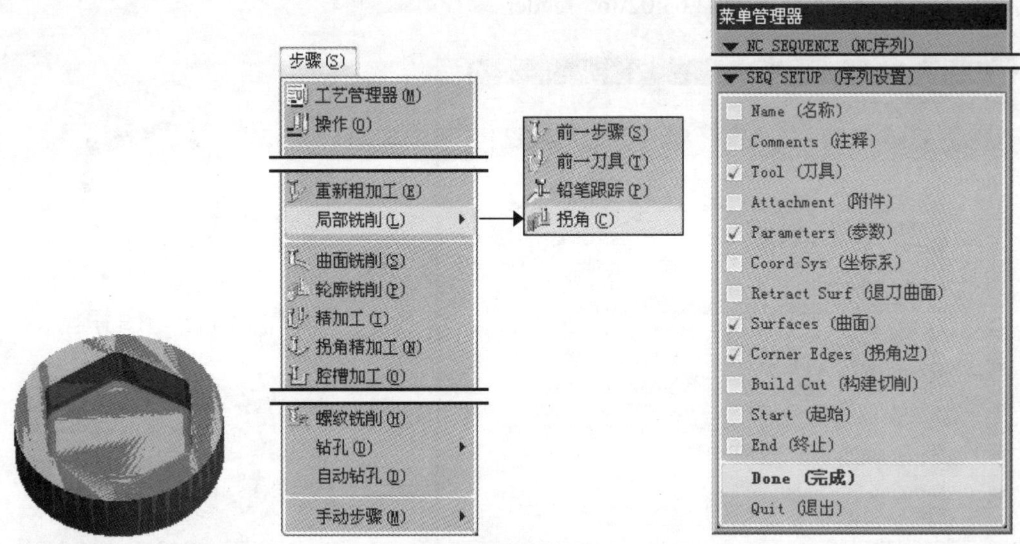

图 3.3.15 制造模型　　图 3.3.16 “步骤”菜单　　图 3.3.17 “序列设置”菜单

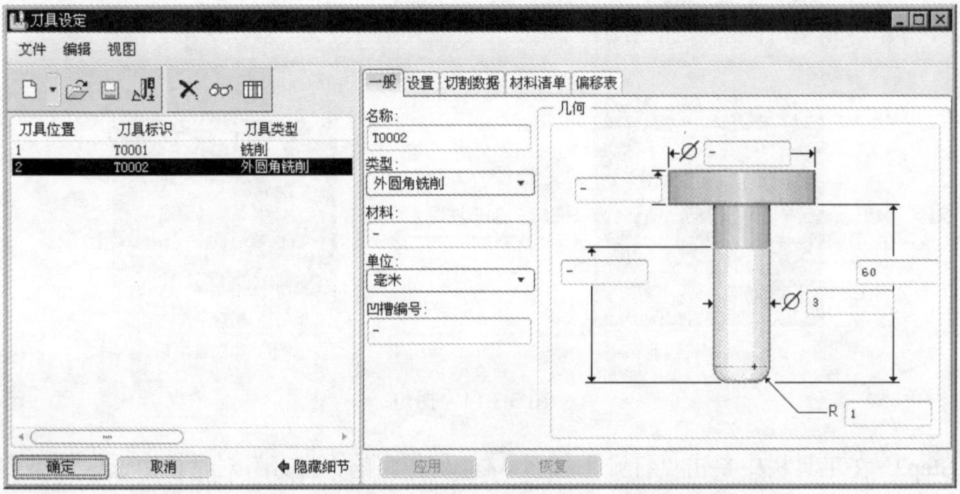

图 3.3.18 “刀具设定”对话框

Step3. 在系统弹出的编辑序列参数“拐角局部铣削”对话框中设置基本的加工参数，如图 3.3.19 所示，然后在此对话框中选择全部选项卡，在“全部”选项组区域中的转角偏移文本框中输入数值 10.0，选择下拉菜单 文件(F) 菜单中的另存为命令。将文件命名为 milprm03，单击“保存副本”对话框中的确定按钮，然后再次单击编辑序列参数“拐角局部铣削”对话框中的确定按钮，完成参数的设置。

Step4. 在系统弹出的▼ SURF PICK (曲面拾取)菜单中选择Model (模型) ⟶ Done (完成)命令，如图 3.3.20 所示。然后选取图 3.3.21 所示的各内表面。完成选取后，在▼ SELECT SRFS (选取曲面)菜单中选择Done/Return (完成/返回)命令。

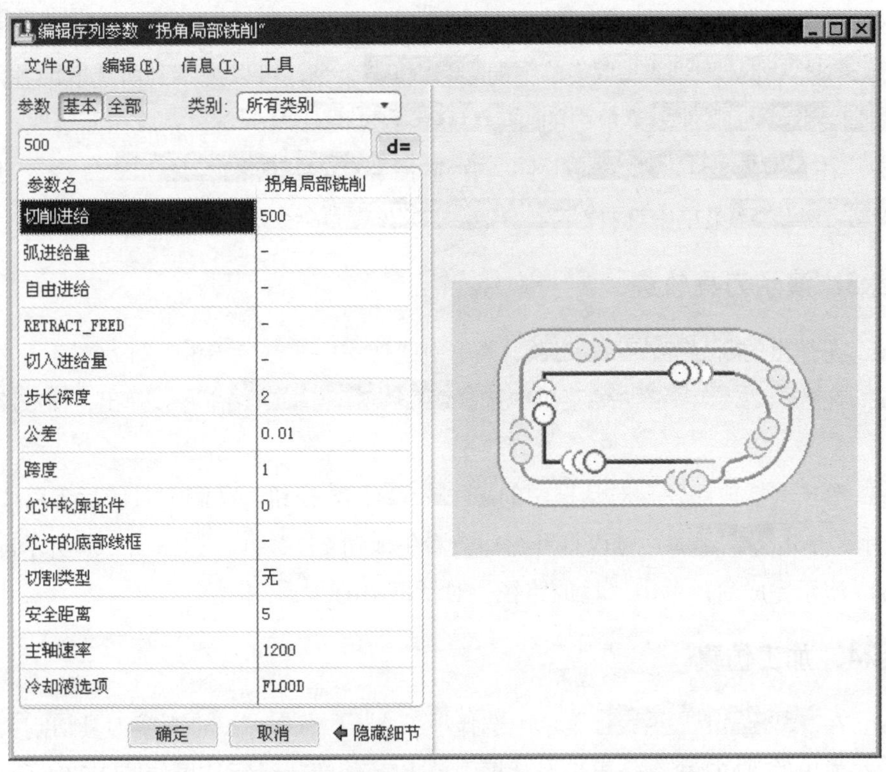

图 3.3.19　编辑序列参数“拐角局部铣削”对话框

Step5. 在系统弹出的 ▼ CRNR REGIONS (CRNR区域) 菜单中选择 Define (定义) 命令，再依次选择 ▼ SELECT CRNR (选取角) → Surfaces (曲面) → ▼ SELECT SRFS (选取曲面) → Add (添加) → ▼ SEL/SEL ALL (选取/全选) → Select (选取) 命令，如图 3.3.22 所示。

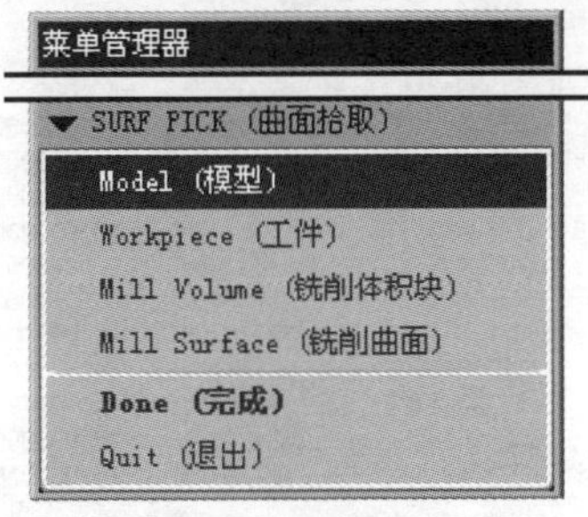

图 3.3.20　“曲面拾取”菜单

依次选取各内表面

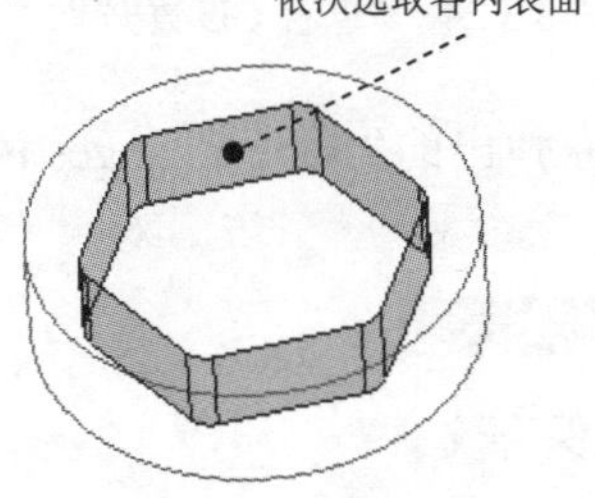

图 3.3.21　选取的面

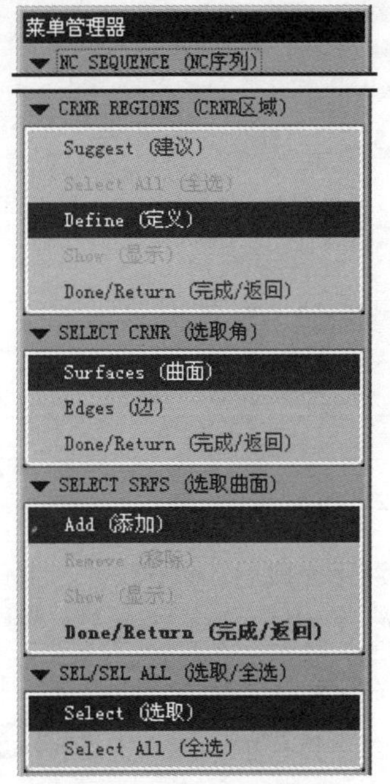

图 3.3.22　“CRNR 区域”菜单

Step6. 选取图 3.3.21 所示的各表面，完成选取后，单击“选取”对话框中的确定按钮，然后选择▼ SELECT SRFS (选取曲面)菜单中的Show (显示)命令，可以观察到所选取的各内表面。选择▼ SELECT SRFS (选取曲面)菜单中的Done/Return (完成/返回)命令，完成曲面选取。

Step7. 在▼ SELECT CRNR (选取角)菜单中选择Done/Return (完成/返回)命令，然后在▼ CRNR REGIONS (CRNR区域)菜单中选择Done/Return (完成/返回)命令。

Task3. 演示刀具轨迹

Step1. 在弹出的▼ NC SEQUENCE (NC序列)菜单中选择 Play Path (播放路径) 命令。

Step2. 在▼ PLAY PATH (播放路径)菜单中选择Screen Play (屏幕演示)命令，弹出“播放路径”对话框。

Step3. 单击“播放路径”对话框中的▶按钮，观测刀具的行走路线，如图 3.3.23 所示。单击▶ CL数据栏可以打开窗口查看生成的 CL 数据，如图 3.3.24 所示。

Step4. 演示完成后，单击“播放路径”对话框中的关闭按钮。

Task4. 加工仿真

Step1. 在▼ PLAY PATH (播放路径)菜单中选择 NC Check (NC 检查) 命令。观察刀具切割工件的运行情况，在弹出的“NC 检查结果”对话框中单击按钮，运行结果如图 3.3.25 所示。

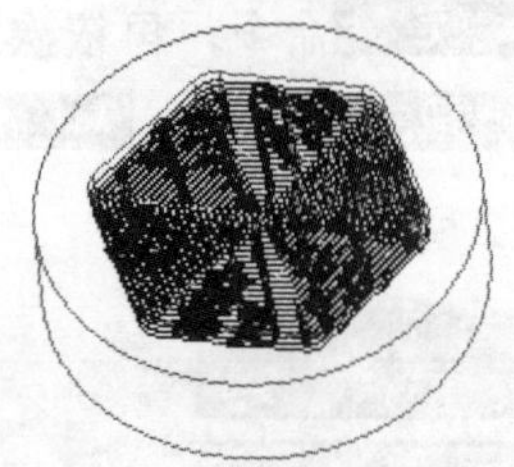

图 3.3.23 刀具路径

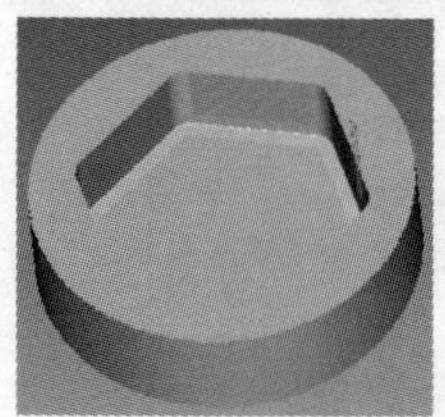

图 3.3.25 NC 仿真结果

图 3.3.24 查看 CL 数据

Step2. 演示完成后，单击软件右上角的按钮，在弹出的“Save Changes Before Exiting VERICUT?”对话框中单击Save Checked Files按钮。

Step3. 在▼ NC SEQUENCE (NC序列)菜单中选取Done Seq (完成序列)命令。

Step4. 在下拉菜单文件(F)中选择保存(S)命令，保存文件。

3.3.3 前一刀具

下面以图 3.3.26 中的模型为例，来说明前一刀具局部铣削的一般操作步骤。

Task1．调出制造模型

Step1. 设置工作目录：选择下拉菜单 文件(F) → 设置工作目录(W)... 命令，将工作目录设置至 D:\proewf5.9\work\ch03.03.03\for_reader。

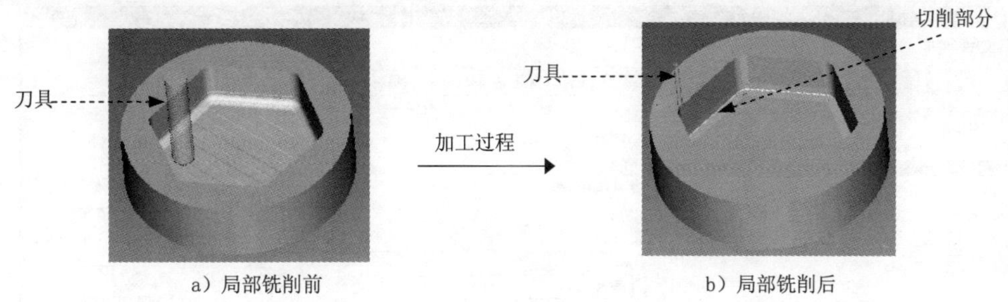

a）局部铣削前　　b）局部铣削后

图 3.3.26 前一刀具

Step2. 在工具栏中单击“打开”按钮，从弹出的“打开”对话框中选取三维零件模型——local_milling.asm 作为制造零件模型，并将其打开。此时工作区中显示图 3.3.27 所示的制造模型。

Task2．使用前一刀具类型对四边进行局部铣削

Step1. 选择下拉菜单 步骤(S) → 局部铣削(L) → 前一刀具(T) 命令，如图 3.3.28 所示。

Step2. 从系统弹出的 ▼ SEQ SETUP (序列设置) 菜单中，选择 ☑ Tool (刀具)、☑ Parameters (参数) 和 ☑ Surfaces (曲面) 复选框，然后选择 Done (完成) 命令。

图 3.3.27 打开的制造模型

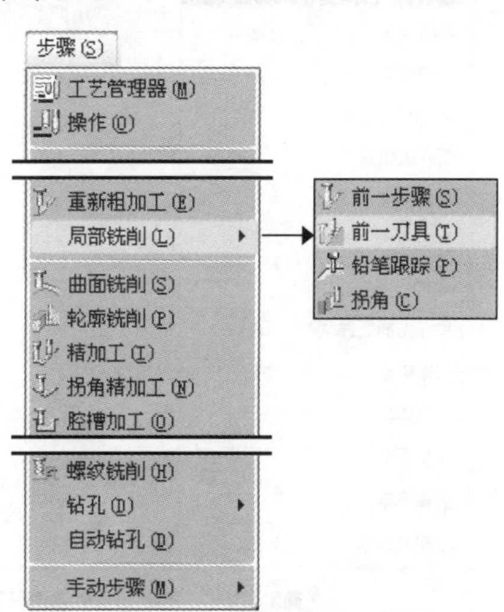

图 3.3.28 “步骤”菜单

Step3. 在弹出的“刀具设定”对话框中，单击“新建”按钮，设置刀具参数（图 3.3.29 所示）。然后单击 应用 按钮并单击 确定 按钮，完成刀具参数的设定。

Step4. 在系统弹出的编辑序列参数“按先前刀具局部铣削”对话框中设置基本的加工参数，如图 3.3.30 所示，选择下拉菜单 文件(F) 菜单中的另存为命令。将文件命名为 milprm01，单击“保存副本”对话框中的 确定 按钮，然后再次单击编辑序列参数“按先前刀具局部铣削”对话框中的 确定 按钮，完成参数的设置。

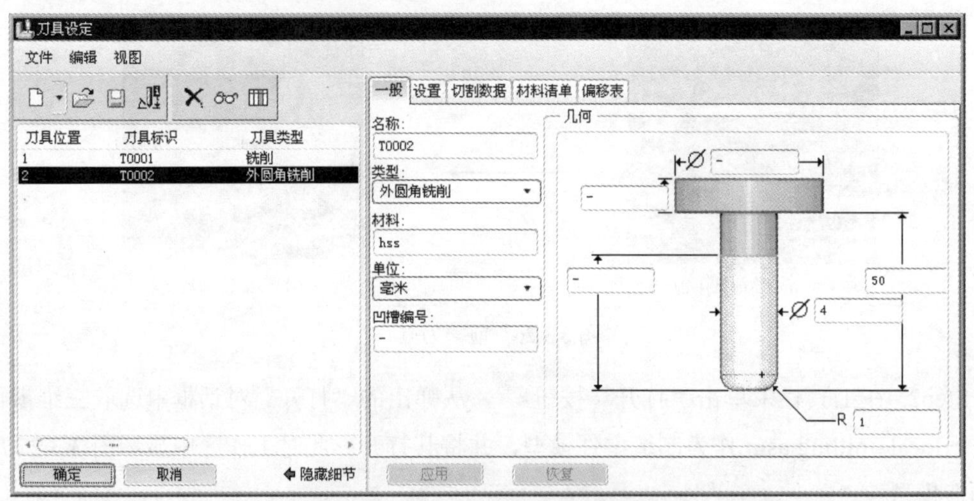

图 3.3.29 “刀具设定”对话框

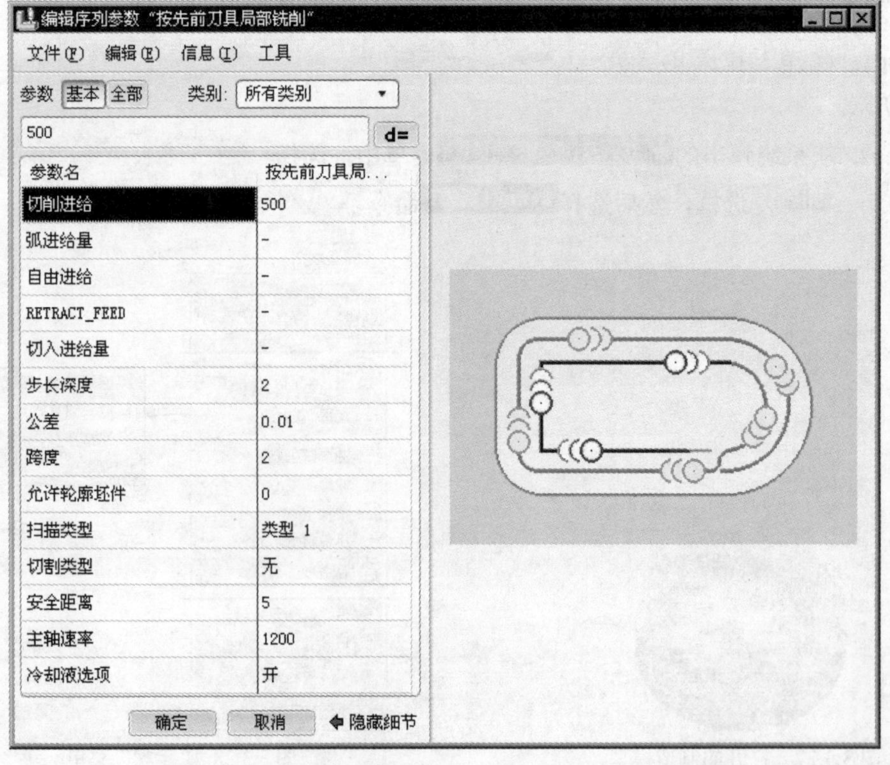

图 3.3.30 编辑序列参数“按先前刀具局部铣削”对话框

Step5. 在系统弹出的▼ SURF PICK（曲面拾取）菜单中选择Model（模型）→ Done（完成）命令。然后选取图 3.3.31 所示的各内表面，完成选取后，单击“选取”对话框中的确定按钮，然后选择▼ SELECT SRFS（选取曲面）菜单中的Show（显示）命令，可以观察到所选取的各个内表面，然后选择Done/Return（完成/返回）命令，完成曲面选取。

Step6. 在▼ NCSEQ SURFS（NC序列 曲面）菜单中选择Done/Return（完成/返回）命令。

Task3．演示刀具轨迹

Step1. 在弹出的▼ NC SEQUENCE（NC序列）菜单中选择 Play Path（播放路径）命令，此时系统弹出▼ PLAY PATH（播放路径）菜单。

Step2. 在▼ PLAY PATH（播放路径）菜单中选择Screen Play（屏幕演示）命令，弹出“播放路径”对话框。

Step3. 单击“播放路径”对话框中的▶按钮，观测刀具的行走路线，如图 3.3.32 所示。单击▶ CL数据栏可以打开窗口查看生成的 CL 数据，如图 3.3.33 所示。

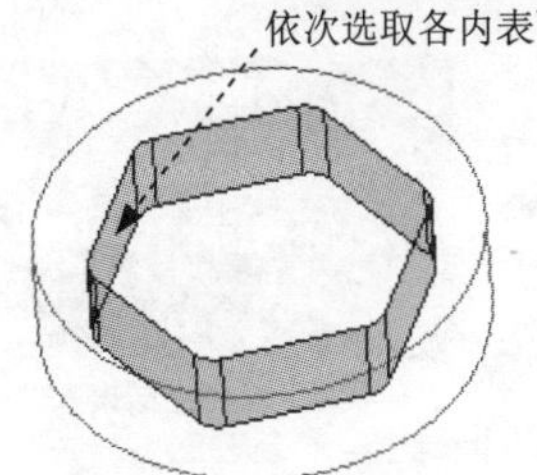

图 3.3.31　所选取的面

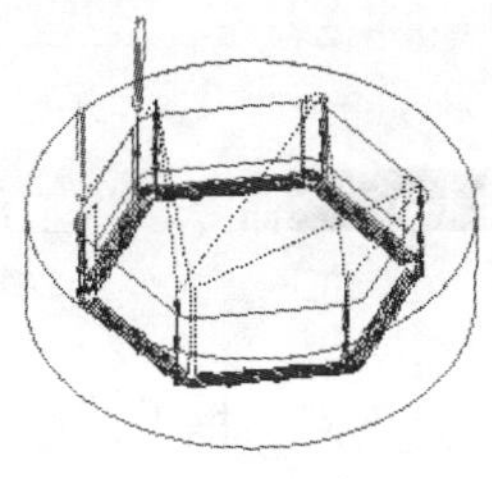

图 3.3.32　刀具路径

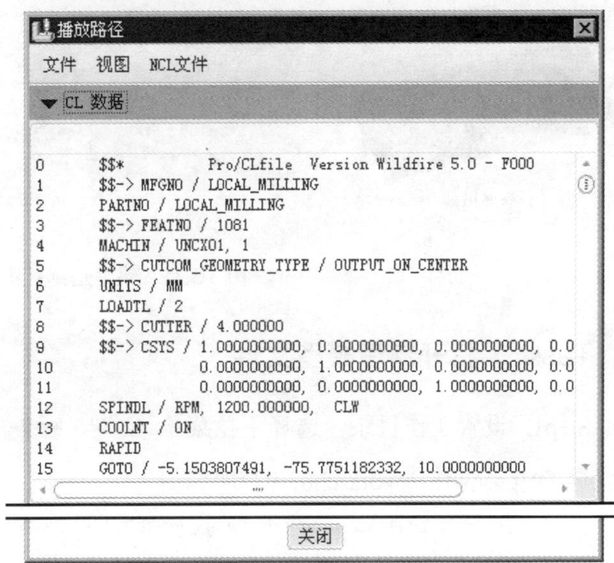

图 3.3.33　查看 CL 数据

Step4. 演示完成后，单击“播放路径”对话框中的关闭按钮。

Task4．加工仿真

Step1. 在▼ PLAY PATH（播放路径）菜单中选择 NC Check（NC 检查）命令。观察刀具切割工件的运行情况，在弹出的“NC 检查结果”对话框中单击按钮，运行结果如图 3.3.34 所示。

Step2. 演示完成后，单击软件右上角的按钮，在弹出的“Save Changes Before Exiting VERICUT?”对话框中单击Save Checked Files按钮。

Step3. 在▼ NC SEQUENCE（NC序列）菜单中选取Done Seq（完成序列）命令。

Step4. 选择下拉菜单 文件(F) → 保存(S) 命令，保存文件。

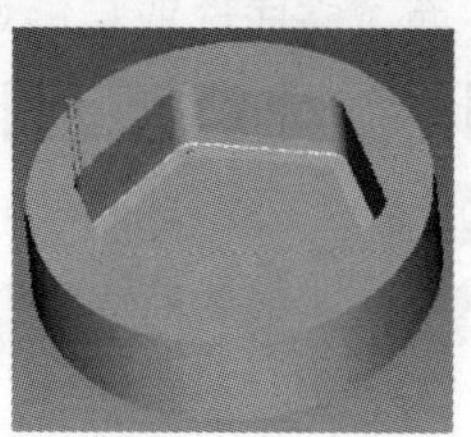

图 3.3.34 NC 仿真结果

3.3.4 铅笔追踪

铅笔追踪铣削是用来清除曲面拐角边的余料，沿拐角创建的单一走刀的刀具路径，系统只允许使用球头铣刀，并通过设置陡峭角度参数以便区分垂直区域和水平区域，然后对其分别采用相关的加工参数进行加工。下面将通过图 3.3.35 所示的零件介绍铅笔追踪铣削的一般过程。

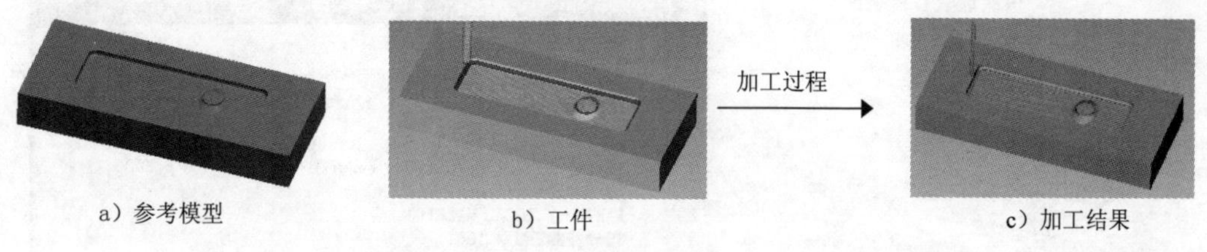

a）参考模型 b）工件 c）加工结果

图 3.3.35 铅笔追踪铣削

Task1. 打开制造模型文件

Step1. 设置工作目录。选择下拉菜单 文件(F) → 设置工作目录(W)... 命令，将工作目录设置至 D:\proewf5.9\work\ch03.03.04\。

Step2. 在工具栏中单击“打开”按钮，从弹出的“文件打开”对话框中，选取三维零件模型——pencil_milling.asm 作为制造零件模型，并将其打开。此时工作区中显示图 3.3.36 所示的制造模型。

说明：此制造模型已经包含了一个体积块铣削和一个精加工铣削加工步骤。

Task2. 使用铅笔追踪类型对模型进行局部铣削

Step1. 选择下拉菜单 步骤(S) → 局部铣削(L) → 铅笔跟踪(P) 命令，此时系统弹出 ▼ SEQ SETUP (序列设置) 菜单。

Step2. 在弹出的 ▼ SEQ SETUP (序列设置) 菜单中选中图 3.3.37 所示的 3 个复选框，然后选择 Done (完成) 命令。

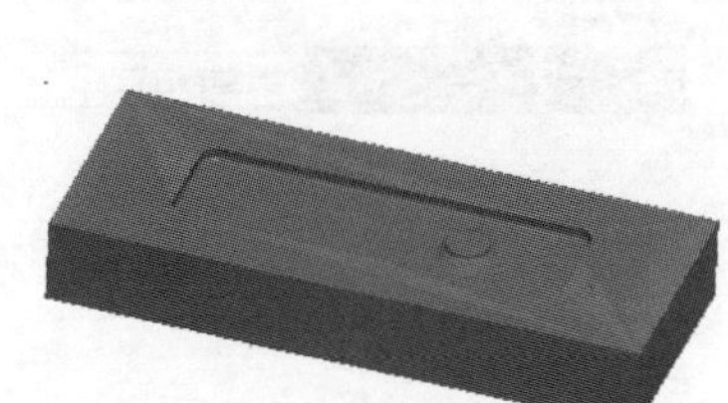

图 3.3.36　制造模型

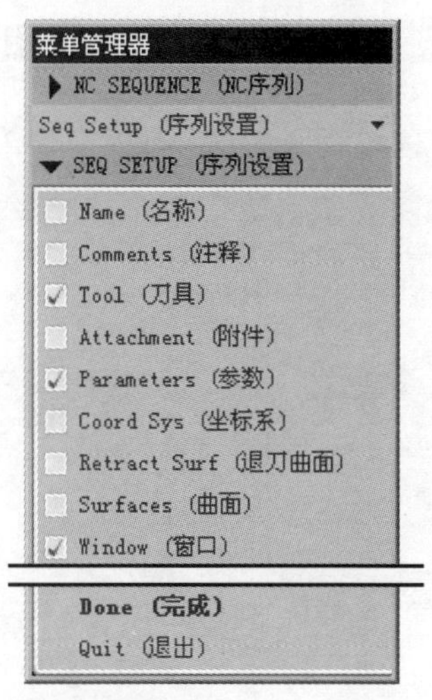

图 3.3.37　“序列设置”菜单

Step3. 在弹出的“刀具设定”对话框中，单击“新建”按钮，设置刀具参数（图 3.3.38），然后单击 应用 和 确定 按钮，完成刀具的设定。

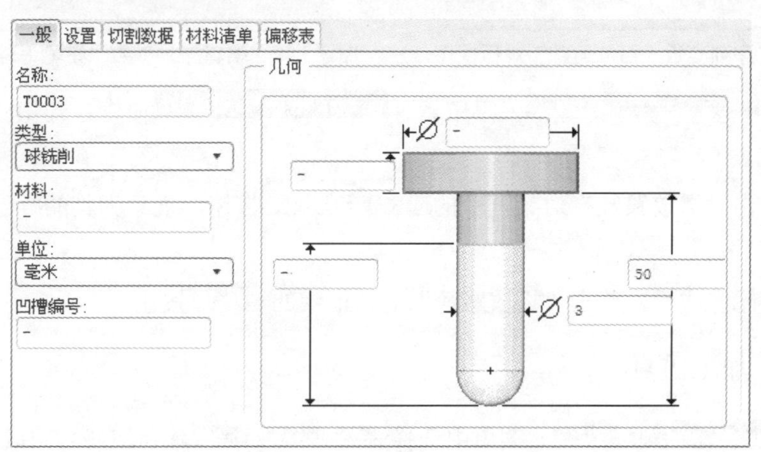

图 3.3.38　设定刀具一般参数

Step4. 在系统弹出的编辑序列参数“铅笔追踪”对话框中设置 基本 加工参数，如图 3.3.39 所示，单击 全部 按钮，在 类别: 下拉列表中选择 切削运动 选项，此时该对话框显示如图 3.3.40 所示，在 加工_次序 列表框中选择 浅区域居先 选项，单击 确定 按钮，完成参数的设置。

Step5. 在系统弹出的 ▼ DEFINE WIND (定义窗口) 菜单中选择 Select Wind (选取窗口) 命令，然后在模型树中选取 铣削窗口 2 [窗口] 选项，此时系统返回到 ▼ NC SEQUENCE (NC 序列) 菜单。

Task3. 演示刀具轨迹

Step1. 在 ▼ NC SEQUENCE (NC序列) 菜单中选择 Play Path (播放路径) 命令，此时系统弹出 ▼ PLAY PATH (播放路径) 菜单。

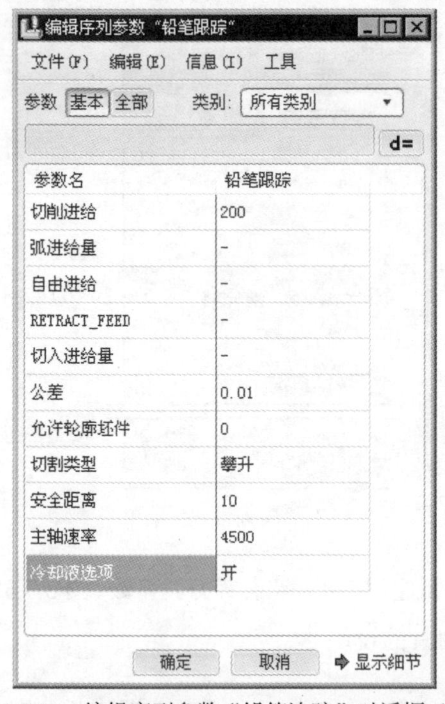

图 3.3.39 编辑序列参数“铅笔追踪”对话框（一）

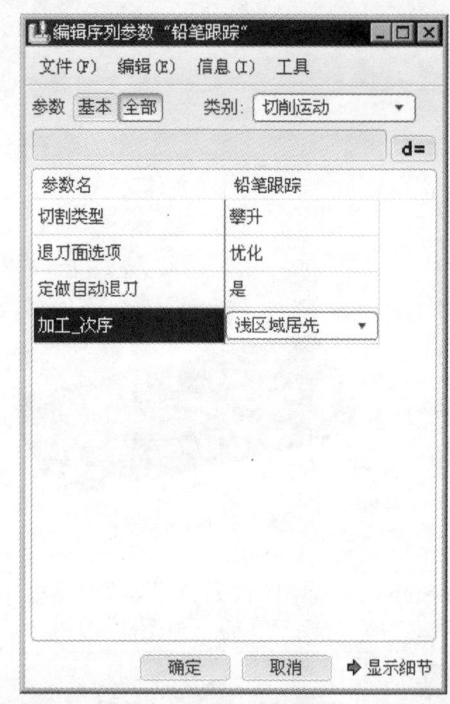

图 3.3.40 编辑序列参数“铅笔追踪”对话框（二）

Step2. 在 ▼ PLAY PATH (播放路径) 菜单中选择 Screen Play (屏幕演示) 命令，弹出“播放路径”对话框。

Step3. 单击“播放路径”对话框中的 ▶ 按钮，观察刀具的行走路线，如图 3.3.41 所示。

Step4. 演示完成后，单击“播放路径”对话框中的 关闭 按钮。

Task4. 加工仿真

Step1. 在 ▼ PLAY PATH (播放路径) 菜单中选择 NC Check (NC 检查) 命令。观察刀具切割工件的运行结果，在弹出的“NC 检查结果”对话框中单击按钮，运行结果如图 3.3.42 所示。

Step2. 演示完成后，单击软件右上角的按钮，在弹出的“Save Changes Before Exiting VERICUT?”对话框中单击 Save Checked Files 按钮，关闭仿真软件。

Step3. 在 ▼ NC SEQUENCE (NC 序列) 菜单中选取 Done Seq (完成序列) 命令。

Step4. 选择下拉菜单 文件(F) ➡ 保存(S) 命令，保存文件。

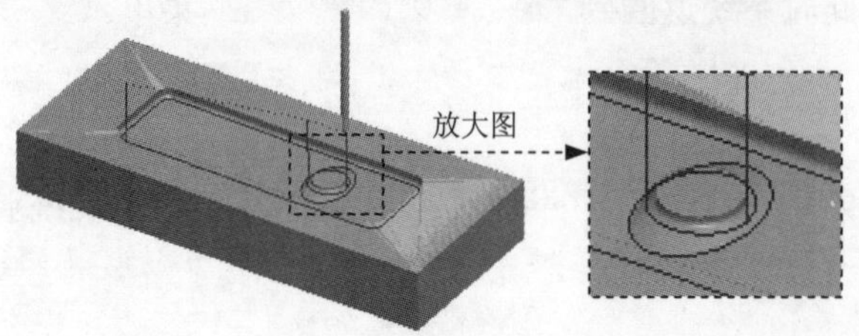

图 3.3.41 刀具的行走路线

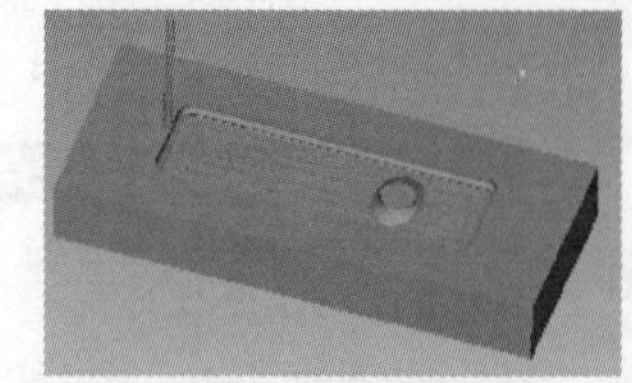

图 3.3.42 运行结果

3.4　平 面 铣 削

对于大面积的没有任何曲面或凸台的零件表面进行加工时，一般选用平底立铣刀或端铣刀。使用该加工方法，可以进行粗加工，也可以进行精加工。对于加工余量大又不均匀的表面，采用粗加工，其铣刀直径应较小，以减少切削转矩；对于精加工，其铣刀直径应较大，最好能包容整个待加工面。

下面以图 3.4.1 所示的零件介绍平面加工的一般过程。

a）参照模型　b）工件　c）加工结果

图 3.4.1　平面铣削

Task1．新建一个数控制造模型文件

Step1. 设置工作目录。选择下拉菜单 文件(F) ➡ 设置工作目录(W)... 命令，将工作目录设置至 D:\proewf5.9\work\ch03.04。

Step2. 在工具栏中单击“新建”按钮。

Step3. 在“新建”对话框中，选中 类型 选项组中的 制造 选项，选中 子类型 选项组中的 NC组件 选项，在 名称 文本框中输入文件名 face_milling，取消 使用缺省模板 复选框中的“√”号，单击该对话框中的 确定 按钮。

Step4. 在系统弹出的“新文件选项”对话框中的模板选项组中选取 mmns_mfg_nc 模板，然后在该对话框中单击 确定 按钮。

Task2．建立制造模型

Stage1．引入参照模型

Step1. 选取命令。选择下拉菜单 插入(I) ➡ 参照模型(R) ➡ 装配(A)... 命令，系统弹出“打开”对话框。

Step2. 从弹出的“打开”对话框中，选取三维零件模型——face_milling.prt 作为参照零件模型，并将其打开。

Step3. 在“放置”操控板中单击 缺省 按钮，然后单击 ✓ 按钮，此时系统弹出“创建参照模型”对话框，单击此对话框中的 确定 按钮，完成参照模型的放置，放置后如图 3.4.2 所示。

Stage2．引入工件

Step1. 选取命令。选择下拉菜单 插入(I) ➡ 工件(W) ▸ ➡ 装配(A)... 命令，系统弹出“打开”对话框。

Step2. 从弹出的“打开”对话框中，选取三维零件模型——workpiece.prt 作为工件，并将其打开。

Step3. 在“放置”操控板中单击 缺省 按钮，然后单击✓按钮，此时系统弹出“创建毛坯工件”对话框，单击此对话框中的 确定 按钮，完成工件的放置，放置后的效果如图 3.4.3 所示。

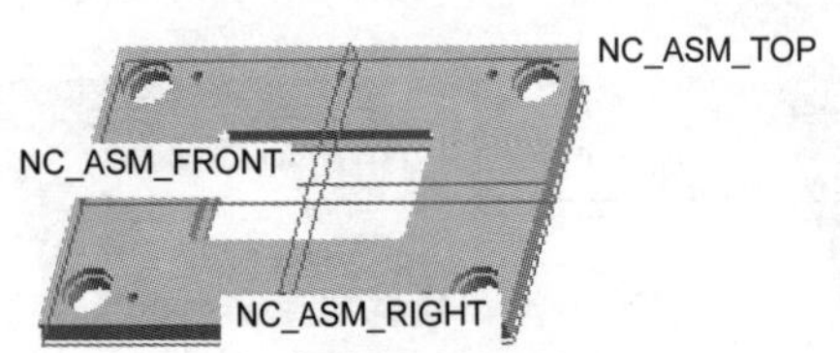

图 3.4.2 放置后的参照模型

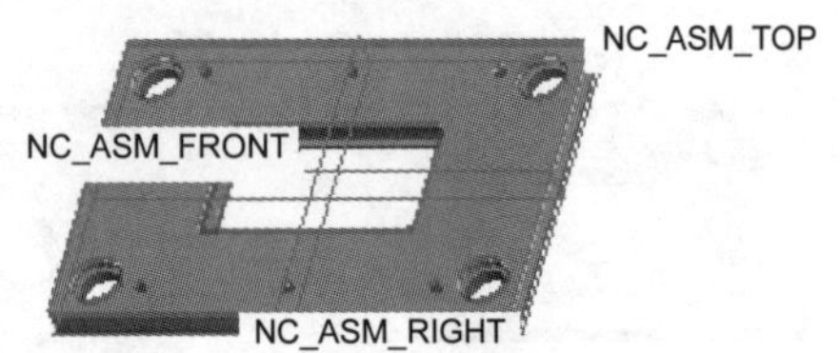

图 3.4.3 制造模型

Task3．制造设置

Step1. 选择下拉菜单 步骤(S) ➡ 操作(O) 命令，此时系统弹出“操作设置”对话框。

Step2. 机床设置。单击“操作设置” 对话框中的 按钮，弹出“机床设置”对话框，在 机床类型(T) 下拉列表中选择 铣削，在 轴数(X) 下拉列表中选择 3轴。

Step3. 在“机床设置”对话框中选择 进给量(E) 选项卡，在 进给量极限 选项组中 快速进给速度 的文本框中输入值 1200，如图 3.4.4 所示。

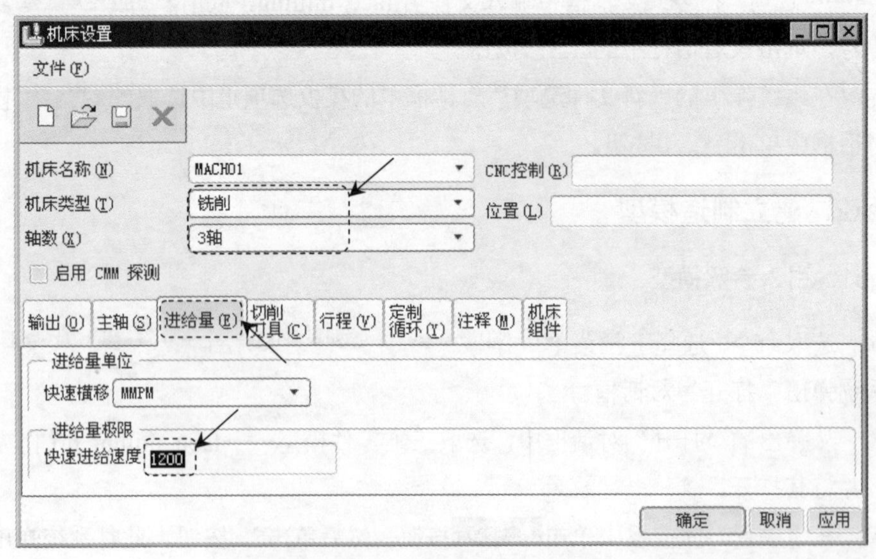

图 3.4.4 “机床设置”对话框

Step4. 刀具设置。在“机床设置”对话框中选中 切削刀具(C) 选项卡，然后在 切削刀具设置 选项组中单击按钮。

Step5. 在弹出的“刀具设定”对话框中设置刀具参数，完成设置后的结果如图 3.4.5 所示，设置完毕后单击 应用 按钮并单击 确定 按钮，在“机床设置”对话框中单击 确定 按钮，返回到“操作设置”对话框。

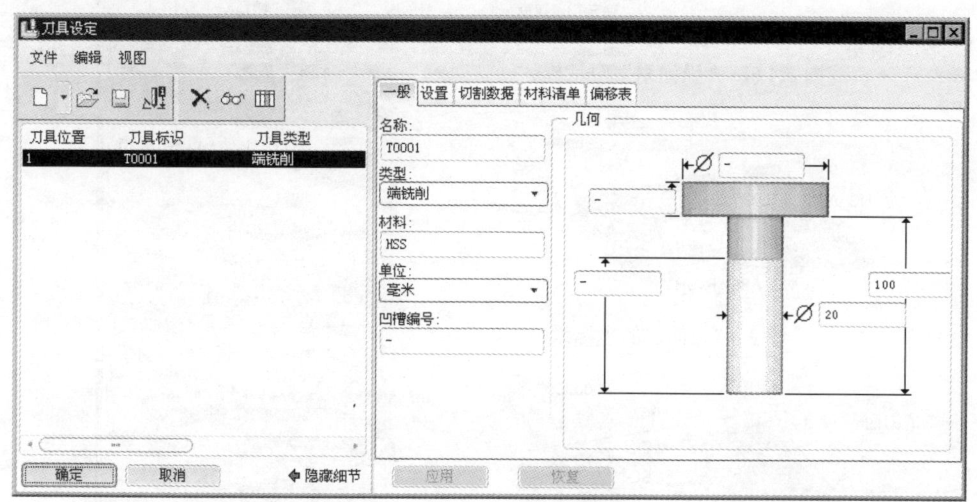

图 3.4.5　“刀具设定”对话框

Step6. 机床坐标系设置。在“操作设置”对话框中的 参照 选项组中选择按钮，在弹出的 MACH CSYS (制造坐标系) 菜单中选择 Select (选取) 命令。

Step7. 选择下拉菜单 插入(I) → 模型基准(D) → 坐标系(C)... 命令，系统弹出图 3.4.6 所示的“坐标系”对话框。依次选择 NC_ASM_FRONT、NC_ASM_RIGHT 基准面和图 3.4.7 所示的模型表面作为创建坐标系的三个参照平面，单击 确定 按钮完成坐标系的创建。单击按钮可以察看选取的坐标系。

Step8. 退刀面的设置。在“操作设置”对话框中的 退刀 选项组中选择按钮，系统弹出“退刀设置”对话框，然后在 类型 下拉列表中选取 平面 选项，选取坐标系 ACSO 为参照，在“值”文本框中输入 10.0，在图形区预览退刀面如图 3.4.8 所示。最后单击 确定 按钮，完成退刀面的创建。

Step9. 在“操作设置”对话框中的 退刀 选项组中的 公差 文本框中输入加工的公差值 0.01，完成后先单击 应用 按钮，再单击 确定 按钮，完成制造设置。

Task4. 加工方法设置

Step1. 选择下拉菜单 步骤(S) → 端面(F) 命令。

Step2. 在打开的 SEQ SETUP (序列设置) 菜单中选择图 3.4.9 所示的各复选框，然后选择 Done (完成) 命令。

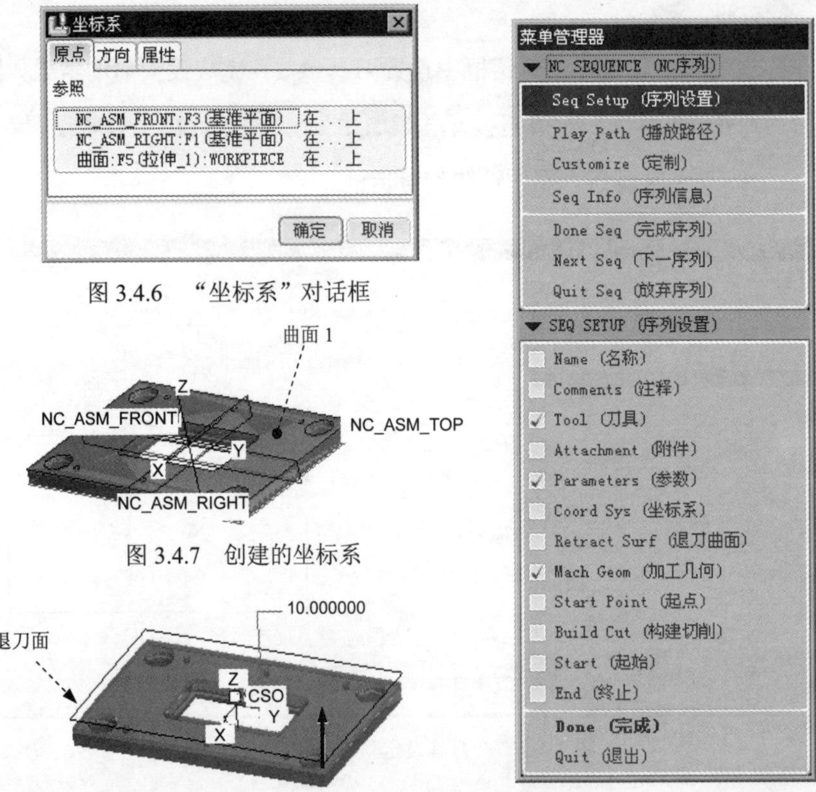

图 3.4.6 “坐标系”对话框

图 3.4.7 创建的坐标系

图 3.4.8 创建的退刀面

图 3.4.9 “序列设置”菜单

Step3. 在系统弹出的“刀具设定”对话框中单击 确定 按钮。此时系统弹出编辑序列参数“端面铣削”对话框。

Step4. 在编辑序列参数“端面铣削”对话框中设置加工参数，如图 3.4.10 所示，选择下拉菜单 文件(F) 菜单中的 另存为 命令。接受系统默认的名称，单击“保存副本” 对话框中的 确定 按钮，然后再次单击编辑序列参数“端面铣削”对话框中的 确定 按钮，完成参数的设置。此时，系统弹出“曲面”对话框。

Step5. 选取图 3.4.11 所示的模型表面，选取完成后，在“曲面”对话框中单击 ✓ 按钮。

Task5. 演示刀具轨迹

Step1. 在 ▼ NC SEQUENCE (NC序列) 菜单中选择 Play Path (播放路径) 命令，此时系统弹出 ▼ PLAY PATH (播放路径) 菜单。

Step2. 在 ▼ PLAY PATH (播放路径) 菜单中选择 Screen Play (屏幕演示) 命令，弹出“播放路径”对话框。

Step3. 单击“播放路径”对话框中的 ▶ 按钮，观测刀具的行走路线，其刀具行走路线如图 3.4.12 所示。单击 ▶ CL数据 栏可以查看生成的 CL 数据。

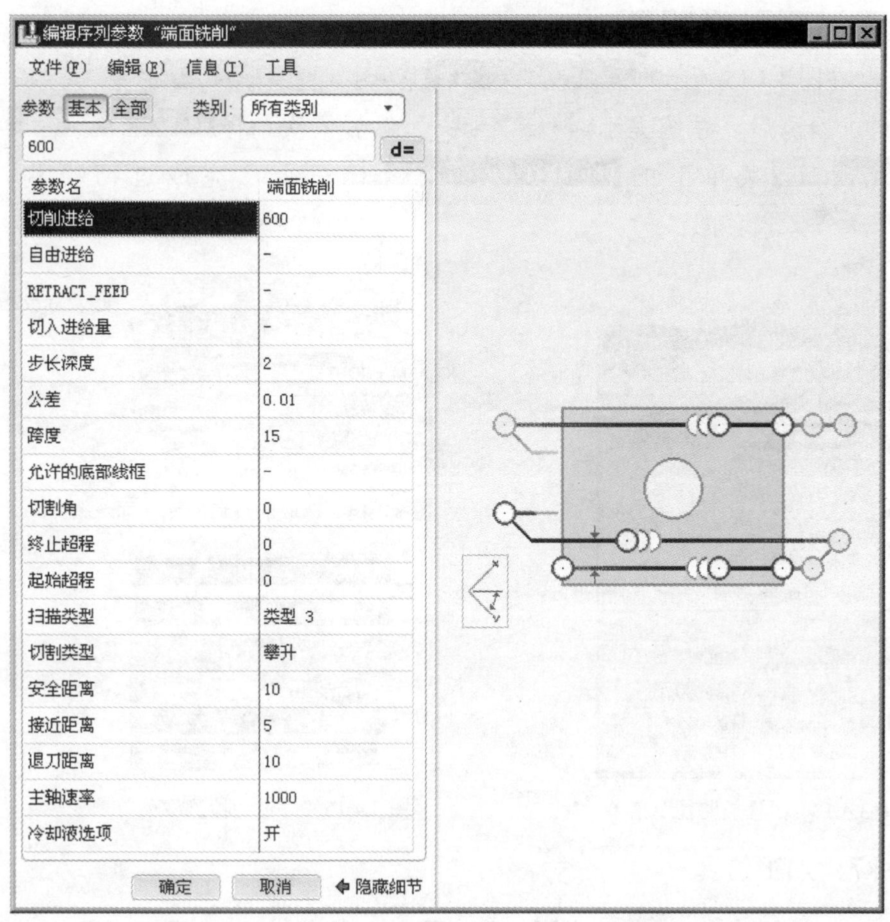

图 3.4.10　编辑序列参数“端面铣削”对话框

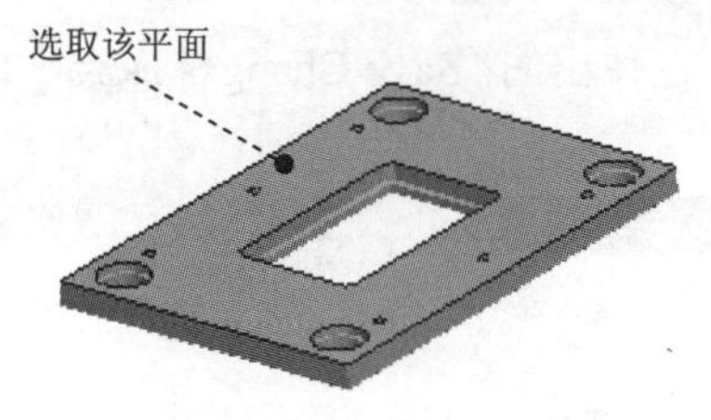

图 3.4.11　选取模型表面

图 3.4.12　刀具演示路线

Step4. 演示完成后，单击“播放路径”对话框中的关闭按钮。

Task6. 进行过切检测

Step1. 在▼ PLAY PATH (播放路径)菜单中选择Gouge Check (过切检查)命令（图 3.4.13），系统弹出▼ MFG CHECK (制造检测)菜单和“选取”对话框，然后依次选择Gouge Check (过切检测) ➡ Sel Surf (选取曲面) ➡ Add (添加) ➡ Surface (曲面)命令。

Step2. 选择图 3.4.14 所示参照模型的曲面 1，单击“选取”对话框中的确定按钮。

Step3. 曲面选取完成后，依次选择▼ SELECT SRFS (选取曲面)菜单和▼ SRF PRT SEL (曲面零件选择)菜单中的 Done/Return（完成/返回） 命令。

Step4. 在图 3.4.15 所示的 Gouge Check（过切检测） 菜单中，选择 Run（运行） 命令，系统开始进行过切检测，检测后，系统提示 没有发现过切。，然后依次选择 Gouge Check（过切检测） 菜单和 ▼ MFG CHECK（制造检测） 菜单下的 Done/Return（完成/返回） 命令，完成过切检测，回到 ▼ PLAY PATH（播放路径） 菜单。

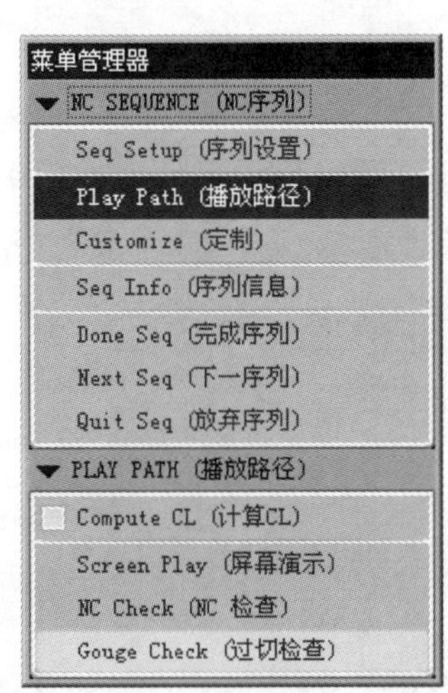

图 3.4.13 “播放路径”菜单

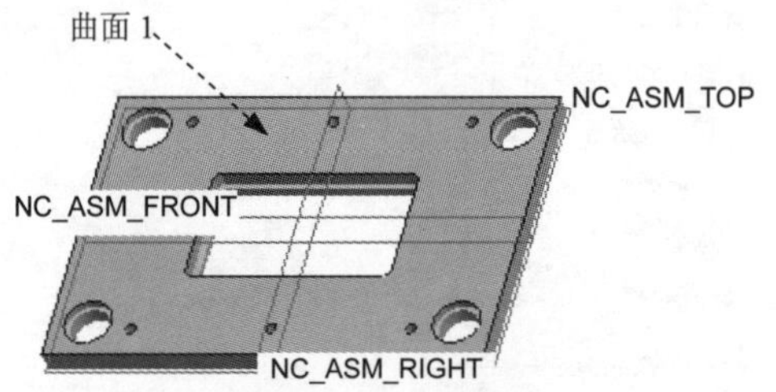

图 3.4.14 选取的过切检测曲面

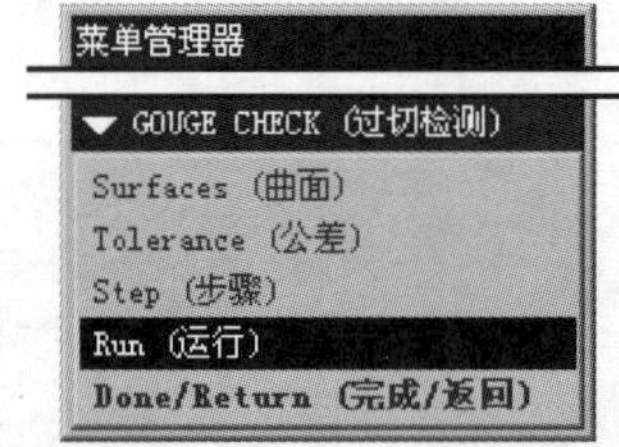

图 3.4.15 “过切检测”菜单

Task7．加工仿真

Step1. 在 ▼ PLAY PATH（播放路径） 菜单中选择 NC Check（NC 检查） 命令。观察刀具切割工件的运行情况，在弹出的“NC 检查结果”对话框中单击按钮，其运行结果如图 3.4.16 所示。

Step2. 演示完成后，单击软件右上角的按钮，在弹出的“Save Changes Before Exiting VERICUT?”对话框中单击 Save Checked Files 按钮。

Step3. 在 ▼ NC SEQUENCE（NC序列） 菜单中选择 Done Seq（完成序列） 命令。

Task8．材料切减

Step1. 选择下拉菜单 插入(I) → 材料去除切削(V) 命令，系统弹出 ▼ NC序列列表 菜单，然后在 ▼ NC序列列表 菜单中选择 1: 端面铣削, 操作: OP010，此时系统弹出 ▼ MAT REMOVAL（材料删除） 菜单。

Step2. 在弹出 ▼ MAT REMOVAL（材料删除） 菜单中选择 Automatic（自动） → Done（完成） 命令，系统弹出“相交元件”对话框和“选取”对话框。单击 自动添加 按钮和按钮，最后单击 确定 按钮，切减材料后的模型如图 3.4.17 所示。

Step3. 选择下拉菜单 文件(E) → 保存(S) 命令，保存文件。

图 3.4.16　运行结果

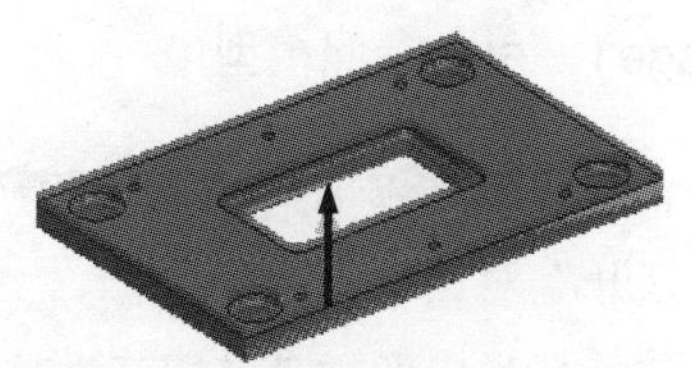
图 3.4.17　切减材料后的模型

3.5　曲 面 铣 削

曲面铣削（Surface Milling）可用来铣削水平或倾斜的曲面，在所选的曲面上，其刀具路径必须是连续的。在设计现代产品过程中，为了追求美观而流畅的造型，或为满足人体工程学设计而采用了多样化的曲面特征设计，因此在加工过程中常会使用铣削曲面加工程序。加工曲面时，经常用球头铣刀进行加工。曲面铣削的走刀方式非常灵活，不同的曲面可以采用不同的走刀方式，即使是同一个曲面也可采用不同的走刀方式。Pro/NC 曲面铣削中有四种定义刀具路径的方法，即：直线切削、自曲面等值线、切削线和投影切削。

下面以图 3.5.1 所示零件为例介绍曲面铣削的加工方法。

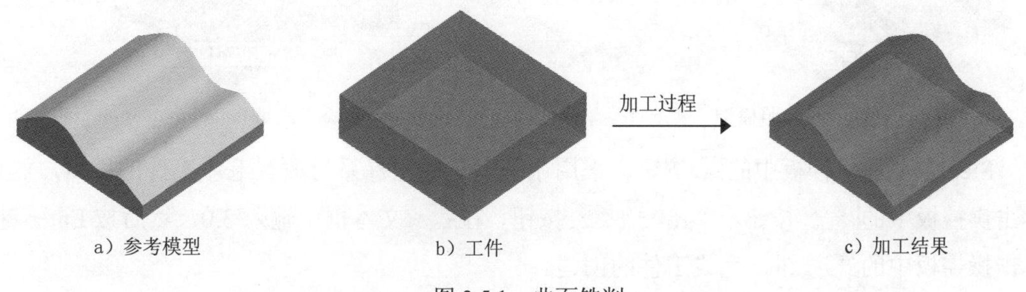

图 3.5.1　曲面铣削

Task1．新建一个数控制造模型文件

新建一个数控制造模型文件，操作提示如下：

Step1. 设置工作目录。选择下拉菜单 文件(F) → 设置工作目录(W)... 命令，将工作目录设置至 D:\proewf5.9\work\ch03.05。

Step2. 在工具栏中单击“新建”按钮。

Step3. 在“新建”对话框中，选中 类型 选项组中的 ◉ 制造 选项，选中 子类型 选项组中的 ◉ NC组件 选项，在 名称 文本框中输入文件名 SURFACE_MILLING，取消 ☑ 使用缺省模板 复选框中的“√”号，单击该对话框中的 确定 按钮。

Step4. 在系统弹出的“新文件选项”对话框中的模板选项组中选取 mmns_mfg_nc 模板，然后在该对话框中单击 确定 按钮。

Task2．建立制造模型

Stage1．引入参照模型

Step1. 选择下拉菜单 插入(I) ➡ 参照模型(R) ➡ 装配(A)... 命令，系统弹出“打开”对话框。

Step2. 从弹出的文件“打开”对话框中，选取三维零件模型——surface_milling.prt 作为参照零件模型，并将其打开。系统弹出“放置”操控板。

Step3. 在“放置”操控板中选择 缺省 命令，然后单击 ✓ 按钮，此时系统弹出“创建参照模型”对话框，单击此对话框中的 确定 按钮，完成参照模型的放置，放置后如图 3.5.2 所示。

Stage2．创建图 3.5.3 所示的工件

Step1. 选择下拉菜单 插入(I) ➡ 工件(W) ➡ 自动工件(W)... 命令。

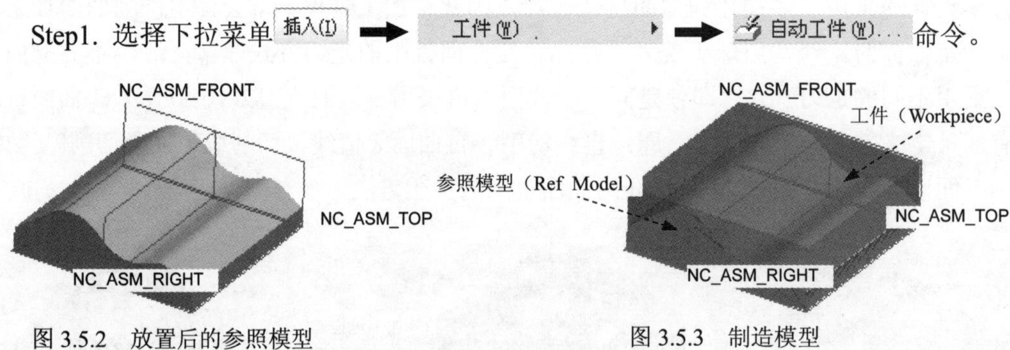

图 3.5.2 放置后的参照模型　　　　图 3.5.3 制造模型

Step2. 单击操控板中的 按钮，采用系统默认的坐标系为放置毛坯工件的原点，然后单击操控板中的 选项 按钮，单击 当前偏移 按钮，在 +Y 文本框中输入 3.0，然后按 Enter 键，单击操控板中的 ✓ 按钮，完成工件的创建。

Task3．制造设置

Step1. 选择下拉菜单 步骤(S) ➡ 操作(O) 命令，在系统弹出的“操作设置”对话框中单击 按钮，弹出“机床设置”对话框，在 机床类型(T) 下拉列表中选择 铣削，在 轴数(X) 下拉列表中选择 3轴。

Step2. 刀具设置。在“机床设置”对话框中选择 切削刀具(C) 选项卡，然后在 切削刀具设置 选项组中单击 按钮。

Step3. 在弹出的“刀具设定”对话框中，设置刀具参数如图 3.5.4 所示，单击“刀具设定”对话框中的 应用 按钮，然后单击 确定 按钮，返回到“机床设置”对话框。

Step4. 在“机床设置”对话框中单击 确定 按钮，完成机床设置，返回“操作设置”对话框。

Step5. 机床坐标系的设置。在“操作设置”对话框中的 参照 选项组中单击 按钮，

在弹出的▼MACH CSYS（制造坐标系）菜单中选择Select（选取）命令。

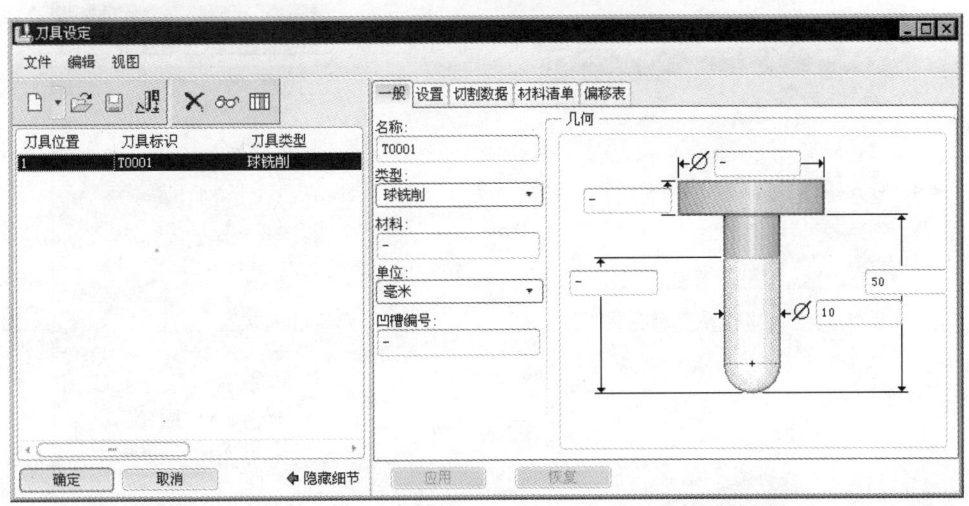

图 3.5.4 “刀具设定”对话框

Step6. 选择下拉菜单插入(I) ➡ 模型基准(D) ➡ 坐标系(C)...命令，弹出图 3.5.5 所示的“坐标系”对话框，依次选择图 3.5.6 所示曲面 1、曲面 2 和曲面 3 为三个参照平面，单击确定按钮完成坐标系的创建。单击 按钮可以查看选取的坐标系。

Step7. 退刀面的设置。在“操作设置”对话框中的退刀选项组中选择 按钮，系统弹出“退刀设置”对话框，然后在类型下拉列表中选取平面选项，选取坐标系 ACS1 为参照，在值文本框中输入 10.0，最后单击确定按钮，完成退刀平面的创建。

Step8. 在“操作设置”对话框的公差文本框中输入加工的公差值 0.05，然后单击确定按钮，完成制造设置。

Task4. 加工方法设置

Step1. 选择下拉菜单步骤(S) ➡ 曲面铣削(S)命令。

Step2. 在打开的▼SEQ SETUP（序列设置）菜单中选择图 3.5.7 所示的各复选框，然后选择Done（完成）命令，在弹出的“刀具设定”对话框中单击确定按钮。

Step3. 在系统弹出编辑序列参数“曲面铣削”对话框中设置基本加工参数，结果如图 3.5.8 所示。选择下拉菜单文件(F)菜单中的另存为命令。接受系统默认的名称，单击“保存副本”对话框中的确定按钮，然后再次单击编辑序列参数“曲面铣削”对话框中的确定按钮，完成参数的设置。

Step4. 在系统弹出的▼SURF PICK（曲面拾取）菜单中选择Model（模型） ➡ Done（完成）命令，如图 3.5.9 所示。在图 3.5.10 所示的▼SELECT SRFS（选取曲面）菜单中选择Add（添加）命令，然后在工作区中选取图 3.5.11 所示的一组曲面。选取完成后，在“选取”对话框中单击确定按钮。

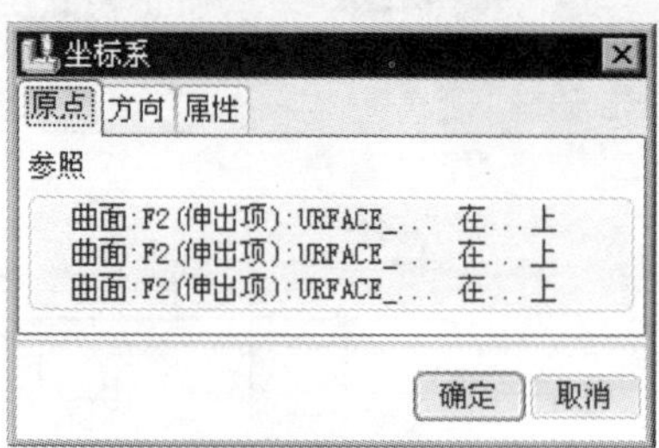

图 3.5.5 “坐标系”对话框

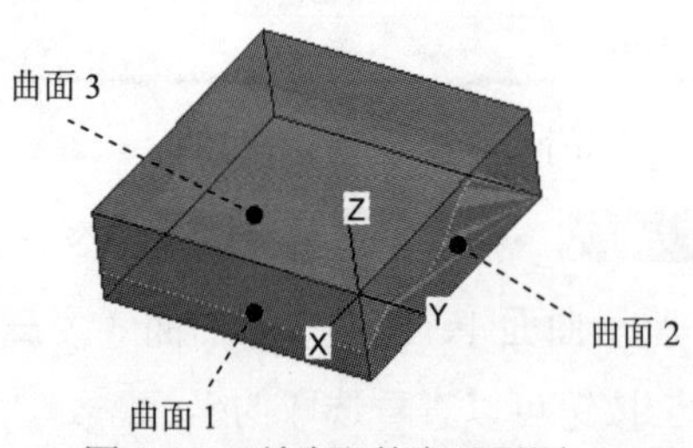

图 3.5.6 所选取的参照平面

图 3.5.7 “序列设置”菜单

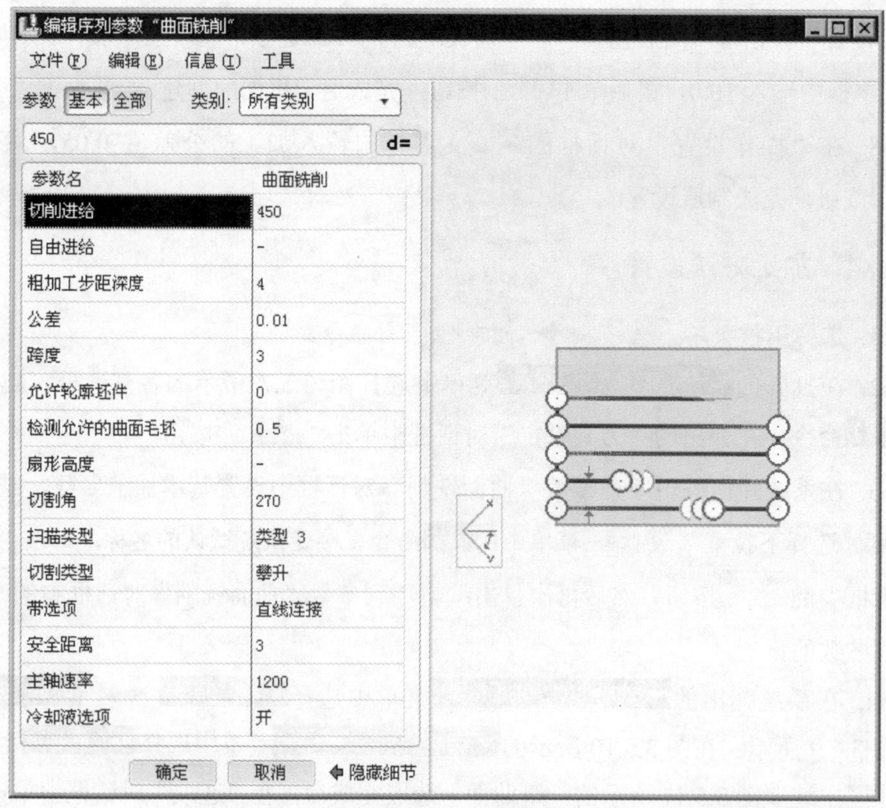

参数名	曲面铣削
切削进给	450
自由进给	-
粗加工步距深度	4
公差	0.01
跨度	3
允许轮廓坯件	0
检测允许的曲面毛坯	0.5
扇形高度	-
切割角	270
扫描类型	类型 3
切割类型	攀升
带选项	直线连接
安全距离	3
主轴速率	1200
冷却液选项	开

图 3.5.8 编辑序列参数“曲面铣削”对话框

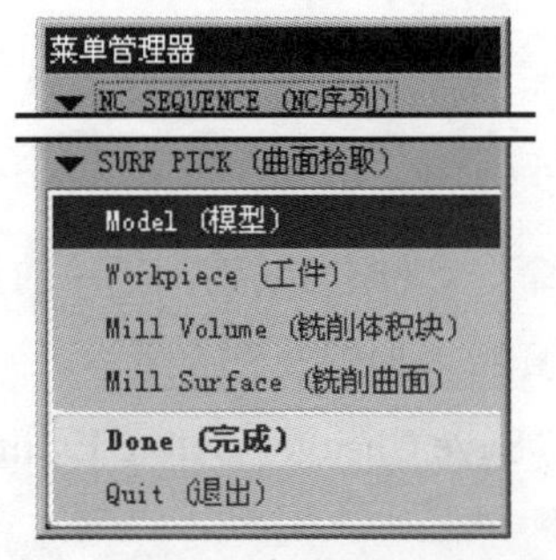

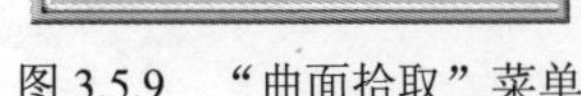

图 3.5.9　“曲面拾取”菜单

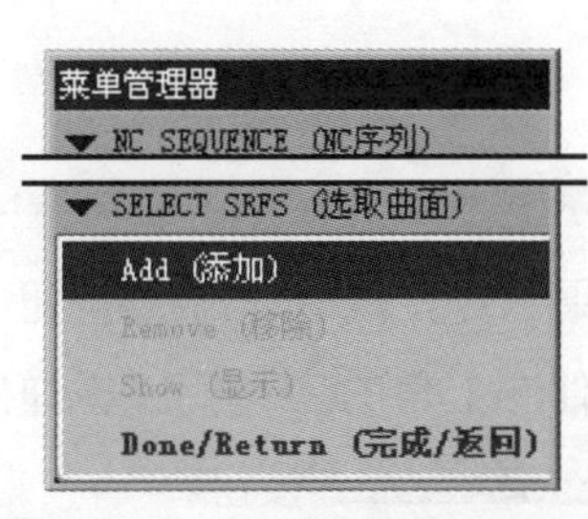

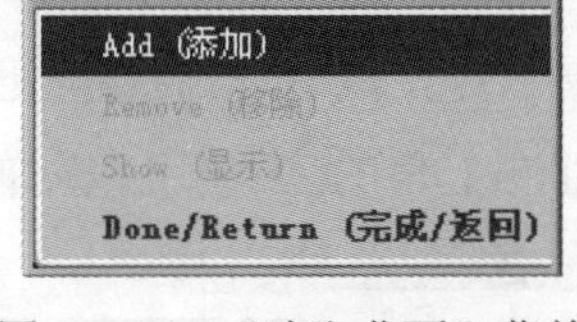

图 3.5.10　“选取曲面”菜单

所选取的曲面

图 3.5.11　所选取的曲面

Step5. 在▼ SELECT SRFS (选取曲面)菜单中选择Done/Return (完成/返回)命令。此时系统弹出图 3.5.12 所示的“切削定义”对话框，并按图 3.5.12 所示进行设置，完成后单击确定按钮。

说明：在“切削定义”对话框中单击预览按钮，在退刀平面上将显示刀具切削路径，如图 3.5.13 所示。

Task5. 演示刀具轨迹

Step1. 在▼ NC SEQUENCE (NC序列)菜单中选择 Play Path (播放路径) 命令。

Step2. 在▼ PLAY PATH (播放路径)菜单中选择Screen Play (屏幕演示)命令，此时弹出“播放路径”对话框。

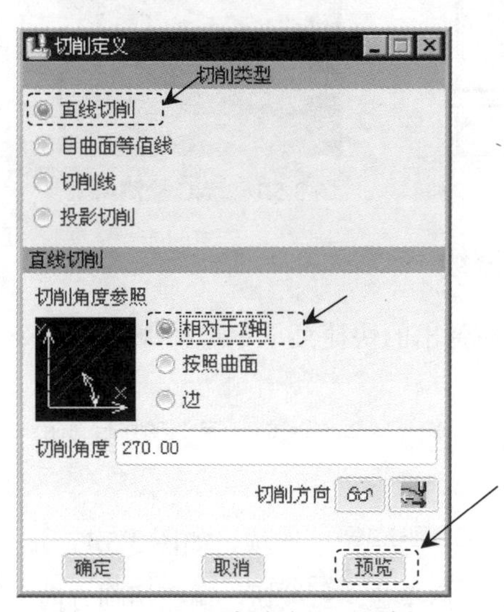

图 3.5.12　“切削定义”对话框

图 3.5.13　退刀平面上的刀具轨迹

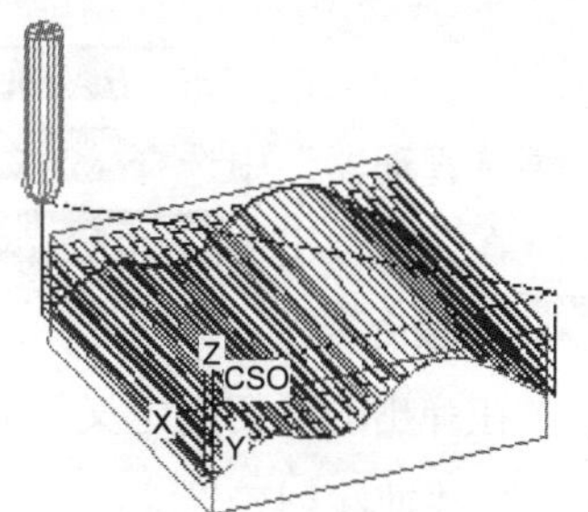

图 3.5.14　刀具行走路线

Step3. 单击“播放路径”对话框中的▶按钮，可以观察刀具的行走路线，如图 3.5.14 所示。单击▶ CL数据栏可以查看生成的 CL 数据，如图 3.5.15 所示。

Step4. 演示完成后，单击“播放路径”对话框中的关闭按钮。

说明：从图 3.5.14 中可以看出刀具切削工件时，其刀具路径是沿同一方向、沿直线对工件进行分层切削的。

Task6．加工仿真

Step1. 在▼ PLAY PATH (播放路径)菜单中选择 NC Check (NC 检查) 命令。观察刀具切割工件的运行情况，在弹出的“NC 检查结果”对话框中单击按钮，仿真结果如图 3.5.16 所示。

Step2. 演示完成后，单击软件右上角的按钮，在弹出的“Save Changes Before Exiting VERICUT?”对话框中单击 Save Checked Files 按钮。

Step3. 在▼ NC SEQUENCE (NC序列)菜单中选取 Done Seq (完成序列)命令。

Step4. 在下拉菜单 文件(F) 中选择 保存(S) 命令，保存文件。

图 3.5.15 查看 CL 数据

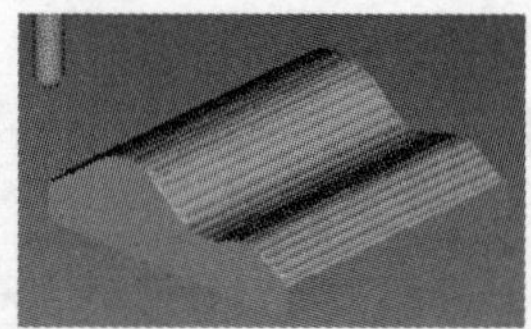

图 3.5.16 NC 检测结果

Task7．改变切削定义类型为自曲面等值线

Step1. 在设计树中右击 1. 曲面铣削 [OP010]，在弹出的快捷菜单中选择 编辑定义 命令。在弹出的“菜单管理器”中选择 Seq Setup (序列设置)命令。

Step2. 在系统弹出的▼ SEQ SETUP (序列设置)菜单中选中 ☑ Define Cut (定义切削) 复选框，然后选择 Done (完成) 命令。

Step3. 在弹出的“切削定义”对话框中选择 ◉ 自曲面等值线 单选项，如图 3.5.17 所示。

Step4. 在“曲线列表”中依次选中曲面标识，然后单击按钮，调整切削方向，最后的调整结果如图 3.5.18 所示。

Step5. 单击 预览 按钮，在铣削曲面上显示图 3.5.19 所示的刀具轨迹，确认刀具轨迹后，单击 确定 按钮。

Step6. 在弹出的▼ NC SEQUENCE (NC序列)菜单中选择 Play Path (播放路径) 命令，此时系统弹出▼ PLAY PATH (播放路径)菜单。

Step7. 在▼ PLAY PATH (播放路径)菜单中选择Screen Play (屏幕演示)命令，此时弹出“播放路径”对话框。

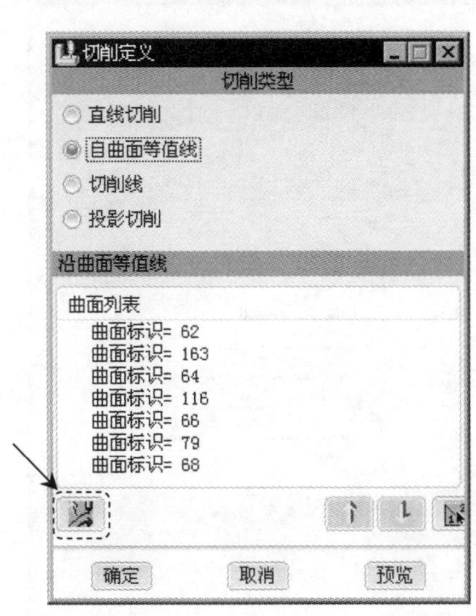

图 3.5.17　“切削定义”对话框

图 3.5.18　切削方向

图 3.5.19　刀具轨迹

Step8. 单击“播放路径”对话框中的▶按钮，可以观测刀具的行走路线，刀具行走路线如图 3.5.20 所示。

Step9. 演示完成后，单击“播放路径”对话框中的关闭按钮。

Step10. 在▼ PLAY PATH (播放路径)菜单中选择 NC Check (NC 检查)命令，观察刀具切割工件的运行情况，在弹出的“NC 检查结果”对话框中单击按钮，仿真结果如图 3.5.21 所示。

Step11. 演示完成后，单击软件右上角的按钮，在弹出的“Save Changes Before Exiting VERICUT?”对话框中单击Save Checked Files按钮。

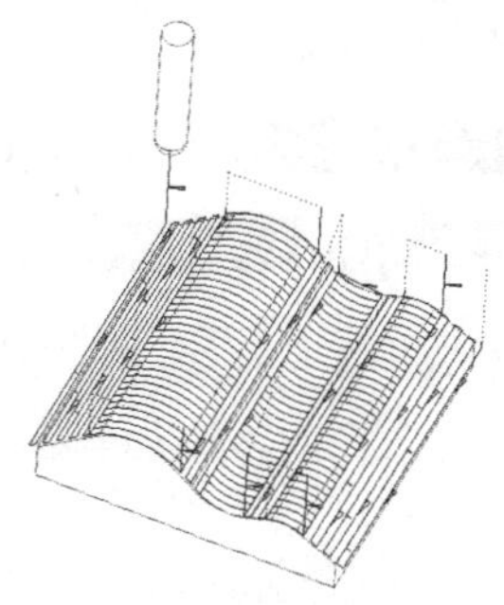

图 3.5.20　刀具行走路线

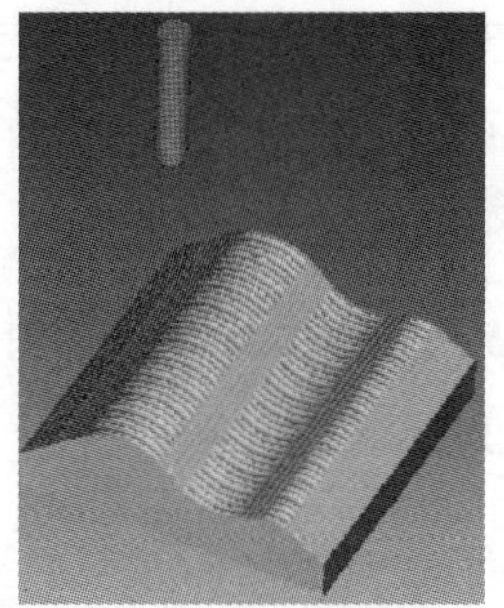

图 3.5.21　NC 检测结果

说明 1：从图 3.5.20 中可以看出，该刀具不是进行分层铣削，而是采用一次走刀完成，而且相邻曲面的刀具路径是互相垂直的，该方式主要用于精加工。

说明 2：在系统工具栏中单击按钮，系统弹出图 3.5.22 所示的编辑序列参数“曲面铣削”对话框，与“直线切削”相比，“参数树”对话框中少了“粗加工步距深度”、“切割角”、“切割类型”和“带选项”四个选项，由此可以证明上面的刀具行走路线是正确的。

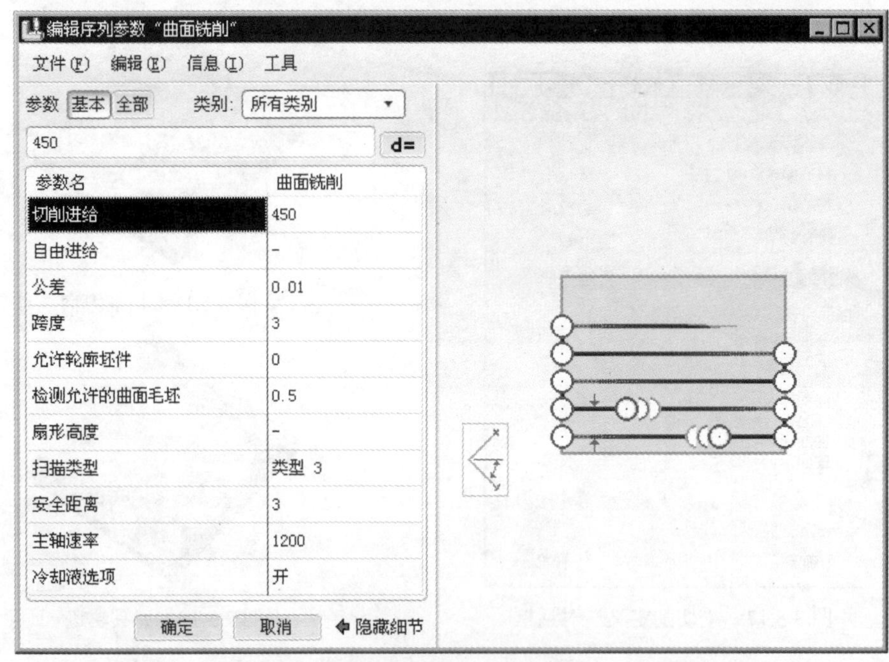

图 3.5.22 编辑序列参数“曲面铣削”对话框

Task8．改变切削定义类型为切削线

Step1. 在系统弹出的▼ NC SEQUENCE (NC序列)菜单中选择Seq Setup (序列设置)命令，在弹出的▼ SEQ SETUP (序列设置)菜单中选中 Define Cut (定义切削)复选框，然后选择Done (完成)命令。

Step2. 在弹出的“切削定义”对话框中选择 切削线 单选框，并按图 3.5.23 所示进行设置。

Step3. 设置完成后，单击“切削定义”对话框中的按钮，系统弹出“增加/重定义切削线”对话框。在“增加/重定义切削线”对话框中选中 从边 单选项，如图 3.5.24 所示。

Step4. 在▼ CHAIN (链)菜单中选择Bndry Chain (边界链)和Select (选取)命令，如图 3.5.25 所示，然后选取图 3.5.26 所示的两点。在弹出的▼ CHOOSE (选取)菜单中单击Accept (接受)命令。

Step5. 在▼ CHAIN (链)菜单中单击Done (完成)命令，在“增加/重定义”对话框中单击预览按钮，出现图 3.5.26 所示的链 1，然后单击确定按钮，则将选择的链添加到设置切削线列表框中。

说明：在添加链时，如果预览的链与图 3.5.26 所示的链 1 不同，可以单击“增加/重定义”对话框中的取消按钮，然后单击“切削定义”对话框中的按钮，重新选取图 3.5.26 所示的两点。在▼ CHOOSE (选取)菜单中选择Next (下一个)和Accept (接受)命令，在▼ CHAIN (链)菜单中单击Done（完成）命令，完成链1的添加。

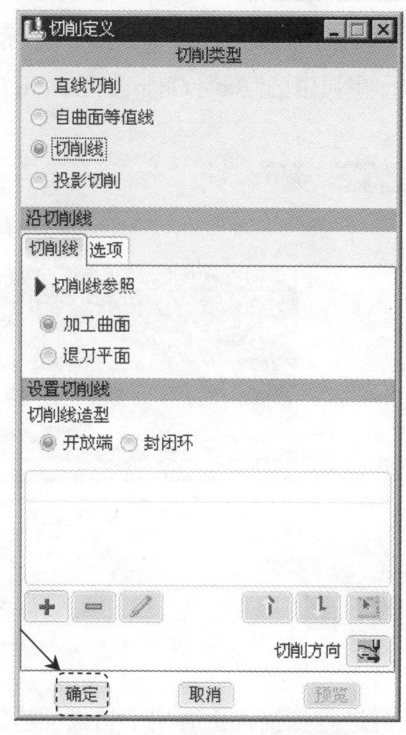

图3.5.23　“切削定义”对话框

图3.2.24　“增加/重定义切削线”对话框

图3.5.25　“链”菜单

Step6. 重复Step3~Step5，添加图3.5.27所示的链2。

Step7. 单击预览按钮，在铣削曲面上显示图3.5.28所示的刀具轨迹，确认刀具轨迹后，单击确定按钮。

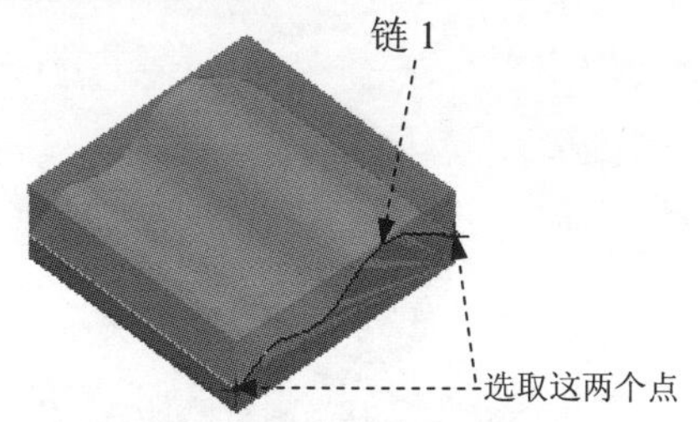

图3.5.26　所选取的点及创建的链1

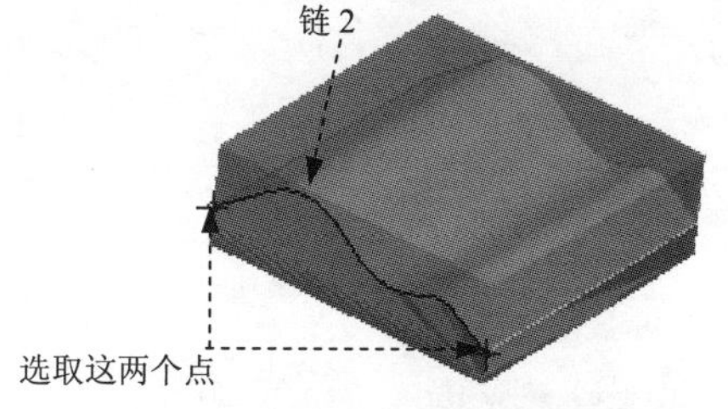

图3.5.27　所选取的点及创建的链2

Step8. 在弹出的▼NC SEQUENCE（NC序列）菜单中选择Play Path（播放路径）命令，此时系统弹出▼PLAY PATH（播放路径）菜单。

Step9. 在▼PLAY PATH（播放路径）菜单中选择Screen Play（屏幕演示）命令，此时弹出“播放路径”对话框。

Step10. 单击“播放路径”对话框中的▶按钮，可以观察刀具的行走路线，如图3.5.29所示。

Step11. 演示完成后，单击“播放路径” 对话框中的关闭按钮。

Step12. 在▼ PLAY PATH (演示路径)菜单中选择NC Check (NC检测)命令，观察刀具切割工件的运行情况，在弹出的“NC 检查结果”对话框中单击按钮，仿真结果如图 3.5.30 所示。

Step13. 演示完成后，单击软件右上角的按钮，在弹出的“Save Changes Before Exiting VERICUT?”对话框中单击Save Checked Files按钮。

Step14. 在▼ NC SEQUENCE (NC序列)菜单中选取Done Seq (完成序列)命令。

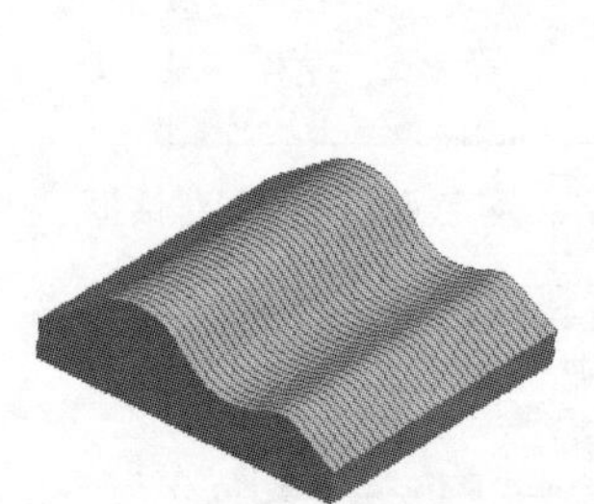

图 3.5.28 刀具轨迹

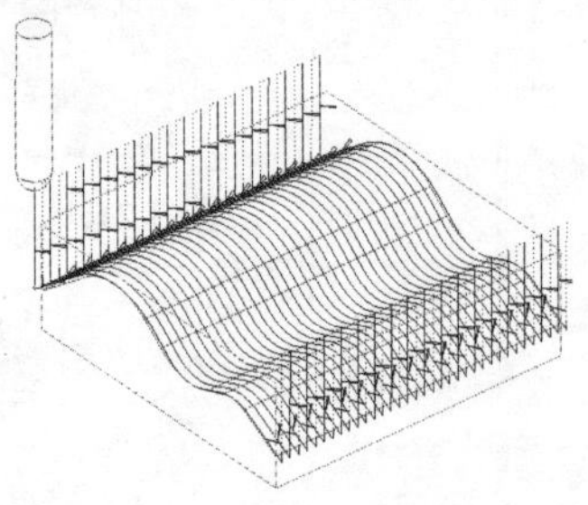

图 3.5.29 刀具行走路线

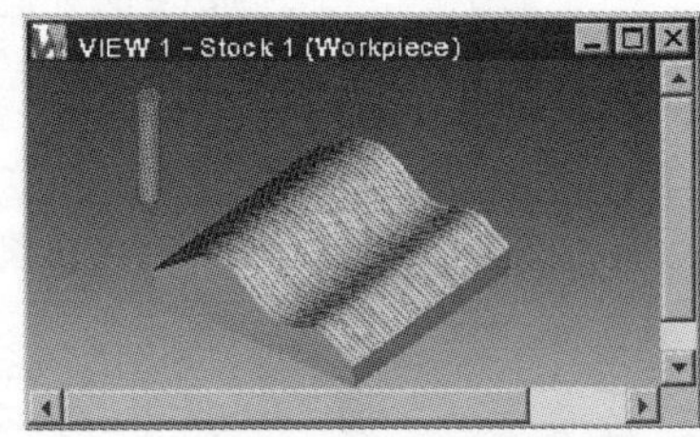

图 3.5.30 NC 检测结果

3.6 轨 迹 铣 削

使用轨迹铣削，刀具可沿着用户定义的任意轨迹进行扫描，主要用于扫描类特征零件的加工。不同形状的工件所使用的刀具外形将有所不同，刀具的选择要根据所加工的沟槽形状来定义，因此，在指定加工工艺时，一定要考虑到刀具的外形。

下面将通过图 3.6.1 所示的零件介绍轨迹铣削的一般过程，由于系统无法自动切除材料，所以图 3.6.1 中将不显示加工结果。

a）参照模型

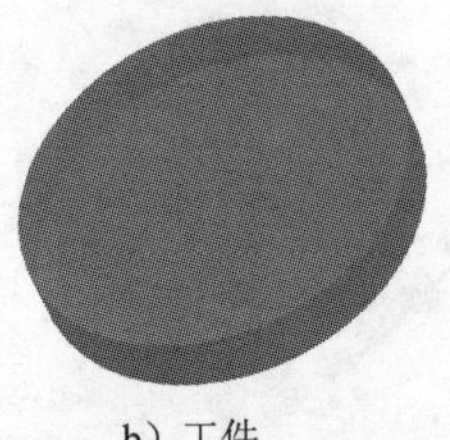

b）工件

图 3.6.1 轨迹铣削

Task1. 新建一个数控制造模型文件

Step1. 设置工作目录。选择下拉菜单文件(F) ➡ 设置工作目录(W)...命令，将工作目录设置至 D:\proewf5.9\work\ch03.06。

Step2. 在工具栏中单击“新建”按钮。

Step3. 在“新建”对话框中，选中类型选项组中的 制造选项，选中子类型选项组中的 NC组件选项，在名称文本框中输入文件名 TRAJECTORY_MILLING，取消

☑使用缺省模板 复选框中的“√”号，单击该对话框中的 确定 按钮。

Step4. 在系统弹出的“新文件选项”对话框中的模板选项组中选取 mmns_mfg_nc 模板，然后在该对话框中单击 确定 按钮。

Task2. 建立制造模型

Stage1. 引入参照模型

Step1. 选择下拉菜单 插入(I) → 参照模型(R) ▸ → 装配(A)... 命令，系统弹出“打开”对话框。

Step2. 从系统弹出的“打开”对话框中，选取三维零件模型——trajectory_milling.prt 作为参照零件模型，并将其打开。

Step3. 在“放置”操控板中选择 缺省 命令，然后单击 ✔ 按钮，此时系统弹出“创建参照模型”对话框，单击此对话框中的 确定 按钮，完成参照模型的放置，放置后如图 3.6.2 所示。

Stage2. 引入工件模型

Step1. 选择下拉菜单 插入(I) → 工件(W) ▸ 装配(A)... 命令，系统弹出“打开”对话框。

Step2. 从弹出的“打开”对话框中，选取三维零件模型——trajectory_workpiece.prt 作为工件模型，并将其打开。

Step3. 在“放置”操控板中选择 缺省 命令，然后单击 ✔ 按钮，此时系统弹出“创建毛坯工件”对话框，单击此对话框中的 确定 按钮，完成毛坯工件的放置，放置后如图 3.6.3 所示。

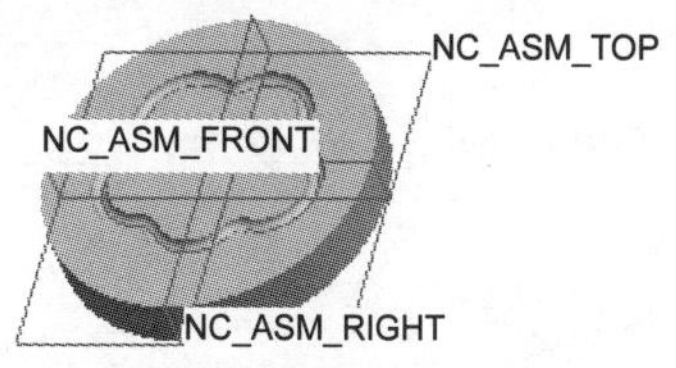

图 3.6.2　放置后的参照模型

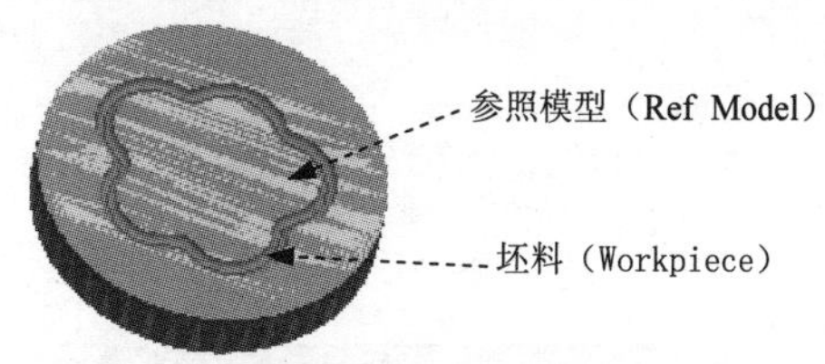

图 3.6.3　制造模型

Task3. 制造设置

Step1. 选择下拉菜单 步骤(S) → 操作(O) 命令，此时系统弹出“操作设置”对话框。

Step2. 机床设置。单击“操作设置”对话框中的 按钮，弹出“机床设置”对话框，在 机床类型(T) 下拉列表中选择 铣削，在 轴数(X) 下拉列表中选择 3轴。

Step3. 刀具设置。在“机床设置”对话框中选择 切削刀具(C) 选项卡，然后在 切削刀具设置 选项组中单击 按钮。

Step4. 在弹出的“刀具设定”对话框中设置刀具参数，完成设置后如图 3.6.4 所示，设置完毕后单击 应用 按钮并单击 确定 按钮，在“机床设置”对话框中单击 确定 按钮，返回到“操作设置”对话框。

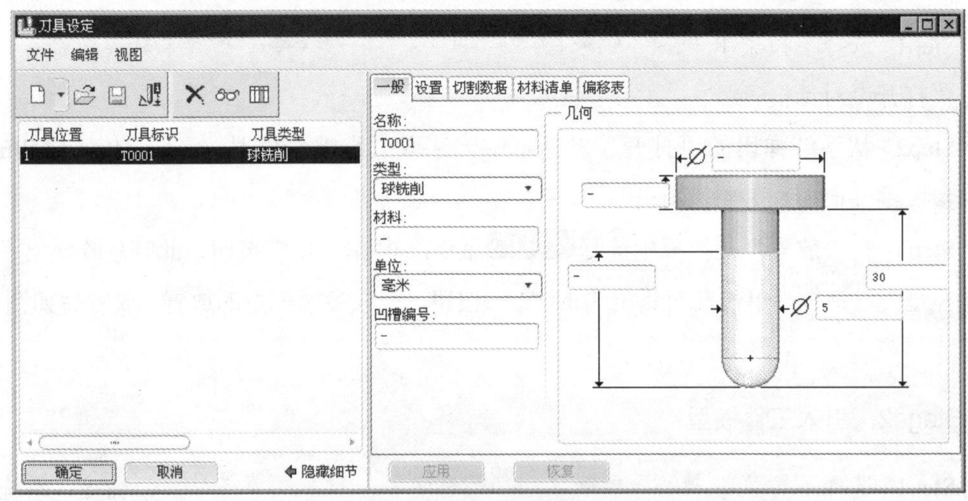

图 3.6.4　“刀具设定”对话框

Step5. 机床坐标系设置。在“操作设置”对话框中的 参照 选项组中选择 按钮，在弹出的 MACH CSYS (制造坐标系) 菜单中选择 Select (选取) 命令。

Step6. 选择下拉菜单 插入(I) → 模型基准(D) → 坐标系(C)... 命令，系统弹出图 3.6.5 所示的“坐标系”对话框。依次选择 NC_ASM_RIGHT、NC_ASM_FRONT 基准平面和图 3.6.6 所示的曲面 1 作为创建坐标系的三个参照平面，单击 确定 按钮完成坐标系的创建。

注意：*为确保 Z 轴的方向向上，可在“坐标系”对话框中选择 方向 选项卡，改变 X 轴或者 Y 轴的方向，最后单击 确定 按钮，完成坐标系的创建。*

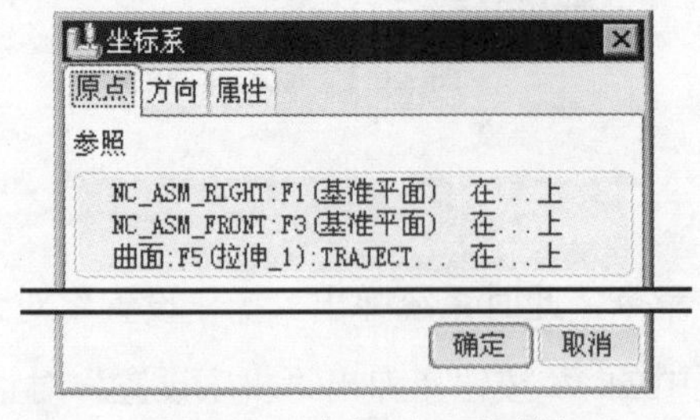

图 3.6.5　“坐标系”对话框

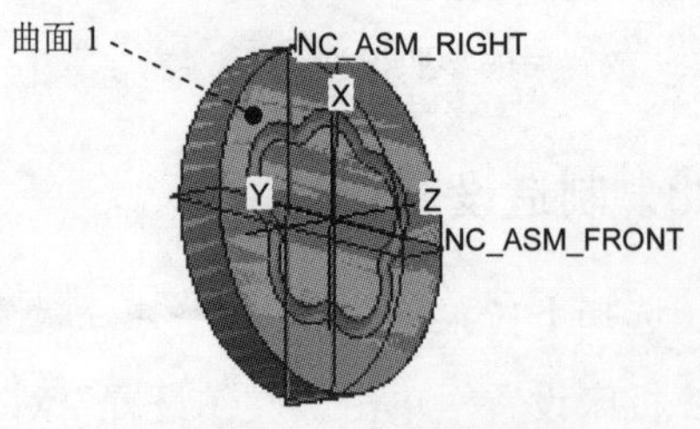

图 3.6.6　坐标系的建立

Step7. 退刀面的设置。在“操作设置”对话框中的 退刀 选项组选择 按钮，在“退刀设置”对话框中的类型下拉列表中选取平面选项，选取坐标系 ACSO 为参照，在“值”文本框中输入 5.0，最后单击确定按钮，完成退刀平面的创建。

Step8. 在“操作设置”对话框中的退刀选项组中的公差文本框后输入加工的公差值 0.01，完成后单击确定按钮，完成制造设置。

Task4. 加工方法设置

Step1. 选择下拉菜单步骤(S) ➡ 轨迹(T)命令。

Step2.系统弹出▼MACH AXES (加工轴)菜单，在菜单中选择3 Axis (3轴)，然后选择Done (完成)命令，如图 3.6.7 所示。

Step3. 在系统弹出的▼SEQ SETUP (序列设置)菜单中选择图 3.6.8 所示的各复选框，然后选择Done (完成)命令，在弹出的“刀具设定”对话框中单击确定按钮。此时在系统弹出的编辑序列参数“轨迹铣削”对话框中设置基本加工参数，其结果如图 3.6.9 所示。

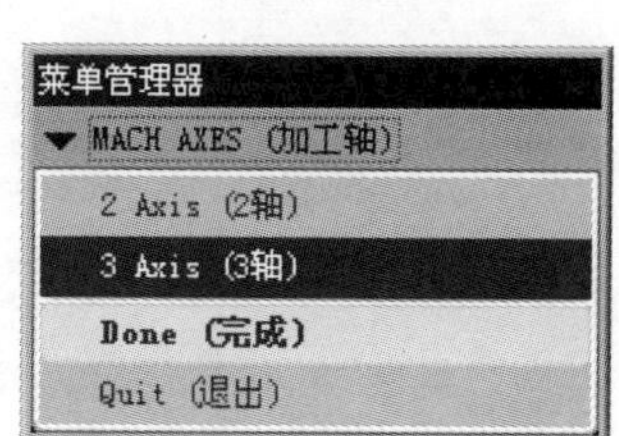

图 3.6.7 “加工轴”菜单

图 3.6.8 “序列设置”菜单

Step4. 选择下拉菜单文件(F)菜单中的另存为命令。接受系统默认的名称，单击“保存副本”对话框中的确定按钮，然后再次单击编辑序列参数“轨迹铣削”对话框中的确定按钮，完成参数的设置。此时，系统弹出图 3.6.10 所示“刀具运动”对话框。

Step5. 在“刀具运动”对话框中单击插入按钮，在弹出的图 3.6.11 所示的“曲线轨迹设置”对话框的放置选项区中，单击轨迹曲线收集器，将其激活。

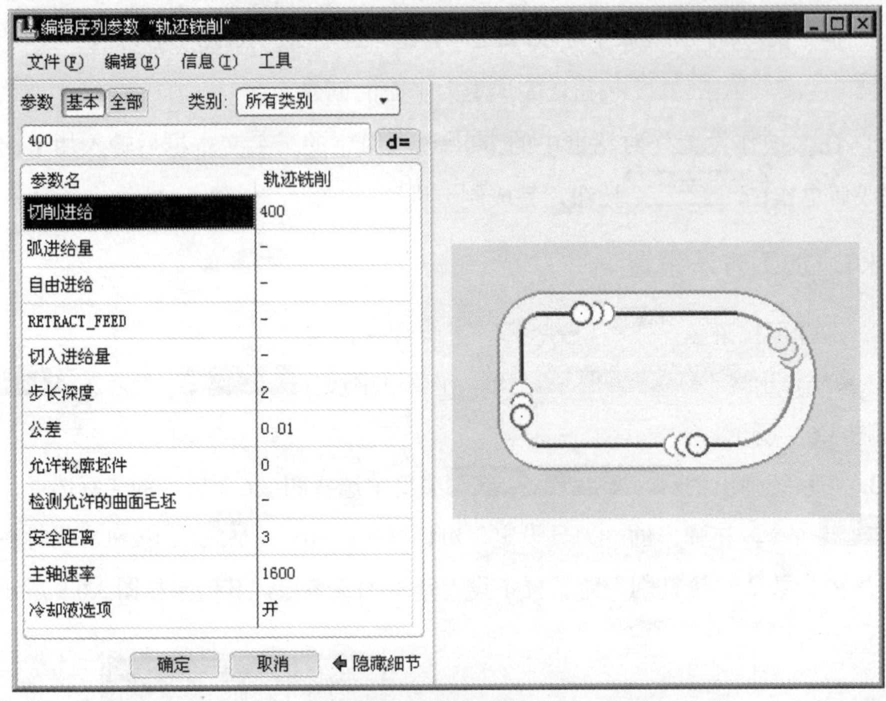

图 3.6.9　编辑序列参数“轨迹铣削”对话框

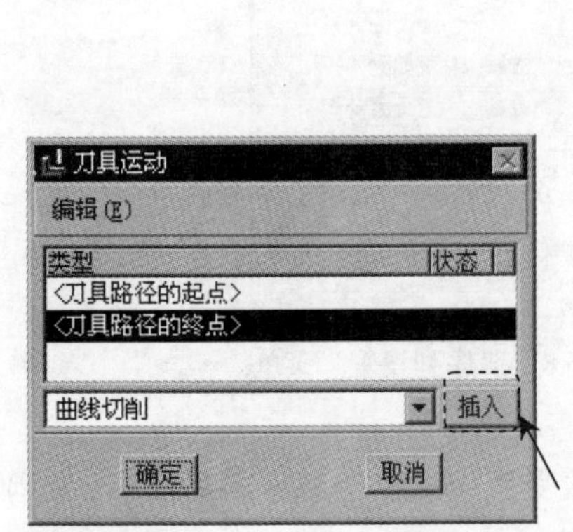

图 3.6.10　“刀具运动”对话框

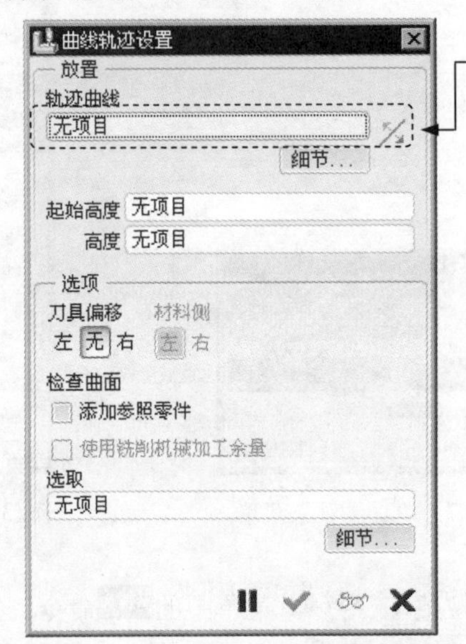

“轨迹曲线”收集器

图 3.6.11　“曲线轨迹设置”对话框

Step6. 然后选取图 3.6.12 中的曲线，然后在“曲线轨迹设置”对话框中的 放置 选项区单击按钮更改曲线方向，结果如图 3.6.12 所示。然后单击对话框中的按钮，系统返回到“刀具运动”对话框中，单击此对话框中的 确定 按钮，完成轨迹的选取。

Task5. 演示刀具轨迹

Step1. 在 NC SEQUENCE (NC序列) 菜单中选择 Play Path (播放路径) 命令。

Step2. 在▼ PLAY PATH (播放路径)菜单中选择Screen Play (屏幕演示)命令，在系统弹出的“播放路径”对话框中单击▶按钮，观察刀具的行走路线，其刀具行走路线如图 3.6.13 所示。

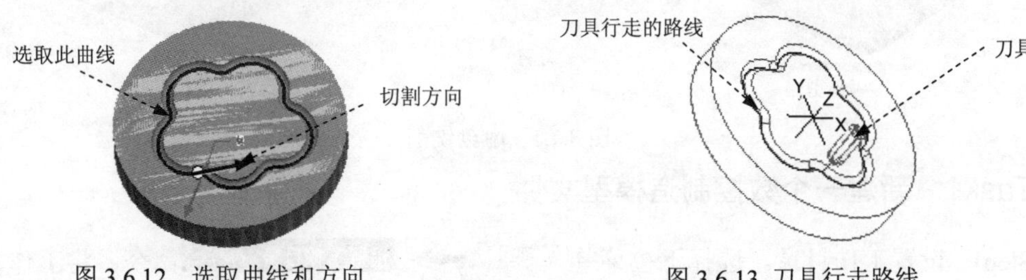

图 3.6.12　选取曲线和方向　　图 3.6.13　刀具行走路线

Step3. 演示完成后，单击“播放路径”对话框中的关闭按钮。

Task6. 加工仿真

Step1. 在▼ PLAY PATH (播放路径)菜单中选择NC Check (NC 检查)命令，进入刀具模拟环境。观察刀具切割工件的情况，在弹出的“NC 检查结果”对话框中单击按钮，运行结果如图 3.6.14 所示。

Step2. 演示完成后，单击软件右上角的按钮，在弹出的“Save Changes Before Exiting VERICUT?”对话框中单击Save Checked Files按钮。

Step3. 在▼ NC SEQUENCE (NC序列)菜单中选择Done Seq (完成序列)命令。

Step4. 选择下拉菜单文件(F) ➡ 保存(S)命令，保存文件。

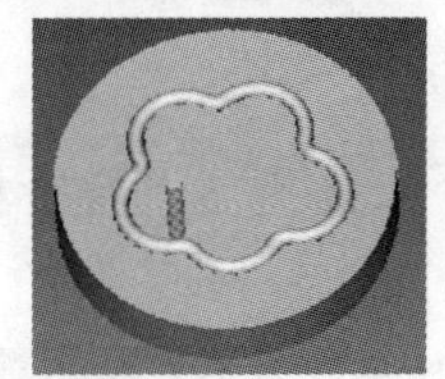

图 3.6.14 “NC 检测”动态仿真

3.7　雕刻铣削

雕刻铣削是机械加工中常用的加工方法，主要对凹槽（groove）修饰特征进行加工。刀具沿着指定的特征运动，主要用平底立铣刀进行加工，刀具直径决定切削宽度，GROOVE_DEPTH 参数决定切削深度。

下面以图 3.7.1 所示的模型为例来说明雕刻铣削的一般操作步骤，由于系统无法自动切除材料，所以图 3.7.1 中将不显示加工结果。

a）参考模型

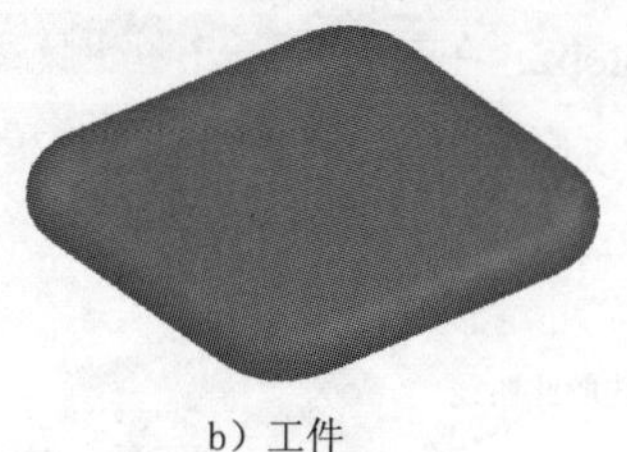
b）工件

图 3.7.1 雕刻铣削

Task1. 新建一个数控制造模型文件

Step1. 设置工作目录。选择下拉菜单 文件(F) ➡ 设置工作目录(W)... 命令，将工作目录设置至 D:\proewf5.9\work\ch03.07。

Step2. 在工具栏中单击“新建”按钮 。

Step3. 在“新建”对话框中，选中 类型 选项组中的 制造 选项，选中 子类型 选项组中的 NC组件 选项，在 名称 文本框中输入文件名 engrave_milling，取消 ☑ 使用缺省模板 复选框中的“√”号，单击该对话框中的 确定 按钮。

Step4. 在系统弹出的“新文件选项”对话框中的模板选项组中选取 mmns_mfg nc 模板，然后在该对话框中单击 确定 按钮。

Task2. 建立制造模型

Stage1. 引入参照模型

Step1. 选择下拉菜单 插入(I) ➡ 参照模型(R) ➡ 装配(A)... 命令，系统弹出“打开”对话框。

Step2. 从弹出的“打开”对话框中，选取三维零件模型——engrave_milling.prt 作为参照零件模型，并将其打开。

Step3. 在系统弹出的“放置”操控板中选择 缺省 命令，然后单击 ✓ 按钮，此时系统弹出“创建参照模型”对话框，单击此对话框中的 确定 按钮，完成参照模型的放置，放置后如图 3.7.2 所示。

Stage2. 引入工件

Step1. 选择下拉菜单 插入(I) ➡ 工件(W) ➡ 装配(A)... 命令，系统弹出“打开”对话框。

Step2. 从弹出的文件“打开”对话框中，选取三维零件模型——engrave_workpiece.prt。

Step3. 在系统弹出的“放置”操控板中选择 缺省 命令，然后单击 ✓ 按钮，此时系统弹出“创建毛坯工件”对话框，单击此对话框中的 确定 按钮，完成毛坯工件的放置，放置后如图 3.7.3 所示。

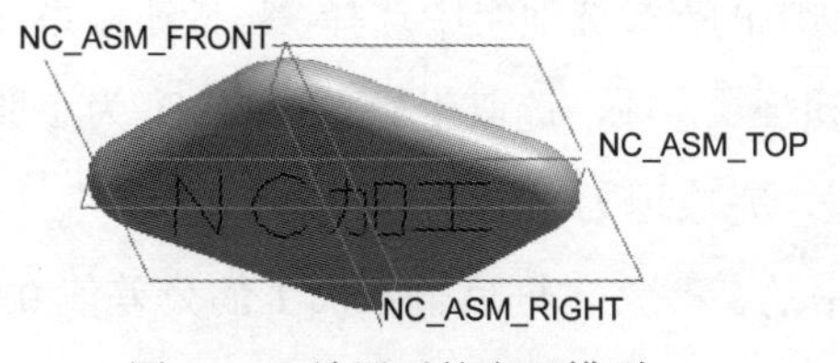

图 3.7.2　放置后的参照模型

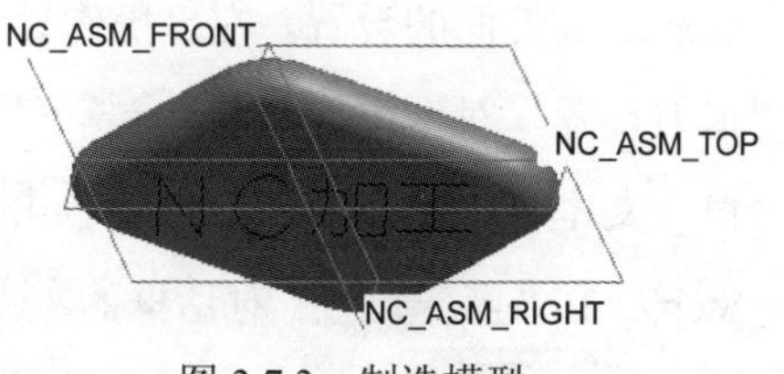

图 3.7.3　制造模型

Task3．制造设置

Step1．选择下拉菜单 步骤(S) → 操作(O) 命令，此时在系统弹出的“操作设置”对话框中单击 按钮，弹出“机床设置”对话框，在 机床类型(T) 下拉列表中选择 铣削，在 轴数(X) 下拉列表中选择 3轴。

Step2．刀具设置。在“机床设置”对话框中选择 切削刀具(C) 选项卡，然后在 切削刀具设置 选项组中单击 按钮。

Step3．在弹出的“刀具设定”对话框中设置刀具参数，完成设置后如图 3.7.4 所示，设置完毕后单击 应用 按钮并单击 确定 按钮，在“机床设置”对话框中单击 确定 按钮，返回到“操作设置”对话框。

Step4．机床坐标系设置。在“操作设置”对话框中的 参照 选项组中选择 按钮，在弹出的 ▼MACH CSYS (制造坐标系) 菜单中选择 Select (选取) 命令。

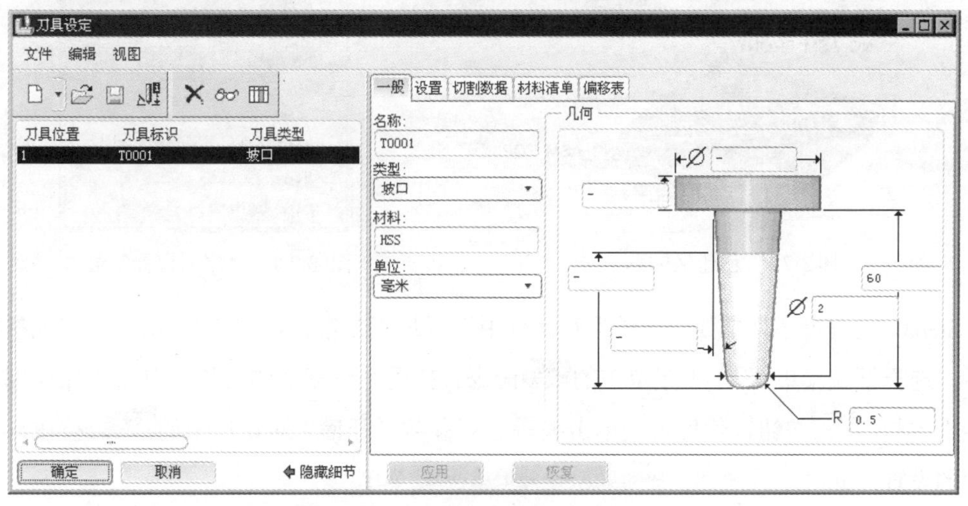

图 3.7.4　“刀具设定”对话框

Step5．选择下拉菜单 插入(I) → 模型基准(D) → 坐标系(C)... 命令，系统弹出图 3.7.5 所示的“坐标系”对话框。依次选择 NC_ASM_RIGHT、NC_ASM_TOP 基准面和图 3.7.6 所示的模型表面作为创建坐标系的三个参照平面，单击 确定 按钮完成坐标系的创建。单击 按钮可以察看选取的坐标系。

Step6. 退刀面的设置。在“操作设置”对话框中的退刀选项组中选择按钮，系统弹出“退刀设置”对话框，然后在类型下拉列表中选取平面选项，选取坐标系 ACSO 为参照，在“值”文本框中输入 10.0。最后单击确定按钮，完成退刀平面的创建。

Step7. 在“操作设置”对话框的退刀选项组中的公差文本框后输入加工的公差值 0.05，完成后单击确定按钮，完成制造设置。

Task4. 加工方法设置

Step1. 择下拉菜单 步骤(S) ➡ 雕刻(E)命令，此时系统弹出“序列设置”菜单。

Step2. 在打开的▼ SEQ SETUP (序列设置)菜单中选择图 3.7.7 所示的各复选框，然后选择 Done (完成)命令，在弹出的“刀具设定”对话框中单击确定按钮。此时系统弹出编辑序列参数“开槽”对话框。

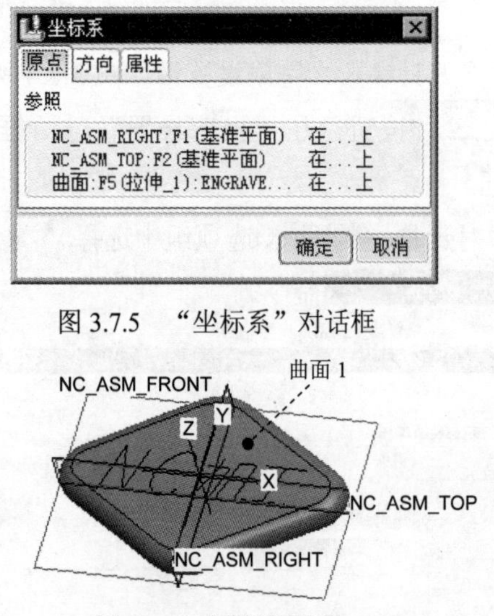

图 3.7.5　“坐标系”对话框

图 3.7.6　创建坐标系

图 3.7.7　“序列设置”菜单

Step3. 在编辑序列参数“开槽”对话框中设置加工参数，如图 3.7.8 所示。完成参数设置后，选择下拉菜单 文件(F) 菜单中的另存为命令。接受系统默认的名称，单击“保存副本”对话框中的确定按钮，然后再次单击编辑序列参数“开槽”对话框中的确定按钮，完成参数的设置。此时，系统弹出▼ SELECT GRVS (选取 GRVS)菜单。

Step4. 在系统弹出的▼ SELECT GRVS (选取 GRVS)菜单，选择 Add (添加)命令后在工作区中选择图 3.7.9 所示的“NC 加工”特征。

Step5. 完成后，在▼ SELECT GRVS (选取 GRVS)菜单中选择 Done/Return (完成/返回)命令。

Task5. 演示刀具轨迹

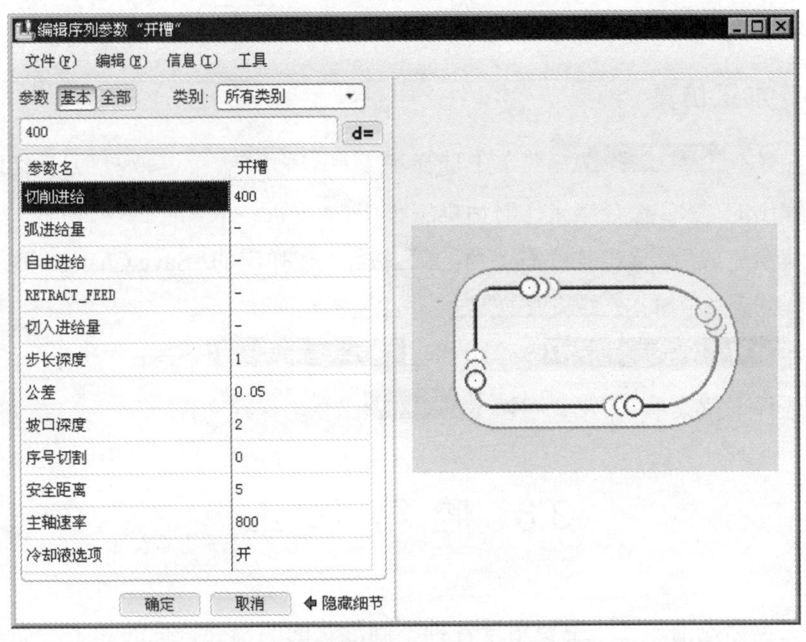

图 3.7.8　编辑序列参数“开槽”对话框

Step1. 在弹出的▼ NC SEQUENCE (NC序列)菜单中选择 Play Path (播放路径) 命令，此时系统弹出▼ PLAY PATH (播放路径)菜单。

Step2. 在▼ PLAY PATH (播放路径)菜单中选择Screen Play (屏幕演示)命令，此时弹出“播放路径”对话框。

Step3. 单击“播放路径”对话框中的▶按钮可以观察刀具的行走路线，其刀具行走路线如图 3.7.10 所示。单击▶ CL数据栏可以打开窗口查看生成的 CL 数据，如图 3.7.11 所示。

图 3.7.9　选取的特征

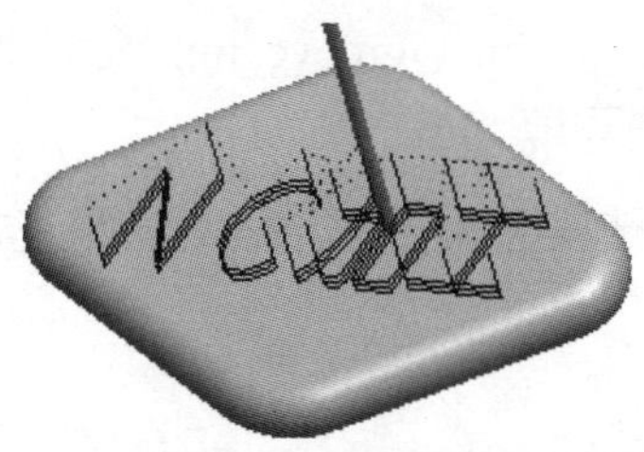

图 3.7.10　刀具行走路线

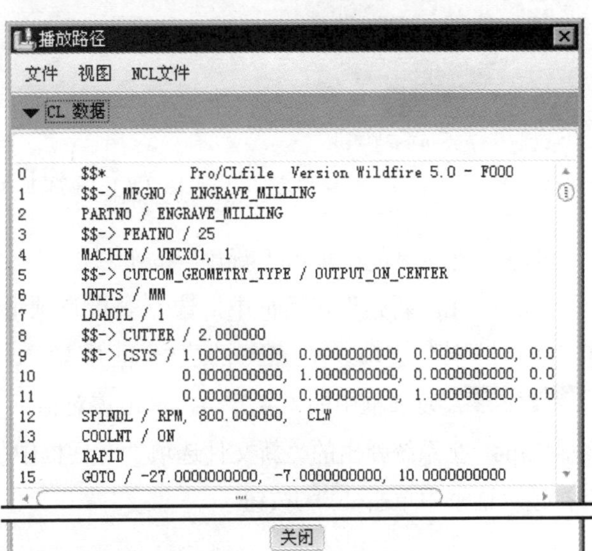

图 3.7.11　查看 CL 数据

Step4. 演示完成后，单击“播放路径”对话框中的 关闭 按钮。

Task6. 加工仿真

Step1. 在 ▼ PLAY PATH (播放路径) 菜单中选择 NC Check (NC 检查) 命令。观察刀具切割工件的运行情况，在弹出的“NC 检查结果”对话框中单击按钮。

Step2. 演示完成后，单击软件右上角的按钮，在弹出的“Save Changes Before Exiting VERICUT?”对话框中单击 Save Checked Files 按钮。

Step3. 在 ▼ NC SEQUENCE (NC序列) 菜单中选择 Done Seq (完成序列) 命令。

Step4. 选择下拉菜单 文件(F) ➡ 保存(S) 命令，保存文件。

3.8 腔 槽 加 工

腔槽加工也称挖槽加工，主要用于各种不同形状的凹槽类特征的加工，加工时用平底立铣刀进行加工，也可以用于加工水平、竖直或倾斜的曲面。

下面将通过图 3.8.1 所示的零件介绍腔槽加工的一般过程。

Task1. 新建一个数控制造模型文件

Step1. 设置工作目录。选择下拉菜单 文件(F) ➡ 设置工作目录(W)... 命令，将工作目录设置至 D:\proewf5.9\work\ch03.08。

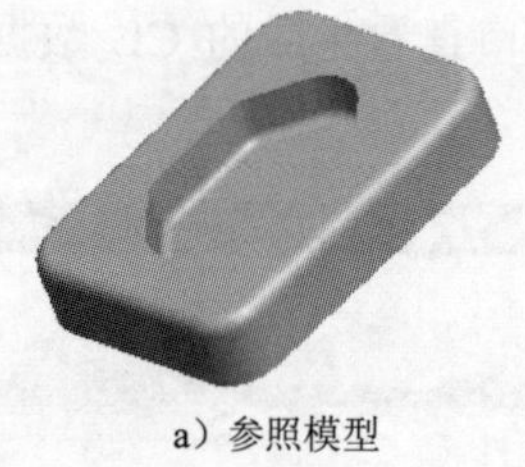

a）参照模型

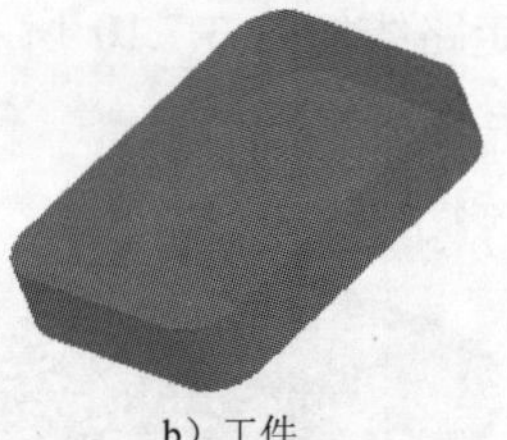

b）工件

图 3.8.1 腔槽加工

Step2. 在工具栏中单击“新建”按钮。

Step3. 在“新建”对话框中，选中 类型 选项组中的 ◉ 制造 选项，选中 子类型 选项组中的 ◉ NC组件 选项，在 名称 的文本框中输入文件名 annular_groove_milling，取消 ☑ 使用缺省模板 复选框中的“√”号，单击该对话框中的 确定 按钮。

Step4. 在系统弹出的“新文件选项”对话框中的模板选项组中选取 mmns_mfg_nc 模板，然后在该对话框中单击 确定 按钮。

Task2．建立制造模型

Stage1．引入参照模型

Step1. 选择下拉菜单 插入(I) → 参照模型(R) → 装配(A)... 命令，系统弹出“打开”对话框。

Step2. 从弹出的文件“打开”对话框中，选择三维零件模型 annular_groove_milling.prt 作为参照零件模型，并将其打开。

Step3. 在“放置”操控板中选择 缺省 命令，然后单击 ✓ 按钮，此时系统弹出“创建参照模型”对话框，单击该对话框中的 确定 按钮，完成参照模型的放置，放置后如图 3.8.2 所示。

Stage2．引入工件模型

Step1. 选择下拉菜单 插入(I) → 工件(W) → 装配(A)... 命令，系统弹出“打开”对话框。

Step2. 从弹出的文件“打开”对话框中，选择三维零件模型 annular_groove _workpiece.prt 作为工件模型，并将其打开。

Step3. 在“放置”操控板中选择 缺省 命令，然后单击 ✓ 按钮，此时系统弹出“创建毛坯工件”对话框，单击此对话框中的 确定 按钮，完成参照模型的放置，放置后如图 3.8.3 所示。

NC_ASM_FRONT
NC_ASM_TOP
NC_ASM_RIGHT

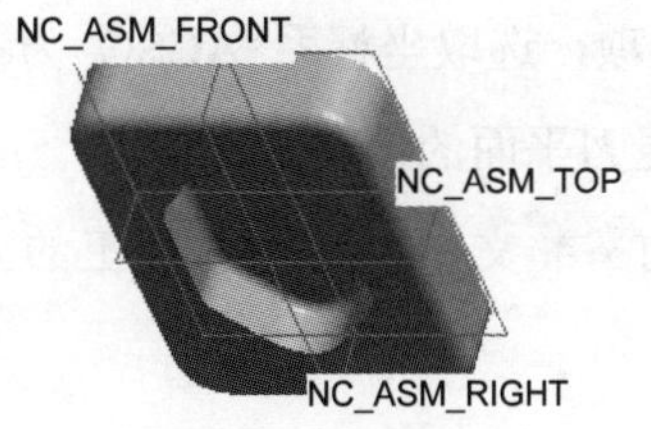

图 3.8.2　放置后的参照模型

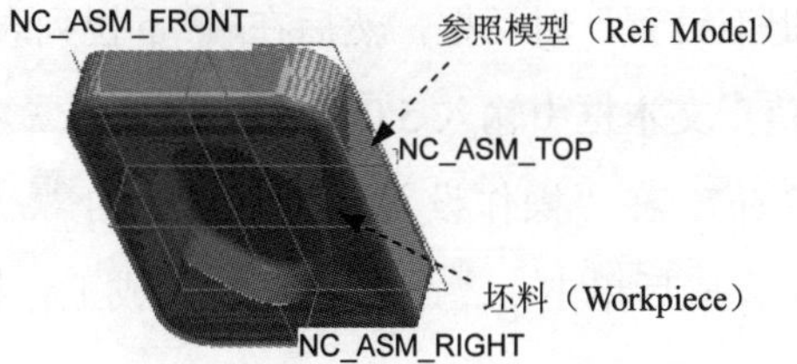

NC_ASM_FRONT
参照模型（Ref Model）
NC_ASM_TOP
坯料（Workpiece）
NC_ASM_RIGHT

图 3.8.3　制造模型

Task3．制造设置

Step1. 选择下拉菜单 步骤(S) → 操作(O) 命令，此时在系统弹出的“操作设置”对话框中单击 按钮，系统弹出“机床设置”对话框，在 机床类型(T) 下拉列表中选择 铣削，在 轴数(X) 下拉列表中选择 3轴。

Step2. 刀具设置。在“机床设置”对话框中的 切削刀具(C) 选项卡中，单击 切削刀具设置 选项组中的 按钮。

Step3. 在弹出的“刀具设定”对话框中设置刀具参数，完成设置后如图 3.8.4 所示，设置完毕后单击 应用 按钮并单击 确定 按钮，在“机床设置”对话框中单击确定按钮，返回到“操作设置”对话框。

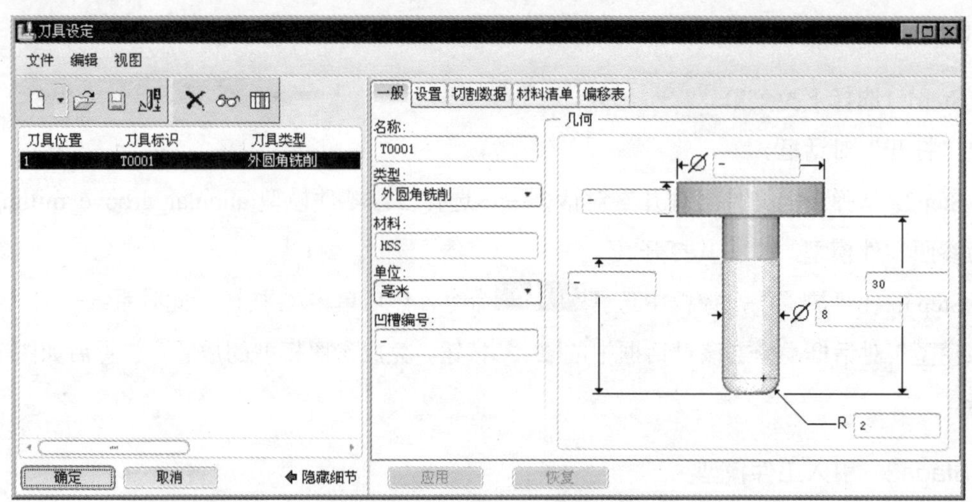

图 3.8.4 “刀具设定”对话框

Step4. 机床坐标系设置。在“操作设置”对话框中的参照选项组中选择按钮，在弹出的MACH CSYS（制造坐标系）菜单中选择Select（选取）命令。

Step5. 选择下拉菜单插入(I) → 模型基准(D) → 坐标系(C)...命令，系统弹出图 3.8.5 所示的“坐标系”对话框。依次选择 NC_ASM_RIGHT、NC_ASM_TOP 基准面和图 3.8.6 所示的模型表面作为创建坐标系的三个参照平面，单击确定按钮完成坐标系的创建。

Step6. 退刀面的设置。在“操作设置”对话框中的退刀选项卡中选择按钮，系统弹出“退刀设置”对话框，然后在类型下拉列表中选取平面选项，选取坐标系 ACSO 为参照，在“值”文本框中输入 5.0，最后单击确定按钮，完成退刀平面的创建。

Step7. 在“操作设置”对话框中的退刀选项组中的公差文本框后输入加工的公差值 0.01，完成后单击确定按钮，完成工作机床的设置。

Task4．加工方法设置

Step1. 选择下拉菜单步骤(S) → 腔槽加工(O)命令，此时系统弹出“序列设置”菜单。

Step2. 在打开的SEQ SETUP（序列设置）菜单中选择图 3.8.7 所示的复选框，然后选择Done（完成）命令，在弹出的“刀具设定”对话框中单击确定按钮。此时系统弹出编辑序列参数“腔槽铣削”对话框。

Step3. 在编辑序列参数“腔槽铣削”对话框中设置基本的加工参数，完成设置后的结果如图 3.8.8 所示，选择下拉菜单文件(F)菜单中的另存为命令。接受系统默认的名称，单击“保存副本”对话框中的确定按钮，然后再次单击编辑序列参数“腔槽铣削”对话框中的确定按钮，完成参数的设置。

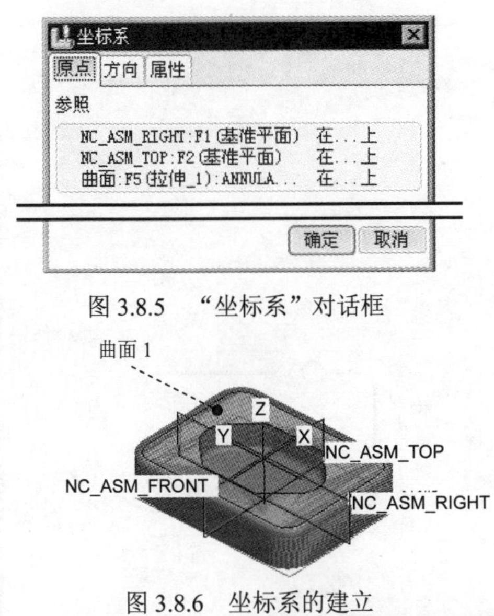

图 3.8.5　“坐标系”对话框

图 3.8.6　坐标系的建立

菜单管理器
▼ NC SEQUENCE (NC序列)
▼ SEQ SETUP (序列设置)
Name (名称)
Comments (注释)
Tool (刀具)
Attachment (附件)
Parameters (参数)
Coord Sys (坐标系)
Retract Surf (退刀曲面)
Surfaces (曲面)
Check Surfs (检查曲面)
Build Cut (构建切削)
Start (起始)
End (终止)
Done (完成)
Quit (退出)

图 3.8.7　“序列设置”菜单

Step4. 在系统弹出的 ▼ SURF PICK (曲面拾取) 菜单中依次选择 Model (模型) ➡ Done (完成) 命令，在系统弹出的 ▼ SELECT SRFS (选取曲面) 菜单中选择 Add (添加) 命令，然后选择图 3.8.9 所示的凹槽的四周平面以及底面，选取完成后，在“选取”对话框中单击 确定 按钮。最后选择 Done/Return (完成/返回) 命令，完成 NC 序列的设置。

注意：在选取凹槽的四周平面以及其底面时，需要按住 Ctrl 键来选取。

Task5. 演示刀具轨迹

Step1. 在 ▼ NC SEQUENCE (NC序列) 菜单中选择 Play Path (播放路径) 命令，此时系统弹出 ▼ PLAY PATH (播放路径) 菜单；然后在 ▼ PLAY PATH (播放路径) 菜单中选择 Screen Play (屏幕演示) 命令。单击“播放路径”对话框中的 ▶ 按钮，观测刀具的行走路线，如图 3.8.10 所示。单击 ▶ CL数据 栏可以查看生成的 CL 数据。

Step2. 演示完成后，单击“播放路径”对话框中的 关闭 按钮。

Task6. 加工仿真

Step1. 在 ▼ PLAY PATH (播放路径) 菜单中选择 NC Check (NC 检查) 命令，进入刀具模拟环境。观察刀具切割工件的情况，在弹出的“NC 检查结果”对话框中单击 按钮，运行结果如图 3.8.11 所示。

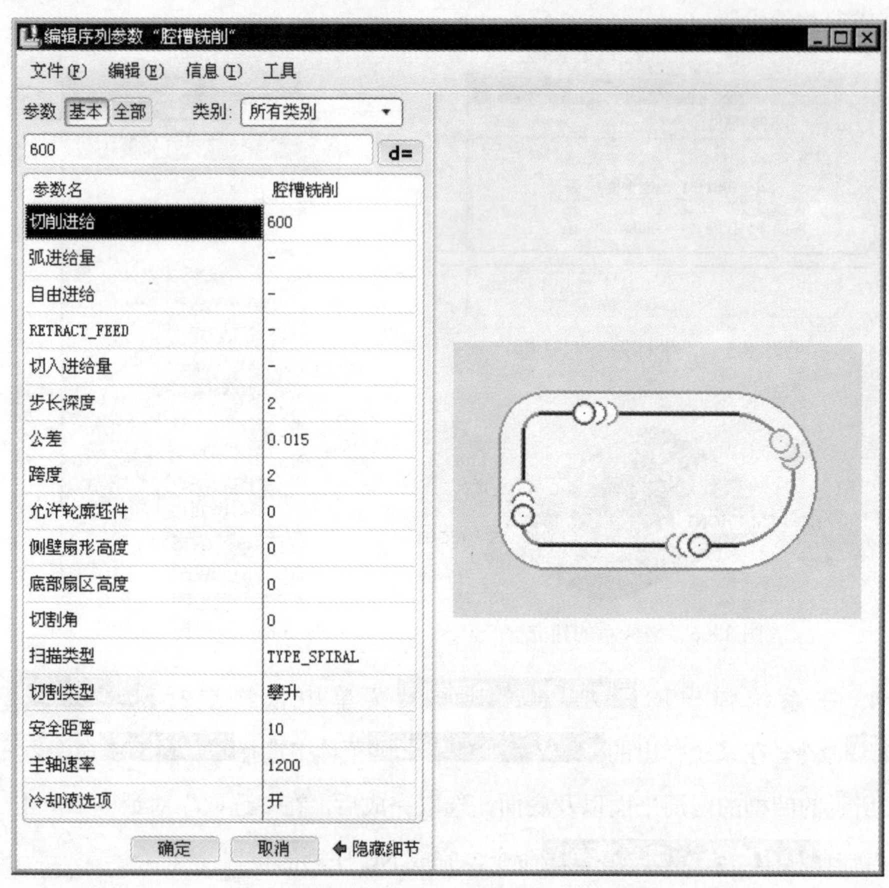

图 3.8.8　编辑序列参数“腔槽铣削”对话框

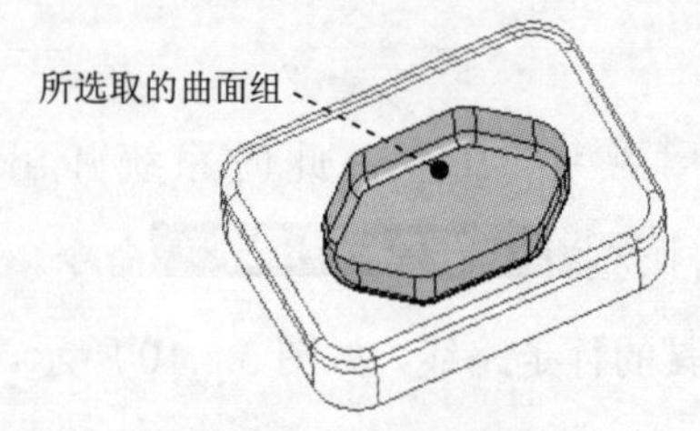

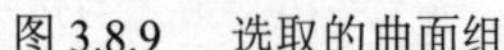

图 3.8.9　选取的曲面组

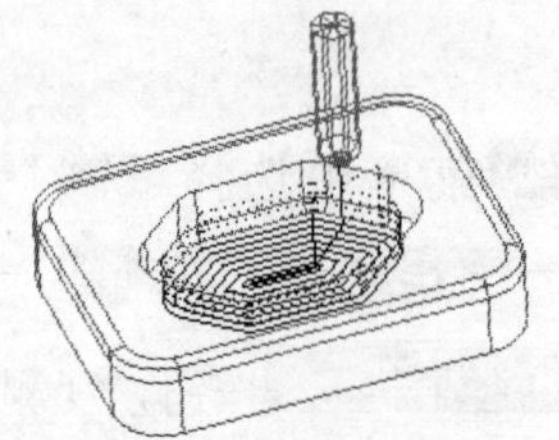

图 3.8.10　刀具的行走路线

图 3.8.11　“NC 检测”动态仿真

Step2. 演示完成后，单击软件右上角的 X 按钮，在弹出的“Save Changes Before Exiting VERICUT?”对话框中单击 Save Checked Files 按钮。

Step3. 在 ▼ NC SEQUENCE (NC序列) 菜单中选择 Done Seq (完成序列) 命令。

Task7. 切减材料

Step1. 选择下拉菜单 插入(I) ➡ 材料去除切削(V) 命令，系统弹出 ▼ NC序列列表 菜单，然后在 ▼ NC序列列表 菜单中选择 1: 腔槽铣削, 操作: OP010，此时系统弹出 ▼ MAT REMOVAL (材料删除) 菜单。

Step2. 在弹出▼ MAT REMOVAL（材料删除）菜单中选择Automatic（自动）→ Done（完成）命令，系统弹出“相交元件”对话框和“选取”对话框。单击自动添加按钮和按钮，最后单击确定按钮，完成材料切减。

Step3. 选择下拉菜单文件(F) → 保存(S)命令，保存文件。

3.9　钻削式粗加工

不同形状的凹槽类特征，可用平头立铣刀、圆头铣刀或插刀进行加工。下面以图 3.9.1 所示的模型为例来说明钻削式粗加工的一般操作步骤。

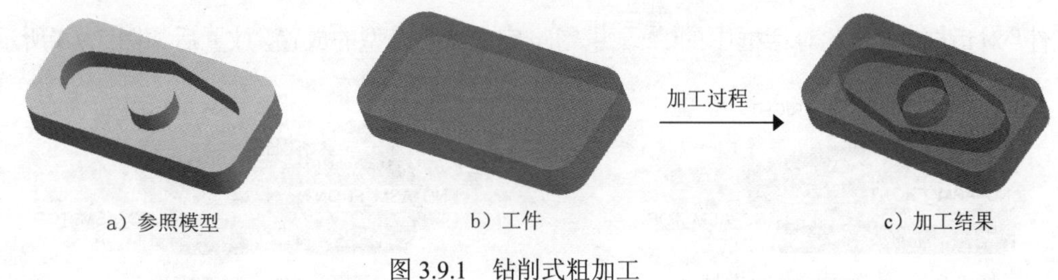

图 3.9.1　钻削式粗加工

Task1. 新建一个数控制造模型文件

Step1. 设置工作目录。选择下拉菜单文件(F) → 设置工作目录(W)...命令，将工作目录设置至 D:\proewf5.9\work\ch03.09。

Step2. 在工具栏中单击“新建”按钮。

Step3. 在“新建”对话框中，选中类型选项组中的◉ 制造选项，选中子类型选项组中的◉ NC组件选项，在名称文本框中输入文件名 rofiling_miling，取消☑ 使用缺省模板复选框中的“√”号，单击该对话框中的确定按钮。

Step4. 在系统弹出的“新文件选项”对话框中的模板选项组中选取mmns_mfg_nc模板，然后在该对话框中单击确定按钮。

Task2. 建立制造模型

Stage1. 引入参照模型

Step1. 选择下拉菜单插入(I) → 参照模型(R) → 装配(A)...命令，系统弹出“打开”对话框。

Step2. 从弹出的文件“打开”对话框中，选取三维零件模型——rofiling.prt 作为参照零件模型，并将其打开。

Step3. 在“放置”操控板中选择 缺省 命令，然后单击✓按钮，此时系统弹出“创建参照模型”对话框，单击此对话框中的 确定 按钮，完成参照模型的放置，放置后如图 3.9.2 所示。

Stage2. 引入工件

Step1. 选择下拉菜单 插入(I) ➡ 工件(W) ➡ 装配(A)... 命令，系统弹出“打开”对话框。

Step2. 从弹出的文件“打开”对话框中，选取三维零件模型——rofiling_workpiece.prt，并将其打开。

Step3. 在“放置”操控板中选择 缺省 命令，然后单击✓按钮，此时系统弹出“创建毛坯工件”对话框，单击此对话框中的 确定 按钮，完成参照模型的放置，放置后如图 3.9.3 所示。

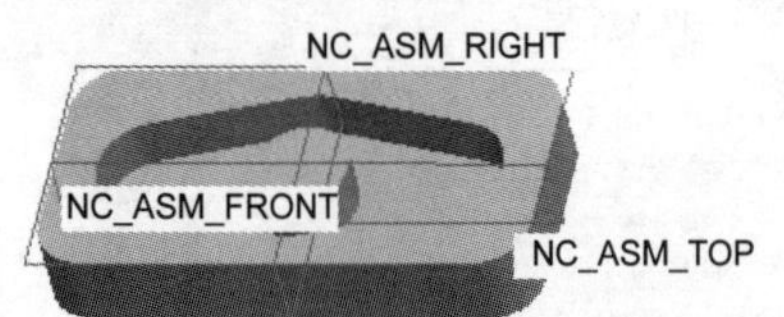

图 3.9.2 放置后的参照模型

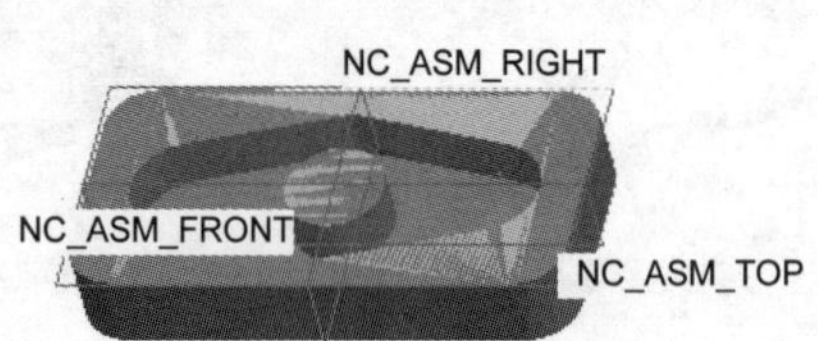

图 3.9.3 制造模型

Task3. 制造设置

Step1. 选择下拉菜单 步骤(S) ➡ 操作(O) 命令，系统弹出“操作设置”对话框。

Step2. 机床设置。单击“操作设置”对话框中的按钮，弹出“机床设置”对话框，在 机床类型(T) 下拉列表中选择 铣削，在 轴数(X) 下拉列表中选择 3轴 选项。

Step3. 刀具设置。在“机床设置”对话框中选择 切削刀具(C) 选项卡，然后在 切削刀具设置 选项组中单击按钮。

Step4. 在弹出的“刀具设定”对话框中设置刀具参数，完成设置后如图 3.9.4 所示，设置完毕后单击 应用 按钮并单击 确定 按钮，在“机床设置”对话框中单击 确定 按钮，返回到“操作设置”对话框。

Step5. 机床坐标系设置。在“操作设置”对话框中的 参照 选项组中选择按钮，在弹出的 ▼MACH CSYS (制造坐标系) 菜单中选择 Select (选取) 命令。

Step6. 选择下拉菜单 插入(I) ➡ 模型基准(D) ➡ 坐标系(C)... 命令，系统弹出图 3.9.5 所示的“坐标系”对话框。依次选择 NC_ASM_RIGHT、NC_ASM_FRONT 基准面和图 3.9.6 所示的模型表面作为创建坐标系的三个参照平面，单击 确定 按钮完成坐标系的创建。单击按钮可以察看选取的坐标系。

Step7. 退刀面的设置。在“操作设置”对话框中的 退刀 选项卡中选择按钮，系统弹出“退刀设置”对话框，然后在类型下拉列表中选取平面选项，选取坐标系 ACSO 为参照，在“值”文本框中输入 10.0，最后单击确定按钮，完成退刀平面的创建。

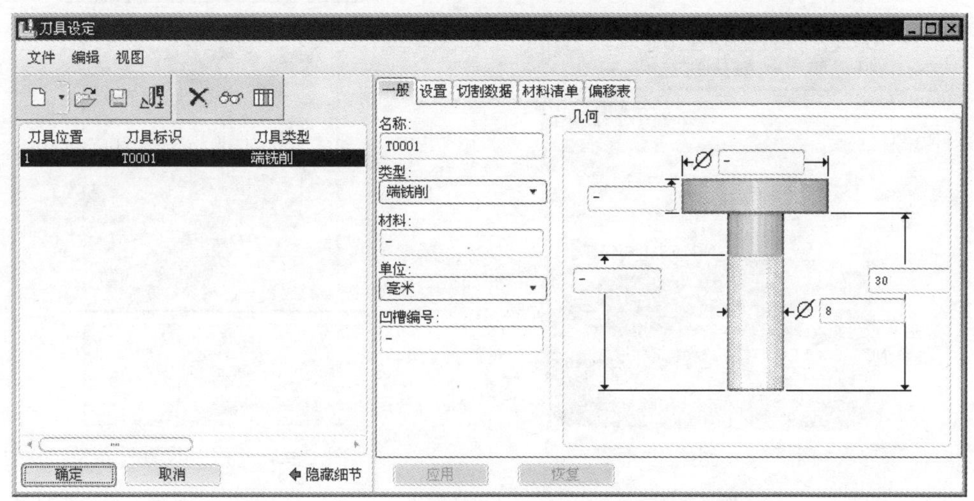

图 3.9.4 “刀具设定”对话框

Step8. 在“操作设置”对话框中的退刀选项组中的公差文本框后输入加工的公差 0.01，完成后单击确定按钮，完成制造设置。

Task4. 加工方法设置

Step1. 选择下拉菜单步骤(S) ➡ 钻削式粗加工(G)命令，此时系统弹出“序列设置”菜单。

Step2. 在打开的▼ SEQ SETUP (序列设置)菜单中选择图 3.9.7 所示的复选框，然后选择Done (完成)命令，在弹出的“刀具设定”对话框中单击确定按钮。系统弹出编辑序列参数“陷入铣削”对话框。

Step3. 在编辑序列参数“陷入铣削”对话框设置加工参数，结果如图 3.9.8 所示。完成设置后，选择下拉菜单文件(F)菜单中的另存为命令。接受系统默认的名称，单击“保存副本”对话框中的确定按钮，然后再次单击编辑序列参数“陷入铣削”对话框中的确定按钮，完成参数的设置。此时，系统弹出“曲面拾取”菜单。

Step4. 在▼ SURF PICK (曲面拾取)菜单中依次选择Model (模型) ➡ Done (完成)命令，弹出▼ SELECT SRFS (选取曲面)菜单和“选取”菜单，在工作区中选取图 3.9.9 所示的曲面。选取完成后，在“选取”对话框中单击确定按钮。

Step5. 在▼ SELECT SRFS (选取曲面)菜单中选择Done/Return命令。

Task5. 演示刀具轨迹

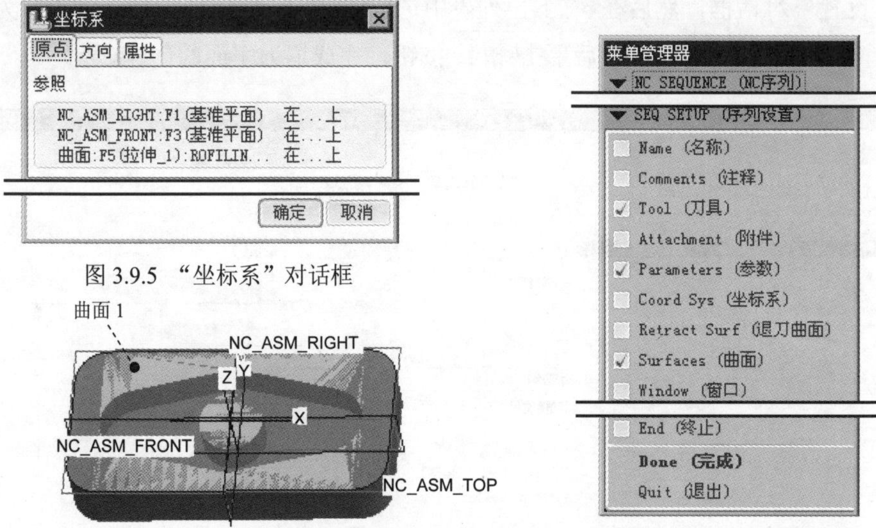

图 3.9.5 “坐标系”对话框

图 3.9.6 创建坐标系

图 3.9.7 “序列设置”菜单

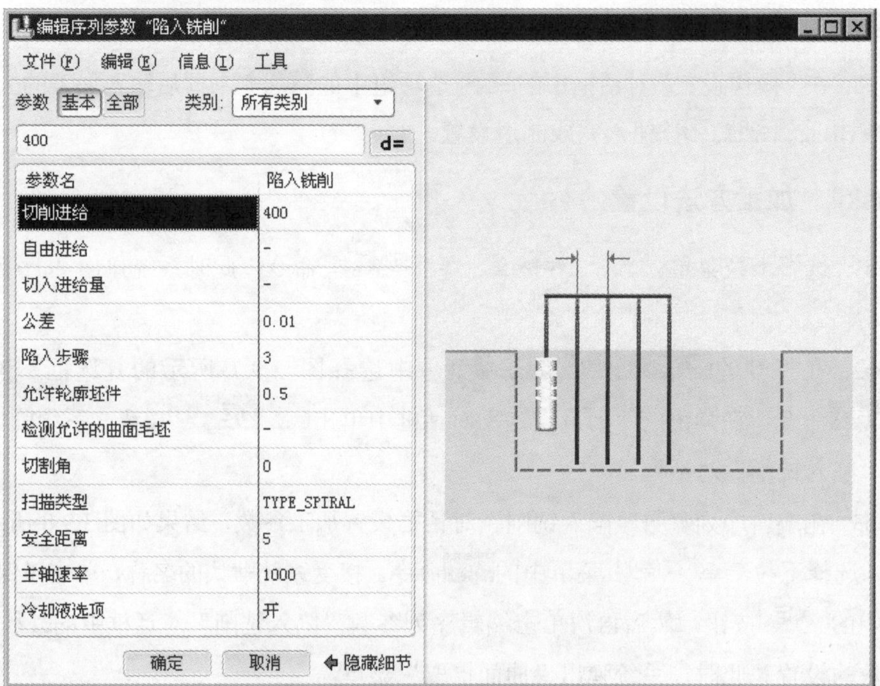

图 3.9.8 编辑序列参数“陷入铣削”对话框

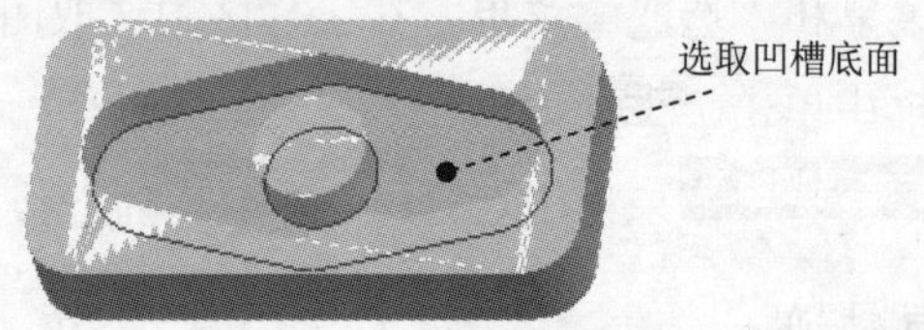

图 3.9.9 选取的特征

Step1. 在弹出的▼ NC SEQUENCE (NC序列)菜单中选择 Play Path (播放路径) 命令，此时系统弹出▼ PLAY PATH (播放路径)菜单。

Step2. 在▼ PLAY PATH (播放路径)菜单中选择Screen Play (屏幕演示)命令，系统弹出“播放路径”对话框。

Step3. 单击对话框中的▶按钮，观测刀具的行走路线，如图 3.9.10 所示。单击▶ CL数据栏可以打开窗口查看生成的 CL 数据，如图 3.9.11 所示。

Step4. 演示完成后，单击“播放路径”对话框中的 关闭 按钮。

Task6. 加工仿真

Step1. 在▼ PLAY PATH (播放路径)菜单中选择 NC Check (NC 检查) 命令。在弹出的“NC 检查结果”对话框中单击按钮，观察刀具切割工件的运行情况，如图 3.9.12 所示。

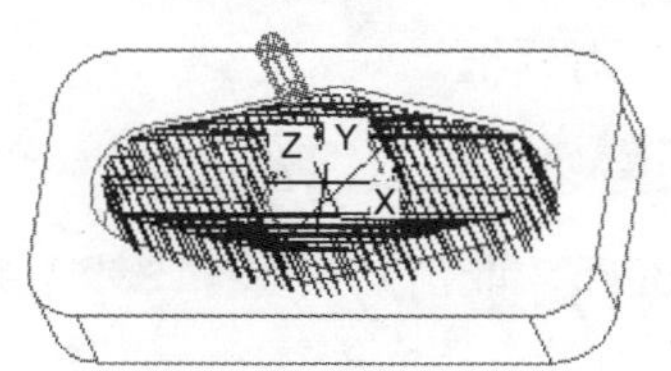

图 3.9.10 刀具行走路线

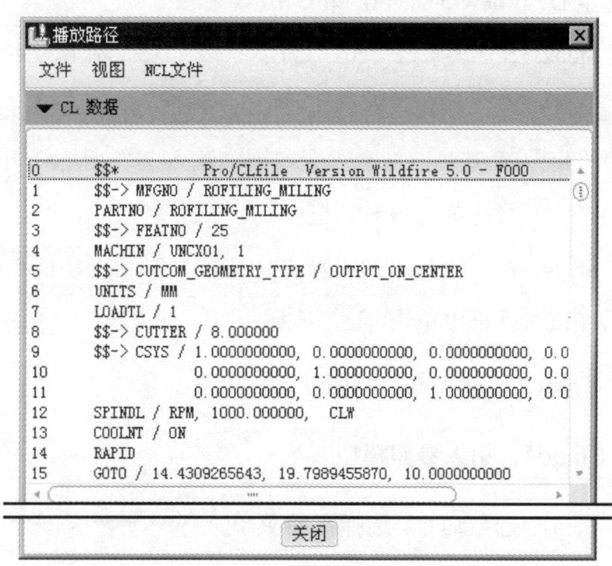

图 3.9.11 查看 CL 数据

图 3.9.12 NC 检测结果

Step2. 演示完成后，单击软件右上角的按钮，在弹出的“Save Changes Before Exiting VERICUT?”对话框中单击 Save Checked Files 按钮。

Step3. 在▼ NC SEQUENCE (NC序列)菜单中选择Done Seq (完成序列)命令。

Step4. 选择下拉菜单 文件(F) ➡ 保存(S) 命令，保存文件。

3.10 粗加工铣削

粗加工铣削采用等高分层的方法来切除工件的余料，主要用于去除大量的工件材料，与体积块粗加工相比，基本可以达到同样的加工效果，但在显示坯料移除切削时没有体积块粗加工方便。下面将通过图 3.10.1 所示的零件介绍粗加工铣削的一般过程。

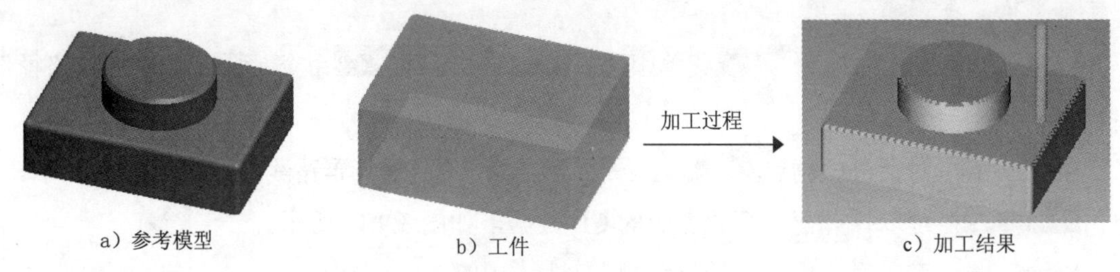

图 3.10.1　粗加工铣削

Task1．新建一个数控制造模型文件

Step1．设置工作目录。选择下拉菜单 文件(F) ➡ 设置工作目录(W)... 命令，将工作目录设置至 D:\proewf5.9\work\ch03.10。

Step2．在工具栏中单击“新建”按钮，弹出“新建”对话框。

Step3．在“新建”对话框中，选中 类型 选项组中的 ◉ 制造 选项，选中 子类型 选项组中的 ◉ NC组件 选项，在 名称 文本框中输入文件名称 mill_rough，取消 ☑ 使用缺省模板 复选框中的“√”号，单击该对话框中的 确定 按钮。

Step4．在系统弹出的“新文件选项”对话框中的 模板 选项组中选取 mmns_mfg_nc 模板，然后在该对话框中单击 确定 按钮。

Task2．建立制造模型

Stage1．引入参照模型

Step1．选取命令。选择下拉菜单 插入(I) ➡ 参照模型(R) ➡ 装配(A)... 命令，系统弹出“打开”对话框。

Step2．在“打开”对话框中选取三维零件模型——mill_rough.prt 作为参照零件模型，并将其打开，系统弹出“放置”操控板。

Step3．在“放置”操控板中选择 缺省 命令，然后单击 ✔ 按钮，此时系统弹出“创建参照模型”对话框，单击对话框中的 确定 按钮，完成参考模型的放置，放置后如图 3.10.2 所示。

Stage2．引入工件模型

Step1．选择下拉菜单 插入(I) ➡ 工件(W) ➡ 装配(A)... 命令，系统弹出“打开”对话框。

Step2．在“打开”对话框中选取三维零件模型 rough_workpiece.prt 作为制造模型，并将其打开。

Step3. 在“放置”操控板中选择 缺省 选项，然后单击 按钮，此时系统弹出“创建毛坯工件”对话框，单击此对话框中的 确定 按钮，完成毛坯工件的放置，放置后如图 3.10.3 所示。

图 3.10.2　放置后的参考模型

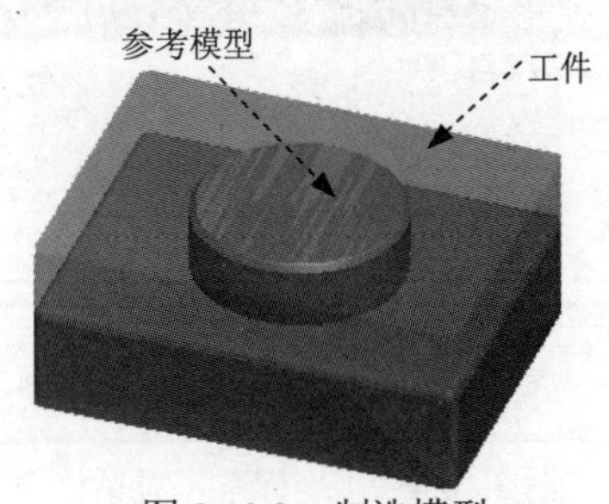

图 3.10.3　制造模型

Task3. 制造设置

Step1. 选取命令。选择下拉菜单 步骤(S) → 操作(O) 命令，此时系统弹出“操作设置”对话框。

Step2. 设置机床。单击“操作设置”对话框中的 按钮，弹出“机床设置”对话框，在 机床类型(T) 下拉列表中选择 铣削，在 轴数(X) 下拉列表中选择 3轴，然后单击 确定 按钮，完成机床的设置，返回到“操作设置”对话框。

Step3. 设置机床坐标系。在“操作设置”对话框中的 参照 选项组中选择 按钮，在弹出的 MACH CSYS (制造坐标系) 菜单中选择 Select (选取) 命令。选择下拉菜单 插入(I) → 模型基准(D) → 坐标系(C)... 命令，系统弹出图 3.10.4 所示的“坐标系”对话框。然后依次选择 NC_ASM_FRONT、NC_ASM_RIGHT 和图 3.10.5 所示的曲面 1 作为创建坐标系的三个参考平面，单击 确定 按钮完成坐标系的创建，系统自动选中刚刚创建的坐标系作为加工坐标系。

Step4. 退刀面的设置。在“操作设置”对话框中的 退刀 选项组中选择 按钮，系统弹出“退刀设置”对话框，然后在 类型 下拉列表中选取 平面 选项，单击 参照 文本框，在模型树中选取坐标系 ACS0 为参考，在 值 文本框中输入数值 30.0，此时在图形区预览退刀平面，如图 3.10.6 所示。最后单击 确定 按钮，完成退刀平面的创建。

Step5. 在“操作设置”对话框中的 公差 文本框中输入加工的公差值 0.01，然后单击 确定 按钮，完成操作设置。

Task4. 加工方法设置

Step1. 选择下拉菜单 步骤(S) → 粗加工(R) 命令，此时系统弹出“序列设置”

菜单。

Step2. 在打开的▼ SEQ SETUP (序列设置)菜单中选择图 3.10.7 所示的各复选框，然后选择Done (完成)命令。

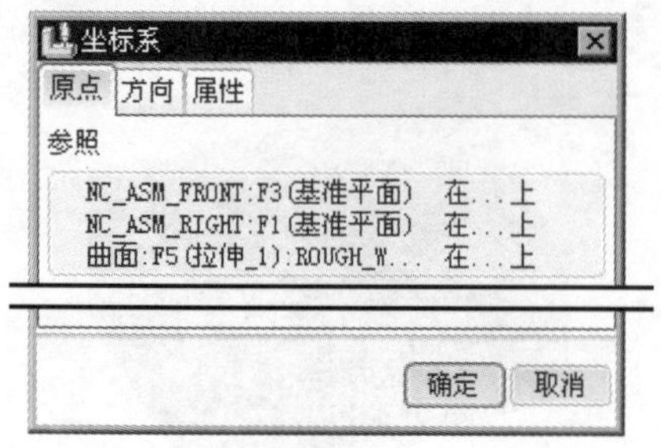

图 3.10.4　“坐标系”对话框

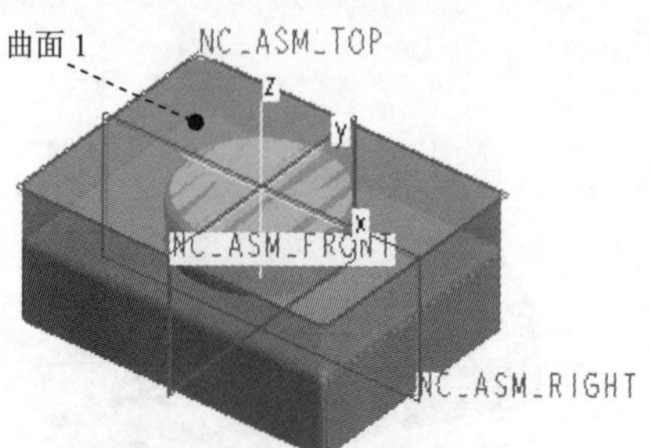

图 3.10.5　创建坐标系

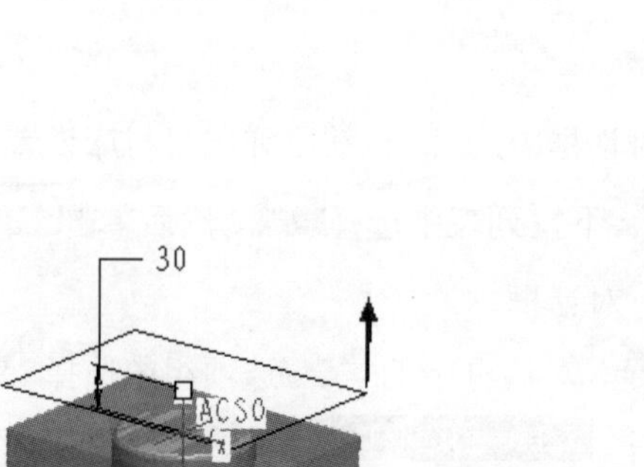

图 3.10.6　定义退刀平面

图 3.10.7　“序列设置”菜单

Step3. 在系统弹出的“刀具设定”对话框中，单击“新建”按钮，然后设置图 3.10.8 所示的刀具参数，设置完毕后单击应用按钮并单击确定按钮，此时系统弹出编辑序列参数“粗加工”对话框。

Step4. 在编辑序列参数“粗加工”对话框中设置基本的加工参数，如图 3.10.9 所示，然后单击确定按钮，完成参数的设置。此时，系统弹出▼ DEFINE WIND (定义窗口) 菜单和“选取”菜单。

Step5. 定义铣削窗口。

(1) 在▼ DEFINE WIND (定义窗口)菜单中选择Select Wind (选取窗口)命令，然后在系统◆选取或创建铣削窗口提示下，选择下拉菜单插入(I) ➡ 制造几何(G) ➡ 铣削窗口(W)...命令，系统弹出

“铣削窗口”操控板。

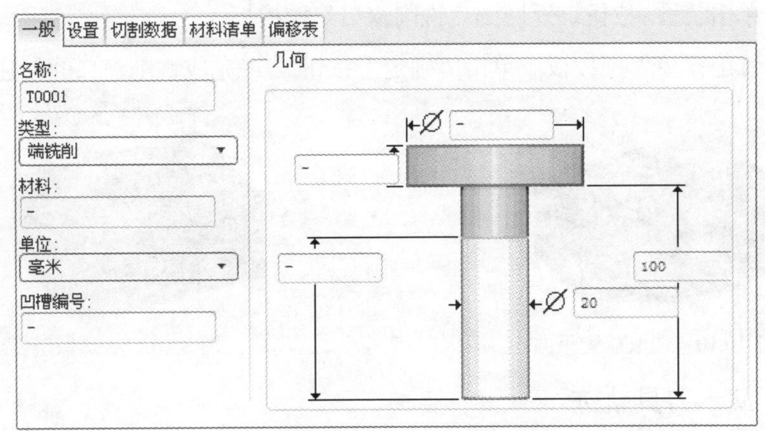

图 3.10.8　设定刀具一般参数

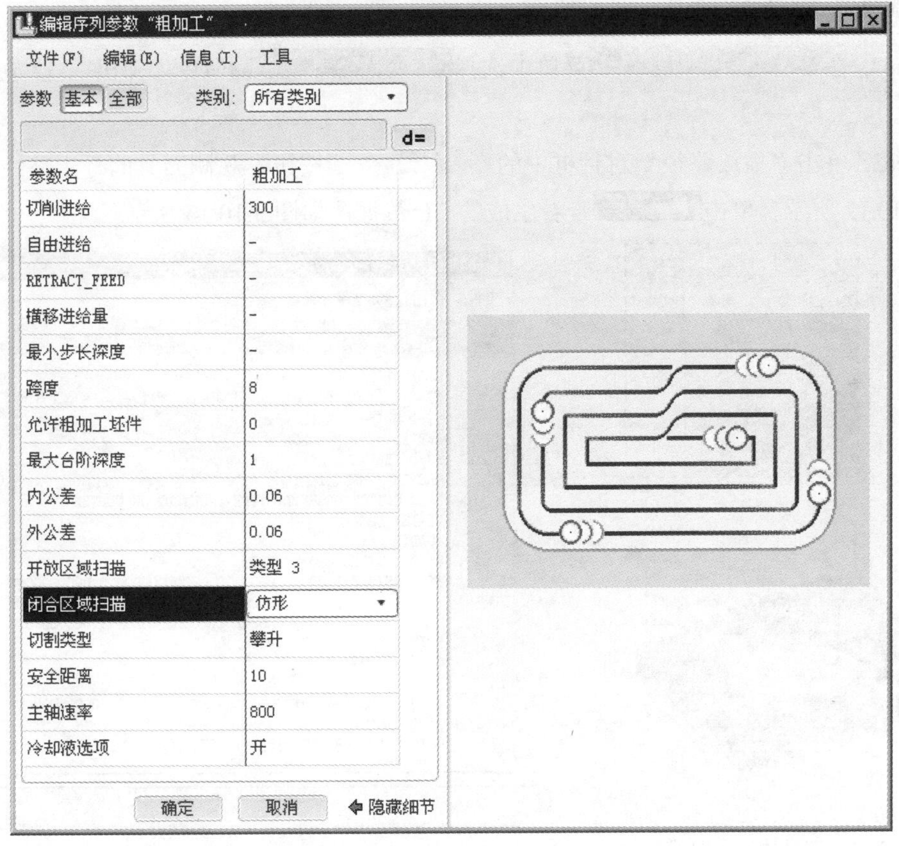

图 3.10.9　设置切削参数

（2）在“铣削窗口”操控板中的单击“链窗口类型”按钮，然后在图形区选取图 3.10.10 所示的平面，单击 放置 按钮，在弹出的“放置”设置界面中激活 链 文本框，单击 细节... 按钮，系统弹出“链”对话框。

（3）在“链”对话框中选择 ◉ 基于规则 单选项，其余采用默认参数，然后选取图 3.10.11 所示的边线，单击 确定 按钮，返回到“铣削窗口”操控板。

（4）在“铣削窗口”操控板中单击“确定”按钮 ✔，完成铣削窗口的创建。

图 3.10.10 选取放置平面

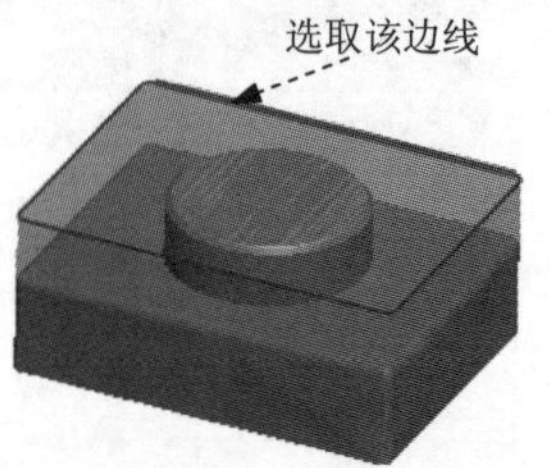

图 3.10.11 选取链

Task5．演示刀具轨迹

Step1. 在弹出的 ▼ NC SEQUENCE (NC序列) 菜单中选择 Play Path (播放路径) 命令，此时系统弹出 ▼ PLAY PATH (播放路径) 菜单。

Step2. 在 ▼ PLAY PATH (播放路径) 菜单中选择 Screen Play (屏幕演示) 命令，弹出 “播放路径”对话框。

Step3. 单击“播放路径”对话框中的 ▶ 按钮，观测刀具的行走路线，结果如图 3.10.12 所示。单击 ▶ CL数据 查看生成的 CL 数据，如图 3.10.13 所示。

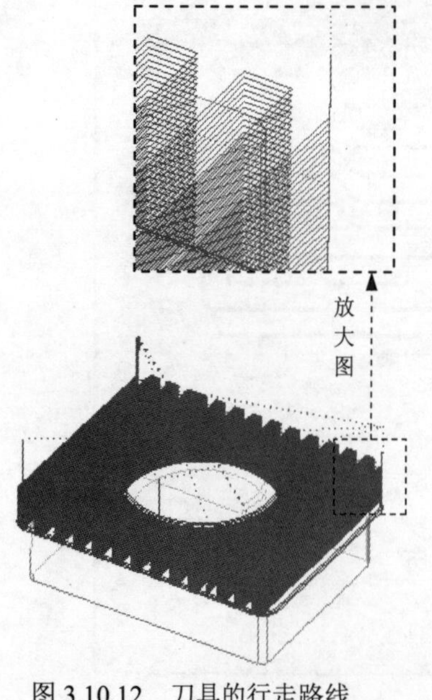

图 3.10.12 刀具的行走路线

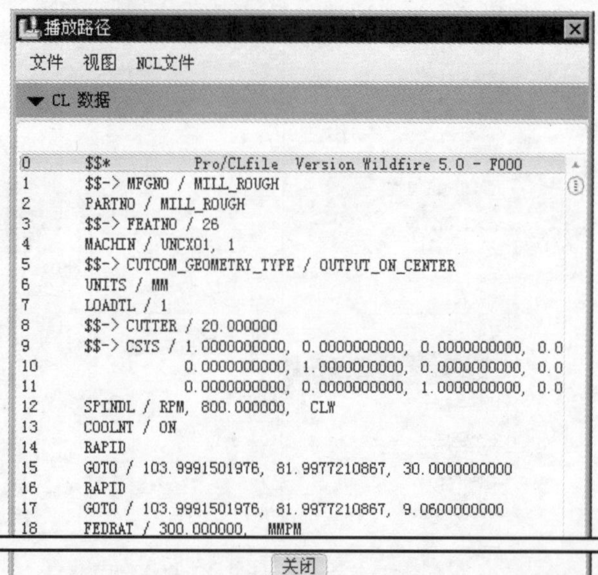

图 3.10.13 查看 CL 数据

Step4. 演示完成后，单击“播放路径”对话框中的 关闭 按钮。

Task6．加工仿真

Step1. 在 ▼ PLAY PATH (播放路径) 菜单中选择 NC Check (NC 检查) 命令，系统弹出“VERICUT

6.2.2 by CGTech”窗口，单击按钮，运行结果如图 3.10.14 所示。

图 3.10.14　运行结果

Step2. 演示完成后，单击软件右上角的按钮，在弹出的“Save Changes Before Exiting VERICUT?”对话框中单击 Save Checked Files 按钮，关闭仿真软件。

Step3. 在 ▼ NC SEQUENCE (NC序列) 菜单中选取 Done Seq (完成序列) 命令。

Task7. 保存文件

选择下拉菜单 文件(F) ➡ 保存(S) 命令，保存文件。

3.11　重新粗加工铣削

重新粗加工铣削用于粗加工铣削之后，使用直径较小的刀具加工前一加工工序中留下的多余材料，如小的拐角部位、凹坑曲面等。需要注意的是，该加工必须建立在粗加工操作之后。下面将通过图 3.11.1 所示的零件介绍重新粗加工铣削的一般过程。

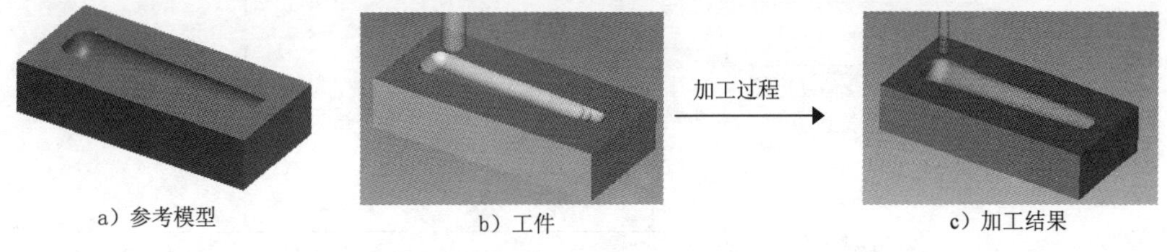

a）参考模型　b）工件　c）加工结果

图 3.11.1　重新粗加工铣削

Task1. 打开制造模型文件

Step1. 设置工作目录。选择下拉菜单 文件(F) ➡ 设置工作目录(W)... 命令，将工作目录设置至 D:\proewf5.9\work\ch03.11。

Step2. 在工具栏中单击“打开文件”按钮，从弹出的“文件打开”对话框中，选取三维零件模型——re_rough_mill.asm 作为制造零件模型，并将其打开。此时工作区中显示图 3.11.2 所示的制造模型。

说明：此制造模型已经包含了一个粗加工铣削加工步骤。

Task2．加工方法设置

Step1．选择下拉菜单 步骤(S) → 重新粗加工(E) 命令，此时系统弹出图 3.11.3 所示的“NC 序列列表”菜单。

图 3.11.2　制造模型

图 3.11.3　“NC 序列列表”菜单

Step2．在系统提示 请选取参照粗加工或重新粗加工NC序列. 之下，在 NC序列列表 中选择 1: 粗加工, 操作: OP010 选项，此时系统弹出的 SEQ SETUP（序列设置）菜单。

Step3．在弹出的 SEQ SETUP（序列设置）菜单中选择 Tool（刀具）和 Parameters（参数）复选框，然后选择 Done（完成）命令。

Step4．定义刀具。在弹出的“刀具设定”对话框中，单击“新建”按钮，然后设置图 3.11.4 所示的刀具参数，然后依次单击 应用 和 确定 按钮，完成刀具的设定。

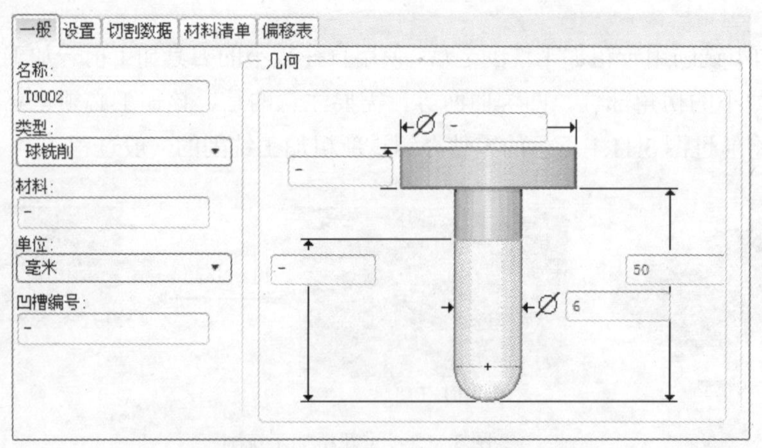

图 3.11.4　设定刀具一般参数

Step5．设置切削参数。在系统弹出的编辑序列参数“Re-Roughing”对话框中设置基本的加工参数，如图 3.11.5 所示，然后单击 确定 按钮，完成参数的设置。

Task3．演示刀具轨迹

Step1．从弹出的 NC SEQUENCE（NC序列）菜单中选择 Play Path（播放路径）命令，此时系统弹出 PLAY PATH（播放路径）菜单。

Step2. 在▼ PLAY PATH (播放路径)菜单中选择Screen Play (屏幕演示)命令，弹出“播放路径”对话框。单击▶按钮，结果如图 3.11.6 所示。

Step3. 演示完成后，单击关闭按钮。

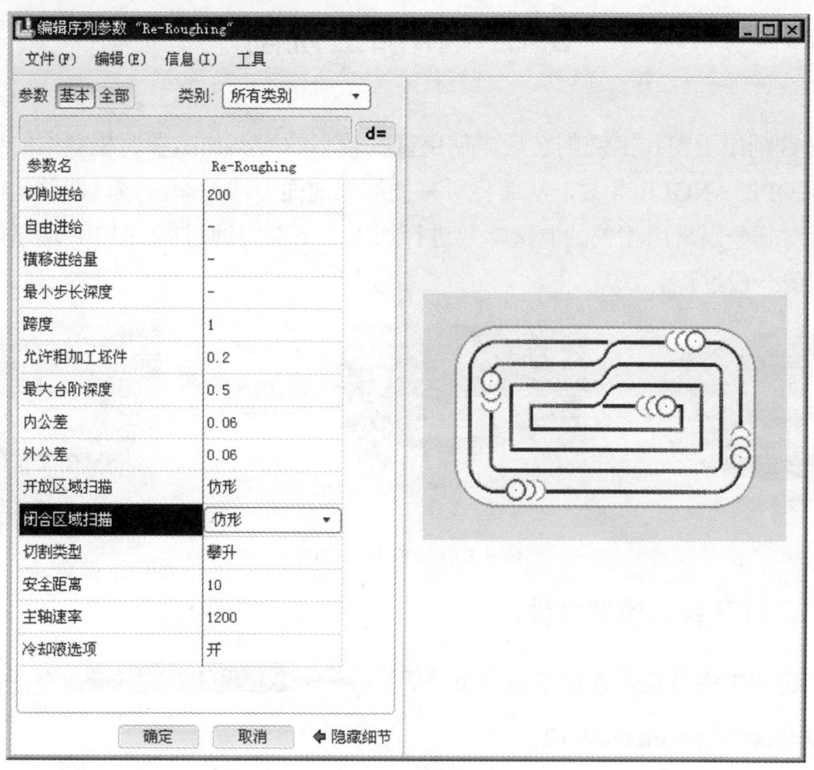

图 3.11.5　设置切削参数

Task4．加工仿真

Step1. 在▼ PLAY PATH (播放路径)菜单中选择NC Check (NC 检查)命令，系统弹出“VERICUT 6.2.2 by CGTech”窗口，单击按钮，运行结果如图 3.11.7 所示。

Step2. 演示完成后，单击软件右上角的×按钮，在弹出的“Save Changes Before Exiting VERICUT?”对话框中单击Save Checked Files按钮，关闭仿真软件。

Step3. 在▼ NC SEQUENCE (NC序列)菜单中选取Done Seq (完成序列)命令。

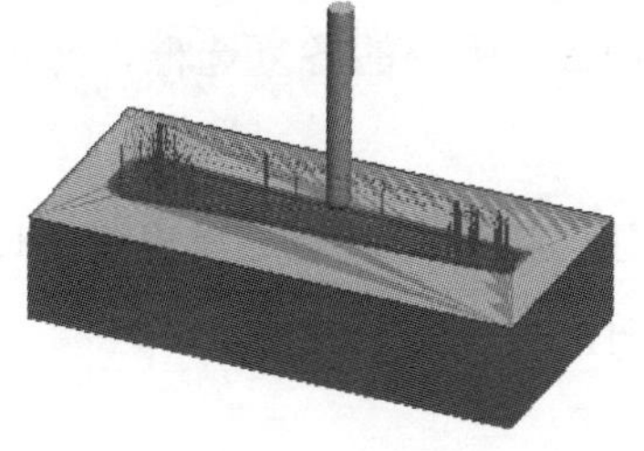

图 3.11.6　刀具的行走路线

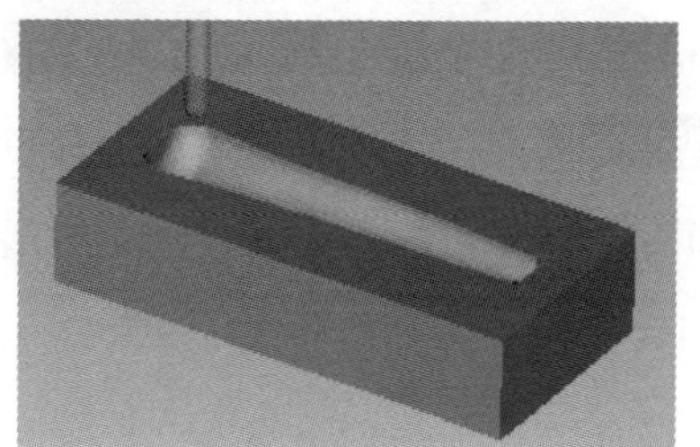

图 3.11.7　运行结果

Task5．保存文件

选择下拉菜单 文件 → 保存(S) 命令，保存文件。

3.12 精加工铣削

精加工铣削用于粗加工铣削之后，使用直径较小的刀具加工参照模型中的细节部分，通过设定 SLOPE_ANGLE 参数，从而将所有被加工曲面分成两个区域，即陡峭区域和平坦区域，然后对其分别采用相关的制造参数进行加工。下面将通过图 3.12.1 所示的零件介绍精加工铣削的一般过程。

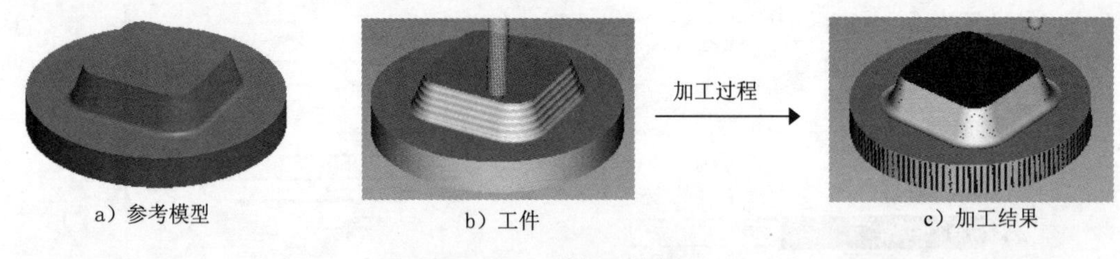

a）参考模型　b）工件　c）加工结果

图 3.12.1　精加工铣削

Task1．打开制造模型文件

Step1．设置工作目录。选择下拉菜单 文件(F) → 设置工作目录(W)... 命令，将工作目录设置至 D:\proewf5.9\work\ch03.12。

Step2．在工具栏中单击“打开”按钮，从弹出的“文件打开”对话框中，选取三维零件模型——finish_mill.asm 作为制造零件模型，并将其打开。此时工作区中显示图 3.12.2 所示的制造模型。

说明：此制造模型已经包含了一个体积块铣削加工步骤。

Task2．加工方法设置

Step1．选择下拉菜单 步骤(S) → 精加工(I) 命令，此时系统弹出 ▼ SEQ SETUP（序列设置）菜单。

Step2．弹出的 ▼ SEQ SETUP（序列设置）菜单中选择图 3.12.3 所示的各复选框，然后选择 Done（完成）命令，系统弹出的“刀具设定”对话框。

Step3．在弹出的“刀具设定”对话框中，单击“新建”按钮，然后设置图 3.12.4 所示的刀具参数，依次单击 应用 和 确定 按钮，完成刀具的设定。

图 3.12.2 制造模型

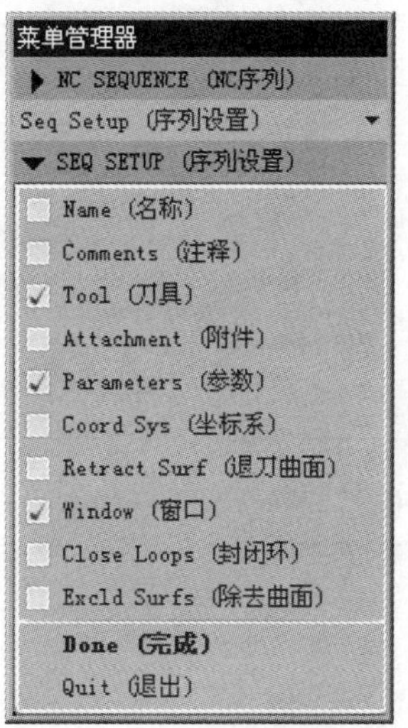

图 3.12.3 “序列设置”菜单

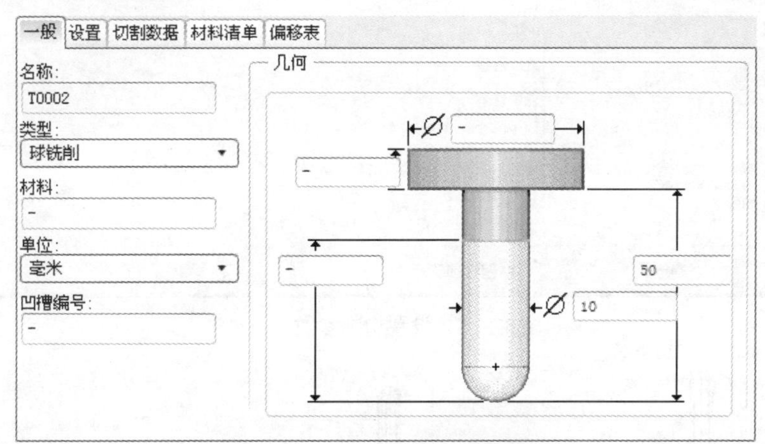

图 3.12.4 设定刀具一般参数

Step4. 在系统弹出的编辑序列参数“精加工”对话框中设置基本的加工参数，如图 3.12.5 所示，然后单击 确定 按钮，完成参数的设置。此时，系统弹出“定义窗口” 菜单和“选取”菜单。

Step5. 设置加工参考。在 ▼ DEFINE WIND (定义窗口) 菜中选择 Select Wind (选取窗口) 命令，在系统 ➩选取或创建铣削窗口 提示下，在模型树中选择 铣削窗口 1 [窗口] 选项，系统返回到 ▼ NC SEQUENCE (NC序列) 菜单。

图 3.12.5 所示的“参数”设置界面的部分选项说明如下：

- 加工选项 下拉列表：用于选择加工区域的切削类型组合，其余各项的加工效果分别如图 3.12.6、图 3.12.7、图 3.12.8 所示。

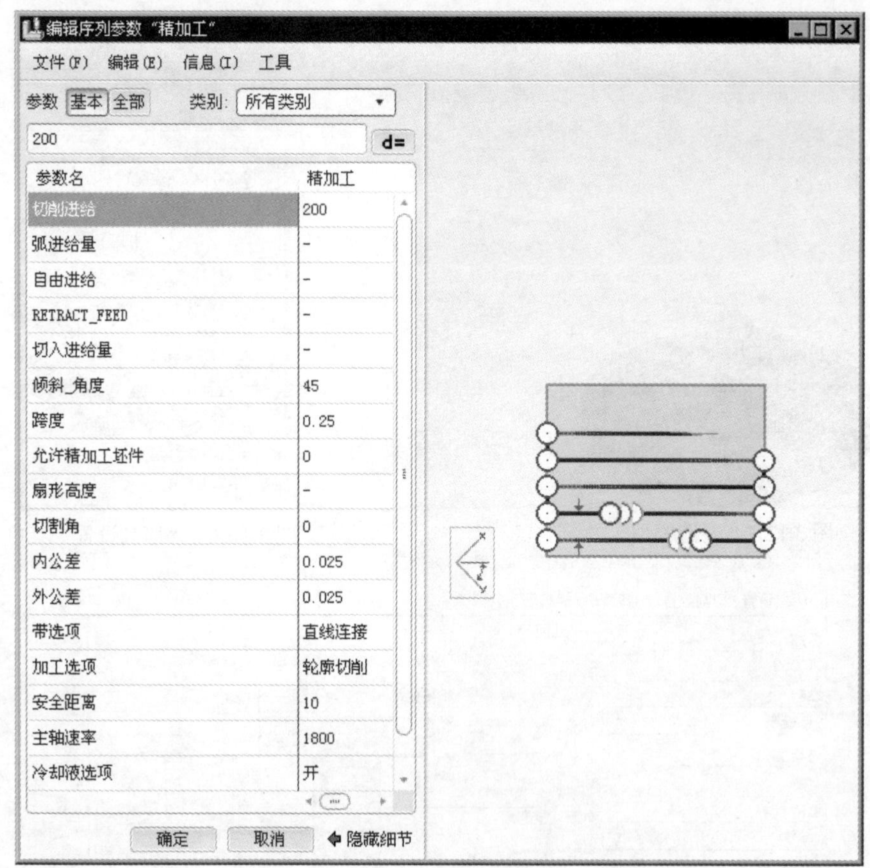

图 3.12.5 设置切削参数

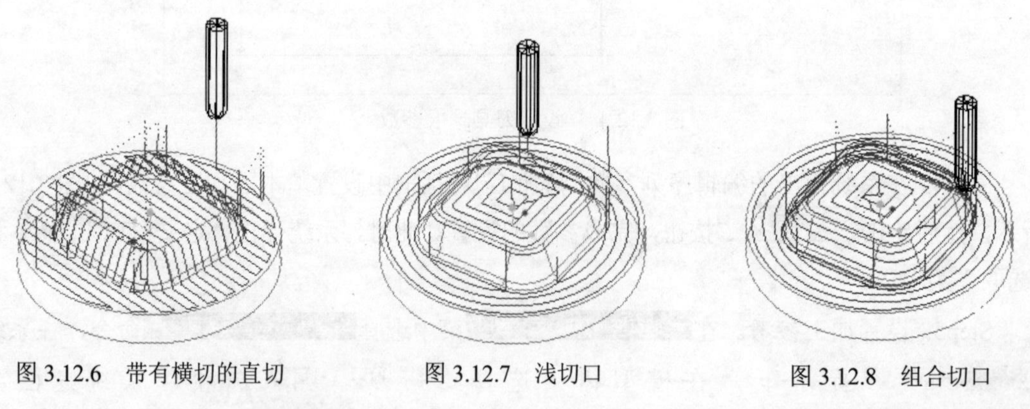

图 3.12.6 带有横切的直切　　图 3.12.7 浅切口　　图 3.12.8 组合切口

Task3. 演示刀具轨迹

Step1. 在弹出的▼ NC SEQUENCE (NC序列)菜单中选择 Play Path (播放路径) 命令，此时系统弹出▼ PLAY PATH (播放路径)菜单。

Step2. 在▼ PLAY PATH (播放路径)菜单中选择Screen Play (屏幕演示)命令，弹出 “播放路径”对话框。单击 ▶ 按钮，观测刀具的行走路线，如图 3.12.9 所示。

Step4. 演示完成后，单击 关闭 按钮。

Task4. 加工仿真

Step1. 在 ▼ PLAY PATH (播放路径) 菜单中选择 NC Check (NC 检查) 命令。观察刀具切割工件的运行情况，在弹出的“VERICUT 6.2.2 by CGTech”对话框中单击按钮，运行结果如图3.12.10 所示。

Step2. 演示完成后，单击软件右上角的按钮，在弹出的“Save Changes Before Exiting VERICUT?”对话框中单击 Save Checked Files 按钮，关闭仿真软件。

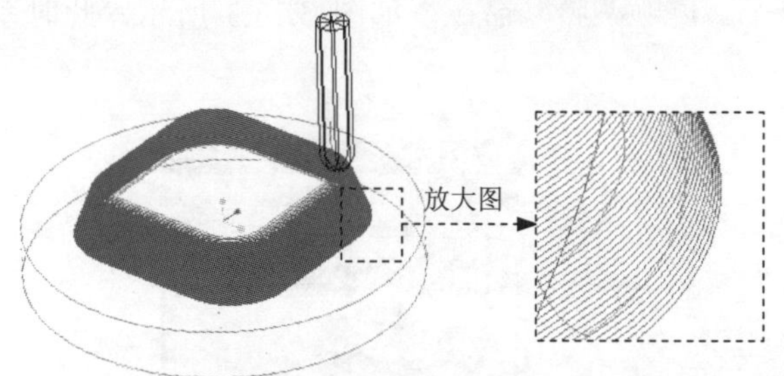

图 3.12.9 刀具的行走路线

图 3.12.10 运行结果

Step3. 在 ▼ NC SEQUENCE (NC序列) 菜单中选取 Done Seq (完成序列) 命令。

Task5. 保存文件

选择下拉菜单 文件(F) ➡ 保存(S) 命令，保存文件。

3.13 拐角精加工铣削

拐角精加工铣削用于使用直径较小的刀具加工参照模型中的细节部分，通过设定参考刀具参数，从而区分被加工的曲面范围，并通过设置陡峭角度参数以便区分陡峭区域和平坦区域，然后对其分别采用相关的制造参数进行加工。下面将通过图 3.13.1 所示的零件介绍拐角精加工铣削的一般过程。

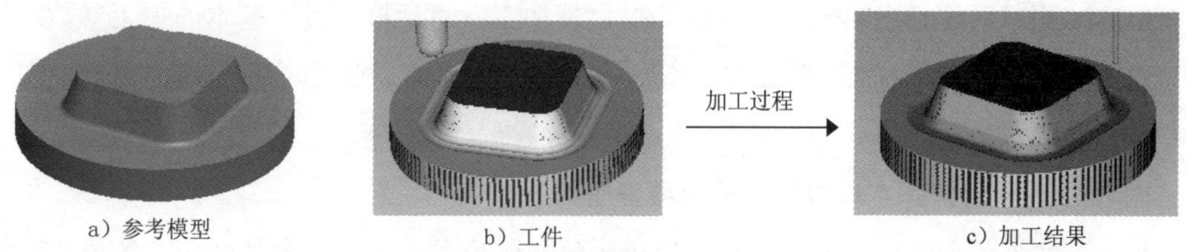

a）参考模型 b）工件 c）加工结果

图 3.13.1 拐角精加工铣削

Task1. 打开制造模型文件

Step1. 设置工作目录。选择下拉菜单 文件(F) ➡ 设置工作目录(W)... 命令，将工作目录设置至 D:\proewf5.9\work\ch03.13。

Step2. 在工具栏中单击“打开”按钮，从弹出的“文件打开”对话框中，选取三维零件模型——corner_finish.asm 作为制造零件模型，并将其打开。此时工作区中显示图 3.13.2 所示的制造模型。

说明：此制造模型已经包含了一个体积块铣削和一个精加工铣削加工步骤。

Task2. 加工方法设置

Step1. 选择下拉菜单 步骤(S) ➡ 拐角精加工(N) 命令，如图 3.13.3 所示，此时系统弹出“序列设置”菜单。

图 3.13.2　制造模型

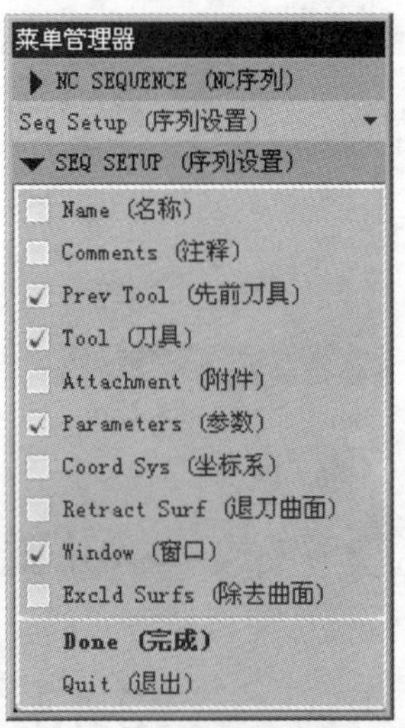

图 3.13.3　“序列设置”菜单

Step2. 在弹出的 SEQ SETUP (序列设置) 菜单中选择图 3.3.3 所示的各复选框，然后选择 Done (完成) 命令。

Step3. 在系统弹出“刀具设定”对话框，单击“新建”按钮，然后设置图 3.13.4 所示的刀具参数，依次单击 应用 和 确定 按钮。

Step4. 此时系统弹出编辑序列参数“拐角精加工”对话框，设置基本的加工参数，如图 3.13.5 所示，然后单击 确定 按钮，完成参数的设置。此时，系统弹出“定义窗口”菜单和“选取”菜单。

图 3.13.5 所示的基本参数的部分选项说明如下：

- 倾斜_角度 文本框：用于设置陡峭区域的起始角度，大于该角度的加工区域为陡切口，否则为浅切口。
- 加工选项 下拉列表：用于选择加工区域的切削类型组合，包括 浅切口、组合切口、陡切口 等选项。

- 陡区域扫描 下拉列表：用于设置陡峭区域的切削类型，包括 笔式切削 、 多个切削 、 螺旋切削 、 Z 级切削 等选项。其中 笔式切削 用于生成单刀的铅笔式切削刀具路径； 多个切削 用于在陡峭区域生成平行的多条切削路径； 螺旋切削 用于生成螺旋线式的逐渐下降的切削刀具路径； Z 级切削 用于在陡峭拐角的内部生成 Z 级切削的切口。

一般
设置
切割数据
材料清单
偏移表
名称:
T0003
类型:
球铣削
材料:
单位:
毫米
凹槽编号:
几何
50
3

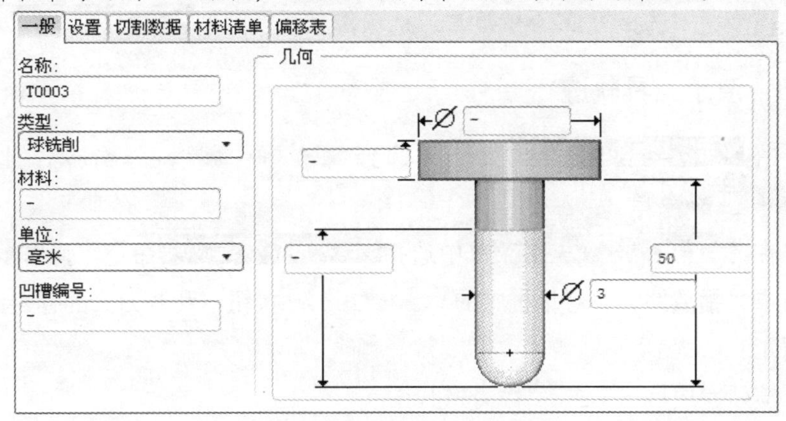

图 3.13.4　设定刀具一般参数

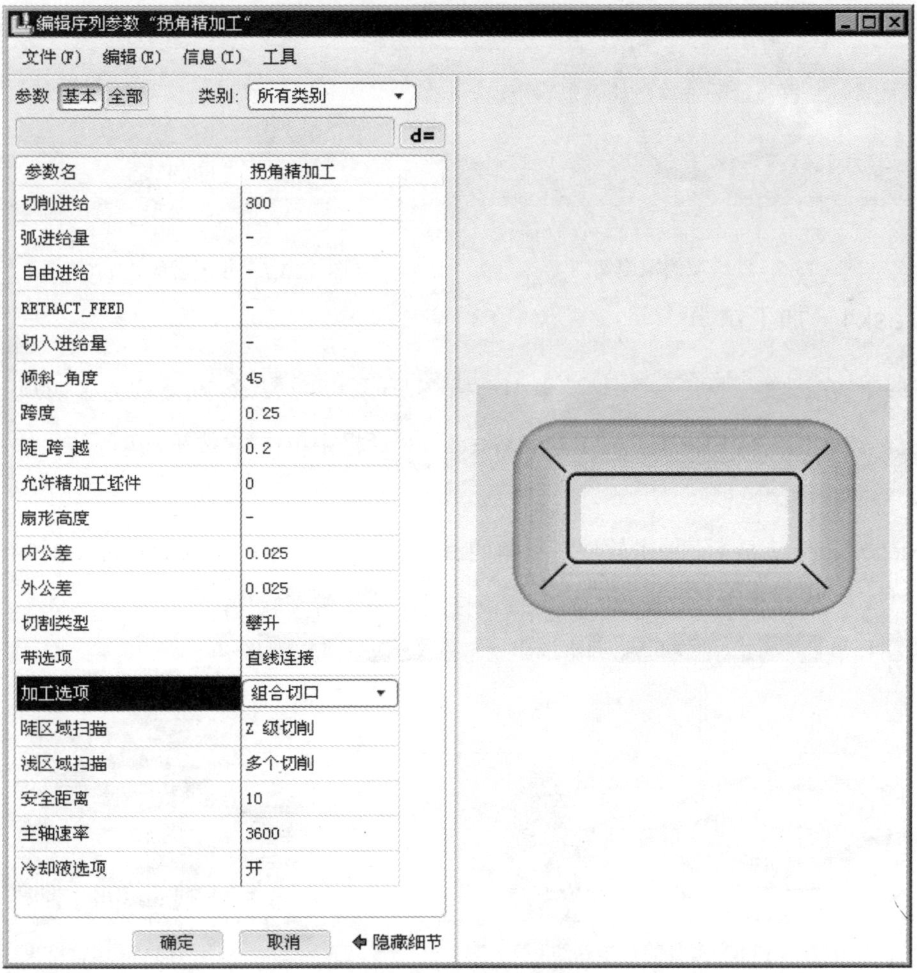

编辑序列参数 "拐角精加工"
文件(F)　编辑(E)　信息(I)　工具
参数　基本　全部　类别:　所有类别
参数名　拐角精加工
切削进给　300
弧进给量　-
自由进给　-
RETRACT_FEED　-
切入进给量　-
倾斜_角度　45
跨度　0.25
陡_跨_越　0.2
允许精加工坯件　0
扇形高度　-
内公差　0.025
外公差　0.025
切割类型　攀升
带选项　直线连接
加工选项　组合切口
陡区域扫描　Z 级切削
浅区域扫描　多个切削
安全距离　10
主轴速率　3600
冷却液选项　开
确定　取消　隐藏细节

图 3.13.5　设置切削参数

- 浅区域扫描 下拉列表：用于设置平坦区域的切削类型，包括 笔式切削 、多个切削 、螺旋切削 、STITCH_CUTS 等选项。其中 螺旋切削 、STITCH_CUTS 的加工效果分别如图 3.13.6 和 3.13.7 所示。

Step5. 在▼ DEFINE WIND（定义窗口）菜单中选择 Select Wind（选取窗口）命令，在系统◆选取或创建铣削窗口提示下，在模型树中选择 铣削窗口 1 [窗口] 选项，系统返回到▼ NC SEQUENCE（NC序列）菜单。

Task3．演示刀具轨迹

Step1. 在▼ NC SEQUENCE（NC序列）菜单中选择 Play Path（播放路径）命令，此时系统弹出▼ PLAY PATH（播放路径）菜单。

Step2. 在▼ PLAY PATH（播放路径）菜单中选择 Screen Play（屏幕演示）命令，弹出“播放路径”对话框。单击“播放路径”对话框中的 ▶ 按钮，观测刀具的行走路线，结果如图 3.13.8 所示。

Step3. 演示完成后，单击 关闭 按钮。

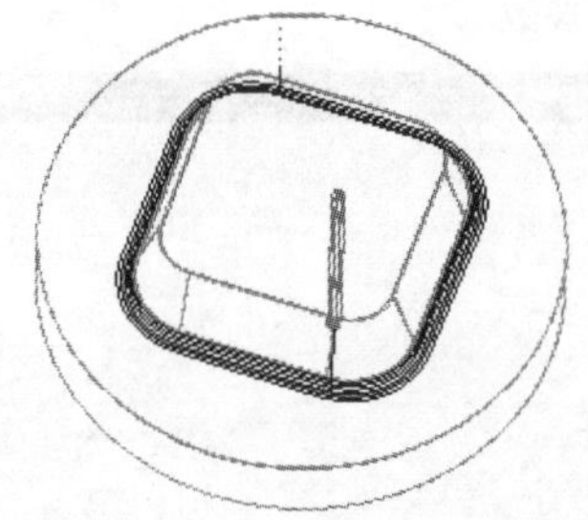

图 3.13.6　浅区域的螺旋切削

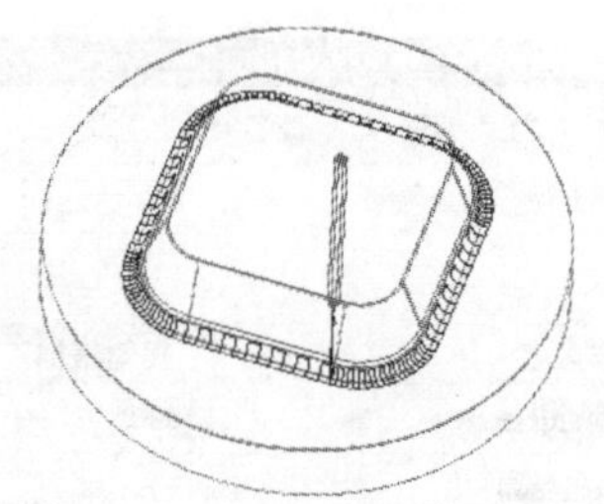

图 3.13.7　浅区域的 STITCH_CUTS

Task4．加工仿真

Step1. 在▼ PLAY PATH（播放路径）菜单中选择 NC Check（NC 检查）命令。观察刀具切割工件的运行情况，在弹出的“VERICUT 6.2.2 by CGTech”对话框中单击按钮，运行结果如图 3.13.9 所示。

Step2. 演示完成后，单击软件右上角的 ✕ 按钮，在弹出的“Save Changes Before Exiting VERICUT?”对话框中单击 Save Checked Files 按钮，关闭仿真软件。

Step3. 在▼ NC SEQUENCE（NC序列）菜单中选取 Done Seq（完成序列）命令。

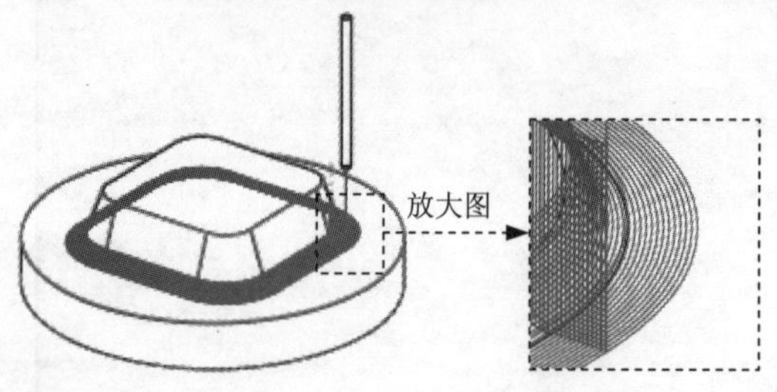

图 3.13.8　刀具的行走路线

图 3.13.9　运行结果

Task5．保存文件

选择下拉菜单 文件(F) → 保存(S) 命令，保存文件。

第 4 章　孔　加　工

本章提要　本章将通过一个典型范例来介绍车削加工的方法，其中包括区域车削、轮廓车削、凹槽车削和螺纹车削。在学过本章之后，希望读者能够熟练掌握本章介绍的车削加工方法。

4.1　孔　系　加　工

孔加工用于各类孔系零件的加工，主要包括钻孔、镗孔、铰孔和攻螺纹等。在进行加工时，对不同的孔所制定的加工工艺不同，所用的刀具也将有所不同，故在加工时一定要选用合适的刀具。

4.1.1　单一孔系加工

下面将通过图 4.1.1 所示的零件介绍单一孔系加工的一般过程。

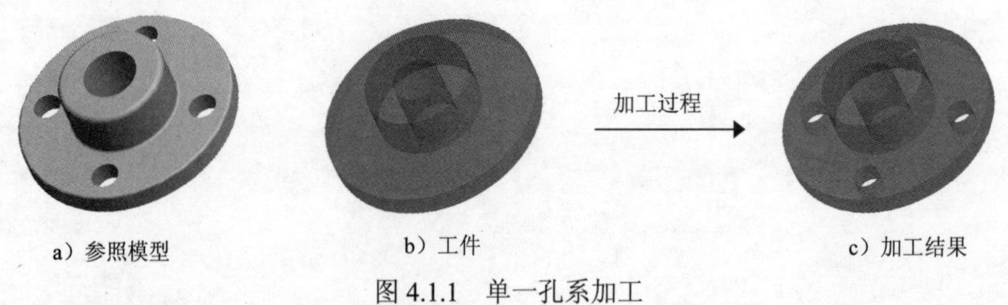

a）参照模型　　b）工件　　c）加工结果

图 4.1.1　单一孔系加工

Task1．新建一个数控制造模型文件

Step1．设置工作目录。选择下拉菜单 文件(F) → 设置工作目录(W)... 命令，将工作目录设置至 D:\proewf5.9\work\ch04.01.01。

Step2．在工具栏中单击“新建”按钮。

Step3．在“新建”对话框中，选中 类型 选项组中的 制造 选项，选中 子类型 选项组中的 NC组件 选项，在 名称 文本框中输入文件名 HOLE_MILLING，取消 使用缺省模板 复选框中的“√”号，单击该对话框中的 确定 按钮。

Step4．在系统弹出的“新文件选项”对话框中的模板选项组中选取 mmns_mfg_nc 模板，然后在该对话框中单击确定按钮。

Task2．建立制造模型

Stage1．引入参照模型

Step1. 选择下拉菜单插入(I) → 参照模型(R) → 装配(A)... 命令，系统弹出“打开”对话框。

Step2. 从弹出的文件“打开”对话框中，选取三维零件模型——HOLE_MILLING.PRT 作为参照零件模型，并将其打开。

Step3. 在“放置”操控板中选择缺省命令，然后单击✔按钮，此时系统弹出“创建参照模型”对话框，单击此对话框中的确定按钮，完成参照模型的放置，放置后如图 4.1.2 所示。

Stage2．引入工件模型

Step1. 选择下拉菜单插入(I) → 工件(W) → 装配(A)... 命令，系统弹出“打开”对话框。

Step2. 从“打开”对话框中，选取三维零件模型——HOLE_MILLING_WORKPIECE.PRT 作为参照工件模型，并将其打开。

Step3. 在“放置”操控板中选择缺省命令，然后单击✔按钮，此时系统弹出“创建毛坯工件”对话框，单击此对话框中的确定按钮，完成毛坯工件的放置，放置后如图 4.1.3 所示。

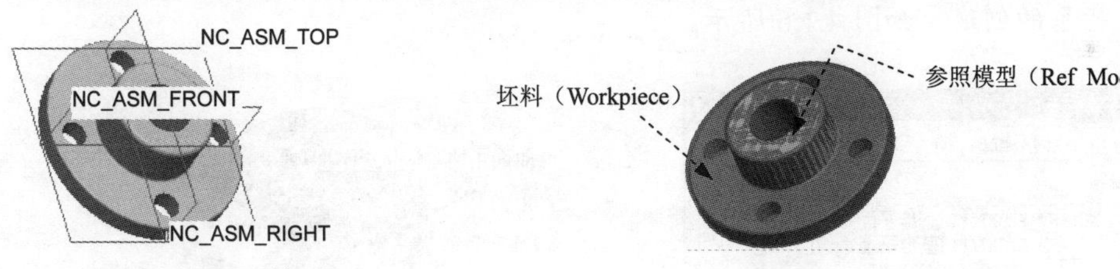

图 4.1.2　放置后的参照模型　　图 4.1.3　制造模型

Task3．制造设置

Step1. 选择下拉菜单步骤(S) → 操作(O) 命令，此时系统弹出“操作设置”对话框。

Step2. 机床设置。单击“操作设置”对话框中的按钮，弹出“机床设置”对话框，在机床类型(T)下拉列表中选择铣削，在轴数(X)下拉列表中选择3轴。

Step3. 刀具设置。在“机床设置”对话框中选中切削刀具(C)选项卡，然后在切削刀具设置选项组中单击按钮。

Step4. 在弹出的“刀具设定”对话框中设置刀具参数，完成设置后如图 4.1.4 所示，设置完毕后单击应用按钮并单击确定按钮，在“机床设置”对话框中单击确定按钮，返回到“操作设置”对话框。

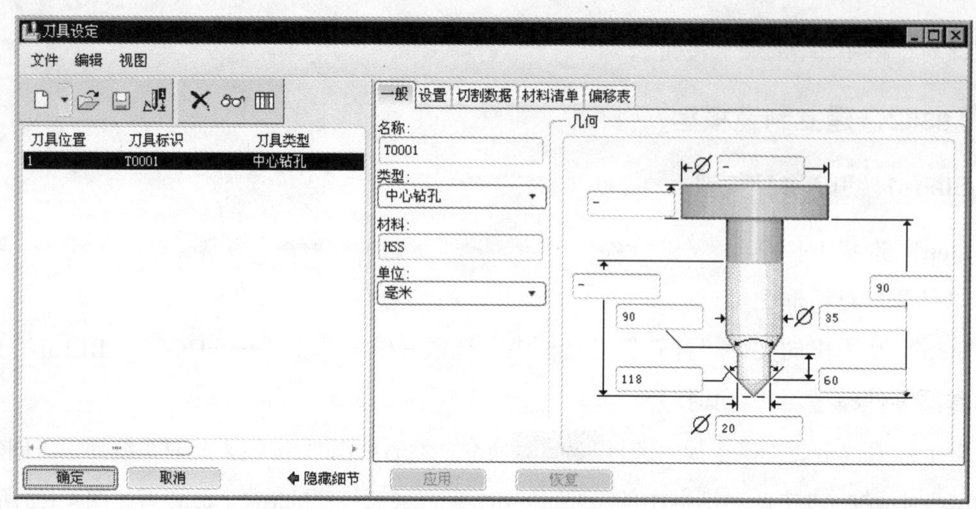

图 4.1.4　“刀具设定”对话框

Step5. 机床坐标系设置。在“操作设置”对话框中的参照选项组中选择按钮，在弹出的▼MACH CSYS（制造坐标系）菜单中选择Select（选取）命令。

Step6. 选择下拉菜单插入(I) → 模型基准(D) → 坐标系(C)...命令，系统弹出图 4.1.5 所示的“坐标系”对话框。依次选择 NC_ASM_FRONT、NC_ASM_RIGHT 基准面和图 4.1.6 所示的模型表面作为创建坐标系的三个参照平面，单击确定按钮完成坐标系的创建。单击按钮可以察看选取的坐标系。

注意：单击参照选项组中的按钮可以查看选取的坐标系。为确保 Z 轴的方向向上，可在“坐标系”对话框中选择方向选项卡，改变 X 轴或者 Y 轴的方向，最后单击确定按钮完成坐标系的创建，如图 4.1.6 所示。

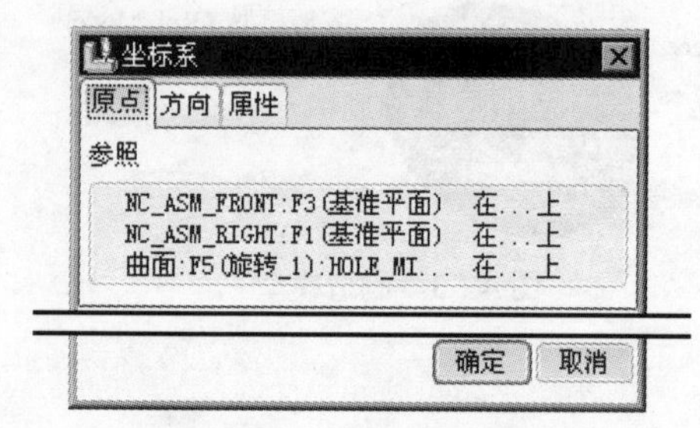

图 4.1.5　“坐标系”对话框

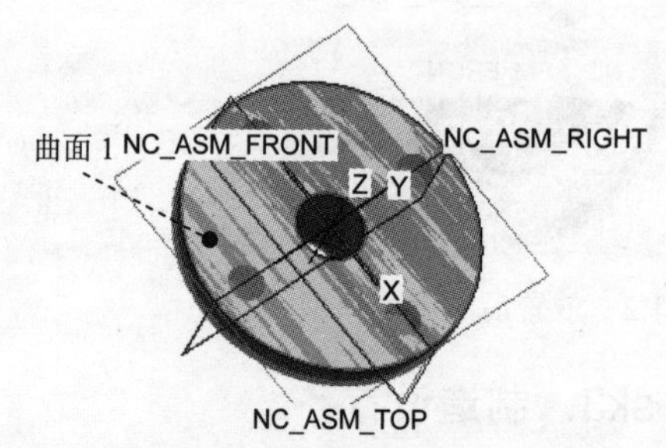

图 4.1.6　坐标系的建立

Step7. 退刀面的设置。在“操作设置”对话框中的退刀选项卡中选择按钮，系统弹出“退刀设置”对话框，然后在类型下拉列表中选取平面选项，选取坐标系 ACSO 为参照，在“值”文本框中输入 10.0。最后单击确定按钮，完成退刀平面的创建。

Step8. 在“操作设置”对话框中的退刀选项组中的公差文本框中输入加工的公差值 0.01，然后单击确定按钮，完成制造设置。

Task4. 加工方法设置

Step1. 选择下拉菜单步骤(S) → 钻孔(D)命令，如图 4.1.7 所示。

Step2. 在 钻孔(D) 列表中，选择 标准(S) 命令，如图 4.1.8 所示。在弹出的 ▼ SEQ SETUP (序列设置) 菜单中选择图 4.1.9 所示的复选框，然后选择 Done (完成) 命令。在系统弹出的“刀具设定”对话框中单击 确定 按钮。此时系统弹出编辑序列参数“孔加工”对话框。

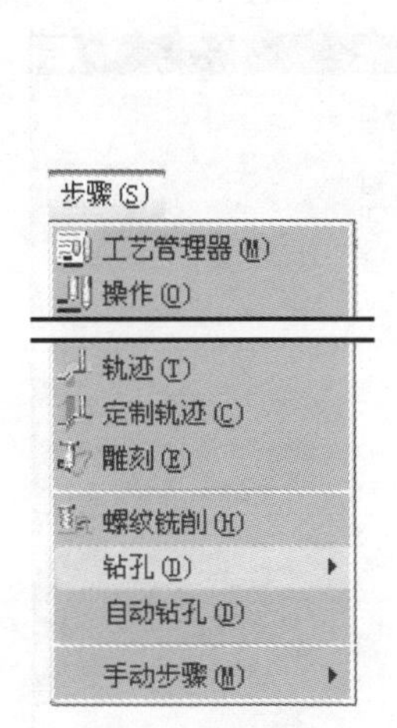

图 4.1.7　“步骤”菜单

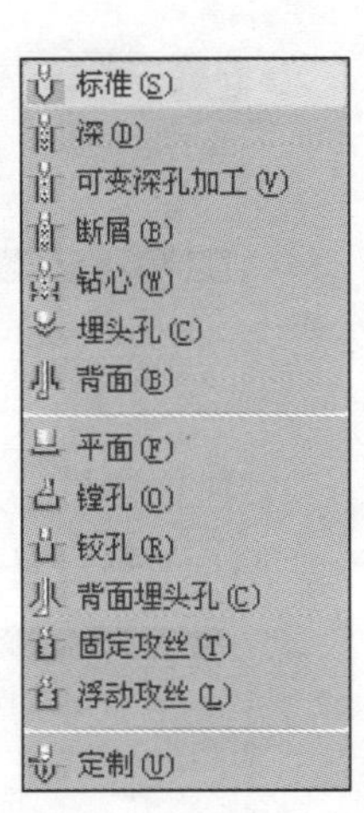

图 4.1.8　“钻孔”列表

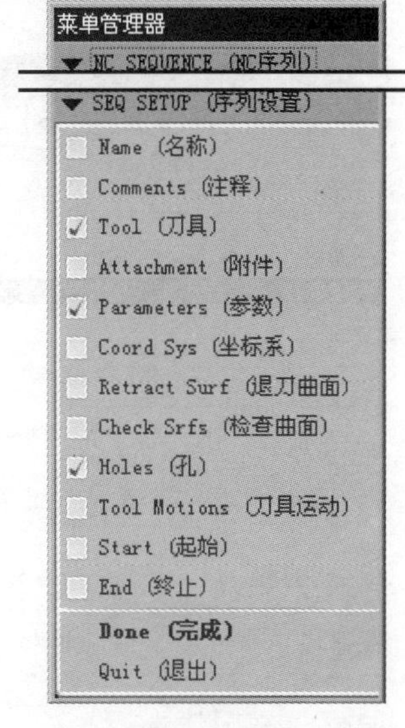

图 4.1.9　“序列设置”菜单

Step3. 在编辑序列参数“孔加工”对话框中设置基本的加工参数，如图 4.1.10 所示，选择下拉菜单 文件(F) 菜单中的另存为命令。接受系统默认的名称，单击“保存副本”对话框中的 确定 按钮，然后再次单击编辑序列参数“孔加工”对话框中的 确定 按钮，完成参数的设置。此时，系统弹出图 4.1.11 所示的“孔集”对话框（一）。

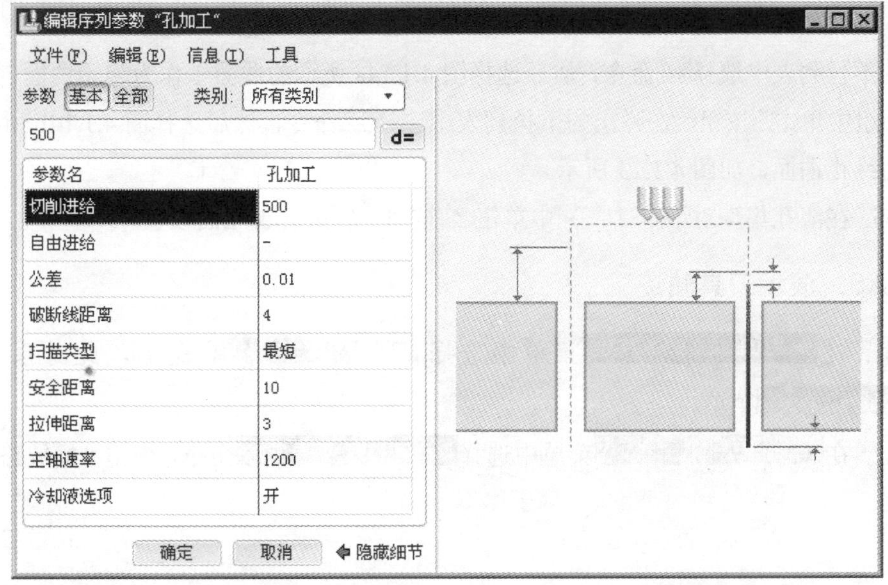

图 4.1.10　编辑序列参数“孔加工”对话框

Step4. 在系统弹出的“孔集”对话框（一）中，单击 细节... 按钮。系统弹出图 4.1.12 所示的“孔集子集”对话框，在“子集”列表中选择“基于规则的轴”，然后选择 直径 选项，在“可用的”列表中选择 20.0mm，然后单击 >> 按钮，将其加入到“选定的”列表中，然后单击 ✓ 按钮，系统返回到“孔集”对话框（二），如图 4.1.13 所示。

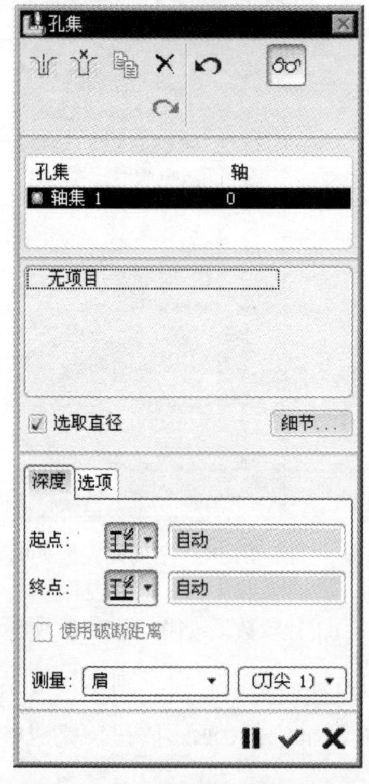

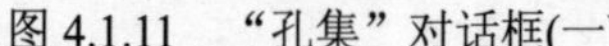
图 4.1.11 “孔集”对话框(一)

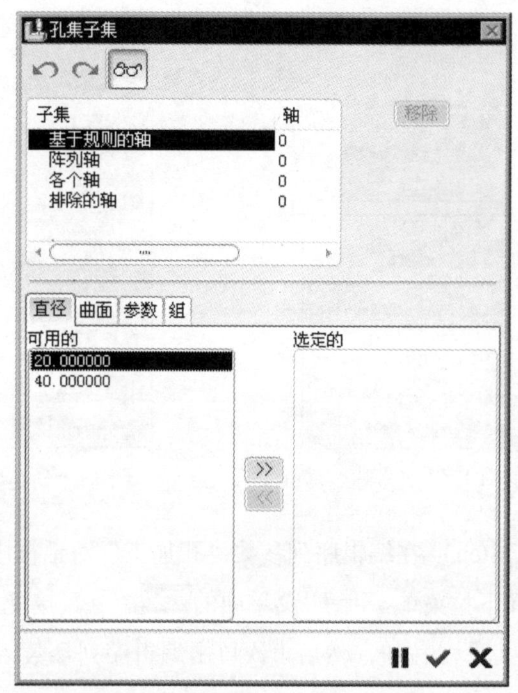

图 4.1.12 “孔集子集”对话框

Step5. 在“孔集”对话框（二）中选择 深度 选项。在“起点”选项组中单击 ▾ 按钮，在弹出的下拉列表中选择 命令，然后选择图 4.1.14a 所示的曲面 1 作为起始曲面，在“终点”选项组中单击 ▾ 按钮，在弹出的下拉列表中选择 命令，然后选择图 4.1.14b 所示的曲面 2 作为终止曲面，如图 4.1.13 所示。

Step6. 在“孔集”对话框（二）中单击 ✓ 按钮，完成孔加工的设置。

Task5. 演示刀具轨迹

Step1. 在 ▼ NC SEQUENCE (NC序列) 菜单中选择 Play Path (播放路径) 命令，此时系统弹出 ▼ PLAY PATH (播放路径) 菜单。

Step2. 在 ▼ PLAY PATH (播放路径) 菜单中选择 Screen Play (屏幕演示) 命令，弹出“播放路径”对话框。

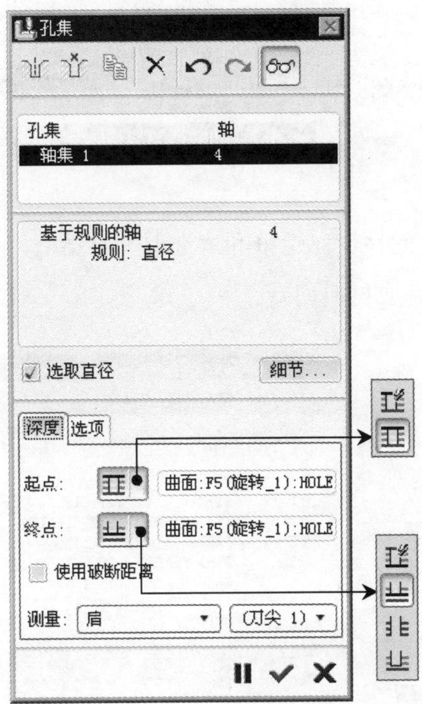

图 4.1.13 “孔集”对话框（二）

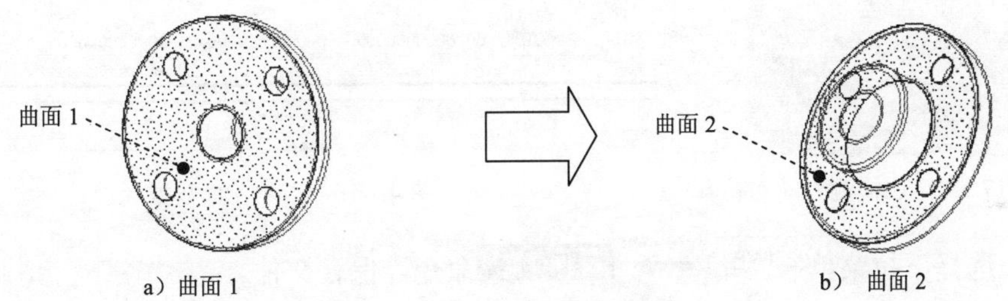

图 4.1.14 选取的曲面

Step3. 单击“播放路径”对话框中的▶按钮，观测刀具的行走路线，如图 4.1.15 所示。单击▶ CL数据栏可以打开窗口查看生成的 CL 数据，如图 4.1.16 所示。

Step4. 演示完成后，单击“播放路径”对话框中的关闭按钮。

Task6．加工仿真

Step1. 在▼ PLAY PATH (播放路径)菜单中选择NC Check (NC 检查)命令，进入刀具模拟环境。在弹出的“NC 检查结果”对话框中单击按钮，观察刀具切割工件的情况，运行结果如图 4.1.17 所示。

Step2. 演示完成后，单击软件右上角的按钮，在弹出的“Save Changes Before Exiting VERICUT?”对话框中单击Save Checked Files按钮。

Step3. 在▼ NC SEQUENCE (NC序列)菜单中选择Done Seq (完成序列)命令。

Task7. 切减材料

Step1. 选择下拉菜单 插入(I) → 材料去除切削(V) → ▼ NC序列列表 → 1: 孔加工, 操作: OP010 → ▼ MAT REMOVAL（材料删除） → Automatic（自动） → Done（完成）命令。

Step2. 系统弹出“相交元件”对话框和“选取”对话框，单击 自动添加 按钮和 ≡ 按钮，然后单击 确定 按钮，完成材料切减。

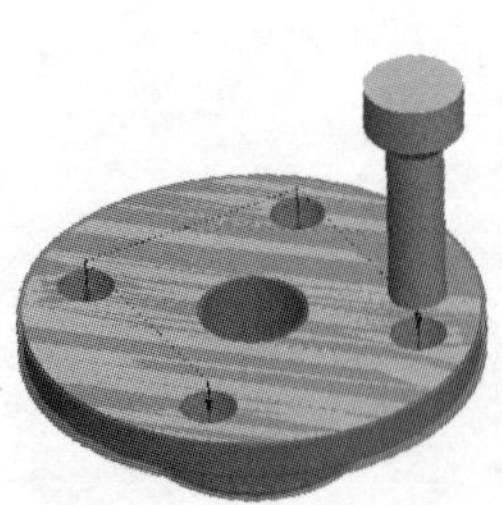

图 4.1.15　刀具行走路线

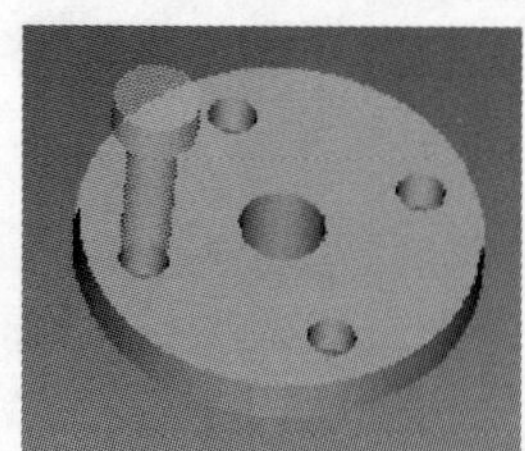

图 4.1.17　“NC 检测”动态仿真

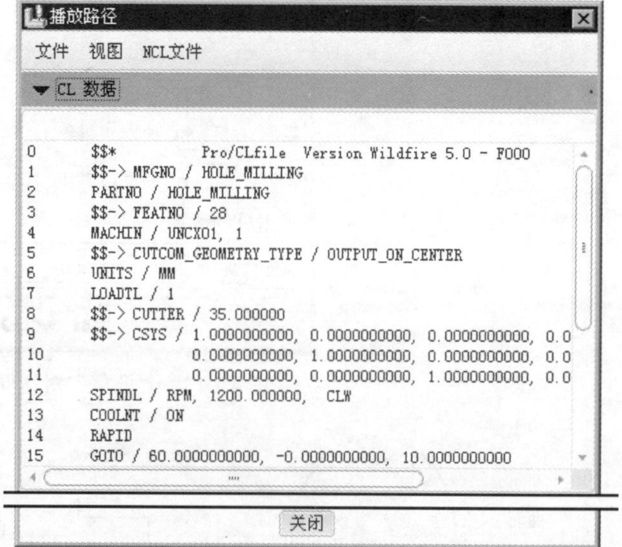

图 4.1.16　查看 CL 数据

Step3. 选择下拉菜单 文件(F) → 保存(S) 命令，保存文件。

4.1.2　多种孔系加工

下面将通过图 4.1.18 所示的零件介绍多种孔系加工的一般过程。

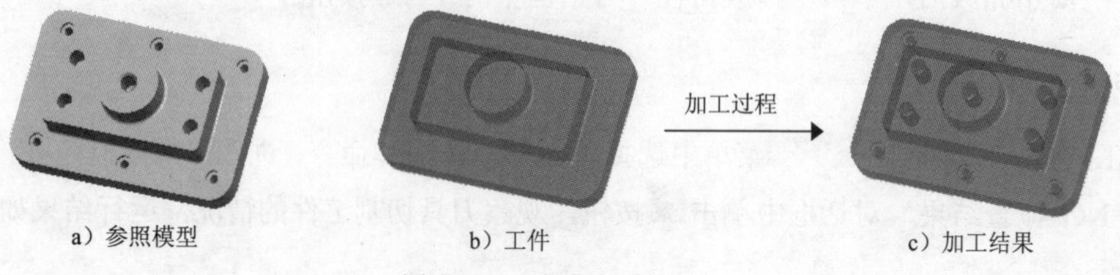

图 4.1.18　多种孔系加工

Task1. 新建一个数控制造模型文件

Step1. 设置工作目录。选择下拉菜单 文件(F) → 设置工作目录(W)... 命令，将工作目录设置至 D:\proewf5.9\work\ch04.01.02。

Step2. 在工具栏中单击“新建”按钮 。

Step3. 在“新建”对话框中，选中 类型 选项组中的 制造 选项，选中 子类型 选项组中的 NC组件 选项，在 名称 文本框中输入文件名 hole_milling，取消 使用缺省模板 复选框中的“√”号，单击该对话框中的 确定 按钮。

Step4. 在系统弹出的“新文件选项”对话框中的模板选项组中选取 mmns_mfg_nc 模板，然后在该对话框中单击 确定 按钮。

Task2. 建立制造模型

Stage1. 引入参照模型

Step1. 选择下拉菜单 插入(I) → 参照模型(R) → 装配(A)... 命令，系统弹出“打开”对话框。

Step2. 从弹出的文件“打开”对话框中，选取三维零件模型——hole_milling.prt 作为参照零件模型，并将其打开。

Step3. 在“放置”操控板中选择 缺省 命令，然后单击 ✓ 按钮，此时系统弹出“创建参照模型”对话框，单击对话框中的 确定 按钮，完成参照模型的放置，放置后如图 4.1.19 所示。

Stage2. 引入工件模型

Step1. 选择下拉菜单 插入(I) → 工件(W) → 装配(A)... 命令，系统弹出“打开”对话框。

Step2. 从文件“打开”对话框中，选取三维零件模型——hole_milling_workpiece.prt 作为参照工件模型，并将其打开。

Step3. 在“放置”操控板中选择 缺省 命令，然后单击 ✓ 按钮，此时系统弹出“创建毛坯工件”对话框，单击对话框中的 确定 按钮，完成毛坯工件的放置，放置后如图 4.1.20 所示。

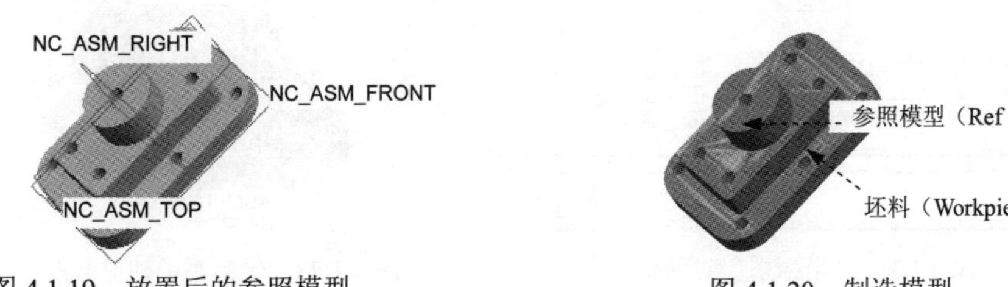

图 4.1.19　放置后的参照模型　　图 4.1.20　制造模型

Task3. 制造设置

Step1. 选择下拉菜单 步骤(S) → 操作(O) 命令，此时系统弹出“操作设置”对话框。

Step2. 机床设置。单击“操作设置”对话框中的 按钮，弹出“机床设置”对话框，在 机床类型(T) 下拉列表中选择 铣削，在 轴数(X) 下拉列表中选择 3轴。

Step3. 刀具设置。在“机床设置”对话框中选中切削刀具(C)选项卡，然后在切削刀具设置选项组中单击按钮。

Step4. 在弹出的“刀具设定”对话框中设置刀具参数，完成设置后如图 4.1.21 所示，设置完毕后单击应用按钮并单击确定按钮，在“机床设置”对话框中单击确定按钮，返回到“操作设置”对话框。

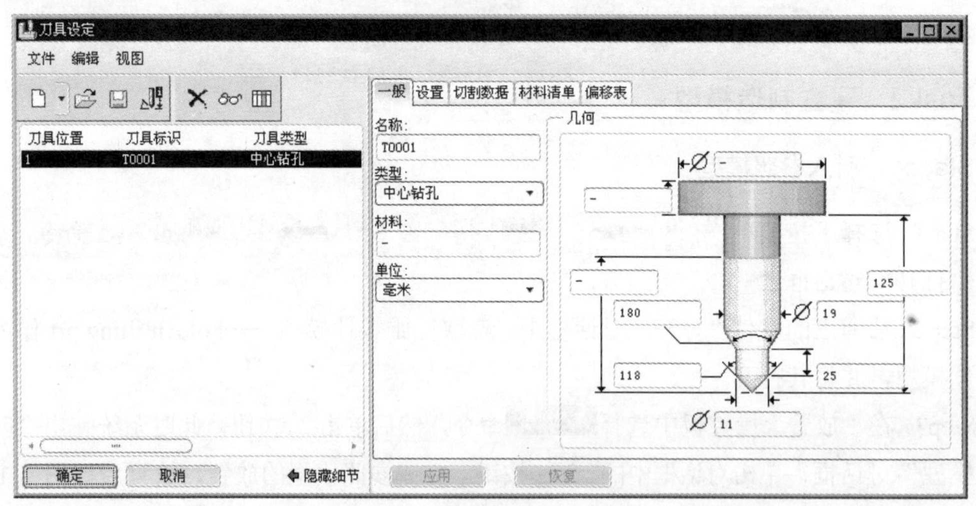

图 4.1.21 “刀具设定”对话框

Step5. 机床坐标系设置。在“操作设置”对话框中的参照选项组中选择按钮，在弹出的MACH CSYS (制造坐标系)菜单中选择Select (选取)命令。

Step6. 选择下拉菜单插入(I) → 模型基准(D) → 坐标系(C)...命令，系统弹出图 4.1.22 所示的“坐标系”对话框。依次选择 NC_ASM_RIGHT、NC_ASM_TOP 基准平面和图 4.1.23 所示的模型表面作为创建坐标系的三个参照平面，单击确定按钮完成坐标系的创建。

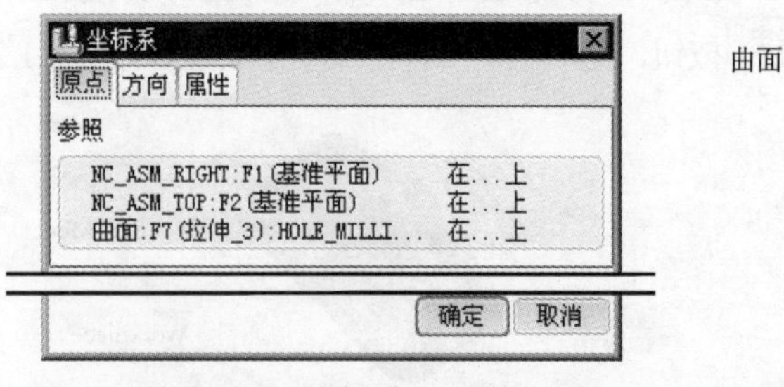

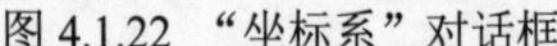

图 4.1.22 “坐标系”对话框

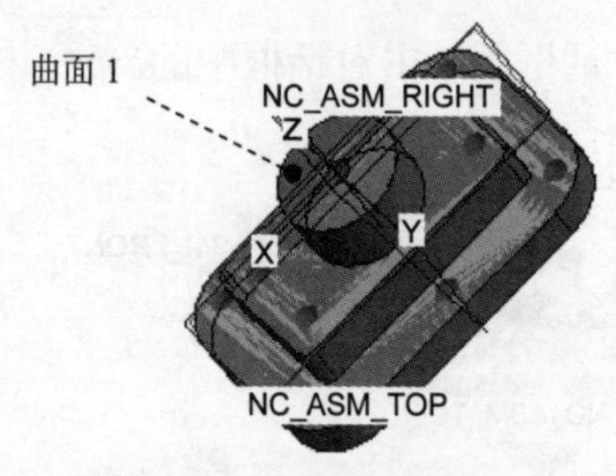

图 4.1.23 坐标系的建立

Step7. 退刀面的设置。在“操作设置”对话框中的退刀选项卡中选择按钮，系统弹出“退刀设置”对话框，然后在类型下拉列表中选取平面选项，选取坐标系 ACSO 为参照，在“值”文本框中输入 10.0。最后单击确定按钮，完成退刀平面的创建。

Step8. 在“操作设置”对话框中的退刀选项组中的公差文本框中输入加工的公差 0.01，

然后单击 确定 按钮，完成制造设置。

Task4．钻孔

Stage1．加工方法设置

Step1．选择下拉菜单 步骤(S) ➡ 钻孔(D) 命令，如图 4.1.24 所示。

Step2．在 钻孔(D) 列表中，选择 标准(S) 命令，如图 4.1.25 所示。在弹出的 ▼ SEQ SETUP (序列设置) 菜单中选择图 4.1.26 所示的复选框，然后选择 Done (完成) 命令。在系统弹出的“刀具设定”对话框中单击 确定 按钮。此时系统弹出编辑序列参数“孔加工”对话框。

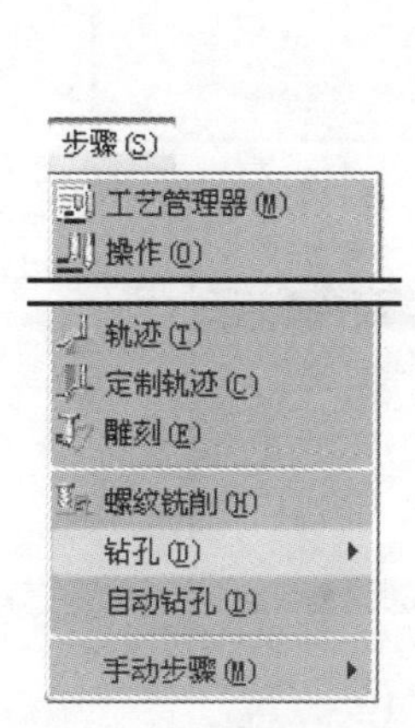

图 4.1.24 “步骤”菜单

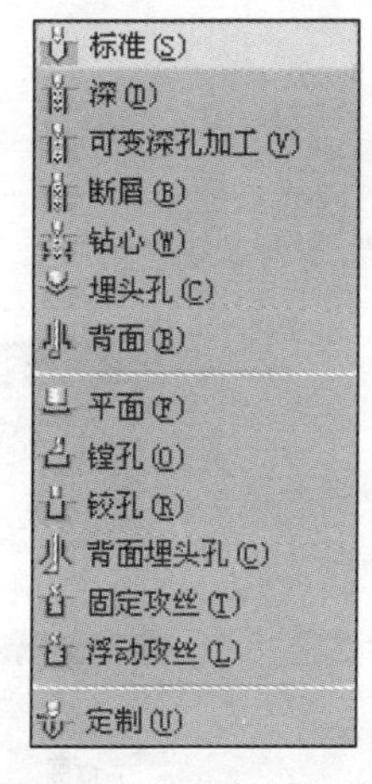

图 4.1.25 “钻孔”列表

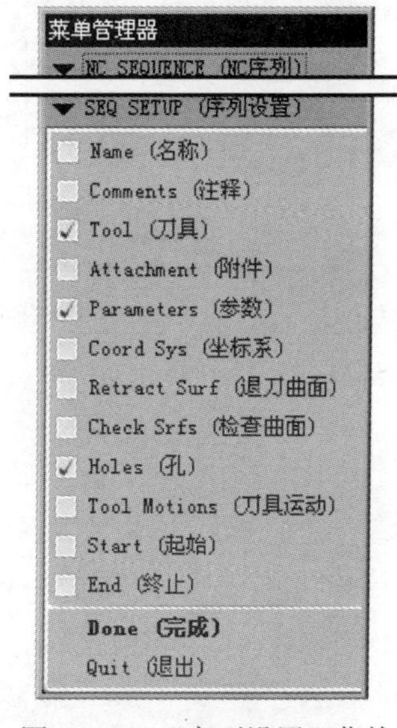

图 4.1.26 “序列设置”菜单

Step3．在编辑序列参数“孔加工”对话框中设置基本的加工参数，如图 4.1.27 所示，选择下拉菜单 文件(F) 菜单中的 另存为 命令。接受系统默认的名称，单击“保存副本”对话框中的 确定 按钮，然后再次单击编辑序列参数“孔加工”对话框中的 确定 按钮，完成参数的设置。此时，系统弹出图 4.1.28 所示的“孔集”对话框（一）。

Step4．在系统弹出的“孔集”对话框（一）中，单击 细节... 按钮。系统弹出 “孔集子集”对话框，在“子集”列表中选择“各个轴”， 然后按住 Ctrl 键在图形区选取图 4.1.29 所示的六条轴，然后单击 ✔ 按钮（图 4.1.30）。系统返回到“孔集”对话框（二），如图 4.1.31 所示。

Step5．在“孔集”对话框（二）中选择 深度 选项。在“起点”选项组中单击 ▾ 按钮，在弹出的下拉列表中选择 ⌶ 命令，然后选择图 4.1.32a 所示的曲面 1 作为起始曲面，在“终点”选项组中单击 ▾ 按钮，在弹出的下拉列表中选择 ⊥ 命令，然后选择图 4.1.32b 所示的曲面 2 作为终止曲面，如图 4.1.31 所示。

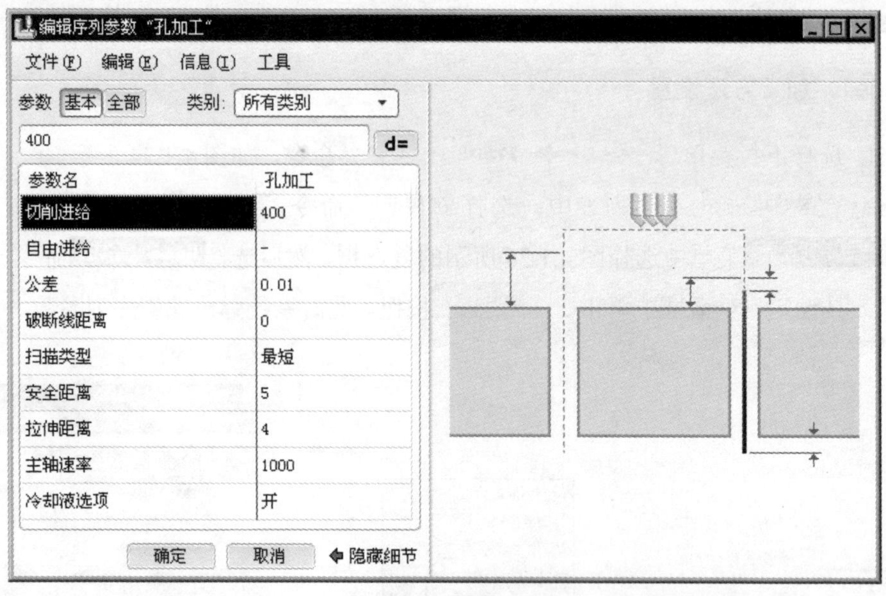

图 4.1.27　编辑序列参数"孔加工"对话框

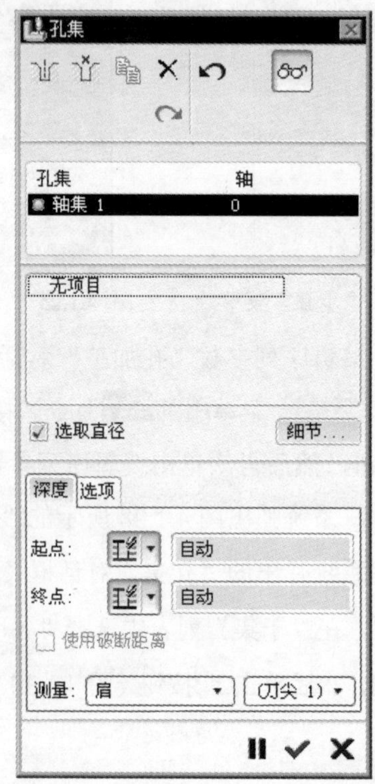

图 4.1.29　选取六条轴　　　图 4.1.28　"孔集"对话框(一)

注意：

（1）在选取图 4.1.32 所示的曲面之前，右击模型树中 HOLE_MILLING_WORKPIECE.PRT，在弹出的快捷菜单中选择隐藏命令，将工件隐藏。

（2）曲面选取完成后，右击模型树中HOLE_MILLING_WORKPIECE.PRT，在弹出的快捷菜单中选择取消隐藏命令，取消工件隐藏，否则不能观察仿真加工。

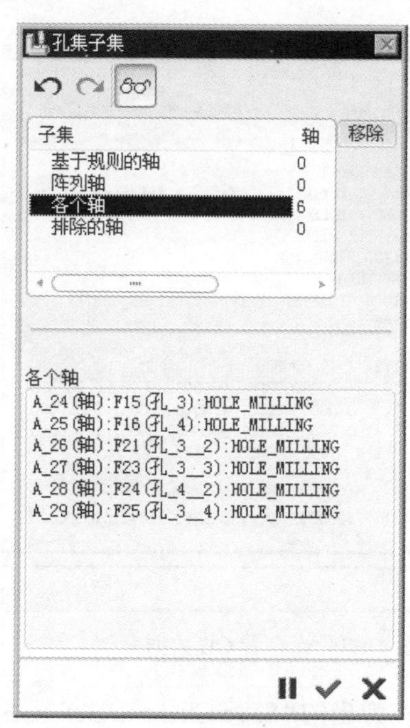

图 4.1.30 “孔集子集”对话框

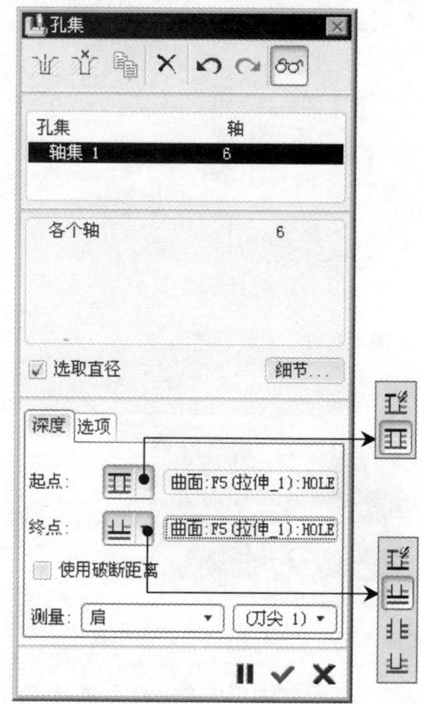

图 4.1.31 “孔集”对话框(二)

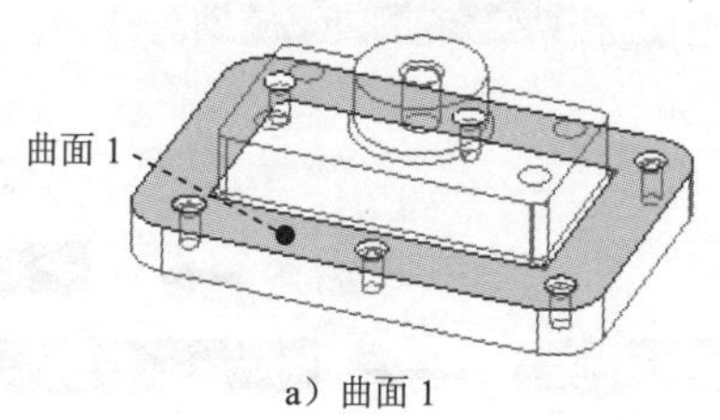

a）曲面 1

b）曲面 2

图 4.1.32　选取的曲面

Step6. 在“孔集”对话框中单击✔按钮，完成孔加工的设置。

Stage2. 演示刀具轨迹

Step1. 在▼ NC SEQUENCE (NC序列)菜单中选择 Play Path (播放路径) 命令。

Step2. 在▼ PLAY PATH (播放路径)菜单中选择Screen Play (屏幕演示)命令。

Step3. 单击“播放路径”对话框中的▶按钮，观测刀具的行走路线，如图 4.1.33 所示。单击▶ CL数据栏可以打开窗口查看生成的 CL 数据，如图 4.1.34 所示。

Step4. 演示完成后，单击“播放路径”对话框中的关闭按钮。

Stage3．加工仿真

Step1．在 ▼ PLAY PATH（播放路径） 菜单中选择 NC Check（NC 检查） 命令，进入刀具模拟环境。观察刀具切割工件的情况，在弹出的“NC 检查结果”对话框中单击按钮，运行结果如图 4.1.35 所示。

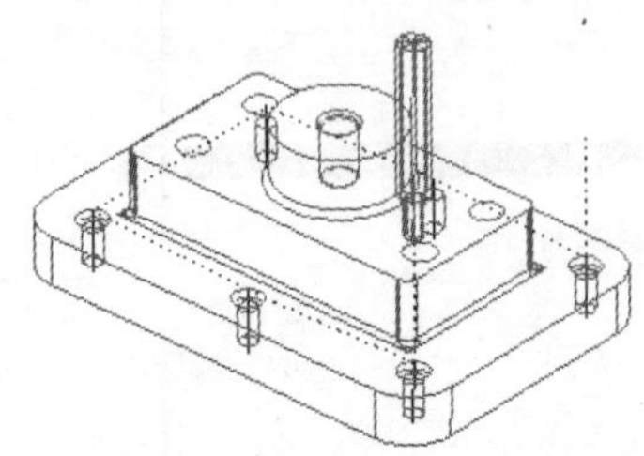

图 4.1.33 刀具行走路线

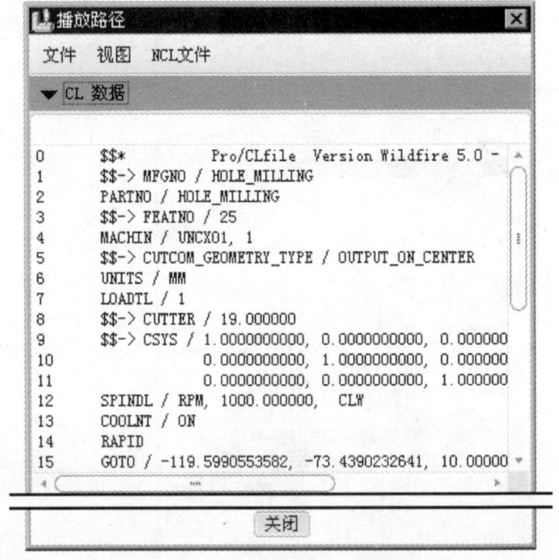

图 4.1.34 查看 CL 数据

图 4.1.35 “NC 检测”动态仿真

Step2．演示完成后，单击软件右上角的按钮，在弹出的“Save Changes Before Exiting VERICUT?”对话框中单击 Save Checked Files 按钮。

Step3．在系统弹出的 ▼ NC SEQUENCE（NC序列） 菜单中选择 Done Seq（完成序列） 命令。

Stage4．切减材料

Step1．选择下拉菜单 插入(I) → 材料去除切削(V) → ▼ NC序列列表

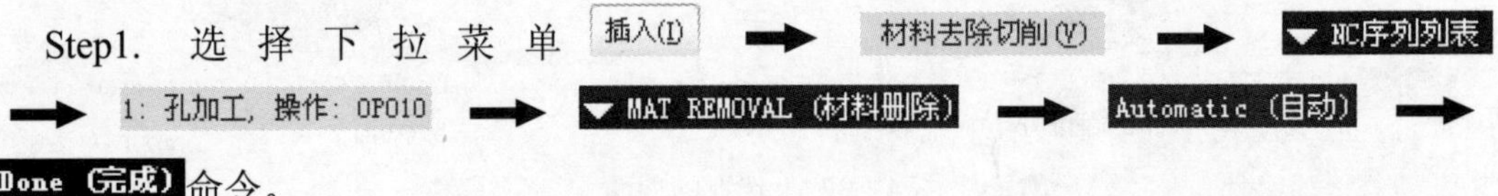

→ 1：孔加工，操作：OP010 → ▼ MAT REMOVAL（材料删除） → Automatic（自动） → Done（完成） 命令。

Step2．系统弹出“相交元件”对话框和“选取”对话框，单击 自动添加 按钮和按钮，然后单击 确定 按钮，完成材料切减。

Task5．攻螺纹

Stage1．加工方法设置

Step1．选择下拉菜单 步骤(S) → 钻孔(D) 命令。

Step2．在 钻孔(D) 列表中，选择 固定攻丝(T) 命令。在弹出的 ▼ SEQ SETUP（序列设置） 菜单中，选择图 4.1.36 所示的复选框，然后选择 Done（完成） 命令。

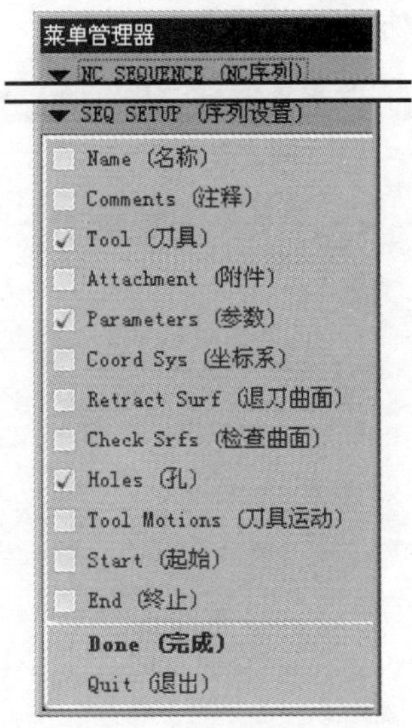

图 4.1.36 “序列设置”菜单

Step3. 在弹出的“刀具设定”对话框中，单击“新建”按钮设置新的刀具参数。设置刀具参数如图 4.1.37 所示，然后点击 应用 和 确定 按钮完成刀具参数的设定。此时系统弹出编辑序列参数“孔加工”对话框。

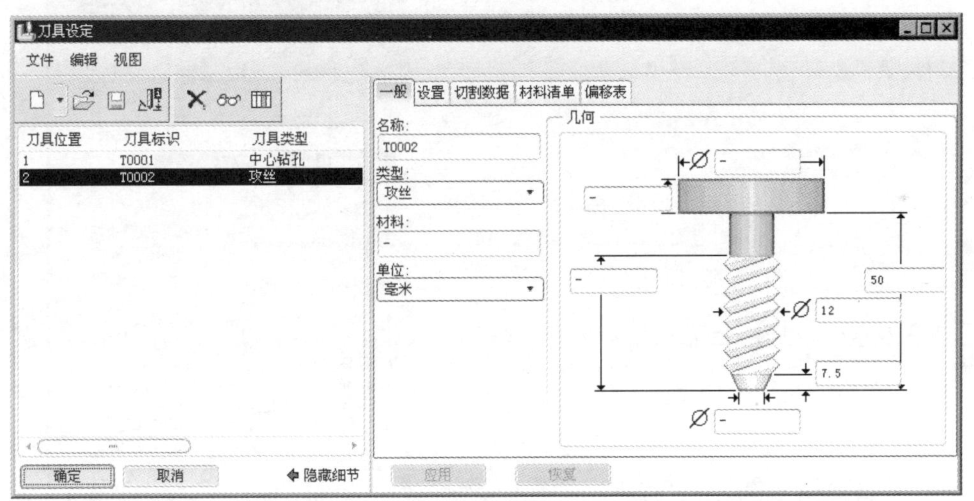

图 4.1.37 “刀具设定”对话框

Step4. 在系统弹出的编辑序列参数“孔加工”对话框中设置基本的加工参数，完成参数设置后的结果如图 4.1.38 所示，选择下拉菜单 文件(F) 菜单中的 另存为 命令。将文件的名称命名为 drlprm2，单击“保存副本”对话框中的 确定 按钮，然后再次单击编辑序列参数“孔加工”对话框中的 确定 按钮，完成参数的设置。此时，系统弹出的“孔集”对话框。

Step5. 在系统弹出的“孔集”对话框中，单击 细节... 按钮。系统弹出 “孔集子集”对话框，在“子集”列表中选择“各个轴”，然后在图形区选取图 4.1.39 所示的六条轴，然后单击按钮（图 4.1.40），系统返回到“孔集”对话框。

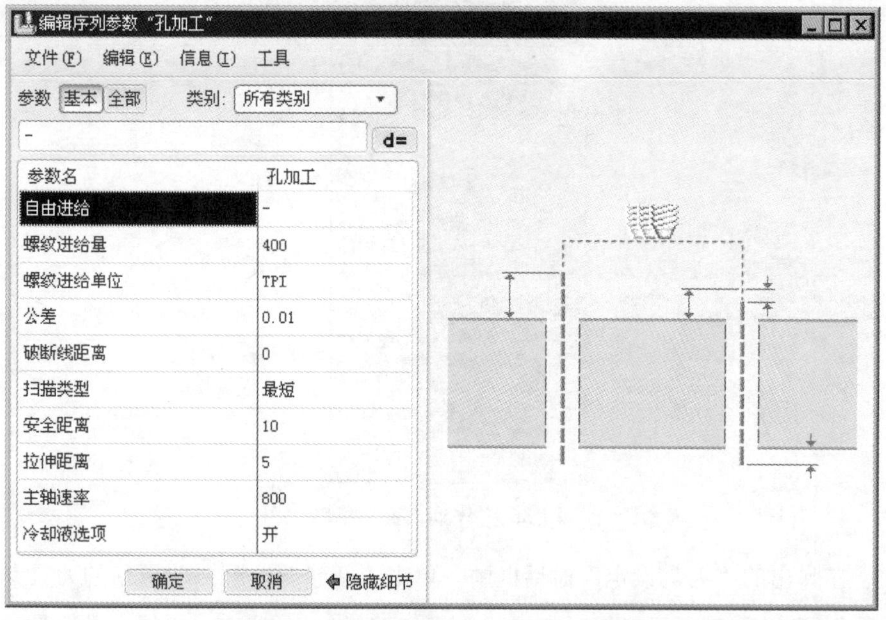

图 4.1.38 编辑序列参数“孔加工”对话框

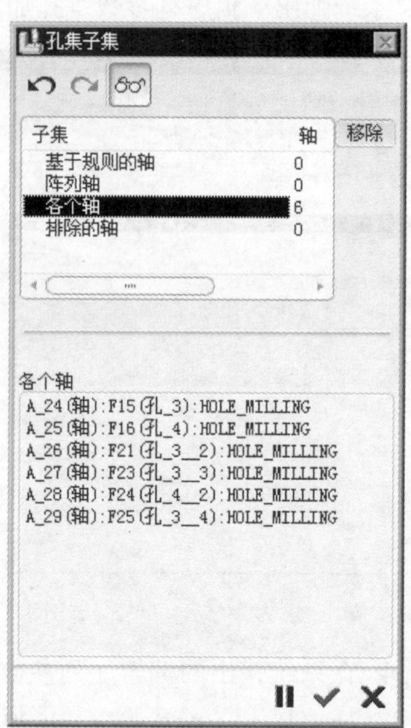

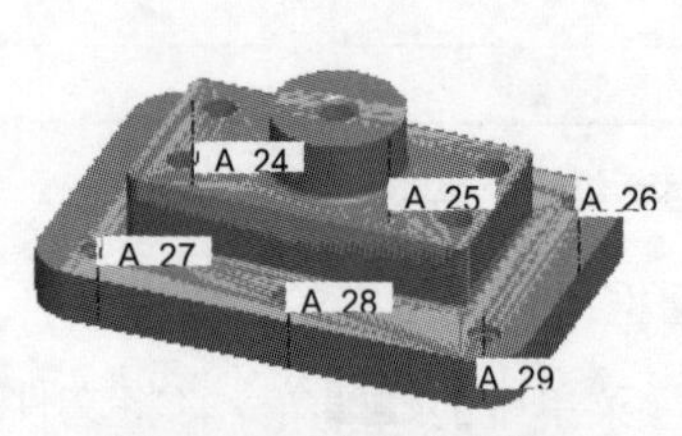

图 4.1.39 选取六条轴

图 4.1.40 “孔集子集”对话框

Step6. 在“孔集”对话框中选择深度选项。在“起点”选项组中单击按钮，在弹出的下拉列表中选择命令，然后选择图 4.1.41a 中的曲面 1 作为起始曲面，在“终点”选项组中单击按钮，在弹出的下拉列表中选择命令，然后选择图 4.1.41b 中的曲面 2 作为终止曲面。

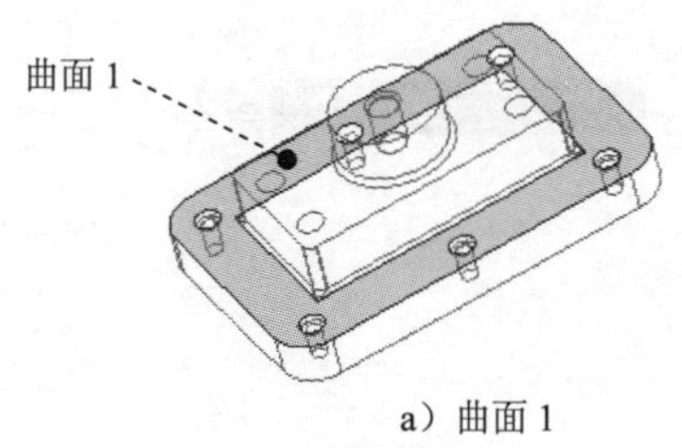

a）曲面 1

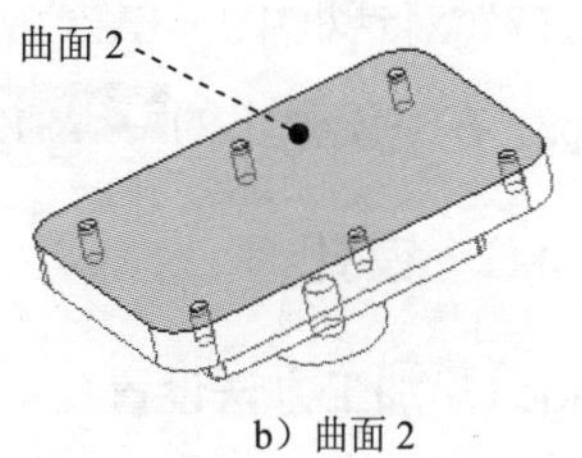

b）曲面 2

图 4.1.41　选取的曲面

Step7. 在“孔集”对话框中单击✓按钮，完成孔加工的设置。

Stage2. 演示刀具轨迹

Step1. 在▼ NC SEQUENCE (NC序列)菜单中选择 Play Path (播放路径) 命令，此时系统弹出▼ PLAY PATH (播放路径)菜单。

Step2. 在▼ PLAY PATH (播放路径)菜单中选择Screen Play (屏幕演示)命令，弹出“播放路径”对话框。

Step3. 单击“播放路径”对话框中的▶按钮，观测刀具的行走路线，如图 4.1.42 所示。单击▶ CL数据栏可以打开窗口查看生成的 CL 数据，如图 4.1.43 所示。

Step4. 演示完成后，单击“播放路径”对话框中的关闭按钮。

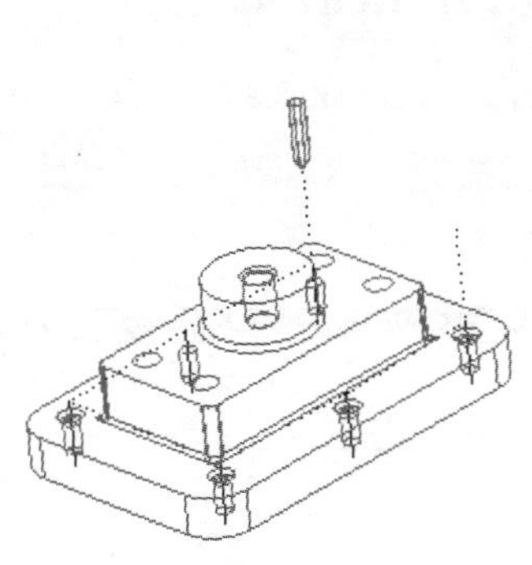

图 4.1.42 刀具行走路线

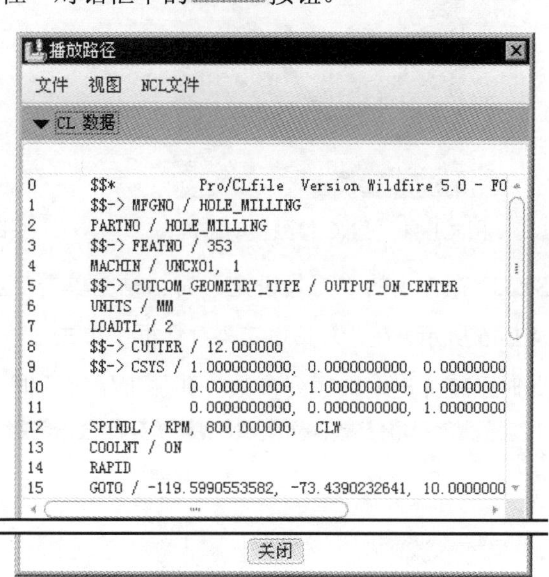

图 4.1.43　查看 CL 数据

Stage3. 加工仿真

Step1. 在▼ PLAY PATH (播放路径)菜单中选择 NC Check (NC 检查) 命令，进入刀具模拟环境。观察刀具切割工件的情况，在弹出的“NC 检查结果”对话框中单击●按钮，运行结果如图 4.1.44 所示。

Step2. 演示完成后，单击软件右上角的✕按钮，在弹出的“Save Changes Before Exiting

VERICUT?”对话框中单击 Save Checked Files 按钮。

Step3. 在系统弹出的 ▼ NC SEQUENCE (NC序列) 菜单中选择 Done Seq (完成序列) 命令。

Task6．铰孔

Stage1．加工方法设置

Step1. 选择下拉菜单 步骤(S) → 钻孔(D) ▸ 命令。

Step2. 在 钻孔(D) ▸ 列表中，选择 铰孔(R) 命令。在弹出的 ▼ SEQ SETUP (序列设置) 菜单中选择图 4.1.45 所示的复选框，系统弹出“刀具设定”对话框。

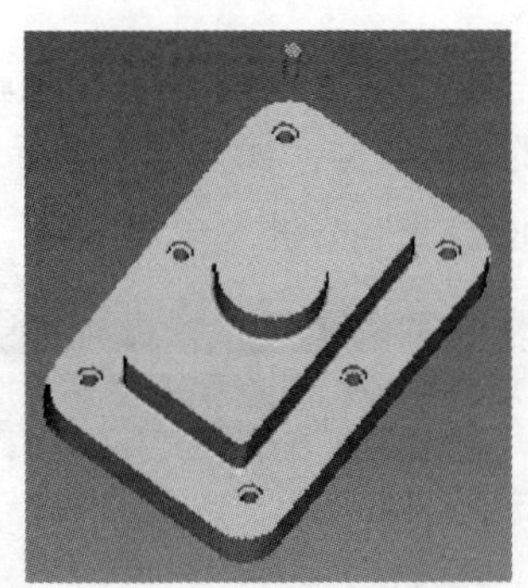

图 4.1.44 “NC 检测”动态仿真

图 4.1.45 “序列设置”菜单

Step3. 在弹出的“刀具设定”对话框中单击“新建”按钮，设置新的刀具，其参数如图 4.1.46 所示，在“刀具设定”对话框中单击 应用 按钮，然后单击 确定 按钮。此时系统弹出编辑序列参数“孔加工”对话框。

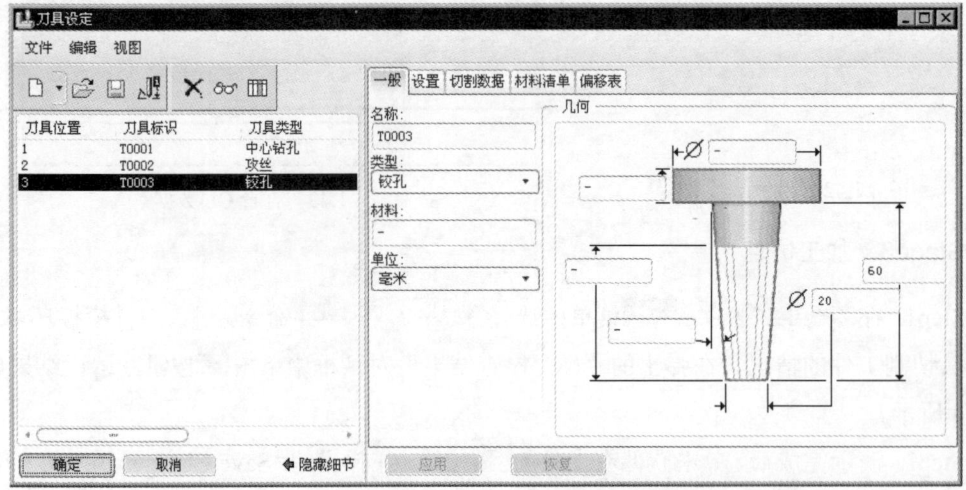

图 4.1.46 “刀具设定”对话框

Step4. 在编辑序列参数“孔加工”对话框中设置基本的加工参数，如图 4.1.47 所示，选择下拉菜单 文件(F) 菜单中的另存为命令。将文件的名称命名为 drlprm3，单击“保存副本”对话框中的确定按钮，然后再次单击编辑序列参数“孔加工”对话框中的确定按钮，完成参数的设置。此时，系统弹出“孔集”对话框。

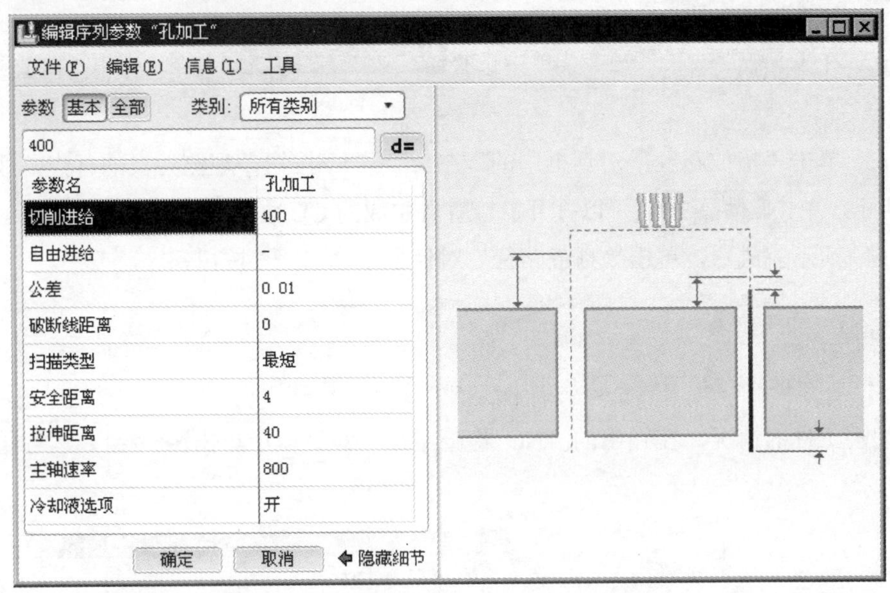

图 4.1.47　编辑序列参数“孔加工”对话框

Step5. 在系统弹出的“孔集”对话框中，单击细节...按钮。系统弹出 “孔集子集”对话框，在“子集”列表中选择“各个轴”，然后按住 Ctrl 键在图形区选择图 4.1.48 中的孔的内侧面，然后单击✔按钮，如图 4.1.49 所示。系统返回到“孔集”对话框。

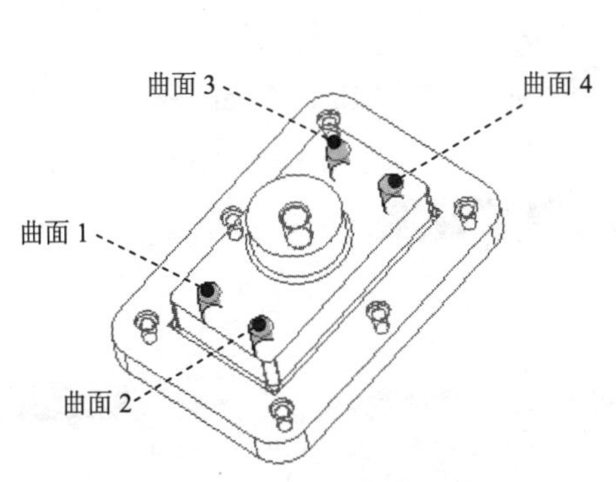

图 4.1.48　选取的曲面

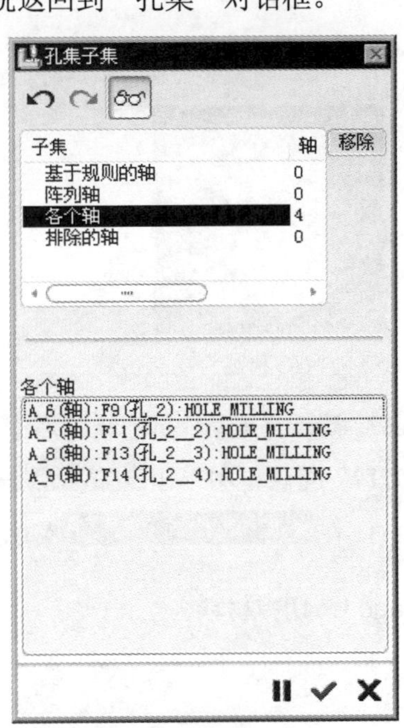

图 4.1.49　“孔集子集”对话框

Step6. 在“孔集”对话框中单击✔按钮，完成加工孔的设置。

Stage2. 演示刀具轨迹

Step1. 在系统弹出的▼ NC SEQUENCE (NC序列)菜单中选择 Play Path (播放路径) 命令，此时系统弹出▼ PLAY PATH (播放路径)菜单。

Step2. 在▼ PLAY PATH (播放路径)菜单中选择Screen Play (屏幕演示)命令，弹出“播放路径”对话框。

Step3. 单击“播放路径”对话框中的▶按钮，观测刀具的行走路线，如图 4.1.50 所示。单击▶ CL数据栏可以打开窗口查看生成的 CL 数据，如图 4.1.51 所示。

Step4. 演示完成后，单击“播放路径”对话框中的关闭按钮。

Stage3. 加工仿真

Step1. 在▼ PLAY PATH (播放路径)菜单中选择 NC Check (NC 检查) 命令，进入刀具模拟环境。观察刀具切割工件的情况，在弹出的“NC 检查结果”对话框中单击按钮，运行结果如图 4.1.52 所示。

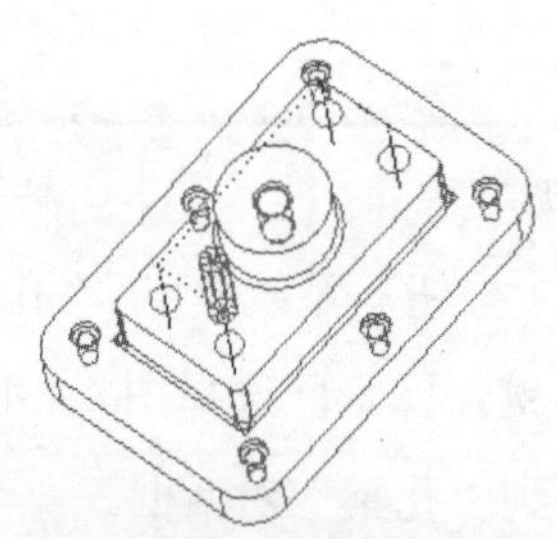

图 4.1.50　刀具行走路线

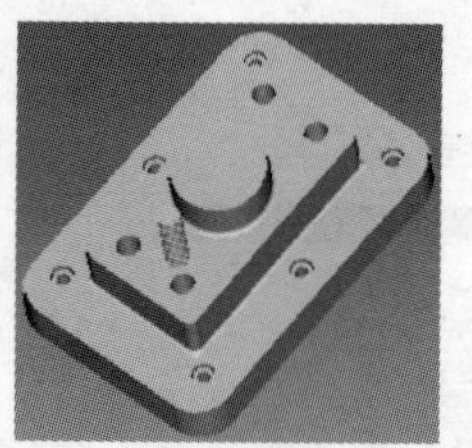

图 4.1.52　“NC 检测”动态仿真

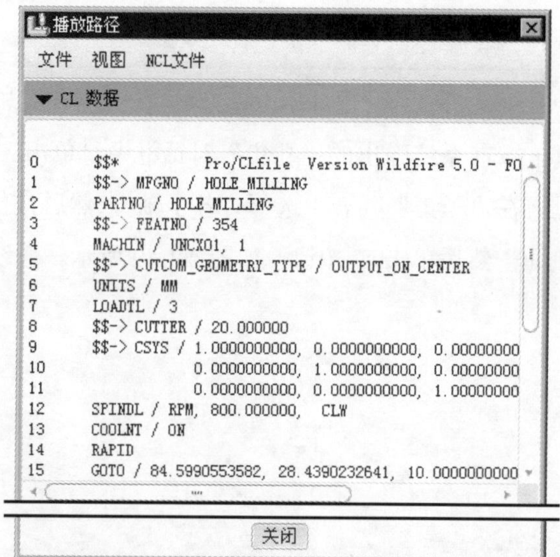

图 4.1.51　查看 CL 数据

Step2. 演示完成后，单击软件右上角的✖按钮，在弹出的“Save Changes Before Exiting VERICUT?”对话框中单击Save Checked Files按钮。

Step3. 在▼ NC SEQUENCE (NC序列)菜单中选取Done Seq (完成序列)命令。

Stage4. 切减材料

Step1. 选择下拉菜单 插入(I) ➡ 材料去除切削(V) ➡ ▼ NC序列列表

→ 3: 孔加工, 操作: OP010 → ▼ MAT REMOVAL（材料删除） → Automatic（自动） → Done（完成）命令。

Step2. 系统弹出“相交元件”对话框和“选取”对话框，单击 自动添加 按钮和 ≣ 按钮，然后单击 确定 按钮，完成材料切减。

Task7．钻孔

Stage1．加工方法设置

Step1. 选择下拉菜单 步骤(S) → 钻孔(D) ▸ 命令。

Step2. 在 钻孔(D) ▸ 列表中，选择 标准(S) 命令。在弹出的 ▼ SEQ SETUP（序列设置）菜单中选择 ☑ Tool（刀具）、☑ Parameters（参数）和 ☑ Holes（孔）复选框，然后选择 Done（完成）命令。

Step3. 在弹出的“刀具设定”对话框中单击“新建”按钮 ，设置新的刀具，其参数如图 4.1.53 所示，在“刀具设定”对话框中单击 应用 按钮，然后单击 确定 按钮。此时系统弹出编辑序列参数“孔加工”对话框。

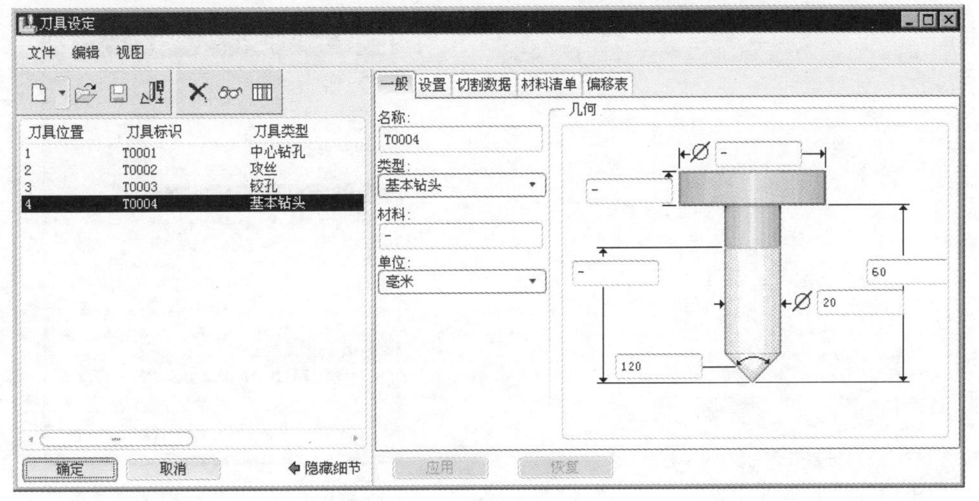

图 4.1.53　“刀具设定”对话框

Step4. 在编辑序列参数“孔加工”对话框中设置基本的加工参数，如图 4.1.54 所示，选择下拉菜单 文件(F) 菜单中的 另存为 命令。将文件的名称命名为 drlprm4，单击“保存副本”对话框中的 确定 按钮，然后再次单击编辑序列参数“孔加工”对话框中的 确定 按钮，完成参数的设置。此时，系统弹出“孔集”对话框。

Step5. 在系统弹出的“孔集”对话框中，单击 细节... 按钮。系统弹出 “孔集子集”对话框，在“子集”列表中选择“各个轴”，选择图 4.1.55 中的孔的内侧面，然后单击 ✔ 按钮，如图 4.1.56 所示。系统返回到“孔集”对话框。

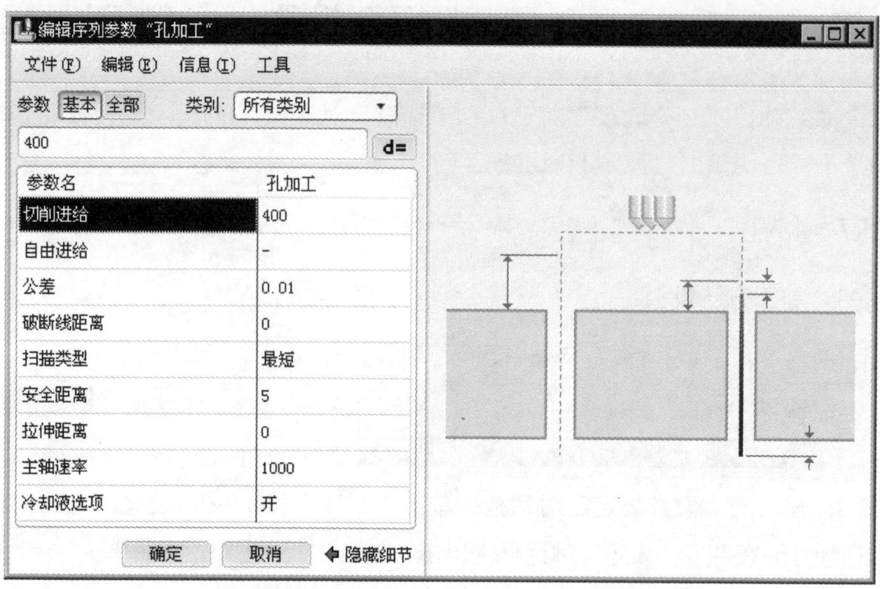

图 4.1.54 编辑序列参数“孔加工”对话框

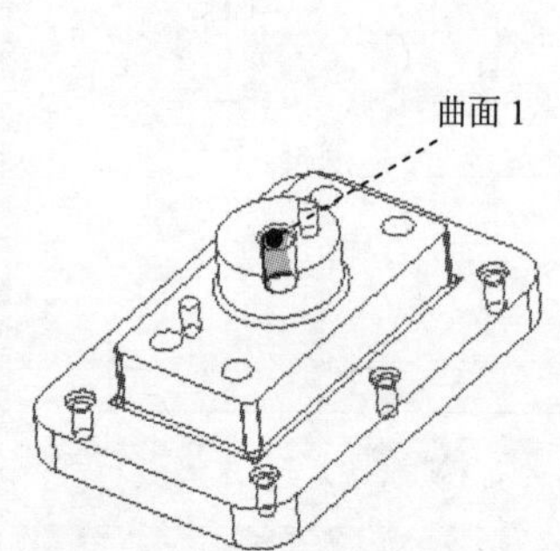

图 4.1.55 选取的曲面

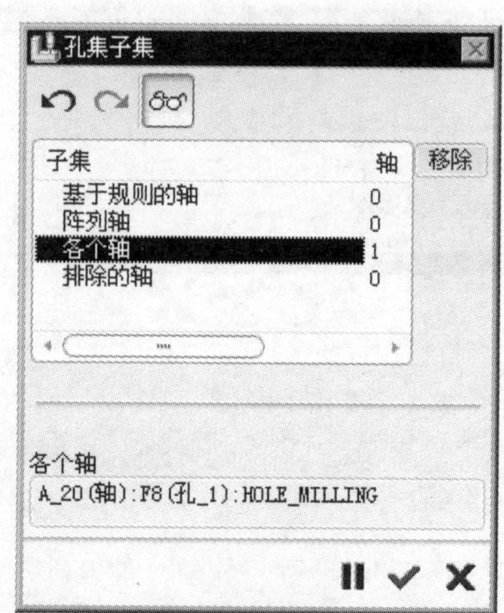

图 4.1.56 “孔集子集”对话框

Step6. 在“孔集”对话框中选择深度选项。在“起点”选项组中单击按钮，在弹出的下拉列表中选择命令，然后选择图 4.1.57a 中的曲面 1 作为起始曲面，在“终点”选项组中单击按钮，在弹出的下拉列表中选择命令，然后选择图 4.1.57b 中的曲面 2 作为终止曲面。

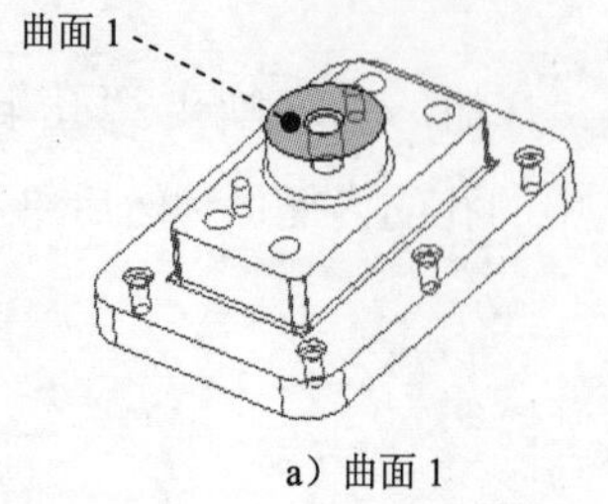

a）曲面 1

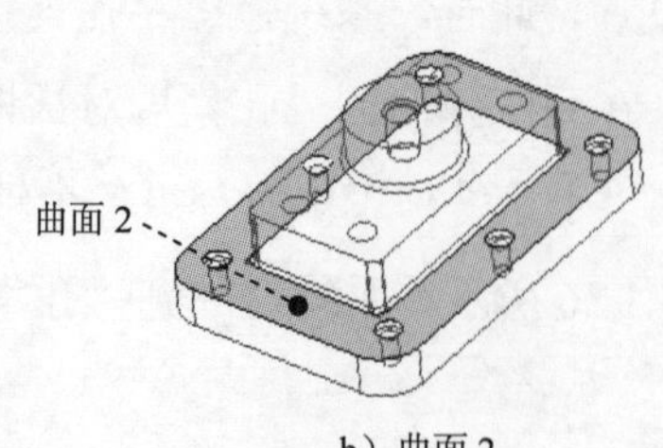

b）曲面 2

图 4.1.57 选取的曲面

Step7. 在“孔集”对话框中单击✔按钮，完成加工孔的设置。

Stage2. 演示刀具轨迹

Step1. 在系统弹出的▼ NC SEQUENCE (NC序列)菜单中选择 Play Path (播放路径) 命令，此时系统弹出▼ PLAY PATH (播放路径)菜单。

Step2. 在▼ PLAY PATH (播放路径)菜单中选择Screen Play (屏幕演示)命令，弹出“播放路径”对话框。

Step3. 单击“播放路径”对话框中的▶按钮，观测刀具的行走路线，如图 4.1.58 所示。单击▶ CL数据栏可以打开窗口查看生成的 CL 数据。

Step4. 演示完成后，单击“播放路径”对话框中的关闭按钮。

Stage3. 加工仿真

Step1. 在▼ PLAY PATH (播放路径)菜单中选择 NC Check (NC 检查) 命令，进入刀具模拟环境。在弹出的“NC 检查结果”对话框中单击按钮，观察刀具切割工件的情况，如图 4.1.59 所示。

Step2. 演示完成后，单击软件右上角的✕按钮，在弹出的“Save Changes Before Exiting VERICUT?”对话框中单击Save Checked Files按钮。

Step3. 在▼ NC SEQUENCE (NC序列)菜单中选取Done Seq (完成序列)命令。

Stage4. 切减材料

Step1. 选择下拉菜单 插入(I) → 材料去除切削(V) → ▼ NC序列列表 → 4: 孔加工, 操作: OP010 → ▼ MAT REMOVAL (材料删除) → Automatic (自动) → Done (完成)命令。

Step2. 系统弹出“相交元件”对话框和“选取”对话框，单击自动添加按钮和≣按钮，然后单击确定按钮，完成材料切减。

Task8. 埋头孔

Stage1. 加工方法设置

Step1. 选择下拉菜单步骤(S) → 钻孔(D)命令。

Step2. 在钻孔(D)列表中，选择埋头孔(C)命令。在弹出的▼ SEQ SETUP (序列设置)菜单中，选择图 4.1.60 所示的复选框，然后选择Done (完成)命令。

Step3. 在弹出的“刀具设定”对话框中，单击“新建”按钮，设置新的刀具，设置刀具参数如图 4.1.61 所示，在“刀具设定”对话框中单击应用按钮并单击确定按钮。此时系统弹出编辑序列参数“孔加工”对话框。

图 4.1.58 刀具行走路线

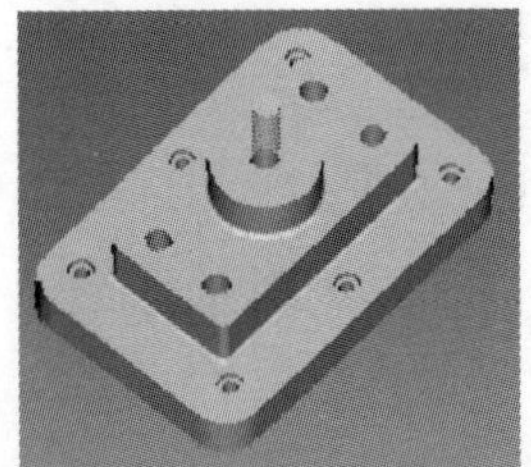

图 4.1.59 “NC 检测”动态仿真

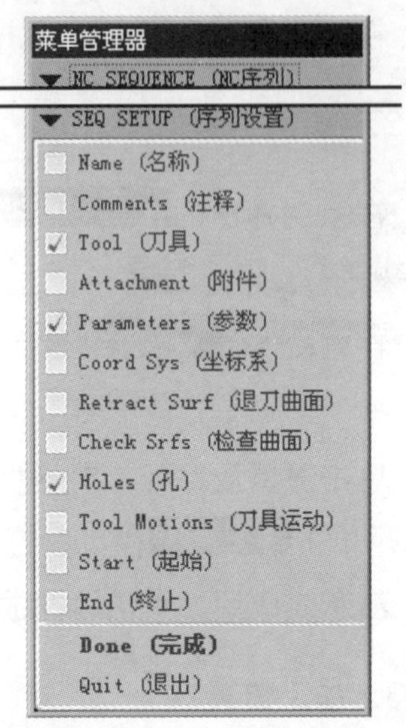

图 4.1.60 “序列设置”菜单

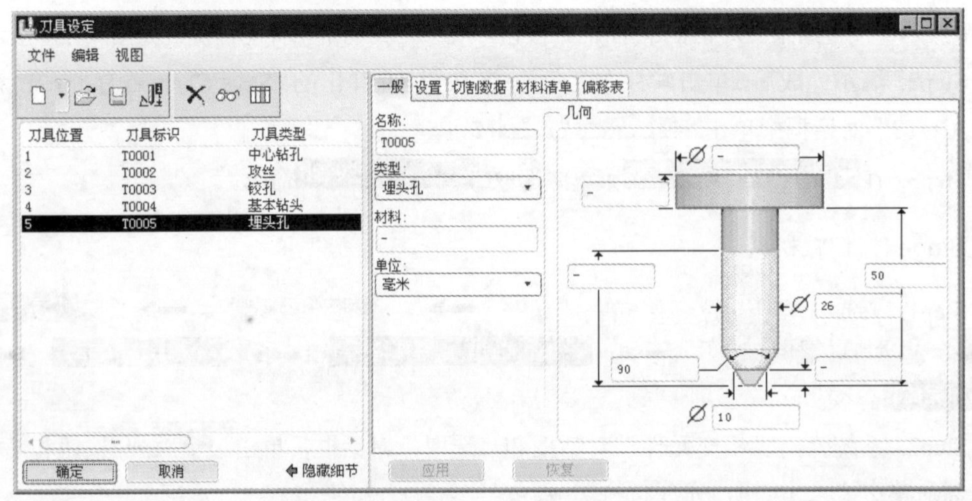

图 4.1.61 “刀具设定”对话框

Step4. 在编辑序列参数“孔加工”对话框中设置基本的加工参数，如图 4.1.62 所示，选择下拉菜单 文件(F) 菜单中的另存为命令。将文件的名称命名为 drlprm5，单击“保存副本”对话框中的确定按钮，然后再次单击编辑序列参数“孔加工”对话框中的确定按钮，完成参数的设置。此时，系统弹出“孔集”对话框。

Step5. 在系统弹出的“孔集”对话框中，单击细节...按钮。系统弹出“孔集子集”对话框。在“子集”列表中选择“各个轴”，然后选择图 4.1.63 所示的要加工孔的定位轴 A_20；然后在“子集”列表中选择“基于规则的轴”，再选择参数选项卡，在下拉列表中选择埋头孔直径命令，单击添加按钮，然后单击✔按钮（图 4.1.64），系统返回到“孔集”对话框。

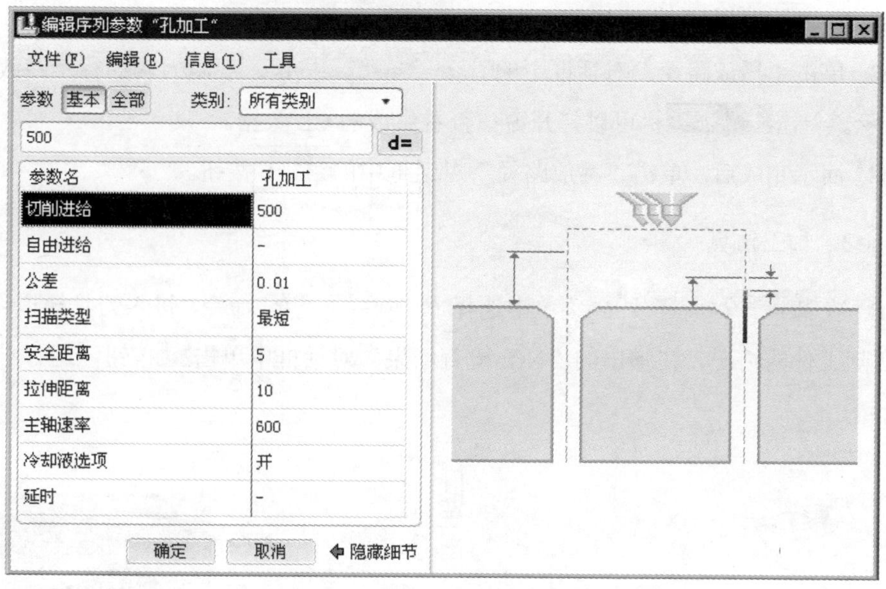

图 4.1.62　编辑序列参数“孔加工”对话框

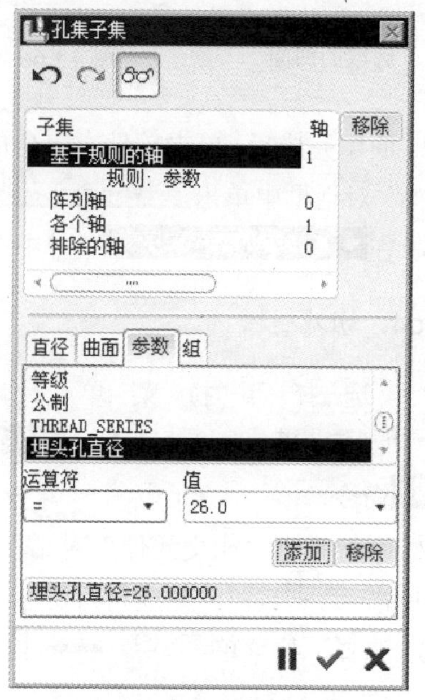

图 4.1.64　“孔集子集”对话框

图 4.1.63　选取的轴

Step6. 在“孔集”对话框中选择 深度 选项。激活“起点”选项组，然后选择图 4.1.65 中的曲面 1 作为起始曲面，在 埋头孔直径 文本框中输入数值 26.0。

Step7. 在“孔集”对话框中单击 ✓ 按钮，完成加工孔的设置。

Stage2. 演示刀具轨迹

Step1. 在 ▼ NC SEQUENCE (NC序列) 菜单中选择 Play Path (播放路径) 命令。

Step2. 在▼ PLAY PATH（播放路径）菜单中选择Screen Play（屏幕演示）命令。

Step3. 单击“播放路径”对话框中的▶按钮，观测刀具的行走路线，如图 4.1.66 所示。单击▶ CL数据栏可以打开窗口查看生成的 CL 数据。

Step4. 演示完成后，单击“播放路径”对话框中的关闭按钮。

Stage3．加工仿真

Step1. 在▼ PLAY PATH（播放路径）菜单中选择NC Check（NC 检查）命令，进入刀具模拟环境。观察刀具切割工件的情况，在弹出的“NC 检查结果”对话框中单击按钮，运行结果如图 4.1.67 所示。

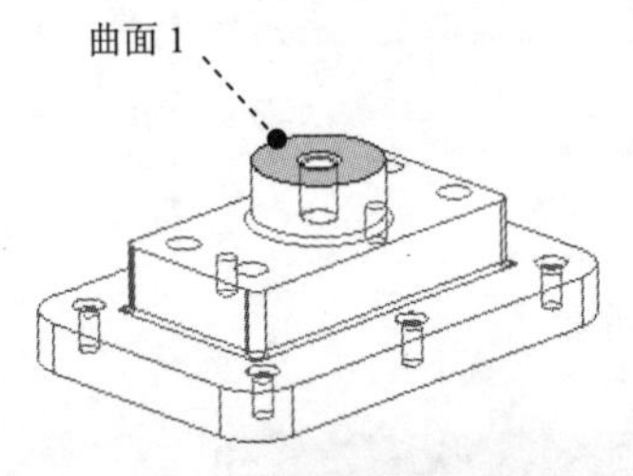

图 4.1.65　选取的曲面

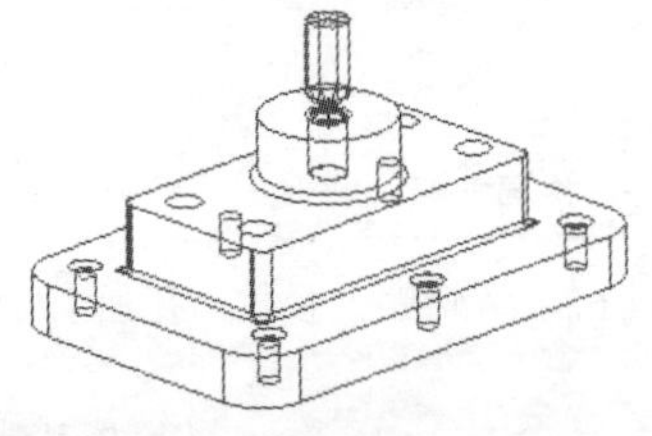
图 4.1.66　刀具行走路线

图 4.1.67　“NC 检测”动态仿真

Step2. 演示完成后，单击软件右上角的按钮，在弹出的“Save Changes Before Exiting VERICUT?”对话框中单击Save Checked Files按钮。

Step3. 在▼ NC SEQUENCE°（NC序列）菜单中选择Done Seq（完成序列）命令。

Stage4．切减材料

Step1. 选择下拉菜单插入(I) → 材料去除切削(V) → ▼ NC序列列表 → 5：孔加工，操作：OP010 → ▼ MAT REMOVAL（材料删除） → Automatic（自动） → Done（完成）命令。

Step2. 系统弹出“相交元件”对话框和“选取”对话框，单击自动添加按钮和按钮，然后单击确定按钮，完成材料切减。

Step3. 选择下拉菜单文件(F) → 保存(S)命令，保存文件。

4.2　螺纹铣削

使用螺纹（螺旋）铣削可在圆柱表面上切削内外螺纹。创建“螺纹”铣削 NC 序列时，必须注意：使用“螺纹铣削”（THREAD_MILL）类型的刀具，而不使用常规铣削刀具。在设置参数时，指定“螺纹进给”（THREAD_FEED）、“螺纹进给单位”（THREAD_FEED_UNITS）及“螺纹直径”（THREAD_DIAMETER）（可选）。定义螺纹所包括的内容有：指定是外螺纹或内螺纹、指定螺纹外径或内径、选取创建螺纹的圆柱表面、指定加工和进刀/退刀参数。

4.2.1　内螺纹铣削

下面将通过图 4.2.1 所示的零件介绍内螺纹铣削的一般过程。

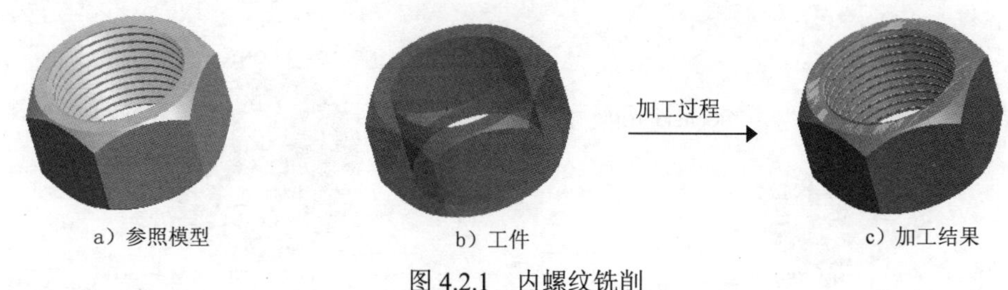

图 4.2.1　内螺纹铣削

Task1．新建一个数控制造模型文件

Step1. 设置工作目录。选择下拉菜单 文件(F) → 设置工作目录(W)... 命令，将工作目录设置至 D:\proewf5.9\work\ch04.02.01。

Step2. 在工具栏中单击“新建”按钮。

Step3. 在“新建”对话框中，选中 类型 选项组中的 制造 选项，选中 子类型 选项组中的 NC组件 选项，在 名称 文本框中输入文件名 NUT_MILLING，取消 ☑ 使用缺省模板 复选框中的“√”号，单击该对话框中的 确定 按钮。

Step4. 在系统弹出的“新文件选项”对话框中的模板选项组中选取 mmns_mfg_nc 模板，然后在该对话框中单击 确定 按钮。

Task2．建立制造模型

Stage1．引入参照模型

Step1. 选择下拉菜单 插入(I) → 参照模型(R) → 装配(A)... 命令，系统弹出“打开”对话框。

Step2. 从弹出的文件“打开”对话框中，选取三维零件模型——nut.prt 作为参照零件模型，并将其打开。

Step3. 在“放置”操控板中选择 缺省 命令，然后单击 ✔ 按钮，此时系统弹出“创建参照模型”对话框，单击此对话框中的 确定 按钮，完成参照模型的放置，放置后如图 4.2.2 所示。

Stage2．引入工件

Step1. 选取命令。选择下拉菜单 插入(I) → 工件(W) → 装配(A)...

命令，系统弹出“打开”对话框。

Step2. 从弹出的文件“打开”对话框中，选取三维零件模型——nut_workpiece.prt 作为参照零件模型，并将其打开。

Step3. 在“放置”操控板中选择 缺省 命令，然后单击 ✓ 按钮，此时系统弹出“创建毛坯工件”对话框，单击此对话框中的 确定 按钮，完成毛坯工件的放置，放置后如图 4.2.3 所示。

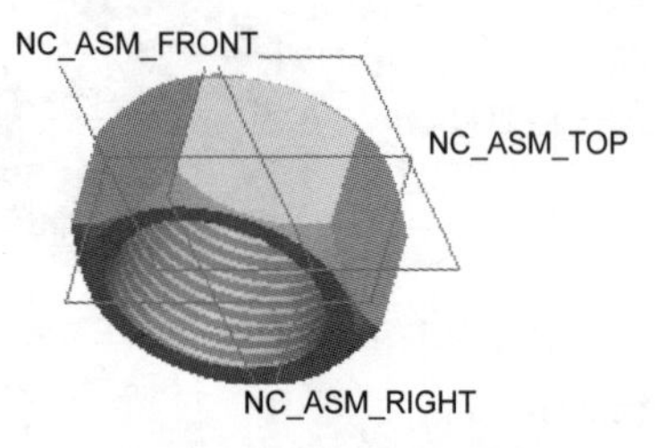

图 4.2.2 放置后的参照模型

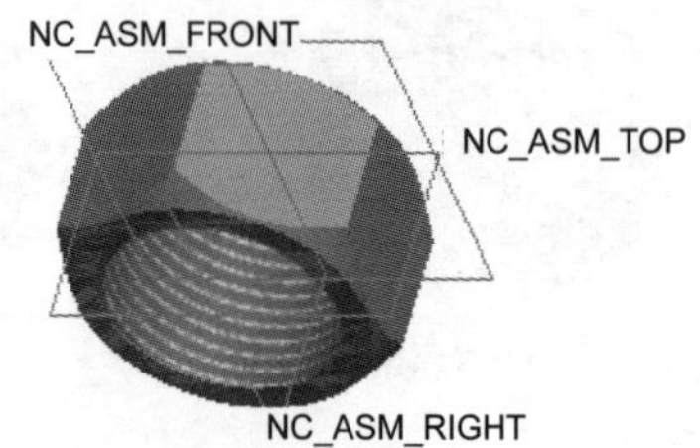

图 4.2.3 制造模型

Task3. 制造设置

Step1. 选择下拉菜单 步骤(S) ➡ 操作(O) 命令，此时系统弹出“操作设置”对话框。

Step2. 机床设置。单击“操作设置”对话框中的 按钮，弹出“机床设置”对话框，在 机床类型(T) 下拉列表中选择 铣削，在 轴数(X) 下拉列表中选择 3轴（图 4.2.4），最后单击 确定 按钮。

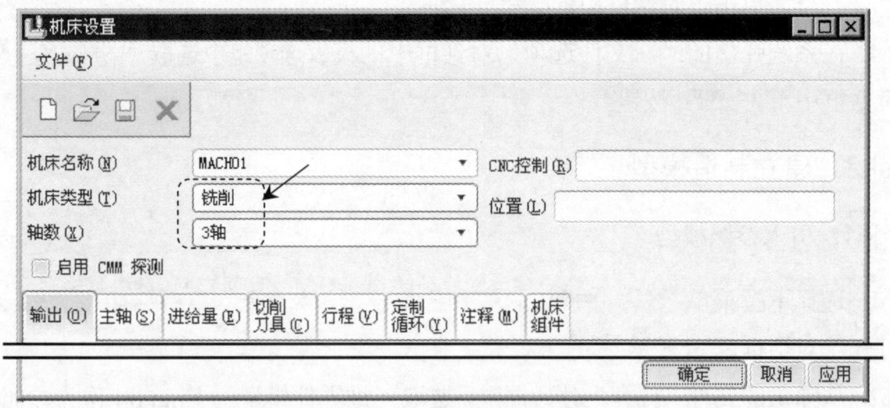

图 4.2.4 “机床设置”对话框

Step3. 机床坐标系设置。在“操作设置”对话框中的 参照 选项组中选择 按钮，在弹出的 MACH CSYS（制造坐标系）菜单中选择 Select（选取）命令。

Step4. 选择下拉菜单 插入(I) ➡ 模型基准(D) ▸ ➡ 坐标系(C)... 命令，系统弹出图 4.2.5 所示的“坐标系”对话框。依次选择 NC_ASM_TOP、NC_ASM_RIGHT 基准面和图 4.2.6 所示的模型表面作为创建坐标系的三个参照平面，单击 确定 按钮完成坐标系的创建。

单击 按钮可以察看选取的坐标系。

Step5. 退刀面的设置。在“操作设置”对话框中的退刀选项卡中选择 按钮，系统弹出“退刀设置”对话框，然后在类型下拉列表中选取平面选项，选取坐标系 ACSO 为参照，在值文本框中输入 10.0，最后单击确定按钮，完成退刀平面的创建。

Step6. 在“操作设置”对话框中的退刀选项组中的公差文本框后输入加工的公差值 0.01，完成后单击确定按钮，完成制造设置。

Task4．加工方法设置

Step1. 选择下拉菜单步骤(S) → 螺纹铣削(H)命令，此时系统弹出“序列设置”菜单。

Step2. 在弹出的▼ SEQ SETUP (序列设置)菜单中，选择图 4.2.7 所示的复选框，然后选择Done (完成)命令。

Step3. 在弹出的“刀具设定”对话框中设置刀具参数，完成设置后如图 4.2.8 所示，设置完毕后单击应用按钮并单击确定按钮，在“机床设置”对话框中单击确定按钮。系统弹出编辑序列参数“螺纹铣削”对话框。

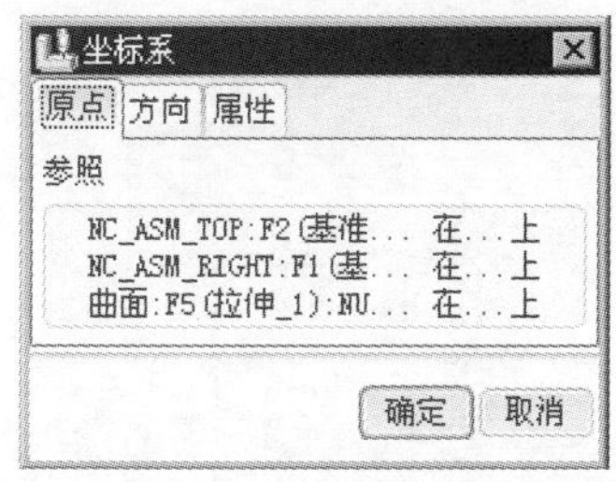

图 4.2.5　“坐标系”对话框

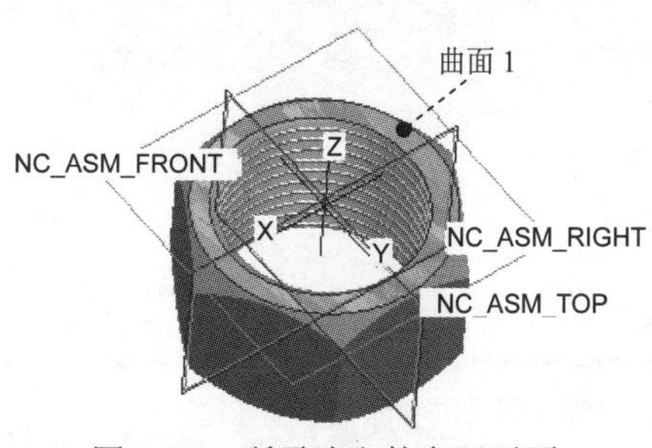

图 4.2.6　所需选取的参照平面

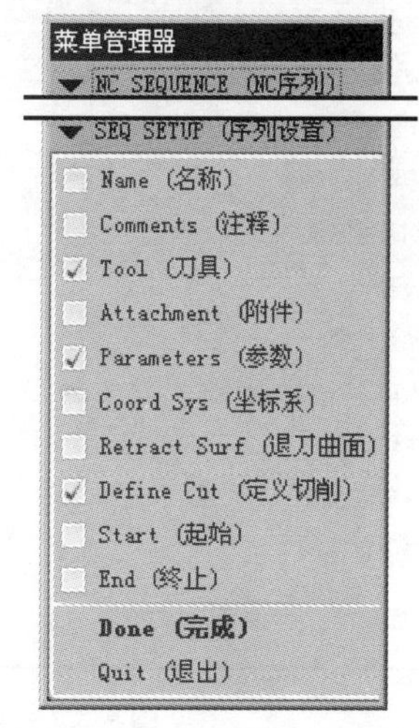

图 4.2.7　“序列设置”菜单

Step4. 在编辑序列参数“螺纹铣削”对话框中设置基本的加工参数，如图 4.2.9 所示，选择下拉菜单文件(F)菜单中的另存为命令。接受系统默认的名称，单击“保存副本”对话框中的确定按钮，然后再次单击编辑序列参数“螺纹铣削”对话框中的确定按钮，完成参数的设置。此时，系统弹出“螺纹铣削”对话框（一）。

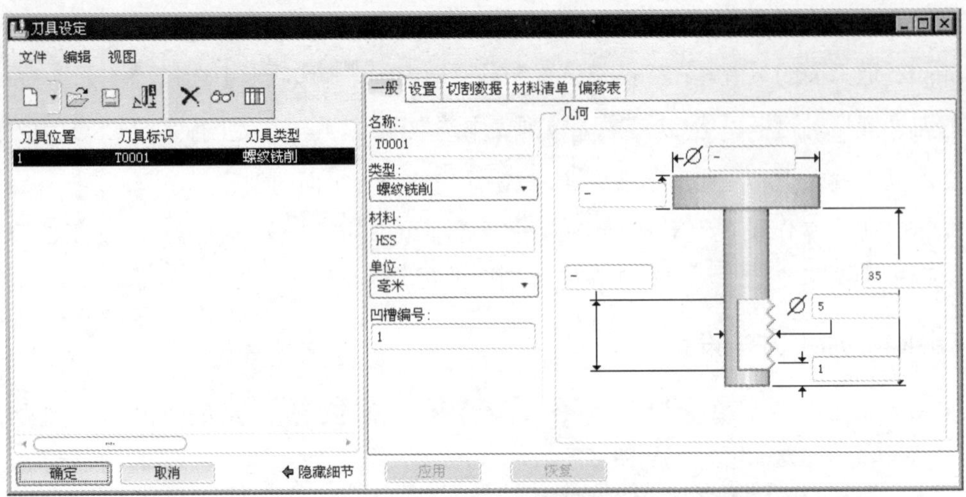

图 4.2.8 “刀具设定”对话框

编辑序列参数“螺纹铣削”

文件(F) 编辑(E) 信息(I) 工具

参数 基本 全部 类别: 所有类别

400

参数名	螺纹铣削
切削进给	400
弧进给量	-
自由进给	-
RETRACT_FEED	-
螺纹进给量	1
螺纹进给单位	MMPR
切入进给量	-
公差	0.01
允许轮廓坯件	0
入口角	90
主轴速率	1000
冷却液选项	开
螺纹直径	14

确定 取消 隐藏细节

图 4.2.9 编辑序列参数“螺纹铣削”对话框

Step5. 在“螺纹铣削”对话框（一）中选择定义螺纹选项卡，设置加工参数（图 4.2.10 所示），选择螺纹样式选项组中的◉内部单选项，选择螺纹方向选项组中的⊙右旋单选项，在大径后的文本框中输入值 14.0。

图 4.2.10 所示的“螺纹铣削”对话框（一）上半部的按钮说明如下：

- 按钮：从以前定义的“螺纹铣削”NC 序列复制规则。

- 按钮：显示当前使用的规则。
- 螺纹样式：指定螺纹方向。
- ◉ 内部：对于内螺纹，必须指定定义螺纹选项卡中的大径。
- ○ 外部：对于外螺纹，必须指定定义螺纹选项卡中的小径。

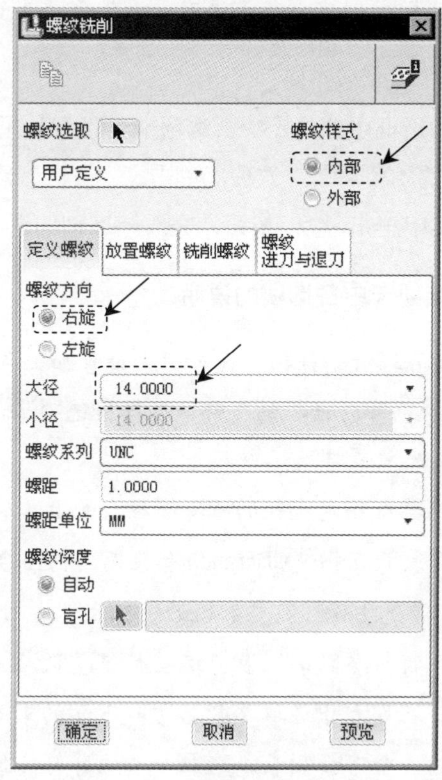

图 4.2.10 “螺纹铣削”对话框（一）

图 4.2.10 所示的“螺纹铣削”对话框（一）下半部的定义螺纹选项卡中各选项的说明如下：

- 定义螺纹选项卡

  在图 4.2.10 所示对话框的下部，选择该选项卡，弹出螺纹几何参数的相关设置选项，可以设置的螺纹参数有：

  ☑ 大径：如果螺纹样式被指定为◉ 内部，则键入一个螺纹大径值。如果为加工参数“螺纹直径”指定了一个值，则该值将作为默认值显示在大径文本框中。

  ☑ 小径：如果螺纹样式被指定为○ 外部，则键入一个螺纹小径值。如果为加工参数“螺纹直径”指定了一个值，则该值将作为默认值显示在小径文本框中。

  ☑ 螺纹系列：可能的数值为：UNC、UNF、M粗牙和M细牙。

  ☑ 螺距：螺纹螺距。对应于加工参数“螺纹进给”。

☑ 螺距单位：对应于加工参数“螺纹进给单位”。可能的值有 TPI（每英寸螺纹数）、MM（每转毫米数）和 INCH（每转英寸数）。

☑ 螺纹深度：定义螺纹深度。

☑ ◉ 自动：系统根据螺纹放置参照自动确定其深度，同时还考虑刀具参数“插入长度”和“末端偏距”。

☑ ○ 盲孔：通过选择或创建平行于退刀平面的平面曲面或基准平面，指定螺纹的起点和终点深度。

Step6. 在“螺纹铣削”对话框中选择放置螺纹选项卡，设置加工参数结果如图 4.2.11 所示，选中设置规则依据选项组中的◉ 基准轴单选项，单击 + 按钮，然后选取图 4.2.12 所示的轴线 A_2，在“选取”对话框中单击确定按钮，完成基准轴的选取。

图 4.2.11 所示的放置螺纹选项卡中各选项的说明：

放置螺纹选项卡包含用于放置螺纹的选项，还可用来设置加工多头螺纹的顺序。

在图 4.2.11 所示“螺纹铣削”对话框的下部，选择该选项卡，弹出螺纹几何参数的相关设置选项，可使用下列方法来放置螺纹：

- ○ 直径：将螺纹放在具有指定直径的所有圆柱表面上（包括内表面和外表面）。
- ○ 在曲面上收集：将螺纹放在指定曲面的所有孔或圆柱凸台上。
- ○ 特征参数：将螺纹放在具有特定参数值的特征上。选用此方法后，○ 特征参数列表框将包含一个所有特征参数的列表，这些特征参数与模型中的“孔”和“修饰螺纹”特征相关联。在列表中选取参数名时，下面的文本框中将包含针对该参数当前存在的所有值的一个下拉列表。选取一个运算符（例如“=”）和一个值，系统将在下方的列表框中显示选定的参数及其值，并选取所有特征及相应参数值。

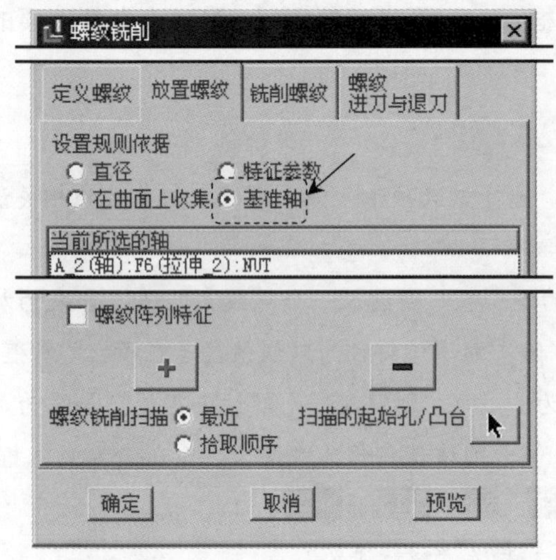

图 4.2.11　“放置螺纹”选项卡

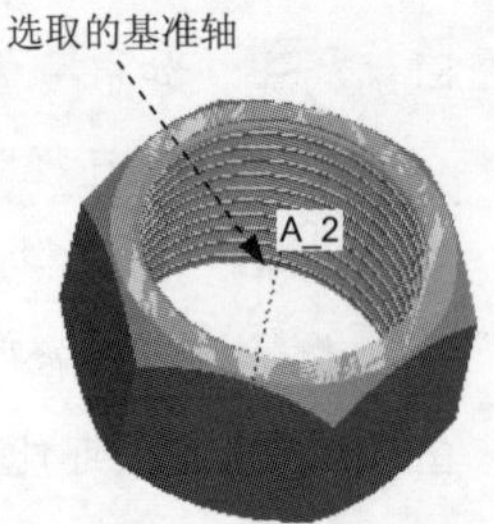

图 4.2.12　所选取的基准轴

- ⊙基准轴：选取属于孔或圆柱凸台的基准轴，在这些孔或圆柱凸台上将放置螺纹。如果通过○直径、○在曲面上收集和○特征参数放置螺纹，则意味着必须为选取放置曲面指定规则。例如，如果切削内螺纹并指定一直径值，系统将搜索模型以寻找具有此直径的孔。如果选取一个曲面，系统将包括此曲面上的所有孔。如果指定规则组合，系统将查找满足所有规则的孔，即如果指定直径值且选取一个曲面，系统将只包括位于选定曲面上的指定直径的孔。使用⊙基准轴方法可显式地选取或取消选取基准轴，而不必理会在螺纹放置中使用的其他规则。
- □螺纹阵列特征：如果用⊙基准轴放置螺纹，则选中□螺纹阵列特征复选框，并选取一条属于特征阵列的轴，即可在此阵列的所有特征上放置螺纹。
- +：选取了一种螺纹放置方法后，单击+图标可添加相应类型的参照（例如选取直径或基准轴）。所有选定参照都在放置螺纹选项页的中间位置处的列表框中列出。
- -：要移除一个参照，可单击-图标，并在列表框中选取要移除的参照。
- ⊙最近：系统将确定哪种加工顺序可使加工运动时间最短。可单击扫描的起始孔/凸台选项箭头，选取要加工的第一个孔或凸台。
- ○拾取顺序：螺纹的切削顺序与选取孔或凸台的顺序相同。如果一种选择方法可选中多个孔或凸台（例如○在曲面上收集选项），则将增加 Y 坐标并 X 方向来回扫描这些特征，然后恢复拾取顺序。

Step7. 在“螺纹铣削”对话框（二）中，选择其中的铣削螺纹选项卡，设置加工参数（图 4.2.13），选中切削运动选项组中的⊙连续和⊙顺铣选项，在起始超程后的文本框中输入 5，在终止超程后的文本框中输入 5，在螺纹起始角后的文本框中输入 120。

Step8. 在“螺纹铣削”对话框（三）中选择其中的螺纹进刀与退刀选项卡，设置加工参数（图 4.2.14），在导引半径后的文本框中输入 3.2，在进刀角后的文本框中输入 90.0，在退刀角后的文本框中输入 90.0，然后单击确定按钮。

图 4.2.13 和图 4.2.14 所示的铣削螺纹选项卡和螺纹进刀与退刀选项卡中各选项的说明如下：

- 铣削螺纹选项卡用于描述切削运动。

在图 4.2.13 所示“螺纹铣削”对话框（二）的下部，选择该选项卡，弹出切削运动参数的相关设置选项。

☑ ⊙连续：螺纹由一次连续切削运动加工，而不管螺纹刀具的刀头数。

☑ ○中断：对于多头螺纹，螺纹将由一系列切削运动进行加工。单条完整螺纹

（加上重叠值）将覆盖整个刀具长度。可指定重叠值。

☑ 螺纹重叠：为螺纹重叠键入一个值（度数）。如果该值不为 0（默认值），则每个齿的切削起点和终点将不重合。

☑ 选取旋合高：为选取旋合高键入一个值（“螺纹数”或“度数”）。如果值不为 0（默认值），则下一次切削的起始点将早于重合位置。

下列选项用来控制材料相对于刀具的位置。

☑ ⊙顺铣：刀具位于材料左侧（假设主轴顺时针旋转）。对应“切割类型”加工参数的“顺铣”值。

☑ ○逆铣：刀具位于材料右侧（假设主轴顺时针旋转）。对应“切割类型”加工参数的“向上切割”值。

下列选项用来定义切削运动的起点和终点。

☑ 起始超程：指定在刀具轨迹的起点处，刀具高于起始曲面的初始高度。

☑ 终止超程：指定在刀具轨迹的终点处，刀具低于终止曲面的高度。

☑ 螺纹起始角：指定在 XY 平面上的角度，该平面将确定螺纹铣刀开始铣削螺纹的位置。

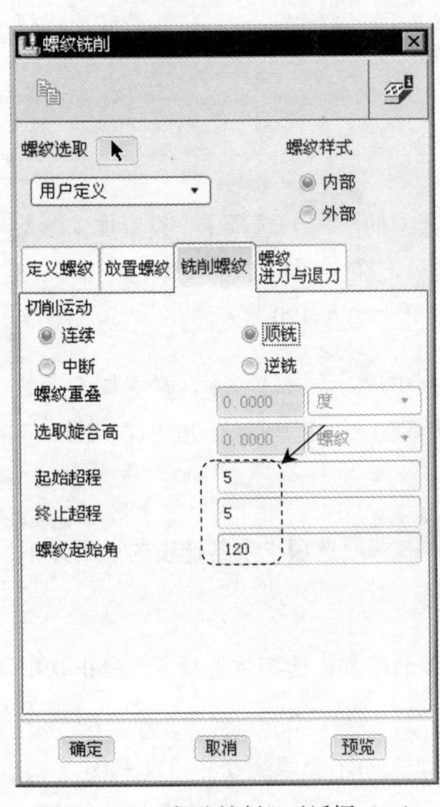

图 4.2.13 “螺纹铣削”对话框（二）

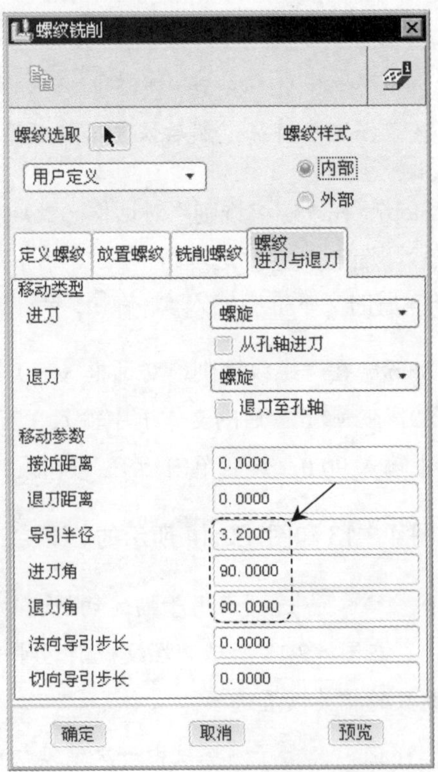

图 4.2.14 “螺纹铣削”对话框（三）

- 螺纹进刀与退刀选项卡包含用于定义进刀和退刀运动的参数。

在图 4.2.14 所示“螺纹铣削”对话框（三）的下部，选择该选项卡，弹出切削运动参数的相关设置选项。

- ☑ 进刀：指定进刀运动类型。值为无：无进刀运动；螺旋：刀具以螺旋运动方式到达切削运动的起点；垂直于螺纹：进刀运动是一条垂直于切削运动的直线。
- ☑ 退刀：指定退刀运动类型。值为无：无退刀运动；螺旋：刀具以螺旋运动方式退出切削运动；垂直于螺纹：退刀运动是一条垂直于切削运动的直线。

下列参数用来定义进刀和退刀运动（初始值与在定义 NC 序列的加工参数时指定的值相对应）。

- ☑ 接近距离：指定进刀运动的长度。
- ☑ 退刀距离：指定退刀运动的长度。
- ☑ 导引半径：导入或导出时刀具的相切圆运动的半径。
- ☑ 进刀角：定义螺旋进刀运动的角度。
- ☑ 退刀角：定义螺旋退刀运动的角度。
- ☑ 法向导引步长：与导入或导出运动的相切部分垂直的线性运动的长度。
- ☑ 切向导引步长：与圆形导入或导出运动相切的线性运动的长度。

Task5．演示刀具轨迹

Step1．在弹出的▼ NC SEQUENCE (NC序列)菜单中选择 Play Path (播放路径) 命令，此时系统弹出▼ PLAY PATH (播放路径)菜单。

Step2．在▼ PLAY PATH (播放路径)菜单中选择Screen Play (屏幕演示)命令，系统弹出“播放路径”对话框。

Step3．单击“播放路径”对话框中的▶按钮，观测刀具的路径，如图 4.2.15 所示。单击▶ CL数据栏可以打开窗口查看生成的 CL 数据，生成的 CL 数据如图 4.2.16 所示。

Step4．演示完成后，单击“播放路径”对话框中的关闭按钮。

Task6．加工仿真

Step1．在▼ PLAY PATH (播放路径)菜单中选择 NC Check (NC 检查) 命令。在弹出的“NC 检查结果”对话框中单击按钮，观察刀具切割工件的运行情况。

Step2．演示完成后，单击软件右上角的按钮，在弹出的“Save Changes Before Exiting VERICUT?”对话框中单击Save Checked Files按钮。

Step3．在▼ NC SEQUENCE (NC序列)菜单中选择Done Seq (完成序列)命令。

Step4. 选择下拉菜单 文件(F) → 保存(S) 命令，保存文件。

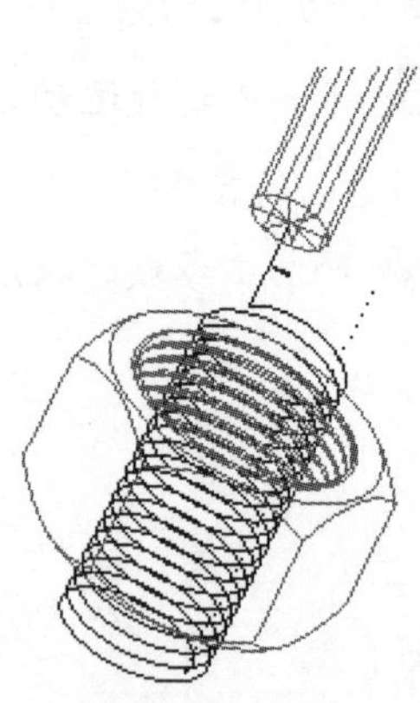

图 4.2.15 刀具路径

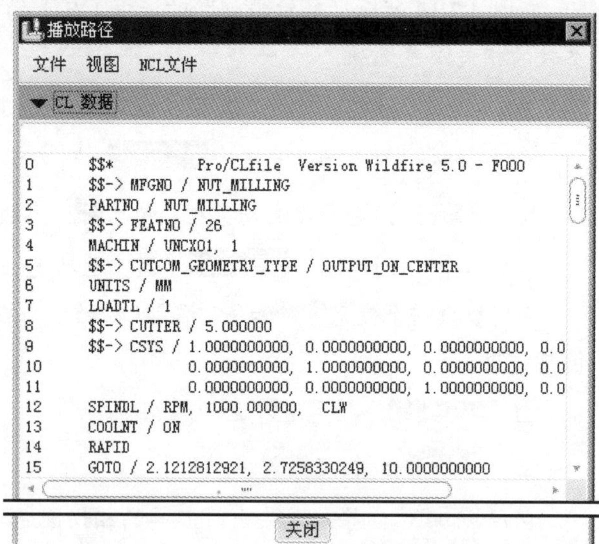

图 4.2.16 查看 CL 数据

4.2.2 外螺纹铣削

本例将通过图 4.2.17 所示的零件模型来介绍外螺纹铣削的一般过程。

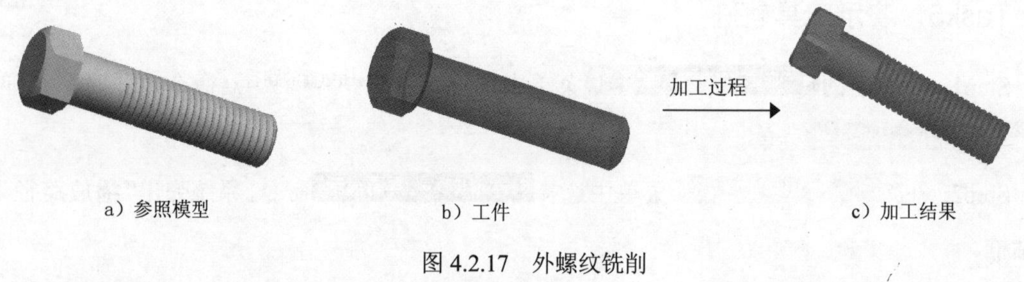

a）参照模型 b）工件 c）加工结果

图 4.2.17 外螺纹铣削

Task1. 新建一个数控制造模型文件

Step1. 设置工作目录。选择下拉菜单 文件(F) → 设置工作目录(W)... 命令，将工作目录设置至 D:\proewf5.9\work\ch04.02.02。

Step2. 在工具栏中单击“新建”按钮。

Step3. 在“新建”对话框中，选中 类型 选项组中的 制造 选项，选中 子类型 选项组中的 NC组件 选项，在 名称 文本框中输入文件名 SCREW_MILLING，取消 使用缺省模板 复选框中的“√”号，单击该对话框中的 确定 按钮。

Step4. 在系统弹出的“新文件选项”对话框中的模板选项组中选取 mmns_mfg_nc 模板，然后在该对话框中单击 确定 按钮。

Task2. 建立制造模型

Stage1. 引入参照模型

Step1. 选择下拉菜单 插入(I) → 参照模型(R) → 装配(A)... 命令，系统弹出"打开"对话框。

Step2. 从弹出的文件"打开"对话框中，选取三维零件模型——screw_milling.prt 作为参照零件模型，并将其打开。

Step3. 在"放置"操控板中选择 缺省 命令，然后单击 ✓ 按钮，此时系统弹出"创建参照模型"对话框，单击此对话框中的 确定 按钮，完成参照模型的放置，放置后如图 4.2.18 所示。

Stage2. 引入工件

Step1. 选择下拉菜单 插入(I) → 工件(W) → 装配(A)... 命令，系统弹出"打开"对话框。

Step2. 从弹出的文件"打开"对话框中，选取三维零件模型——screw_workpiece.prt，并将其打开。

Step3. 在"放置"操控板中选择 缺省 命令，然后单击 ✓ 按钮，此时系统弹出"创建毛坯工件"对话框，单击此对话框中的 确定 按钮，完成毛坯工件的放置，放置后如图 4.2.19 所示。

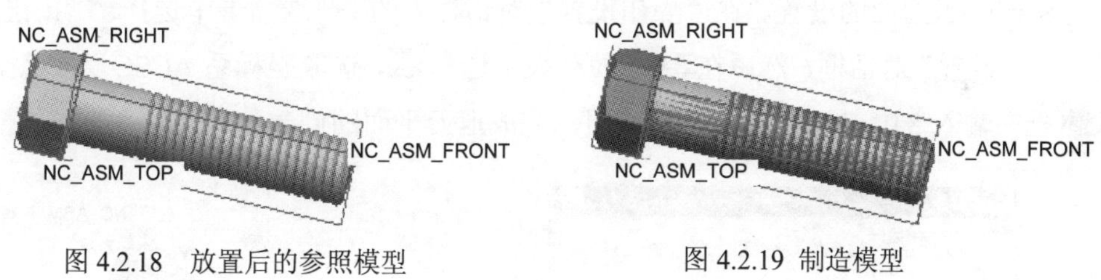

图 4.2.18　放置后的参照模型　　图 4.2.19　制造模型

Task3. 制造设置

Step1. 选择下拉菜单 步骤(S) → 操作(O) 命令，此时系统弹出 "操作设置"对话框。

Step2. 机床设置。单击"操作设置"对话框中的 按钮，弹出"机床设置"对话框，在 机床类型(T) 下拉列表中选择 铣削，在 轴数(X) 下拉列表中选择 3轴。

Step3. 刀具设置。在"机床设置"对话框中的 切削刀具(C) 选项卡中，单击 切削刀具设置 选项组中的 按钮。

Step4. 在弹出的"刀具设定"对话框中设置刀具参数（图 4.2.20），设置完毕后单击 应用 按钮并单击 确定 按钮，在"机床设置"对话框中单击 确定 按钮，返回到"操作设置"对话框。

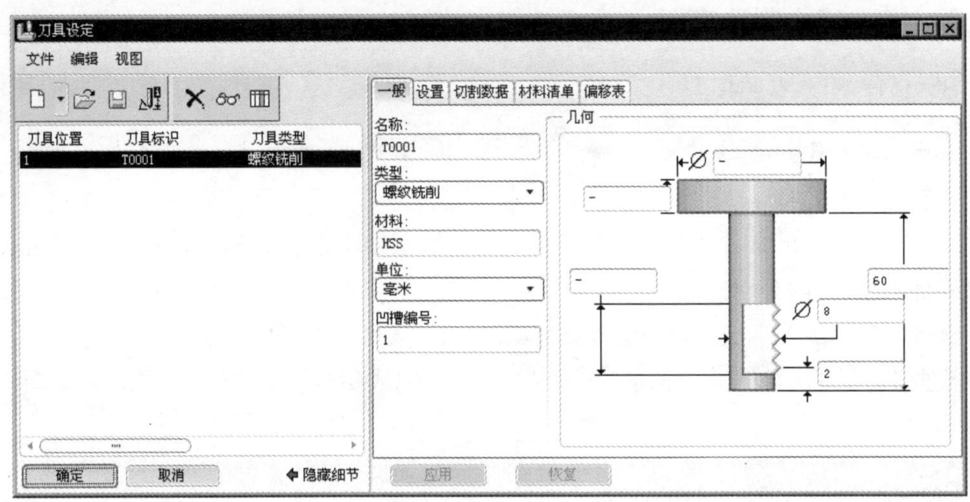

图 4.2.20 “刀具设定”对话框

Step5. 机床坐标系设置。在“操作设置”对话框中的参照选项组中选择按钮，在弹出的MACH CSYS（制造坐标系）菜单中选择Select（选取）命令。

Step6. 选择下拉菜单插入(I) ➡ 模型基准(D) ➡ 坐标系(C)...命令，系统弹出图 4.2.21 所示的“坐标系”对话框。依次选择 NC_ASM_FRONT、NC_ASM_RIGHT 基准面和图 4.2.22 所示的模型表面作为创建坐标系的三个参照平面，单击确定按钮完成坐标系的创建。单击按钮可以察看选取的坐标系。

Step7. 退刀面的设置。在“操作设置”对话框中的退刀选项卡中选择按钮，系统弹出“退刀设置”对话框，然后在类型下拉列表中选取平面，选取坐标系 ACSO 为参照，在“值”文本框中输入 8.0，最后单击确定按钮，完成退刀平面的创建。

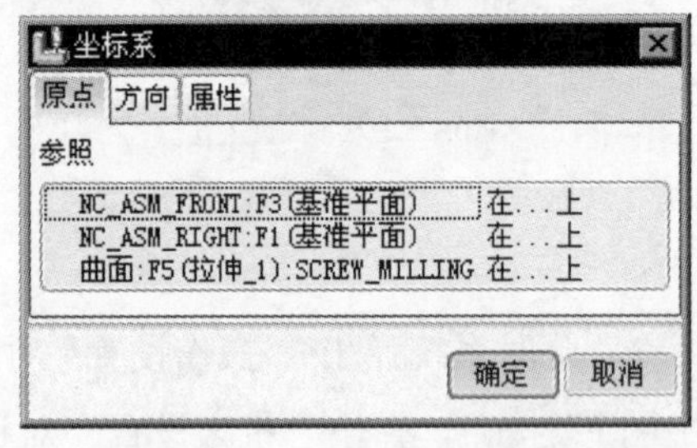

图 4.2.21 “坐标系”对话框

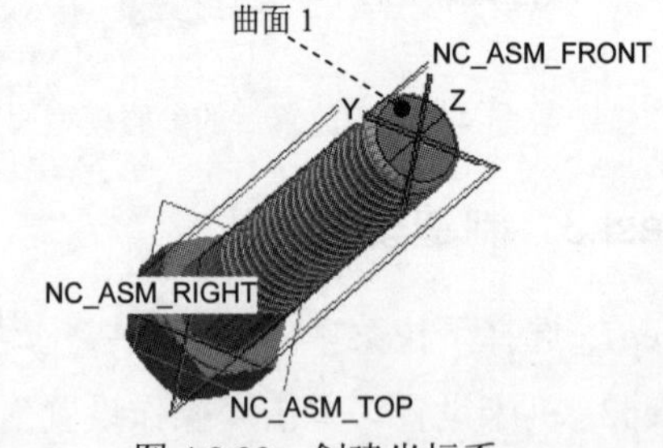

图 4.2.22 创建坐标系

Step8. 在“操作设置”对话框中的退刀选项组中的公差文本框后输入加工的公差值 0.01，完成后单击确定按钮，完成工作机床的设置。

Task4. 加工方法设置

Step1. 选择下拉菜单步骤(S) ➡ 螺纹铣削(H)命令，此时系统弹出“序列设置”菜单。

Step2. 在 SEQ SETUP（序列设置）菜单中选择 Tool（刀具）、Parameters（参数）和 Define Cut（定义切割）复选框，然后选择 Done（完成）命令，在弹出的“刀具设定”对话框中单击 确定 按钮。此时系统弹出编辑序列参数“螺纹铣削”对话框。

Step3. 在编辑序列参数“螺纹铣削”对话框中，设置基本加工参数如图 4.2.23 所示。完成设置后，选择下拉菜单 文件(F) 菜单中的 另存为 命令。接受系统默认的名称，单击“保存副本”对话框中的 确定 按钮，然后再次单击编辑序列参数“螺纹铣削”对话框中的 确定 按钮，完成参数的设置。此时，系统弹出“螺纹铣削”对话框。

Step4. 在系统弹出的“螺纹铣削”对话框中选择 定义螺纹 选项卡，设置加工参数如图 4.2.24 所示。单击“螺纹深度”选项组中的 按钮，弹出“选取”菜单。

Step5. 选择下拉菜单 插入(I) → 模型基准(D) → 平面(L)... 命令，系统弹出“基准平面”对话框，然后选取 NC_ASM_TOP 基准平面为参照，设置约束类型为 偏移，在“平移”文本框中输入偏距值 15，最终结果如图 4.2.25 所示，单击“选取”菜单中的 确定 按钮。

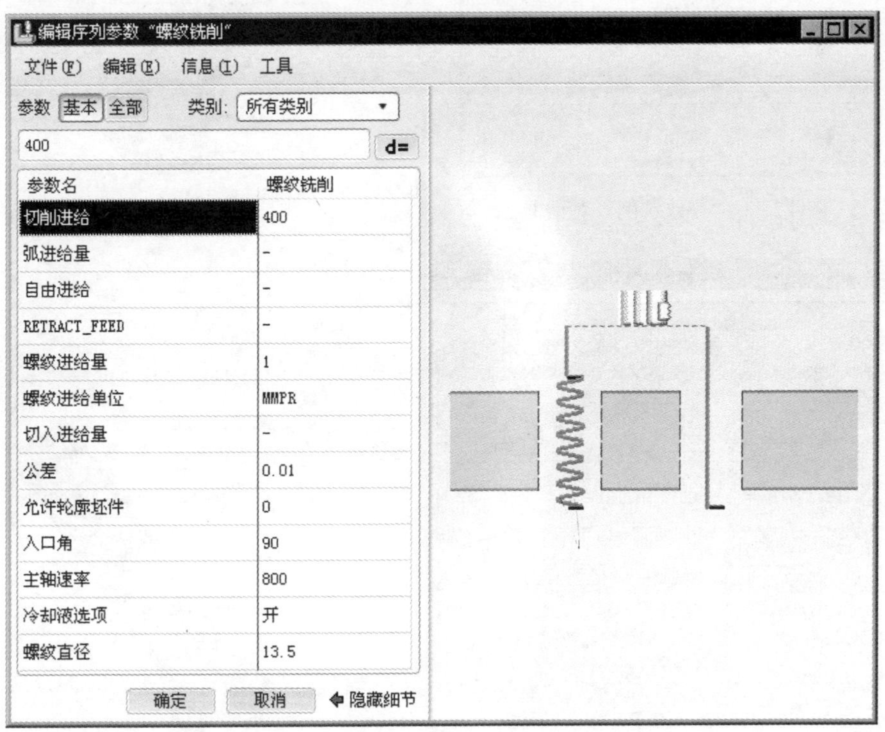

图 4.2.23　编辑序列参数“螺纹铣削”对话框

Step6. 在“螺纹铣削”对话框中选择 放置螺纹 选项卡，在 设置规则依据 选项组中选择 基准轴 选项，如图 4.2.26 所示。然后单击 + 按钮，选取图 4.2.27 所示的轴线 A_2，在“选取”对话框中单击 确定 按钮。

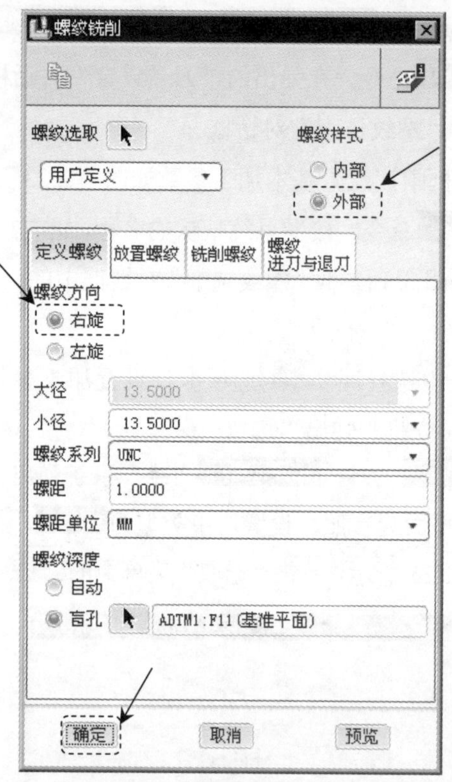

图 4.2.24 “螺纹铣削”对话框

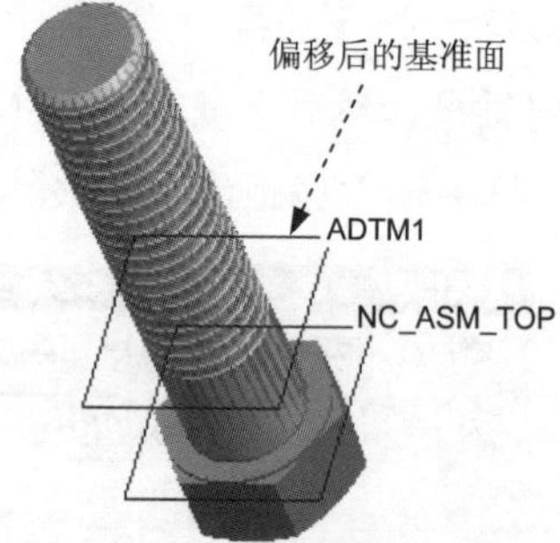

图 4.2.25 创建盲孔终止面

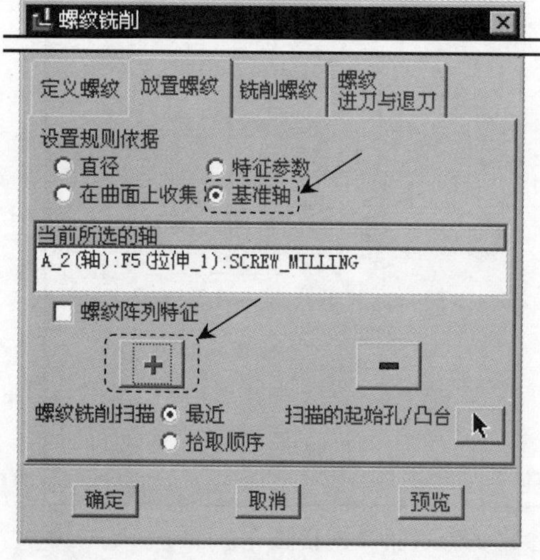

图 4.2.26 “放置螺纹”选项卡

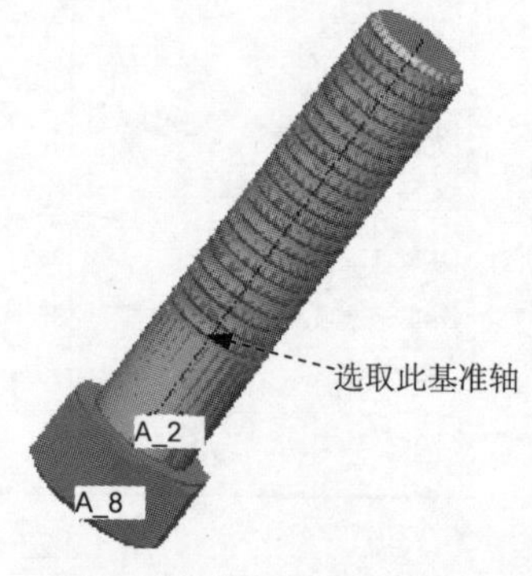

图 4.2.27 选取基准轴

Step7. 在“螺纹铣削”对话框中选择铣削螺纹选项卡，并设置图 4.2.28 所示的参数。

Step8. 在“螺纹铣削”对话框中选择螺纹进刀与退刀选项卡，并设置图 4.2.29 所示的参数，然后单击确定按钮，完成螺纹铣削参数的设定。

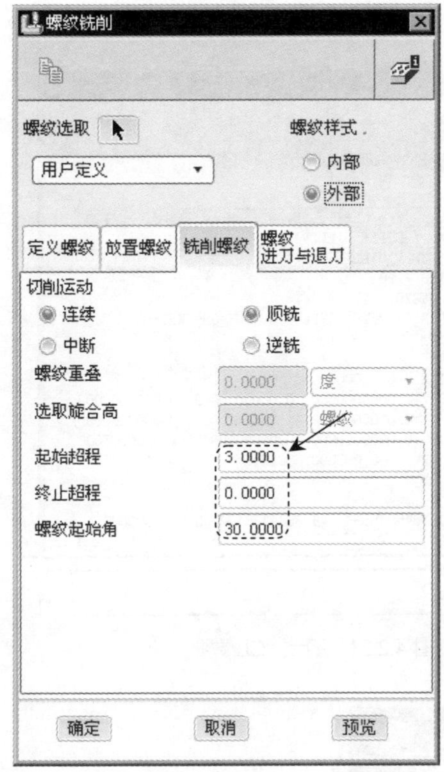

图 4.2.28　“铣削螺纹”选项卡

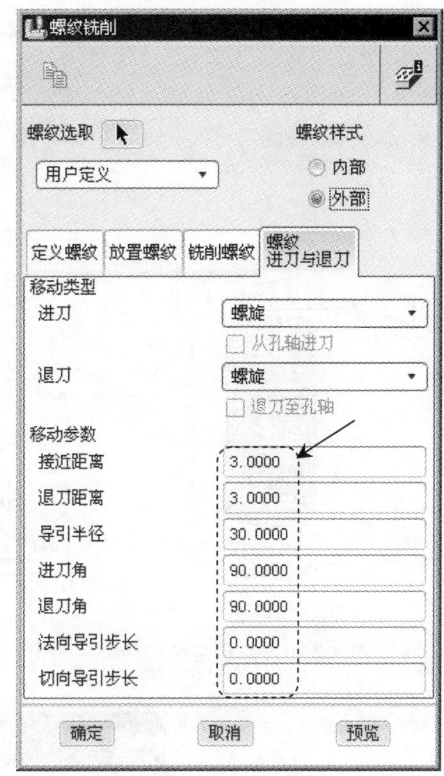

图 4.2.29　“螺纹进刀与退刀”选项卡

Task5．演示刀具轨迹

Step1. 在 ▼ NC SEQUENCE (NC序列) 菜单中选择 Play Path (播放路径) 命令，此时系统弹出 ▼ PLAY PATH (播放路径) 菜单。

Step2. 在 ▼ PLAY PATH (播放路径) 菜单中选择 Screen Play (屏幕演示) 命令，此时弹出“播放路径”对话框。

Step3. 单击“播放路径”对话框中的 ▶ 按钮，可以观察刀具的路径，其刀具路径如图 4.2.30 所示。单击 ▶ CL数据 栏可以查看生成的 CL 数据，如图 4.2.31 所示。

Step4. 演示完成后，单击“播放路径”对话框中的 关闭 按钮。

Task6．观察仿真加工

Step1. 在 ▼ PLAY PATH (播放路径) 菜单中选择 NC Check (NC 检查) 命令。在弹出的“NC 检查结果”对话框中单击按钮，观察刀具切割工件的运行情况，仿真结果如图 4.2.32 所示。

Step2. 演示完成后，单击软件右上角的按钮，在弹出的“Save Changes Before Exiting VERICUT?”对话框中单击 Save Checked Files 按钮。

Step3. 在 ▼ NC SEQUENCE (NC序列) 菜单中依次选择 Done Seq (完成序列) 命令。

Step4. 选择下拉菜单 文件(F) → 保存(S) 命令，保存文件。

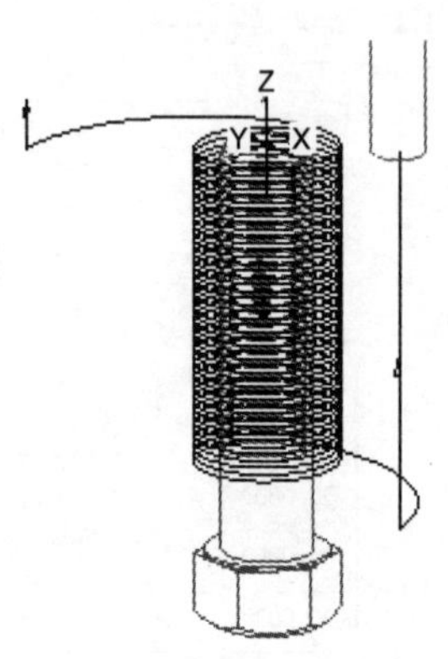

图 4.2.30　刀具路径

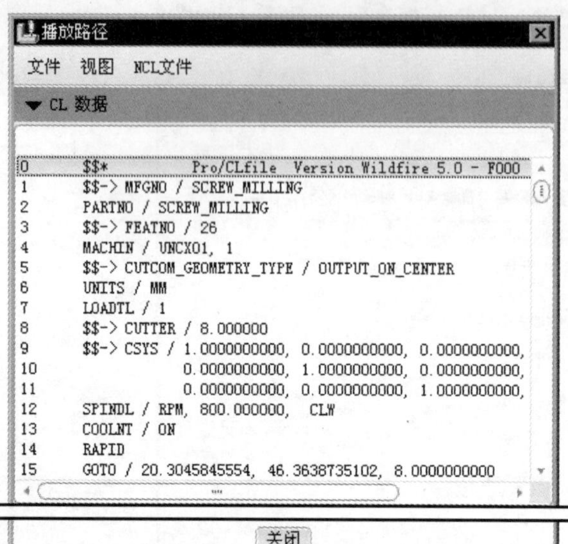

图 4.2.31　查看 CL 数据

图 4.2.32　NC 检测结果

第 5 章　车 削 加 工

本章提要　本章将通过一个典型范例来介绍车削加工的方法，其中包括区域车削、轮廓车削、凹槽车削和螺纹车削。在学过本章之后，希望读者能够熟练掌握一些车削加工方法。

5.1　区 域 车 削

区域车削用于加工用户指定材料的区域。在加工区域中，刀具按照补偿深度增量切除材料。区域加工走刀方式灵活。下面以图 5.1.1 所示的模型为例介绍区域车削的加工过程。

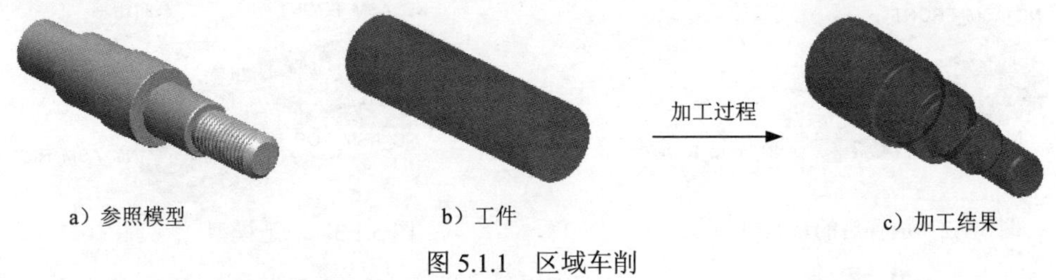

图 5.1.1　区域车削

Task1．新建一个数控制造模型文件

新建一个数控制造模型文件，操作提示如下：

Step1. 设置工作目录。选择下拉菜单 文件(F) → 设置工作目录(W)... 命令，将工作目录设置至 D:\proewf5.9\work\ch05.01\。

Step2. 选择下拉菜单 文件(F) → 新建(N)...，弹出“新建”对话框。

Step3. 在“新建”对话框中，选中 类型 选项组中的 制造 选项，选中 子类型 选项组中的 NC组件 选项，在 名称 文本框中输入文件名 area_turning，取消 使用缺省模板 复选框中的“√”号，单击该对话框中的 确定 按钮。

Step4. 在系统弹出的“新文件选项”对话框的模板选项组中选取 mmns_mfg_nc 模板，然后在该对话框中单击 确定 按钮。

Task2．建立制造模型

Stage1．引入参照模型

Step1. 选取命令。选择下拉菜单 插入(I) → 参照模型(R) → 装配(A)...

命令，系统弹出“打开”对话框。

Step2. 从弹出的“打开”对话框中，选取三维零件模型——tsm.prt 作为参照零件模型，并将其打开。系统弹出“特征”操控板。

Step3. 在“放置”操控板中选择 缺省 命令，然后单击✓按钮，此时系统弹出“创建参照模型”对话框，单击此对话框中的 确定 按钮，完成参照模型的放置，放置后如图 5.1.2 所示。

Stage2. 创建工件

Step1. 选取命令。选择下拉菜单 插入(I) ➡ 工件(W) ➡ 自动工件(W)... 命令，系统弹出“创建工件”操控板。

Step2. 单击操控板中的按钮，然后在模型树中选取 NC_ASM_DEF_CSYS 以作为放置毛坯工件的原点，然后单击操控板中的 选项 按钮，在 总直径 文本框中输入 35.0，然后单击回车键，单击操控板中的✓按钮，完成工件的创建如图 5.1.3 所示。

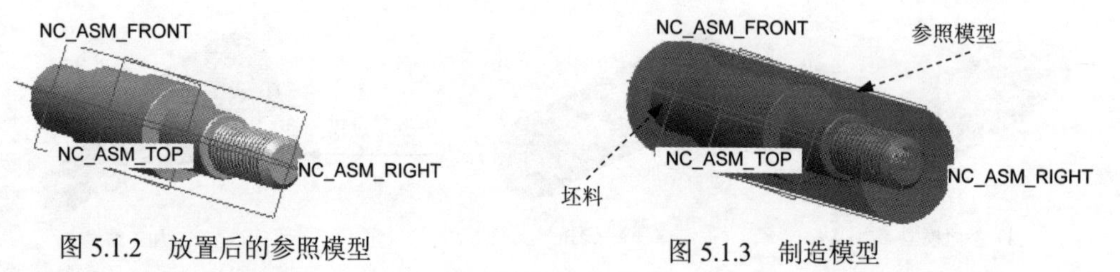

图 5.1.2 放置后的参照模型　　　　图 5.1.3 制造模型

Task3. 制造设置

Step1. 选取命令。选择下拉菜单 步骤(S) ➡ 操作(O) 命令，此时系统弹出“操作设置”对话框。

Step2. 机床设置。单击“操作设置”对话框中的按钮，系统弹出“机床设置”对话框。在 机床类型(T) 下拉列表中选择 车床，在 转塔数(U) 下拉列表中选择 1个塔台，如图 5.1.4 所示。

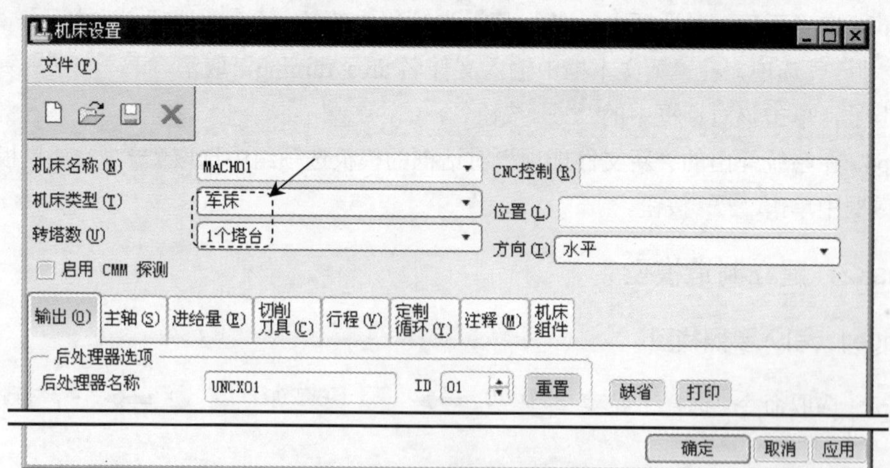

图 5.1.4 “机床设置”对话框

Step3. 刀具设置。在“机床设置”对话框中的切削刀具(C)选项卡中，单击切削刀具设置选项组中的按钮。

Step4. 在弹出的“刀具设定”对话框中，设置刀具参数如图 5.1.5 所示，单击“刀具设定”对话框中的 应用 按钮，然后单击 确定 按钮，返回到“机床设置”对话框。

Step5. 在“机床设置”对话框中单击 确定 按钮，完成机床设置，返回“操作设置”对话框。

Step6. 机床坐标系的设置。在“操作设置”对话框中的参照选项组中单击按钮，在弹出的▼ MACH CSYS（制造坐标系）菜单中选择 Select（选取）命令。

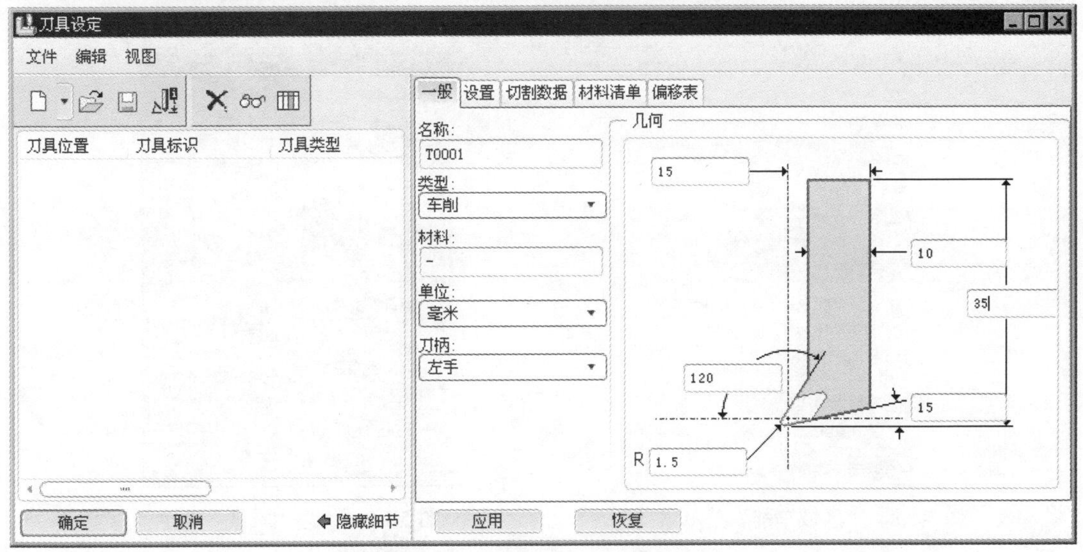

图 5.1.5　“刀具设定”对话框

Step7. 选择下拉菜单中 插入(I) → 模型基准(D) → 坐标系(C)...，弹出“坐标系”对话框，如图 5.1.6 所示。按住 Ctrl 键依次选择 NC_ASM_RIGHT、NC_ASM_FRONT 基准面和图 5.1.7 所示的曲面 1 为三个参照平面，单击 确定 按钮完成坐标系的创建。单击按钮可以查看选取的坐标系。

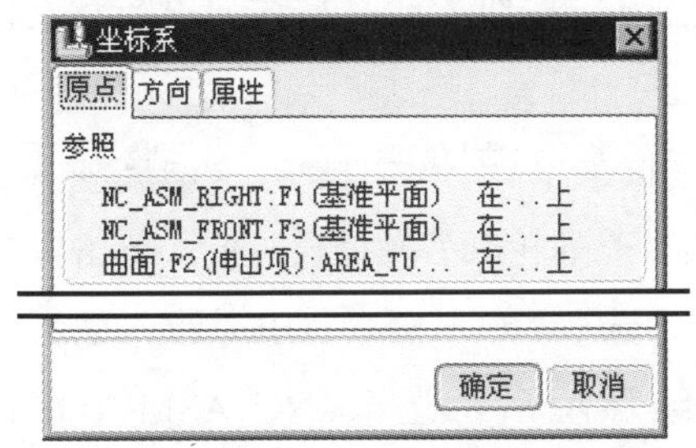

图 5.1.6　“坐标系”对话框

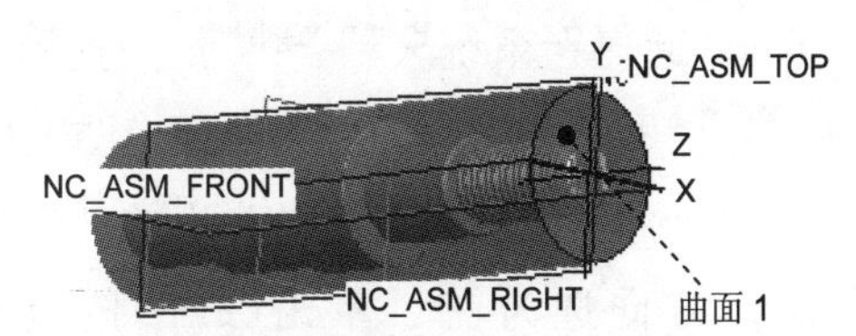

图 5.1.7　创建坐标系

Step8. 退刀面的设置。在“操作设置”对话框中的退刀选项卡中选择按钮，系统弹出“退刀设置”对话框，然后在类型下拉列表中选取平面选项，选取坐标系 ACS1 为参照，在值文本框中输入 20.0，然后单击回车键，最后单击确定按钮，完成退刀平面的创建。

Step9. 在“操作设置”对话框的公差文本框中输入加工的公差值 0.05，然后单击确定按钮。

Task4. 加工方法设置

Step1. 选择下拉菜单 步骤(S) ➡ 区域车削(A) 命令，如图 5.1.8 所示，此时系统弹出“序列设置”菜单。

Step2. 在系统弹出的▼ SEQ SETUP (序列设置)菜单中选择图 5.1.9 所示的复选框，然后选择 Done (完成)命令。

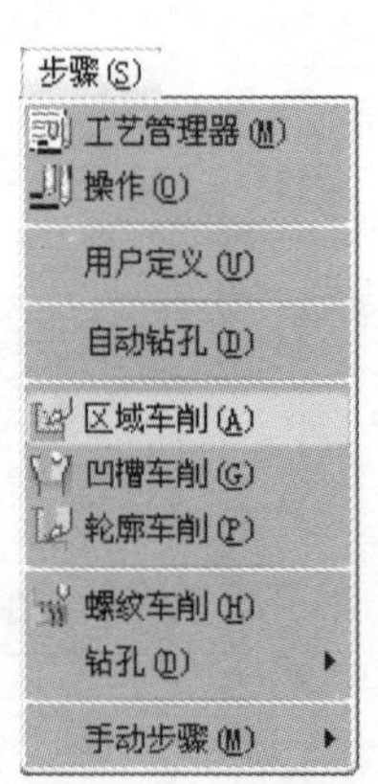

图 5.1.8 “区域车削”菜单

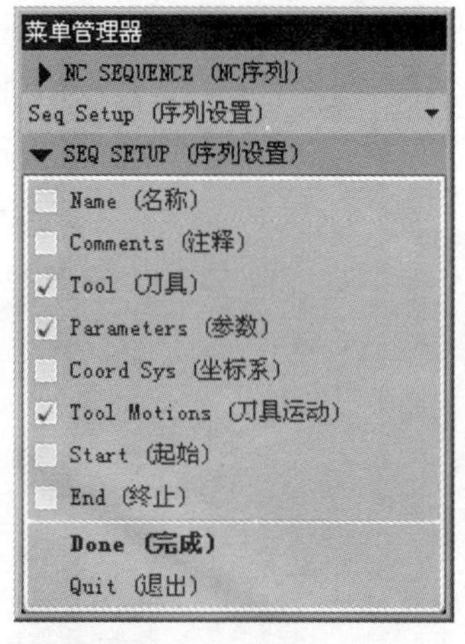

图 5.1.9 “序列设置”菜单

Step3. 在系统弹出的“刀具设定”对话框中单击确定按钮。

Step4. 在系统弹出的“编辑序列参数‘区域车削’”对话框中设置基本的加工参数，如图 5.1.10 所示，选择下拉菜单 文件(F) 菜单中的另存为命令。将文件命名为 milprm01，单击“保存副本”对话框中的确定按钮，然后再次单击编辑序列参数“区域车削”对话框中的确定按钮，完成参数的设置，此时系统弹出图 5.1.11 所示的“刀具运动”对话框。

Step5. 在系统弹出的“刀具运动”对话框中单击插入按钮，此时系统弹出图 5.1.12 所示的“区域车削切削”对话框（一）。

Step6. 此时在系统◆选取车削轮廓.的提示下，选择下拉菜单 插入(I) ➡ 制造几何(G) ➡ 车削轮廓(P)... 命令，系统弹出图 5.1.13 所示的“车削轮廓”操控板，依次单击操控板中的 ➡ 按钮，系统弹出的“草绘”对话框，选取 NC_ASM_TOP 基准平面为草绘参照，方向选为左。单击草绘按钮，进入草绘环境后，选取 NC_ASM_TOP、NC_ASM_RIGHT 基准平面为草绘参照。绘制图 5.1.14 所示截面草绘。

说明：绘制截面草图时可将毛坯隐藏，截面草图都是沿着模型的轮廓线。

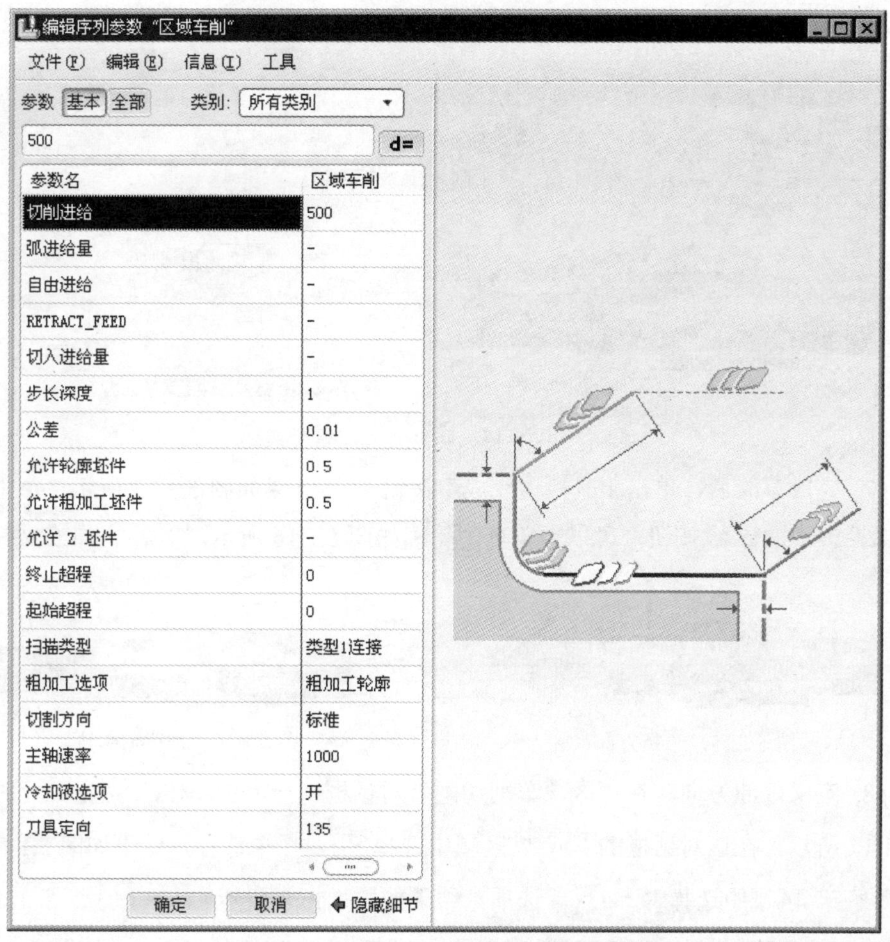

图 5.1.10　“编辑序列参数‘区域车削’”对话框

图 5.1.11　“刀具运动”对话框

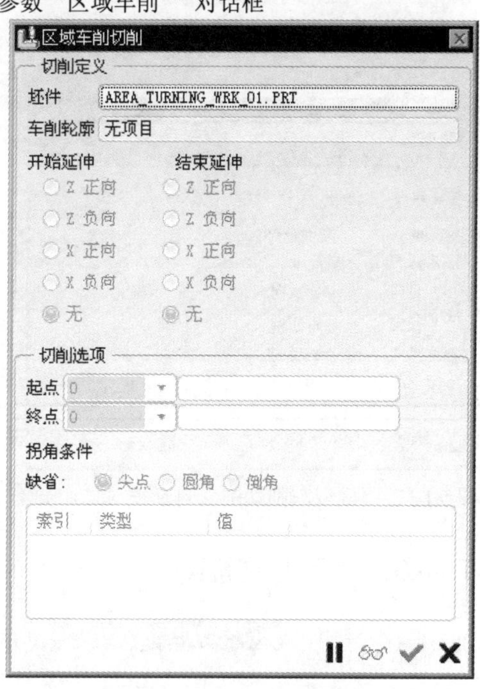

图 5.1.12　“区域车削切削”对话框（一）

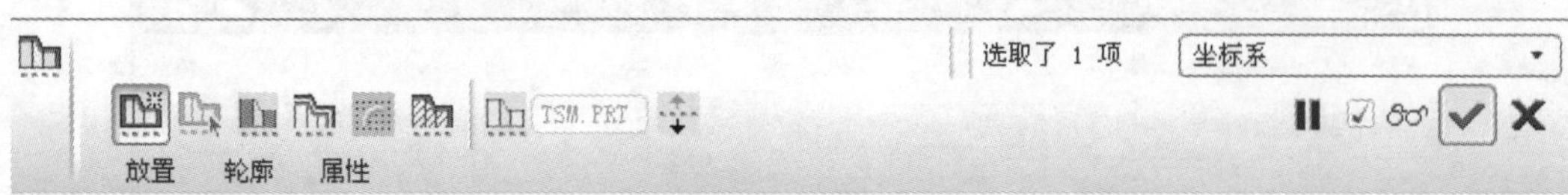

图 5.1.13　“车削轮廓”操控板

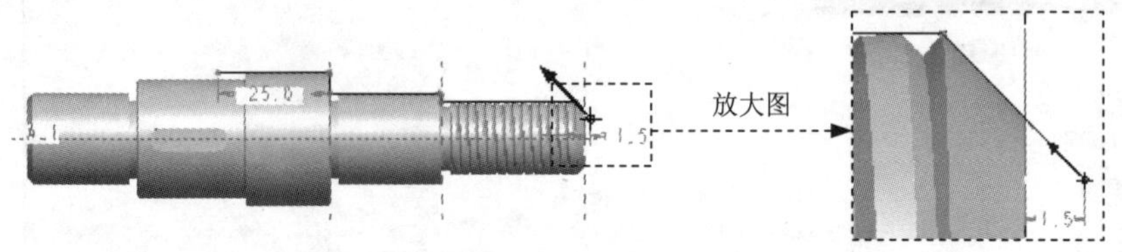

图 5.1.14　截面草图

Step7. 完成草绘后，单击工具栏“完成”按钮✔，结果如图 5.1.15 所示。单击“车削轮廓”操控板中的☑ 𝟞𝟞按钮，可以预览车削轮廓如图 5.1.16 所示，然后单击✔按钮。

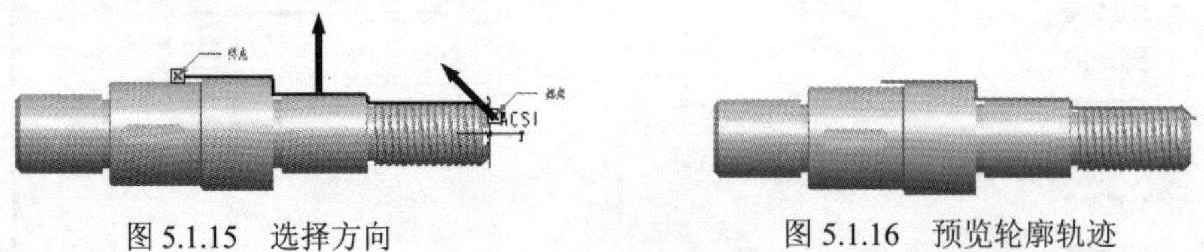

图 5.1.15　选择方向　　　　图 5.1.16　预览轮廓轨迹

Step8. 定义延伸方向。在“区域车削切削”对话框（一）中单击▶按钮，此时对话框如图 5.1.17 所示，在该对话框的开始延伸区域中选择◉ X 正向单选项，结果如图 5.1.18 所示，然后在结束延伸区域中选择◉ X 正向单选项，结果如图 5.1.19 所示。

Step9 在“区域车削切削”对话框（二）中单击✔按钮，然后在“刀具运动”对话框中单击确定按钮，完成车削轮廓的设置。

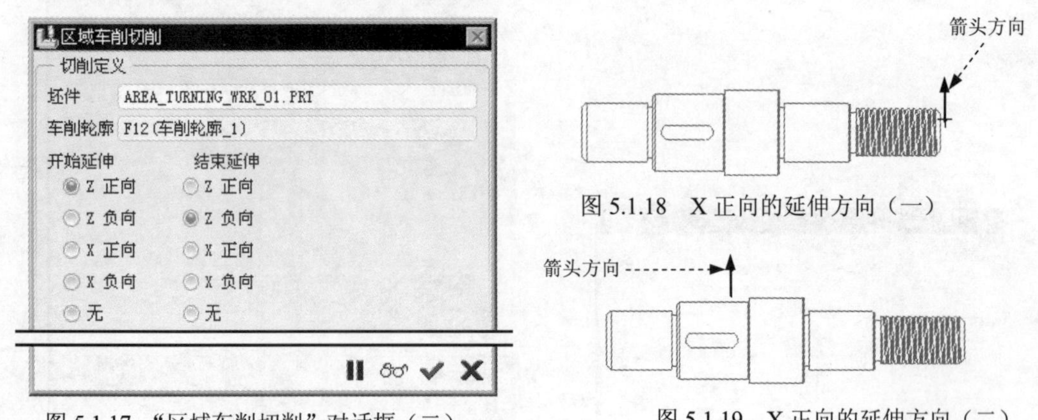

图 5.1.17　“区域车削切削”对话框（二）

图 5.1.18　X 正向的延伸方向（一）

图 5.1.19　X 正向的延伸方向（二）

Task5. 演示刀具轨迹

Step1. 在弹出的▼ NC SEQUENCE（NC序列）菜单中选择 Play Path（播放路径）命令，此时系统弹出▼ PLAY PATH (播放路径)菜单。

Step2. 在▼ PLAY PATH (播放路径)菜单中选择Screen Play (屏幕演示)命令，弹出“播放路径”对话框。

Step3. 单击“播放路径”对话框中的▶按钮，观测刀具的路径，如图 5.1.20 所示。单击▶ CL数据栏打开窗口查看生成的 CL 数据，其 CL 数据如图 5.1.21 所示。

Step4. 演示完成后，单击“播放路径”对话框中的关闭按钮。

Task6. 加工仿真

Step1. 在▼ PLAY PATH (播放路径)菜单中选择NC Check (NC 检查)命令。观察刀具切割工件的运行情况，在弹出的“NC 检查结果”对话框中单击按钮，运行结果如图 5.1.22 所示。

注意：在此步骤操作前应先将毛坯显示出来。

Step2. 演示完成后，单击软件右上角的按钮，在弹出的“Save Changes Before Exiting VERICUT?”对话框中单击Save Checked Files按钮，关闭仿真软件。

Step3. 在▼ NC SEQUENCE (NC序列)菜单中选取Done Seq (完成序列)命令。

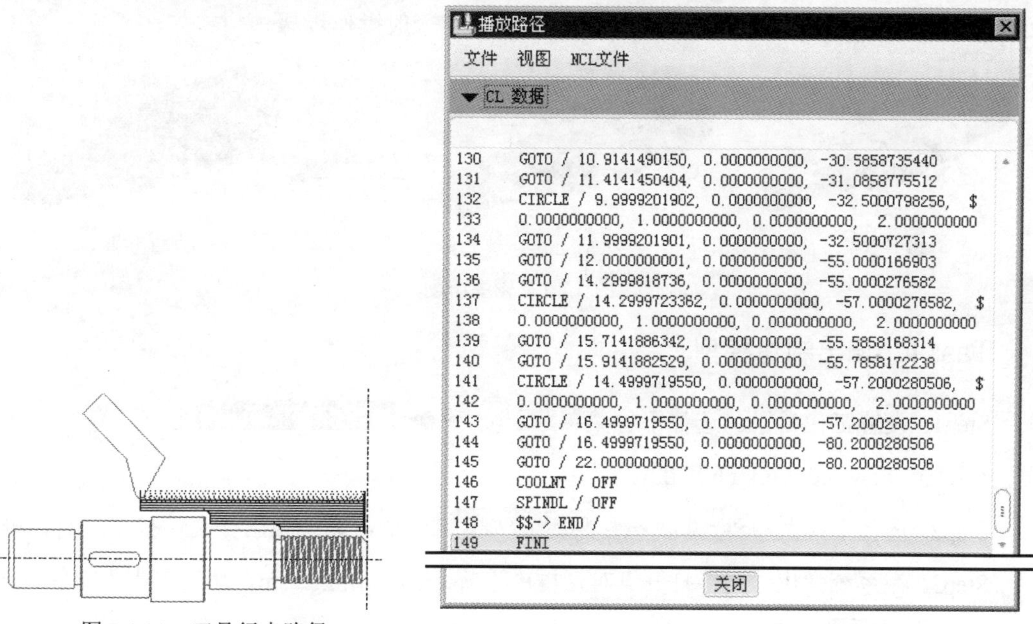

图 5.1.20　刀具行走路径　　图 5.1.21　CL 数据

Task7. 切减材料

Step1. 选取命令。选择下拉菜单插入(I) ➡ 材料去除切削(V)命令，系统弹出▼ NC序列列表菜单，然后在此菜单中选择 1: 区域车削, 操作: OP010，此时系统弹出▼ MAT REMOVAL (材料删除)菜单。

Step2. 在弹出▼ MAT REMOVAL (材料删除)菜单中选择Automatic (自动) ➡ Done (完成)命令，

此时系统弹出“相交元件”对话框和“选取”对话框。

Step3. 在模型树中选取工件——AREA_TURNING_WRK_01，然后选择“相交元件”对话框中的 确定 按钮，完成材料切减，切减后的模型如图 5.1.23 所示。

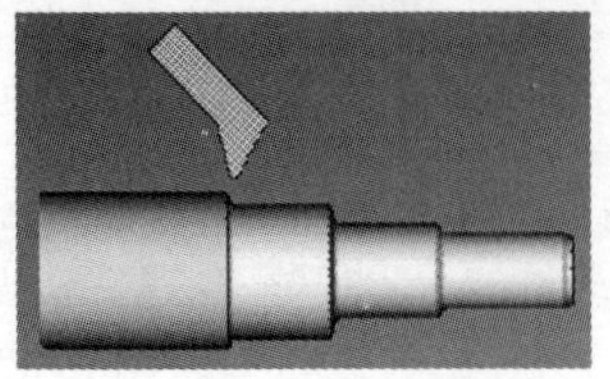

图 5.1.22　运行结果

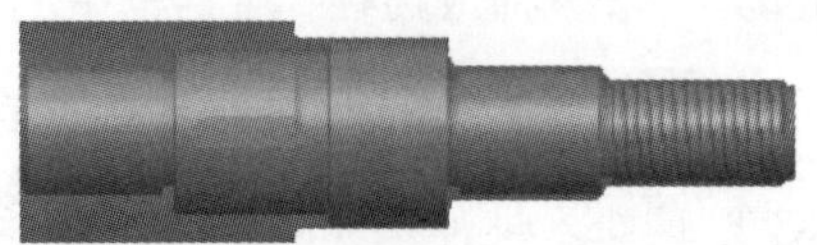

图 5.1.23　切减材料后的模型

Step4. 在 文件(F) 菜单中选择 保存(S) 命令，保存文件。

5.2　轮 廓 车 削

在车削加工中，轮廓加工主要用于车削回转体零件的外形轮廓。在加工中需要通过对话框指定加工零件的外形轮廓，刀具将沿着指定的轮廓一次走刀完成所有轮廓的加工。下面以图 5.2.1 所示的模型为例来说明轮廓车削加工的一般操作步骤。

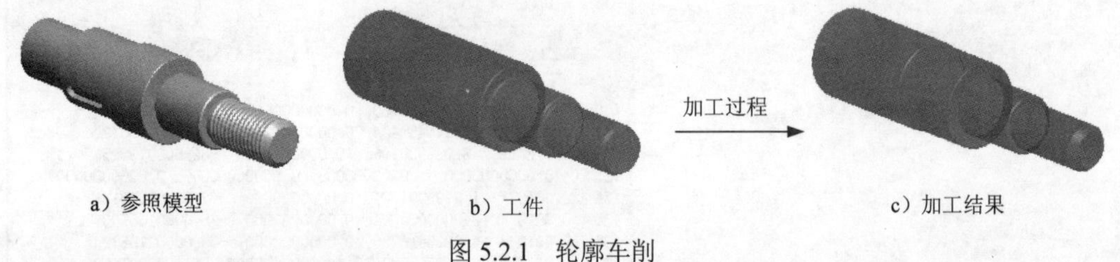

a）参照模型　　b）工件　　c）加工结果

图 5.2.1　轮廓车削

Task1. 调出制造模型

Step1. 设置工作目录。选择下拉菜单 文件(F) → 设置工作目录(W)... 命令，将工作目录设置至 D:\proewf5.9\work\ch05.02\。

Step2. 选择下拉菜单 文件(F) → 打开(O)... 命令，系统弹出“文件打开”对话框。

Step3. 在系统弹出“文件打开”对话框中选择 area_turning.asm，然后单击“文件打开”对话框中的 打开 按钮，将文件打开。

Task2. 加工方法设置

Step1. 选择下拉菜单 步骤(S) → 轮廓车削(P) 命令，此时系统弹出“序列设置”菜单。

Step2. 在弹出的 ▼ SEQ SETUP (序列设置) 菜单中选择 ☑ Tool (刀具)、☑ Parameters (参数) 和 ☑ Tool Motions (刀具运动) 复选框，然后选择 Done (完成) 命令。在弹出的“刀具设定”对话框

中选择下拉菜单 文件 → 新建 命令，然后设置图 5.2.2 所示的刀具参数，依次单击 应用 和 确定 按钮。

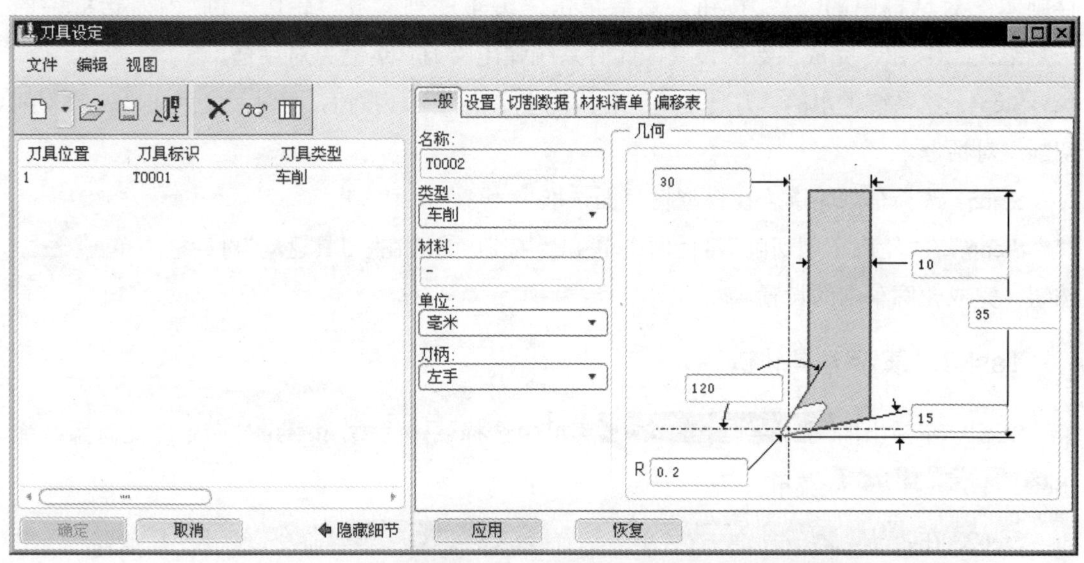

图 5.2.2　“刀具设定”对话框

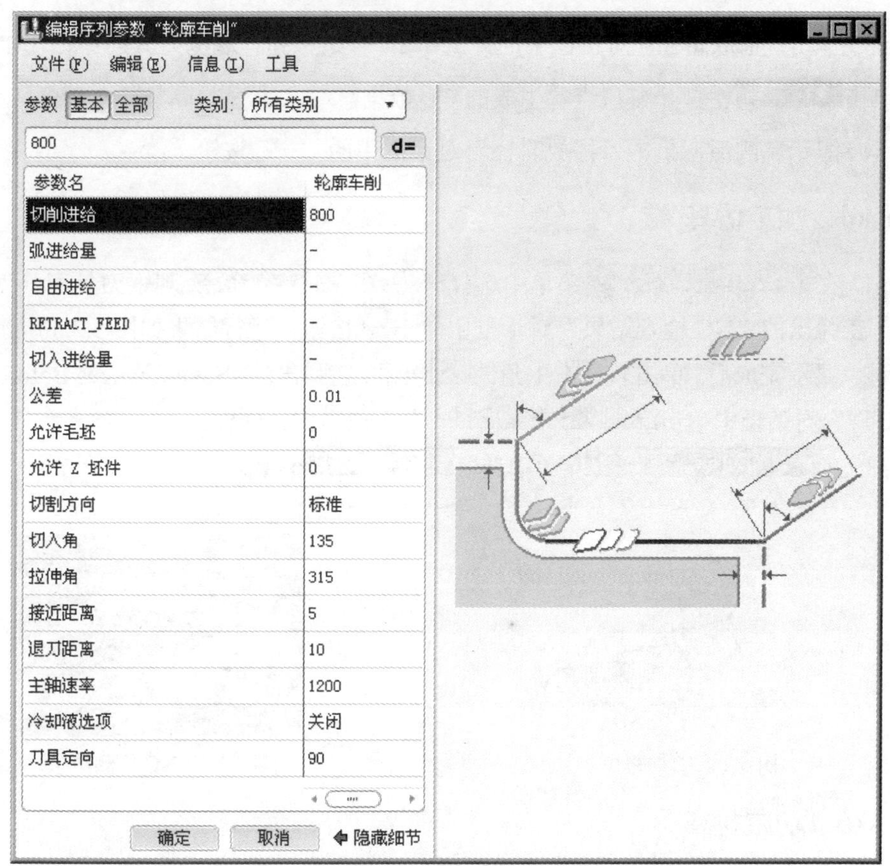

图 5.2.3　“编辑序列参数‘轮廓车削’”对话框

Step3. 在系统弹出的“编辑序列参数‘轮廓车削’”对话框中设置基本的加工参数，如图 5.2.3 所示，选择下拉菜单 文件(F) 菜单中的另存为命令。将文件命名为 milprm02，单击“保存副本”对话框中的确定按钮，然后单击“编辑序列参数‘轮廓车削’”对话框中的确定按钮，完成参数的设置，此时系统弹出“刀具运动”对话框。

Step4. 在系统弹出的“刀具运动”对话框中单击插入按钮，此时系统弹出“轮廓车削切削”对话框。

Step5. 选择车削轮廓。在模型树里面选取车削轮廓 1 [车削轮廓]。

Step6. 在“轮廓车削切削”对话框中单击✓按钮，然后在“刀具运动”对话框中单击确定按钮，完成轮廓车削的设置。

Task3．演示刀具轨迹

Step1. 在弹出的▼ NC SEQUENCE (NC序列)菜单中选择 Play Path (播放路径) 命令，此时系统弹出▼ PLAY PATH (播放路径)菜单。

Step2. 在▼ PLAY PATH (播放路径)菜单中选择Screen Play (屏幕演示)命令，弹出“播放路径”对话框。

Step3. 单击“播放路径”对话框中的▶按钮，观测刀具的路径，如图 5.2.4 所示。单击▶ CL数据栏打开窗口查看生成的 CL 数据。

Step4. 演示完成后，单击“播放路径”对话框中的关闭按钮。

Task4．加工仿真

Step1. 在▼ PLAY PATH (播放路径)菜单中选择 NC Check (NC 检查) 命令。观察刀具切割工件的运行情况，在弹出的“NC 检查结果”对话框中单击按钮，运行结果如图 5.2.5 所示。

Step2. 演示完成后，单击软件右上角的☒按钮，在弹出的“Save Changes Before Exiting VERICUT?”对话框中单击Save Checked Files按钮，关闭仿真软件。

Step3. 在▼ NC SEQUENCE (NC序列)菜单中选取Done Seq (完成序列)命令。

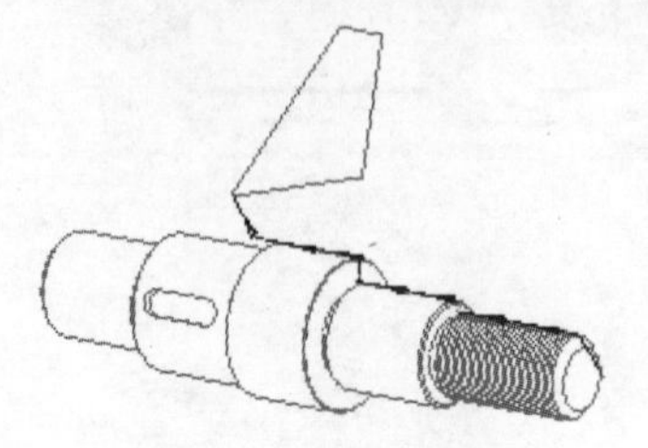

图 5.2.4 刀具路径

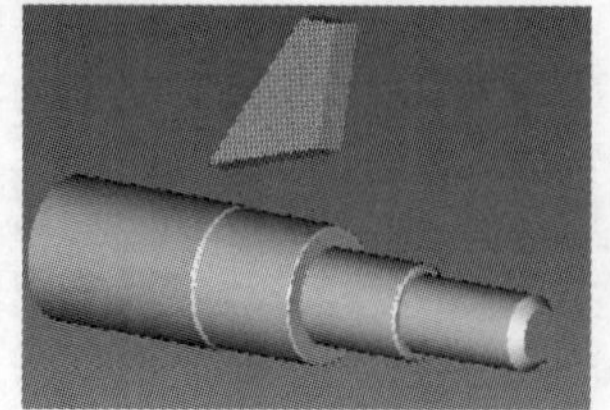

图 5.2.5 NC 检测结果

Task5．切减材料

Step1. 选取命令。选择下拉菜单 插入(I) ➡ 材料去除切削(V) 命令，系统弹出▼ NC序列列表菜单，然后在此菜单中选择 2: 轮廓车削, 操作: OP010 ，此时系统弹出 MAT REMOVAL (材料删除) 菜单。

Step2. 在弹出 MAT REMOVAL (材料删除) 菜单中选择 Automatic (自动) → Done (完成) 命令，此时系统弹出“相交元件”对话框和“选取”对话框。

Step3. 在“相交元件”对话框中单击 自动添加 按钮和 ≡ 按钮，然后选择“相交元件”对话框中的 确定 按钮，完成材料切减。

Step4. 在 文件(F) 下拉菜单中选择 保存(S) 命令，保存文件。

5.3 凹 槽 车 削

凹槽车削主要用于加工棒料的凹槽部分。加工凹槽时，刀具切割工件时是垂直于回转体轴线进行切割的，凹槽切削用的刀具两侧都有切削刃，且刀具控制点在左侧刀尖半径的中心，故可对凹槽两侧同时进行车削。

下面以图 5.3.1 所示的模型为例来说明凹槽车削加工的一般操作步骤。

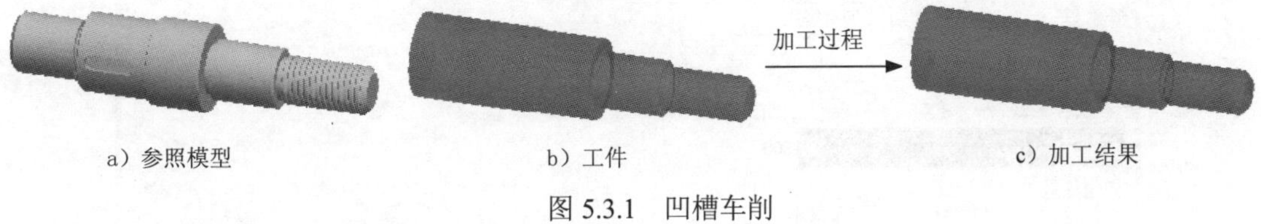

图 5.3.1 凹槽车削

Task1. 调出制造模型

Step1. 设置工作目录。选择下拉菜单 文件(F) → 设置工作目录(W)... 命令，将工作目录设置至 D:\proewf5.9\work\ch05.03\。

Step2. 选择下拉菜单 文件(F) → 打开(O)... 命令，系统弹出“文件打开”对话框。

Step3. 在系统弹出“文件打开”对话框中选择“area_turning.asm”，然后单击“文件打开”对话框中的 打开 按钮，将文件打开。

Task2. 加工方法设置

Step1. 选择下拉菜单 步骤(S) → 凹槽车削(G) 命令，此时系统弹出“序列设置”菜单。

Step2. 在弹出的 SEQ SETUP (序列设置) 菜单中选择 Tool (刀具) 、 Parameters (参数) 和 Tool Motions (刀具运动) 复选框，然后选择 Done (完成) 命令。在弹出的“刀具设定”对话框中选择下拉菜单 文件 → 新建 命令，然后设置图 5.3.2 所示的刀具参数，依次单击应用和确定按钮。

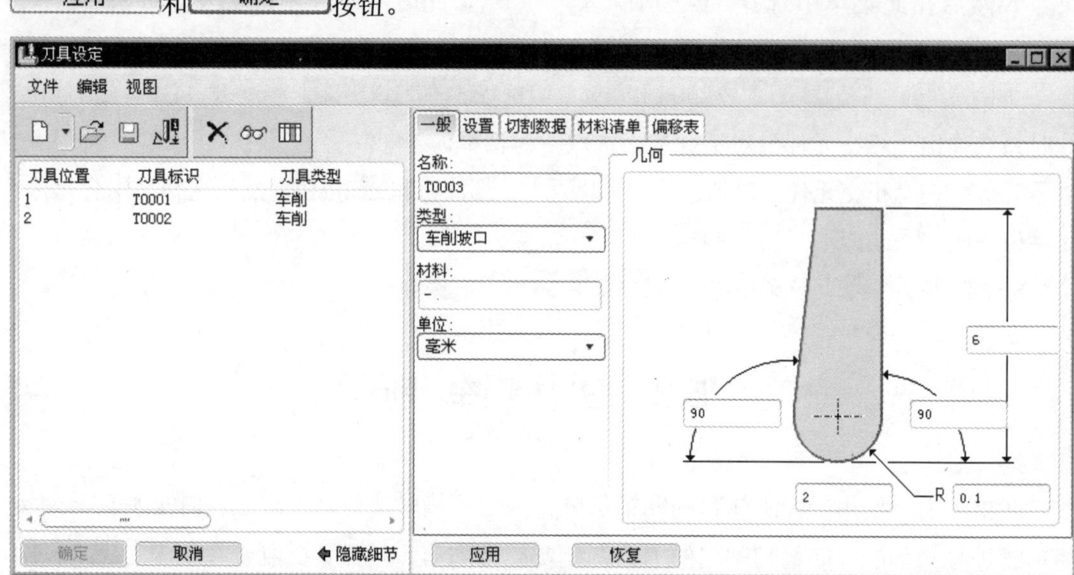

图 5.3.2 “刀具设定”对话框

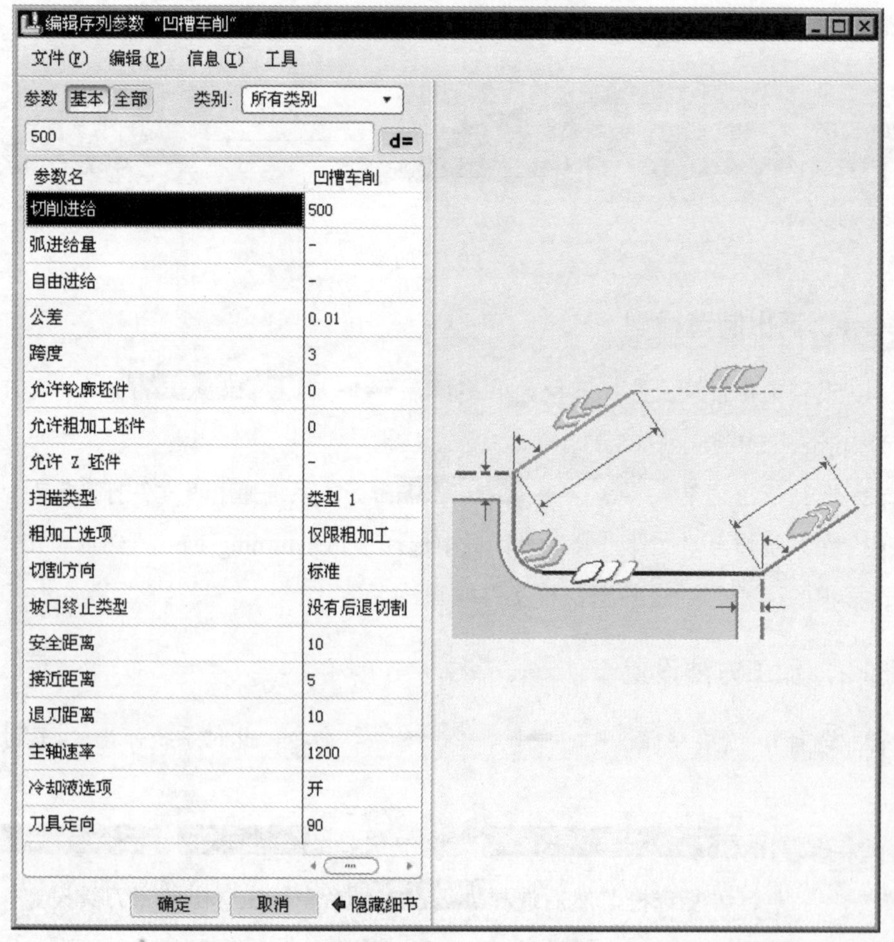

图 5.3.3 “编辑序列参数‘凹槽车削’”对话框

Step3. 在系统弹出的“编辑序列参数‘凹槽车削’”对话框中设置基本的加工参数，如图 5.3.3 所示，选择下拉菜单 文件(F) 菜单中的另存为命令。将文件命名为 milprm03，单击“保存副本”对话框中的确定按钮，然后单击编辑序列参数“轮廓车削”对话框中的确定按钮，完成参数的设置，此时系统弹出“刀具运动”对话框。

Step4. 在系统弹出的“刀具运动”对话框中单击插入按钮，此时系统弹出“凹槽车削切削”对话框。

Step5. 此时在系统➡选取车削轮廓.的提示下，选择下拉菜单 插入(I) ➡ 制造几何(G) ➡ 车削轮廓(P)... 命令，系统弹出图 5.3.4 所示的“车削轮廓”操控板，依次单击操控板中的 ➡ 按钮，系统弹出的“草绘”对话框，选取 NC_ASM_TOP 基准平面为草绘参照，方向选为左。单击草绘按钮，进入草绘环境后，选取 NC_ASM_TOP、NC_ASM_RIGHT 基准平面为草绘参照。绘制图 5.3.5 所示的截面草绘。

说明：绘制截面草图时可将毛坯隐藏。

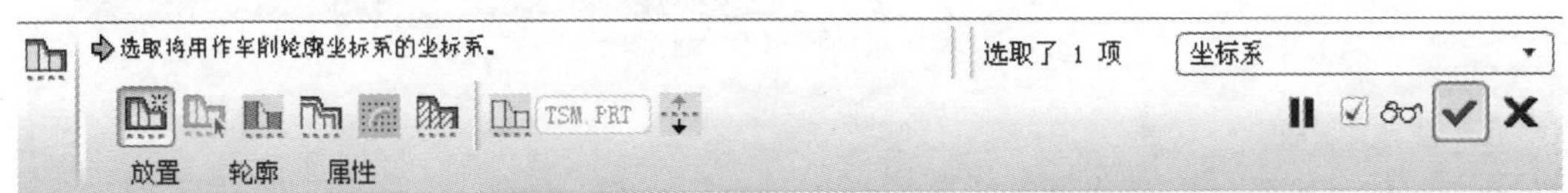

图 5.3.4　“车削轮廓”操控板

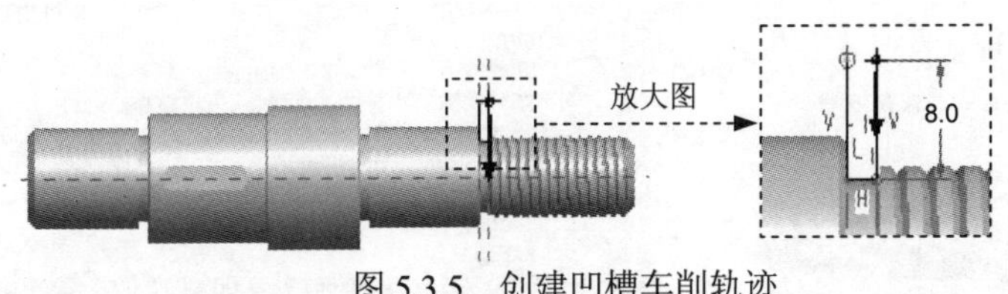

图 5.3.5　创建凹槽车削轨迹

Step6. 完成草绘后，单击工具栏“完成”按钮✔，结果如图 5.3.6 所示。单击“车削轮廓”操控板中的☑δσ按钮，可以预览车削轮廓如图 5.3.7 所示，然后单击✔按钮。

Step7. 定义延伸方向。在“凹槽车削切削”对话框中单击▶按钮，此时对话框如图 5.3.8 所示，在该对话框的 开始延伸 区域中选择 ◉ X 正向 单选项，结果如图 5.3.9 所示，然后在 结束延伸 区域中选择 ◉ X 正向 单选项，结果如图 5.3.10 所示。

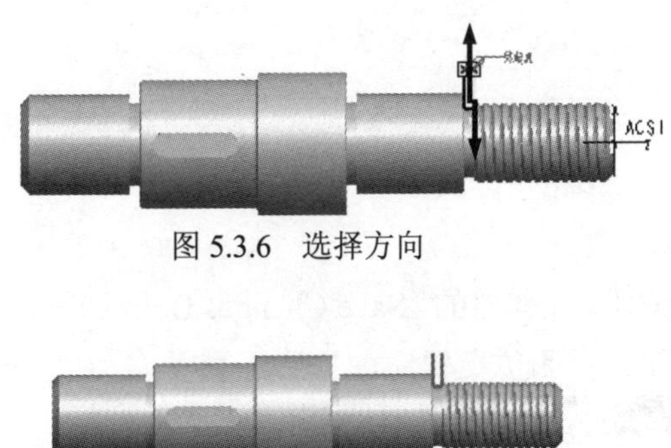

图 5.3.6　选择方向

图 5.3.7　预览轮廓轨迹

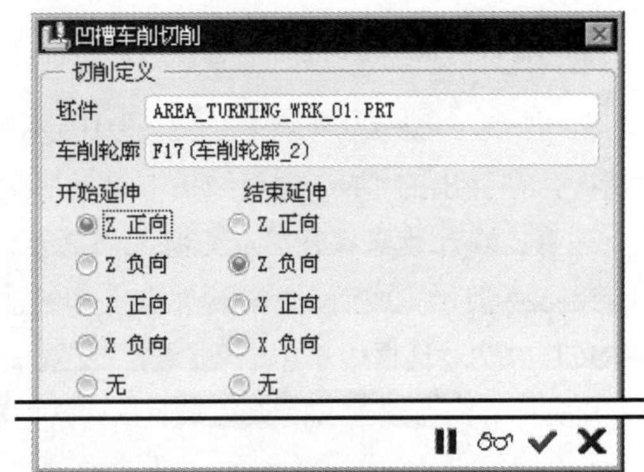

图 5.3.8　“凹槽车削切削”对话框

Step8. 在“凹槽车削切削”对话框中单击✔按钮，然后在“刀具运动”对话框中单击 确定 按钮，完成凹槽轮廓的设置。

Task3. 演示刀具轨迹

Step1. 在系统弹出的 ▼ NC SEQUENCE (NC序列) 菜单中选择 Play Path (播放路径) 命令，系统弹出 ▼ PLAY PATH (播放路径) 菜单。

Step2. 在 ▼ PLAY PATH (播放路径) 菜单中选择 Screen Play (屏幕演示) 命令，系统弹出“播放路径”对话框。

Step3. 单击“播放路径”对话框中的 ▶ 按钮，观测刀具的路径，其刀具路径如图 5.3.11 所示。单击 ▶ CL数据 栏可以打开窗口查看生成的 CL 数据，如图 5.3.12 所示。

Step4. 演示完成后，单击“播放路径”对话框中的 关闭 按钮。

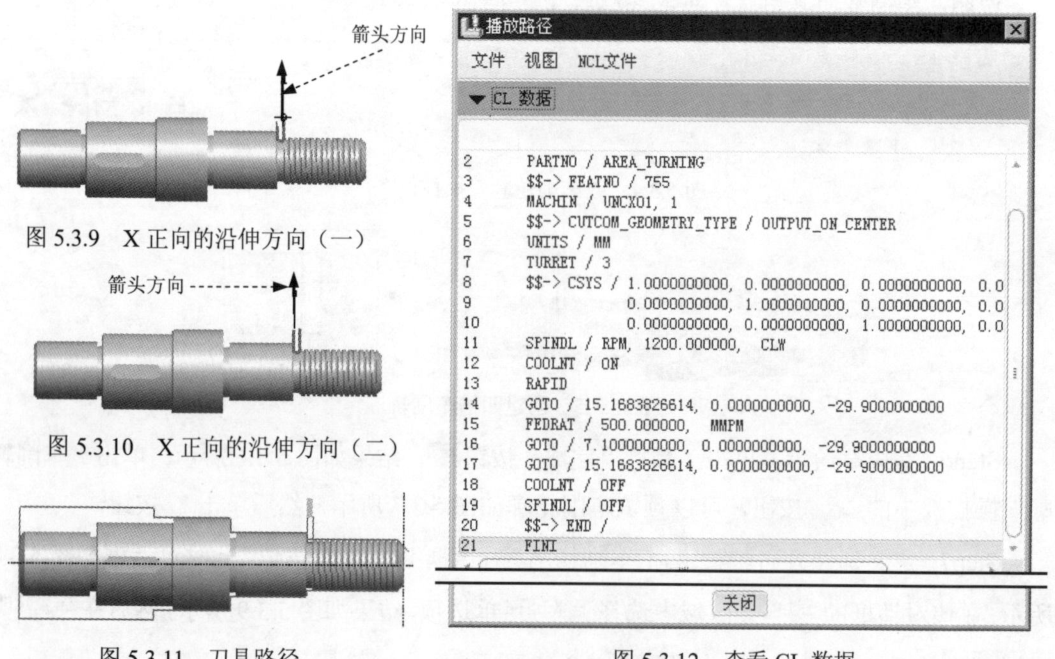

图 5.3.9 X 正向的沿伸方向（一）

图 5.3.10 X 正向的沿伸方向（二）

图 5.3.11 刀具路径

图 5.3.12 查看 CL 数据

Task4. 加工仿真

Step1. 在 ▼ PLAY PATH (播放路径) 菜单中选择 NC Check (NC 检查) 命令，观察刀具切割工件的运行情况，在弹出的“NC 检查结果”对话框中单击按钮。

注意：在此步骤操作前应先将毛坯显示出来。

Step2. 演示完成后，单击软件右上角的 ☒ 按钮，在弹出的“Save Changes Before Exiting VERICUT?”对话框中单击 Save Checked Files 按钮，关闭仿真软件。

Step3. 在 ▼ NC SEQUENCE (NC序列) 菜单中选取 Done Seq (完成序列) 命令。

Step4. 在文件(F)下拉菜单中选择保存(S)命令，保存文件。

5.4　外螺纹车削

螺纹 NC 序列用于在数控车床上切削螺纹。螺纹可以是外螺纹和内螺纹，也可以是不通的或贯通的。此 NC 序列不从屏幕上的工件切除任何材料，然而会产生适当的刀具轨迹。通过草绘第一刀具运动（对外螺纹为外径，对内螺纹为内径），定义“螺纹 NC”序列。最后的螺纹深度用“螺纹进给”（THREAD_FEED）参数计算。Pro/NC 支持 ISO 标准螺纹输出，也支持“AI 宏”输出。可参照在“零件”模式中创建的现有“螺纹”修饰特征的几何。这对不通螺纹尤其方便。

下面以图 5.4.1 所示的模型为例来介绍外螺纹车削加工的一般操作步骤。

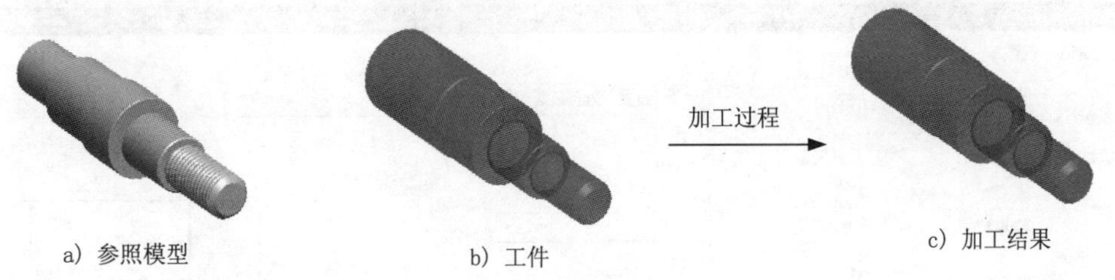

a）参照模型　　b）工件　　c）加工结果

图 5.4.1　外螺纹车削

Task1．调出制造模型

Step1. 设置工作目录。选择下拉菜单文件(F) ➡ 设置工作目录(W)...命令，将工作目录设置至 D:\proewf5.9\work\ch05.04\。

Step2. 选择下拉菜单文件(F) ➡ 打开(O)...，从弹出的“文件打开”对话框中，选取三维零件模型——area_turning.asm 作为制造零件模型，并将其打开。此时工作区中显示图 5.4.2 所示的制造模型。

Task2．加工方法设置

Step1. 选择下拉菜单步骤(S) ➡ 螺纹车削(H)命令，此时系统弹出“螺纹类型”菜单。

Step2. 在弹出的▼ THREAD TYPE (螺纹类型)菜单中，依次选择Unified (统一) ➡ Outside (外侧) ➡ AI Macro (AI宏) ➡ Done (完成)命令。

Step3. 在▼ SEQ SETUP (序列设置)菜单中选择图 5.4.3 所示的复选框，然后选择Done (完成)命令。

Step4. 在弹出的“刀具设定”对话框中选择下拉菜单文件 ➡ 新建命令，然后设置图 5.4.4 所示的刀具参数，依次单击应用和确定按钮，系统弹出“编辑序列参数‘螺纹车削’”对话框。

图 5.4.2　制造模型

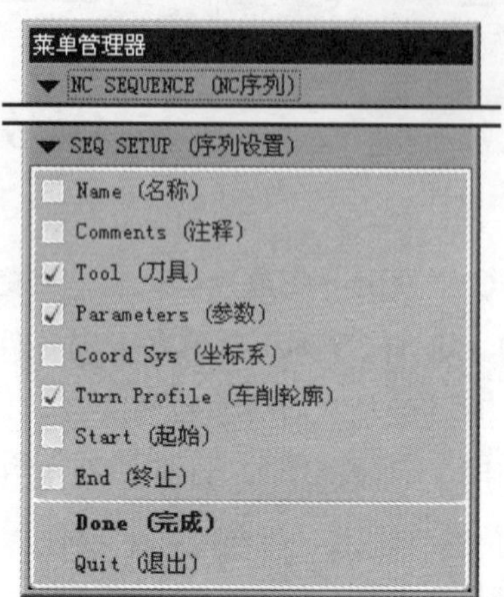

图 5.4.3 “序列设置”菜单

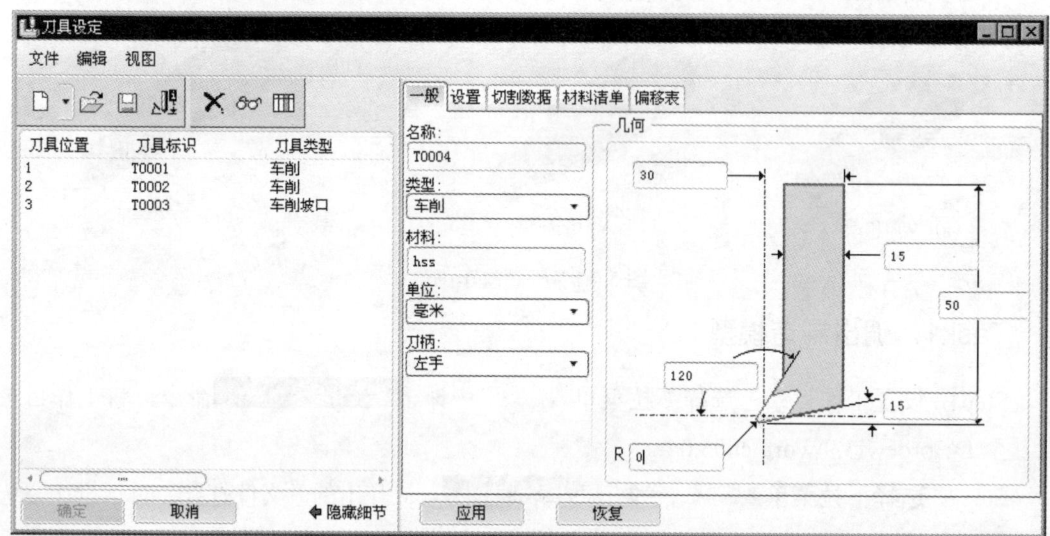

图 5.4.4 “刀具设定”对话框

Step5. 在“编辑序列参数‘螺纹车削’”对话框中设置基本加工参数，如图 5.4.5 所示。完成参数设置后，选择下拉菜单 文件(F) 菜单中的另存为命令。将文件命名为 milprm04，单击“保存副本”对话框中的确定按钮，然后再次单击“编辑序列参数‘螺纹车削’”对话框中的确定按钮，完成参数的设置，此时系统弹出“车削轮廓”菜单和“选取”对话框。

Step6. 在系统➪选取或创建车削轮廓.的提示下，选择下拉菜单插入(I) ➡ 制造几何(G) ➡ 车削轮廓(P)... 命令，系统弹出图 5.4.6 所示的“车削轮廓”操控板，依次单击操控板中的 ➡ 按钮，系统弹出的“草绘”对话框，选取 NC_ASM_TOP 基准平面为草绘参照，方向选为左。单击草绘按钮，进入草绘环境后，选取 NC_ASM_TOP、NC_ASM_RIGHT 基准平面为草绘参照，绘制如图 5.4.7 所示的截面草绘。

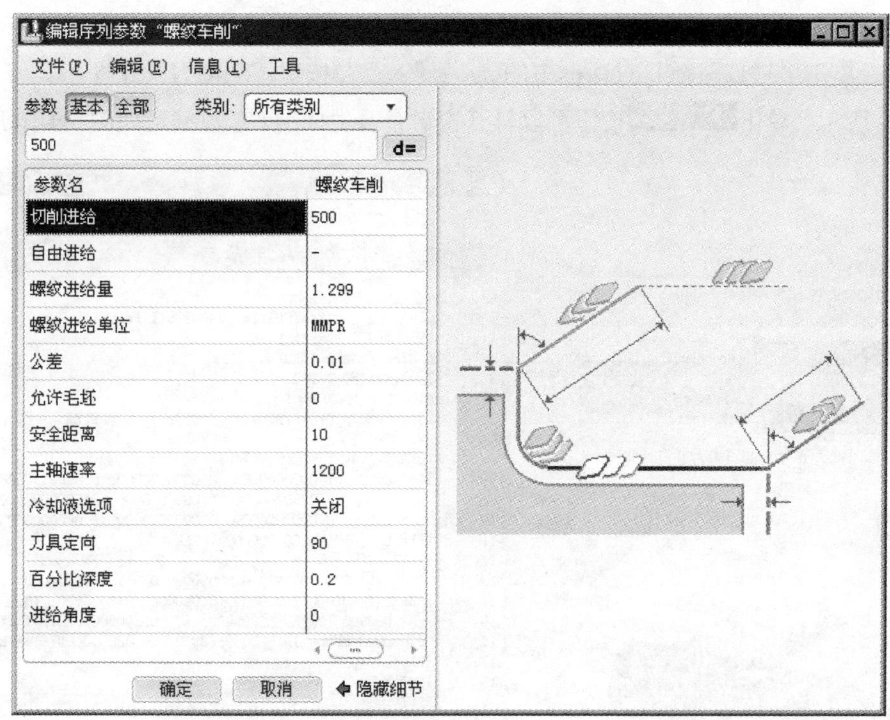

图 5.4.5　“编辑序列参数‘螺纹车削’”对话框

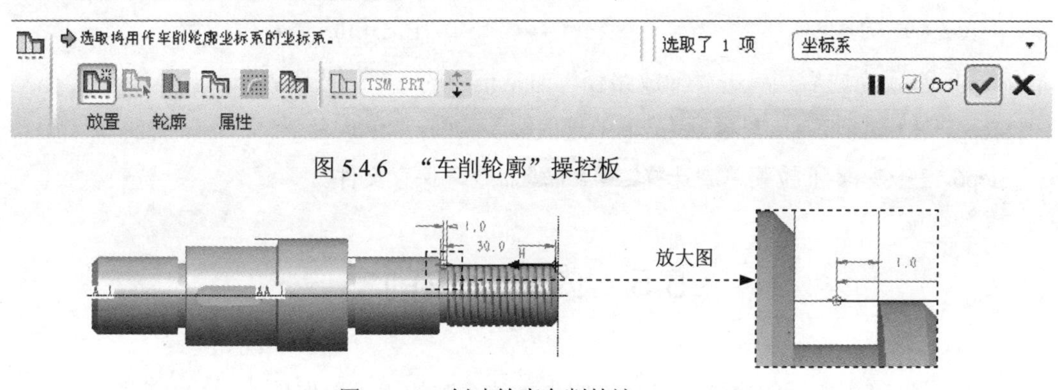

图 5.4.6　“车削轮廓”操控板

图 5.4.7　创建轮廓车削轨迹

Step7. 完成草绘后，单击工具栏“完成”按钮，在操控板中单击按钮设置要移除的材料侧，结果如图 5.4.8 所示。单击“车削轮廓”操控板中的按钮，可以预览车削轮廓，然后单击按钮。

Task3. 演示刀具轨迹

Step1. 在弹出的▼ NC SEQUENCE (NC序列)菜单中选择 Play Path (播放路径) 命令，此时系统弹出▼ PLAY PATH (播放路径)菜单。

Step2. 在▼ PLAY PATH (播放路径)菜单中选择Screen Play (屏幕演示)命令，弹出“播放路径”对话框。

Step3. 单击“播放路径”对话框中的 ▶ 按钮，观测刀具路径，其刀具路径如图 5.4.9 所示。单击 ▶ CL数据 按钮可以打开窗口查看生成的 CL 数据，如图 5.4.10 所示。

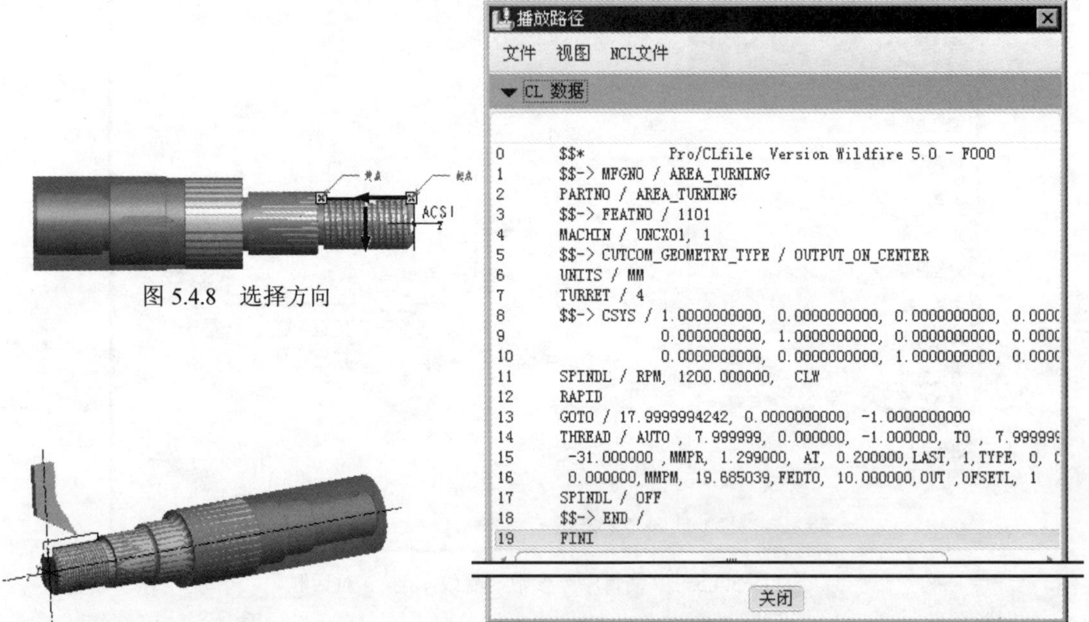

图 5.4.8　选择方向

图 5.4.9　刀具路径

图 5.4.10　查看 CL 数据

Step4. 演示完成后，单击“播放路径”对话框中的 关闭 按钮。

Step5. 在 ▼ NC SEQUENCE (NC序列) 菜单中选取 Done Seq (完成序列) 命令。

Step6. 在 文件(F) 下拉菜单中选择 保存(S) 命令，保存文件。

5.5　内螺纹车削

下面以图 5.5.1 所示的模型为例来说明内螺纹车削的一般操作步骤。

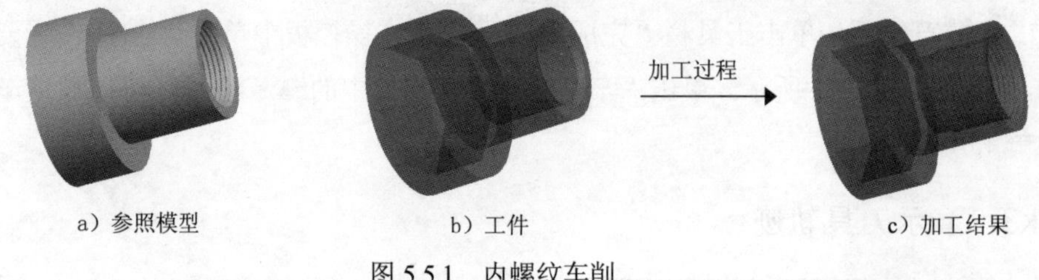

a）参照模型　　b）工件　　c）加工结果

图 5.5.1　内螺纹车削

Task1. 新建一个数控制造模型文件

新建一个数控制造模型文件，操作提示如下：

Step1. 设置工作目录。选择下拉菜单文件(F) → 设置工作目录(W)... 命令，将工作目录设置至 D:\proewf5.9\work\ch05.05。

Step2. 在工具栏中单击“新建”按钮，弹出“新建”对话框。

Step3. 在“新建”对话框中，选中类型选项组中的 ◉ 制造 选项，选中子类型选项组中的 ◉ NC组件 选项，在名称文本框中输入文件名 screw-cap_turning，取消 使用缺省模板 复选框中的“√”号，单击该对话框中的确定按钮。

Step4. 在系统弹出的“新文件选项”对话框中的模板选项组中选取 mmns_mfg_nc 模板，然后在该对话框中单击确定按钮。

Task2. 建立制造模型

Stage1. 引入参照模型

Step1. 选取命令。选择下拉菜单插入(I) → 参照模型(R) → 装配(A)... 命令，系统弹出“打开”对话框。

Step2. 从弹出的“打开”对话框中，选取零件模型——screw-cap_turning.prt 作为参照零件模型，并将其打开。

Step3. 在“放置”操控板中选择缺省命令，然后单击✓按钮，此时系统弹出“创建参照模型”对话框，单击此对话框中的确定按钮，完成参照模型的放置，放置后如图 5.5.2 所示。

Stage2. 引入工件

Step1. 选取命令。选择下拉菜单插入(I) → 工件(W) → 装配(A)... 命令。

Step2. 从弹出的文件“打开”对话框中，选取零件模型——screw-cap_workpiece.prt，并将其打开。

Step3. 在“放置”操控板中选择缺省命令，然后单击✓按钮，此时系统弹出“创建毛坯工件”对话框，单击此对话框中的确定按钮，完成毛坯工件的放置，放置后如图 5.5.3 所示。

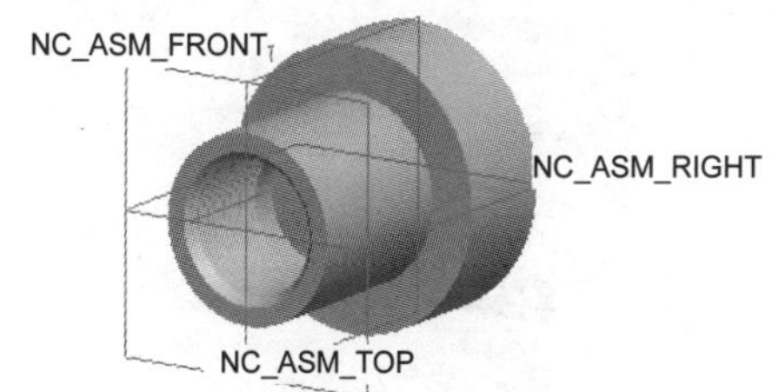

图 5.5.2　放置后的参照模型

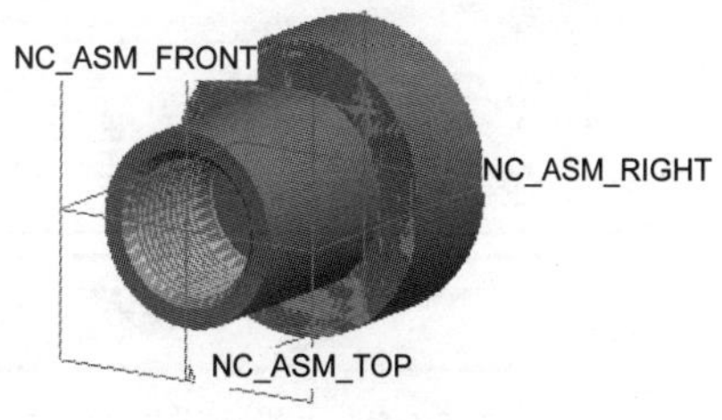

图 5.5.3　制造模型

Task3. 制造设置

Step1. 选取命令。选择下拉菜单 步骤(S) → 操作(O) 命令，此时系统弹出“操作设置”对话框。

Step2. 机床设置。单击“操作设置”对话框中的 按钮，系统弹出“机床设置”对话框。在 机床类型(T) 下拉列表中选择 车床，在 转塔数(U) 下拉列表中选择 1个塔台，如图 5.5.4 所示。

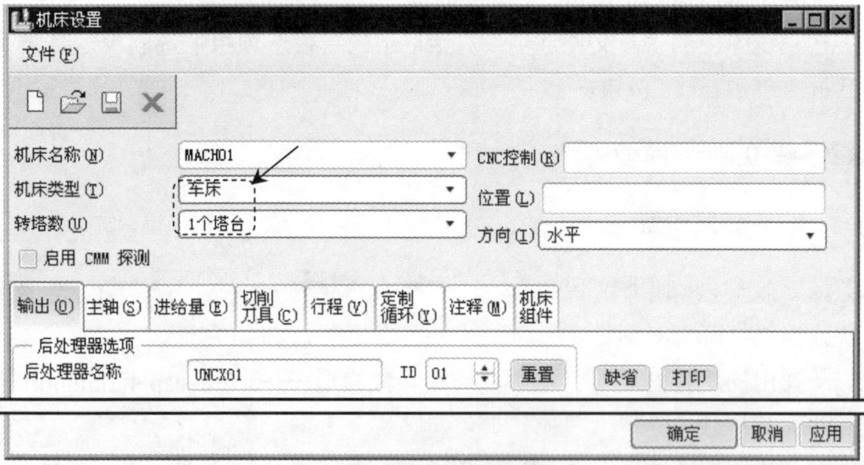

图 5.5.4 “机床设置”对话框

Step3. 在“机床设置”对话框中单击 确定 按钮，完成机床设置，返回“操作设置”对话框。

Step4. 设置机床坐标系。在“操作设置”对话框中的 参照 选项组中单击 按钮，在弹出的 ▼ MACH CSYS (制造坐标系) 菜单中选择 Select (选取) 命令。

Step5. 选择下拉菜单 插入(I) → 模型基准(D) ▸ → 坐标系(C)... 命令，系统弹出图 5.5.5 所示的“坐标系”对话框。按住 Ctrl 键依次选择 NC_ASM_TOP、NC_ASM_RIGHT 和图 5.5.6 所示的曲面 1 作为创建坐标系的三个参照平面，最后单击 确定 按钮完成坐标系的创建。单击 参照 选项组中的 按钮可以查看选取的坐标系。

Step6. 在“操作设置”对话框中单击 确定 按钮，完成制造设置。

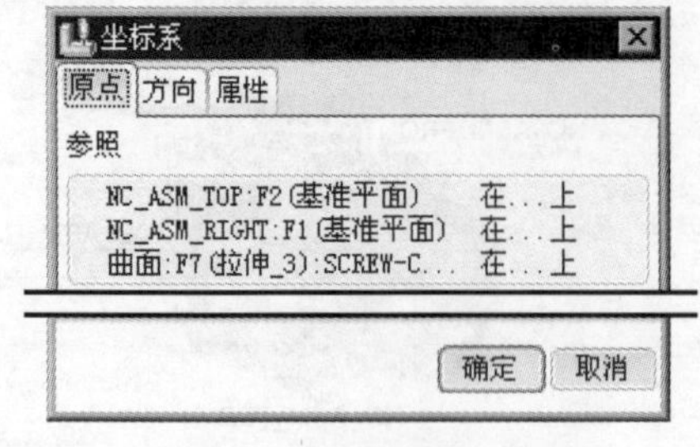

图 5.5.5 “坐标系”对话框

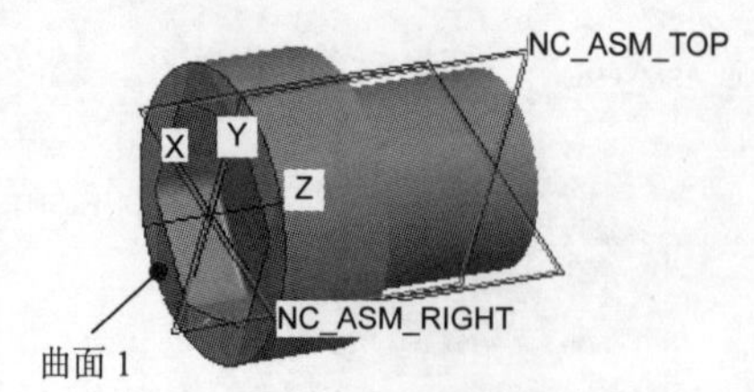

图 5.5.6 创建坐标系

Step1. 选择下拉菜单 步骤(S) → 螺纹车削(H) 命令，此时系统弹出“螺纹类型”菜单。

Step2. 在弹出的▼ THREAD TYPE（螺纹类型）菜单中，依次选择 Unified（统一）→ Inside（内侧）→ AI Macro（AI宏）→ Done（完成）命令。

Step3. 在▼ SEQ SETUP（序列设置）菜单中选择图 5.5.7 所示的复选框，然后选择 Done（完成）命令。

Step4. 在弹出的“刀具设定”对话框中，设置刀具参数（图 5.5.8），设置完毕后先单击 应用 按钮，然后单击 确定 按钮，此时系统弹出“编辑序列参数‘螺纹车削’”对话框。

Task4. 加工方法设置

Step1. 选择下拉菜单 步骤(S) → 螺纹车削(H) 命令，此时系统弹出“螺纹类型”菜单。

Step2. 在弹出的▼ THREAD TYPE（螺纹类型）菜单中，依次选择 Unified（统一）→ Inside（内侧）→ AI Macro（AI宏）→ Done（完成）命令。

Step3. 在▼ SEQ SETUP（序列设置）菜单中选择图 5.5.7 所示的复选项，然后选择 Done（完成）命令。

Step4. 在弹出的“刀具设定”对话框中，设置刀具参数（图 5.5.8），设置完毕后先单击 应用 按钮，然后单击 确定 按钮，此时系统弹出“编辑序列参数‘螺纹车削’”对话框。

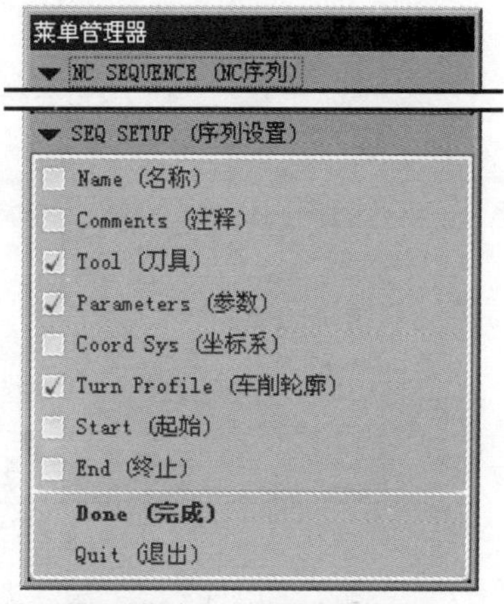

图 5.5.7 “序列设置”菜单

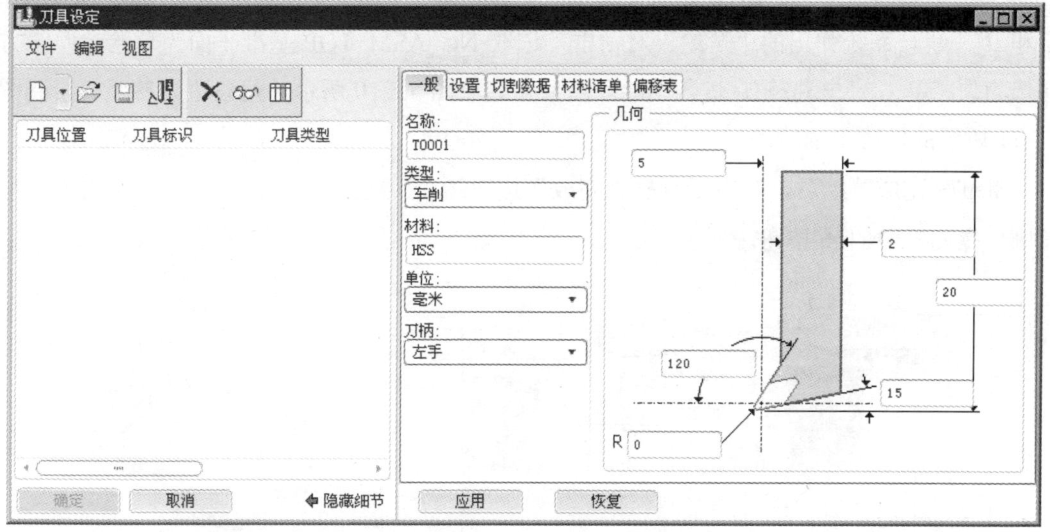

图 5.5.8 “刀具设定”对话框

Step5. 在编辑序列参数“螺纹车削”对话框中设置基本的加工参数，如图 5.5.9 所示，

选择下拉菜单 文件(F) 菜单中的另存为命令。接受系统默认的名称，单击“保存副本”对话框中的确定按钮，然后再次单击“编辑序列参数‘螺纹车削’”对话框中的确定按钮，完成参数的设置，此时系统弹出“车削轮廓”菜单和“选取”对话框。

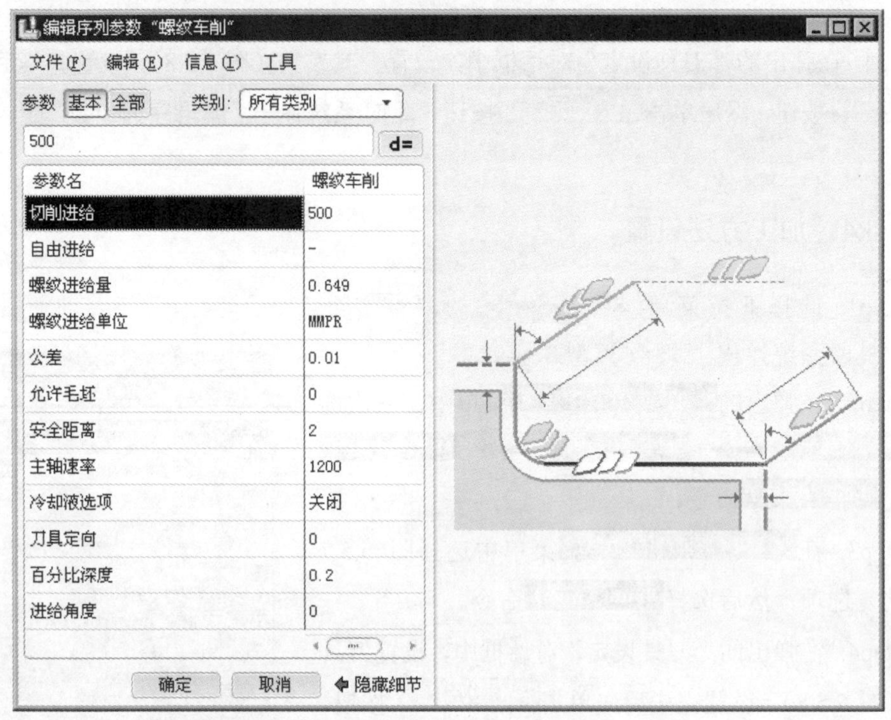

图 5.5.9　“编辑序列参数‘螺纹车削’”对话框

Step6. 在系统◇选取或创建车削轮廓。的提示下，选择下拉菜单 插入(I) ➡ 制造几何(G) ➡ 车削轮廓(P)... 命令，在系统弹出的“车削轮廓”操控板中依次单击操控板中的按钮和按钮，系统弹出的“草绘”对话框，选取 NC_ASM_TOP 基准平面为草绘参照，方向选为顶。单击草绘按钮，进入草绘环境后，选取图 5.5.10 所示的两条边为参照，绘制图 5.5.11 所示的轮廓车削轨迹。

Step7. 完成草绘后，单击工具栏“完成”按钮✓，结果如图 5.5.12 所示，单击“车削轮廓”操控板中的✓按钮。

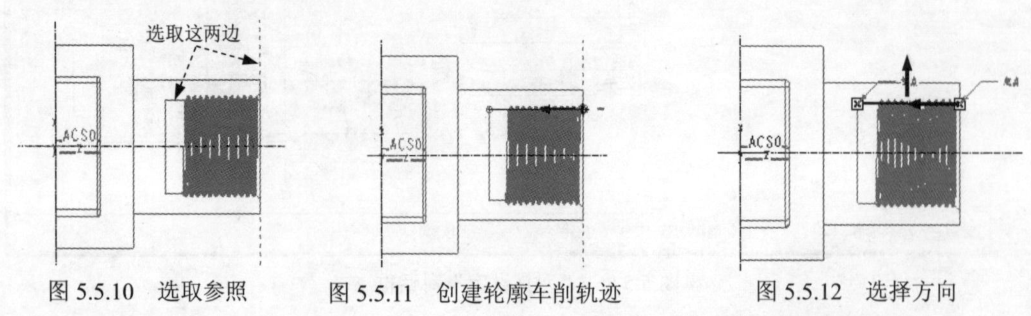

图 5.5.10　选取参照　　图 5.5.11　创建轮廓车削轨迹　　图 5.5.12　选择方向

Task5．演示刀具轨迹

Step1．在弹出的▼ NC SEQUENCE (NC序列)菜单中选择 Play Path (播放路径) 命令，此时系统弹出▼ PLAY PATH (播放路径)菜单。

Step2．在▼ PLAY PATH (播放路径)菜单中选择Screen Play (屏幕演示)命令，弹出“播放路径”对话框。

Step3．单击“播放路径”对话框中的▶按钮，观测刀具的路径，其刀具路径如图 5.5.13 所示。

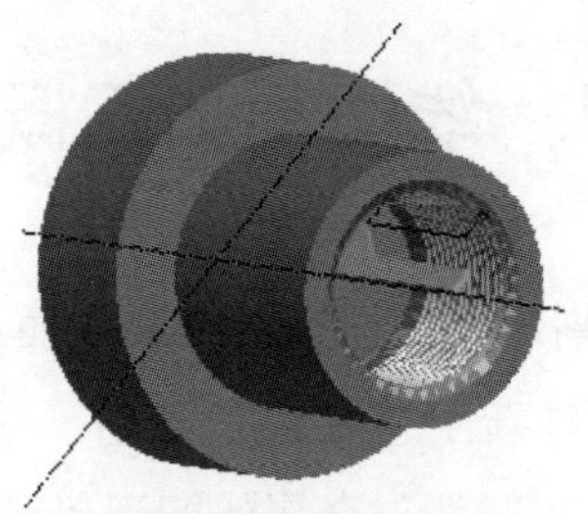

图 5.5.13　刀具路径

Step4．演示完成后，单击“播放路径”对话框中的关闭按钮。

Step5．在▼ NC SEQUENCE (NC序列)菜单中选取Done Seq (完成序列)命令。

Step6．在文件(F)下拉菜单中选择保存(S)命令，保存文件。

第 6 章　线切割加工

本章提要　本章将通过范例来介绍一些线切割加工方法，其中包括线切割加工概述、两轴线切割加工和四轴线切割加工。在学过本章之后，希望读者能够熟练掌握这两种线切割加工方法。

6.1　线切割加工概述

电火花线切割加工简称线切割加工，它是在电火花加工工艺的基础上于 20 世纪 50 年代末首先由前苏联发展起来的一种新工艺。它是利用一根运动的细金属丝（ϕ0.02～ϕ0.3 mm 的钼丝或铜丝）作工具电极，在工件与金属丝间通以脉冲电流，靠火花放电对工件进行切割加工的。在 Pro/NC 中，线切割主要有两轴和四轴加工。

电火花线切割的加工原理如图 6.1.1 所示。工件上预先打好穿丝孔，电极丝穿过该孔后，经导轮由储丝筒带动作正、反向交替移动。放置工件的工作台按预定的控制程序，在 X、Y 两个坐标方向上作伺服进给移动，把工件切割成形。加工时，需在电极丝和工件间不断浇注工作液。

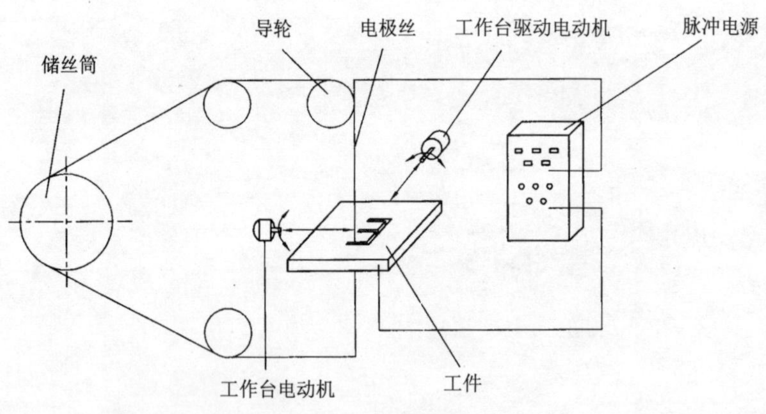

图 6.1.1　电火花线切割加工原理

线切割加工的加工机理和使用的电压、电流波形与电火花加工相似，但线切割加工不需要特定形状的电极，减少了电极的制造成本，缩短了生产准备时间，比电火花加工生产率高、加工成本低。加工中工具电极损耗很小，可获得高的加工精度。小孔、窄缝，凸、凹模加工可一次完成，多个工件可叠起来加工，但不能加工不通孔和立体成形表面。由于电火花线切割加工具有上述特点，在国内外发展都较快，已经成为一种高精度和高自动化的特种加工方法，在成形刀具与难切削材料、模具制造和精密复杂零件加工等方面得到了广泛应用。

电火花加工还有其他许多方式的应用。如用电火花磨削，可磨削加工精密小孔、深孔、薄壁孔，及硬质合金小模数滚刀；用电火花共轭回转加工可加工精密内、外螺纹环规，精密内、外齿轮等；此外还有电火花表面强化和刻字加工等工艺。

6.2　两轴线切割加工

两轴线切割加工主要用于任何类型的二维轮廓切割，加工时刀具（钼丝或铜丝）沿着指定的路径切割工件，在工件上留下细丝切割所形成的轨迹线，使一部分工件与另一部分工件分离，从而达到最终加工结果。

下面将通过图 6.2.1 所示的零件介绍两轴线切割加工的一般过程。

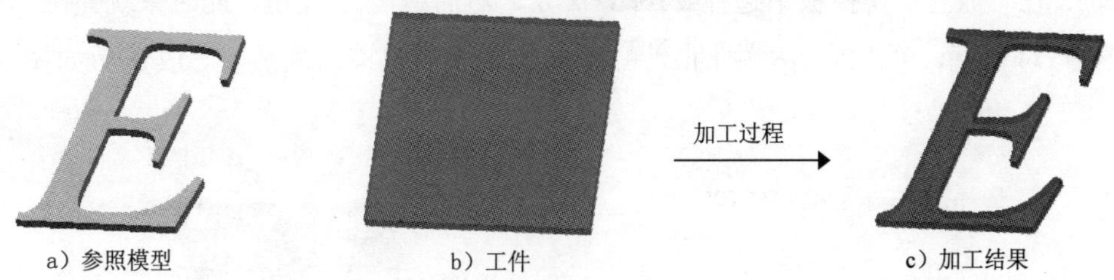

a）参照模型　b）工件　c）加工结果

图 6.2.1　两轴线切割加工

Task1．新建一个数控制造模型文件

新建一个数控制造模型文件，操作提示如下：

Step1．设置工作目录。选择下拉菜单 文件(F) → 设置工作目录(W)... 命令，将工作目录设置至 D:\proewf5.9\work\ch06.02。

Step2．在工具栏中单击“新建”按钮，弹出“新建”对话框。

Step3．在“新建”对话框中，选中 类型 选项组中的 制造 选项，选中 子类型 选项组中的 NC组件 选项，在 名称 文本框中输入文件名 two_wedming，取消 使用缺省模板 复选框中的“√”号，单击该对话框中的 确定 按钮。

Step4．在系统弹出的“新文件选项”对话框中的模板选项组中选取 mmns_mfg_nc 模板，然后在该对话框中单击 确定 按钮。

Task2．建立制造模型

Stage1．引入参照模型

Step1. 选择下拉菜单 插入(I) ➡ 参照模型(R) ➡ 装配(A)... 命令，系统弹出“打开”对话框。

Step2. 从弹出的 “打开”对话框中，选取零件模型——two_wedming.prt 作为参照零件模型，并将其打开。系统弹出“放置”操控板。

Step3. 在“放置”操控板中选择 缺省 命令，然后单击 ✔ 按钮，此时系统弹出“创建参照模型”对话框，单击对话框中的 确定 按钮，完成参照模型的放置，放置后如图 6.2.2 所示。

Stage2. 引入工件

Step1. 选择下拉菜单 插入(I) ➡ 工件(W) ➡ 装配(A)... 命令，系统弹出“打开”对话框。

Step2. 从弹出的文件“打开”对话框中，选取零件模型——two_workpiece.prt 作为工件，并将其打开。系统弹出“放置”操控板。

Step3. 在“放置”操控板中选择 缺省 命令，然后单击 ✔ 按钮，此时系统弹出“创建毛坯工件”对话框，单击对话框中的 确定 按钮，完成参照模型的放置，放置后如图 6.2.3 所示。

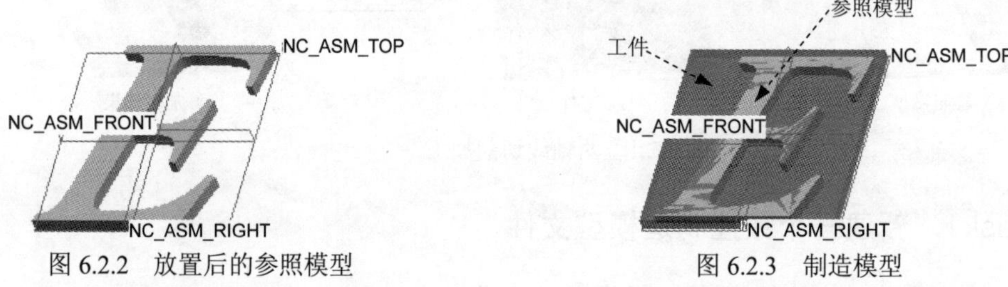

图 6.2.2　放置后的参照模型　　图 6.2.3　制造模型

Task3. 制造设置

Step1. 选择下拉菜单 步骤(S) ➡ 操作(O) 命令，弹出“操作设置”对话框。

Step2. 机床设置。单击“操作设置”对话框中的 按钮，弹出“机床设置”对话框，在 机床类型(T) 下拉列表中选择 Wedm，在 轴数(X) 下拉列表中选择 2轴，如图 6.2.4 所示。

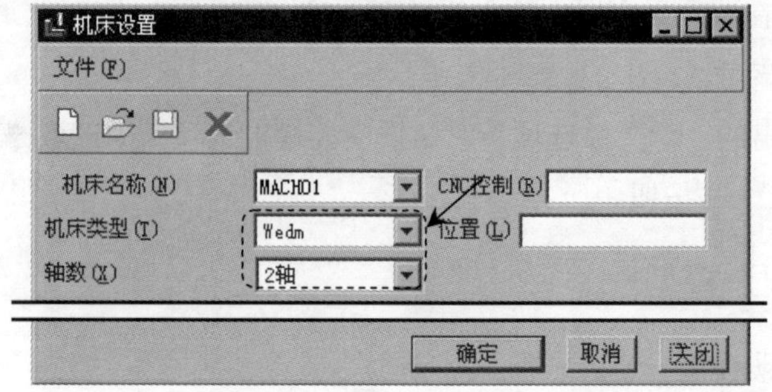

图 6.2.4　“机床设置”对话框

Step3. 在“机床设置”对话框中单击 应用 按钮，然后单击 确定 按钮，返回到“操作设置”对话框。

Step4. 夹具设置。单击“操作设置”对话框中的按钮，弹出图 6.2.5 所示的“夹具设置”对话框，单击按钮，返回“操作设置”对话框。

Step5. 机床坐标系设置。在“操作设置”对话框中的 参照 选项组中单击按钮，系统弹出 MACH CSYS (制造坐标系) 菜单和“选取”对话框。

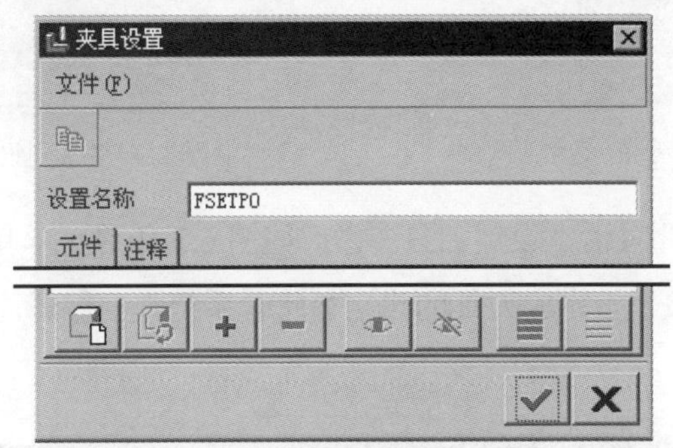

图 6.2.5　“夹具设置”对话框

Step6. 选择下拉菜单 插入(I) → 模型基准(D) → 坐标系(C)... 命令，系统弹出“坐标系”对话框。然后依次选择 NC_ASM_FRONT、NC_ASM_RIGHT 和图 6.2.6 所示的曲面 1 作为创建坐标系的三个参照平面，最后单击 确定 按钮完成坐标系的创建，如图 6.2.7 所示。单击 参照 选项组中的按钮可以查看选取的坐标系。

Step7. 在“操作设置”对话框中单击 应用 按钮，然后单击 确定 按钮，完成操作设置。

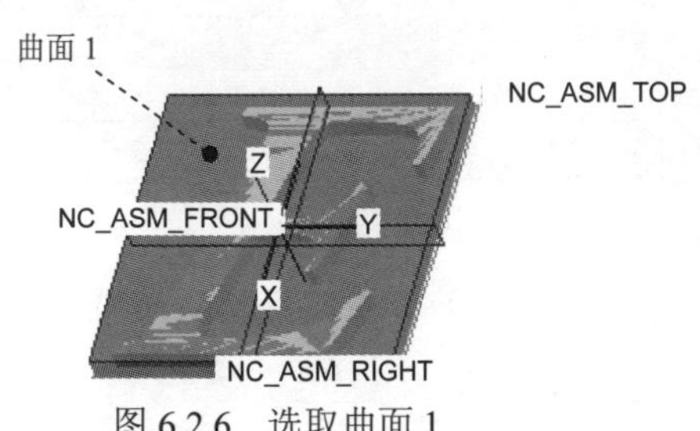

图 6.2.6　选取曲面 1

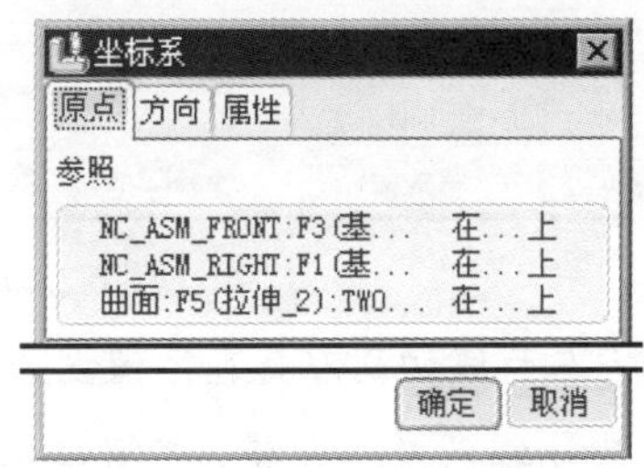

图 6.2.7　“坐标系”对话框

Task4．加工方法设置

Step1. 选择下拉菜单 步骤(S) → 仿形切削(C) 命令，此时系统弹出“步骤”菜单，如图 6.2.8 所示。

Step2. 在弹出的 SEQ SETUP (序列设置) 菜单中选择图 6.2.9 所示的复选框，然后选择 Done (完成) 命令，系统弹出“刀具设定”对话框。

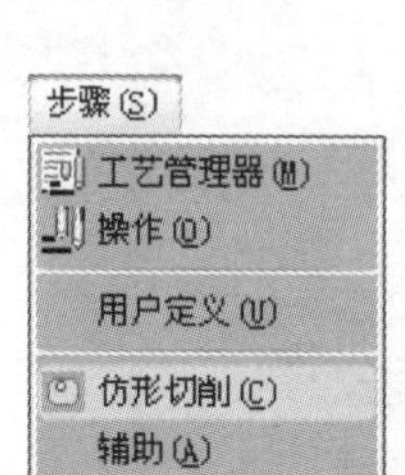

图 6.2.8　“步骤”菜单

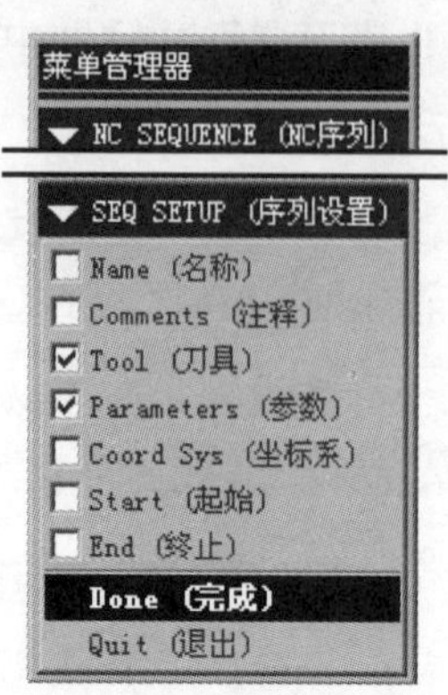

图 6.2.9　“序列设置”菜单

Step3. 在“刀具设定”对话框设定刀具参数，如图 6.2.10 所示，单击 应用 按钮，然后再单击 确定 按钮，完成刀具的设定。此时系统弹出编辑序列参数“仿形线切割”对话框。

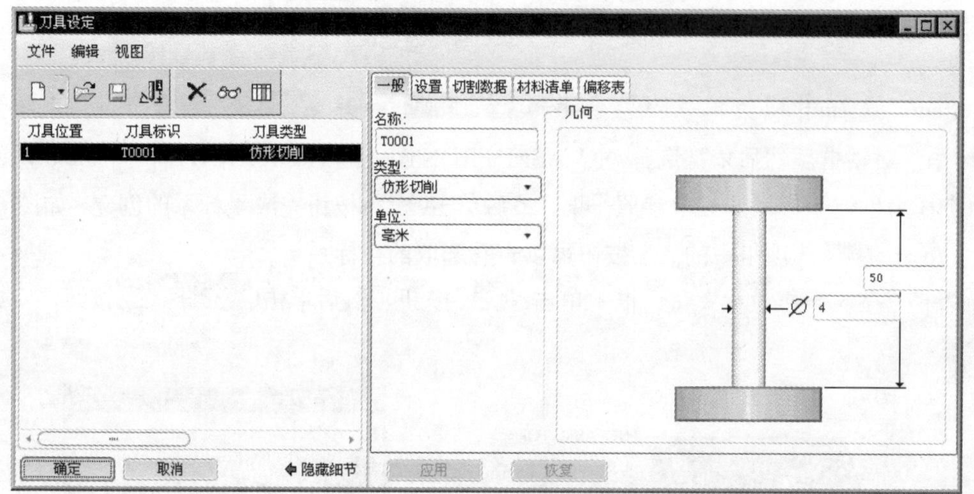

图 6.2.10　“刀具设定”对话框

注意：本节线切割刀具直径值设为 4mm，是为了后面的加工检测更明显而特意设置的。实际上，线切割的刀具直径的设置范围在 0.02～0.03mm 之间。

Step4. 在编辑序列参数“仿形线切割”对话框中设置基本的加工参数，如图 6.2.11 所示，选择下拉菜单 文件(F) 菜单中的 另存为 命令。接受系统默认的名称，单击“另存为”对话框中的 确定 按钮，然后再次单击编辑序列参数“仿形线切割”对话框中的 确定 按钮，完成参数的设置。系统弹出图 6.2.12 所示的“定制”对话框，然后单击“定制”对话框中的 插入 按钮。

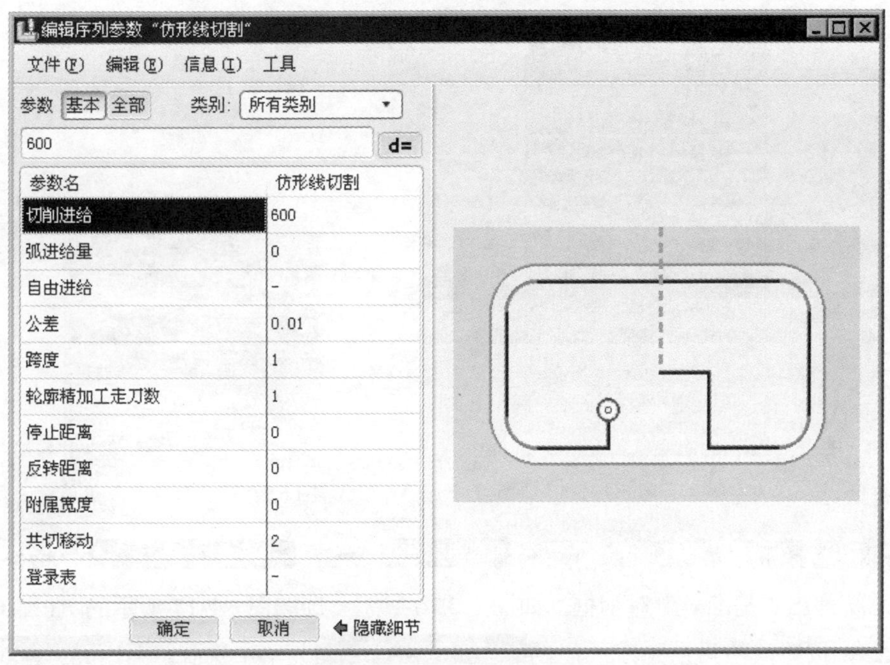

图 6.2.11　编辑序列参数“仿形线切割”对话框

Step5. 在系统弹出的▼ WEDM OPT (WEDM选项)菜单中选择☑ Rough (粗加工)和☑ Finish (精加工)复选框，然后依次选择Surface (曲面) ⟶ Done (完成)命令，如图 6.2.13 所示。

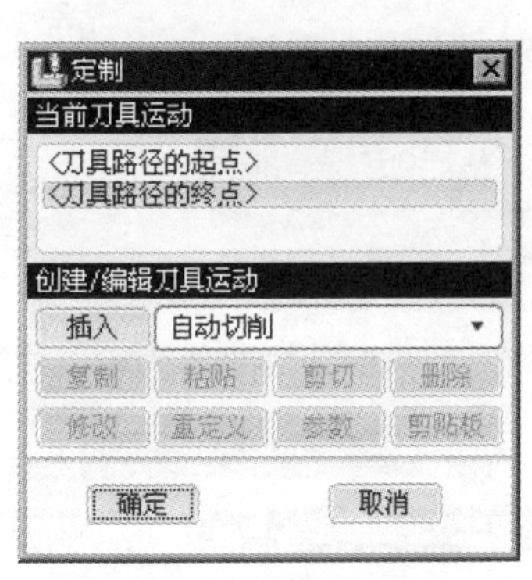

图 6.2.12“定制”对话框

图 6.2.13　“WEDM 选项”菜单

Step6. 在弹出的▼ CUT ALONG (切减材料)菜单中，选择☑ Thread Point (螺纹点)、☑ Surface (曲面)、☑ Direction (方向)、☑ Height (高度)、☑ Rough (粗加工)和☑ Finish (精加工)复选框，单击Done (完成)命令，如图 6.2.14 所示。

Step7. 创建螺纹点。随后弹出图 6.2.15 所示的▼ DEFN POINT (定义点)菜单。

图 6.2.14 “切减材料”菜单

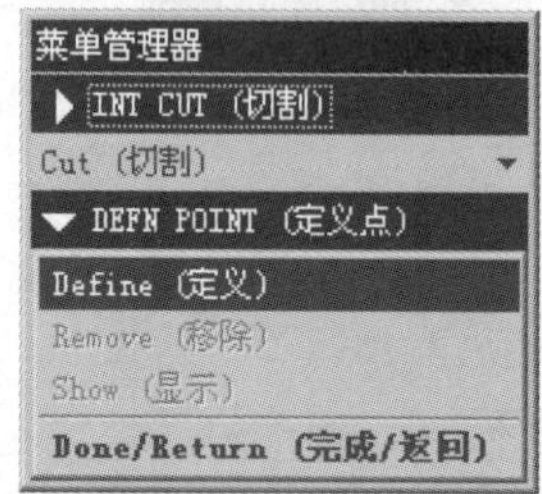

图 6.2.15 “定义点”菜单

Step8. 选择下拉菜单 插入(I) → 模型基准(D) → 点(P) → 点(P)... 命令，系统弹出“基准点”对话框，如图 6.2.16 所示。选取图 6.2.17 所示的 APNT0 点，单击 确定 按钮，然后在系统弹出的 DEFN POINT (定义点) 菜单中选择 Done/Return (完成/返回) 命令，完成螺纹点的创建。

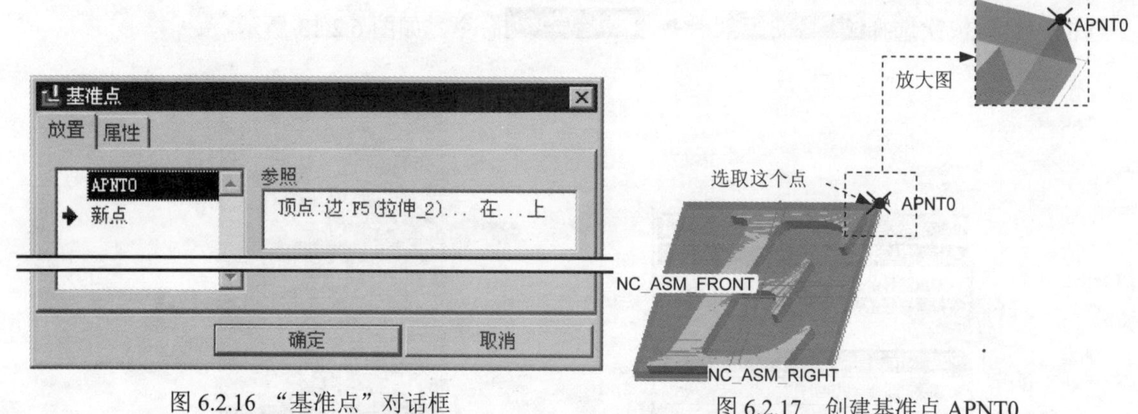

图 6.2.16 “基准点”对话框

图 6.2.17 创建基准点 APNT0

Step9. 选择曲面。在系统弹出的图 6.2.18 所示的 SURF PICK (曲面拾取) 菜单中，选择 Model (模型) → Done (完成) 命令。系统弹出 SELECT SRFS (选取曲面) 菜单和 SURF/LOOP (曲面/环) 菜单，选择 Add (添加) 和 Surface (曲面) 命令，如图 6.2.19 所示。为了便于切割面的选取，可将基准平面、基准轴、基准点以及工件隐藏。

Step10. 依次选取图 6.2.20 所示的各面作为切割面。选择完毕后，单击“选取”对话框中的 确定 按钮，然后在 SURF/LOOP (曲面/环) 菜单中选择 Done (完成) 命令，在 SELECT SRFS (选取曲面) 菜单中选择 Done/Return (完成/返回) 命令。

注意：一定要依次选取各面，否则系统无法完成切割过程。

Step11. 定义方向。在弹出的图 6.2.21 所示的 DIRECTION (方向) 菜单中选择 Okay (确定) 命令，以系统给出的方向为正方向，如图 6.2.22 所示。

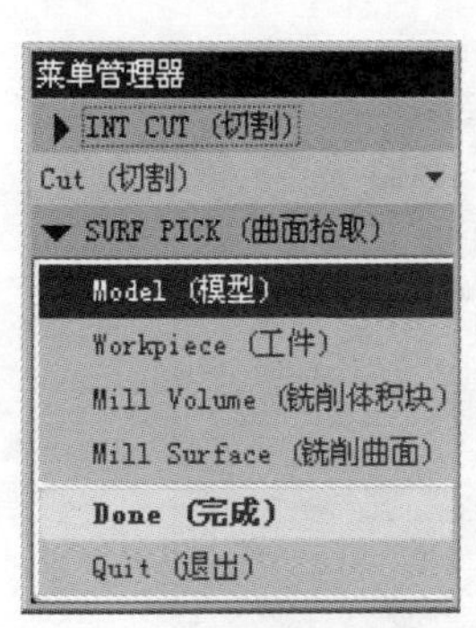

图 6.2.18　“曲面拾取”菜单

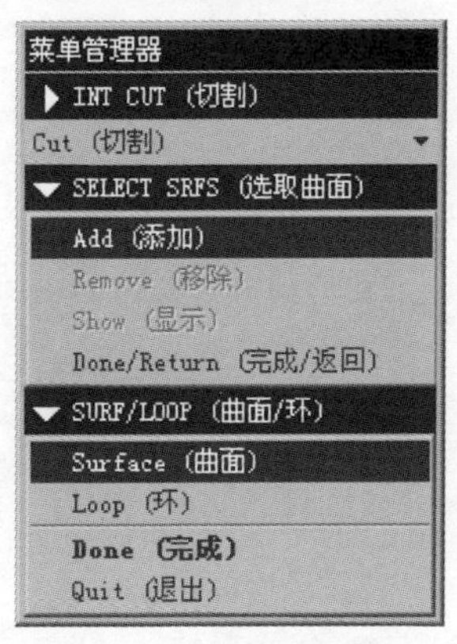

图 6.2.19　“选取曲面”菜单

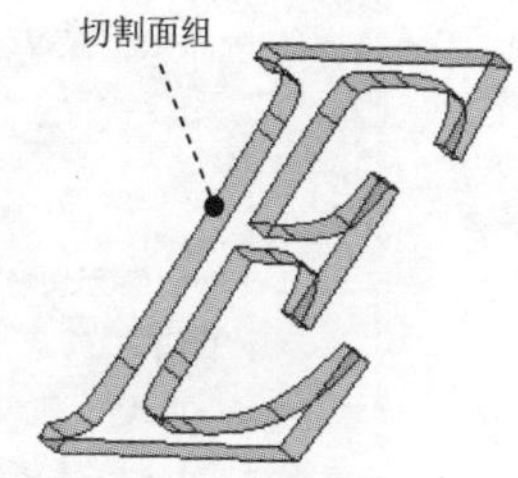

图 6.2.20　选取的切割面

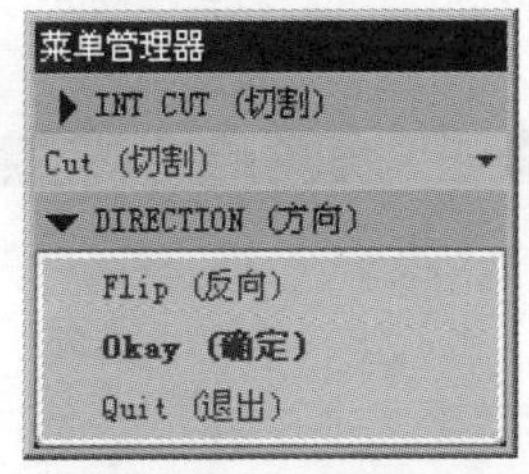

图 6.2.21　“方向”菜单

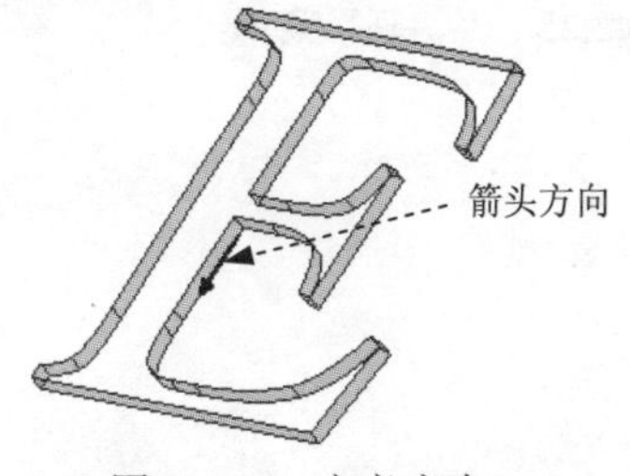

图 6.2.22　定义方向

Step12. 定义高度。在弹出的图 6.2.23 所示的▼ HEIGHT（高度）和▼ CTM DEPTH（CTM深度）菜单中，依次选择 Add（添加） → Specify Plane（指定平面）命令，然后选择图 6.2.24 所示的曲面，在▼ HEIGHT（高度）菜单中选择 Done/Return（完成/返回）命令。

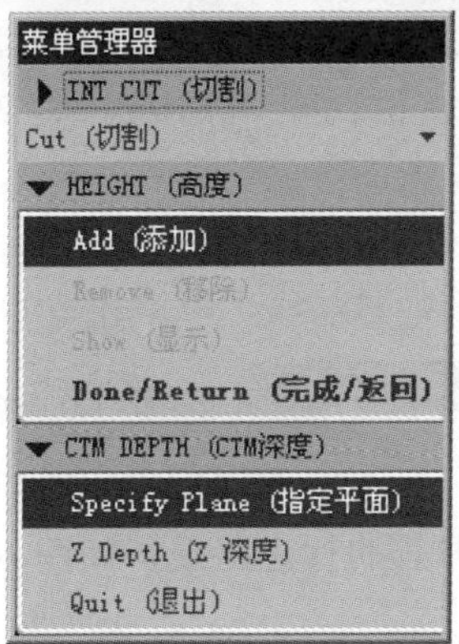

图 6.2.23　“高度”和“CTM 深度”菜单

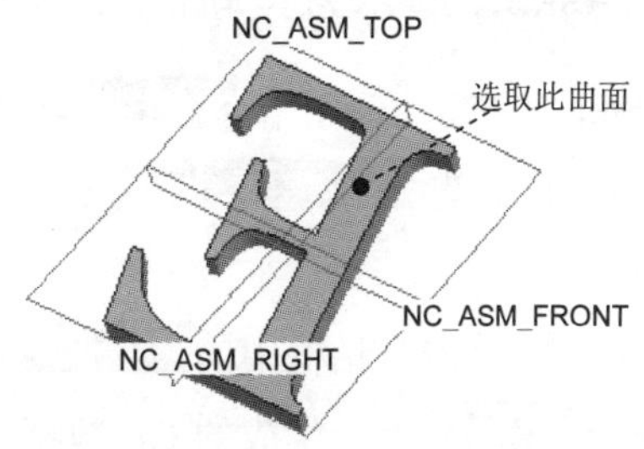

图 6.2.24　选取深度基准面

Step13. 在图 6.2.25 所示的▼ INT CUT（切割）菜单中选择 Play Cut（演示切割）命令。系统弹出图 6.2.26 所示的▼ CL CONTROL（CL控制）菜单，可以观察切削路径演示，如图 6.2.27 所示。

Step14. 在▼ CL CONTROL（CL控制）菜单中选择 Done（完成）命令，在▼ INT CUT（切割）菜单中选择 Done Cut（确认切减材料）命令。此时系统弹出图 6.2.28 所示的“跟随切削”对话框，单击该对话框中的确定按钮，单击“定制”对话框中的确定按钮。

图 6.2.25　“切割”菜单

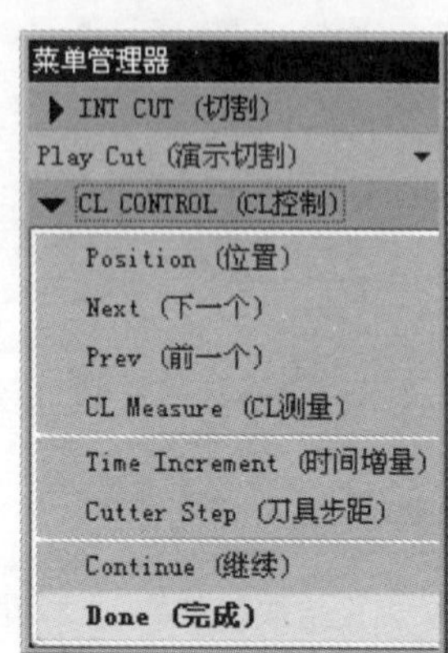

图 6.2.26　“CL 控制”菜单

图 6.2.27　演示轨迹

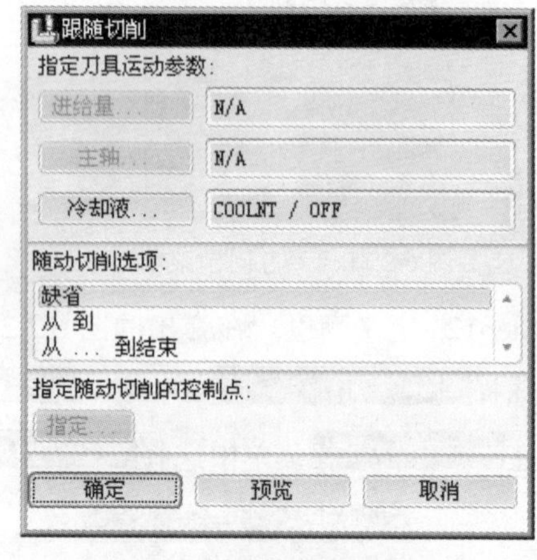

图 6.2.28　“跟随切削”对话框

Task5．演示刀具轨迹

Step1．在系统弹出的▼ NC SEQUENCE (NC序列)菜单中选择 Play Path (播放路径) 命令。

Step2．在▼ PLAY PATH (播放路径)菜单中选择Screen Play (屏幕演示)命令，系统弹出“播放路径”对话框。

Step3．单击对话框中的▶按钮，观测刀具的行走路线，如图 6.2.29 所示。单击▶ CL数据栏查看生成的 CL 数据，如图 6.2.30 所示。

Step4．演示完成后，单击“播放路径”对话框中的关闭按钮。

Task6．加工仿真

Step1．在▼ PLAY PATH (播放路径)菜单中选择 NC Check (NC 检查) 命令。观察刀具切割工件的运行情况，在弹出的“NC 检查结果”对话框中单击按钮，运行结果如图 6.2.31 所示。

图 6.2.29　刀具行走路线

图 6.2.31　NC 检测运行结果

播放路径

文件　视图　NCL文件

CL 数据

```
$$*       Pro/CLfile  Version Wildfire 5.0 - F
$$-> MFGNO / TWO_WEDMING
PARTNO / TWO_WEDMING
$$-> FEATNO / 43
MACHIN / UNCX01, 1
UNITS / MM
$$-> CSYS / 1.0000000000, 0.0000000000, 0.0000000
            0.0000000000, 1.0000000000, 0.0000000
            0.0000000000, 0.0000000000, 1.0000000
RAPID
GOTO / -80.0000000000, 80.0000000000, -10.0000000
LOAD / WIRE, 1
FEDRAT / 600.000000,  MMPM
GOTO / -80.0000000000, 80.0000000000, -10.0000000
GOTO / -74.6512432098, 75.3278264830, -10.0000000
GOTO / -35.4971076704, 66.8264662797, -10.0000000
```

关闭

图 6.2.30　查看 CL 数据

Step2. 演示完成后，单击右上角的 X 按钮，弹出的“Save Changes Before Exiting VERICUT?”对话框中单击 Save Checked Files 按钮。

Step3. 在 ▼ NC SEQUENCE (NC序列) 菜单中选取 Done Seq (完成序列) 命令。

Step4. 选择下拉菜单 文件(F) ➡ 保存(S) 命令，保存文件。

6.3　四轴线切割加工

四轴线切割加工是数控线切割加工中常用的一种加工方法。四轴线切割加工分为锥角方式和 XY－UV 方式两种加工类型。锥角加工就是在加工过程中，电极丝与工件面成一个角度；在 XY－UV 方式加工中，所指定的参照模型的上下表面形状是不同的。

下面以图 6.3.1 所示的模型为例来说明锥角方式四轴线切割加工的一般操作步骤。

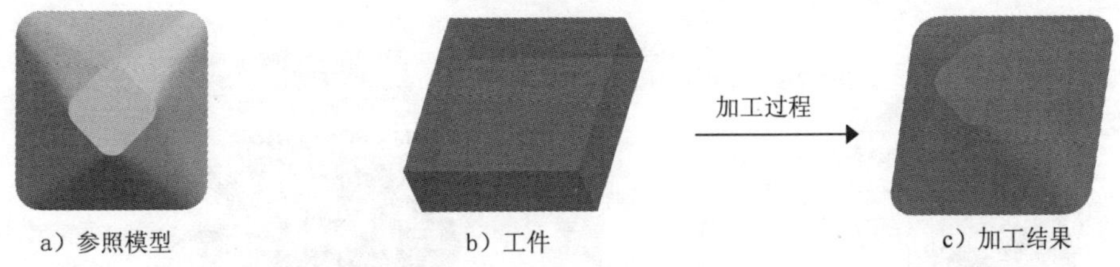

图 6.3.1　四轴线切割加工

Task1. 新建一个数控制造模型文件

新建一个数控制造模型文件，操作提示如下：

Step1. 设置工作目录。选择下拉菜单 文件(F) ➡ 设置工作目录(W)... 命令，将工作目录设置至 D:\proewf5.9\work\ch06.03。

Step2. 在工具栏中单击“新建”按钮，弹出“新建”对话框。

Step3. 在“新建”对话框中，选中类型选项组中的 制造选项，选中子类型选项组中的 NC组件选项，在名称文本框中输入文件名 cone_wedming，取消使用缺省模板复选框中的“√”号，单击该对话框中的确定按钮。

Step4. 在系统弹出的“新文件选项”对话框中的模板选项组中选取mmns_mfg_nc模板，然后在该对话框中单击确定按钮。

Task2. 建立制造模型

Stage1. 引入参照模型

Step1. 选择下拉菜单插入(I) ➡ 参照模型(R) ➡ 装配(A)...命令，系统弹出“打开”对话框。

Step2. 从弹出的文件“打开”对话框中，选取三维零件模型——cone_wedming.prt 作为参照零件模型，并将其打开。系统弹出“放置”操控板。

Step3. 在“放置”操控板中选择缺省命令，然后单击按钮，此时系统弹出“创建参照模型”对话框，单击此对话框中的确定按钮，完成参照模型的放置，放置后如图 6.3.2 所示。

Stage2. 引入工件

Step1. 选择下拉菜单插入(I) ➡ 工件(W) ➡ 装配(A)...命令，系统弹出“打开”对话框。

Step2. 从弹出的文件“打开”对话框中，选取三维零件模型——cone_workpiece.prt，并将其打开。系统弹出“放置”操控板。

Step3. 在“放置”操控板中选择缺省命令，然后单击按钮，此时系统弹出“创建参照模型”对话框，单击此对话框中的确定按钮，完成参照模型的放置，放置后如图 6.3.3 所示。

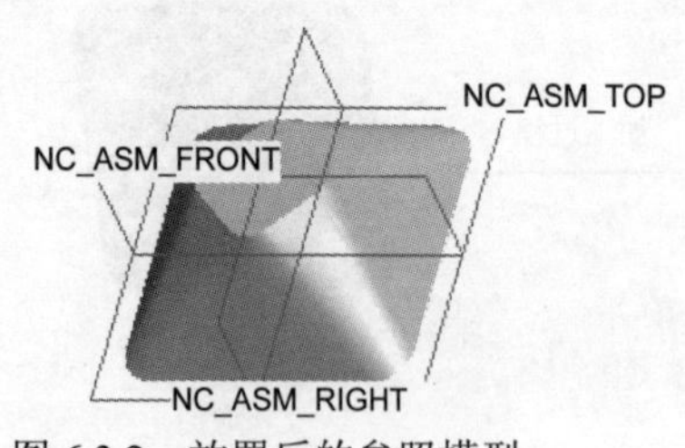

图 6.3.2 放置后的参照模型

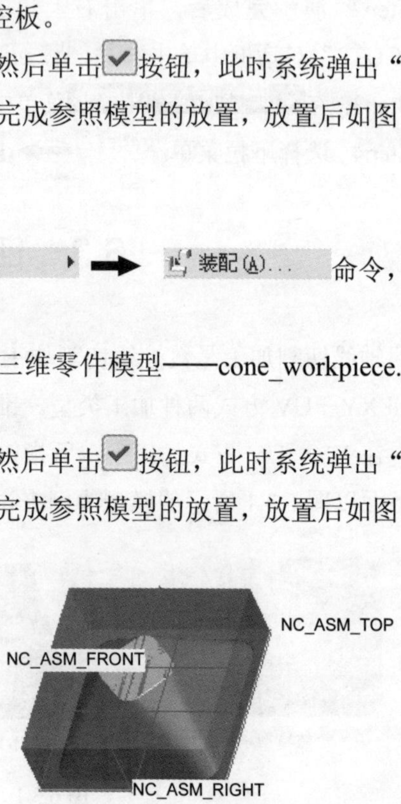

图 6.3.3 工件模型

Task3. 制造设置

Step1. 选择下拉菜单步骤(S) ➡ 操作(O)命令，此时系统弹出“操作设置”对话框。

Step2. 机床设置。单击“操作设置”对话框中的按钮，弹出“机床设置”对话框，在机床类型(T)下拉菜单中选择Wedm，在轴数(X)下拉菜单中选择4轴，如图 6.3.4 所示。单击应用按钮，然后单击确定按钮。

机床设置
文件(F)
机床名称(N) MACH01　CNC控制(R)
机床类型(T) Wedm　位置(L)
轴数(X) 4轴
确定　取消　应用

图 6.3.4　“机床设置”对话框

Step3. 设置机床坐标系。在“操作设置”对话框中的参照选项组中单击按钮，在弹出的▼MACH CSYS (制造坐标系)菜单。

Step4. 选择下拉菜单插入(I) ➡ 模型基准(D) ➡ 坐标系(C)...命令，系统弹出图 6.3.5 所示的“坐标系”对话框。然后依次选择 NC_ASM_FRONT、NC_ASM_RIGHT 和图 6.3.6 所示的曲面 1 作为创建坐标系的三个参照平面，最后单击确定按钮完成坐标系的创建，如图 6.3.7 所示。单击参照选项组中的按钮可以查看选取的坐标系。

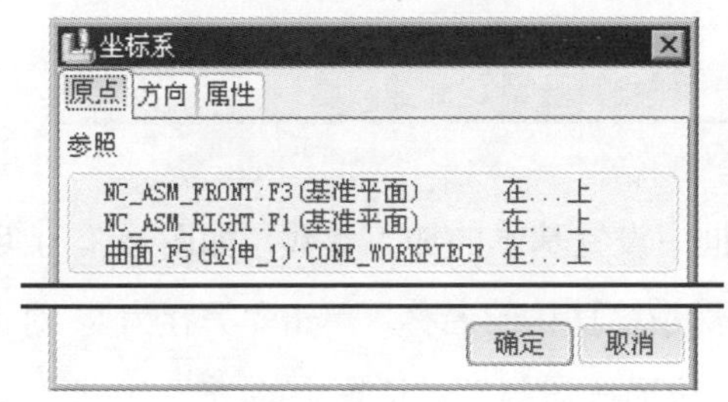

图 6.3.5　“坐标系”对话框

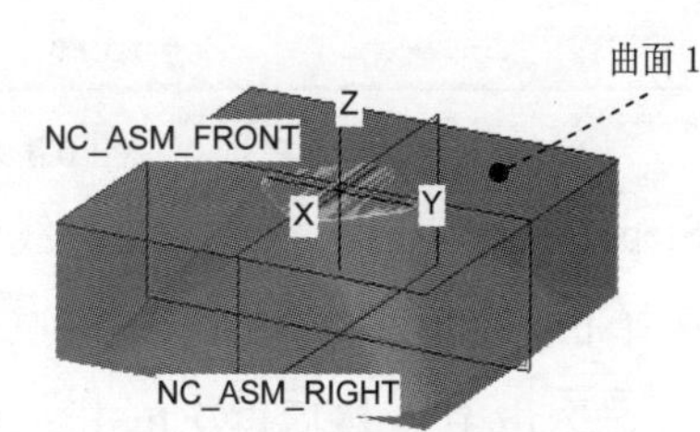

图 6.3.6　所需选取的参照平面

Step5. 在“操作设置”对话框中单击应用按钮，然后单击确定按钮，完成操作设置。

Task4. 加工方法设置

Step1. 选择下拉菜单步骤(S) ➡ 锥角(T)命令，如图 6.3.7 所示。

Step2. 在系统弹出的▼SEQ SETUP (序列设置)菜单中，选择图 6.3.8 所示的复选框，然后选择**Done (完成)**命令。

Step3. 在系统弹出的“刀具设定”对话框中设置刀具的参数，如图 6.3.9 所示。完成后单击应用按钮，然后单击确定按钮，完成刀具设定。此时系统弹出编辑序列参数“仿形线切割”对话框。

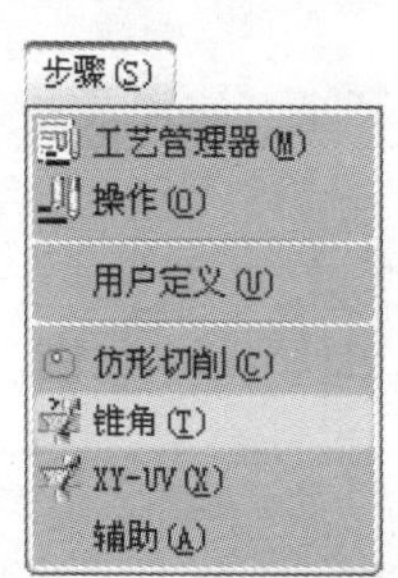

图 6.3.7 “步骤”菜单

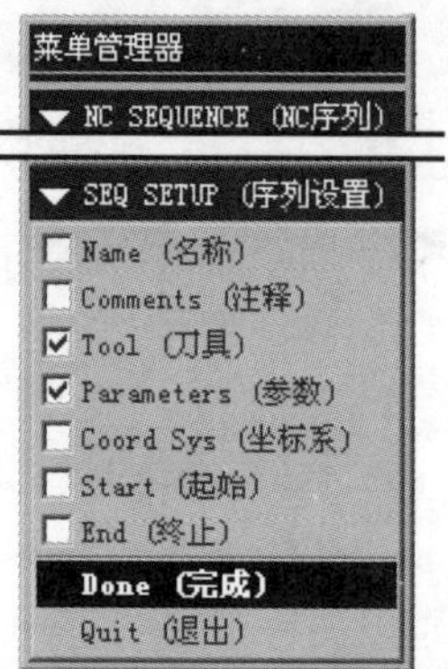

图 6.3.8 “序列设置”菜单

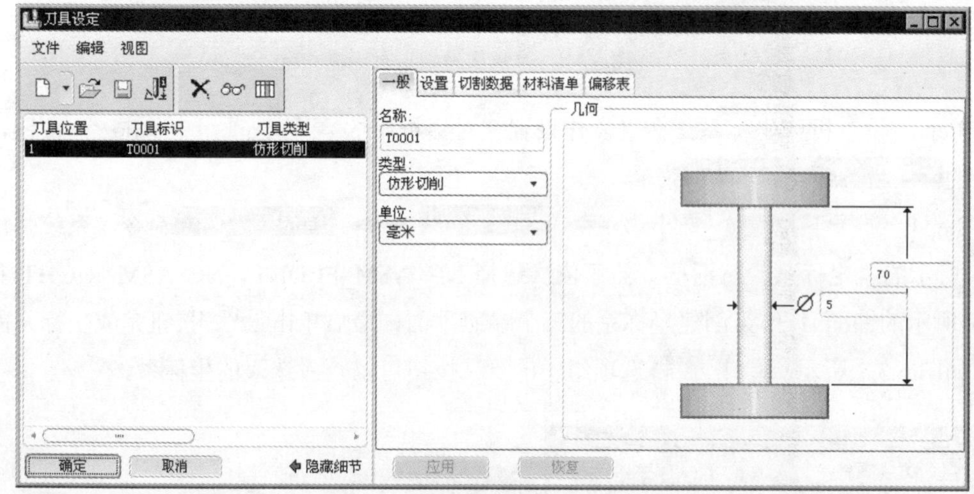

图 6.3.9 “刀具设定”对话框

Step4. 在编辑序列参数“仿形线切割”对话框中设置基本的加工参数，如图 6.3.10 所示，选择下拉菜单 文件(F) 菜单中的另存为命令。接受系统默认的名称，单击“另存为” 对话框中的确定按钮，然后再次单击编辑序列参数“仿形线切割”对话框中的确定按钮，完成参数的设置。系统弹出“CL 数据”对话框和“定制”对话框，然后单击“定制”对话框中的插入按钮。

Step5. 在系统弹出的▼ WEDM OPT (WEDM选项)菜单中选择☑ Rough (粗加工)和☑ Finish (精加工)复选框，然后依次选择Surface (曲面) ➡ Done (完成)命令，如图 6.3.11 所示。

Step6. 在弹出的▼ CUT ALNG (切减材料对齐)菜单中，选择☑ Thread Point (螺纹点)、☑ Surface (曲面)、☑ Direction (方向)、☑ Height (高度)、☑ Rough (粗加工)和☑ Finish (精加工)复选框，单击Done (完成)命令，如图 6.3.12 所示。

Step7. 创建螺纹点。随后弹出图 6.3.13 所示的▼ DEFN POINT (定义点)菜单。

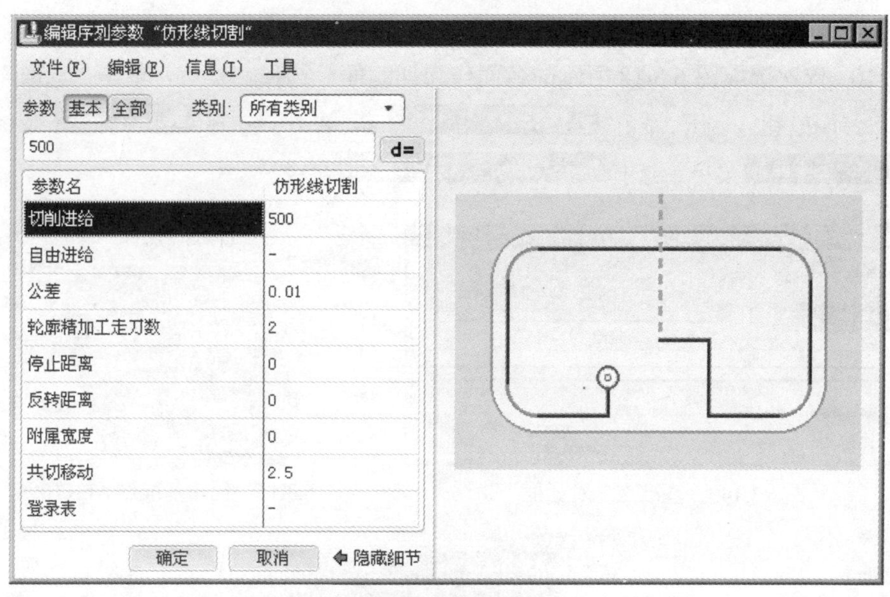

图 6.3.10　编辑序列参数“仿形线切割”对话框

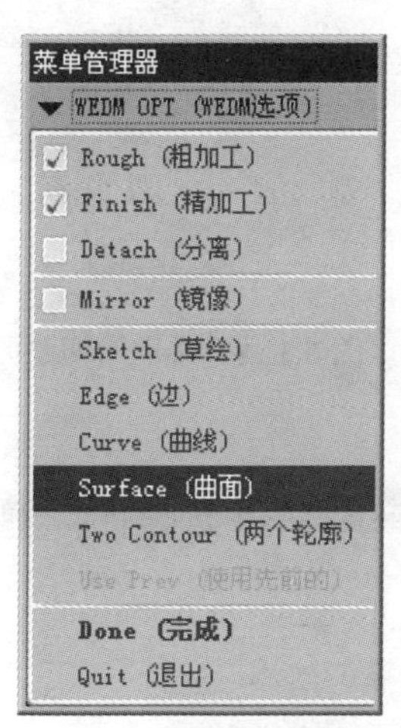

图 6.3.11　“WEDM 选项”菜单

图 6.3.12　“切减材料对齐”菜单

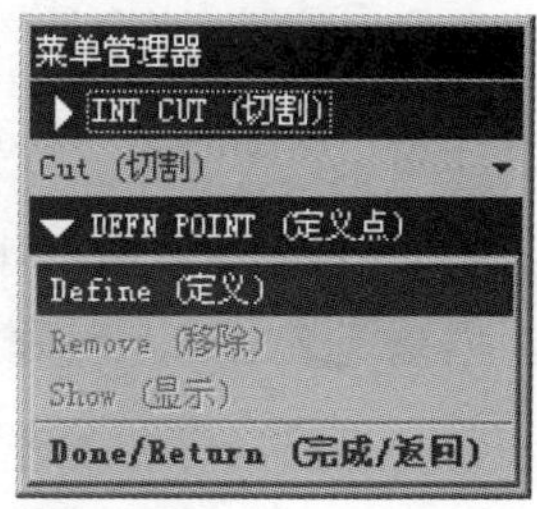

图 6.3.13　“定义点”菜单

Step8. 选择下拉菜单 插入(I) → 模型基准(D) ▸ → 点(P) ▸ → 点(P) 命令，系统弹出“基准点”对话框，如图 6.3.14 所示。选取图 6.3.15 所示的 APNT0 点，单击 确定 按钮，然后在系统弹出的 ▼ DEFN POINT (定义点) 菜单中选择 Done/Return (完成/返回) 命令，完成螺纹点的创建。

Step9. 选择曲面。在系统弹出的图 6.3.16 所示的 ▼ SURF PICK (曲面拾取) 菜单中，选择 Model (模型) → Done (完成) 命令。系统弹出 ▼ SELECT SRFS (选取曲面) 菜单和 ▼ SURF/LOOP (曲面/环) 菜单，选择 Add (添加) 和 Surface (曲面) 命令，如图 6.3.17 所示。为了便于切割面的选取，可将基准平面、基准轴、基准点以及工件隐藏。

Step10. 依次选取图 6.3.18 所示的各面作为切割面。选择完毕后，单击“选取”对话框中的 确定 按钮，然后在 ▼ SURF/LOOP (曲面/环) 菜单中选择 Done (完成) 命令，在 ▼ SELECT SRFS (选取曲面) 菜单中选择 Done/Return (完成/返回) 命令。

图 6.3.14　“基准点”对话框

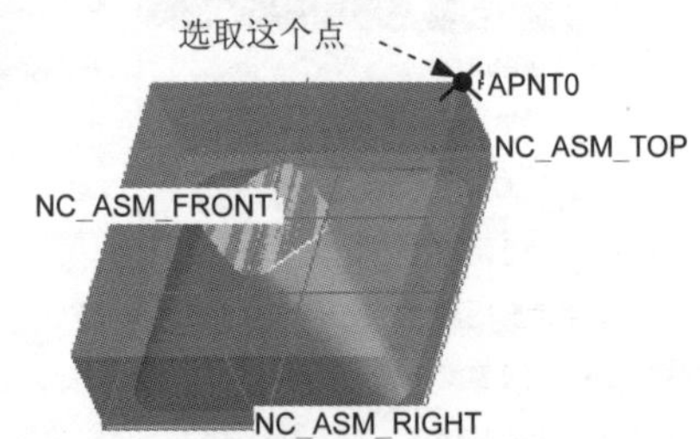

图 6.3.15　创建基准点 APNT0

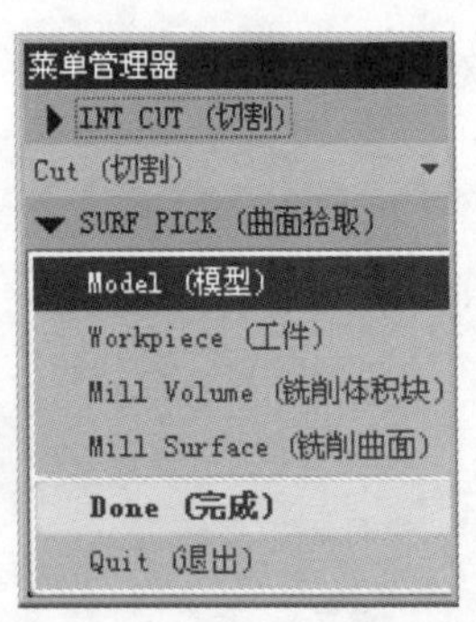

图 6.3.16　“曲面拾取”菜单

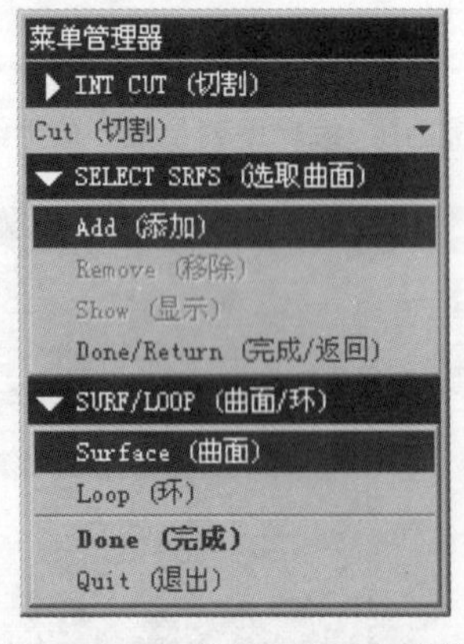

图 6.3.17　“选取曲面”菜单

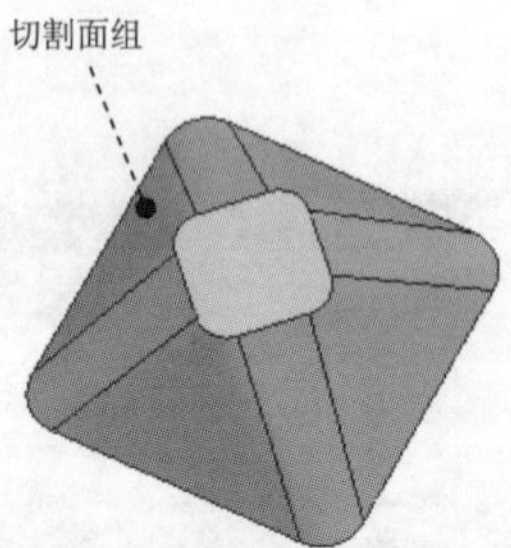

图 6.3.18　选取的切割面

注意：一定要依次选取各面，否则系统无法完成切割过程。

Step11. 定义方向。在弹出的图 6.3.19 所示的 ▼ DIRECTION (方向) 菜单中选择 Okay (确定) 命令，以系统给出的方向为正方向，如图 6.3.20 所示。

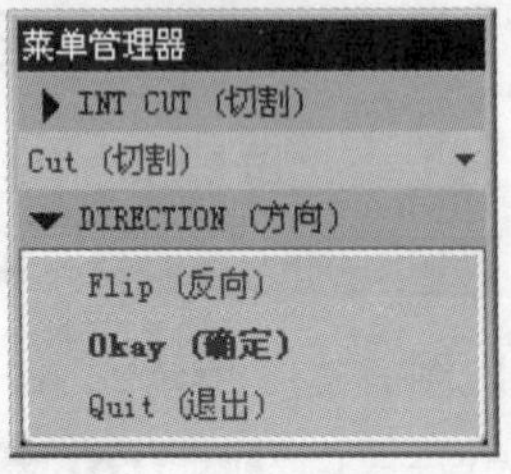

图 6.3.19　“方向”菜单

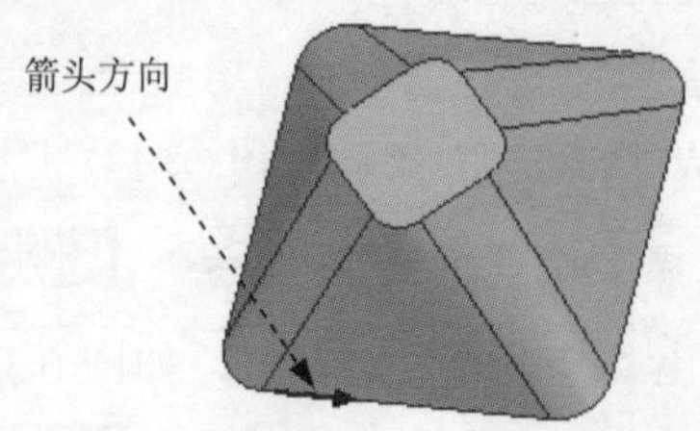

图 6.3.20　定义方向

Step12. 定义高度。在弹出的图 6.3.21 所示的 ▼ HEIGHT (高度) 和 ▼ CTM DEPTH (CTM深度) 菜单中选择 Specify Plane (指定平面) 命令，然后选择图 6.3.22 所示的曲面，在 ▼ HEIGHT (高度) 菜单中选择 Done/Return (完成/返回) 命令。

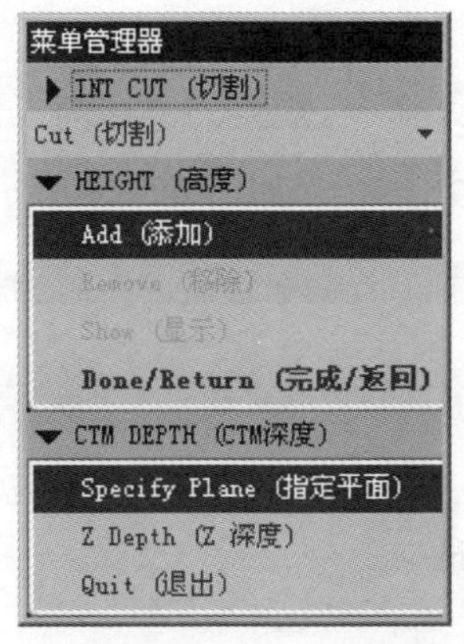

图 6.3.21　“高度”菜单

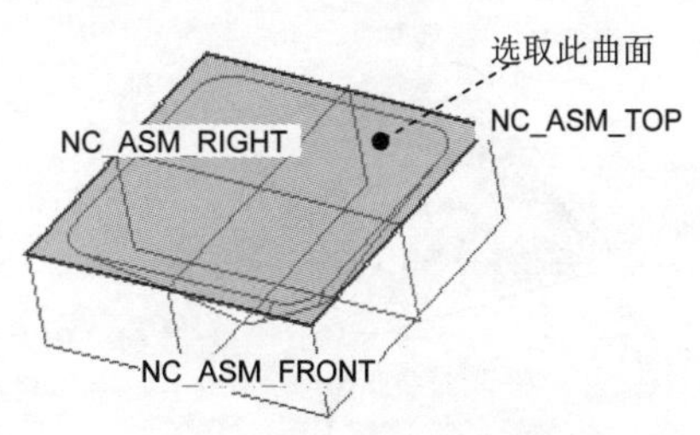

图 6.3.22　选取深度基准面

Step13. 在图 6.3.23 所示的 INT CUT (切割) 菜单中选择 Play Cut (演示切割) 命令。系统弹出图 6.3.24 所示的 CL CONTROL (CL控制) 菜单，可以观察切削路径演示，如图 6.3.25 所示。

图 6.3.23　“切割”菜单

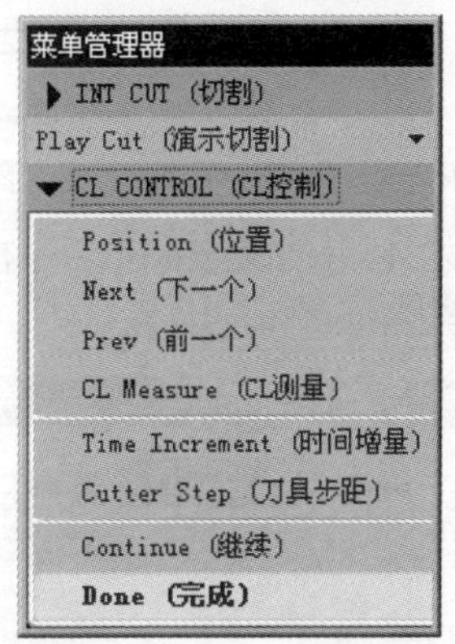

图 6.3.24　“CL 控制”菜单

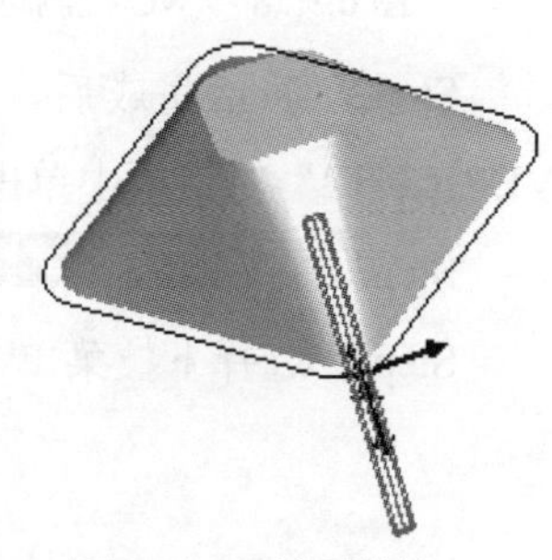

图 6.3.25　演示轨迹

Step14. 在 CL CONTROL (CL控制) 菜单中选择 Done (完成) 命令，在 INT CUT (切割) 菜单中选择 Done Cut (确认切减材料) 命令。此时系统弹出“跟随切削”对话框，单击该对话框中的 确定 按钮。单击“定制”对话框中的 确定 按钮。

Task5. 演示刀具轨迹

Step1. 在系统弹出的 NC SEQUENCE (NC序列) 菜单中选择 Play Path (播放路径) 命令。

Step2. 在 PLAY PATH (播放路径) 菜单中选择 Screen Play (屏幕演示) 命令，系统弹出“播放路径”对话框。

Step3. 单击对话框中的 ▶ 按钮，观测刀具的行走路线，如图 6.3.26 所示。单击 ▶ CL数据 栏查看生成的 CL 数据，如图 6.3.27 所示。

Step4. 演示完成后，单击“播放路径”对话框中的 关闭 按钮。

Task6. 加工仿真

Step1. 在▼ PLAY PATH（播放路径）菜单中选择 NC Check（NC 检查）命令。观察刀具切割工件的运行情况，在弹出的“NC 检查结果”对话框中单击按钮，运行结果如图 6.3.28 所示。

图 6.3.26　刀具行走路线

图 6.3.27　查看 CL 数据

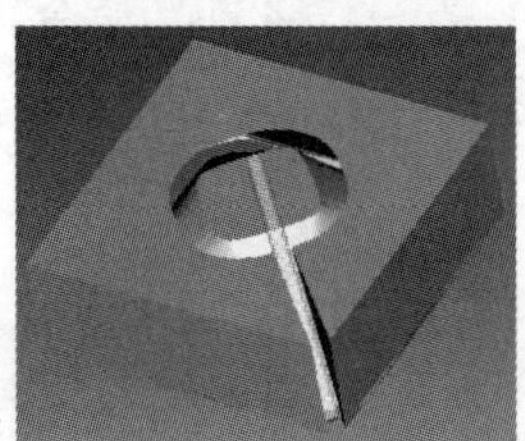

图 6.3.28　NC 检测运行结果

Step2. 演示完成后，单击右上角的按钮，弹出的“Save Changes Before Exiting VERICUT?”对话框中单击 Save Checked Files 按钮。

Step3. 在▼ NC SEQUENCE（NC序列）菜单中选取 Done Seq（完成序列）命令。

Step4. 选择下拉菜单 文件(F) → 保存(S) 命令，保存文件。

第 7 章　多轴联动加工

本章提要　本章将通过范例来介绍一些多轴联动加工方法，其中包括四轴联动加工和五轴联动加工。在学过本章之后，希望读者能够熟练掌握多轴联动加工方法。

7.1　四轴联动铣削加工

创建四轴铣削 NC 序列时，4 Axis Plane (4轴平面)复选框将出现在 SEQ SETUP (序列设置)菜单中，同时出现可用于此特殊 NC 序列类型的所有其他选项。刀具轴将与此平面平行。可选取模型表面，也可选取或创建基准平面，并可以指定刀具轴相对于“4 轴平面”的导引角和倾角的值，并且可使用“4X_引导范围选项”参数来启用可变导引角控制。下面以图 7.1.1 所示模型为例介绍四轴联动铣削加工的一般步骤。

a）参照模型

b）工件

图 7.1.1　四轴联动铣削加工

Task1．新建一个数控制造模型文件

新建一个数控制造模型文件，操作提示如下：

Step1. 设置工作目录。选择下拉菜单 文件(F) → 设置工作目录(W)... 命令，将工作目录设置至 D:\proewf5.9\work\ch07.01。

Step2. 在工具栏中单击“新建”按钮，弹出“新建”对话框。

Step3. 在“新建”对话框中，选中 类型 选项组中的 制造 选项，选中 子类型 选项组中的 NC组件 选项，在 名称 文本框中输入文件名 four_milling，取消 使用缺省模板 复选框中的“√”号，单击该对话框中的 确定 按钮。

Step4. 在系统弹出的“新文件选项”对话框中的模板选项组中选取 mmns_mfg_nc 模板，然后在该对话框中单击 确定 按钮。

Task2. 建立制造模型

Stage1. 引入参照模型

Step1. 选择下拉菜单 插入(I) ➡ 参照模型(R) ➡ 装配(A)... 命令，系统弹出“打开”对话框。

Step2. 从弹出的文件“打开”对话框中，选取三维零件模型——four_milling.prt 作为参照零件模型，并将其打开。

Step3. 在“放置”操控板中选择 缺省 命令，然后单击 ✓ 按钮，此时系统弹出“创建参照模型”对话框，单击对话框中的 确定 按钮，完成参照模型的放置，放置后如图 7.1.2 所示。

Stage2. 引入工件模型

Step1. 选择下拉菜单 插入(I) ➡ 工件(W) ➡ 装配(A)... 命令，系统弹出“打开”对话框。

Step2. 从弹出的文件“打开”对话框中，选取三维零件模型——workpiece.prt 作为参照工件模型，并将其打开。

Step3. 在“放置”操控板中选择 缺省 命令，然后单击 ✓ 按钮，此时系统弹出“创建毛坯工件”对话框，单击对话框中的 确定 按钮，完成毛坯工件的放置，放置后如图 7.1.3 所示。

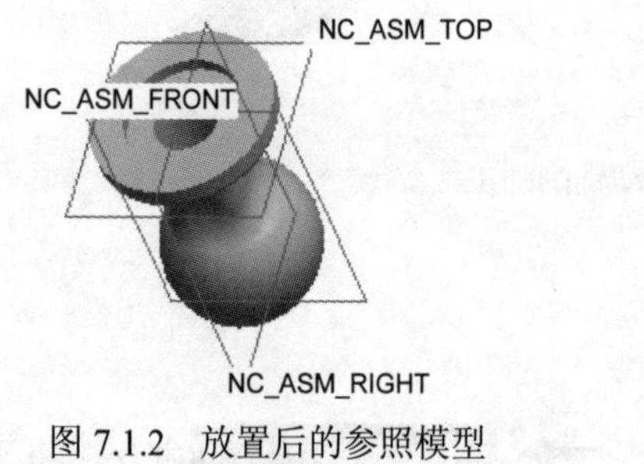

图 7.1.2 放置后的参照模型

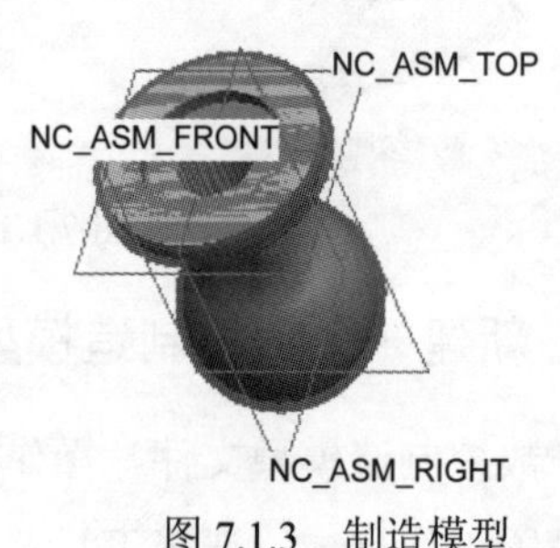

图 7.1.3 制造模型

Task3. 制造设置

Step1. 选择下拉菜单 步骤(S) ➡ 操作(O) 命令，此时系统弹出“操作设置”对话框。

Step2. 机床设置。单击“操作设置”对话框中的 按钮，弹出“机床设置”对话框，在 机床类型(T) 下拉列表中选择 铣削，在 轴数(X) 下拉列表中选择 4轴。在 多轴输出选项 选项组中选择 ☑ 使用旋转输出 复选框，如图 7.1.4 所示。

Step3. 刀具设置。在“机床设置”对话框中选中 切削刀具(C) 选项卡，然后在 切削刀具设置 选项组中单击 按钮。

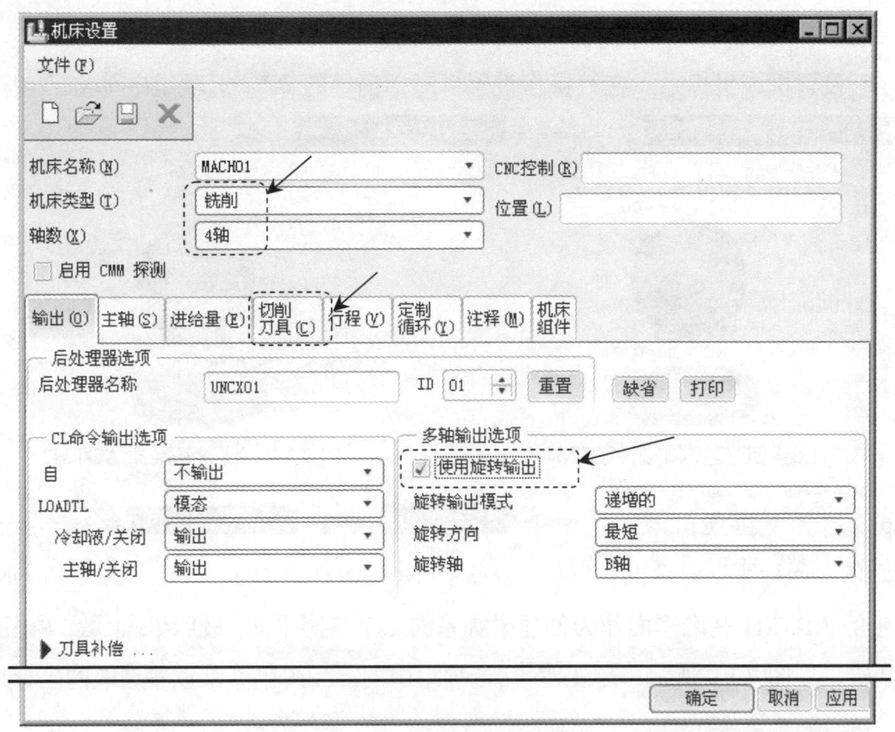

图 7.1.4　“机床设置”对话框

Step4. 在弹出的“刀具设定”对话框中设置一把刀具参数如图 7.1.5 所示的铣刀，设置完毕后，先单击 应用 按钮，然后单击 确定 按钮。在“机床设置”对话框中单击 应用 按钮，然后单击 确定 按钮，返回到“操作设置”对话框。

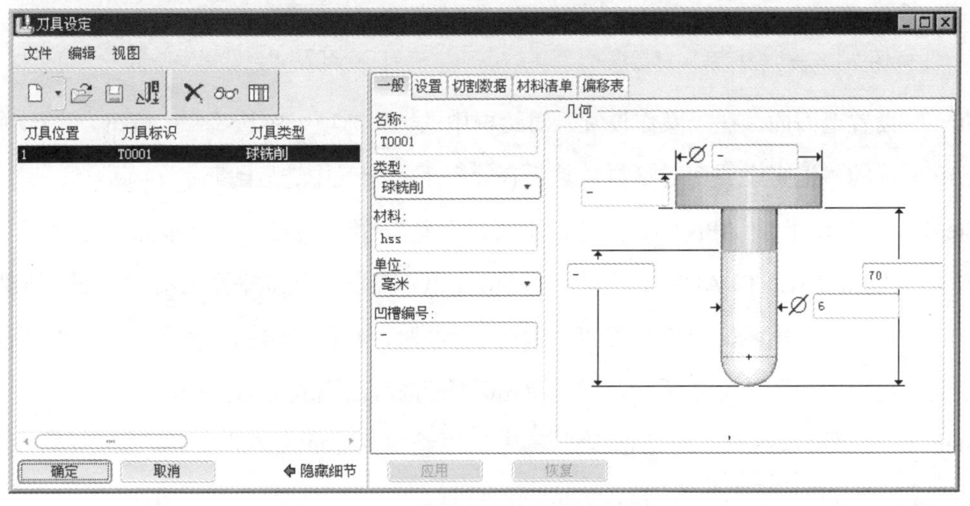

图 7.1.5　“刀具设定”对话框

Step5. 创建图 7.1.6 所示的基准平面 ADTM1（注：本步的详细操作过程请参见随书光盘中 video\ch07.01\reference\文件下的语音视频讲解文件 four_milling-r01.avi）。

Step6. 创建图 7.1.7 所示的基准平面 ADTM2（注：本步的详细操作过程请参见随书光

盘中 video\ch07.01\reference\文件下的语音视频讲解文件 four_milling-r02.avi）。

Step7. 设置机床坐标系。在“操作设置”对话框中的参照选项组中单击按钮，在弹出的 MACH CSYS（制造坐标系）菜单中选择 Select（选取）命令。

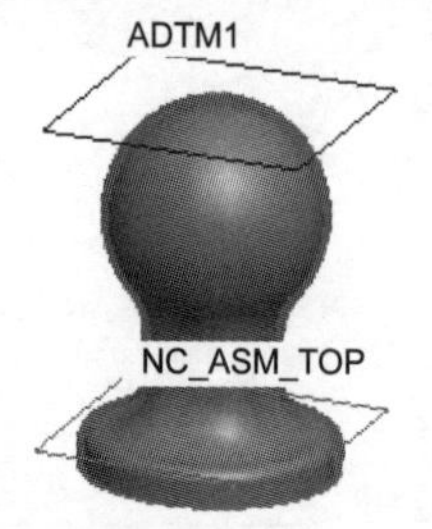

图 7.1.6　创建基准平面 ADTM1

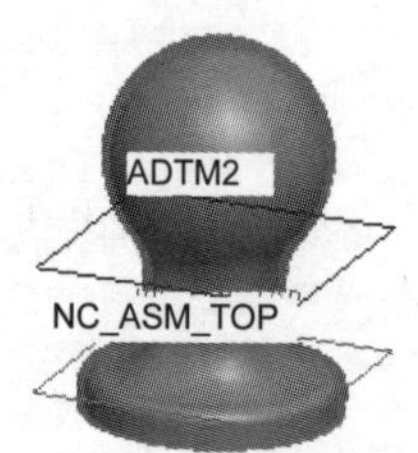

图 7.1.7　创建基准面 ADTM2

Step8. 选择下拉菜单 插入(I) ➡ 模型基准(D) ➡ 坐标系(C)... 命令，系统弹出图 7.1.8 所示的“坐标系”对话框。然后依次选择 NC_ASM_RIGHT、NC_ASM_FRONT 和图 7.1.9 所示的 ADTM1 基准平面作为创建坐标系的三个参照平面，最后单击确定按钮完成坐标系的创建，如图 7.1.9 所示。单击参照选项组中的按钮可以查看选取的坐标系。

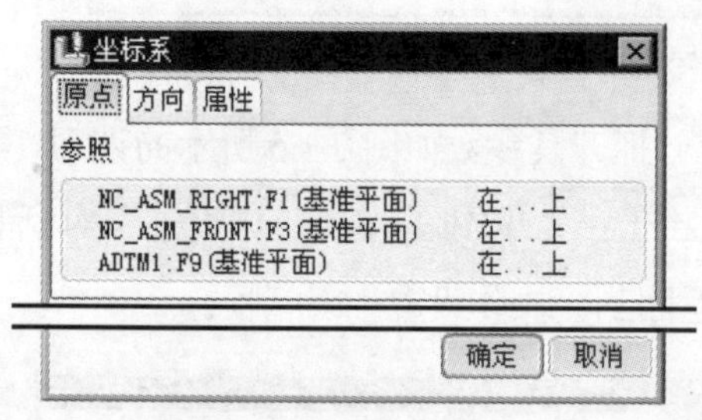

图 7.1.8　“坐标系”对话框

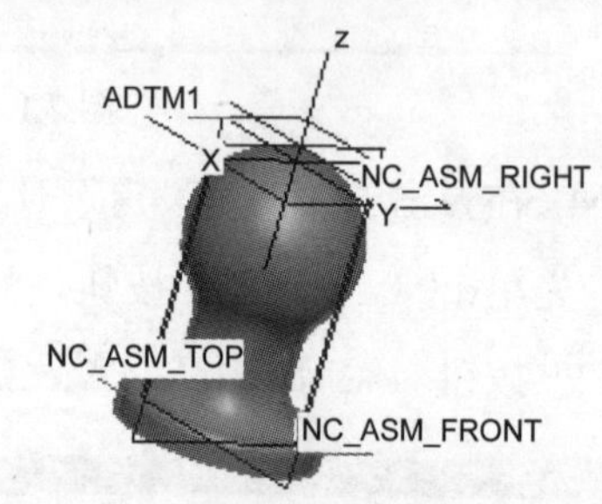

图 7.1.9　创建坐标系

Step9. 设置退刀面。在“操作设置”对话框中的退刀选项卡中选择按钮，系统弹出图 7.1.10 所示的“退刀设置”对话框，然后在类型下拉列表中选取球。

Step10. 创建基准点 APNT0。在特征工具栏中单击按钮打开“基准点”对话框，依次选取 NC_ASM_RIGHT、ADTM2 和 NC_ASM_FRONT 三个基准平面为参照平面，创建点 APNT0，如图 7.1.11 所示。选取基准点 APNT0 为参照，在值文本框中输入 140，在图形区预览创建的退刀面如图 7.1.12 所示，最后单击确定按钮，完成退刀面的创建。

Step11. 在“操作设置”对话框中的退刀选项组中的公差文本框后输入加工的公差值 0.01，完成后单击确定按钮，完成制造设置。

Task4. 加工方法设置

Step1. 选择下拉菜单 步骤(S) ➡ 曲面铣削(S) ➡ MACH AXES（加工轴） ➡ 4 Axis（4轴） ➡ Done（完成）命令。

Step2. 在弹出的▼ SEQ SETUP (序列设置)菜单中，选择图 7.1.13 所示的复选框，然后选择Done (完成)命令，在弹出的“刀具设定”对话框中单击确定按钮。

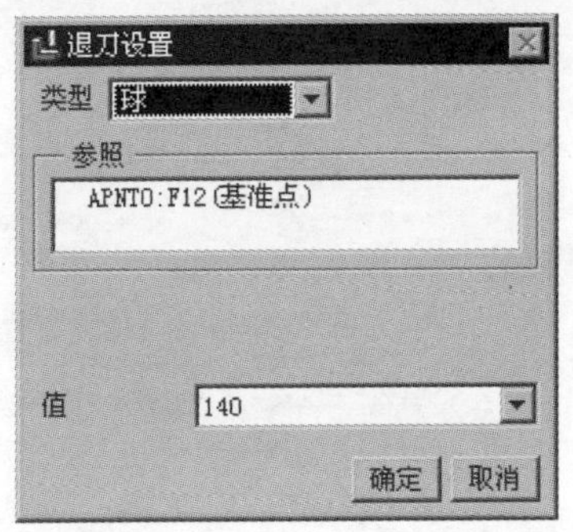

图 7.1.10　“退刀设置”对话框

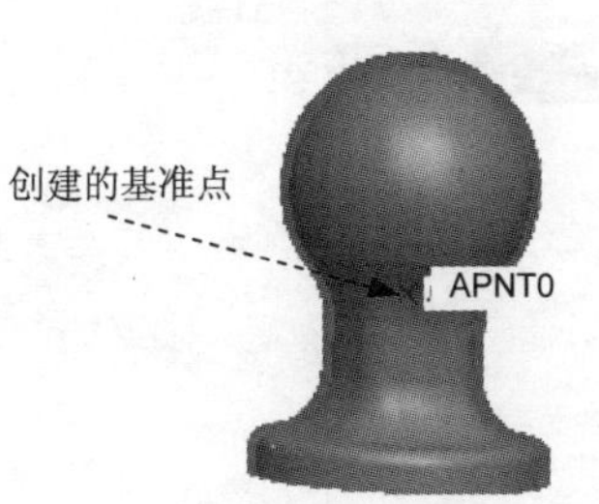

图 7.1.11 创建基准点

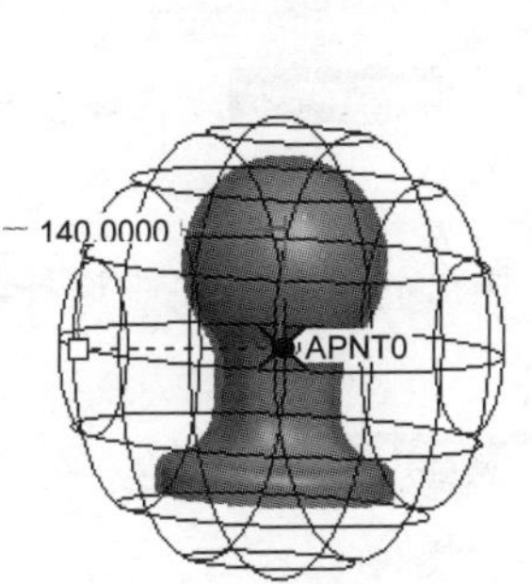

图 7.1.12　创建退刀面

图 7.1.13　“序列设置”菜单

Step3. 在编辑序列参数“曲面铣削”对话框中设置基本的加工参数，如图 7.1.14 所示，选择下拉菜单 文件(F) 菜单中的另存为命令。接受系统默认的名称，单击“保存副本”对话框中的确定按钮，然后再次单击编辑序列参数“曲面铣削”对话框中的确定按钮，完成参数的设置。

Step4. 在▼ SURF PICK (曲面拾取)菜单中依次选择Model (模型) ➡ Done (完成)命令。

Step5. 在弹出的▼ SURF PICK (曲面拾取)菜单中选择Add (添加)命令，然后在工作区中选取图 7.1.15 所示的所有外表面。选取完成后，在“选取”对话框中单击确定按钮。

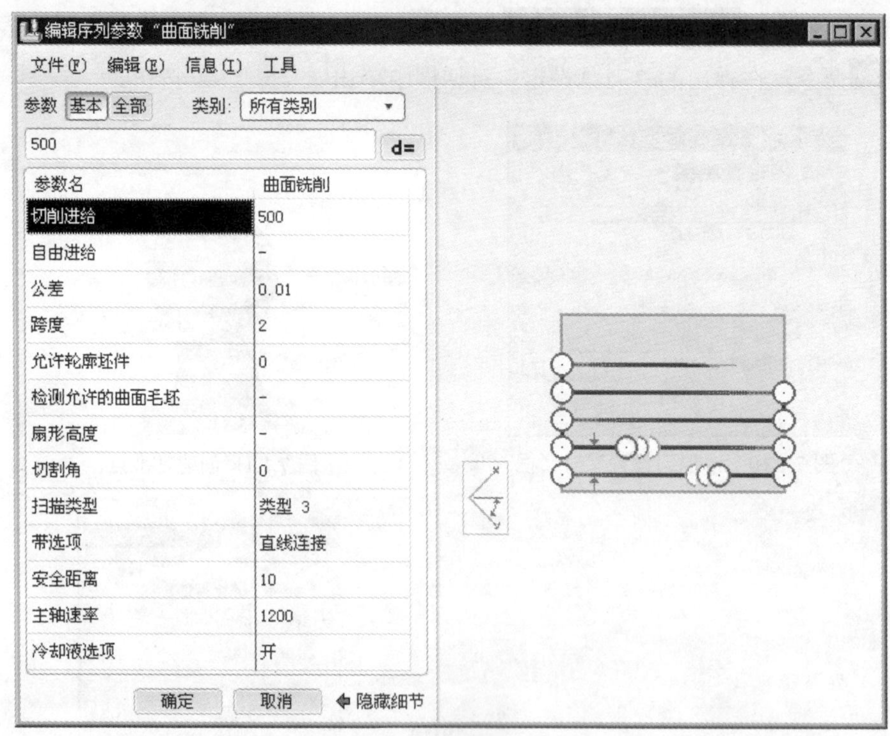

图 7.1.14 编辑序列参数“曲面铣削”对话框

注意：

（1）在选取图 7.1.15 所示的曲面前，右击模型树中 WORKPIECE.PRT，在弹出的快捷菜单中选择 隐藏 命令，将工件隐藏，方便曲面的选取。

（2）选取完成后，右击模型树中的 WORKPIECE.PRT，在弹出的快捷菜单中选择 取消隐藏 命令，取消工件隐藏，否则不能观察仿真加工。

Step6. 在 ▼ SELECT SRFS（选取曲面）菜单中选择 Done/Return（完成/返回）命令，然后选择基准平面 ADTM1，此时弹出“切削定义”对话框，选择 ◉ 自曲面等值线 选项，如图 7.1.16 所示。

Step7. 在 曲面列表 栏中依次选中 曲面标识=，然后单击 按钮，调整切削方向，最后的调整结果如图 7.1.17 所示。在“切削定义”对话框中单击 确定 按钮。

Task5. 演示刀具轨迹

Step1. 在 ▼ NC SEQUENCE（NC序列）菜单中选择 Play Path（播放路径）命令，随后系统弹出 ▼ PLAY PATH（播放路径）菜单。

Step2. 在 ▼ PLAY PATH（播放路径）菜单中选择 Screen Play（屏幕演示）命令，系统弹出“播放路径”对话框。

Step3. 单击“播放路径”对话框中的 ▶ 按钮，可以观察刀具的行走路线，如图 7.1.18 所示。单击 ▶ CL数据 栏可以查看生成的 CL 数据，如图 7.1.19 所示。

Step4. 演示完成后，单击“播放路径”对话框中的 关闭 按钮。

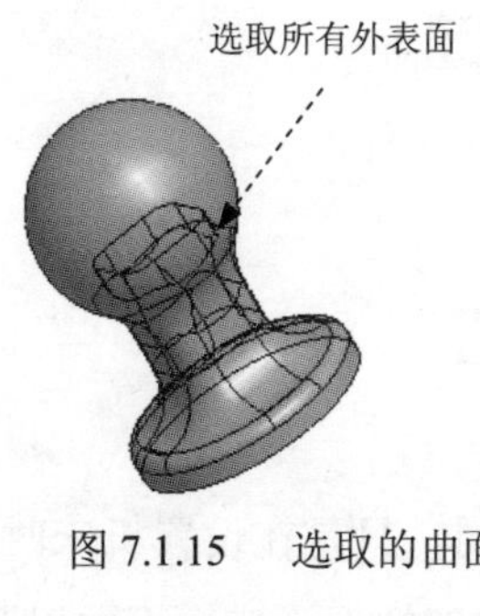

图 7.1.15　选取的曲面

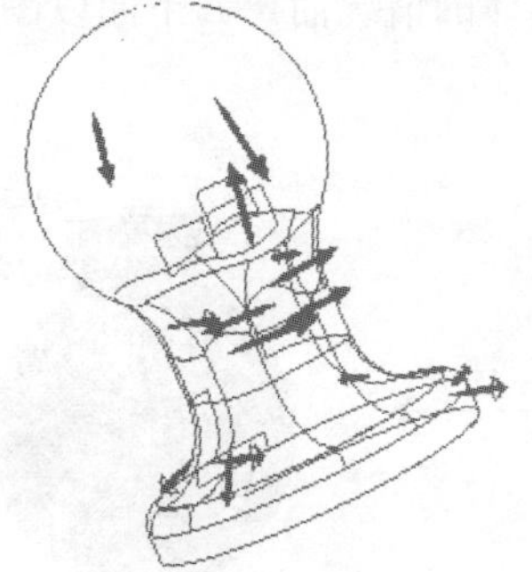

图 7.1.17　切削方向

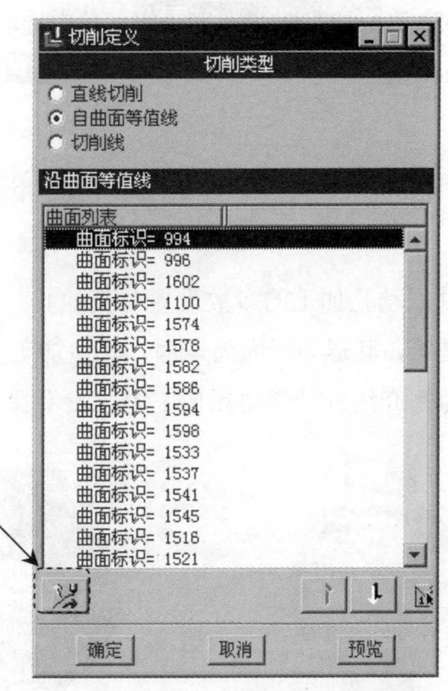

图 7.1.16　“切削定义”对话框

Task6. 观察仿真加工

Step1. 在▼ PLAY PATH (播放路径)菜单中选择 NC Check (NC 检查)命令。观察刀具切割工件的运行情况，在弹出的“NC 检查结果”对话框中单击按钮，运行结果如图 7.1.20 所示。

Step2. 演示完成后，单击右上角的按钮，弹出的“Save Changes Before Exiting VERICUT?”对话框中单击 Save Checked Files 按钮。

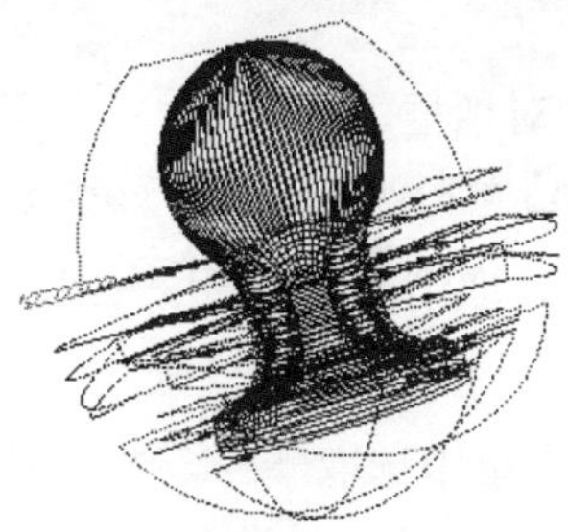

图 7.1.18　刀具行走路线

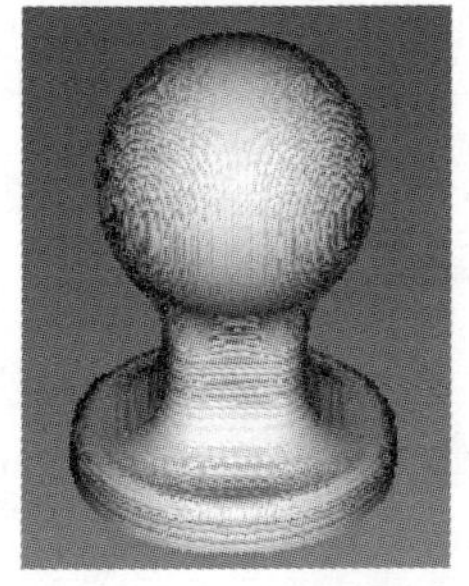

图 7.1.20　NC 检测结果

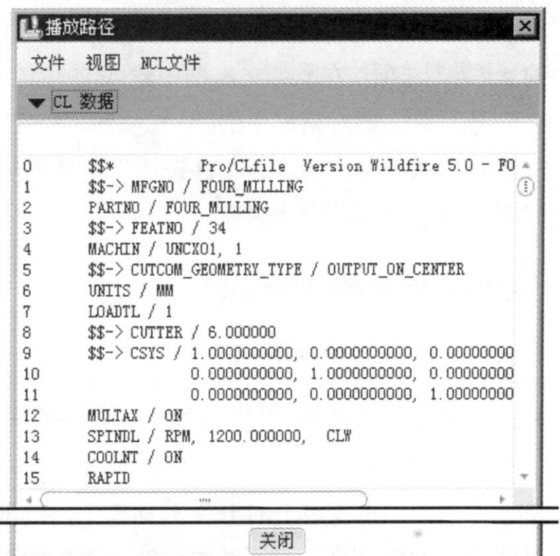

图 7.1.19　查看 CL 数据

Step3. 在▼ NC SEQUENCE (NC序列)菜单中选取Done Seq (完成序列)命令。

Step4. 选择下拉菜单文件(F) ➡ 保存(S)命令，保存文件。

7.2 五轴联动孔加工

五轴联动孔加工的参数设置与其他孔加工方法基本相同，只是在设置机床时选择五轴的数控铣床，其退刀平面为球面。其他加工参数将根据具体的情况而定。下面以图 7.2.1 所示模型为例介绍五轴联动孔加工的一般步骤。

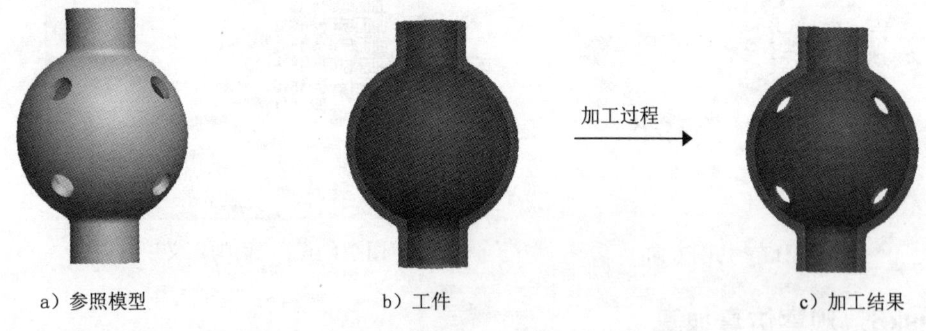

a）参照模型　　b）工件　　c）加工结果

图 7.2.1 五轴联动孔加工

Task1. 新建一个数控制造模型文件

新建一个数控制造模型文件，操作提示如下：

Step1. 设置工作目录。选择下拉菜单文件(F) ➡ 设置工作目录(W)...命令，将工作目录设置至 D:\proewf5.9\work\ch07.02。

Step2. 在工具栏中单击“新建”按钮，弹出“新建”对话框。

Step3. 在“新建”对话框中，选中类型选项组中的◉ 制造选项，选中子类型选项组中的◉ NC组件选项，在名称文本框中输入文件名 five_axises，取消☑ 使用缺省模板复选框中的“√”号，单击该对话框中的确定按钮。

Step4. 在系统弹出的“新文件选项”对话框中的模板选项组中选取mmns_mfg_nc模板，然后在该对话框中单击确定按钮。

Task2. 建立制造模型

Stage1. 引入参照模型

Step1. 选择下拉菜单插入(I) ➡ 参照模型(R) ➡ 装配(A)...命令，系统弹出“打开”对话框。

Step2. 从弹出的文件“打开”对话框中，选取三维零件模型——five_axises.prt 作为参照零件模型，并将其打开。系统弹出“放置”操控板。

Step3. 在"放置"操控板中选择 缺省 命令，然后单击 ✓ 按钮，此时系统弹出"创建参照模型"对话框，单击对话框中的 确定 按钮，完成参照模型的放置，放置后如图 7.2.2 所示。

Stage2. 引入工件

Step1. 选择下拉菜单 插入(I) ➡ 工件(W) ➡ 装配(A)... 命令，系统弹出"打开"对话框。

Step2. 从弹出的文件"打开"对话框中，选取三维零件模型——five_workpiece.prt，并将其打开。系统弹出"放置"操控板。

Step3. 在"放置"操控板中选择 缺省 命令，然后单击 ✓ 按钮，此时系统弹出"创建参照模型"对话框，单击对话框中的 确定 按钮，完成参照模型的放置，放置后如图 7.2.3 所示。

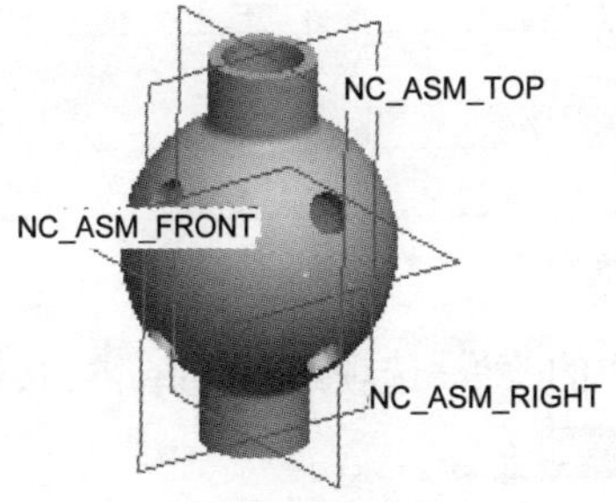

图 7.2.2　放置后的参照模型

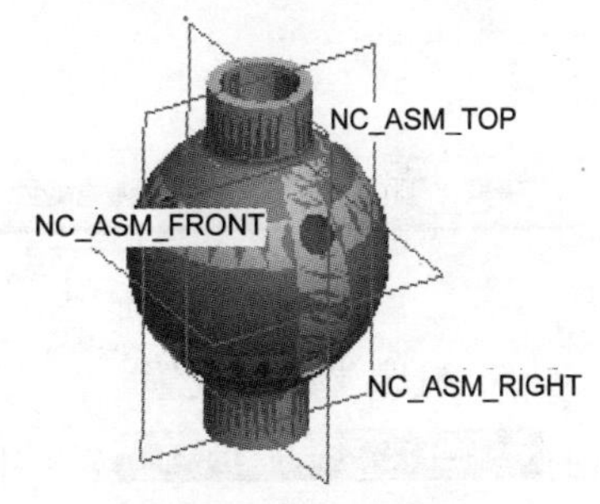

图 7.2.3　制造模型

Task3. 制造设置

Step1. 选择下拉菜单 步骤(S) ➡ 操作(O) 命令，此时系统弹出"操作设置"对话框。

Step2. 机床设置。单击"操作设置"对话框中的 按钮，弹出"机床设置"对话框，在 机床类型(T) 下拉列表中选择 铣削，在 轴数(X) 下拉列表中选择 5轴，如图 7.2.4 所示。

Step3. 刀具设置。在"机床设置"对话框中的 切削刀具(C) 选项卡中，单击 切削刀具设置 选项组中的 按钮。

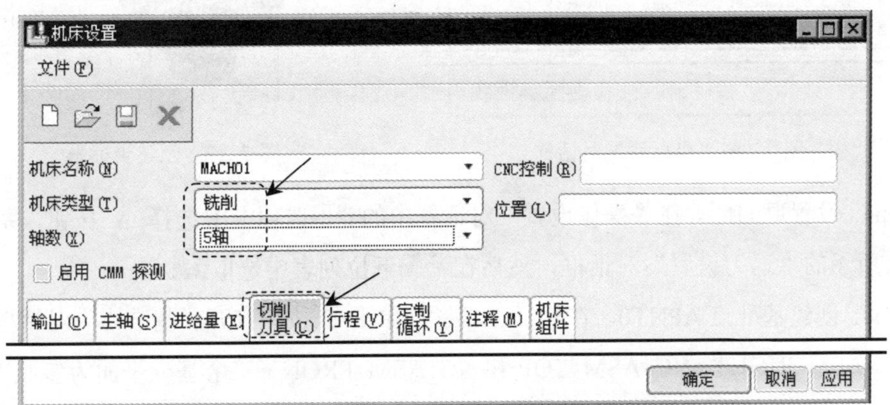

图 7.2.4　"机床设置"对话框

Step4. 在弹出的“刀具设定”对话框中设置刀具参数，完成设置后如图 7.2.5 所示，设置完毕后单击 应用 按钮并单击 确定 按钮，在“机床设置”对话框中单击 确定 按钮，返回到“操作设置”对话框。

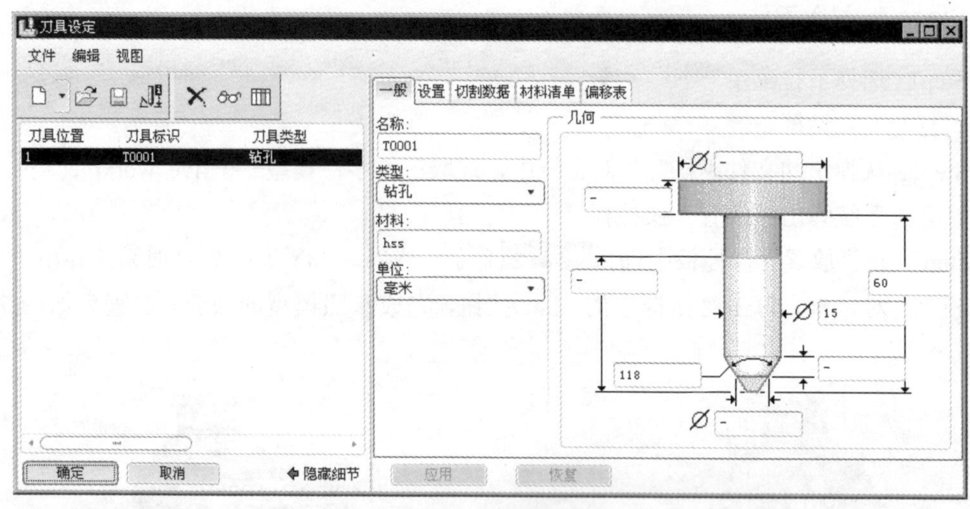

图 7.2.5　“刀具设定”对话框

Step5. 机床坐标系设置。在“操作设置”对话框中的 参照 选项组中选择 按钮，在弹出的 ▼ MACH CSYS（制造坐标系） 菜单中选择 Select（选取） 命令。

Step6. 选择下拉菜单 插入(I) → 模型基准(D) → 坐标系(C)... 命令，系统弹出图 7.2.6 所示的“坐标系”对话框。依次选择 NC_ASM_TOP、NC_ASM_RIGHT 基准面和图 7.2.7 所示的模型表面作为创建坐标系的三个参照平面，单击 确定 按钮完成坐标系的创建。单击 按钮可以察看选取的坐标系。

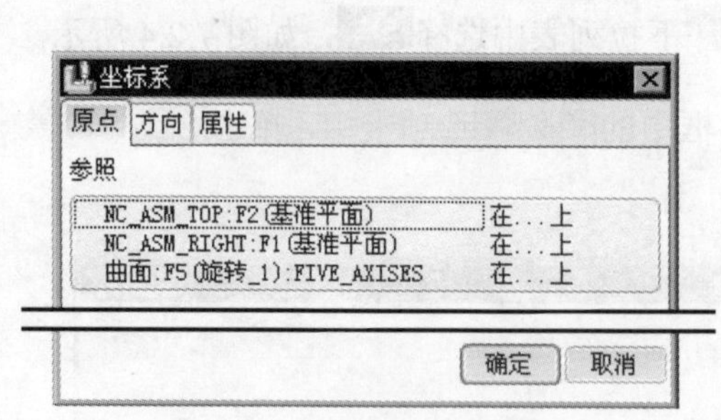

图 7.2.6 “坐标系”对话框

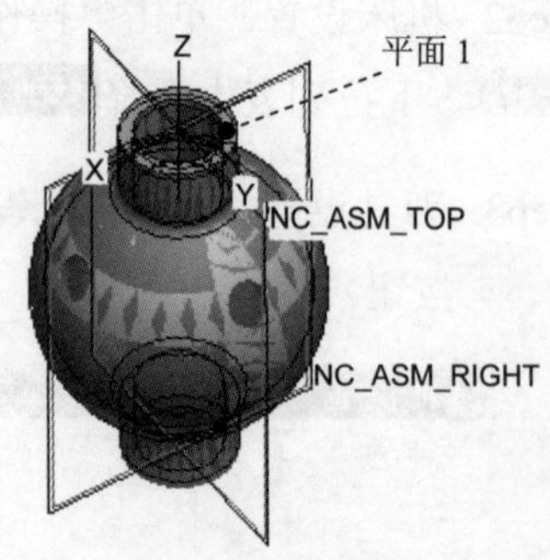

图 7.2.7　创建坐标系

Step7. 设置退刀面。在“操作设置”对话框中的 退刀 选项卡中选择 按钮，系统弹出图 7.2.8 所示的“退刀设置”对话框，然后在 类型 下拉列表中选取 球。

Step8. 创建基准点 APNT0。在特征工具栏中单击 按钮打开“基准点”对话框，依次选取 NC_ASM_RIGHT、NC_ASM_TOP 和 NC_ASM_FRONT 三个基准平面为参照平面，创建点 APNT0，如图 7.2.9 所示，选取基准点 APNT0 为参照，在“值”文本框中输入 100，在图形区预览创建的退刀球面如图 7.2.10 所示，最后单击确定按钮，完成退刀面的创建。

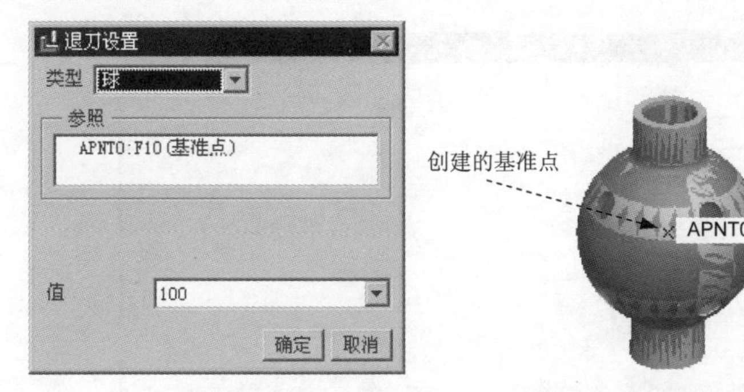

图 7.2.8　“退刀设置”对话框　　图 7.2.9　创建基准点

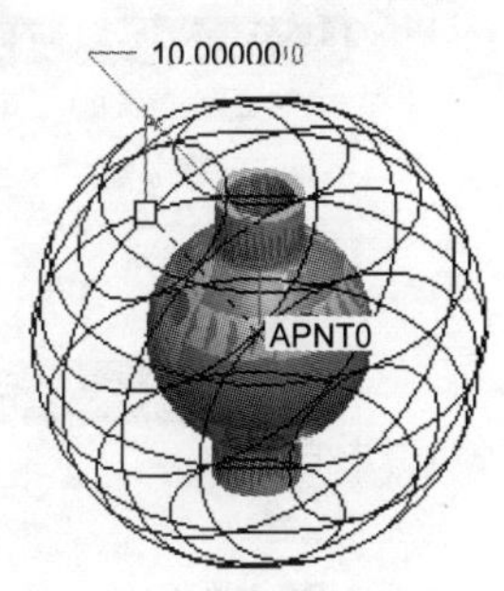

图 7.2.10　创建退刀面

Step9. 在“操作设置”对话框中的退刀选项组中的公差文本框后输入加工的公差值 0.01，完成后单击确定按钮，完成制造设置。

Task4. 加工方法设置

Step1. 选择下拉菜单 步骤(S) → 钻孔(D) → 标准(S) 命令。

Step2. 在弹出的 ▼ MACH AXES (加工轴) 菜单中，选择 5 Axis (5轴) → Done (完成) 命令。

Step3. 在弹出的 ▼ SEQ SETUP (序列设置) 菜单中选择如图 7.2.11 所示的复选框，然后选择 Done (完成) 命令，在弹出的“刀具设定”对话框中单击确定按钮。此时在系统弹出的编辑序列参数“孔加工”对话框中设置基本的加工参数，如图 7.2.12 所示。

图 7.2.11　“序列设置”菜单

Step4. 选择下拉菜单 文件(F) 菜单中的另存为命令。接受系统默认的名称，单击“保存副本”对话框中的确定按钮，然后再次单击编辑序列参数“孔加工”对话框中的确定按钮，完成参数的设置。此时，系统弹出“孔集”对话框。

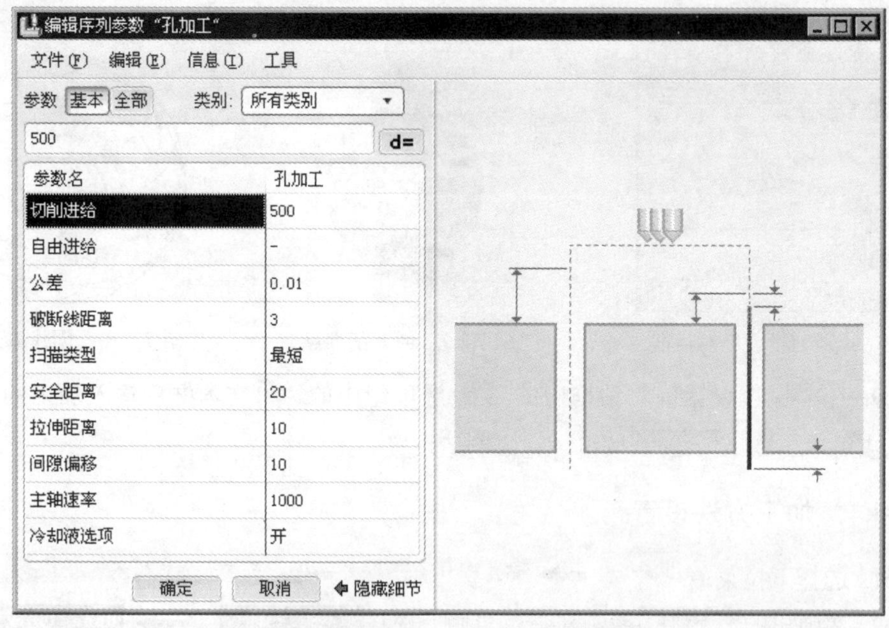

图 7.2.12　编辑序列参数“孔加工”对话框

Step5. 在系统弹出的“孔集”对话框中，单击细节...按钮。系统弹出“孔集子集”对话框，在“子集”列表中选择“各个轴”，然后按住 Ctrl 键在图形区选取图 7.2.13 所示的八条轴线，然后单击✔按钮（图 7.2.14），系统返回到“孔集”对话框。

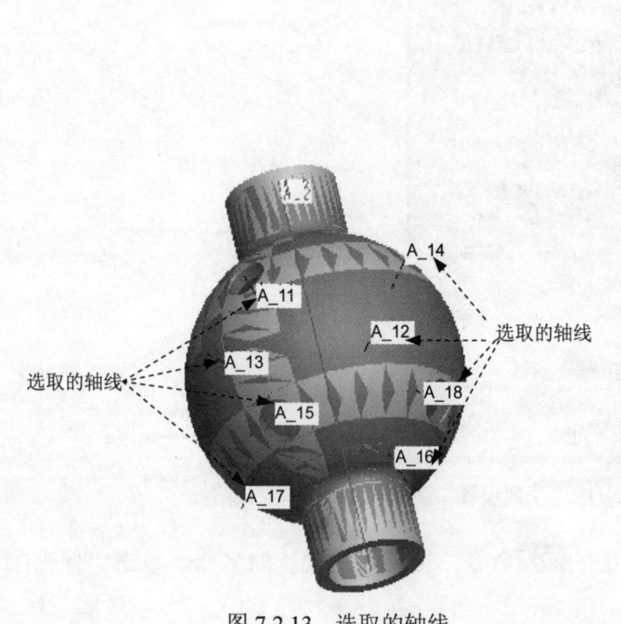

图 7.2.13　选取的轴线

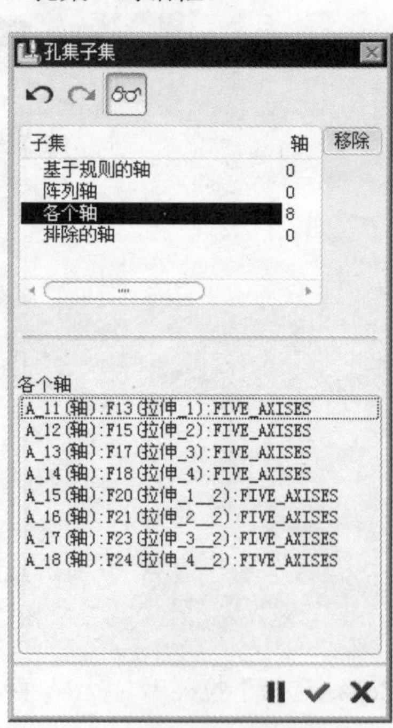

图 7.2.14　“孔集子集”对话框

Step6. 在“孔集”对话框中单击✓按钮。

Task5. 演示刀具轨迹

Step1. 在弹出的▼ NC SEQUENCE (NC序列)菜单中选择 Play Path (播放路径) 命令，此时系统弹出▼ PLAY PATH (播放路径)菜单。

Step2. 在▼ PLAY PATH (播放路径)菜单中选择Screen Play (屏幕演示)命令，此时弹出“播放路径”对话框。

Step3. 单击“播放路径”对话框中的▶按钮，可以观察刀具的行走路线，如图 7.2.15 所示。单击▶ CL数据栏可以查看生成的 CL 数据，如图 7.2.16 所示。

Step4. 演示完成后，单击“播放路径”对话框中的关闭按钮。

Task6. 加工仿真

Step1. 在▼ PLAY PATH (播放路径)菜单中选择 NC Check (NC 检查) 命令。观察刀具切割工件的运行情况，在弹出的“NC 检查结果”对话框中单击按钮，运行结果如图 7.2.17 所示。

Step2. 演示完成后，单击右上角的☒按钮，弹出的“Save Changes Before Exiting VERICUT?”对话框中单击 Save Checked Files 按钮。

Step3. 在▼ NC SEQUENCE (NC序列)菜单中选取 Done Seq (完成序列)命令。

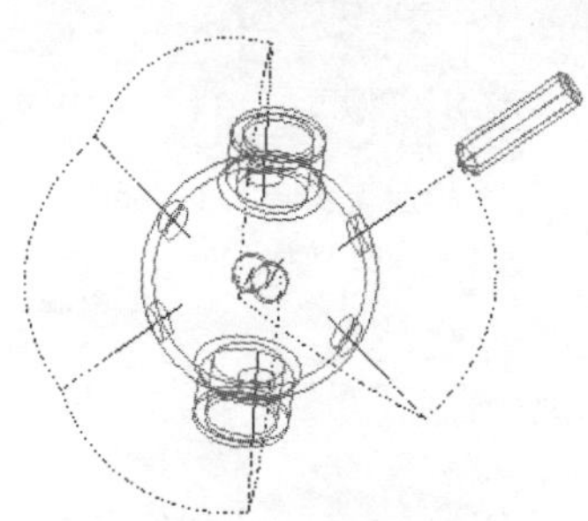

图 7.2.15　刀具行走路线

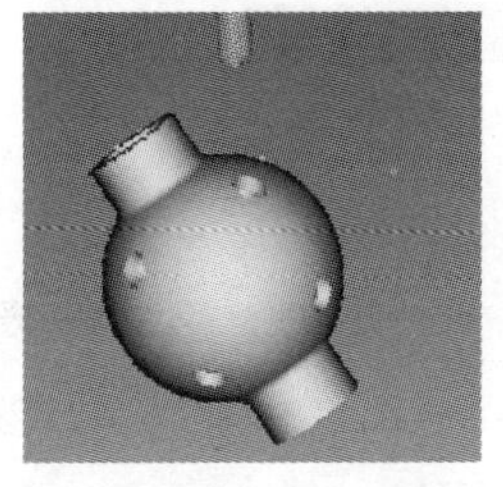

图 7.2.17　NC 检测结果

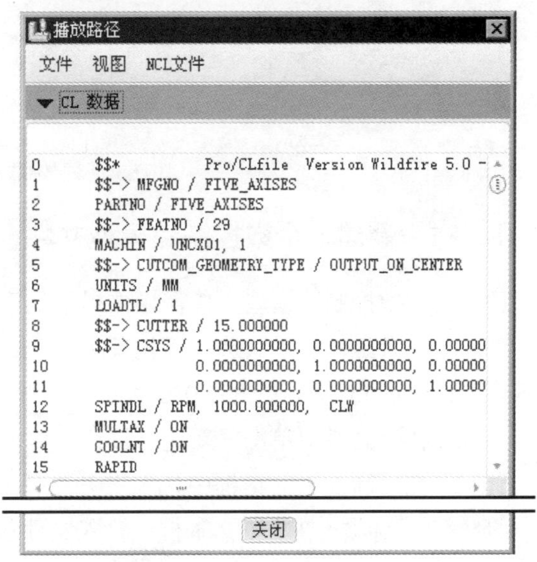

图 7.2.16　查看 CL 数据

Task7. 切减材料

Step1. 选择下拉菜单 插入(I) ➡ 材料去除切削(V) ➡ ▼ NC序列列表 ➡ 1: 孔加工, 操作: OP010 ➡ ▼ MAT REMOVAL (材料删除) ➡ Automatic (自动) ➡

Done (完成)命令。

Step2. 系统弹出“相交元件”对话框和“选取”对话框。单击自动添加按钮和☰按钮，然后单击确定按钮，完成材料切减。

Step3. 选择下拉菜单文件(F) ➡ 保存(S)命令，保存文件。

7.3 五轴联动铣削加工

五轴加工在多轴联动加工中的应用是最广泛的，所谓五轴加工是指在一台机床上至少有五个坐标轴，即三个直线坐标和两个旋转坐标，而且可以在计算机数控系统（CNC）的控制下协调运动进行加工，主要用于加工复杂的曲面、斜轮廓以及不同平面上的孔系等。因为在加工过程中，刀具与工件的位置是可以随时调整的，从而能使刀具与工件达到最佳切削状态，提高机床加工效率。

下面以图 7.3.1 所示模型为例介绍五轴联动铣削加工的一般步骤，由于本系统无法自动切除材料，所以加工结果将不在下面显示。

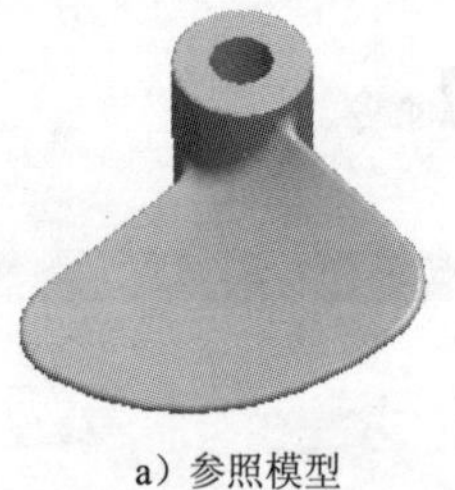

a）参照模型

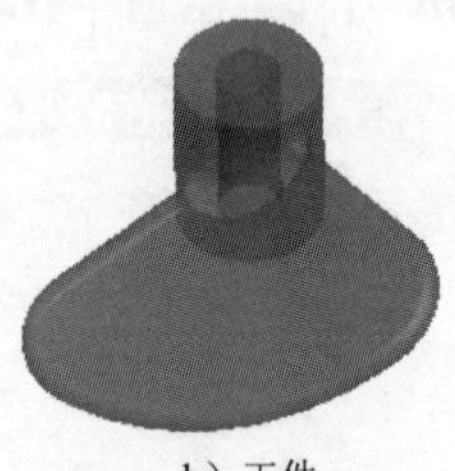

b）工件

图 7.3.1 五轴联动铣削加工

Task1. 新建一个数控制造模型文件

新建一个数控制造模型文件，操作提示如下：

Step1. 设置工作目录。选择下拉菜单文件(F) ➡ 设置工作目录(W)...命令，将工作目录设置至 D:\proewf5.9\work\ch07.03。

Step2. 在工具栏中单击“新建”按钮🗋，弹出“新建”对话框。

Step3. 在“新建”对话框中，选中类型选项组中的◉ 制造选项，选中子类型选项组中的◉ NC组件选项，在名称文本框中输入文件名 five_milling，取消☑使用缺省模板复选框中的“√”号，单击该对话框中的确定按钮。

Step4. 在系统弹出的“新文件选项”对话框中的模板选项组中选取mmns_mfg_nc模板，然后在该对话框中单击确定按钮。

Task2. 建立制造模型

Stage1. 引入参照模型

Step1. 选择下拉菜单 插入(I) → 参照模型(R) ▸ → 装配(A)... 命令，系统弹出"打开"对话框。

Step2. 从弹出的文件"打开"对话框中，选取三维零件模型——five_milling.prt 作为参照零件模型，并将其打开。系统弹出"放置"操控板。

Step3. 在"放置"操控板中单击 缺省 按钮，然后单击 ✓ 按钮，此时系统弹出"创建参照模型"对话框，单击此对话框中的 确定 按钮，完成参照模型的放置，放置后如图 7.3.2 所示。

Stage2. 引入工件

引入如图 7.2.3 所示的工件，操作步骤如下：

Step1. 选择下拉菜单 插入(I) → 工件(W) ▸ → 装配(A)... 命令，系统弹出"打开"对话框。

Step2. 从弹出的文件"打开"对话框中，选取三维零件模型——five_workpiece.prt，并将其打开。系统弹出"放置"操控板。

Step3. 在"放置"操控板中单击 缺省 按钮，然后单击 ✓ 按钮，此时系统弹出"创建毛坯工件"对话框，单击此对话框中的 确定 按钮，完成毛坯工件的放置，放置后如图 7.3.3 所示。

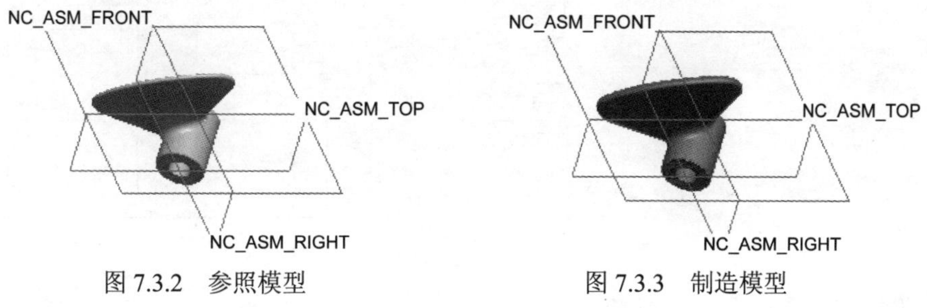

图 7.3.2　参照模型　　　　图 7.3.3　制造模型

Task3. 制造设置

Step1. 选择下拉菜单 步骤(S) → 操作(O) 命令，此时系统弹出"操作设置"对话框。

Step2. 机床设置。单击"操作设置"对话框中的 按钮，弹出"机床设置"对话框，在 机床类型(T) 下拉列表中选择 铣削，在 轴数(X) 下拉列表中选择 5轴，如图 7.3.4 所示。

Step3. 刀具设置。在"机床设置"对话框中选中 切削刀具(C) 选项卡，然后在 切削刀具设置 选项组中单击 按钮。

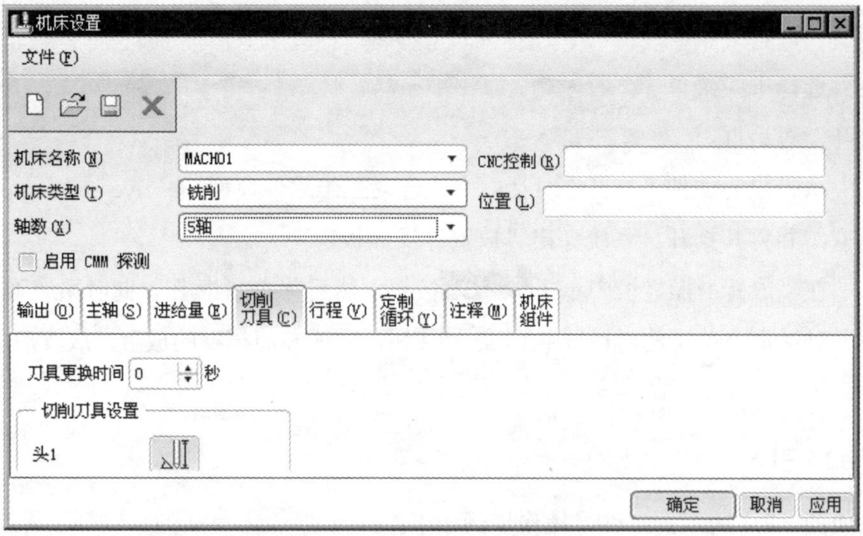

图 7.3.4 “机床设置”对话框

Step4. 在弹出的“刀具设定”对话框中设置刀具参数如图 7.3.5 所示，设置完毕后单击 应用 按钮并单击 确定 按钮。在“机床设置”对话框中单击 应用 按钮，然后单击 确定 按钮，返回到“操作设置”对话框。

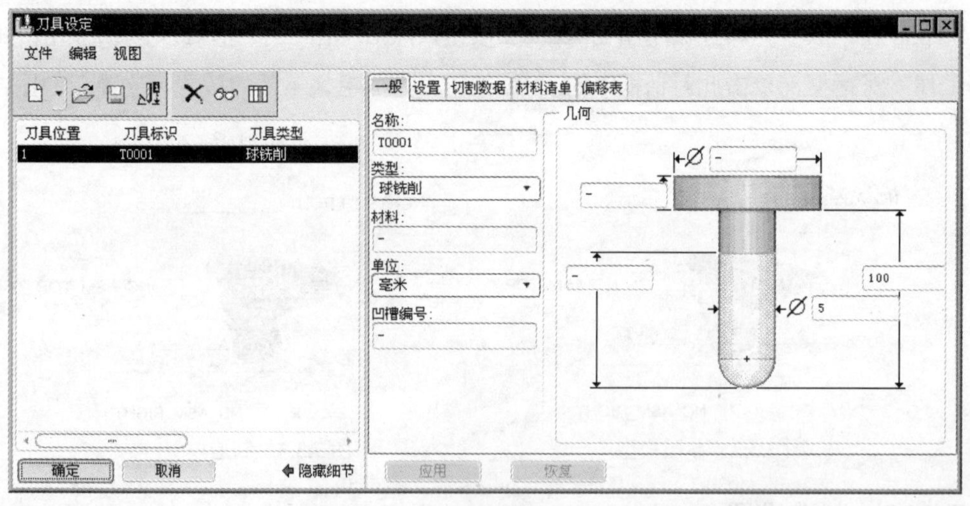

图 7.3.5 “刀具设定”对话框

Step5. 选取下拉菜单 插入(I) → 模型基准(D) → 平面(L)... 命令，系统弹出“基准平面”对话框，选取 NC_ASM_FRONT 基准平面为参考平面，然后在 平移 文本框中输入 32.5，单击“基准平面”对话框中的 确定 按钮，完成 ADTM1 基准面的创建，如图 7.3.6 所示。

Step6. 创建图 7.3.7 所示的基准点 APNT0（注：本步的详细操作过程请参见随书光盘中 video\ch07.03\reference\文件下的语音视频讲解文件“five_milling-r01.avi”）。

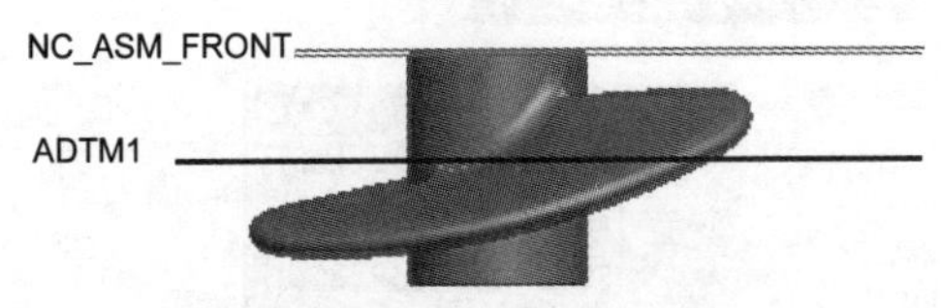

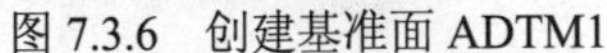
图 7.3.6　创建基准面 ADTM1

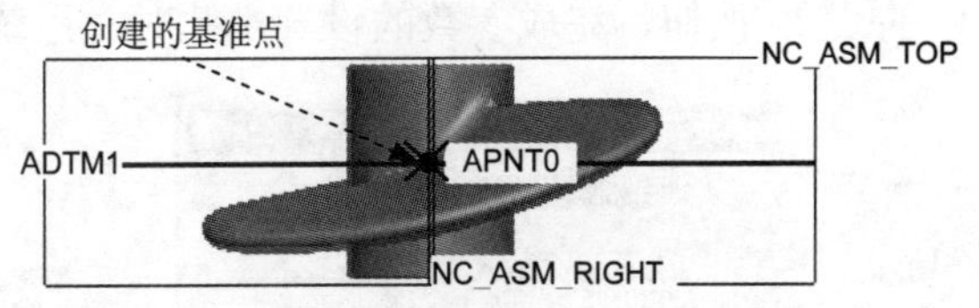

图 7.3.7　创建基准点

Step7. 设置机床坐标系。在“操作设置”对话框中的 参照 选项组中单击 按钮，在弹出的 MACH CSYS（制造坐标系） 菜单中选择 Select（选取） 命令。

Step8. 选择下拉菜单 插入(I) → 模型基准(D) ▸ → 坐标系(C)... 命令，弹出图 7.3.8 所示的“坐标系”对话框。依次选择 NC_ASM_TOP、NC_ASM_RIGHT 基准平面和图 7.3.9 所示的曲面 1 作为创建坐标系的三个参照平面，单击 确定 按钮完成坐标系的创建。单击 参照 选项组中的 按钮可以查看选取的坐标系。

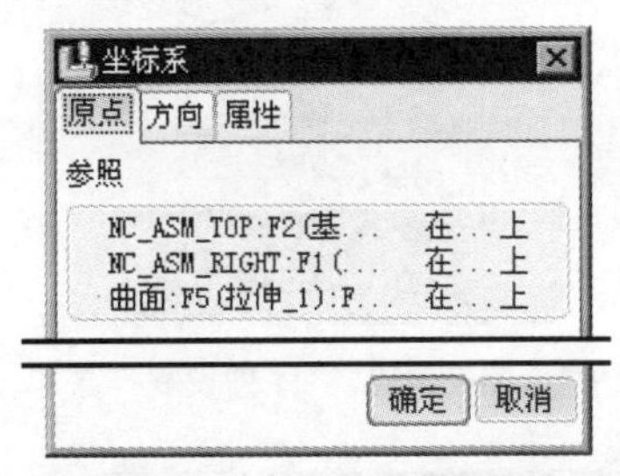

图 7.3.8　“坐标系”对话框

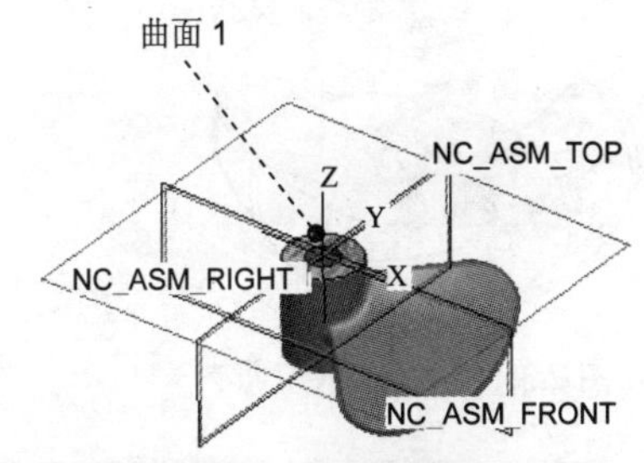

图 7.3.9　创建坐标系

Step9. 设置退刀面。在“操作设置”对话框中的 退刀 选项卡中选择 按钮，系统弹出图 7.3.10 所示的“退刀设置”对话框，然后在 类型 下拉列表中选取 球 选项，选取基准点 APNT0 为参照，在“值”文本框中输入 150，在图形区预览创建的退刀面如图 7.3.11 所示，最后单击 确定 按钮，完成退刀面的创建。

Step10. 在“操作设置”对话框中的 退刀 选项组中的 公差 文本框后输入加工的公差值 0.015，然后单击 确定 按钮，完成制造设置。

Task4．加工方法设置

Step1. 选择下拉菜单 步骤(S) → 曲面铣削(S) → MACH AXES（加工轴） → 5 Axis（5轴） → Done（完成） 命令。

Step2. 在打开的 SEQ SETUP（序列设置） 菜单中选择图 7.3.12 所示的复选框，然后选择 Done（完成） 命令，在弹出的“刀具设定”对话框中单击 确定 按钮。随后在系统弹出的编辑序列参数“曲面铣削”对话框中设置基本加工参数，如图 7.3.13 所示。

Step3. 设置完成后，选择下拉菜单 文件(F) 菜单中的 另存为 命令。接受系统默认的名称，单击“保存副本”对话框中的 确定 按钮，然后再次单击编辑序列参数“曲面铣削”对话框

中的 确定 按钮，完成参数的设置，此时，系统弹出 ▼ SURF PICK（曲面拾取） 菜单。

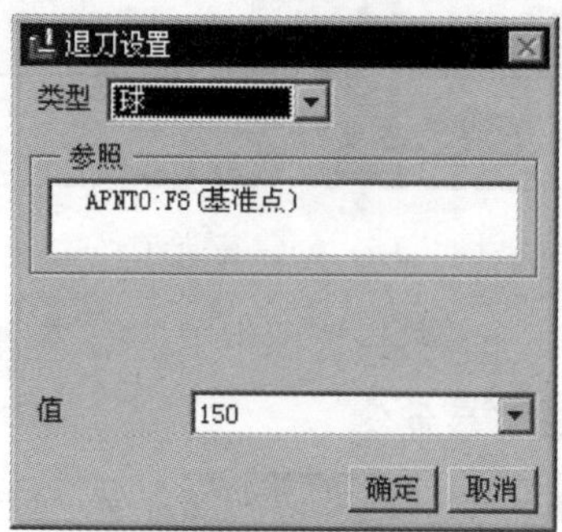

图 7.3.10 “退刀设置”对话框

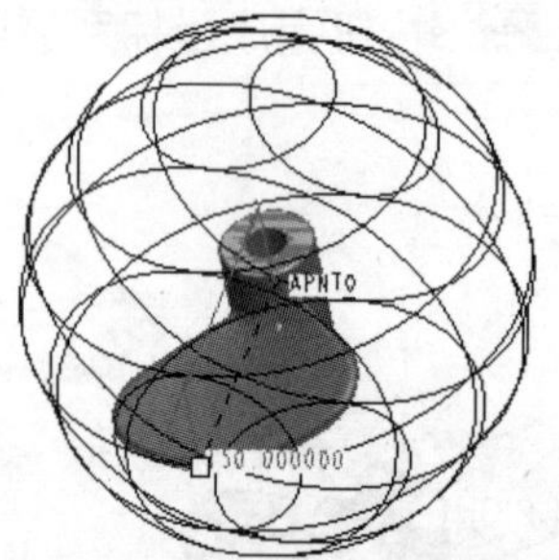

图 7.3.11 创建退刀面

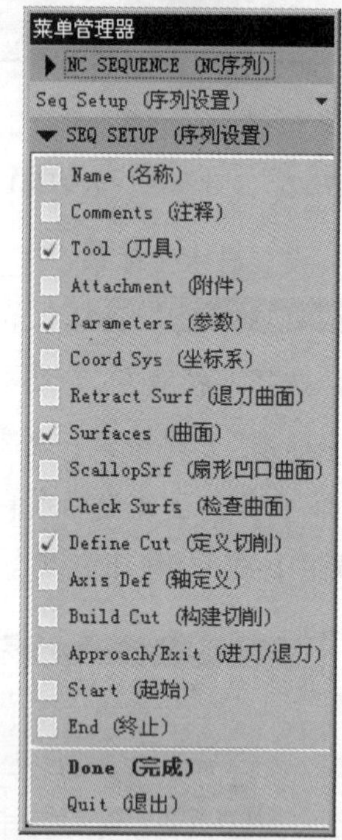

图 7.3.12 “序列设置”菜单

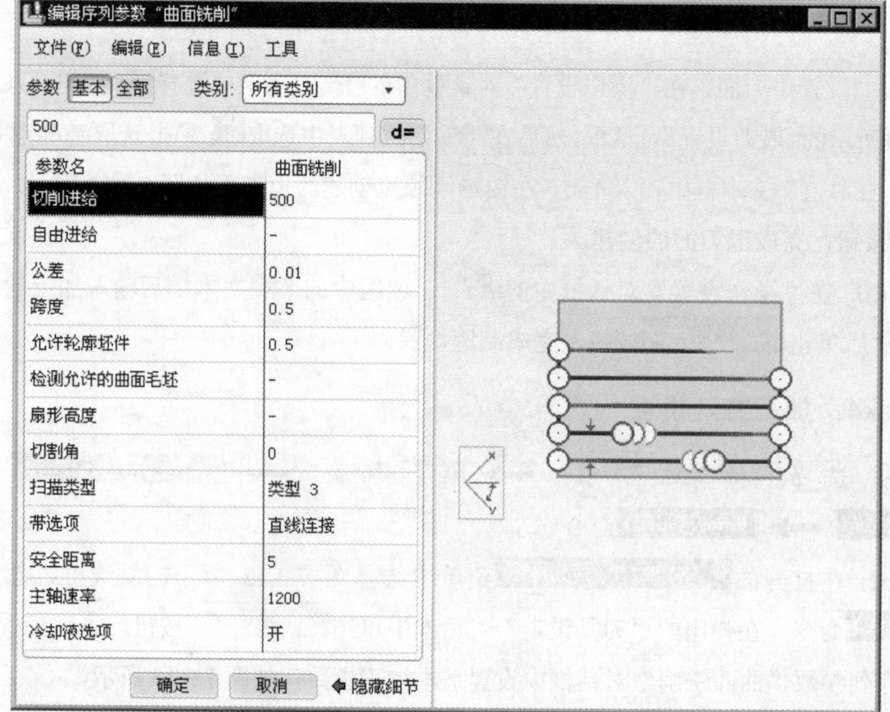

图 7.3.13 编辑序列参数“曲面铣削”对话框

Step4. 在 ▼ SURF PICK（曲面拾取） 菜单中，依次选择 Model（模型） ⟶ Done（完成） 命令。

Step5. 在弹出的▼ SURF PICK（曲面拾取）菜单中选择Add（添加）命令，然后在工作区中选取图 7.3.14 所示的加亮曲面（即叶片的上、下表面和侧面）。选取完成后，在“选取”对话框中单击确定按钮。

注意：

（1）在选取曲面前，右击模型树中FIVE WORKPIECE.PRT，选择隐藏命令，将工件设为隐藏，否则不能正确选取所需曲面。

（2）曲面选取完成后，右击模型树中FIVE WORKPIECE.PRT，选择取消隐藏命令，取消工件隐藏，否则不能观察仿真加工。

Step6. 在▼ SELECT SRFS（选取曲面）菜单中选择Done/Return（完成/返回）命令，系统弹出“切削定义”对话框，选择⊙ 自曲面等值线单选项，如图 7.3.15 所示。

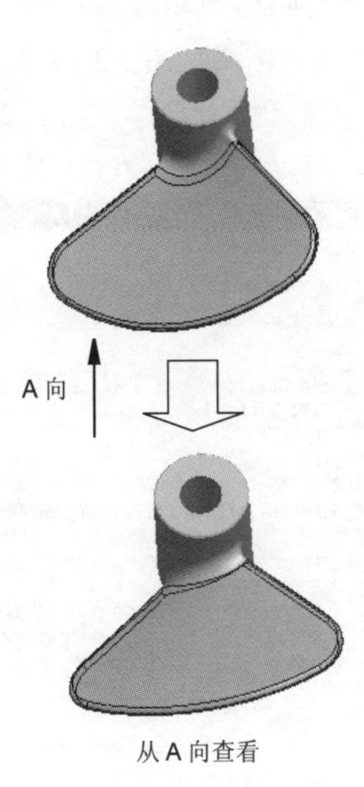

图 7.3.14　选取的曲面

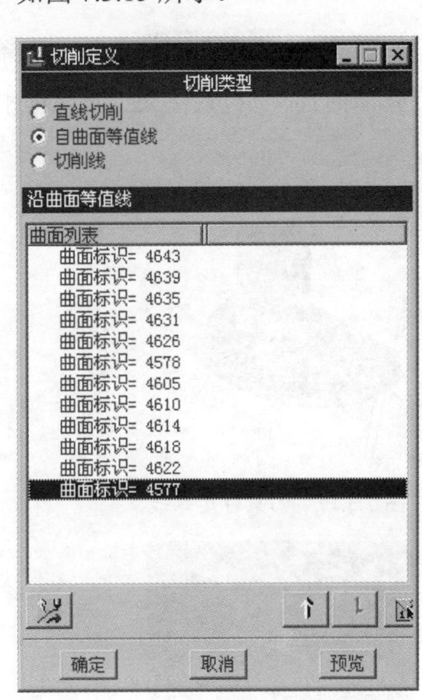

图 7.3.15　“切削定义”对话框

Step7. 在曲面列表选项组中依次选中曲面标识=，然后单击按钮，可以调整切削方向，调整结果如图 7.3.16 所示。单击确定按钮完成曲面的定义。

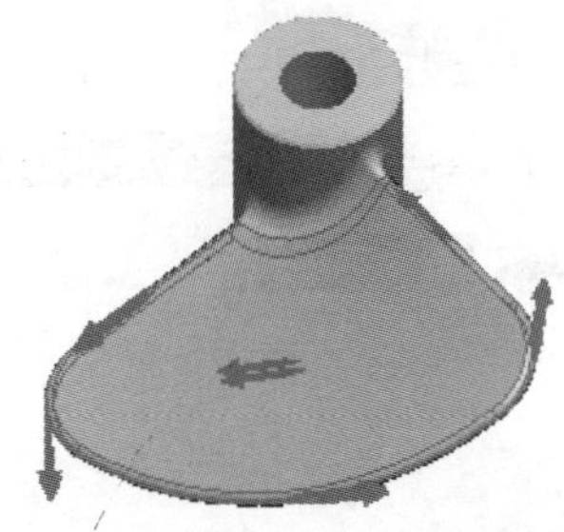

图 7.3.16　“曲面标识”调整结果

Task5. 演示刀具轨迹

Step1. 在弹出的▼ NC SEQUENCE (NC序列)菜单中选择 Play Path (播放路径) 命令，随后系统弹出▼ PLAY PATH (播放路径)菜单。

Step2. 在▼ PLAY PATH (播放路径)菜单中选择Screen Play (屏幕演示)命令，系统弹出“播放路径”对话框。

Step3. 单击“播放路径”对话框中的▶按钮，可以观察刀具的行走路线，如图 7.3.17 所示。单击▶ CL数据栏可以查看生成的 CL 数据，如图 7.3.18 所示。

Step4. 演示完成后，单击“播放路径”对话框中的关闭按钮。

Task6. 加工仿真

Step1. 在▼ PLAY PATH (播放路径)菜单中选择 NC Check (NC 检查) 命令。观察刀具切割工件的运行情况，在弹出的“NC 检查结果”对话框中单击按钮，运行结果如图 7.3.19 所示。

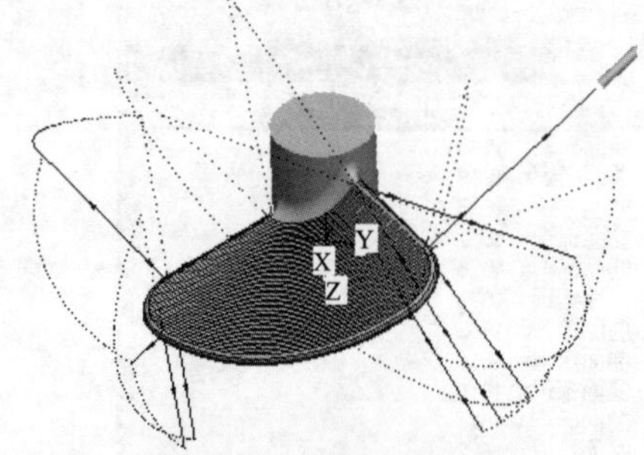

图 7.3.17 刀具行走路线

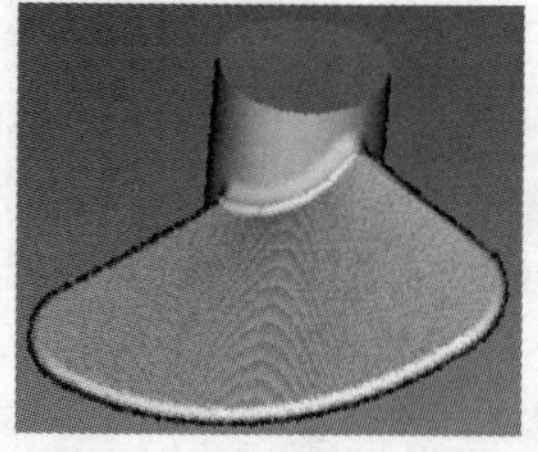

图 7.3.19 NC 检测结果

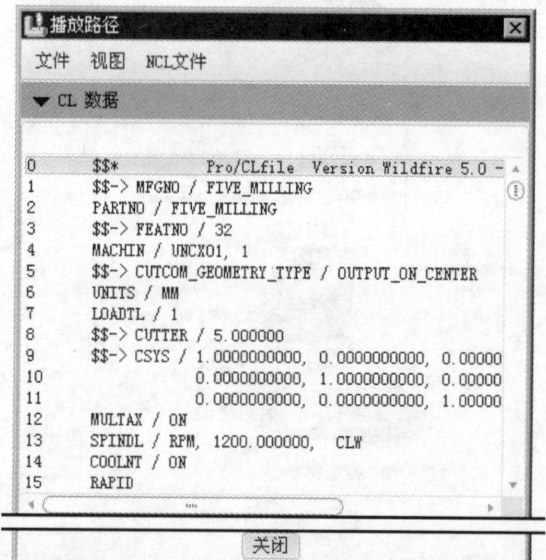

图 7.3.18 查看 CL 数据

Step2. 演示完成后，单击右上角的按钮，在弹出的“Save Changes Before Exiting VERICUT?”对话框中单击Save Checked Files按钮。

Step3. 在▼ NC SEQUENCE (NC序列)菜单中选取Done Seq (完成序列)命令。

Step4. 选择下拉菜单文件(F) → 保存(S)命令，保存文件。

7.4　侧刃铣削加工

侧刃铣削是使用刀具的侧刃进行切削，加工一系列的曲面，通过生成一个逐层切面的刀具路径与 5 轴几何体相对应。缺省的刀轴方向与加工的几何形状相对应，或者沿着直纹面的直纹线方向，用户也可以通过在多个选定点指定刀轴的方向。下面以图 7.4.1 所示模型为例介绍侧刃铣削加工的一般步骤。

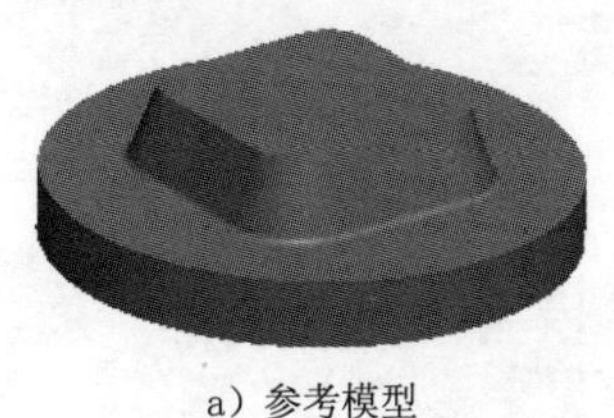

a）参考模型

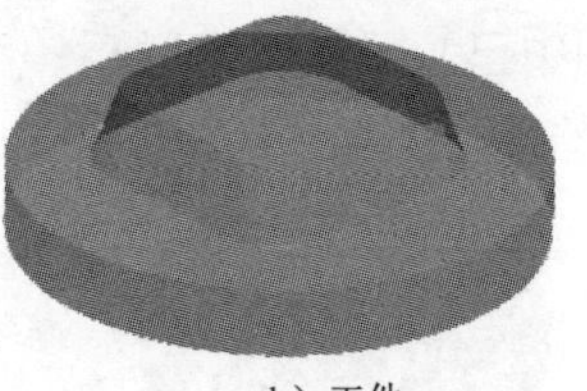

b）工件

图 7.4.1　侧刃铣削加工

Task1. 新建一个数控制造模型文件

Step1. 设置工作目录。选择下拉菜单 文件(F) → 设置工作目录(W)... 命令，将工作目录设置至 D:\proewf5.9\work\ch07.04。

Step2. 在工具栏中单击“新建”按钮，弹出“新建”对话框。

Step3. 在“新建”对话框中，选中 类型 选项组中的 制造 选项，选中 子类型 选项组中的 NC组件 选项，在 名称 文本框中输入文件名称 swarf_milling，取消 使用缺省模板 复选框中的“√”号，单击该对话框中的 确定 按钮。

Step4. 在系统弹出的“新文件选项”对话框中的 模板 选项组中选取 mmns_mfg_nc 模板，然后在该对话框中单击 确定 按钮。

Task2. 建立制造模型

Stage1. 引入参照模型

Step1. 选择下拉菜单 插入(I) → 参照模型(R) → 装配(A)... 命令，系统弹出“打开”对话框。

Step2. 从弹出的文件“打开”对话框中，选取三维零件模型——swarf_mill.prt 作为参照模型，并将其打开，系统弹出“放置”操控板。

Step3. 在“放置”操控板中选择 缺省 选项，然后单击 ✔ 按钮，此时系统弹出“创建参照模型”对话框，单击该对话框中的 确定 按钮，完成参照模型的放置，放置后如图 7.4.2 所示。

Stage2. 引入工件模型

Step1. 选择下拉菜单 插入(I) ➡ 工件(W) ➡ 装配(A)... 命令，系统弹出“打开”对话框。

Step2. 从弹出的文件“打开”对话框中，选取三维零件模型——mill_workpiece.prt 作为工件模型，并将其打开，系统弹出“放置”操控板。

Step3. 在“放置”操控板中选择 缺省 选项，然后单击✓按钮，此时系统弹出“创建毛坯工件”对话框，单击此对话框中的 确定 按钮，完成毛坯工件的放置，放置后如图 7.4.3 所示（图中已隐藏参照模型）。

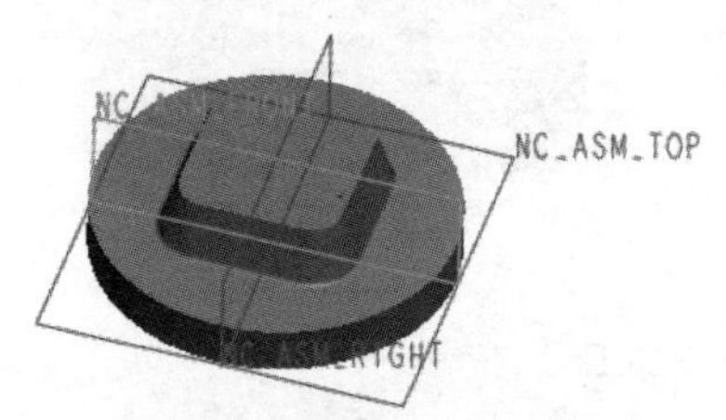

图 7.4.2　放置后的参考模型

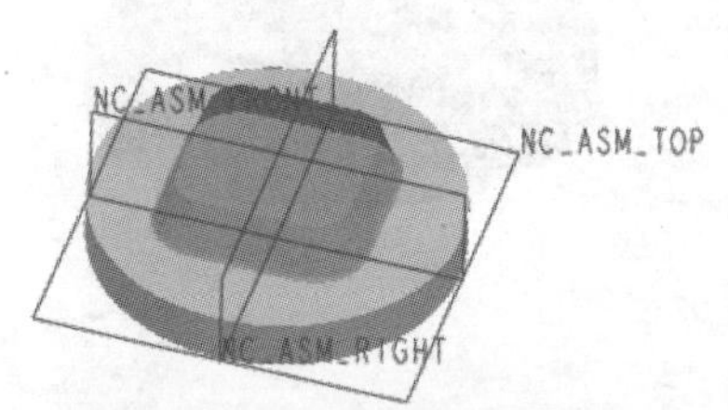

图 7.4.3　放置后的工件模型

Task3. 制造设置

Step1. 选取命令。选择下拉菜单 步骤(S) ➡ 操作(O) 命令，此时系统弹出“操作设置”对话框。

Step2. 机床设置。单击“操作设置” 对话框中的 按钮，弹出“机床设置”对话框，在 机床类型(T) 下拉列表中选择 铣削，在 轴数(X) 下拉列表中选择 5 轴 选项，如图 7.4.4 所示。

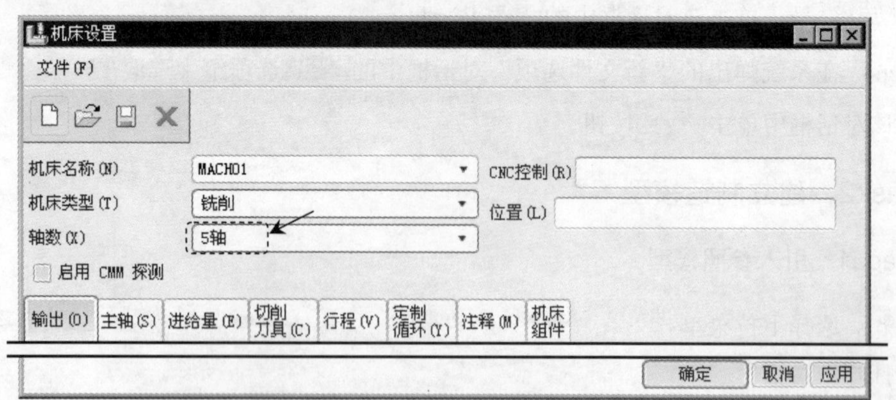

图 7.4.4　“机床设置”对话框

Step3. 刀具设置。在“机床设置”对话框中的 切削刀具(C) 选项卡中，单击 切削刀具设置 选项组中的 按钮，系统弹出“刀具设定”对话框。

Step4. 在弹出的“刀具设定”对话框的 一般 选项卡中设置图 7.4.5 所示的刀具参数，设置完毕后依次单击 应用 和 确定 按钮，返回到“机床设置”对话框。在“机床设置”对话框中单击 确定 按钮，返回到“操作设置”对话框。

Step5. 创建图 7.4.6 所示的基准平面 ADTM1（注：本步的详细操作过程请参见随书光盘中 video\ch07.04\reference\文件下的语音视频讲解文件 swarf_milling-r01.avi）。

Step6. 创建图 7.4.7 所示的基准点 APNT0（注：本步的详细操作过程请参见随书光盘中 video\ch07.04\reference\文件下的语音视频讲解文件 swarf_milling-r02.avi）。

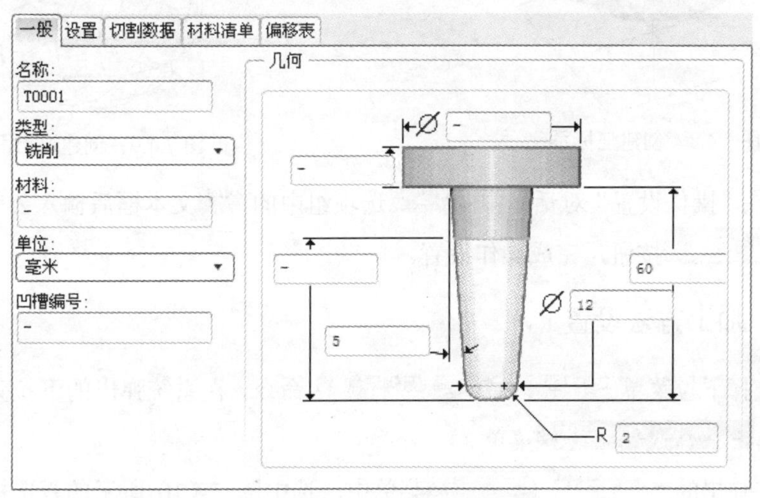

图 7.4.5　设置刀具一般参数

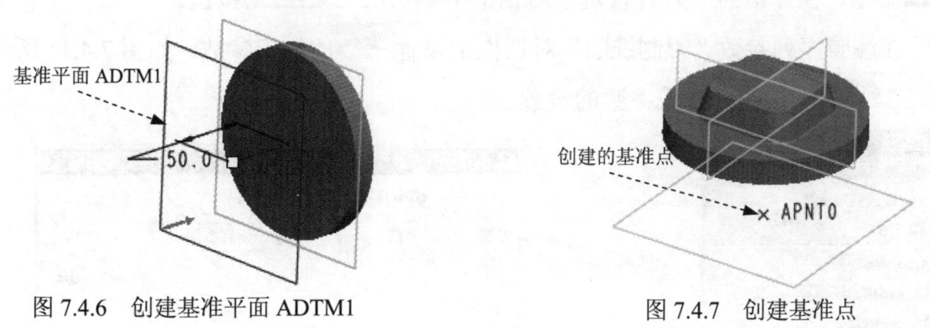

图 7.4.6　创建基准平面 ADTM1　　图 7.4.7　创建基准点

Step7. 创建基准坐标系 ACS0。选择下拉菜单 插入(I) → 模型基准(D) → 坐标系(C)... 命令，系统弹出“基准坐标系”对话框。按住 Ctrl 键依次选取 NC_ASM_RIGHT、NC_ASM_FRONT 和 ADTM1 三个基准平面为参考平面，单击 确定 按钮创建点 ACS0，如图 7.4.8 所示。

Step8. 设置机床坐标系。在“操作设置”对话框中的 参照 选项组中选择 按钮，在弹出的 MACH CSYS (制造坐标系) 菜单中选择 Select (选取) 命令。选择新创建的坐标系 ACS0 作为加工坐标系。

Step9. 设置退刀面。在“操作设置”对话框中的 退刀 选项卡中选择 按钮，系统弹出“退刀设置”对话框，然后在 类型 下拉列表中选取 球。激活 参照 文本框，选取基准点 APNT0

为球面参考，在 值 文本框中输入数值 120，在图形区预览创建的退刀面，如图 7.4.9 所示。最后单击 确定 按钮，完成退刀面的创建。

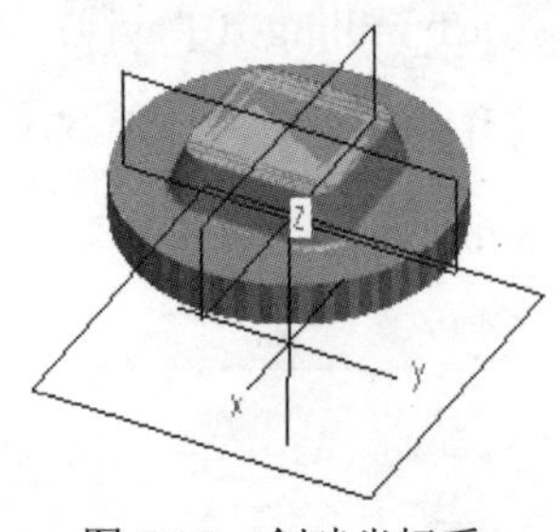

图 7.4.8　创建坐标系

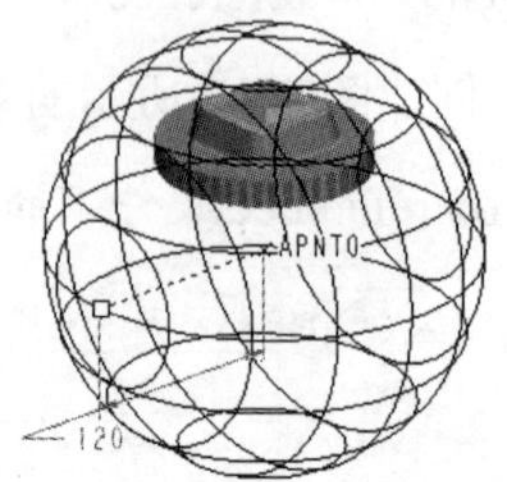

图 7.4.9　创建退刀面

Step10. 在“操作设置”对话框中的 退刀 选项组中的 公差 文本框后输入公差值 0.01，完成后单击 确定 按钮，完成操作设置。

Task4. 加工方法设置

Step1. 选择下拉菜单 步骤(S) ➡ 刀侧铣削(W) 命令，在系统弹出的下拉菜单中选择命令，系统弹出 Seq Setup (序列设置) 菜单。

Step2. 在弹出的 ▼ SEQ SETUP (序列设置) 菜单中，选中图 7.4.10 所示的复选框，然后选择 Done (完成) 命令，在弹出的“刀具设定”对话框中单击 确定 按钮。

Step3. 在编辑序列参数“刀侧铣削”对话框中设置 基本 的加工参数，如图 7.4.11 所示，然后单击 确定 按钮，完成参数的设置。

图 7.4.10　“序列设置”菜单

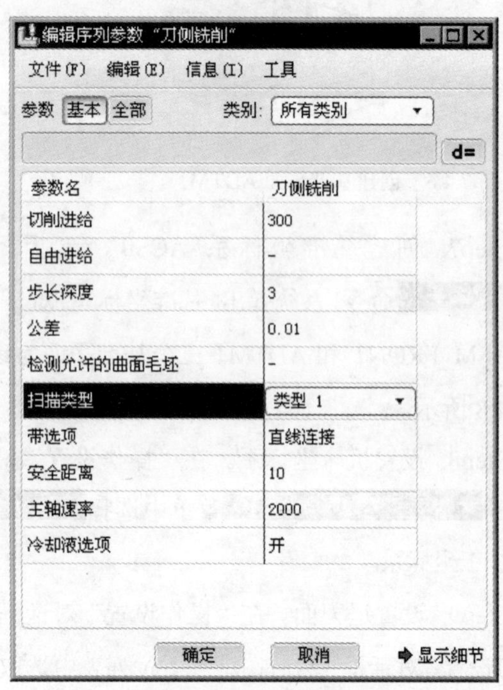

图 7.4.11　编辑序列参数“刀侧铣削”对话框

Step4. 在▼ SURF PICK（曲面拾取）菜单中依次选择 Model（模型） ⟶ Done（完成）命令。

Step5. 在弹出的▼ SELECT SRFS（选取曲面）菜单中选择 Add（添加）命令，在▼ SURF/LOOP（曲面/环）菜单中选择 Surface（曲面）命令，然后在工作区中选取图 7.4.12 所示的所有外表面。选取完成后，在“选取”对话框中单击 确定 按钮。

注意：在选取曲面前，右击模型树中 MILL_WORKPIECE.PRT 节点，在弹出的快捷菜单中选择 隐藏 命令，将工件隐藏。选取完成后，右击模型树中的 MILL_WORKPIECE.PRT 节点，在弹出的快捷菜单中选择 取消隐藏 命令，取消工件隐藏，否则不能进行动态仿真加工。

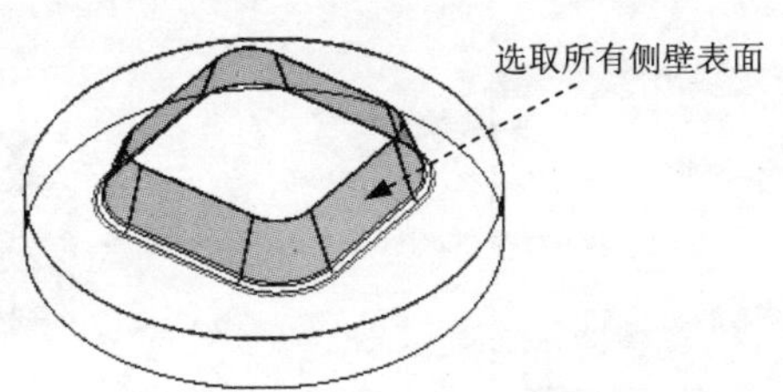

图 7.4.12　选取的曲面

Step6. 在▼ SURF/LOOP（曲面/环）菜单中选择 Done（完成）命令，在▼ SELECT SRFS（选择曲面）菜单中选择 Done/Return（完成/返回）命令，此时弹出“切削定义”对话框，选中 ◉ 切削线 单选项，如图 7.4.13 所示。

Step7. 在“切削定义”对话框中依次选中 ◉ 加工曲面 和 ◉ 封闭环 单选项，然后单击 + 按钮添加切削线，此时系统弹出图 7.4.14 所示的▼ CHOOSE（选取）菜单、图 7.4.15 所示的▼ CHAIN（链）菜单和图 7.4.16 所示的“增加/重新定义切削线”对话框。

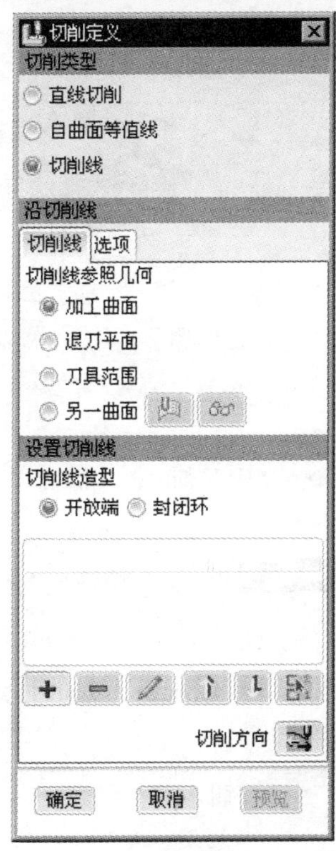

图 7.4.13　“切削定义”对话框

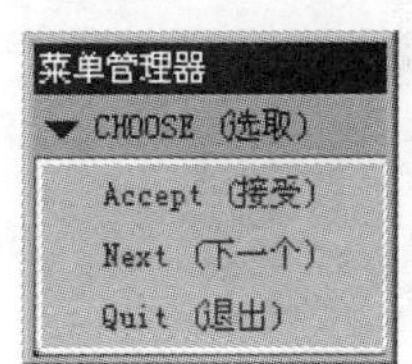

图 7.4.14　“选取”菜单

图 7.4.15　“链”菜单

Step8. 在▼CHOOSE（选取）菜单中选择Next（下一个）命令，使得图形区显示如图 7.4.17 所示，然后选择Accept（接受）命令，在▼CHAIN（链）菜单中选择Done（完成）命令，在“增加/重新定义切削线”对话框单击确定按钮，完成第一条切削线的定义。

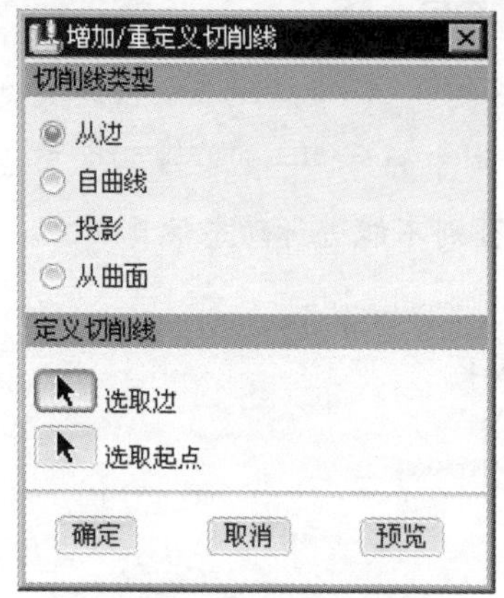

图 7.4.16 “增加/重新定义切削线”对话框

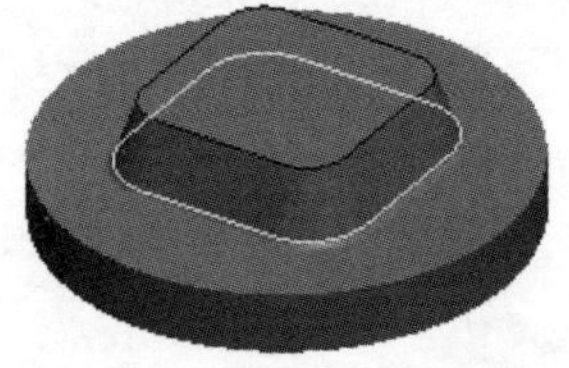

图 7.4.17 选取第一条切削线

Step9. 参照 Step7 和 Step8 的操作方法，添加第二条切割线，如图 7.4.18 所示。

Step10. 定义切削方向。在“切削定义”对话框中单击“切削方向”按钮，在弹出的▼DIRECTION（方向）菜单中选择Flip（反向）命令，使得图形区的方向显示如图 7.4.19 所示，选择Okay（确定）命令，完成切削方向的调整。

Step11. 在“切削定义”对话框中单击预览按钮，显示切削线如图 7.4.20 所示，最后单击确定按钮，完成切削定义。

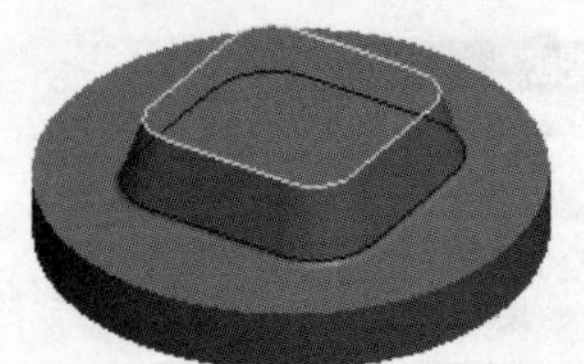

图 7.4.18 选取第二条切削线

图 7.4.19 预览切削方向

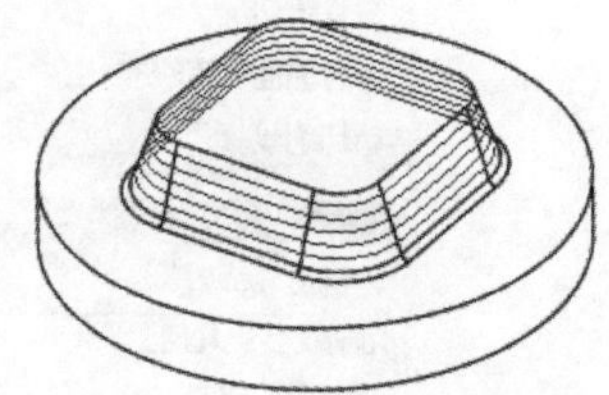

图 7.4.20 预览切削线

Task5. 演示刀具轨迹

Step1. 在▼NC SEQUENCE（NC序列）菜单中选择 Play Path（播放路径）命令，随后系统弹出▼PLAY PATH（播放路径）菜单。

Step2. 在▼PLAY PATH（播放路径）菜单中选择Screen Play（屏幕演示）命令，系统弹出“播放路径”对话框。

Step3. 单击“播放路径”对话框中的▶按钮，可以观察刀具的行走路线，如图 7.4.21 所示。单击▶CL数据栏可以查看生成的 CL 数据。

Step4. 演示完成后，单击“播放路径”对话框中的关闭按钮。

Task6．观察仿真加工

Step1. 在▼ PLAY PATH (播放路径)菜单中选择NC Check (NC 检查)命令，系统弹出“VERICUT 6.2.2 by CGTech”窗口。单击按钮，观察刀具切割工件的运行情况，结果如图 7.4.22 所示。

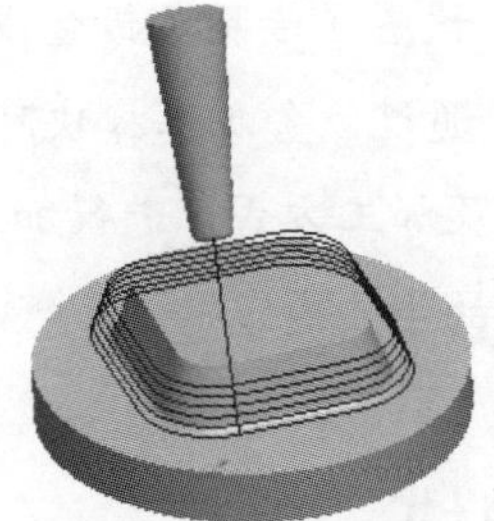
图 7.4.21　刀具行走路线

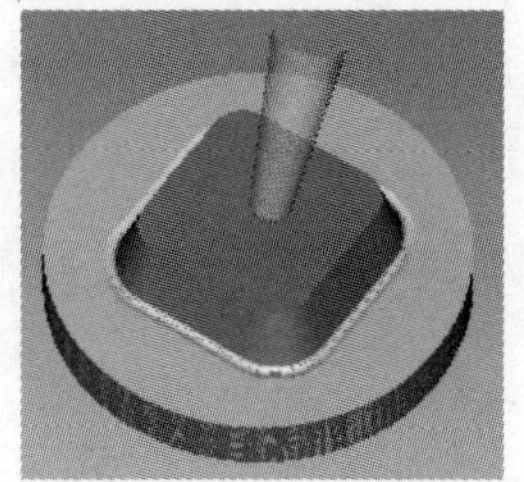
图 7.4.22　NC 检测结果

Step2. 演示完成后，单击右上角的按钮，在弹出的“Save Changes Before Exiting VERICUT?”对话框中单击Save Checked Files按钮，关闭仿真软件。

Step3. 在▼ NC SEQUENCE (NC序列)菜单中选取Done Seq (完成序列)命令。

Step4. 选择下拉菜单文件(F) → 保存(S)命令，保存文件。

第 8 章　钣金件制造

本章提要　在 Pro/ENGINEER 野火版 5.0 系统中，设置了专用于钣金设计和钣金加工的程序模块，通过钣金设计模块可以设计钣金件产品，通过钣金加工模块可以设计钣金件的加工制造工艺和过程，并且针对各种类型的加工机床及加工方式，进行加工制造仿真，同时生成相应的加工代码。本章详细介绍了钣金制造模块的主要内容。

8.1　钣金件设计模块

在讲解钣金件制造模块内容之前，简单介绍一下钣金件设计模块，并且通过一个简单的例子讲解钣金件设计的基本方法和流程。

钣金件设计模块包括的内容非常广泛，比如机电设备的支撑结构（如电器控制柜）、护盖（如机床的外围护罩）等一般都是钣金件。跟实体零件模型一样，钣金件模型的各种结构也是以特征的形式创建的，但钣金件的设计也有自己独特的规律，故不可能在一小节中涵盖其所有内容，本节的目的在于使读者对钣金件有一个基本的概念。如果要更进一步了解钣金件设计的知识，请参考其他相关的技术资料。

8.1.1　钣金件概述

钣金件一般是指具有均一厚度的金属薄板零件，在实际工程中的用途比较广泛，钣金件加工是在常温时，使用材质柔软且延展性大的软钢板、铜板、铝板以及铝合金等材料，利用各种钣金加工机械和工具，施以各种加工方法，以制造各式各样的形状和结构的产品。其工艺多以冲压为主，因此广泛应用于冲模设计中。

近年来，由于具备成形加工容易、利于复杂成形品的加工、成本低、重量轻且坚固、装配便利、产品表面光滑美观、表面处理方便等优点，金属塑性成形产业发展迅速。钣金件加工涵盖的产业非常广泛，在汽车、航天、模具与日常用品等工业使用极为普遍，在国民经济和军事工业等方面都占有极其重要的位置。在目前市场上的十大轻工产品中，金属件基本都是钣金冲压产品。图 8.1.1 所示即为两个典型钣金件产品。

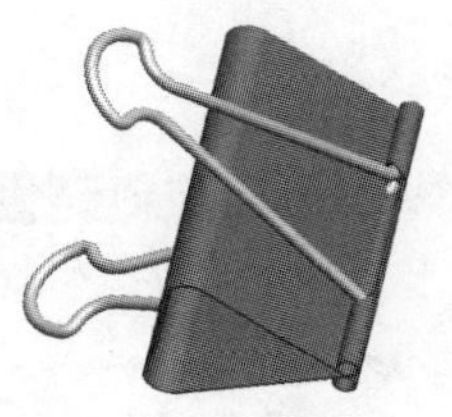

图 8.1.1　钣金件产品

8.1.2　钣金件设计模块

目前在工业界中最为常用的、也是功能最强的钣金件制图软件就是“Pro/ENGINEER 野火版 5.0”。Pro/ENGINEER 野火版 5.0 特意设置了一个钣金设计模块，专门用于钣金的设计工作。本节主要讲解如何进入 Pro/ENGINEER 野火版 5.0 的钣金设计模块中进行钣金件的设计。

启动软件 Pro/ENGINEER 野火版 5.0，进入其主界面，在主界面窗口下选择下拉菜单 文件(F) → 新建(N)... 命令，系统将弹出图 8.1.2 所示的“新建”对话框，用于选取设计模块和定义相应的文件名称（也可以在主界面窗口下直接按 Ctrl+N 组合键，或在工具栏中单击“新建”按钮，系统将同样弹出“新建”对话框）。

从“新建”对话框中可以看出，Pro/ENGINEER 野火版 5.0 包含了很多设计类型，如 草绘、零件、组件和 制造等，其中系统默认的设计类型是零件的实体设计。

在零件设计类型中有四个子类型：实体、复合、钣金件和主体，显然钣金设计模块是属于零件设计类型模块中的一个子类型，因此它既具有实体零件设计的一些共性，同时也有自己的一些设计特点。

在“新建”对话框中选中 零件类型以及 钣金件子类型之后，需要在 名称 文本框中输入钣金件的文件名，系统默认的文件名是 prt#,其中＃是当前新建文件的流水号，如 prt0001、prt0002，依此类推。系统默认选中 使用缺省模板复选框，表示选用默认模板，钣金件设计的默认模板是 sheetmetal，即使用英寸（in）、磅（lb）、秒（s）作单位的钣金件设计模板。单击 确定 按钮进入钣金件设置模块。

对于一般的新建钣金件文件来说，在“新建”对话框中选中 类型 选项组中的 零件，选中 子类型 选项组中的 钣金件，且在“新建”对话框中取消 使用缺省模板选项，那么单击 确定 按钮后，系统将弹出图 8.1.3 所示的“新文件选项”对话框，用于选择文件模板和输入参数等。

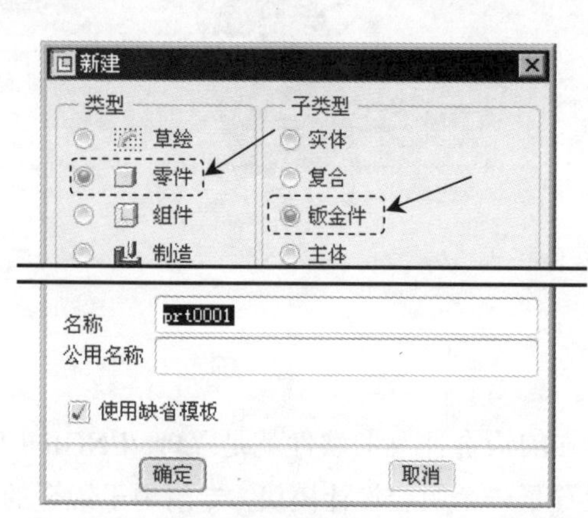

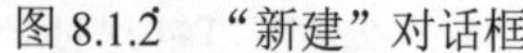

图 8.1.2 “新建”对话框

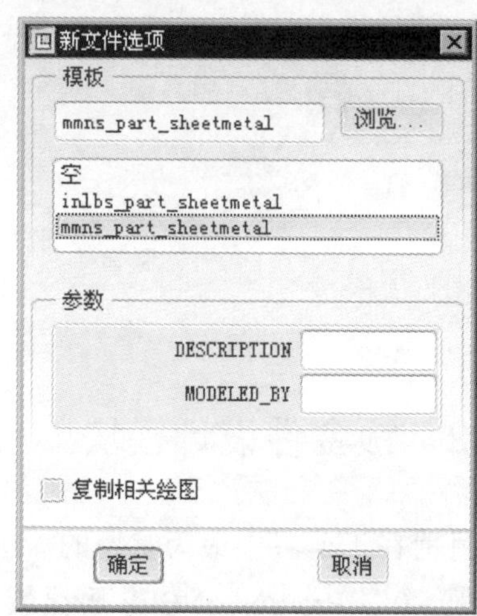

图 8.1.3 “新文件选项”对话框

在“新文件选项”对话框中，系统预先设置了三个模板选项：空、inlbs_part_sheetmetal和mmns_part_sheetmetal。

图 8.1.3 所示的“新文件选项”对话框中各模板的使用说明如下：

- 空模板：不选用任何模板，也不创建任何特征，进入设计模式后，窗口是空的。
- inlbs_part_sheetmetal模板：选用钣金零件设计模板，单位是英寸（in）、磅（lb）、秒（s），在设计环境下，系统将自动创建默认坐标系和默认参考面。
- mmns_part_sheetmetal模板：选用钣金零件设计模板，单位是毫米（mm）、牛顿（N）、秒（s），在设计环境下，系统将自动创建默认坐标系和默认参考面。

在我国，国家标准是使用毫米（mm）、牛顿（N）、秒（s）等作为设计单位，因此针对于具体实际情况，进行钣金件设计时通常使用 mmns _ part _sheetmeta 模板。

此外，如果用户不想使用系统预置的模板，可以自己定义模板，并通过单击“新文件选项”对话框中 浏览... 按钮来读取模板。

8.1.3 钣金件设计方法

钣金是通过各种钣金加工工艺加工成的厚度均一的金属薄板，其中加工工艺以冲压为主。钣金的制造通常通过模具来完成，钣金的设计主要用于指导模具设计。

根据钣金生成特点和形状，钣金设计主要是在金属薄板上进行的一些加工设计，如变曲、冲孔和切口等。

使用 Pro/ENGINEER 野火版 5.0 进行钣金件设计时，将要涉及的钣金特征有实体(S)...、冲孔(P)...、薄板(T)...、折弯(B)...、展平(U)...、折弯回去(E)...、成形(F)...、平整成形(L)...、凹槽(N)...、变形区域(D)...、转换(V)...、边折弯(E)...和拐角止裂槽(R)...等。

通过在薄壁特征的基础上进行其他钣金特征的添加、编辑、修改和删除等操作，就可完成钣金件的设计。

钣金件设计的基本步骤可以总结如下：

Step1. 启动 Pro/ENGINEER 野火版 5.0，然后进入钣金件（Sheetmetal）设计环境，并定义钣金件名称。

Step2. 从“菜单管理器”中执行薄壁钣金特征命令（或者单击钣金件特征工具栏中的按钮，也可以通过下拉菜单 插入(I) → 钣金件壁(W) → 分离的(U) 命令中选择要求的特征命令），生成第一面薄壁特征。

Step3. 随后在第一面薄壁特征的基础上添加或修改其他钣金特征，完善钣金件设计。

Step4. 如果设计已经满意，则存盘退出；如果不满意，将继续修改或添加特征。

有关钣金件设计的详细方法，请参阅本系列丛书的《Pro/ENGINEER 中文野火版 5.0 钣金设计教程》一书。

8.2　钣金件制造模块

当前，机械加工产业无不追求低成本、高附加价值的成形品，而应用于大量生产的钣金加工所采用的冲压（Press）工艺即具有该特色。在钣金加工中，占最大比重的即为冲压加工。本节主要介绍钣金制造模块的基本知识和启动方法，并总结使用钣金制造模块进行钣金制造时的基本流程与步骤。

8.2.1　钣金件制造模块的启动

在 Pro/ENGINEER 野火版 5.0 的系统中，含有专用于钣金制造的程序模块，通过钣金制造模块可以设计钣金件的加工制造工艺和过程，并且针对各种类型的加工机床及加工方式进行加工仿真，同时生成相应的数控（NC）加工代码。钣金主要利用冲模对钣金件工件进行加工制造，因此冲压是钣金加工制造的常用方法。

钣金件制造模块启动的基本步骤如下：

Step1. 在 Pro/ENGINEER 野火版 5.0 的主界面中，选择下拉菜单 文件(F) → 新建(N)... 命令，此时弹出图 8.2.1 所示的“新建”对话框。

Step2. 在“新建”对话框中，需要选择模块类型以及子类型。在该对话框的 类型 选项组中，系统默认模块类型为 零件。在进行钣金制造设计时，需选中 制造 选项，同时在 子类型 选项组中选中 钣金件 选项，将模块类型设置为钣金件制造模块，如图 8.2.1 所示。在 名称 文本框中输入制造文件的文件名，系统默认为 mfg#，其中#是文件的流水号，如 mfg0001、mfg0002、mfg0003，依次类推（图 8.2.1 所示的 mfg0001）。

Step3. 完成模块类型的设置后，单击 确定 按钮，此时在主窗口中出现图 8.2.2 所示的金属薄板，这就是钣金件毛坯，以后所有的钣金零件都是在此基础上通过加工工艺获得的。

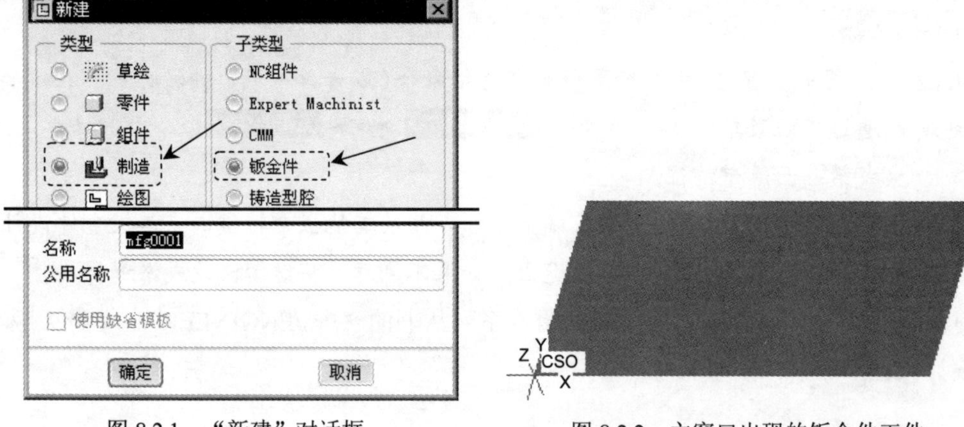

图 8.2.1 “新建”对话框　　　　图 8.2.2 主窗口出现的钣金件工件

Step4. 同时，系统将弹出“钣金件制造加工”对话框，如图 8.2.3 所示。在该对话框中可设置钣金件工件的长度、宽度以及厚度等，同时还可以设置工作机床类型和加工工序等。到此完成了钣金制造模块的启动。

8.2.2 钣金件制造方法和流程

钣金是通过各种钣金加工工艺加工成的厚度均一的金属薄板，其中加工工艺以冲压为主。根据钣金生成特点和形状，钣金设计主要是在金属薄板上进行的一些加工设计，如变曲、切口和冲孔等。

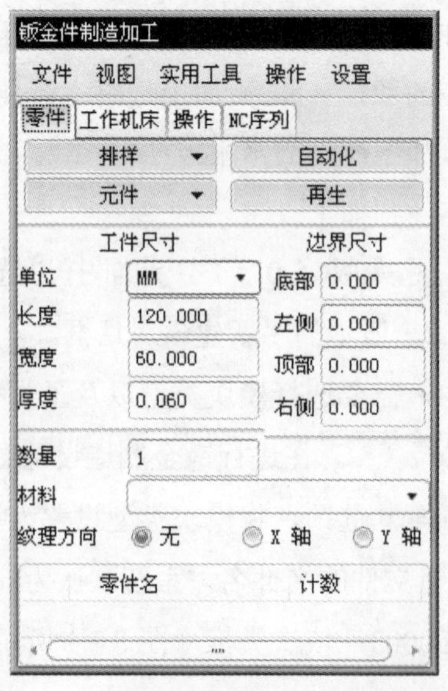

图 8.2.3 “钣金件制造加工”对话框

因此钣金制造中的加工工艺主要有：冲裁、冲裁区域、冲孔点、成形、剪切和槽冲压等，加工机床主要有：冲床、激光、激光冲压、火焰以及火焰一冲床。

钣金件制造的基本步骤如下：

Step1. 启动 Pro/ENGINEER 野火版 5.0，进入钣金件制造模式，并定义钣金件制造文件。

Step2. 在“钣金件制造加工”对话框中设置工作环境及各项参数，包括钣金工件尺寸、边界尺寸、材料和工件单位等。

Step3. 进行钣金零件处理，包括钣金排样、装配等。

Step4. 设置工作机床，包括机床类型、机床参数、制造坐标系和制造区域等。

Step5. 增加和设置机床操作。

Step6. 进行 NC 后置处理。

Step7. 进行加工仿真。

Step8. 如果仿真符合要求，则输出 NC 代码（刀具加工数据），如果不符合要求，将继续修改或添加制造参数。

8.3 钣金件制造设置

Pro/ENGINEER 野火版 5.0 特意设置了一个钣金设计模块，专门用于钣金的设计工作。主要是在“钣金件制造加工”对话框中设置相应的参数，本节将着重对软件界面各菜单和命令作详细的介绍，以及在钣金件制造步骤上讲解钣金件制造的各项设置，包括钣金零件处理、设置工作机床、设置机床操作、NC 后置处理（包括制造仿真和 NC 代码输出）。

8.3.1 设置工作环境及各项参数

在“钣金件制造加工”对话框的主菜单栏中可以设置工作环境以及各项参数。该对话框中有五个主菜单（图 8.3.1），每个菜单都有特定的功能，下面简要地介绍这几个菜单。

1. 文件菜单

在“钣金件制造加工”对话框的主菜单栏中，单击文件，系统弹出图 8.3.2 所示的下拉菜单，依次选择定制 ▸ → 定制列表...命令，系统弹出“定制列表”对话框，如图 8.3.3 所示。在该对话框中可以设置“钣金件制造加工”对话框的板面，如在“定制列表”对话框的☑ 零件名和☑ 计数复选框后的文本框中显示长度。

2. 视图菜单

在“钣金件制造加工”对话框的主菜单栏中，单击视图，系统弹出图 8.3.4 所示的下拉菜单，在该下拉菜单可以设置主窗口中板料的视图方向。其中，表示了三种显示形式之间的区别，如图 8.3.5 所示。

图 8.3.1　“钣金件制造加工”对话框的主菜单

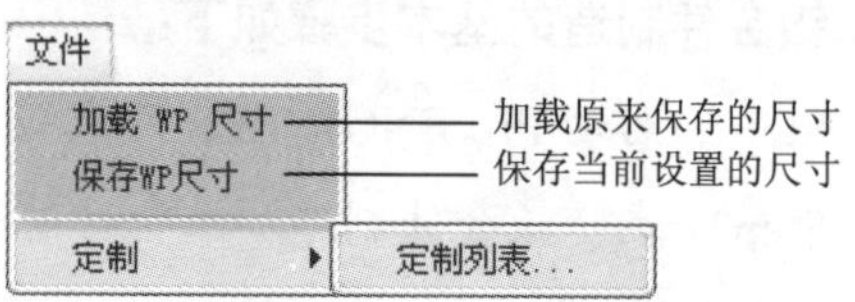

图 8.3.2　“文件”下拉菜单

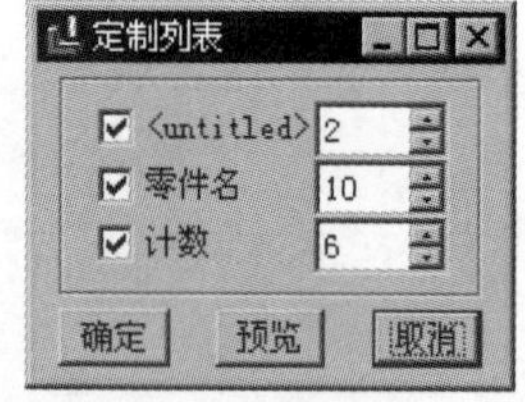

图 8.3.3　“定制列表”对话框

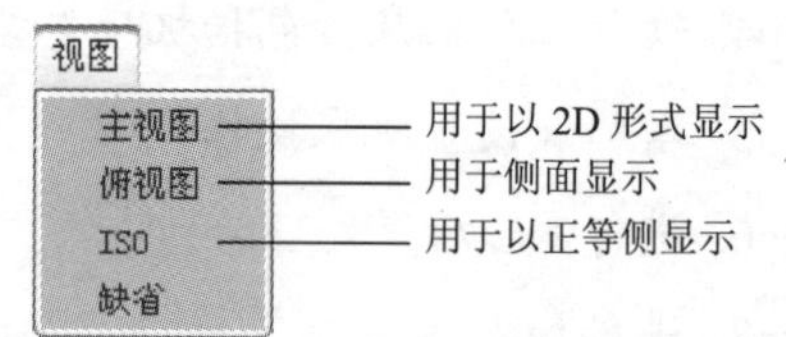

图 8.3.4　“视图”下拉菜单

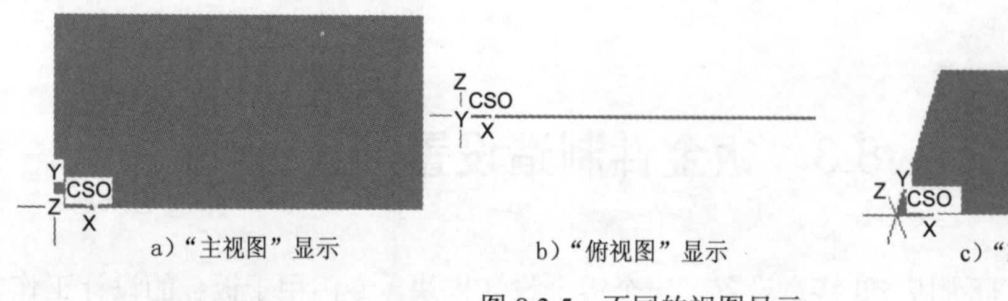

a）“主视图”显示　b）“俯视图”显示　c）“ISO 视图”显示

图 8.3.5　不同的视图显示

3.　实用工具 菜单

在“钣金件制造加工”对话框的主菜单栏中，单击 实用工具，系统弹出图 8.3.6 所示的下拉菜单，在该下拉菜单可以设置各项细节功能，其中 基准 ▸ 和 特征 ▸ 的下面还有子菜单。

- 如单击 显示路径 命令，出现“SMM NC 序列显示”对话框（图 8.3.7），在该对话框中可以显示 NC 序列。
- 如单击 尺寸，可以修改指定尺寸的值，选定尺寸的小数显示位数、指定尺寸的格式、尺寸附加的文本以及尺寸符号等。

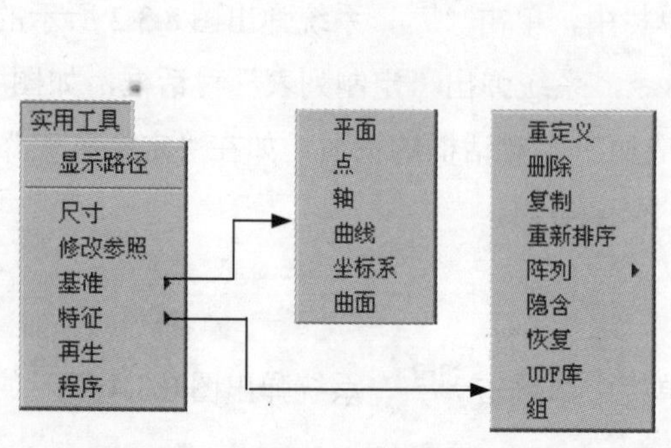

图 8.3.6　“实用工具”下拉菜单

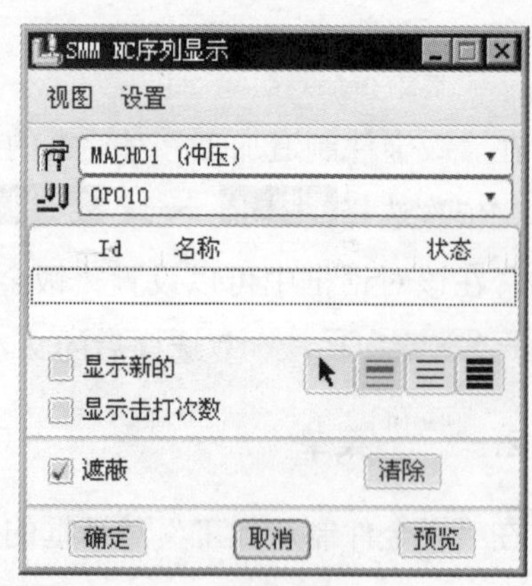

图 8.3.7　“SMM NC 序列显示”对话框

4. 操作菜单

在“钣金件制造加工”对话框的主菜单栏中，单击操作，系统弹出图 8.3.8 所示的下拉菜单。

5. 设置菜单

在“钣金件制造加工”对话框的主菜单栏中，单击设置，系统弹出图 8.3.9 所示的下拉菜单。在该下拉菜单中可以设置模型关系、打印设置、NC 别名、材料以及模型等。在模型设置 ▸和材料 ▸的下面还有子菜单，从中可以设置相应的参数等。

此外，还可以在“钣金件制造加工”对话框直接设置钣金件工件的长度单位、钣金件工件的大小（包括长度、宽度和厚度等）、边界尺寸以及纹理方向等。

- 单击单位编辑框右边的▼按钮，从该下拉列表中可以选择钣金件工件的长度单位，如英寸、英尺、毫米、厘米和米等。
- 在纹理方向选项组中可以设置钣金件工件的纹理方向，可使钣金件工件的纹理方向为无、沿着坐标 X 轴或 Y 轴方向。
- 在边界尺寸选项组中可以设置钣金件毛坯的边界大小，包括底部、左侧、顶部和右侧。

图 8.3.8　“操作”下拉菜单

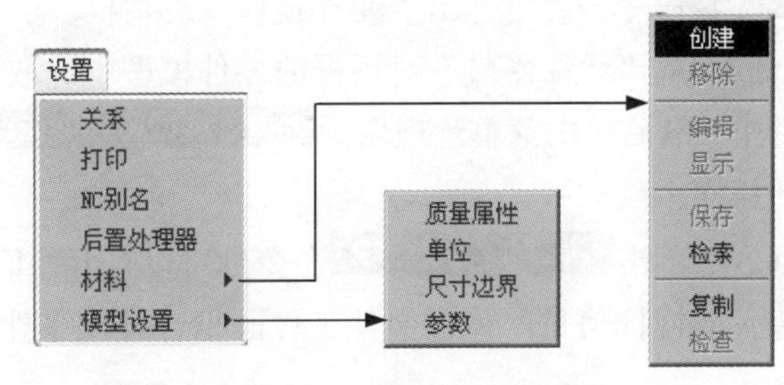

图 8.3.9　“设置”下拉菜单

8.3.2　钣金零件处理

钣金零件处理主要通过“钣金件制造加工”对话框中的零件选项卡来完成，下面主要针对零件选项卡来讲解如何进行钣金件的排样、元件、自动化与再生成操作等。

进入钣金制造模块环境后，系统自动弹出“钣金件制造加工”对话框。在该对话框中，系统打开零件选项卡。

“钣金件制造加工”对话框的零件选项卡中共有排样 ▼、元件 ▼、自动化和再生四个按钮，下面一一介绍这四个按钮的作用和具体操作方法。

1. 排样

排样是指冲裁件在条料、带料或者板料上的布局方法。选择合理的排样和适当的搭边值，是降低成本和保证工件质量及模具寿命的有效措施。单击排样按钮，可以将零件手工套叠到工件上。

在“钣金件制造加工”对话框中单击排样按钮，系统弹出图 8.3.10 所示的菜单。创建一个新排样的具体步骤如下：

Step1. 在“钣金件制造加工”对话框中单击排样按钮，选择其下拉菜单中的创建命令，如图 8.3.10 所示。菜单管理器出现图 8.3.11 所示NEST CELL（排样单元）菜单，选择Add Part（新增零件）命令，弹出“打开”对话框。从该对话框中找到前面设计的钣金件文件 sheetmetal.prt，单击打开按钮。

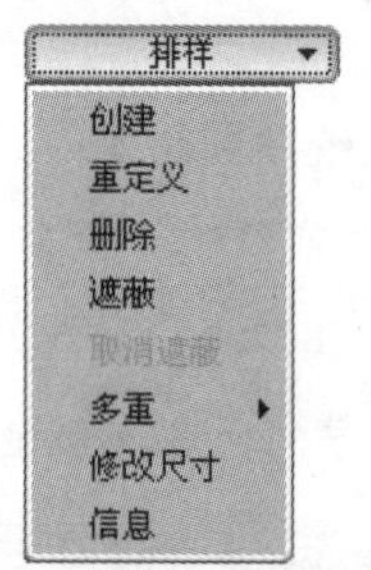

图 8.3.10　“排样”下拉菜单

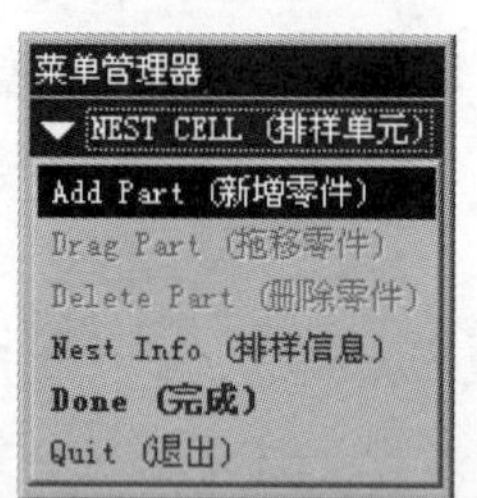

图 8.3.11　“排样单元”菜单

Step2. 接受PART PLACE（零件位置）菜单中的默认值——选中“拖移原点”复选框，单击Done（完成）命令，此时弹出“元件窗口”对话框。

Step3. 从“元件窗口”对话框的零件模型中选取坐标系 CS0，然后将零件放置到钣金件工件中。最后单击菜单管理器中NEST CELL（排样单元）菜单的Done（完成）命令，完成第一个零件的排样。

Step4. 单击Nest Info（排样信息）命令则可以打开“信息窗口”对话框，从该对话框中可以查看零件的排样信息，如钣金件工件面积、排样零件的整体面积、差异以及浪费的面积等信息。

2. 元件

在“钣金件制造加工”对话框中，单击元件按钮，系统弹出图 8.3.12 所示的“元件”下拉菜单，可以把零件装配到钣金件的工件上。当装配第一个零件时，该菜单中只有装配、封装和高级实用工具命令为可选项。

- 选择装配命令，弹出“打开”对话框，从该对话框中可以选择零件并将其装配到钣金件工件上。
- 选择封装命令，则在菜单管理器中出现PACKAGE（封装）菜单，如图 8.3.13 所示。在该菜单中可以进行新建一个零件到组件、重新放置一个包装零件、在当前位置完成约束所选择的包装零件等操作。
- 选择删除命令则可以从组件中删除一个零件。
- 选择隐含命令则可以在组件中隐含一个零件。

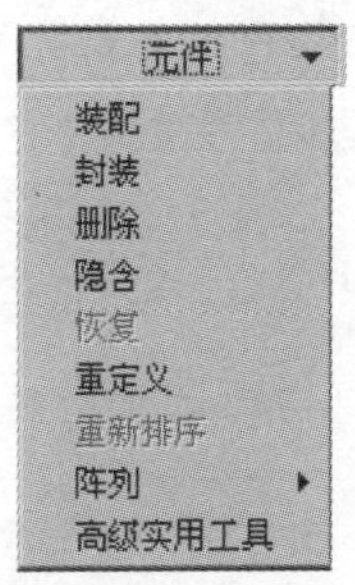

图 8.3.12 “元件”下拉菜单

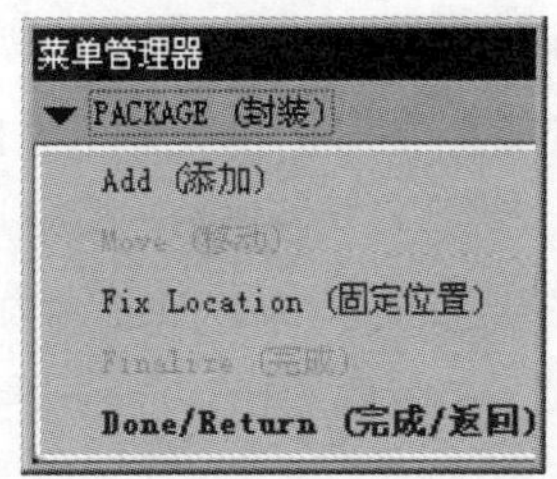

图 8.3.13 “封装”菜单

3. 再生

在“钣金件制造加工”对话框中单击 再生 按钮，可以用不同方式再生制造组件。单击 再生 按钮，则在菜单管理器中弹出 PRT TO REGEN (再生零件) 菜单和“选取”对话框，如图 8.3.14 所示。在 PRT TO REGEN (再生零件) 菜单中，系统默认的是 Select (选取) 命令，此时用户可以选取零件进行再生。

- 选择 Automatic (自动) 命令，则系统可以自动选取需要再生的零件。
- 选择 Custom (定制) 命令，则可以编辑需要再生的特征列表。
- 选择 Quit Regen (退出再生) 命令，则可以退出再生操作。

4. 自动化

在“钣金件制造加工”对话框中，单击 自动化 按钮，则系统可以自动在钣金件的工件上对零件进行排样。

如果用户已经通过单击 排样 按钮以手工方式对零件进行排样，此时单击按钮，则系统弹出“确认”对话框，提示某些制造特征可能丢失、零件的位置可能改变等信息，如图 8.3.15 所示。

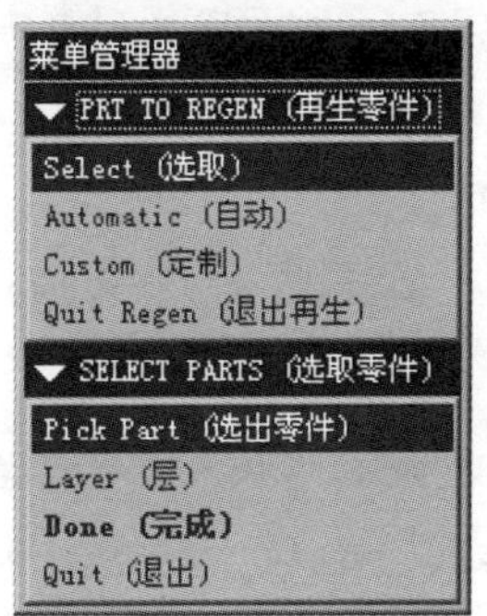

图 8.3.14 “再生零件”菜单

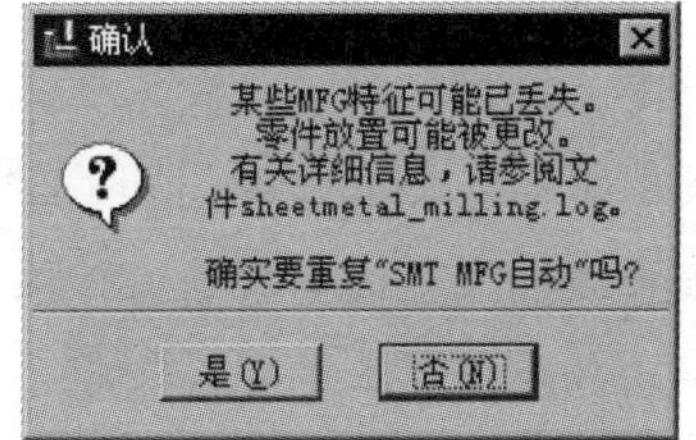

图 8.3.15 “确认”对话框

8.3.3 工作机床和操作

1. 设置机床类型及参数

设置工作机床的类型及各项参数，该工作是在完成零件的排样以后，在“钣金件制造加工”对话框的工作机床选项卡中进行的。单击“钣金件制造加工”对话框的工作机床选项卡，则“钣金件制造加工”对话框如图 8.3.16 所示。

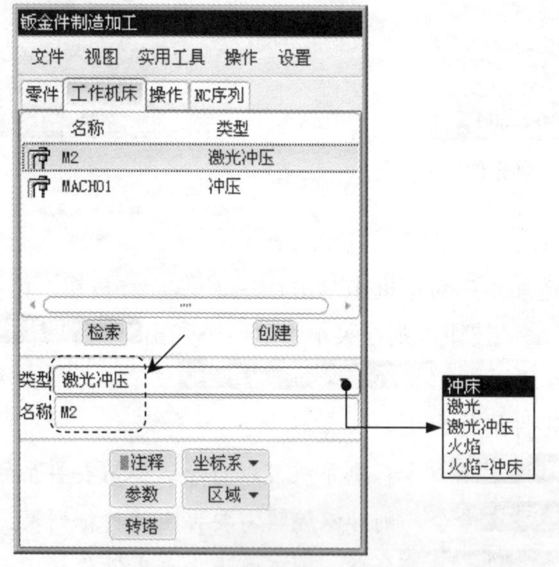

图 8.3.16 “钣金件制造加工”对话框

- 单击检索按钮，可以打开“打开”对话框对工作机床进行检索。
- 单击创建按钮，则可以创建新的工作机床。在 名称 文本框中可以输入新的工作机床名称。
- 单击类型编辑框右边的▼按钮，将弹出图 8.3.16 所示的下拉列表，从该下拉列表中可以选择工作机床的类型，如冲床、激光、激光冲压、火焰以及火焰-冲床等。

例如要创建一台名称为“M2”的激光冲压型工作机床，其具体操作步骤如下：

Step1. 单击类型编辑框右边的▼按钮，在弹出的图 8.3.16 所示下拉列表中选择激光冲压选项。

Step2. 在 名称 文本框中可以输入工作机床名称 M2。

Step3. 单击创建按钮，完成工作机床的创建。此时在工作机床选项卡中增加了一台名称为 M2 的激光冲压型工作机床，如图 8.3.16 所示。

- 如果要删除已经创建的工作机床，则可以先选中该工作机床，然后右击，在系统弹出的快捷菜单中选择删除命令，此时系统弹出“确认”对话框，提示用户是否删除选中的工作机床。单击 是(Y) 按钮，则删除选中的工作机床。
- 如果要查看已经创建的工作机床的信息，则可以先选中该工作机床，然后右击，在系统弹出的快捷菜单中选择 信息 命令，此时系统弹出“信息窗口”对话框，从该对话框中可以查看钣金加工相关信息，如图 8.3.17 所示。

此外，再简单地解释一下工作机床选项卡中其他按钮的作用：

- 单击注释按钮，则可以输入有关工作机床的一些注释。此时系统会弹出图 8.3.18 所示的文本编辑框，输入注释后单击确定按钮，完成工作机床的注释。
- 单击坐标系按钮，则可以选取新的机械坐标系。
- 单击区域按钮，则可以定义机床加工区域、垫块、夹具或者修饰特征等。
- 单击参数按钮，则弹出"SMM 参数"对话框，在该对话框中可以设置指定工作机床的参数。
- 单击转塔按钮，则可以定义或者修改塔台。

图 8.3.17　"信息窗口"对话框

2．设置机床操作

完成机床类型及参数设置后，单击"钣金件制造加工"对话框的操作选项卡，此时"钣金件制造加工"对话框如图 8.3.19 所示。在操作选项卡中可以创建新的操作、为指定操作添加注释、保存或检索操作参数等。

- 创建新操作。在名称文本框中输入操作名，单击创建按钮完成新操作的创建，此时在操作选项卡中增加了一个新的操作。
- 选中一个已经创建的操作，然后右击，在系统弹出的快捷菜单中选择删除命令，则可以删除该操作。
- 可以在参数选项组中输入各项参数，如 NCL 文件名称、前 NCL 文件名称、后 NCL 文件名称和零件号等，然后单击保存按钮，保存以上的设置。
- 单击检索按钮，则可以打开"打开"对话框，从中选中已经存在的制造参数，单击打开按钮，完成制造参数的设置。

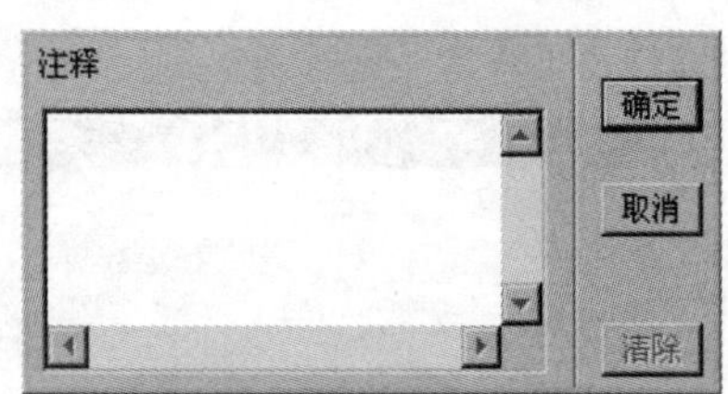

图 8.3.18 注释工作机床

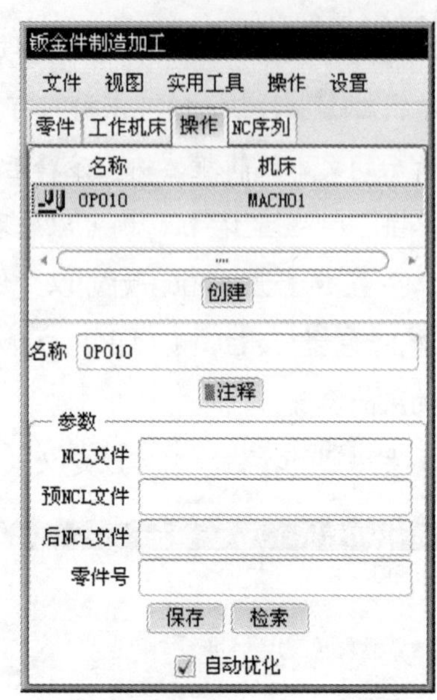

图 8.3.19 “钣金件制造加工”对话框

8.3.4 钣金制造后置处理

设置 NC 序列，该工作就是在完成零件的排样和工作机床的设置以后，在“钣金件制造加工”对话框的NC序列选项卡中进行的。单击“钣金件制造加工”对话框的NC序列选项卡，则“钣金件制造加工”对话框如图 8.3.20 所示。

为了方便用户操作，在NC序列选项卡中设置了工具栏。工具栏的显示可以由用户控制，具体操作是单击主菜单中的文件命令，在弹出的下拉菜单中选择定制 ▸命令，此时系统出现图 8.3.21 所示的弹出式菜单。分别单击操作工具栏和创建工具栏命令，将这两个选项前面的对勾去掉，则可以隐藏图 8.3.22 所示的工具栏。

图 8.3.20 “钣金件制造加工”对话框

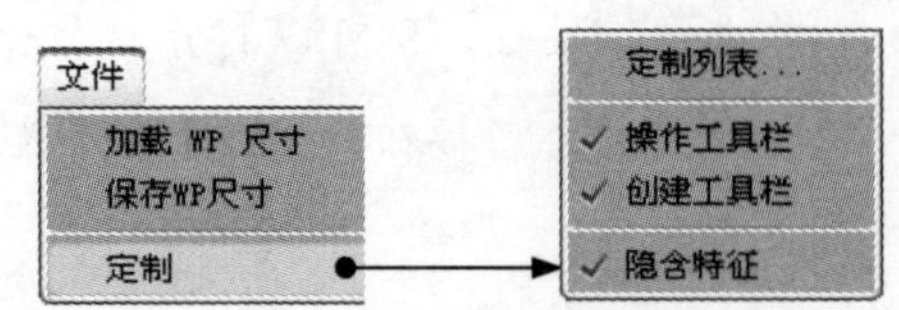

图 8.3.21 “定制”命令操作菜单

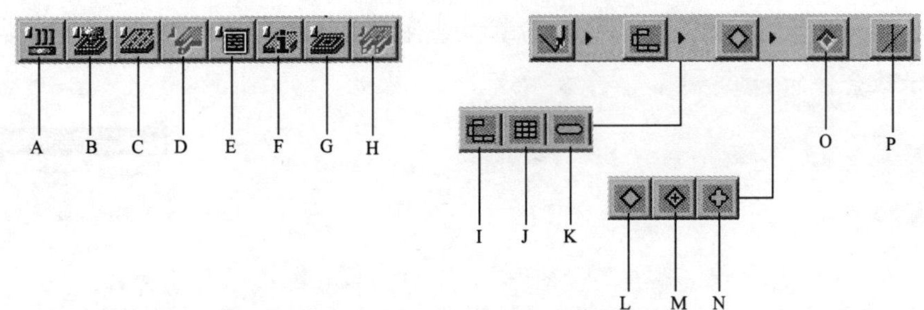

图 8.3.22 “NC 序列”选型卡的工具栏

图 8.3.22 中各按钮的说明如下：

A：单击该按钮可以调出“转塔管理器”对话框。

B：单击该按钮可以调出“工作机床参数”对话框。

C：单击该按钮可以调出“加工区域”对话框。

D：单击该按钮可以调出“机床夹具”对话框。

E：单击该按钮可以调出“打印”对话框。

F：单击该按钮可以调出“SMM 信息”对话框。

G：单击该按钮可以调出“永久 CL 数据显示”对话框。

H：单击该按钮可以调出“加工区域显示”对话框。

I：单击该按钮可以进行边冲裁。

J：单击该按钮可以进行区域冲裁。

K：单击该按钮可以进行槽冲孔。

L：单击该按钮可以进行 UDF 冲孔。

M：单击该按钮可以进行点冲孔。

N：单击该按钮可以创建刀具形状 NC 序列。

O：单击该按钮可以进行成形操作。

P：单击该按钮可以进行剪切。

此外在 NC序列 选项卡中，还有其他按钮的功能如下：

- 单击 自动 ▾ 按钮可以创建自动工具的 NC 序列。此时系统弹出下拉式菜单，用户可以选择各个选项来完成不同的工序，如图 8.3.23 所示。
- 单击 优化 ▾ 按钮，可以优化 CL 输出。
- 单击 新建 ▾ 按钮，可以创建新的 NC 序列。此时系统弹出图 8.3.24 所示的下拉式菜单，该下拉菜单中的各个选项与 NC序列 选项卡工具栏中的各个按钮具有相同的作用。
- 单击 CL输出 按钮，则可以打开钣金件制造的 NCL 播放器，输出 CL 文件。此时系统弹出“钣金件制造 NCL 播放器”对话框，如图 8.3.25 所示。在该对话框中可以计算钣金件加工的时间和路径，显示加工制造时的机械状态以及输出 NCL

程序文件等。同时还可以虚拟仿真钣金件加工的路径及状态。单击 ▶ 按钮开始演示钣金件的加工。

图 8.3.23 “自动”下拉菜单

图 8.3.24 “新建”下拉菜单

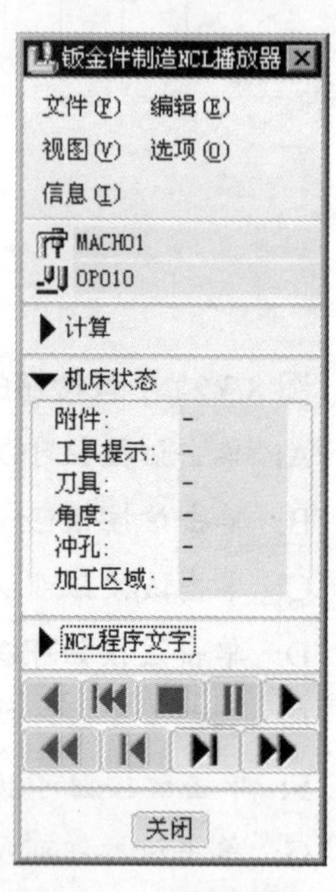

图 8.3.25 “钣金件制造 NCL 播放器”对话框

8.4 操 作 范 例

本节通过一个范例，使用户对钣金件制造过程有一个基本认识。鉴于篇幅有限，本例只讲述钣金件制造中最基本的一个冲孔操作。通过学习该范例操作，用户可以完成一些比较简单的钣金件制造。有关钣金件制造的详细内容请用户参阅其他相关书籍。下面就钣金件制造中冲孔操作的具体步骤予以详细讲解。

说明：在进行钣金件制造之前，必须要完成两个任务：第一是将钣金件展平，这有利于钣金下料和排样；第二是要建立一个合适的坐标系，以便于钣金的排样处理（放置）。

Task1. 在钣金零件中建立坐标系

Step1. 设置工作目录。选择下拉菜单 文件(F) ➡ 设置工作目录(W)... 命令，将工作目录设置至 D:\proewf5.9\work\ch08.04。

Step2. 打开 sheetmetal.prt 文件。在 Pro/ENGINEER 野火版 5.0 的主菜单栏中，选择下拉菜单 文件(F) ➡ 打开(O)... 命令，打开文件 sheetmetal.prt，打开的模型如图 8.4.1 所示（图 8.4.1 所示的模型已经展平）。

Step3. 删除默认坐标系 PRT_CSYS_DEF。在模型树中右击 模板 标识53，在系统弹出的快捷菜单中选择 打开基础模型 命令，系统自动打开文件名为 filer_form.prt 的模型，在

FILER_FORM.PRT 的模型树中右击 PRT_CSYS_DEF，在系统弹出的快捷菜单中选择删除命令，即可删除默认坐标系。单击按钮关闭打开的 FILER_FORM.PRT 模型。

Step4. 新建坐标系

（1）选择下拉菜单 插入(I) → 模型基准(D) → 平面(L)... 命令（或者在钣金特征工具栏中单击按钮），系统弹出图 8.4.2 所示的“基准平面”对话框。选取参照平面 TOP，将约束类型定义为偏移，在偏移下面的平移文本框中输入偏移值 26.0，单击确定按钮，完成基准平面 DTM1 的创建，如图 8.4.3 所示。

（2）按照相同的方法选取 FRONT 面为参考，完成基准平面 DTM2 的创建，如图 8.4.4、图 8.4.5 所示。

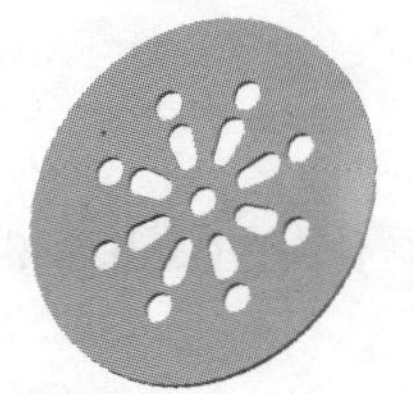

图 8.4.1　钣金件模型

图 8.4.2　“基准平面”对话框

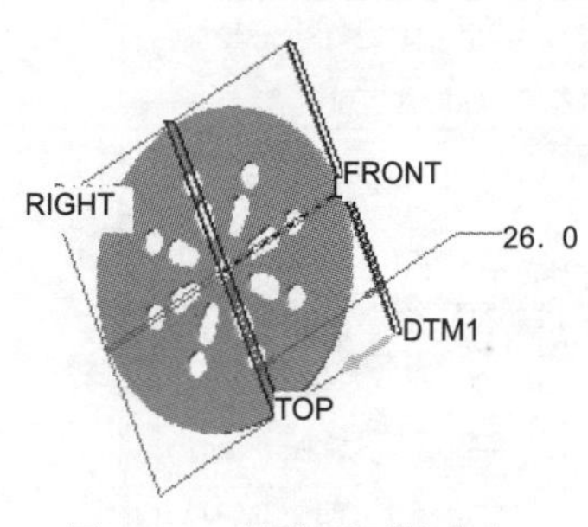

图 8.4.3　基准平面的建立

图 8.4.4　“基准平面”对话框

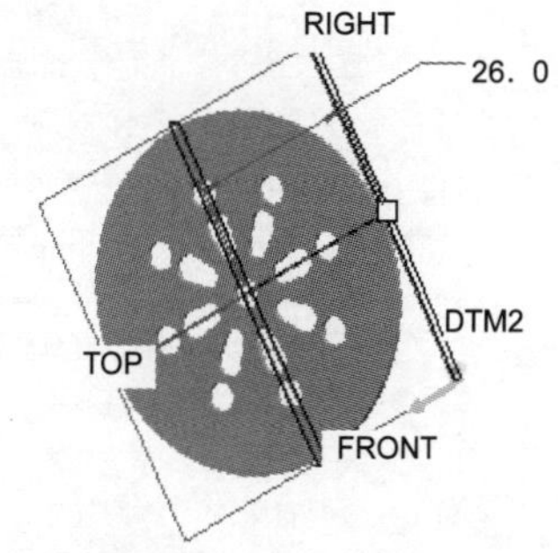

图 8.4.5　基准平面的建立

（3）选择下拉菜单 插入(I) → 模型基准(D) → 坐标系(C)... 命令（或者在工具栏中单击“坐标系”按钮），系统弹出图 8.4.6 所示的“坐标系”对话框。依次选取基准平面 DTM2、DTM1 和 RIGHT 为参照平面，如图 8.4.7 所示，然后单击确定按钮，完成坐标系 CS0 的创建，如图 8.4.8 所示。

注意：为确保新建坐标系的方向，可在“坐标系”对话框中选择方向选项卡，改变 X 轴或者 Y 轴的方向，最后单击确定按钮完成坐标系的创建，如图 8.4.8 所示。

（4）系统将根据设置完成坐标系轴的分配。新建坐标系的钣金模型如图 8.4.8 所示。

Step5. 保存文件。选择下拉菜单 文件(F) → 保存(S) 命令，保存文件。

Task2. 新建一个钣金制造模块文件

Step1. 在工具栏中单击"新建"按钮。

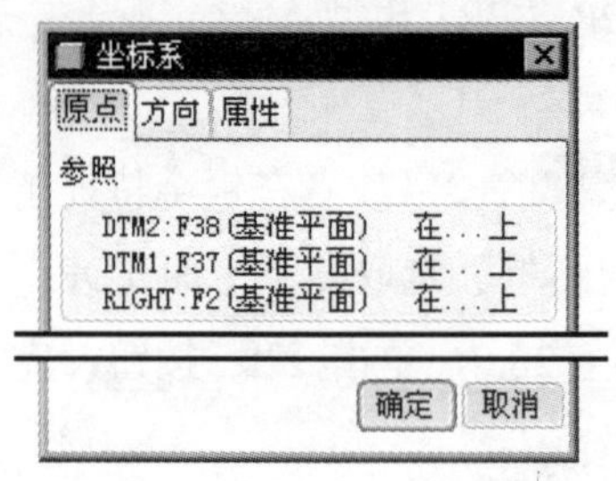

图 8.4.6 "坐标系"对话框

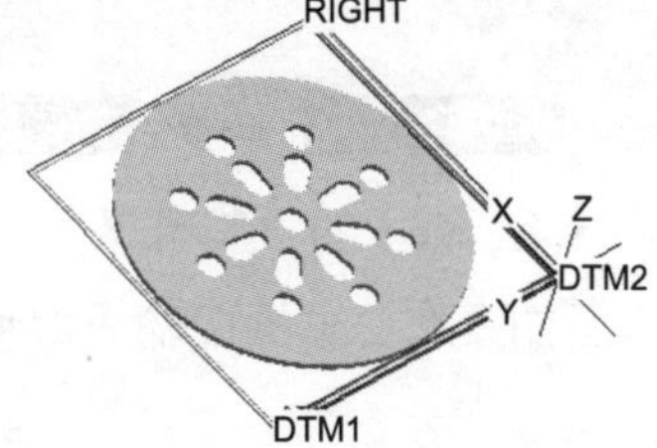

图 8.4.7 坐标系的建立

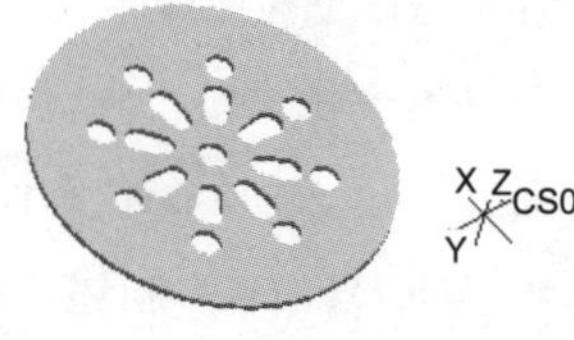

图 8.4.8 新建坐标系的钣金模型

Step2. 在图 8.4.9 所示的"新建"对话框中，选中类型选项组中的 制造，选中子类型选项组中的 钣金件，在名称后的文本框中输入文件名 SHEETMETAL_MILLING，单击确定按钮，进入钣金制造模块。

Task3. 设置工作环境及各项参数

在系统弹出的"钣金件制造加工"对话框中选择零件选项卡，在工件尺寸和边界尺寸选项组中输入相应的数值，如图 8.4.10 所示。

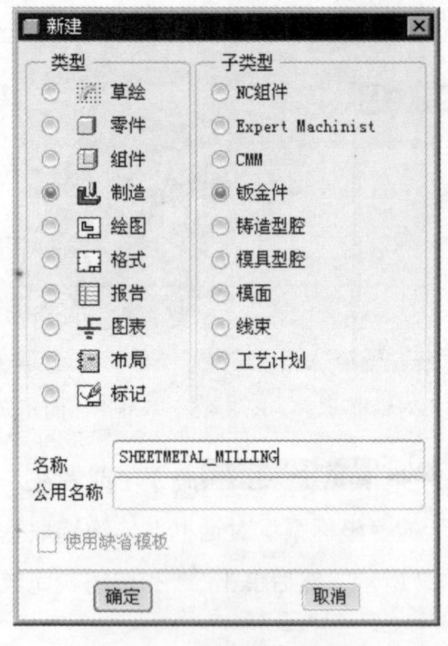

图 8.4.9 "新建"对话框

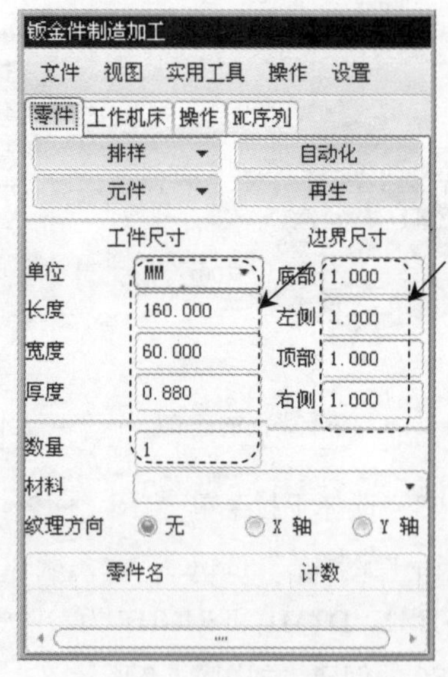

图 8.4.10 "零件"选项卡

Task4. 零件排样的处理

Step1. 在"钣金件制造加工"对话框中单击排样按钮，系统弹出图 8.4.11 所示的"排样"下拉菜单，选择此菜单中的创建命令，菜单管理器出现图 8.4.12 所示的 NEST CELL (排样单元) 菜单，选择 Add Part (新增零件) 命令，弹出"打开"对话框。从该对话框中找到前面设计的钣金件文件 sheetmetal.prt，单击 打开 按钮。

Step2. 系统弹出 PART PLACE（零件位置）菜单，如图 8.4.13 所示。接受 PART PLACE（零件位置）菜单中的默认值——选中 DragOrigin（拖移原点）复选框，选择 Done（完成）命令，此时出现“元件窗口”对话框，如图 8.4.14 所示。

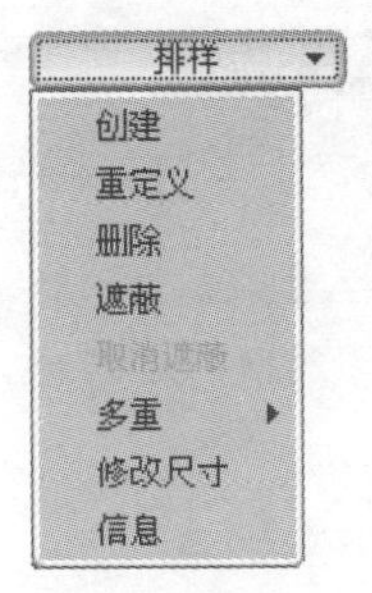

图 8.4.11　“排样”下拉菜单

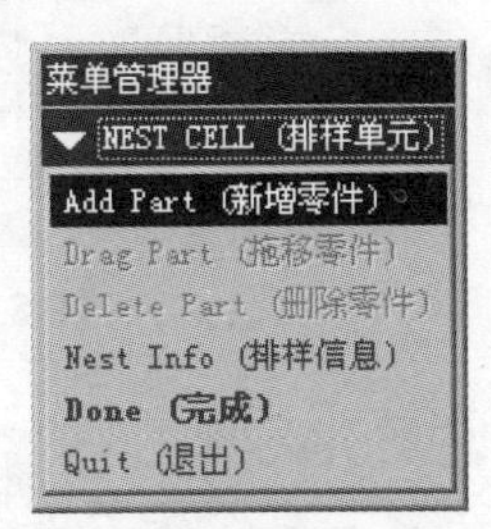

图 8.4.12　“排样单元”菜单

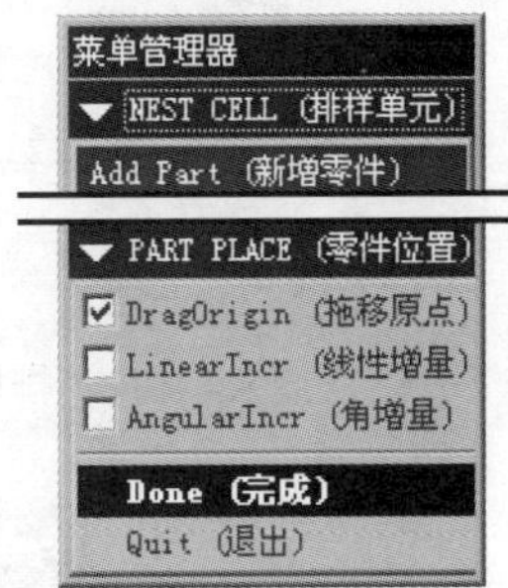

图 8.4.13　“零件位置”下拉菜单

Step3. 从“元件窗口”对话框的零件模型中选取坐标系 CS0，然后将零件放置到钣金件工件中，其放置的位置如图 8.4.15 所示。最后选择菜单管理器中 NEST CELL（排样单元）菜单的 Done（完成）命令，完成第一个零件的排样。

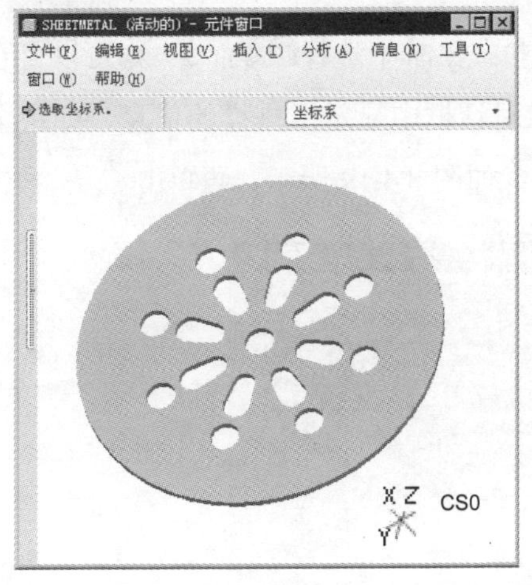

图 8.4.14　“元件窗口”对话框

图 8.4.15　第一个零件的排样

Step4. 排样多个零件。单击 排样 按钮，在弹出的下拉菜单中依次选择 多重 ▸ 和 定义 命令，如图 8.4.16 所示，此时系统弹出 SELECT FEAT（选取特征）菜单，在工作区中单击主窗口中刚才排样的钣金件 sheetmetal.prt，系统弹出 INCR TYPE（增量类型）菜单，依次选择 Outline Gap（轮廓间隙） → X Pattern（X阵列） → Fill Sheet（填充页面） → Done（完成）命令，如图 8.4.17 所示。

Step5. 系统弹出消息输入窗口，在 输入 间隙 平移的距离x方向: 后的文本框中输入数值 3，然后单击 ✓ 按钮。完成以上操作后，主窗口中的零件放置如图 8.4.18 所示。

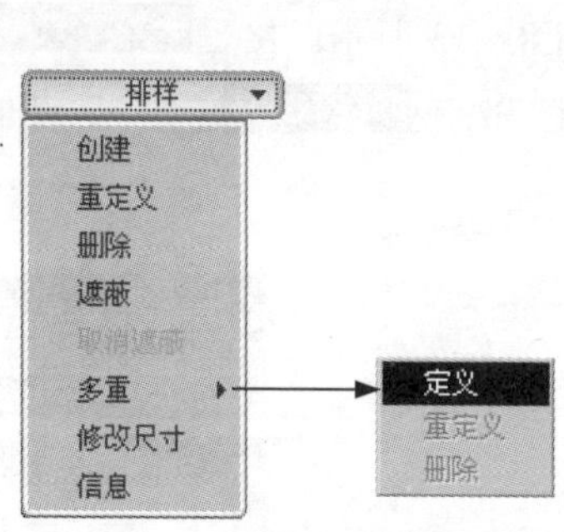

图 8.4.16 “排样”下拉菜单

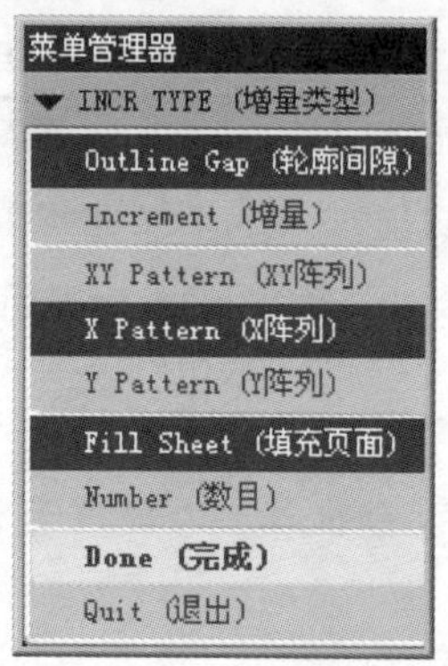

图 8.4.17 “增量类型”菜单

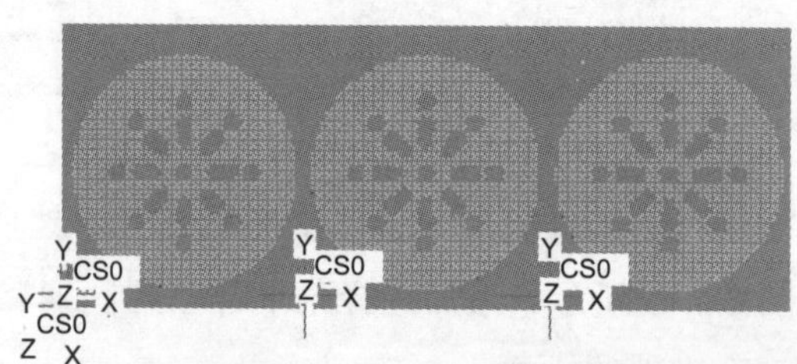

图 8.4.18 多个零件的排样

Step6. 单击 排样 按钮，在弹出的下拉式菜单中选择 信息 命令，则可以查看排样的信息。此时系统弹出“信息窗口”对话框，该对话框中显示了排样的信息，如钣金件工件面积、排样零件整体面积、差异和浪费面积等，如图 8.4.19 所示，再单击 关闭 按钮。

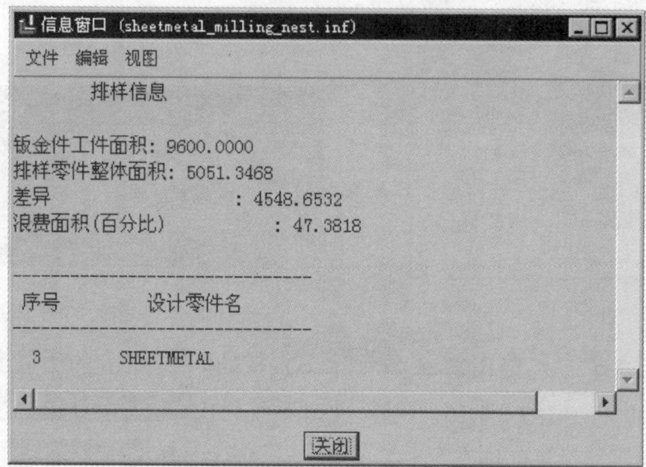

图 8.4.19 “信息窗口”对话框

Task5. 设置工作机床和操作

由于本例要完成的工序为冲孔，因此可以选取系统默认的冲压型工作机床和默认的操作参数。

Stage1．设置刀具参数

Step1．单击“钣金件制造加工”对话框的 NC序列 选项卡，然后单击该选项卡中的按钮，此时系统弹出图 8.4.20 所示的“转塔管理器”对话框。

Step2．选中 ☑ 刀具设置 复选框，系统弹出“刀具设置”对话框，单击工具栏中的按钮，设置加工参数（图 8.4.21），然后单击 应用 按钮，在“转塔管理器”对话框中单击 完成 按钮，完成刀具的设置。

Stage2．选择加工区域

完成刀具的设置后，系统弹出“选取边”对话框和“选取”对话框，如图 8.4.22 和图 8.4.23 所示，提示用户选取加工区域。接着选取钣金件中的孔，选取完成后单击“选取”对话框中 确定 按钮，最后单击“选取边”对话框中 完成 按钮，完成加工区域的选择。

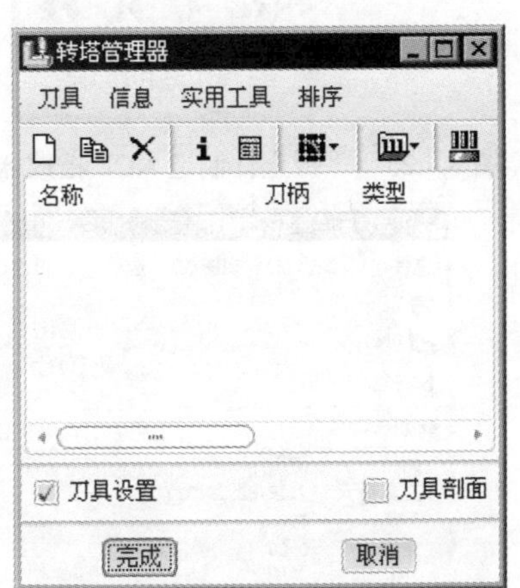

图 8.4.20　“转塔管理器”对话框

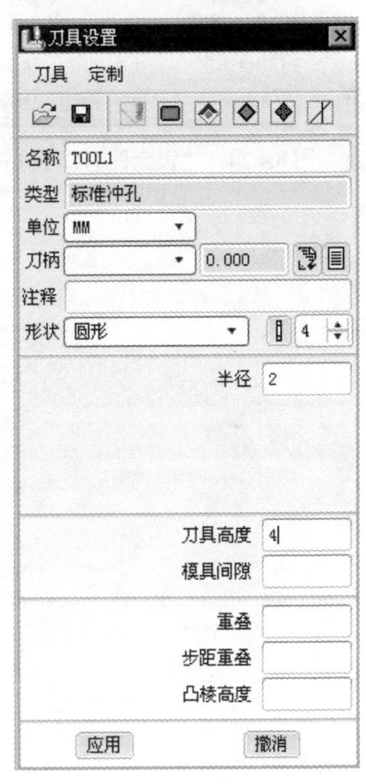

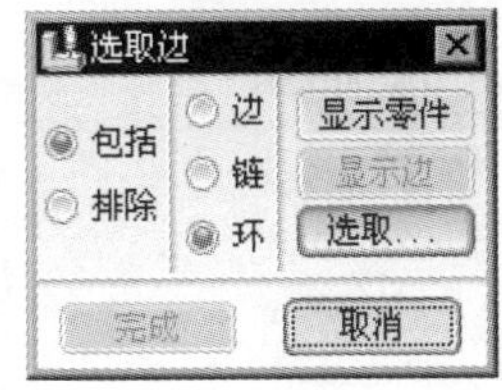

图 8.4.22　“选取边”对话框

图 8.4.23　“选取”对话框

图 8.4.21　“刀具设置”对话框

Task6．加工过程仿真

Step1．完成加工区域的选择后，系统弹出“钣金件 NC 序列”对话框，如图 8.4.24 所示。

Step2．单击“钣金件 NC 序列”对话框中的 预览 按钮，将弹出“钣金件制造 NCL 播放器”对话框（图 8.4.25）。

Step3．单击“钣金件制造 NCL 播放器”对话框中的按钮，在工作区内可看到工件加工过程的路径，如图 8.4.26 所示。

钣金件NC序列
视图
类型 冲裁
名称
注释 参数 UD打印
项目 状态
刀具 已定义
边 已定义
检查边 可选的
摇动 可选的
悬垂 可选的
多个刀具 可选的
移除击打 可选的
改变次序 可选的
CL 命令 可选的
定义 信息 下一个
完成 取消 预览

图 8.4.24 “钣金件 NC 序列”对话框

图 8.4.25 “钣金件制造 NCL 播放器”对话框

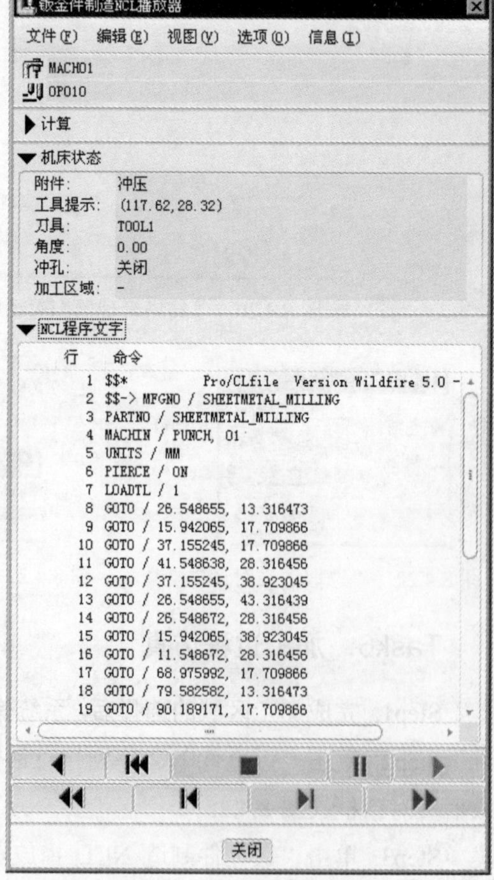

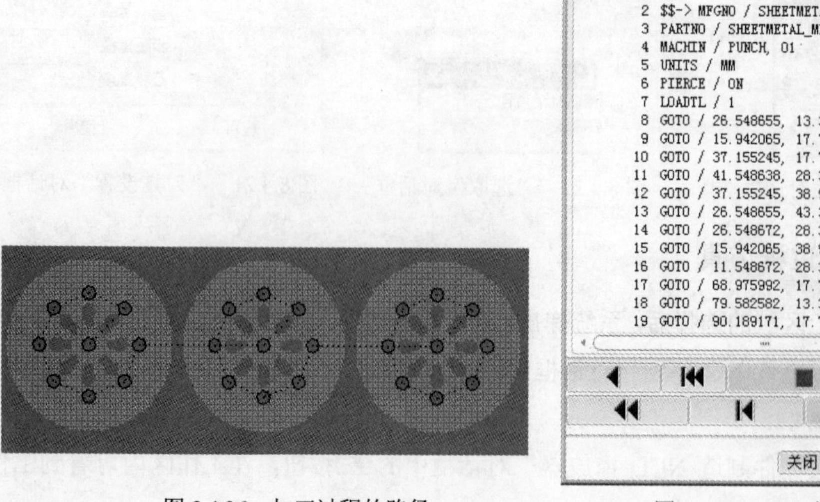

图 8.4.26 加工过程的路径

图 8.4.27 CL 数据的输出

Step4. 单击“钣金件制造 NCL 播放器”对话框中的 ▶NCL程序文字 栏可以查看生成的 CL 数据，如图 8.4.27 所示。

Step5. 单击 关闭 按钮，退出“钣金件制造 NCL 播放器”对话框。

Step6. 在“钣金件 NC 序列”对话框中单击 完成 按钮，则可以返回“钣金件制造加工”对话框。

Step7. 选择下拉菜单 文件(F) → 保存(S) 命令，保存文件。

第9章 后 置 处 理

本章提要 本章将介绍有关数控后置处理的知识。由Pro/ENGINEER生成的刀具轨迹文件并不能被所有的数控机床识别，还需要对其进行后置处理，转换成机床可识别的文件后才可以进行加工。数控加工的后置处理是CAD/CAM集成系统的重要组成部分，直接影响零件的加工质量。通过本章的学习，相信读者会对数控加工的后处理功能有一个初步的了解。

9.1 后置处理概述

通过前面章节的介绍，我们已经对数控加工的方法、各类零件的加工方法及生成刀具运动轨迹的方法有了一定的了解。在整个过程结束时，Pro/NC生成ASCII格式的刀位置（CL）数据文件，即得到了零部件加工的刀具运动轨迹文件。但是，在实际加工过程中，数控机床控制器不能识别该类文件，必须将刀位数据文件转换为特定数控机床系统能识别的数控代码程序（即MCD文件），这一过程称为后置处理。

鉴于数控系统现在并没有一个完全统一的标准，各厂商对有的数控代码功能的规定各不相同，所以，同一个零件在不同的机床上加工所需的代码也不同。为使Pro/NC制作的刀位数据文件能够适应不同的机床，需将机床配置的特定参数保存成一个数据文件，即配置文件。一个完整的自动编程程序必须包括主程序处理（Main processor）和后置处理程序（Post processor）两部分。主处理程序生成详尽的NC加工刀具运动轨迹的程序，而后置处理程序将主程序生成的数据转换成数控机床能够识别的数控加工程序代码。

9.2 后置处理器

后置处理器是一个用来处理由CAD或APT系统产生的刀位数据文件的应用程序，后置处理器把加工指令解释为能够被加工机床识别的信息。每个Pro/NC模块都包括一组标准的可以直接执行或者使用可选模块修改的NC后置处理器。由于各种数控机床的程序指令格式不同，因而各种机床的后置处理程序也不同，所以要求有不同的后置处理器。

9.2.1 后置处理器模式

在下拉菜单中选择 应用程序(P) ➡ NC后处理器(N)... 命令。系统弹出图9.2.1所示的“选配文件生成器”对话框，进入后置处理器模式。在此对话框中可以设置各项参数，进行后期处理器的创建、修改及删除等操作。

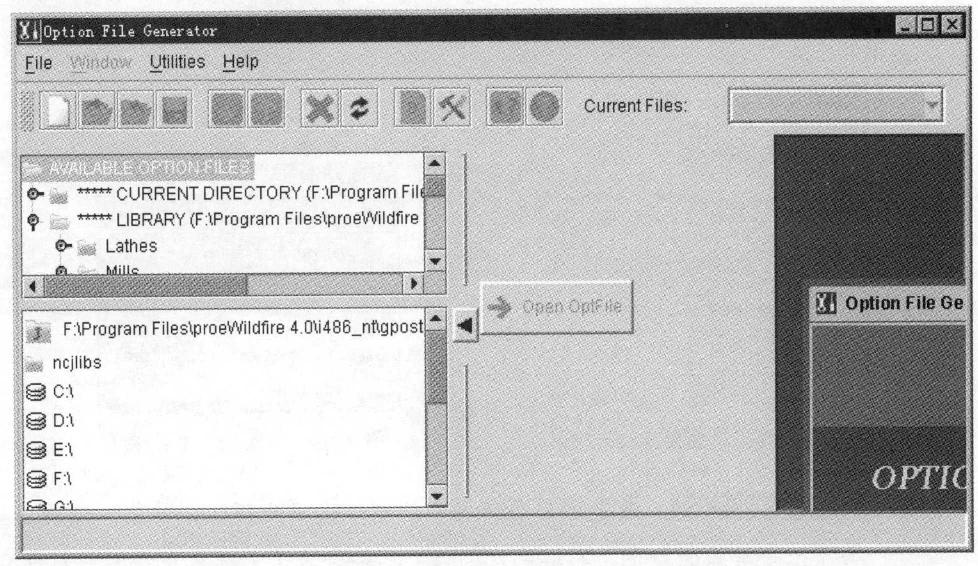

图 9.2.1 “选配文件生成器” 对话框

图 9.2.1 所示的“选配文件生成器”对话框中各菜单栏的说明如下：

- File：后置处理的文件操作主要都在此菜单中进行，其下拉菜单如图 9.2.2 所示，各项含义说明如下：
  - ☑ New：新建文件，其功能和工具栏中的按钮相同，新建文件的快捷键为 Ctrl+N。选择此项后，系统弹出“定义机床类型”对话框。
  - ☑ Close：关闭文件，其功能和工具栏中的按钮相同。关闭文件的快捷键为 Ctrl+L。选择此项后，可以关闭激活状态下的文件。
  - ☑ Open.：打开文件，其功能和工具栏中的按钮相同。打开文件的快捷键为 Ctrl+O。选择此项后，可以打开已经保存的文件。
  - ☑ Save：保存文件，其功能和工具栏中的按钮相同。保存文件的快捷键为 Ctrl+S。选择此项后，可以保存当前文件。
  - ☑ Save As...：将文件另存为。选择此项后，会弹出一个对话框，可以将文件重新命名后保存在任意设定的路径。
  - ☑ Exit：关闭对话框。选择此项后，会弹出一个提示窗口，提示是否对所做的修改进行保存，选择相应的选项后，退出此对话框。
- Window：后置处理的窗口显示操作主要都在此菜单中进行，其子菜单主要包括 Cascade 和 Tile 两个命令。
  - ☑ Cascade：选择此项，所有打开的文件将会以层叠方式下落到屏幕的中心位置。

☑ Tile：选择此项，文件屏幕会重新返回到屏幕的左上角位置。

- Utilities：“实用”工具，改变工具条显示的位置、字体和颜色。其下拉菜单如图 9.2.3 所示，各项含义如下：

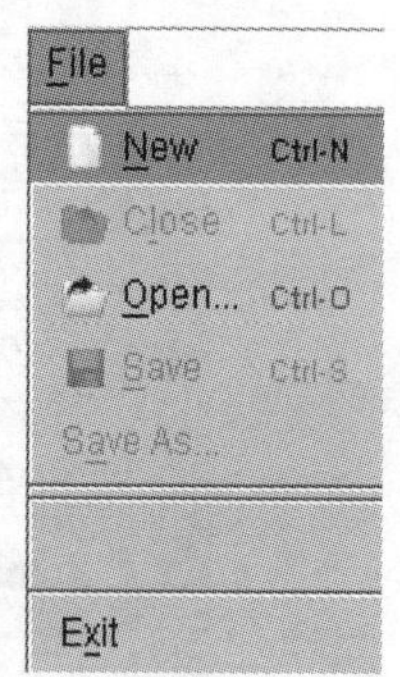

图 9.2.2 “文件”下拉菜单

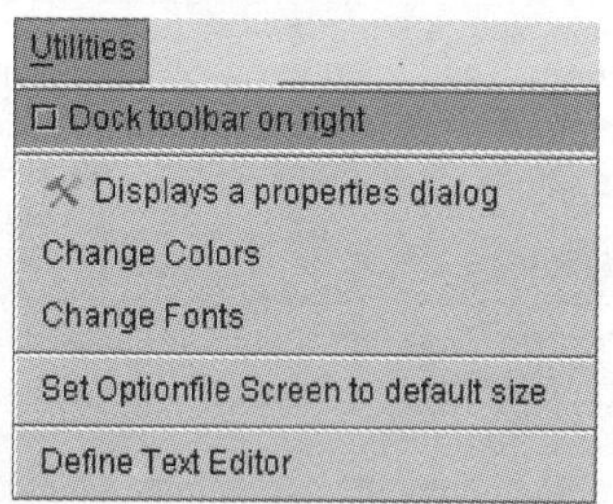

图 9.2.3 “实用”下拉菜单

☑ Dock toolbar on right：改变工具条的显示位置。选择此项后，屏幕右侧的工具条会显示于屏幕的左侧，而屏幕左侧的工具条会显示于屏幕的右侧，如图 9.2.4 所示。

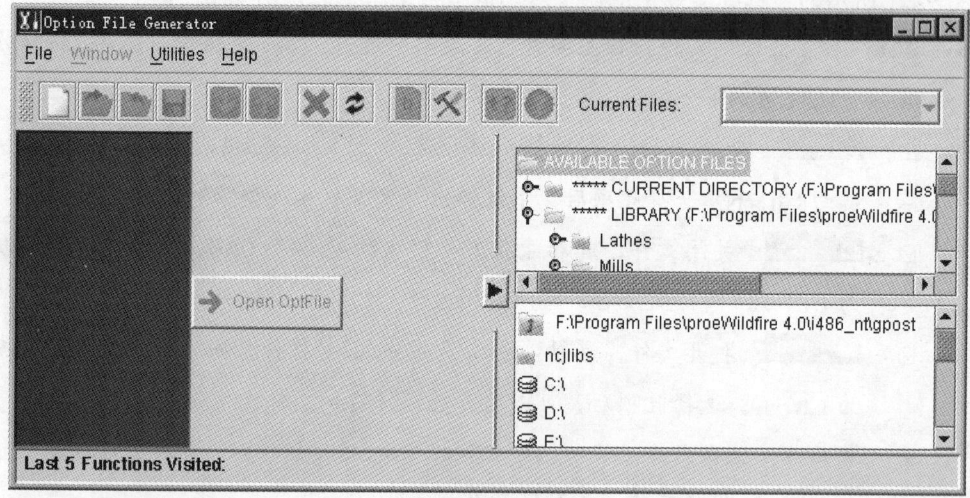

图 9.2.4 “改变工具条的位置”对话框

☑ Change Colors：改变显示的颜色。选择此项后，弹出图 9.2.5 所示的“改变颜色”对话框，通过此对话框可以设置对话框中的各种工具条、文本以及标签的背景和显示色。选择此对话框之中任一按钮，系统显示图 9.2.6 所示的“编辑颜色”对话框。

☑ Change Fonts：改变显示的字体。选择此项后，弹出图 9.2.7 所示的“改变字体”对话框，通过此对话框可以设置对话框中文本的字体和大小。

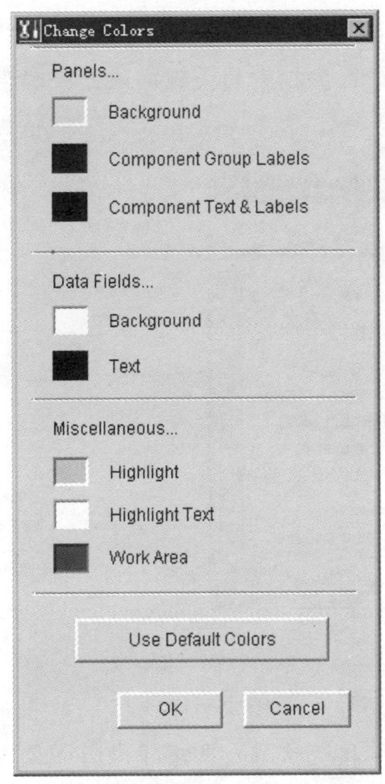

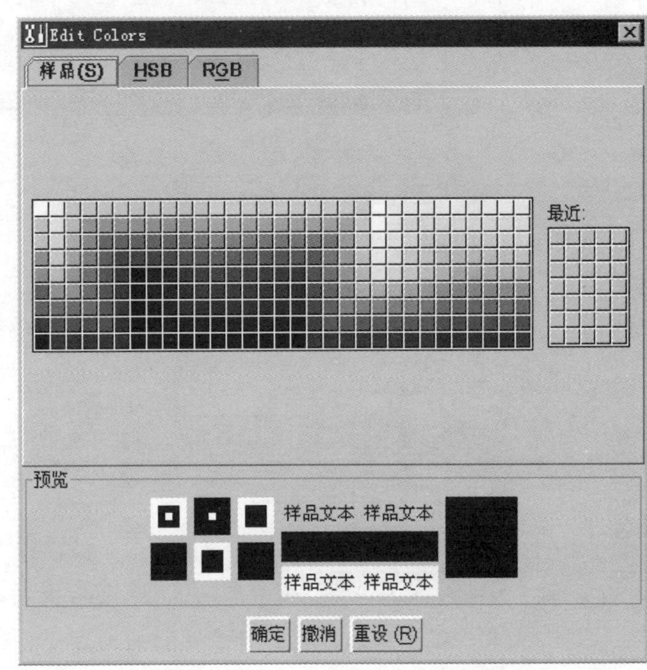

图 9.2.5　“改变颜色”对话框

图 9.2.6　“编辑颜色”对话框

- Help：提供创建后期处理器时的帮助信息。其下拉菜单包括About Option File Generator、Contents和System Information三个命令。
  - ☑ About Option File Generator：显示该软件的产品信息，包括 Pro/NC 后期处理器的版权、生产厂家及其应用等信息。选择此选项后，弹出图 9.2.8 所示的“选配文件生成器”对话框。

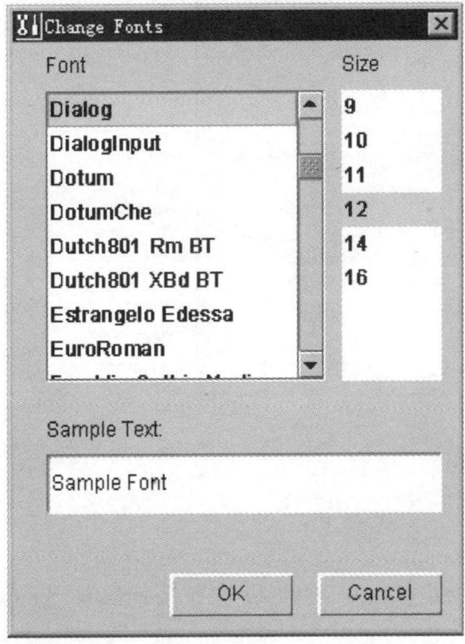

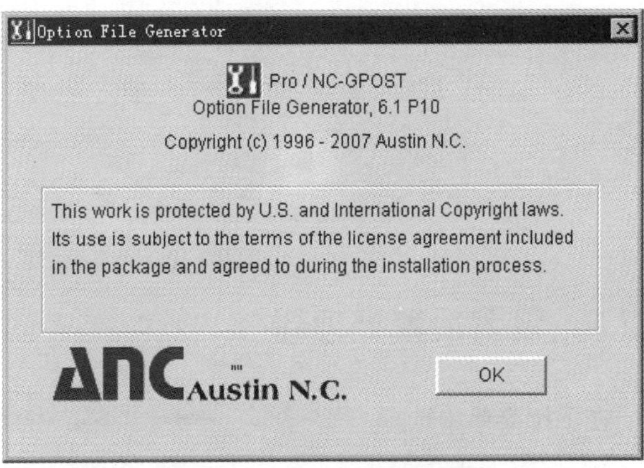

图 9.2.7　“改变字体”对话框

图 9.2.8　“选配文件生成器”对话框

☑ Contents：显示帮助内容。选择此选项后，弹出图 9.2.9 所示的“帮助”对话框。单击对话框中的按钮，然后在文本框中输入要搜索的关键词语并按回车键，在对话框中显示相关的信息。

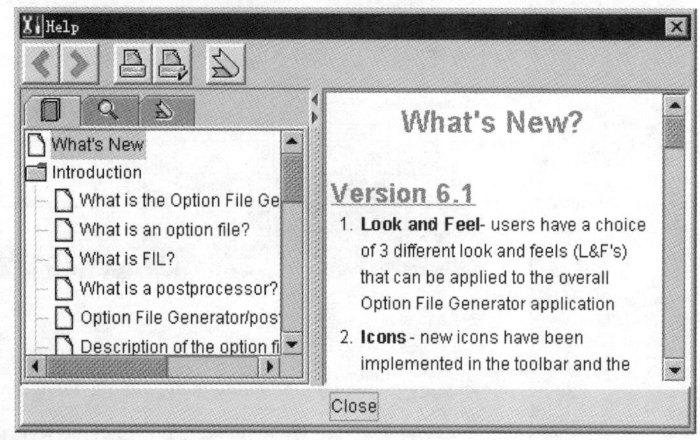

图 9.2.9 “帮助”对话框

☑ System Information：显示系统信息，包括支持此软件运行的平台及系统、系统目录、程序目录、初始目录及初始文件等。选择此选项后，系统弹出图 9.2.10 所示的“系统信息”对话框。

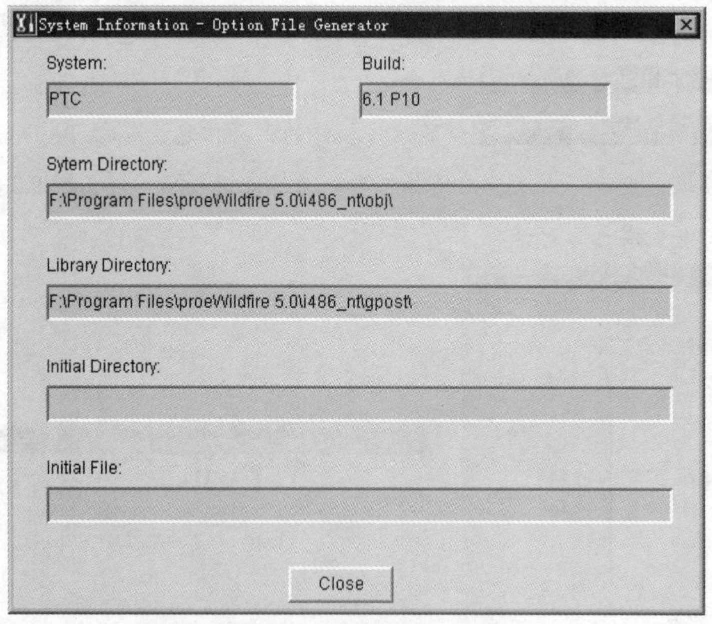

图 9.2.10 “系统信息”对话框

9.2.2 设置后置处理器

在下拉菜单中选择 应用程序(P) → NC后处理器(N)... 命令。单击“新建”按钮，在系统弹出的“Define Machine Type”对话框中选择“Mill”选项，依次单击 Next ▶ 按钮，最后单击 Finish 按钮，系统弹出图 9.2.11 所示的“选配文件生成器”对话框。

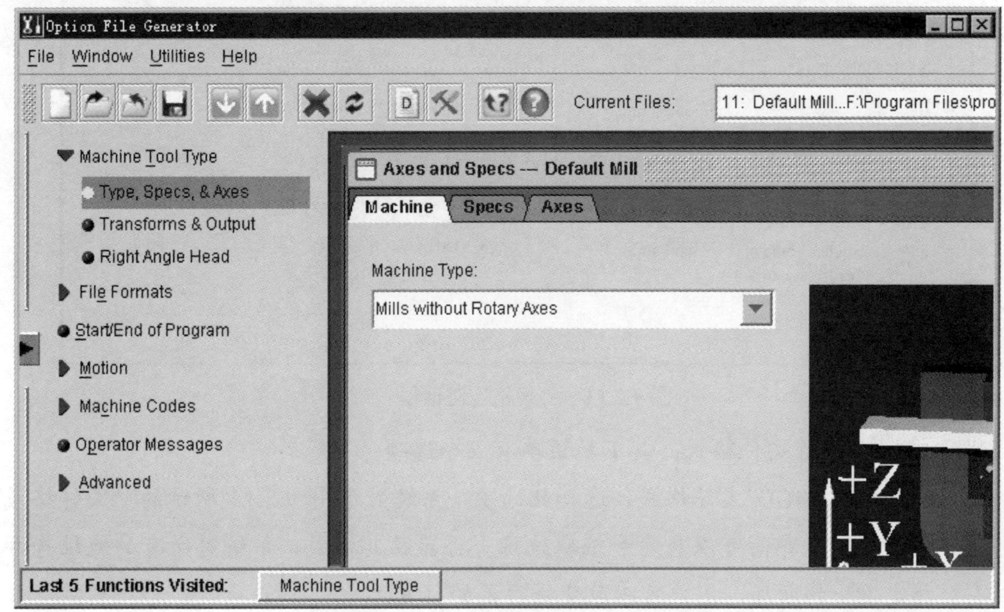

图 9.2.11　“选配文件生成器”对话框

图 9.2.11 所示的“选配文件生成器”对话框中的各项说明如下：

➢ Machine Tool Type：加工机床类型。此下拉菜单中有七种机床类型可供选择，如图 9.2.12 所示。

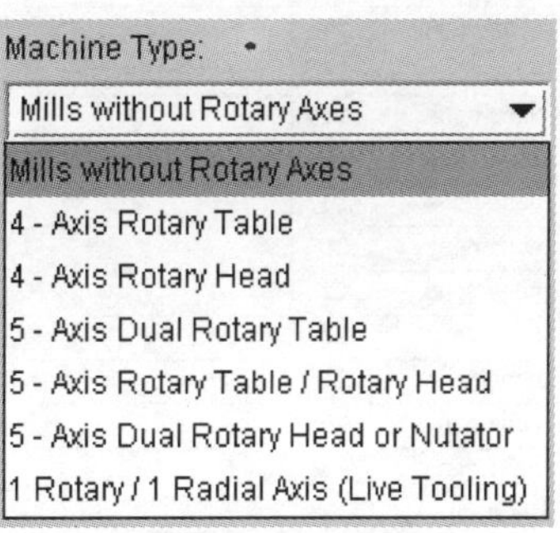

图 9.2.12　“机床类型”对话框

选择不同类型的机床，选配文件生成器中的页面选项会随之作出相应的变化。按照系统默认的机床类型，选择对话框中的 Specs 选项卡，会出现对应的页面，如图 9.2.13 所示。机床的基本参数包括直线轴和回转轴的运动代码属性。

- Max. Departure 指在一个代码行中最大的运动距离，超过此限定的单行代码需要转换成多行代码表示。
- Resolution 指机床的运动精度，适用于 X、Y 和 Z 轴。其中 Linear Resolution: 称为数控系统线性定位精度，Rotary Resolution: 称为数控转台的回转精度。

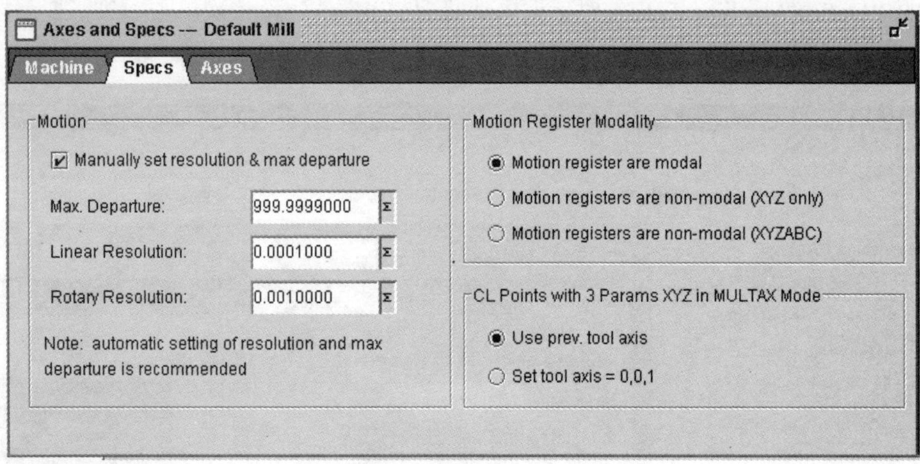

图 9.2.13 “规格”对话框

➢ File Formats：设置文件格式。其下拉菜单有五个选项。

- MCD File：MCD 文件格式。选择此选项，系统显示图 9.2.14 所示的“文件格式”对话框。从界面可以查看和编辑地址寄存器及其格式，系统对所有的地址寄存器指定输出的顺序，用户可以改变寄存器的位置。

MCD File Format --- Default Mill

MCD File Format | General Address Output | File Type

ORDER	DESCRIPTION	ADDR	ALIASES	ORDER	DESCRIPTION	ADDR	ALIASES
1	Sequence Nbr	N	none-none	14	Tool Length Comp	H	none-none
2	Prep Functions	G	none-none	15	Aux / M-Codes	M	none-none
3	X - Axis	X	none-none	16	Cycle CAM	<<	none-none
4	Y - Axis	Y	none-none	17	Cycle DWELL	<<	none-none
5	Cycle RAPID Stop	R	none-none	18	Primary Rot. Axis	<<	none-none
6	Z - Axis	Z	none-none	19	Secondary Rot. Axis	<<	none-none
7	X - Axis Arc	I	none-none	20	Extra 1	<<	none-none
8	Y - Axis Arc	J	none-none	21	Extra 2	<<	none-none
9	Z - Axis Arc	K	none-none	22	Extra 3	<<	none-none
10	Feedrate	F	none-none	23	Extra 4	<<	none-none
11	Spindle	S	none-none	24	Extra 5	<<	none-none
12	Tool	T	none-none	25	Extra 6	<<	none-none
13	Cutter Rad/Dia Comp	D	none-none	26	Extra 7	<<	none-none

Metric: F33 nnn.nnn Inch: F33 nnn.nnn Note...

图 9.2.14 “文件格式”对话框

☑ Sequence Nbr：加工代码行的引导字母。

☑ Prep Functions：准备功能代码，一般为 G。

☑ X - Axis：直线坐标 X 轴的地址。

☑ Y - Axis：直线坐标 Y 轴的地址。

☑ Z - Axis：直线坐标 Z 轴的地址。

☑ X - Axis Arc：圆弧插补时要指定的圆心 X 轴的坐标值。

☑ Y - Axis Arc：圆弧插补时要指定的圆心 Y 轴的坐标值。

☑ Feedrate：速度控制代码，一般为 F。

☑ Spindle：主轴速度控制代码，一般为 S。

☑ Tool：刀具代码，一般为 T。

☑ Aux / M-Codes：辅助功能代码，一般为 M。

- List File：列表文件格式。其对话框包含 Option File Title、Verification Print、Warnings、Formatting、Tape Image 以及 Other 等六个选项。用户可以在此对话框中修改选配文件的标题、打印列表信息、处理系统提供的警告信息、选择打印格式和打印输出数据的格式等各项操作，如图 9.2.15 所示。

☑ Option File Title：设置选配文件的标题，最大允许字符数为 66。

☑ Verification Print：信息打印选项，提供了几个选项，可以删除或确认打印列表。

☑ Warnings：提供信息给出的警告信息。Suppress all warnings 表示是否隐藏全部警告；Suppress major word warnings 表示是否隐含主关键字警告。

☑ Formatting：设置打印格式。Print page heading 表示是否将后处理器的标题打印在每一页上；Nbr. of Lines per Page: 表示每页打印的最大行数。

☑ Tape Image：输出数据格式。可以打印机床控制数据，格式完全与在数控系统的表现一致，也可以自定义输出格式。Print non-formatted version 表示将按列表文件的实际值打印代码；Print formatted version 表示打印格式化的版本。

☑ Other：其他选项。

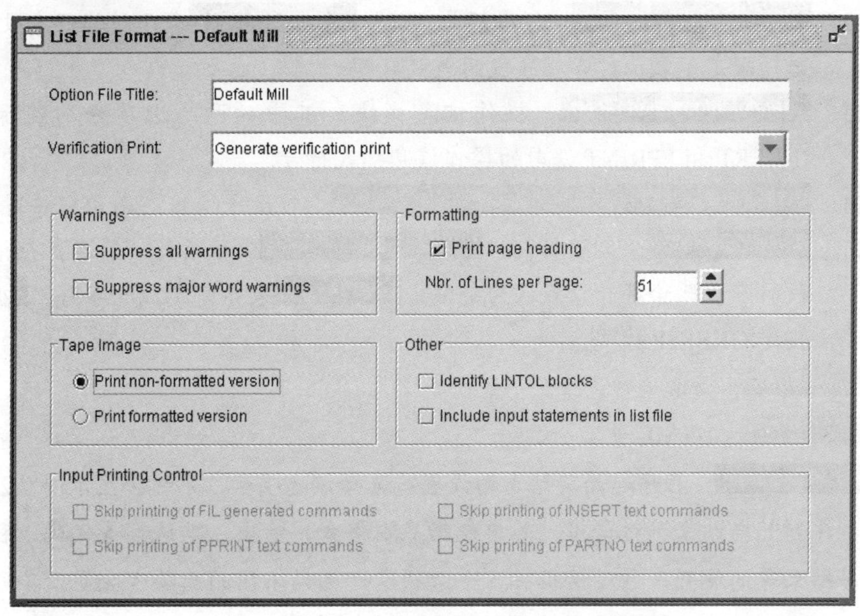

图 9.2.15　“设置列表文件格式”对话框

- Sequence Numbers：定义程序段标号。其包含 Parameters、Sequence Nbr Character、

Operator Information Block、Sequence Numbers are to be output every "n" th block和OPSKIP Character等选项，如图 9.2.16 所示。

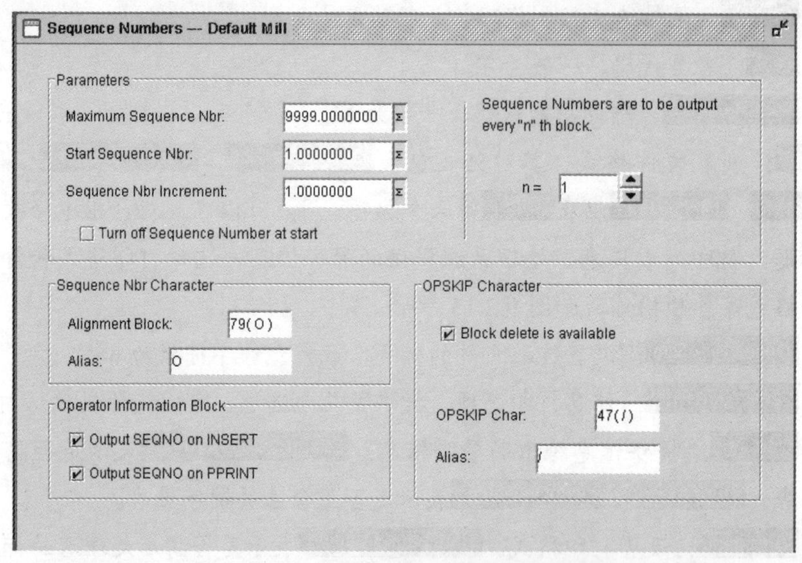

图 9.2.16 “定义程序段标号”对话框

- ☑ Parameters：参数设置。其中Maximum Sequence Nbr:为设置程序段标号的最大值，默认值为 9999；Start Sequence Nbr:为设置数控代码程序段标号的起始数字，默认值为 1；Sequence Nbr Increment:为设置数控代码程序段标号的增量值，默认值为 1。
- ☑ Sequence Nbr Character：程序标号。其中Alignment Block:表示对其程序段；Alias:选项规定了表示对齐程序段的 ASCII 码。
- ☑ Operator Information Block：操作信息模块。其中的两个选项分别表示是否对 INSERT 和 PPRINT 语句的操作信息插入行号。
- ☑ Sequence Numbers are to be output every "n" th block：表示每隔 N 行输出程序段编号。
- ☑ OPSKIP Character：删除标记。Block delete is available表示后处理器在执行语句程序段时产生删除符号，默认为斜线；OPSKIP Char:表示制定删除字符；Alias:用来指定 OKSKIP 代码。

- Simulation File：仿真文件。
- HTML Packager：HTML 包。

➢ Start/End of Program：程序起始与结束的设置。选择该选项卡，系统会显示图 9.2.17 所示的“程序起始与结束”对话框，其中包括基本格式、输出、默认预备代码、程序开始及程序结束等的设置。该对话框有五个选项卡，选择不同的选项卡会显示不同的窗口内容。

- Format：基本格式。其中DNC format选项表示 DNC 格式，选择此选项，数据文件将适合在分布式数控系统环境下使用；EOB char at end of each block tape image选项表示允许在代码行的末尾增加或删除标记。

- Output：输出选项。通过选择其下的复选框，可以增加 Rewind STOP 代码、输出时间和日期信息、增加自定义代码和增加 Rewind START 代码。

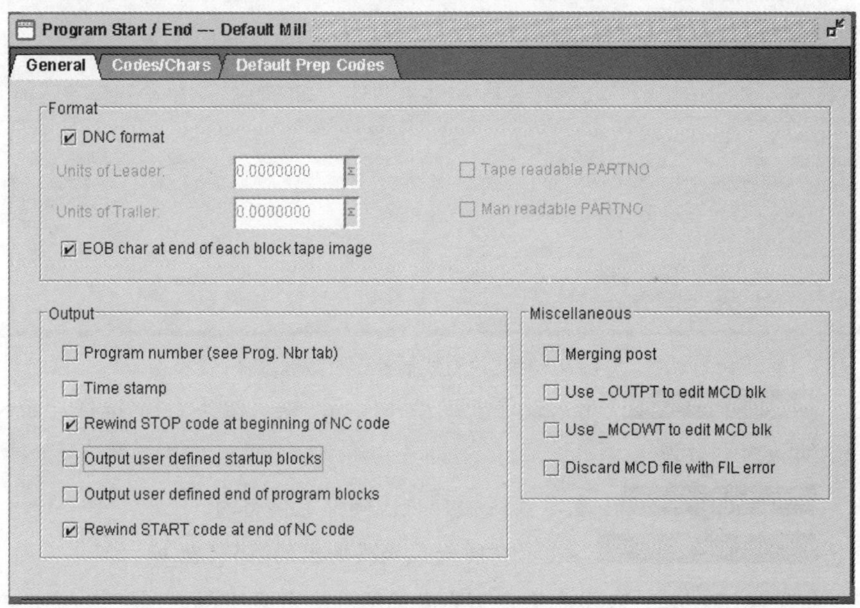

图 9.2.17　“起始程序与结束”对话框

➢ Motion：插补运动代码。选择此选项，系统会显示运动的类型，其中有五种运动类型，不同运动类型的窗口，显示了不同运动类型的设置。

五种运动类型说明如下：

- General：一般选项。Idential Points Handling表示对同一点的处理方法，其中Do not output the repeat point表示不输出同一点；Output the repeat point表示输出同一点。“一般选项”对话框如图 9.2.18 所示。

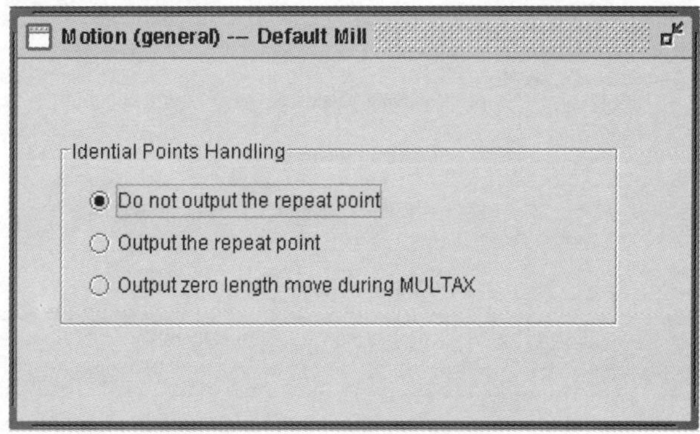

图 9.2.18　“一般选项”对话框

- Linear：直线插补运动代码，用来设置直线插补的 G 代码。“直线插补”对话框如

图 9.2.19 所示。

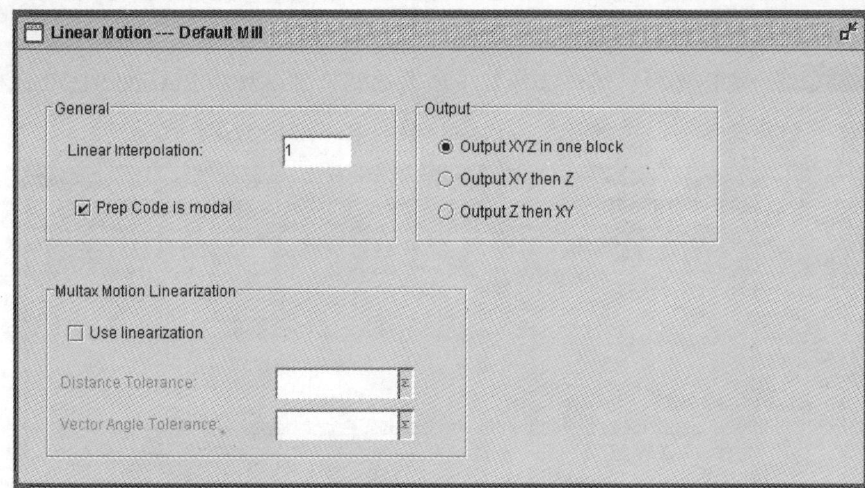

图 9.2.19 “直线插补”对话框

☑ Linear Interpolation：用来设置直线插补代码，默认值为 G1，选择后面的文本框可以进行修改。

☑ Prep Code is modal：表示直线插补的代码都是模态的。

☑ Output XYZ in one block：表示在同一代码段输出的 XYZ 坐标。

☑ Output XY then Z：表示先输出 XY 坐标然后输出 Z 坐标。

☑ Output Z then XY：表示先输出 Z 坐标然后输出 XY 坐标。

- Rapid：定义快速运动的相关参数。“快速”对话框如图 9.2.20 所示。

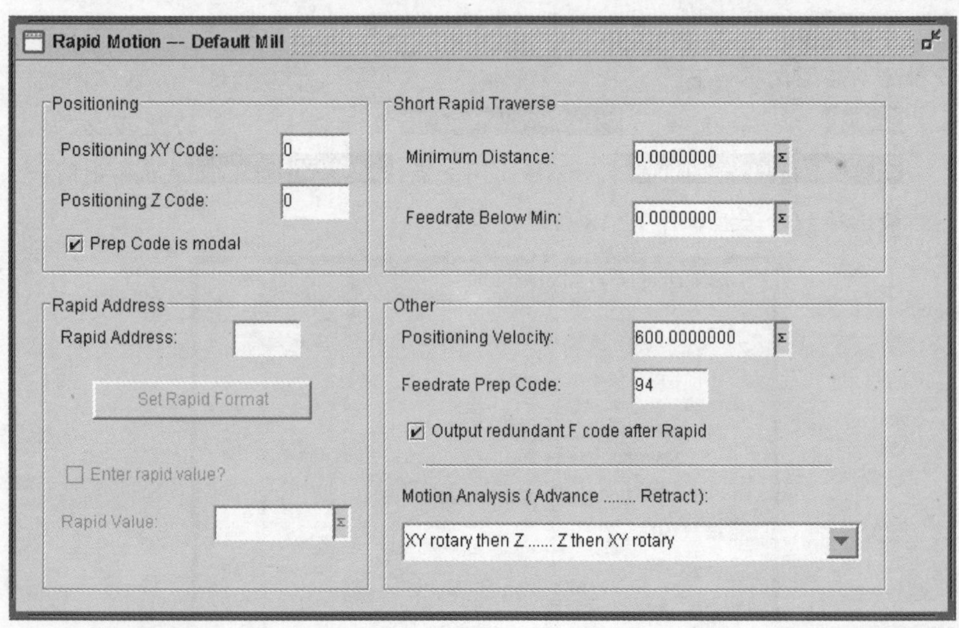

图 9.2.20 “快速”对话框

☑ Positioning：定位方式。

- ☑ Positioning Code:：设置机床快速定位代码，默认值为 G00。
- ☑ Prep Code is modal：制定快速运动的代码是否为模态。
- ☑ Rapid Address:：设置快速定位时机床的地址。
- ☑ Short Rapid Traverse：最短快速行程。
- ☑ Minimum Distance:：设置允许快速定位的最小距离。
- ☑ Feedrate Below Min:：设置快速定位的下限。
- ☑ Positioning Velocity:：设置快速定位时的速度。
- ☑ Feedrate Prep Code:：表示速度单位的 G 代码数字。

● Circular：定义圆弧插补运动的相关参数。“圆弧插补”对话框如图 9.2.21 所示。

- ☑ Disable circ. interpolation：禁止圆弧插补功能。
- ☑ Clockwise Prep:：顺时针圆弧插补，默认值为 G02。
- ☑ CounterCW Prep:：逆时针圆弧插补，默认值为 G03。
- ☑ Prep / G-codes Modal：表示圆弧插补的代码为模态。
- ☑ XYZ codes modal：表示圆弧 XYZ 代码为模态代码。
- ☑ Maximum Radius:：设置允许圆弧插补的最大半径值。

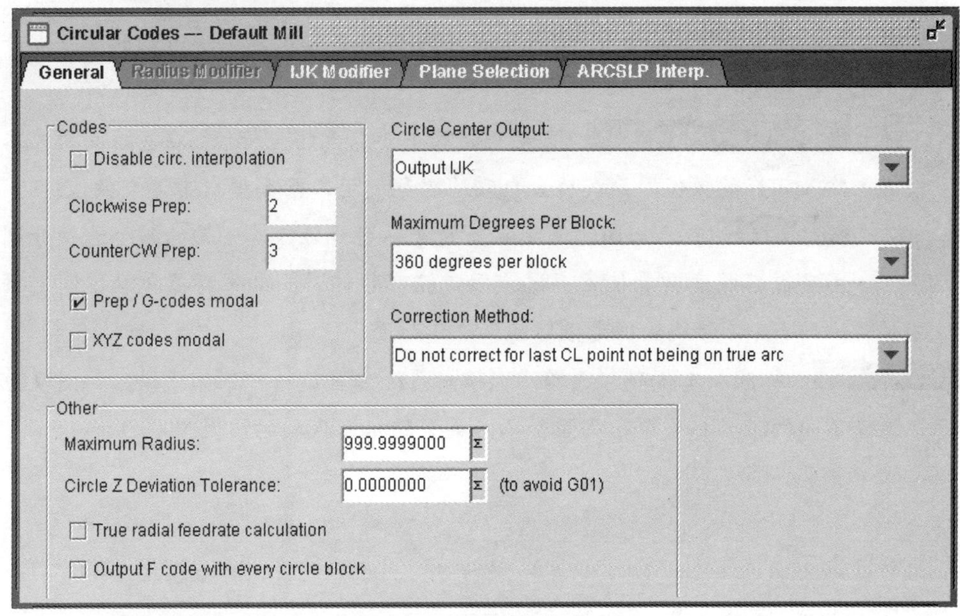

图 9.2.21　“圆弧插补”对话框

- ☑ Circle Center Output:：圆弧输出方式。
- ☑ Correction Method:：修正方法。

● Cycles：定义循环的相关参数。“定义循环”对话框如图 9.2.22 所示。

● Absolute Z：指定循环程序段内的 Z 值为绝对坐标值，表示加工的深度。Signed incremental Z：指定循环程序段内的 Z 值为增量坐标值。

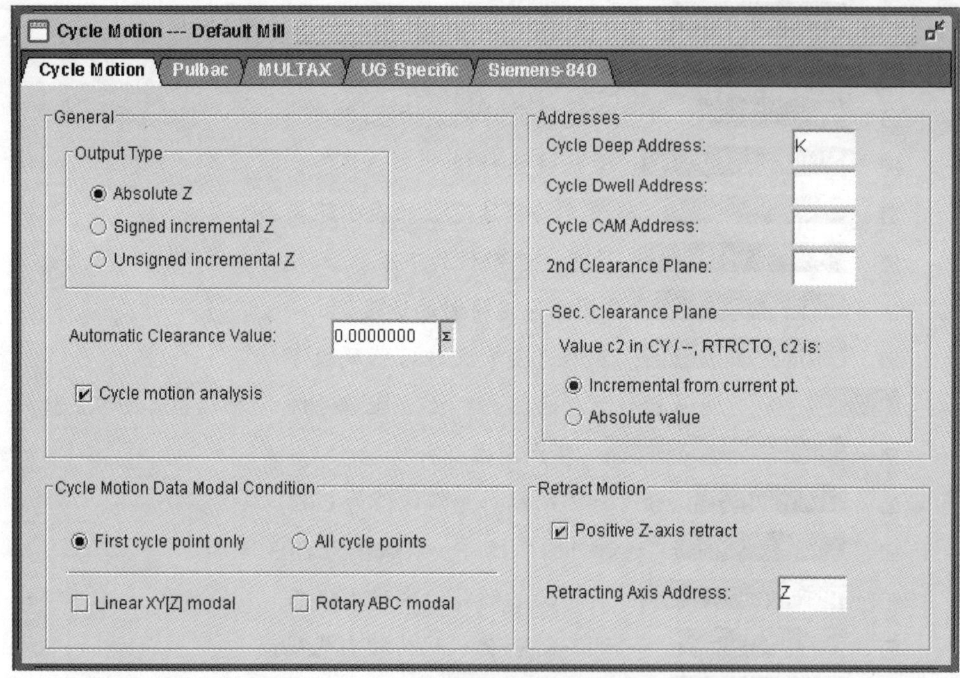

图 9.2.22 “定义循环”对话框

☑ Unsigned incremental Z：指定循环程序段内的 Z 值为从快速运动的结束点开始测量的距离。

☑ Automatic Clearance Value：自动回退到平面以上的坐标值。在其后面的文本框中输入相应的数值，系统将会自动从编程的退刀面高度减去这个数值。

☑ Addresses：表示与固定循环有关的寄存器地址，其下面的四个选项分别表示固定循环深度增量值寄存器、固定循环暂停时间的寄存器地址、固定循环停止的 CAM 号码和固定循环的第二退刀面。

➢ Machine Codes：机床加工代码。选择此选项，系统会显示八种机床代码，如图 9.2.23 所示。选择不同的工具栏命令，将显示不同类型的机床代码的设置。

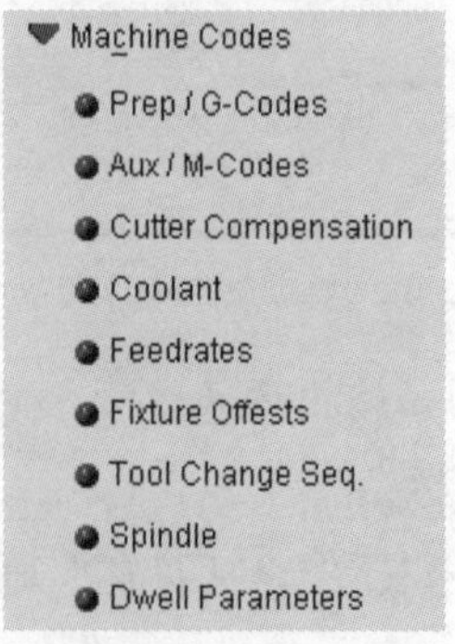

图 9.2.23 机床代码类型

- Prep / G-Codes: 准备功能代码。选择此选项，系统会显示“准备功能代码”对话框，如图 9.2.24 所示。

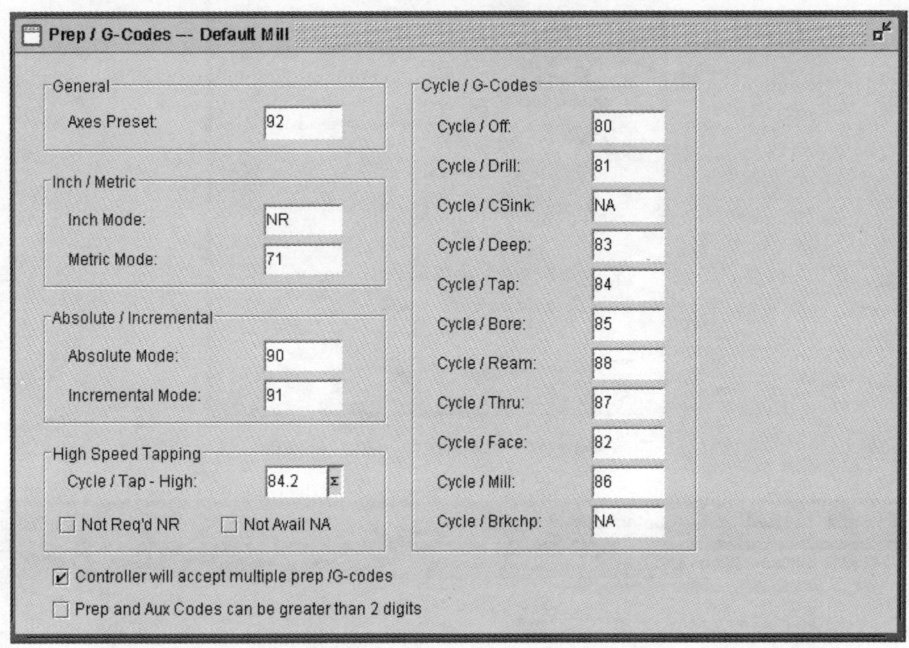

图 9.2.24 “准备功能代码”对话框

- ☑ Axes Preset: 工件坐标系设定代码，默认值为 G92。
- ☑ Inch / Metric: 指定英制单位的代码和米制单位的代码。
- ☑ Absolute / Incremental: 指定绝对编程代码和增量编程代码，默认值为 G90 和 G91。
- ☑ High Speed Tapping: 指定高速攻螺纹代码。
- ☑ Cycle / G-Codes: 其他选项的设置。

- Aux / M-Codes: 辅助功能代码。选择此选项，系统显示“辅助功能代码”对话框，如图 9.2.25 所示。
  - ☑ Stop Code: 暂停代码。
  - ☑ OpStop Code: 选择性停止代码。
  - ☑ End Code: 结束代码。
  - ☑ Rewind Code: 程序结束并返回起始点。

- Cutter Compensation: 刀具补偿。选择此选项，系统会显示“刀具补偿”对话框，如图 9.2.26 所示。

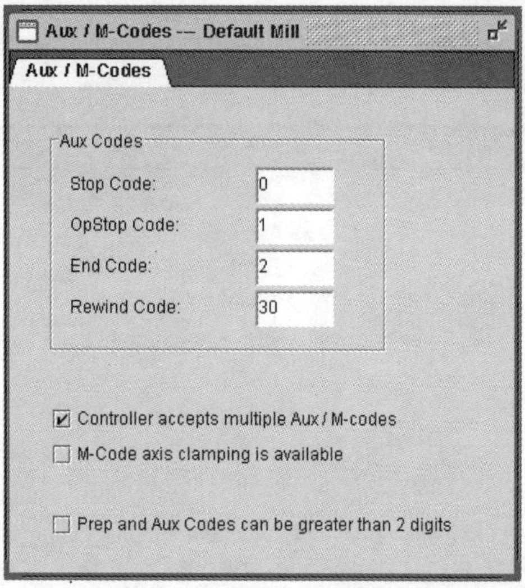

图 9.2.25 “辅助功能代码”对话框

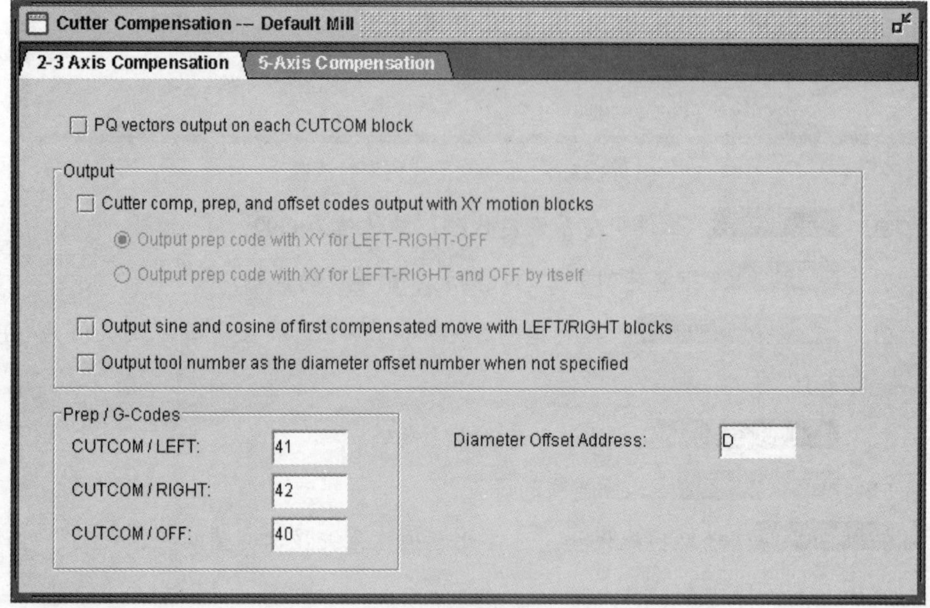

图 9.2.26 “刀具补偿”对话框

- Coolant：切削液。选择此选项，系统会显示“切削液”对话框，如图 9.2.27 所示。
- Feedrates：进给速度。选择此选项，系统会显示“进给速度”对话框，如图 9.2.28 所示。
  - ☑ Enable Feed Override：表示允许使用进给速度超程的 M 代码。
  - ☑ Disable Feed Override：表示禁止使用进给速度超程的 M 代码。
- Fixture Offests：夹具偏置。选择此选项，系统会显示“夹具偏置”对话框，如图 9.2.29 所示。

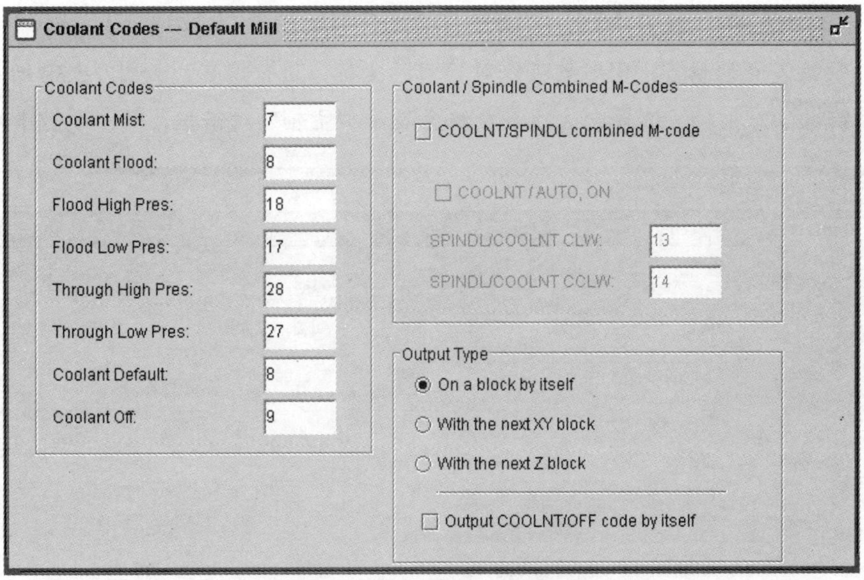

图 9.2.27　“切削液”对话框

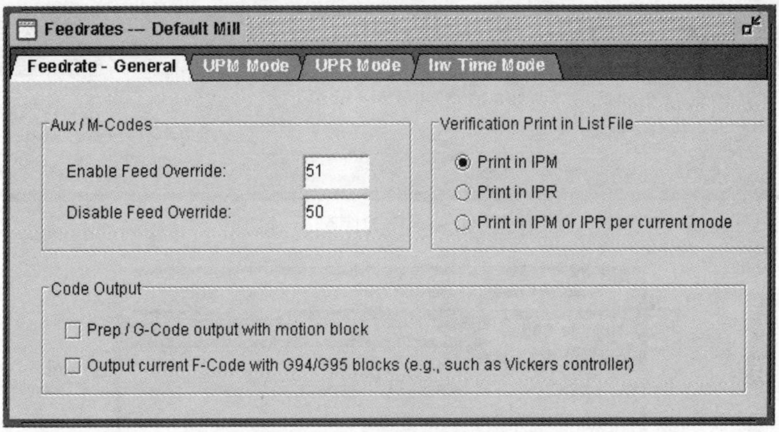

图 9.2.28　“进给速度”对话框

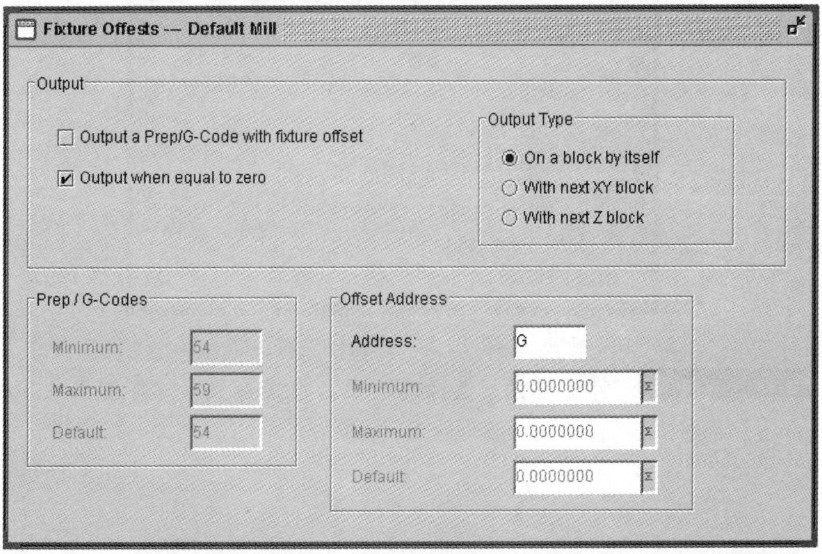

图 9.2.29　“夹具偏置”对话框

- Tool Change Seq.：换刀序列，可以进行换刀时间的设置，换刀代码，换刀输出形式以及换刀点的位置，同时也可以对换刀的坐标系进行设置，如图 9.2.30 所示。
- Spindle：主轴。选择此选项，系统会显示“主轴”对话框，如图 9.2.31 所示。

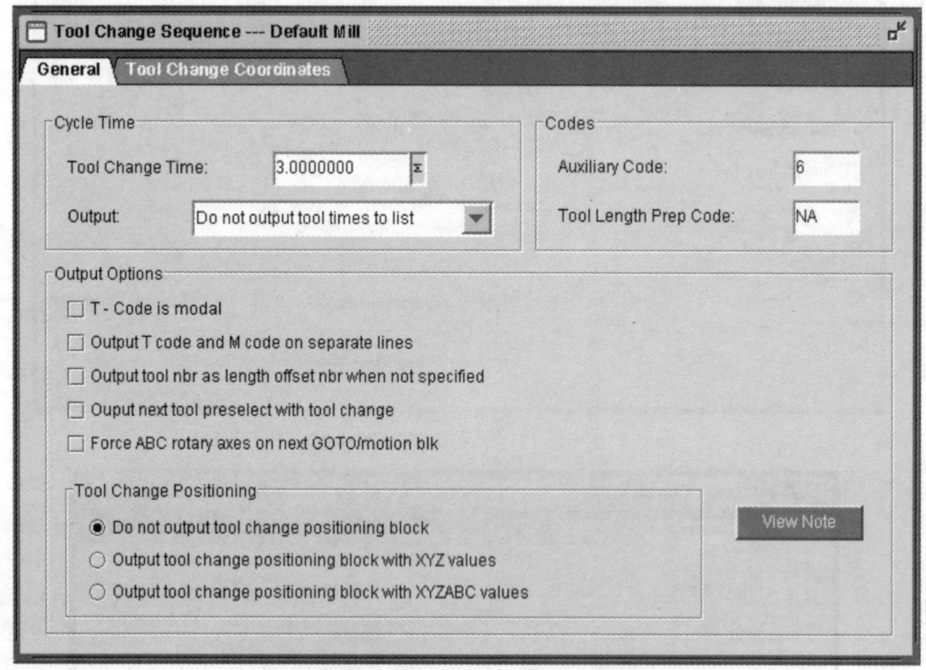

图 9.2.30　“换刀序列”对话框

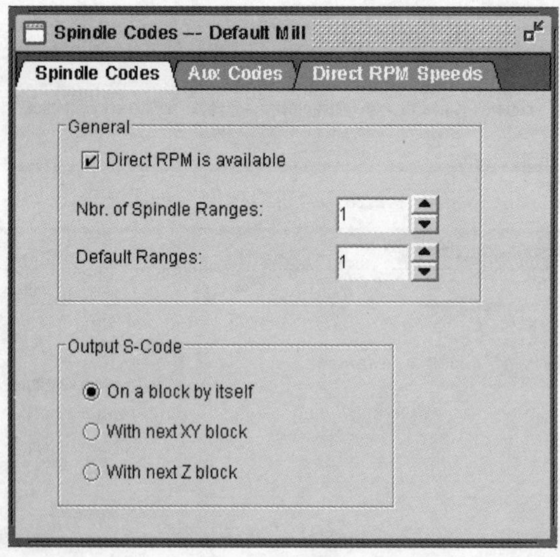

图 9.2.31　“主轴”对话框

- Dwell Parameters：停留参数。选择此选项，系统会显示“停留参数”对话框，如图 9.2.32 所示。

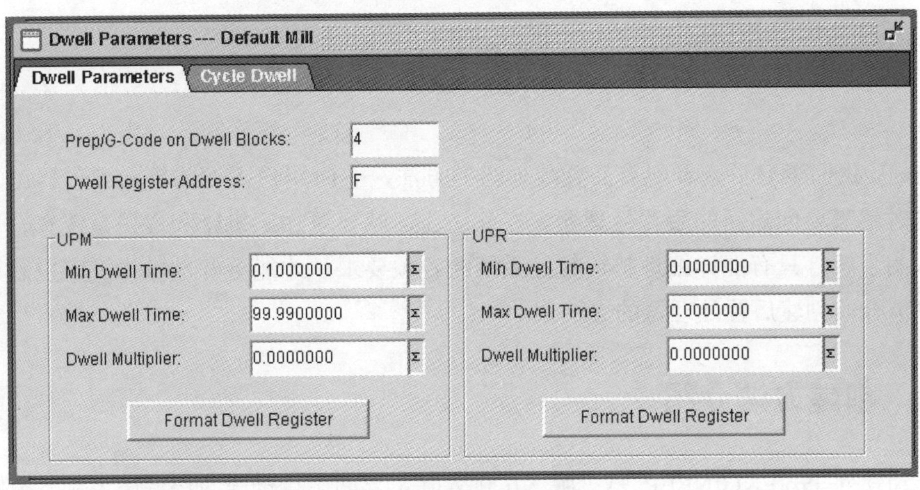

图 9.2.32 “停留参数”对话框

- ☑ Min Dwell Time:：设置的最小暂停时间。
- ☑ Max Dwell Time:：设置的最大暂停时间。
- ☑ Dwell Multiplier:：对暂停时间给定的放大系数。

➢ Operator Messages：选择此选项，系统会显示图 9.2.33 所示的“操作者信息及插入”对话框。

➢ Advanced：高级选项。选择此选项，用户可以选择不同类型的编辑器进行编辑操作。其下级菜单有五个选项，分别为：FIL Editor、Text / VTB Editor、PLABELS、Commons和Search。通过五个选项的有关参数的设置，可以更加准确有效地创建选配文件，有利于提高加工效率。

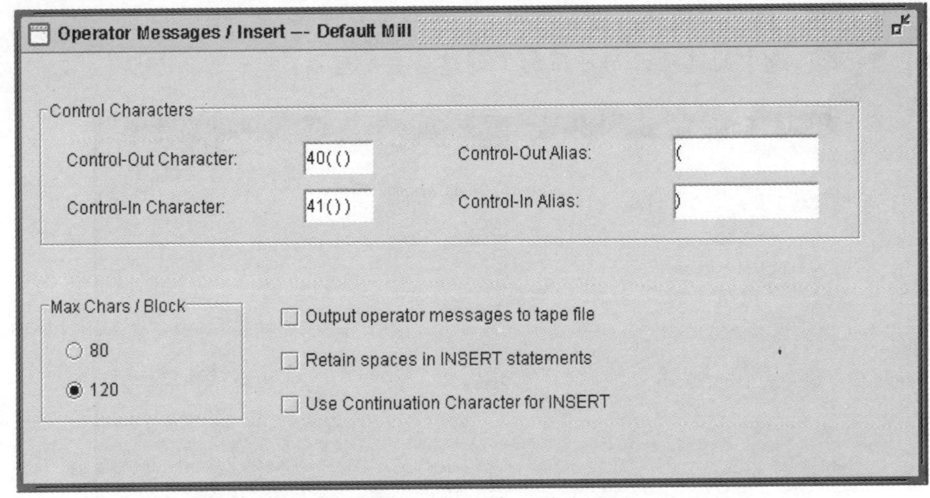

图 9.2.33 “操作者信息及插入”对话框

9.3 创建新的后置处理器

上一节我们学习了查看现有后置处理器的方法，有时用户需要的后置处理器可能不存在，这时就需要创建新的后置处理器。在此之前，就要对加工机床和数控系统有一个广泛而深入的了解，只有能详细地描述数控系统的各项要求，才能更好地操作机床控制加工过程。本节介绍创建后置处理器的方法。

9.3.1 创建方法介绍

启动软件 Pro/ENGINEER 野火版 5.0 进入其主界面，以创建数控铣床为例，说明选配文件的制作过程和方法。

Step1. 在下拉菜单中选择 应用程序(P) ➡ NC后处理器(N)... 命令。系统弹出“选配文件生成器”对话框，进入后置处理器模式。

Step2. 在“选配文件生成器”对话框的 File 菜单中选择 New 命令，系统弹出图 9.3.1 所示的“定义机床类型”对话框。在“定义机床类型”对话框中选择一种机床类型，然后单击 Next ▶ 按钮，进行下一步的设置。

图 9.3.1 所示的五种机床类型（Machine Types）说明如下：

- ◉ Lathe：选中此选项，为车床创建后置处理器。
- ◉ Mill：选中此选项，为铣床创建后置处理器。
- ◉ Wire EDM：选中此选项，为线切割机创建后置处理器。
- ○ Laser：选中此选项，为激光加工创建后置处理器。
- ◉ Punch：选中此选项，为冲压加工创建后置处理器。

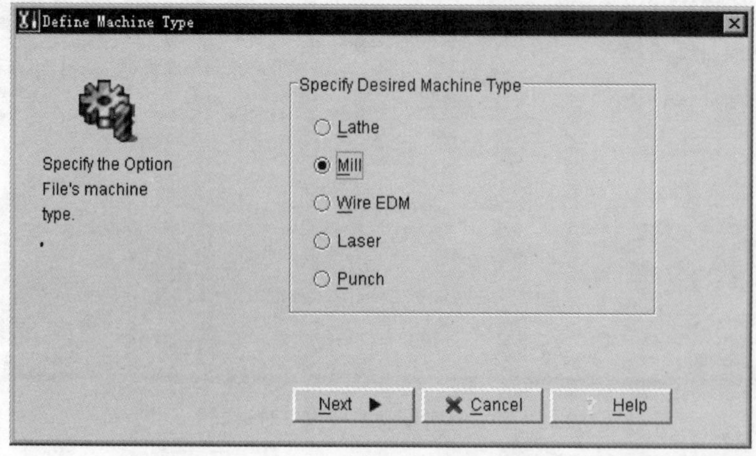

图 9.3.1 “定义机床类型”对话框

Step3. 系统弹出图 9.3.2 所示的“定义选配文件位置”对话框。利用该对话框可以定义新选配文件的名称、路径和机床号等。在 Machine Number (must be a number from 1 to 99): 后面的文本框中输入一个数字（1~99），然后单击 Next ▶ 按钮，系统显示图 9.3.3 所示的“选配文件初始化”对话框。

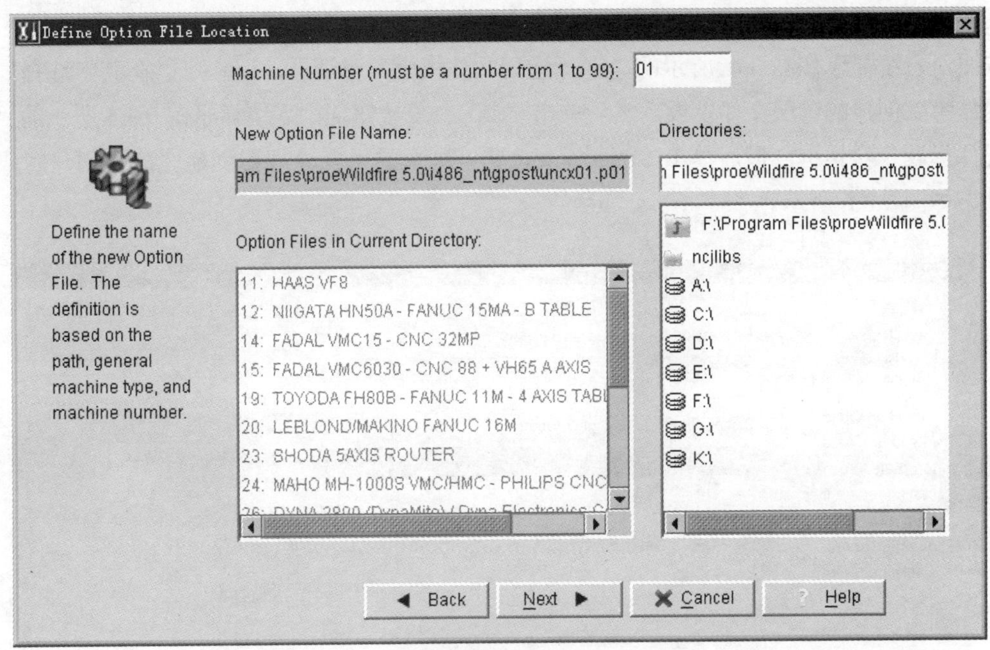

图 9.3.2 “定义选配文件位置”对话框

图 9.3.2 所示的“定义选配文件位置”对话框中的各项说明如下：

- Machine Number (must be a number from 1 to 99): 机床号（从 1 到 99）。在其后面的文本输入框中输入机床号。如果所创建的机床号在下面的显示框中已经存在，则系统会提示：该机床名称已经存在，是否覆盖。
- New Option File Name: 新选配文件名称。在其下面的框中显示当前选配文件的名称。
- Option Files in Current Directory: 选配文件当前路径。在其下面的显示框中显示现有的后置处理器名称。
- Directories: 路径。在其下面的显示框中显示当前选配文件的所在路径。

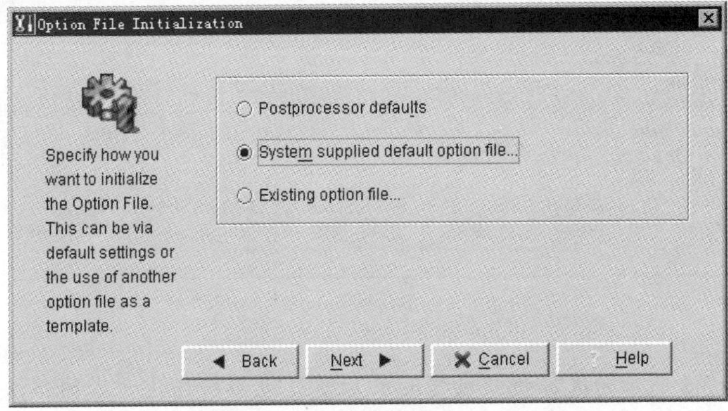

图 9.3.3 “选配文件初始化”对话框

图 9.3.3 所示的“选配文件初始化”对话框中提供了三种初始化方法，说明如下：

- Postprocessor defaults：默认的后置处理器。
- System supplied default option file...：系统提供的默认选配文件。
- Existing option file...：现有的选配文件。

Step4. 在图 9.3.3 所示的窗口中选择一种初始化方法（后两种中的一种），单击 Next ▶ 按钮，系统显示图 9.3.4 所示的“选择选配文件模板”对话框，用户可以在其中选择一种方式作为欲创建的选配文件模板，然后单击 Next ▶ 按钮，则系统显示图 9.3.5 所示的“选配文件标题”对话框。最后单击 Finish 按钮，则新的后置处理器创建完成。创建完成后的结果如图 9.3.6 所示。

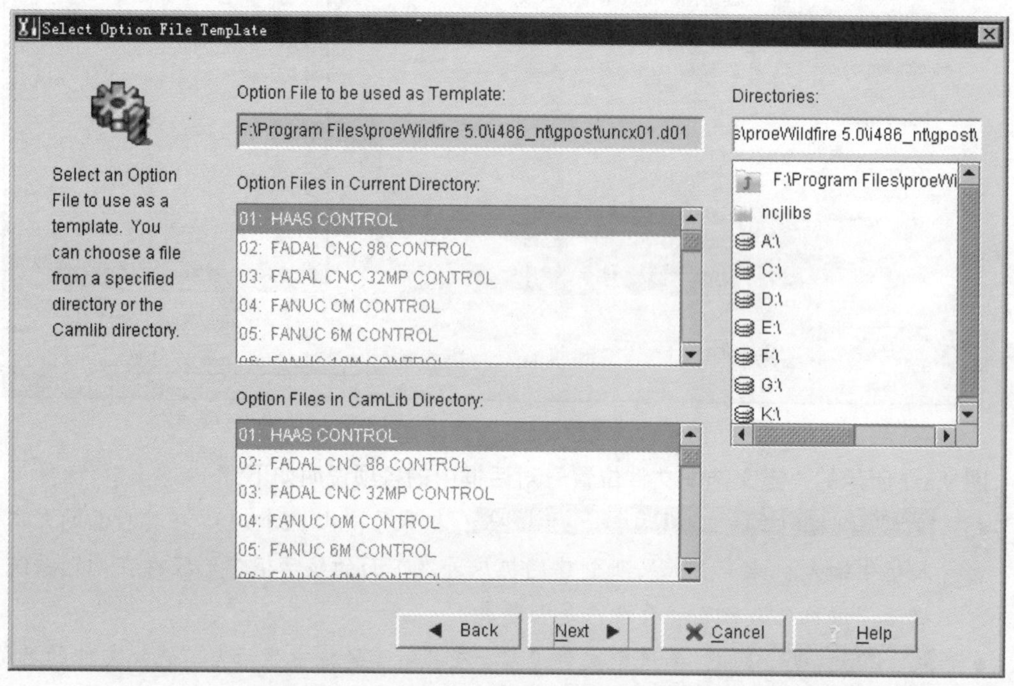

图 9.3.4 “选择选配文件模板”对话框

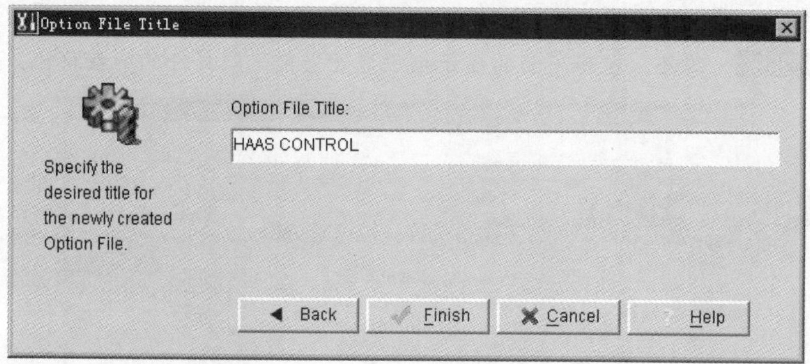

图 9.3.5 “选配文件标题”对话框

注意：图 9.3.6 所示为选择铣床类型时，后置处理器初始化方式为默认的后置处理器。

如果用户选择不同的机床类型、不同的初始化方法，其创建的后置处理器也不同。

说明：如果在图 9.3.3 所示的窗口选择第一种初始化方法，则系统会以默认的后置处理器方式创建。单击 Next ▶ 按钮后，系统弹出图 9.3.7 所示的“选配文件标题”对话框，最后单击 Finish 按钮，则创建后置处理器完成。

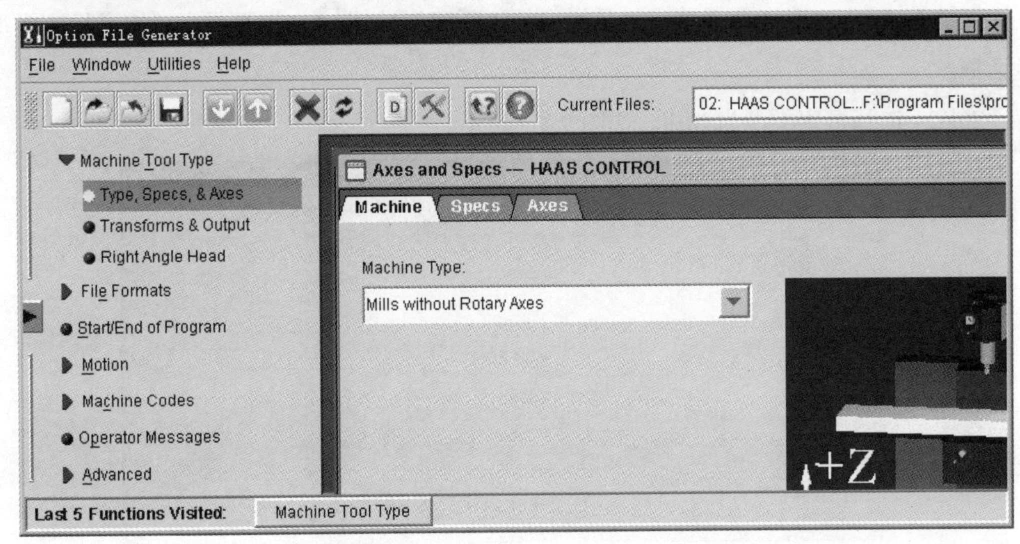

图 9.3.6　创建完成的“机床类型”对话框

图 9.3.8 中显示的是四轴旋转工作台机床类型，即除了 X、Y、Z 轴方向的运动外，还有一个附加的第四轴运动，即工作台的旋转运动。Machine Type: 的下拉列表中有四轴铣床类型、带有旋转头的四轴铣床类型、双旋转工作台的五轴铣床类型、带有旋转工作台/旋转头的五轴铣床类型及双旋转头的五轴铣床类型等。

当出现了图 9.3.6 所示的主屏幕后，用户就可以开始对所选的选配文件进行设置和修改了。

注意：如果在图 9.3.1 所示的“定义机床类型”对话框中选择的机床类型不是铣床，则创建完成后的后置处理器中显示的机床类型也不同。

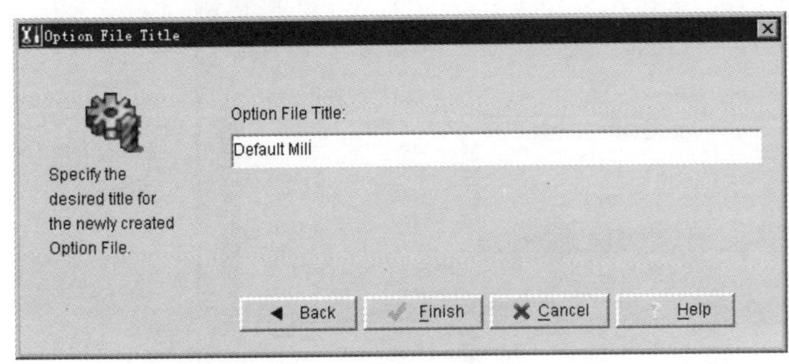

图 9.3.7　“选配文件标题”对话框

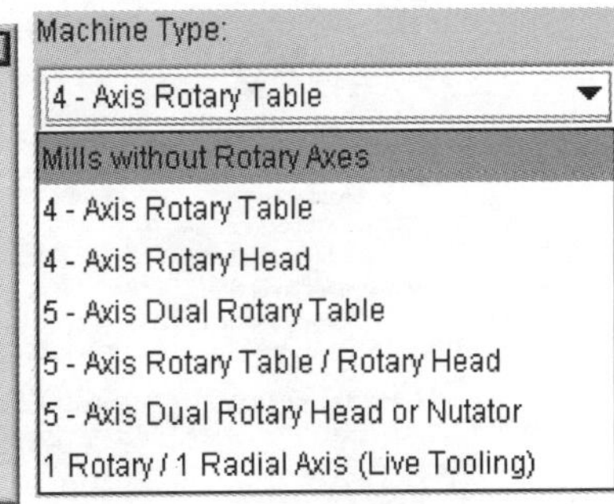

图 9.3.8　“机床类型“对话框

9.3.2 操作范例

创建一个名为 My Milling 的机床选配文件（后置处理器）。其操作步骤如下：

Step1. 在“选配文件生成器”对话框中选择 File 下拉菜单下的 New 命令，或者直接按下快捷键 Ctrl+N，或者直接单击工具栏中的“新建”按钮，屏幕显示“定义机床类型”对话框。

Step2. 选择机床类型为 Mill，如图 9.3.9 所示。

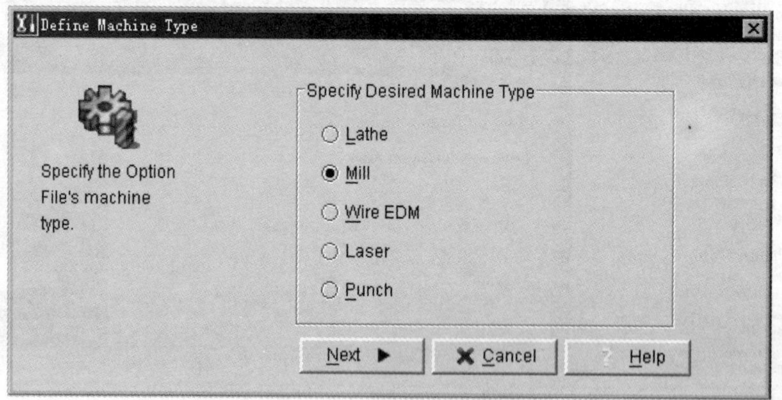

图 9.3.9　机床类型为铣床

Step3. 单击图 9.3.9 中的 Next 按钮，系统弹出“定义选配文件位置”对话框。

Step4. 在弹出对话框中的 Machine Number (must be a number from 1 to 99): 中输入 06，单击 Next 按钮，系统弹出选配文件初始化窗口。

Step5. 在“选配文件初始化”对话框中选择初始化方法为 Existing option file...，单击 Next 按钮，系统弹出“选择选配文件模板”对话框。

Step6. 在“选择选配文件模板”对话框中选中 11: HAAS VF8 作为模板，如图 9.3.10 所示。单击 Next 按钮，系统弹出“选配文件标题”对话框，输入标题 My Milling。

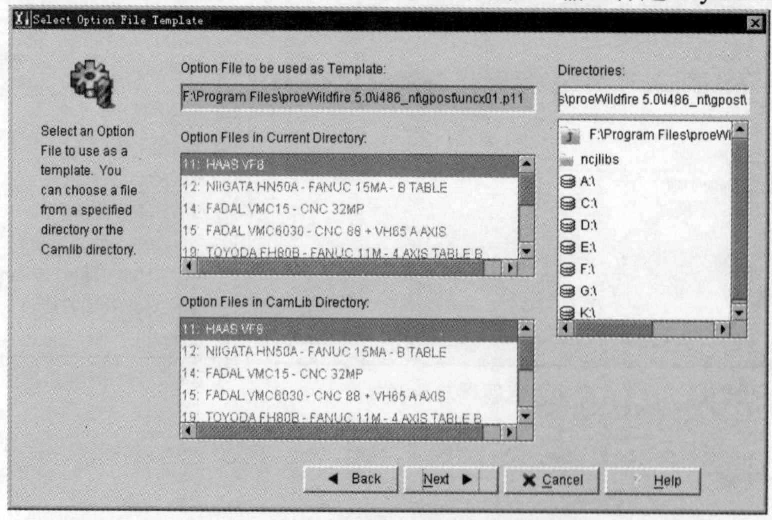

图 9.3.10　选择一种现有的选配文件作模板

Step7.单击 Finish 按钮，新的后置处理器创建完成。创建完成后的结果如图 9.3.11 所示。

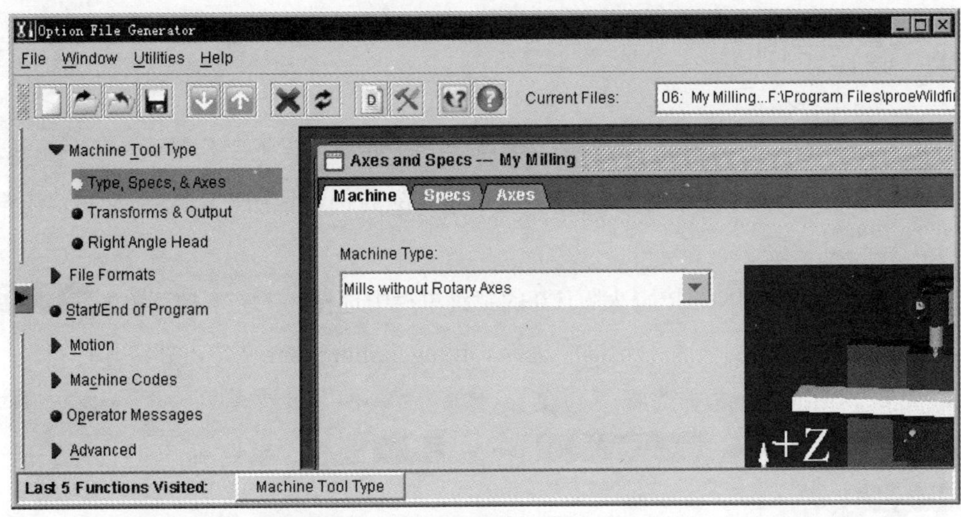

图 9.3.11 创建完成的铣床选配文件

Step8. 选择 File 下拉菜单下的 Save 命令，或者直接按下快捷键 Ctrl+S，保存创建的选配文件。

9.4 数控代码的生成

数控代码程序即加工控制数据（MCD）文件，可以在生成 CL 数据文件的同时生成 MCD 文件。CL 数据文件是从 Pro/NC 指定的刀具路径中创建的，每个 CL 序列创建一个单独的 CL 数据文件。Pro/NC 会在一个操作内自动将刀具路径按创建的顺序合并到一起。修改模型时，必须相应地更新 CL 数据文件，工件一经更新，CL 数据和工件就会自动更新。只有将新 CL 数据保存到新文件中才能获得这些更改。

创建完 CL 数据文件后，必须将其发送给后处理程序，用来输出机床的 G 代码。Pro/NC 包含一个后处理程序，若后处理程序已经定义，就可用来处理 Pro/NC 中的 CL 文件来生成机床控制数据（MCD）。

9.4.1. 菜单命令介绍

选择下拉菜单 编辑(E) ➡ CL 数据(D) ➡ 输出(O) 命令，系统弹出图 9.4.1 所示的 SELECT FEAT (选取特征) 和 选取 菜单。

图 9.4.1 所示的 SELECT FEAT (选取特征) 菜单下的各命令说明如下：

- Select (选取)：在屏幕上选取特征。

- Operation (操作)：根据特征名选取操作。
- NC Sequence (NC序列)：根据 NC 序号选取 NC 序列。

9.4.2　操作范例

启动软件 Pro/ENGINEER 野火版 5.0 进入其主界面，设置工作目录为 D:\proewf5.9\work\ch09.04\for_reader，以文件 rofiling_milling.mfg 为例，说明 CL 数据文件的制作过程和方法。

Step1. 在 Pro/ENGINEER 野火版 5.0 的主菜单栏中选择 文件(F) 下拉菜单的 打开(O)... 命令，在弹出的“文件打开”对话框中选择 rofiling_milling.asm 文件，并将其打开。

Step2. 选择命令。依次选择下拉菜单 编辑(E) → CL 数据(D) → 输出(O) → Select (选取) → Operation (操作) → OP010 命令，系统弹出图 9.4.2 所示的 ▼ PATH (轨迹) 菜单。

图 9.4.2 所示的 ▼ PATH (轨迹) 菜单下的各命令说明如下：

- Display (显示)：在屏幕上显示路径。选择此项后，弹出“播放路径”对话框。
- File (文件)：输出刀具轨迹到一个文件。
- Rotate (旋转)：旋转轨迹。
- Translate (平移)：平移轨迹。
- Scale (比例)：缩放轨迹。
- Mirror (镜像)：镜像轨迹。
- Units (单位)：选取轨迹的新单位。
- Done Output (完成输出)：返回上一级菜单。
- Compute CL (计算CL)：计算 CL 数据。

Step3. 在弹出的 ▼ PATH (轨迹) 菜单中选择 File (文件) 命令，弹出 ▼ OUTPUT TYPE (输出类型) 菜单，如图 9.4.3 所示。

图 9.4.3 所示的 ▼ OUTPUT TYPE (输出类型) 菜单下的各命令说明如下：

- CL File (CL文件)：输出数据至 CL 文件。
- MCD File (MCD文件)：CL 文件数据后置处理。

Step4. 按照系统默认设置，完成后选择 Done (完成) 命令，在弹出的“保存副本”对话框中单击 确定 按钮保存文件，然后选择 ▼ PATH (轨迹) 菜单中的 Done Output (完成输出) 命令，完成刀位数据文件的创建。

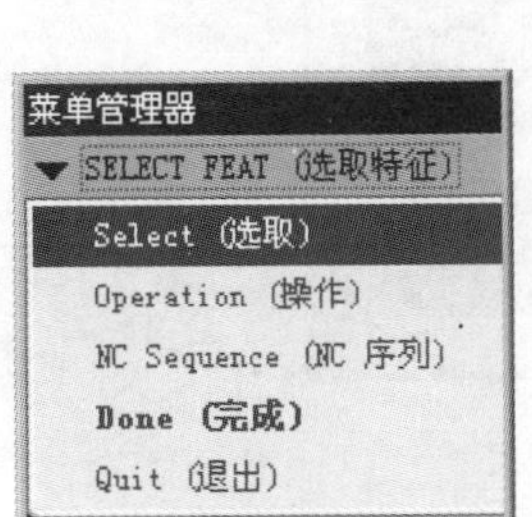

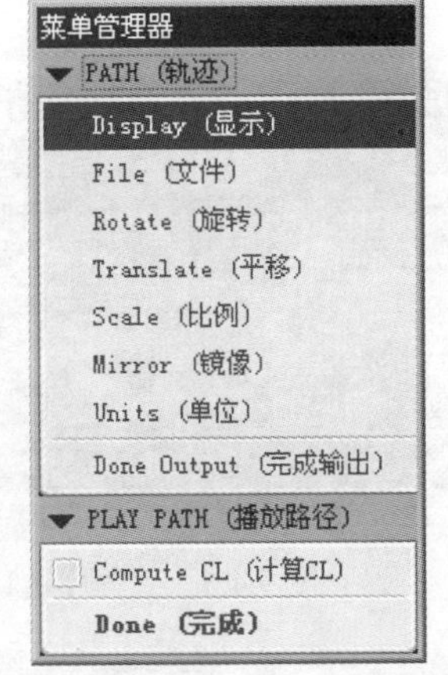

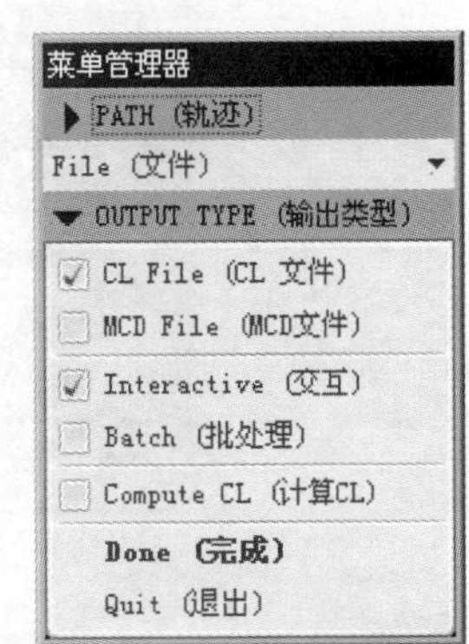

图 9.4.1　“选取特征”和“选取”菜单　　图 9.4.2　“轨迹”菜单　　图 9.4.3　“输出类型”菜单

Step5. 选择命令。依次选择下拉菜单 编辑(E) → CL 数据(D) → 输出(O) → Select (选取) → NC Sequence (NC序列) 命令，系统弹出 NC序列列表 菜单，选择其中的 1: 陷入铣削, Operation: OP010 命令。

Step6. 在弹出的 PATH (轨迹) 菜单中选择 File (文件) 命令。在 OUTPUT TYPE (输出类型) 菜单中，选择 CL File (CL文件)、MCD File (MCD文件) 和 Interactive (交互) 复选框，然后单击 Done (完成) 命令。

Step7. 在弹出的“保存副本”对话框中单击 确定 按钮保存文件，弹出图 9.4.4 所示的 PP OPTIONS (后置期处理选项) 菜单，选择图 9.4.4 所示的复选框，单击 Done (完成) 命令。

Step8. 在弹出的 后置处理列表 菜单中选择其中的 UNCX01.P11 选项，如图 9.4.5 所示。

Step9. 在系统弹出的程序窗口中输入程序起始号 1（图 9.4.6），然后回车确认，系统弹出图 9.4.7 所示的“信息窗口”对话框，窗口中显示出后置处理的各项信息。

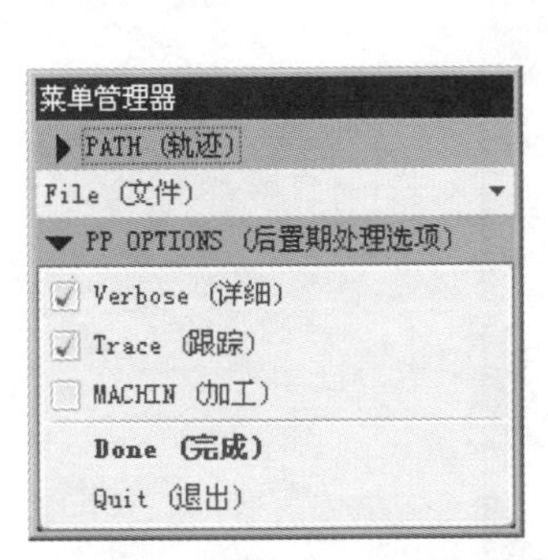

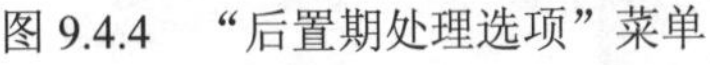
图 9.4.4　“后置期处理选项”菜单

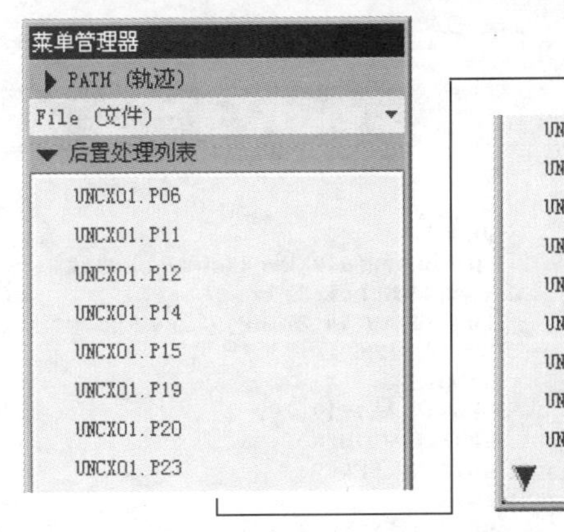

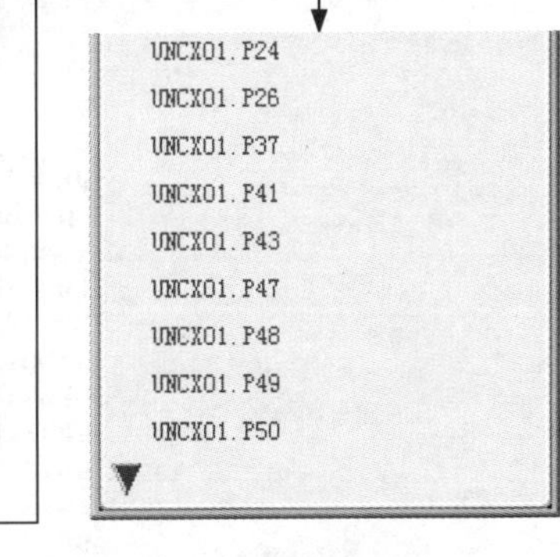

图 9.4.5　“后置处理列表”菜单

Step10. 单击“信息窗口”对话框中的 关闭 按钮，在系统弹出的 PATH (轨迹) 菜单中选择 Done Output (完成输出) 命令，完成 CL 数据文件创建，并生成了机床控制数据文件

（MCD）。

```
Pro/NC-GPOST Mill, Version  6.1 P-10.0, Copyright(c) 2007
Build number=58
Date=04-16-2010 Time=14:14:12
Input  File=seq0001.ncl.3
NCL record=       4200
Option File=uncx01.p11
Filter File=uncx01.f11
ENTER PROGRAM NUMBER
1_
```

图 9.4.6 “程序窗口”对话框

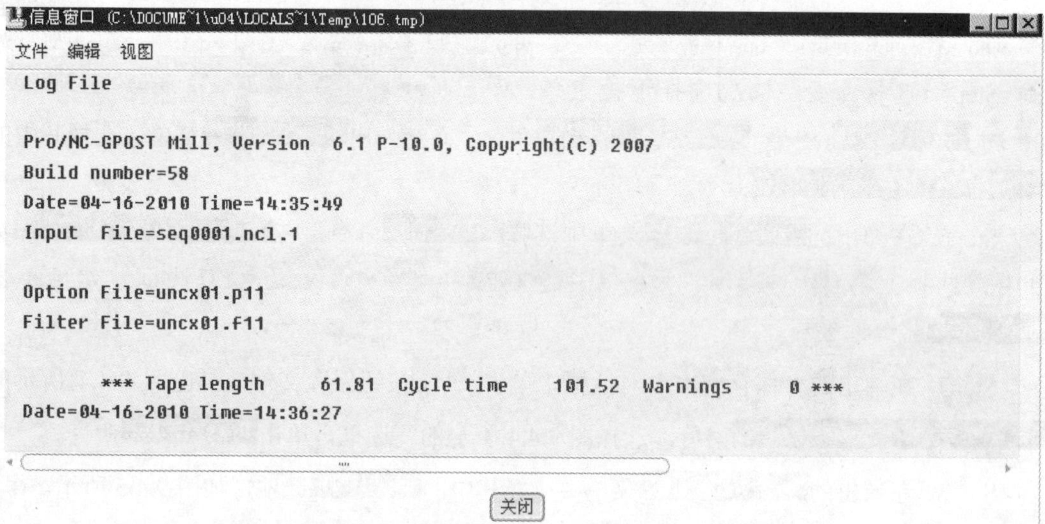


```
Log File

Pro/NC-GPOST Mill, Version  6.1 P-10.0, Copyright(c) 2007
Build number=58
Date=04-16-2010 Time=14:35:49
Input  File=seq0001.ncl.1

Option File=uncx01.p11
Filter File=uncx01.f11

     *** Tape length     61.81  Cycle time    101.52  Warnings     0 ***
Date=04-16-2010 Time=14:36:27
```

图 9.4.7 “信息窗口”对话框

Step11. 返回当前的工作目录，以记事本方式打开前面保存的 seq001.tap 文件，可以查看 MCD 文件，如图 9.4.8 所示。

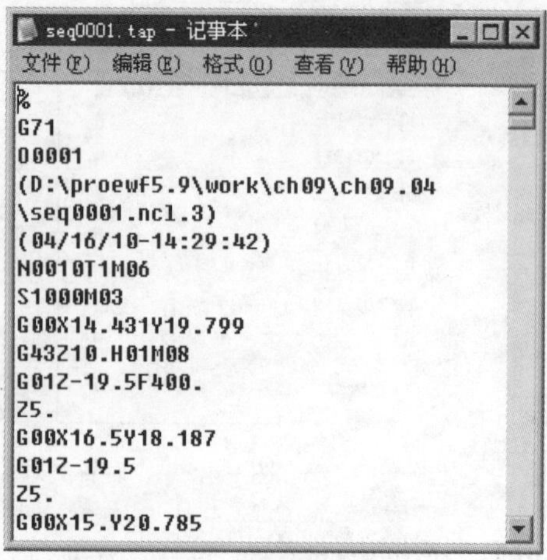


```
%
G71
O0001
(D:\proewf5.9\work\ch09\ch09.04
\seq0001.ncl.3)
(04/16/10-14:29:42)
N0010T1M06
S1000M03
G00X14.431Y19.799
G43Z10.H01M08
G01Z-19.5F400.
Z5.
G00X16.5Y18.187
G01Z-19.5
Z5.
G00X15.Y20.785
```

图 9.4.8 显示 MCD 文件

第 10 章　综 合 范 例

本章提要　本章将通过一些综合范例，包括圆盘、箱体和轴的加工。从这些例子中可以看出，对于一些复杂零件的数控加工，零件模型加工工序的安排是非常重要的。在学过本章之后，希望读者能够了解一些对于复杂零件采用的多工序加工方法及其设置。

10.1　圆 盘 加 工

在机械加工中，从工件到零件的加工一般都要经过多道工序。工序安排得是否合理对加工后零件的质量有较大的影响，因此在加工之前需要根据零件的特征制定好加工的工艺。

下面介绍图 10.1.1 所示的圆盘零件的加工过程，其加工工艺路线如图 10.1.2、图 10.1.3 所示。

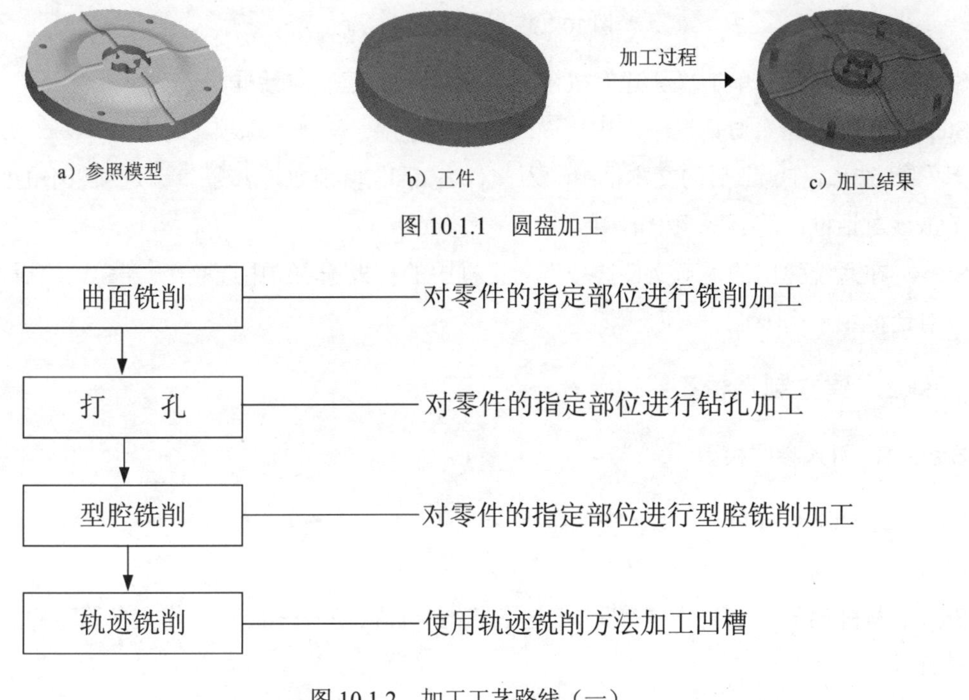

图 10.1.1　圆盘加工

图 10.1.2　加工工艺路线（一）

其加工操作过程如下：

Task1．新建一个数控制造模型文件

新建一个数控制造模型文件，操作提示如下：

Step1. 设置工作目录。选择下拉菜单 文件(F) ➡ 设置工作目录(W)... 命令，将工作目录设置至 D:\proewf5.9\work\ch10.01。

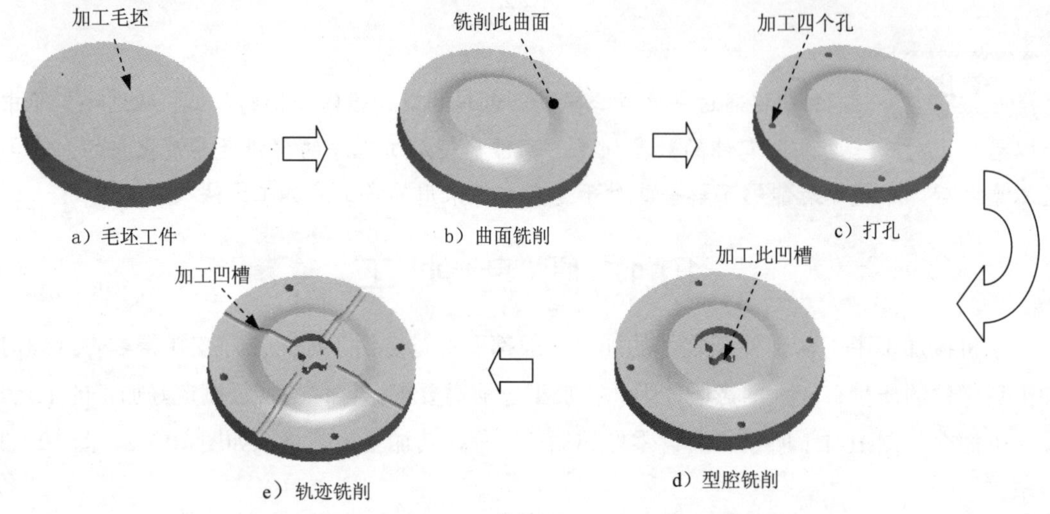

图 10.1.3　加工工艺路线（二）

Step2. 在工具栏中单击“新建”按钮，弹出“新建”对话框。

Step3. 在“新建”对话框中，中 类型 选项组中的 制造 选项，选中 子类型 选项组中的 NC组件 选项，在 名称 后的文本框中输入文件名 disk，取消 使用缺省模板 选项组中的“√”号，单击该对话框中的 确定 按钮。

Step4. 在系统弹出的“新文件选项”对话框中的模板选项组中选取 mmns_mfg_nc 模板，然后在该对话框中单击 确定 按钮。

Task2. 建立制造模型

Stage1. 引入参照模型

Step1. 选择下拉菜单 插入(I) ➡ 参照模型(R) ➡ 装配(A)... 命令，系统弹出“打开”对话框。

Step2. 从弹出的“打开”对话框中，选取三维零件模型——disk.prt 作为参照零件模型，并将其打开。

Step3. 在“放置”操控板中选择 缺省 命令，然后单击 按钮，此时系统弹出“创建参照模型”对话框，单击对话框中的 确定 按钮，完成参照模型的放置，放置后如图 10.1.4 所示。

Stage2. 创建工件

手动创建如图 10.1.5 所示的坯料，操作步骤如下：

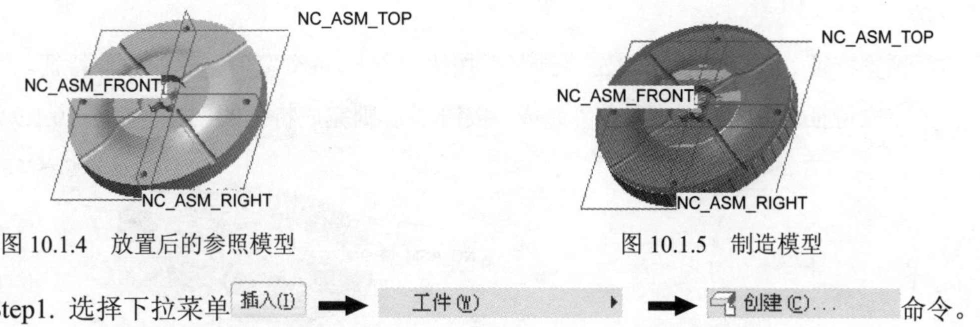

图 10.1.4　放置后的参照模型　　　　图 10.1.5　制造模型

Step1. 选择下拉菜单 插入(I) ➡ 工件(W) ➡ 创建(C)... 命令。

Step2. 在系统 输入零件 名称 [PRT0001]: 的提示下，输入工件名称 DISK_WORKPIECE，再在提示栏中单击"完成"按钮✔。

Step3. 创建工件特征。

（1）在 ▼ FEAT CLASS（特征类）菜单中，选择 Solid（实体） ➡ Protrusion（伸出项） 命令。在弹出的 ▼ SOLID OPTS（实体选项）菜单中，选择 Extrude（拉伸） ➡ Solid（实体） ➡ Done（完成） 命令，此时系统显示实体拉伸操控板。

（2）创建实体拉伸特征。

① 定义拉伸类型。在出现的操控板中，确认"实体"类型按钮被按下。

② 定义草绘截面放置属性。在绘图区中右击，从弹出的快捷菜单中选择 定义内部草绘... 命令，系统弹出"草绘"对话框，如图 10.1.6 所示。在系统 ◆选取一个平面或曲面以定义草绘平面。 的提示下，选择图 10.1.7 所示的参照模型底面 1 为草绘平面，接受图 10.1.7 中默认的箭头方向为草绘视图方向，然后选取图 10.1.7 所示的 NC_ASM_RIGHT 基础平面为参照平面，方向为 顶，单击 草绘 按钮，系统进入截面草绘环境。

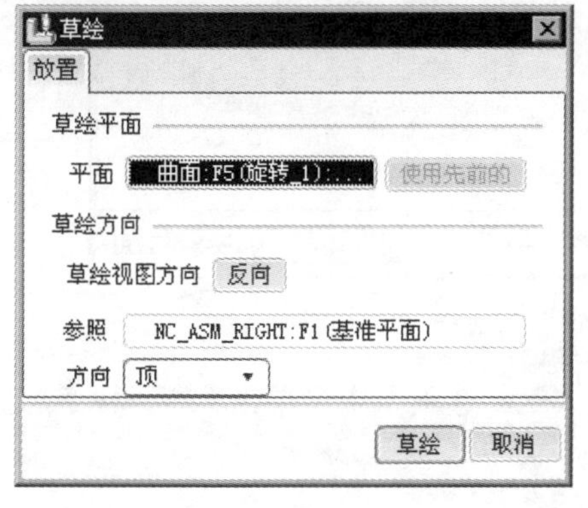

图 10.1.6　"草绘"对话框

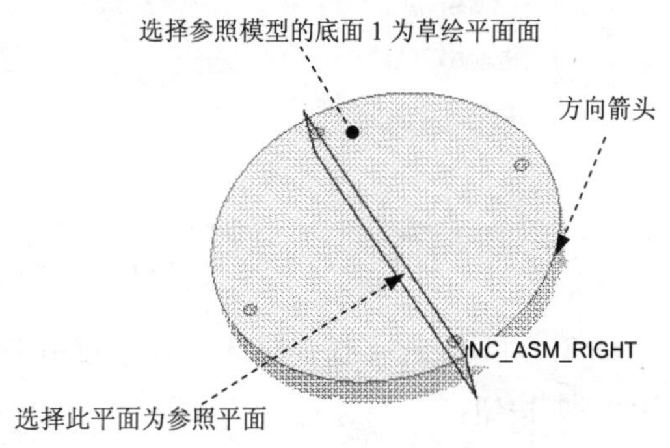

图 10.1.7　定义草绘平面

③ 绘制截面草图。进入截面草绘环境后，选取 NC_ASM_RIGHT 基准平面和 NC_ASM_FRONT 基准平面为草绘参照，绘制的截面草图如图 10.1.8 所示。完成特征截面的绘制后，单击工具栏中的"完成"按钮✔。

④ 选取深度类型并输入深度值。在操控板中选取深度类型，调整拉伸方向，输入深

度值 60。

⑤ 预览特征。在操控板中单击“预览”按钮，可浏览所创建的拉伸特征。

⑥ 完成特征。在操控板中单击“完成”按钮，则完成特征的创建，如图 10.1.9 所示。

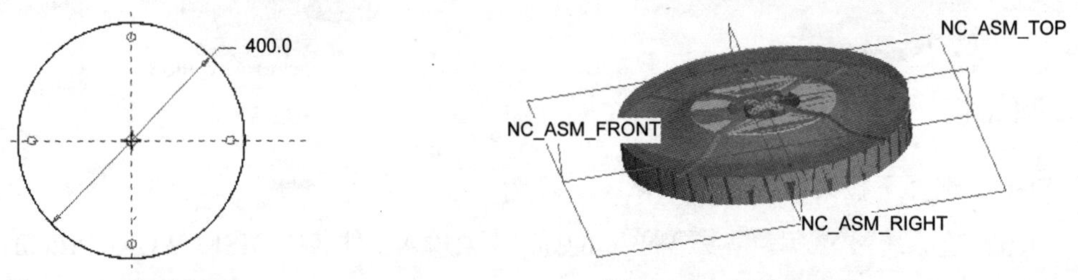

图 10.1.8 截面草图　　　　图 10.1.9 创建的工件

Task3. 制造设置

Step1. 选择下拉菜单 步骤(S) → 操作(O) 命令，系统弹出“操作设置”对话框。

Step2. 机床设置。单击“操作设置”对话框中的按钮，弹出“机床设置”对话框。在 机床类型(T) 下拉列表中选择 铣削，在 轴数(X) 下拉列表中选择 3轴，如图 10.1.10 所示。

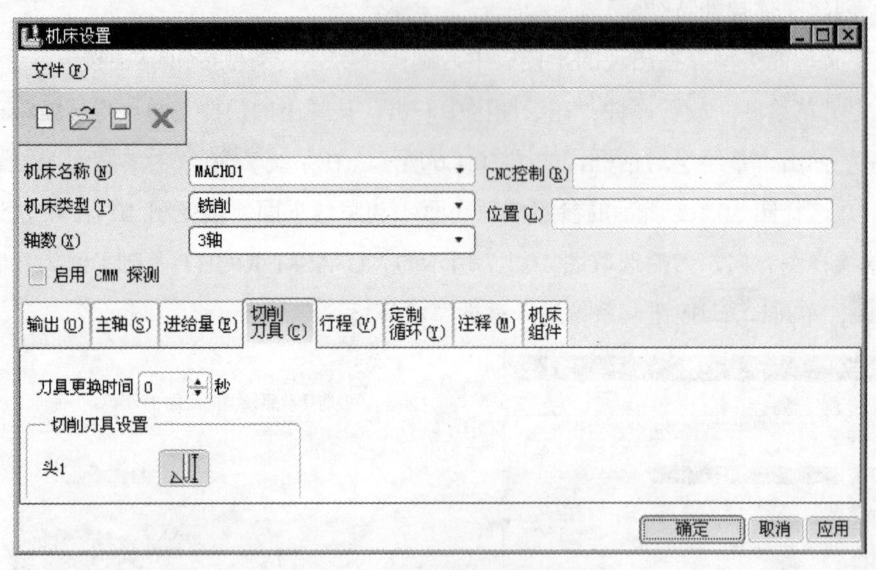

图 10.1.10 “机床设置”对话框

Step3. 刀具设置。在“机床设置”对话框中的 切削刀具(C) 选项卡中，单击 切削刀具设置 选项组中的按钮。

Step4. 在弹出的“刀具设定”对话框中设置刀具参数，完成设置后的结果如图 10.1.11 所示，设置完毕后单击 应用 按钮并单击 确定 按钮。系统返回“机床设置”对话框。在“机床设置”对话框中单击 应用 按钮，然后单击 确定 按钮，返回到“操作设置”对话框。

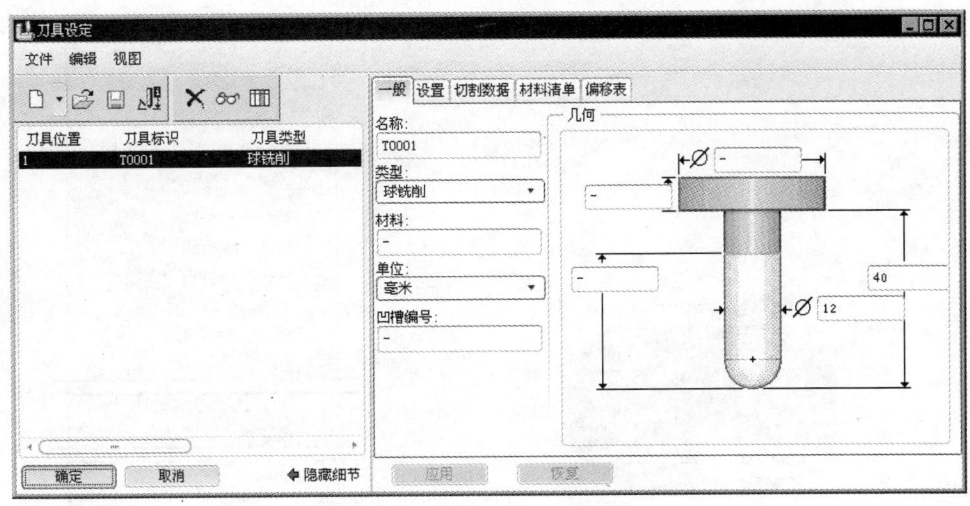

图 10.1.11　“刀具设定”对话框

Step5. 设置机床坐标系。在“操作设置”对话框中的参照选项组中单击按钮，在弹出的▼ MACH CSYS（制造坐标系）菜单中选择Select（选取）命令。

Step6. 创建 10.1.12 所示的坐标系（注：本步的详细操作过程请参见随书光盘中video\ch10.01\reference\文件下的语音视频讲解文件 disk-r01.avi）。

Step7. 退刀面的设置。在“操作设置”对话框中的退刀选项卡中选择按钮，系统弹出“退刀设置”对话框，然后在类型下拉列表中选取平面选项，选取坐标系 ACSO 为参照，在值文本框中输入 10.0，最后单击确定按钮，完成退刀平面的创建。

Step8. 在“操作设置”对话框中的退刀选项组中的公差文本框后输入加工的公差值 0.02，输入完毕后单击确定按钮，完成制造设置。

Task4．曲面铣削

Stage1．加工方法设置

Step1. 选择下拉菜单步骤(S) ➡ 曲面铣削(S)命令，此时系统弹出“序列设置”菜单。

Step2. 在弹出的▼ SEQ SETUP（序列设置）菜单中，选择图 10.1.13 所示的复选框，然后选择Done（完成）命令，在弹出的“刀具设定”对话框中单击确定按钮。

Step3. 在编辑序列参数“曲面铣削”对话框中设置基本的加工参数，如图 10.1.14 所示，选择下拉菜单文件(F)菜单中的另存为命令。将文件命名为 milprm01，单击“保存副本”对话框中的确定按钮，然后再次单击编辑序列参数“曲面铣削”对话框中的确定按钮，完成参数的设置。

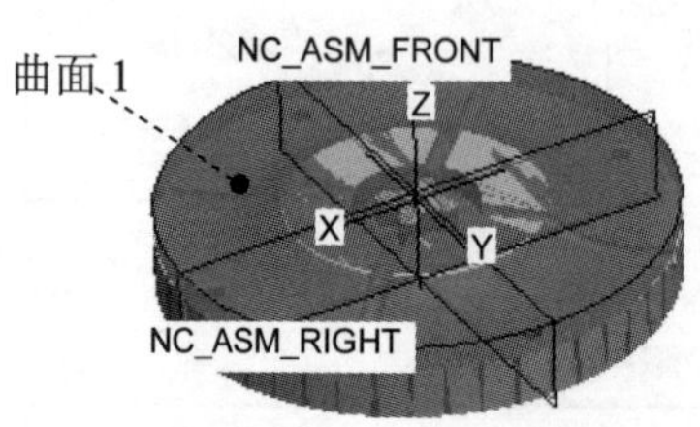

图 10.1.12　所需选择的参照平面

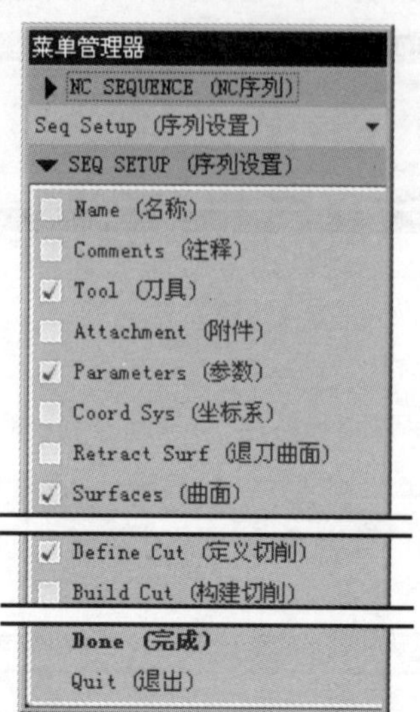

图 10.1.13　“序列设置”菜单

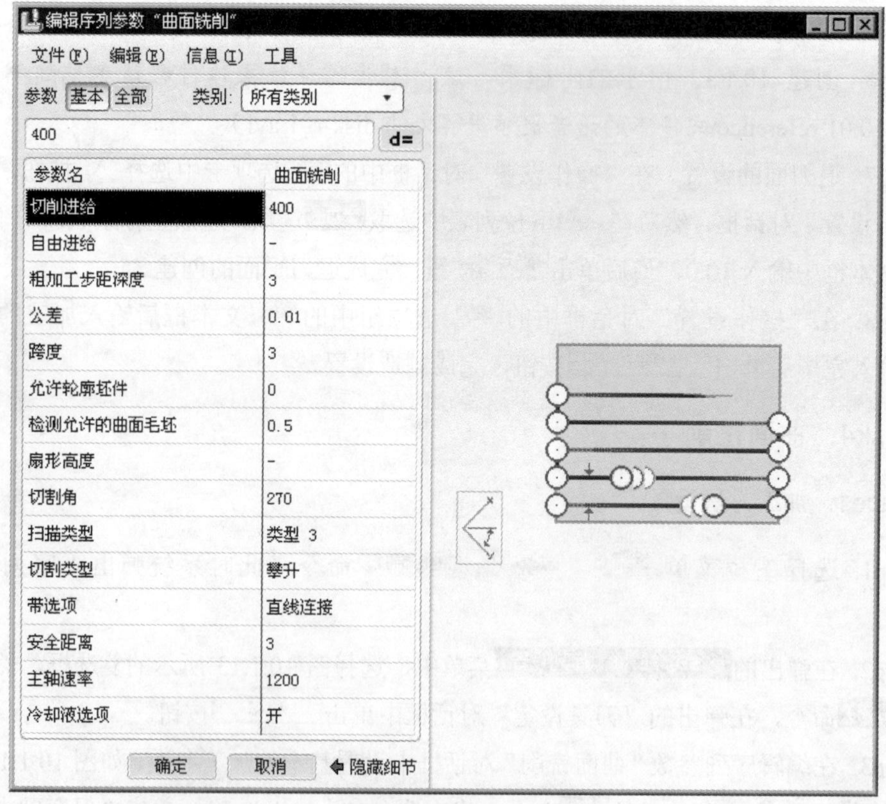

图 10.1.14　编辑序列参数“曲面铣削”对话框

Step4. 此时在系统弹出的 SURF PICK (曲面拾取) 菜单中依次选择 Mill Surface (铣削曲面) → Done (完成) 命令，系统弹出 SELECT SRFS (选取曲面) 菜单。

Step5. 在系统 ◇选取曲面。 的提示下，选择下拉菜单 插入(I) → 制造几何(G)

→ 铣削曲面(S)... 命令，再次选择下拉菜单 插入(I) → 旋转(R)... 命令，系统弹出“旋转”操控板。

（1）在“旋转”操控板中单击 放置 按钮，然后在弹出的界面中单击 定义... 按钮，系统弹出“草绘”对话框，如图 10.1.15 所示。选取 NC_ASM_FRONT 基准平面为草绘平面，NC_ASM_RIGHT 为参照平面，方向为右，接受箭头默认方向，单击 草绘 按钮，系统进入草绘环境。

（2）绘制截面草图。进入截面草绘环境后，选取 NC_ASM_TOP 为草绘参照，绘制的截面草图如图 10.1.16 所示。完成特征截面的绘制后，单击工具栏中的“完成”按钮✔。

（3）在“旋转”操控板中选取拉伸类型为⊥，选取旋转角度为 360.0，在操控板中单击“完成”按钮✔，则完成铣削曲面的创建。

（4）完成特征。在工具栏中单击“完成”按钮✔；则完成特征的创建，所创建的铣削曲面如图 10.1.17 所示。

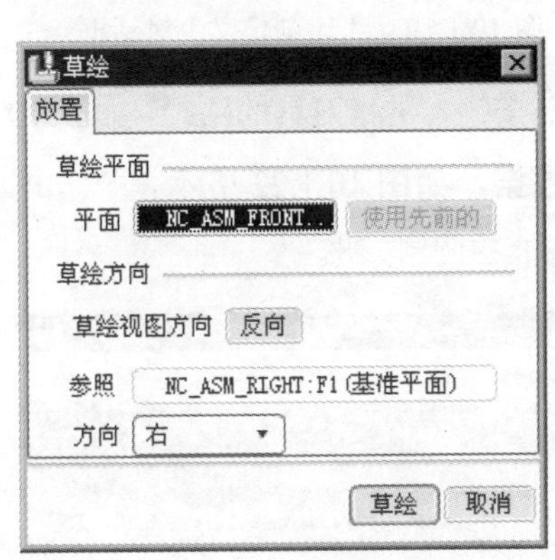

图 10.1.15　“草绘”对话框

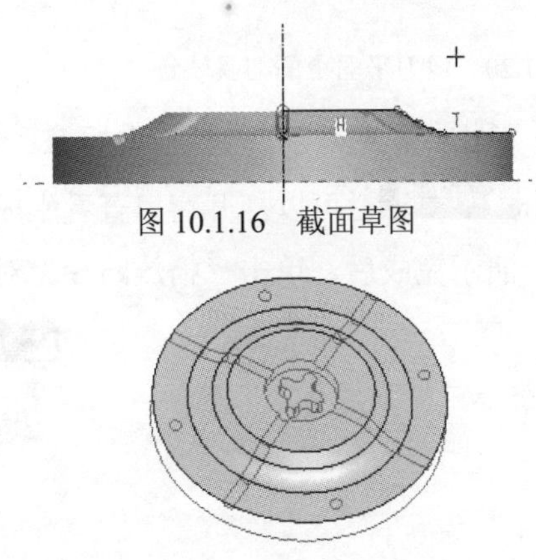
图 10.1.16　截面草图

图 10.1.17　创建铣削曲面

Step6. 在弹出的 ▼ DIRECTION (方向) 菜单中选择 Okay (确定) 命令，箭头方向如图 10.1.18 所示。

Step7. 在系统弹出的 ▼ SEL/SEL ALL (选取/全选) 菜单中选择 Select All (全选) 命令，然后选择 Done/Return (完成/返回) 命令，完成曲面拾取。

说明：可以通过单击 ▼ DIRECTION (方向) 菜单的 Flip (反向) 命令来改变箭头的方向。

Step8. 在系统弹出“切削定义”对话框，并按图 10.1.19 所示进行设置，单击 预览 按钮，在退刀平面上将显示刀具切削路径，如图 10.1.20 所示，然后单击 确定 按钮。

Stage2. 演示刀具轨迹

Step1. 在弹出的 ▼ NC SEQUENCE (NC序列) 菜单中选择 Play Path (播放路径) 命令，系统弹出

▼ PLAY PATH (播放路径)菜单。

Step2. 在▼ PLAY PATH (播放路径)菜单中选择Screen Play (屏幕演示)命令，系统弹出“播放路径”对话框。

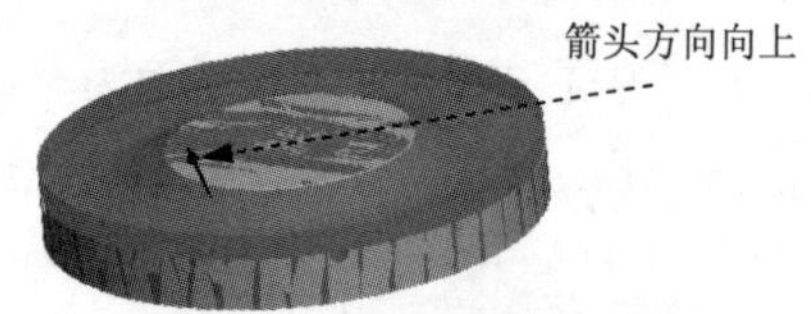

图 10.1.18 所创建的曲面

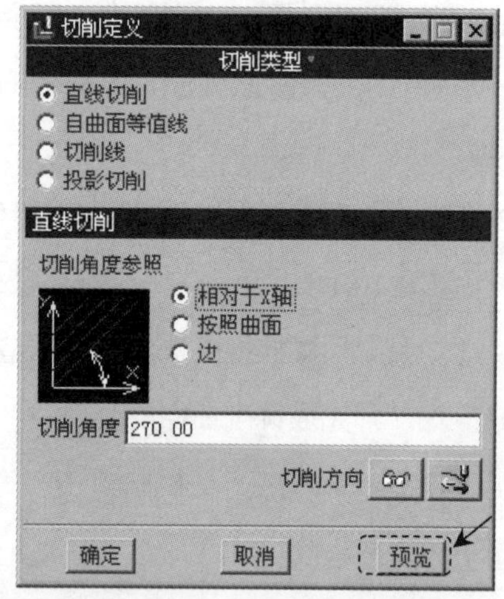

图 10.1.19 “切削定义”对话框

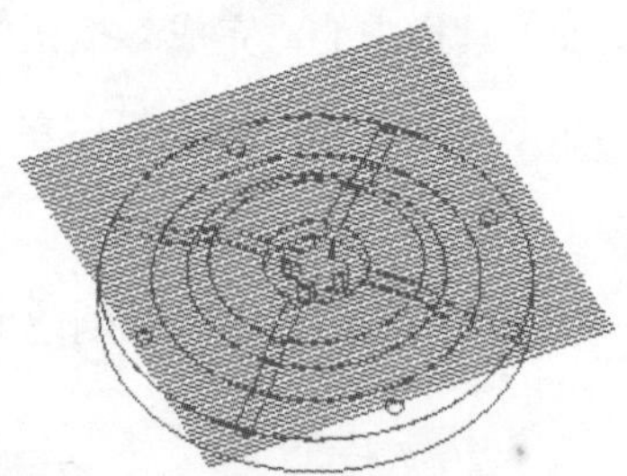

图 10.1.20 退刀平面上的刀具轨迹

Step3. 单击“播放路径”对话框中的▶按钮，观测刀具的路径，如图 10.1.21 所示。单击▶ CL数据栏可以打开窗口查看生成的 CL 数据，如图 10.1.22 所示。

Step4. 演示完成后，单击“播放路径”对话框中的关闭按钮。

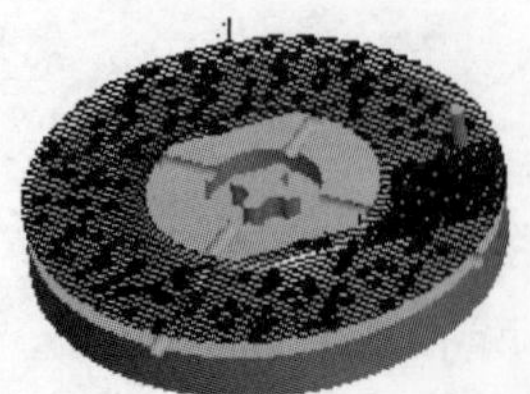

图 10.1.21 刀具路径

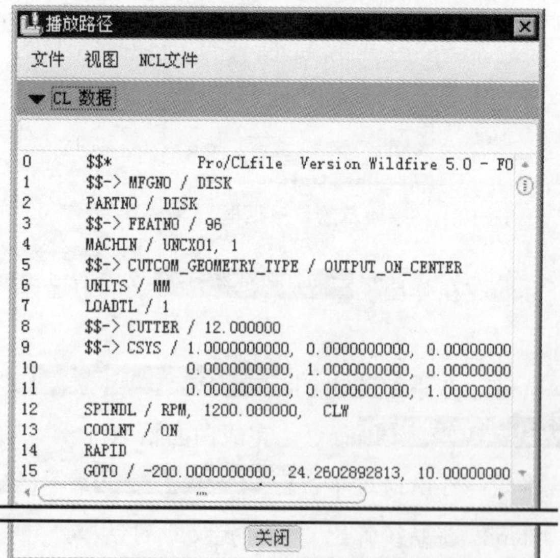

图 10.1.22 查看 CL 数据

Stage3. 加工仿真

Step1. 在▼ PLAY PATH (播放路径)菜单中选择NC Check (NC 检查)命令。观察刀具切割工件的运行情况，在弹出的“NC 检查结果”对话框中单击按钮，仿真结果如图 10.1.23 所示。

Step2. 演示完成后，单击软件右上角的按钮，在弹出的“Save Changes Before Exiting VERICUT?”对话框中单击Save Checked Files按钮。

Step3. 在▼ NC SEQUENCE (NC序列)菜单中选择Done Seq (完成序列)命令。

Stage4. 材料切减

Step1. 选择下拉菜单插入(I) → 材料去除切削(V) → ▼ NC序列列表 → 1：曲面铣削，操作：OP010 → ▼ MAT REMOVAL (材料删除) → Construct (构建) → Done (完成)命令。

Step2. 此时在系统弹出的“特征类”菜单中依次选取▼ FEAT CLASS (特征类) → Solid (实体) → ▼ SOLID (实体) → Cut (切减材料)命令。系统弹出“实体选项”菜单，在此菜单中选取Use Quilt (使用面组) → Done (完成)选项。

Step3. 此时系统弹出“实体化”操控板，在系统◆选取实体中要添加或去除材料的面组或曲面。提示下，选取图 10.1.17 所示的铣削曲面。单击按钮调整切减材料的侧面，如图 10.1.24 所示。然后单击操控板中的按钮，完成材料切减如图 10.1.25 所示。。

Step4. 在系统弹出的▼ FEAT CLASS (特征类)菜单中单击Done/Return (完成/返回)按钮。

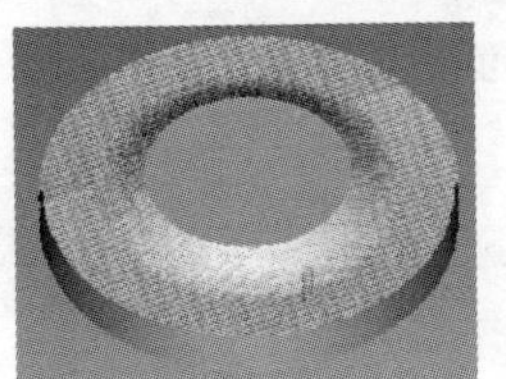
图 10.1.23　NC 检测结果

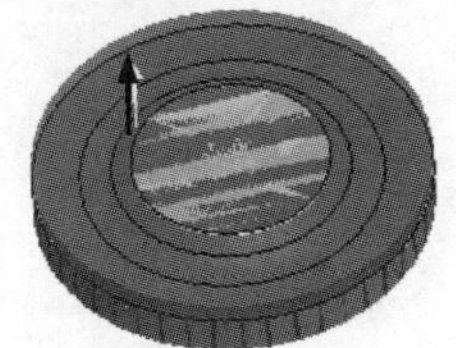
图 10.1.24　切减方向

图 10.1.25　材料切减后的工件

Task5. 钻孔

Stage1. 加工方法设置

Step1. 选择下拉菜单步骤(S) → 钻孔(D) → 标准(S)命令。

Step2. 在弹出的▼ SEQ SETUP (序列设置)菜单中选择☑ Tool (刀具)、☑ Parameters (参数)和☑ Holes (孔)复选框，然后选择Done (完成)命令。

Step3. 在弹出的“刀具设定”对话框中，单击“新建”按钮设置新的刀具参数。设置刀具参数（图 10.1.26），然后单击应用按钮并单击确定按钮完成刀具参数的设定。

Step4. 在系统弹出编辑序列参数“孔加工”对话框中设置基本加工参数，结果如图 10.1.27 所示。选择下拉菜单文件(F)菜单中的另存为命令。将文件命名为 drlprm01，单击“保存副本” 对话框中的确定按钮，然后再次单击编辑序列参数“孔加工”对话框中的确定按钮，完成参数的设置。

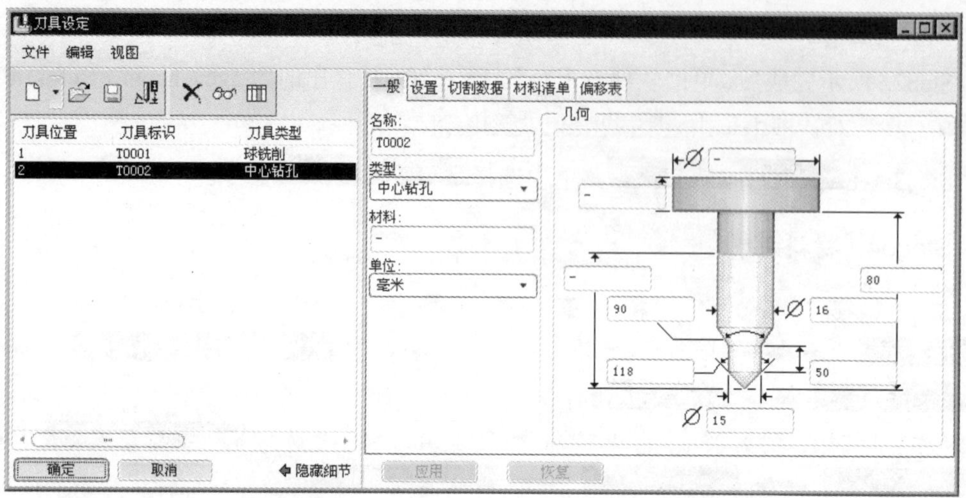

图 10.1.26 “刀具设定”对话框

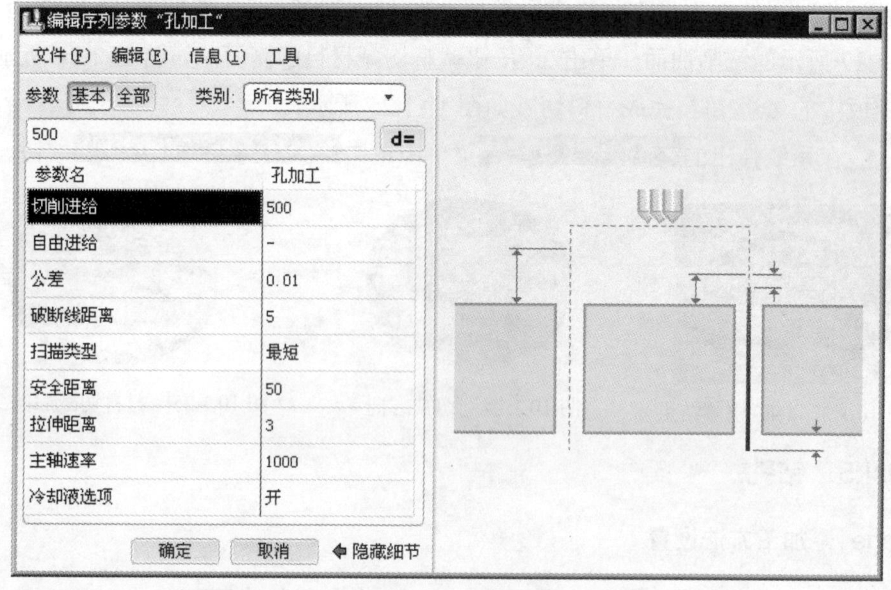

图 10.1.27 编辑序列参数“孔加工”对话框

Step5. 在系统弹出的“孔集”对话框中，单击 细节... 按钮。系统弹出“孔集子集”对话框，在“子集”列表中选择“各个轴”，然后按住 Ctrl 键在图形区选取图 10.1.28 所示的四个孔，然后单击✔按钮（图 10.1.29）。系统返回到“孔集”对话框，如图 10.1.30 所示。

Step6. 在“孔集”对话框中选择 深度 选项。在“起点”选项组中单击▾按钮，在弹出的下拉列表中选择⌶命令，然后选择图 10.1.31a 中的曲面 1 作为起始曲面，在“终点”选项组中单击▾按钮，在弹出的下拉列表中选择⊥命令，然后选择图 10.1.31b 中的曲面 2 作为终止曲面。

Step7. 在“孔集”对话框中单击✔按钮，完成孔加工的设置。

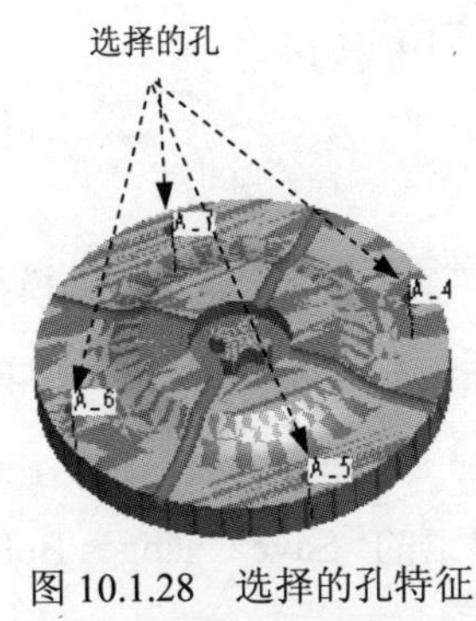

图 10.1.28　选择的孔特征

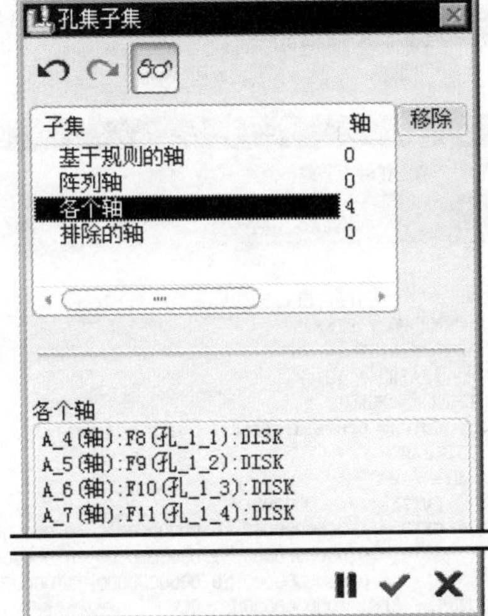

图 10.1.29　“孔集子集”对话框

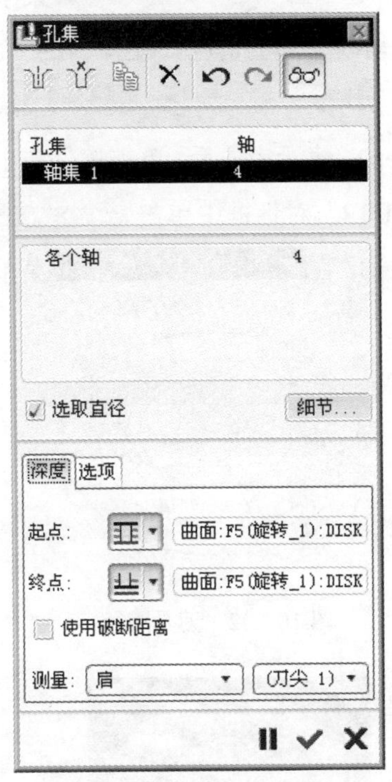

图 10.1.30　“孔集”对话框

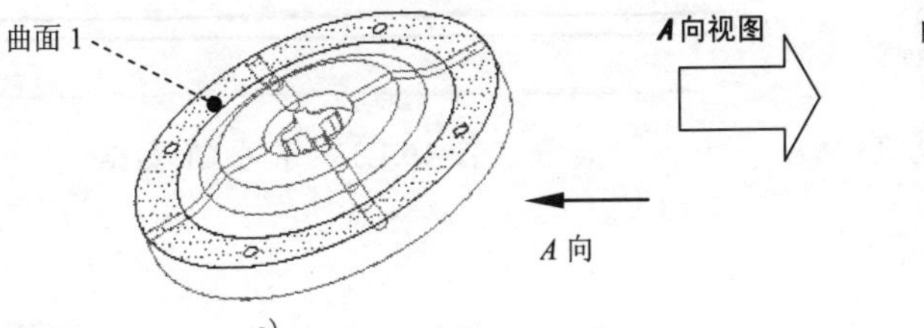

图 10.1.31　选择的曲面

Stage2. 演示刀具轨迹

Step1. 在 ▼ NC SEQUENCE (NC序列) 菜单中选择 Play Path (播放路径) 命令，此时系统弹出 ▼ PLAY PATH (播放路径) 菜单。

Step2. 在 ▼ PLAY PATH (播放路径) 菜单中选择 Screen Play (屏幕演示) 命令，弹出“播放路径”对话框。

Step3. 单击“播放路径”对话框中的 ▶ 按钮，观测刀具的路径，如图 10.1.32 所示。单击 ▶ CL数据 栏可以打开窗口查看生成的 CL 数据，如图 10.1.33 所示。

Step4. 演示完成后，单击“播放路径”对话框中的 关闭 按钮。

Stage3．加工仿真

Step1. 在 ▼ PLAY PATH（播放路径） 菜单中选择 NC Check（NC 检查） 命令，进入刀具模拟环境。观察刀具切割工件的情况，在弹出的“NC 检查结果”对话框中单击 按钮，仿真结果如图 10.1.34 所示。

Step2. 演示完成后，单击软件右上角的 按钮，在弹出的“Save Changes Before Exiting VERICUT?”对话框中单击 Save Checked Files 按钮。

Step3. 在 ▼ NC SEQUENCE（NC序列） 菜单中选择 Done Seq（完成序列） 命令。

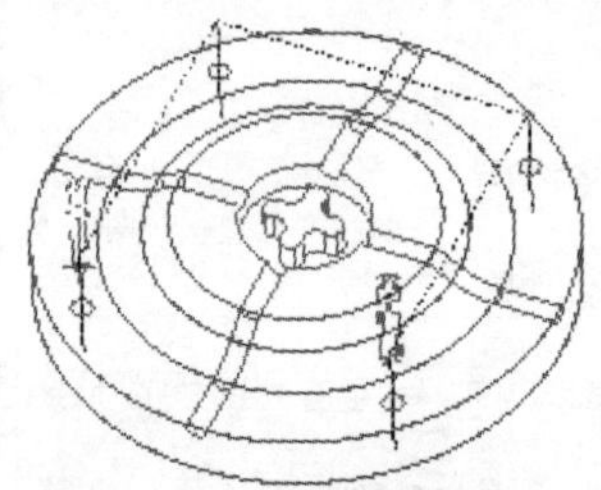

图 10.1.32　刀具路径

图 10.1.34　“NC 检测”动态仿真

图 10.1.33　查看 CL 数据

Stage4．切减材料

Step1. 选择下拉菜单 插入(I) ➡ 材料去除切削(V) ➡ ▼ NC序列列表 ➡ 2: 孔加工, 操作: OP010 ➡ ▼ MAT REMOVAL（材料删除） ➡ Automatic（自动） ➡ Done（完成） 命令。

Step2. 系统弹出“相交元件”对话框和“选取”对话框，单击“相交元件”对话框中的 自动添加 按钮和 按钮，然后单击 确定 按钮，完成材料切减。

Task6．腔槽加工

Stage1．加工方法设置

Step1. 选择下拉菜单 步骤(S) ➡ 腔槽加工(O) 命令，此时系统弹出“序列设置”菜单。

Step2．在弹出的▼ SEQ SETUP（序列设置）菜单中，选择☑ Tool（刀具）、☑ Parameters（参数）和☑ Surfaces（曲面）复选框，然后选择Done（完成）命令。

Step3．在弹出的“刀具设定”对话框中，单击“新建”按钮，设置新的刀具参数（图10.1.35），然后单击 应用 按钮并单击 确定 按钮完成刀具参数的设定。

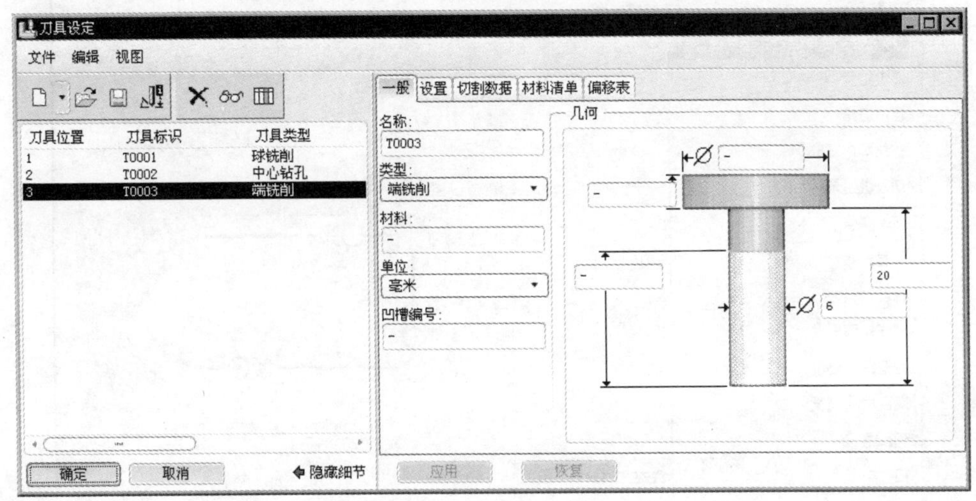

图10.1.35　“刀具设定”对话框

Step4．在系统弹出编辑序列参数“腔槽铣削”对话框中设置基本加工参数，结果如图10.1.36所示。选择下拉菜单 文件(F) 菜单中的另存为命令。将文件命名为milprm02，单击“保存副本”对话框中的 确定 按钮，然后再次单击编辑序列参数“腔槽铣削”对话框中的 确定 按钮，完成参数的设置。

Step5．在系统弹出▼ SURF PICK（曲面拾取）菜单，依次选择Model（模型）→ Done（完成）命令，在系统弹出的Select Srfs（选取曲面）菜单中选择Add（添加）命令，然后选取图10.1.37所示的凹槽的四周曲面以及底面，选取完成后，在“选取”对话框中单击 确定 按钮。最后选择Done/Return（完成/返回）命令，完成NC序列的设置。

注意：在选取凹槽的四周曲面以及其底面时，需要按住Ctrl键来选取。

Stage2．演示刀具轨迹

Step1．在弹出的▼ NC SEQUENCE（NC序列）菜单中选择 Play Path（播放路径） 命令，此时系统弹出▼ PLAY PATH（播放路径）菜单。

Step2．在▼ PLAY PATH（播放路径）菜单中选择Screen Play（屏幕演示）命令，弹出“播放路径”对话框。

Step3．单击“播放路径”对话框中的 ▶ 按钮，观测刀具的路径，其刀具路径如图10.1.38所示。单击▶ CL数据栏可以查看生成的CL数据，生成的CL数据如图10.1.39

所示。

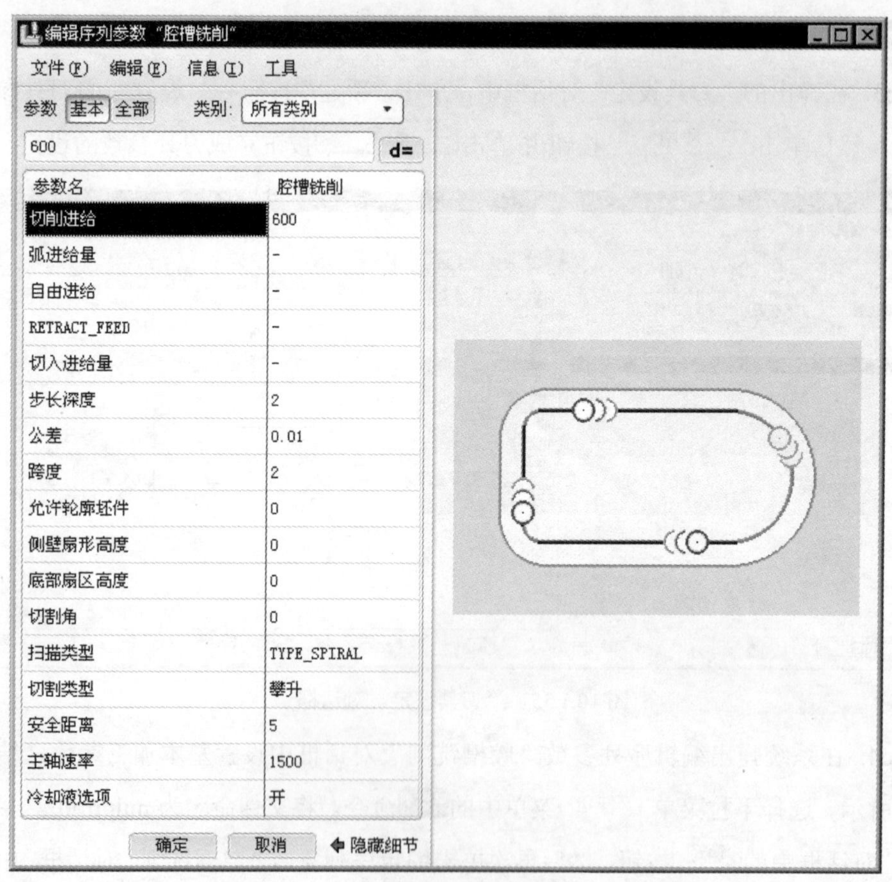

图 10.1.36　编辑序列参数“腔槽铣削”对话框

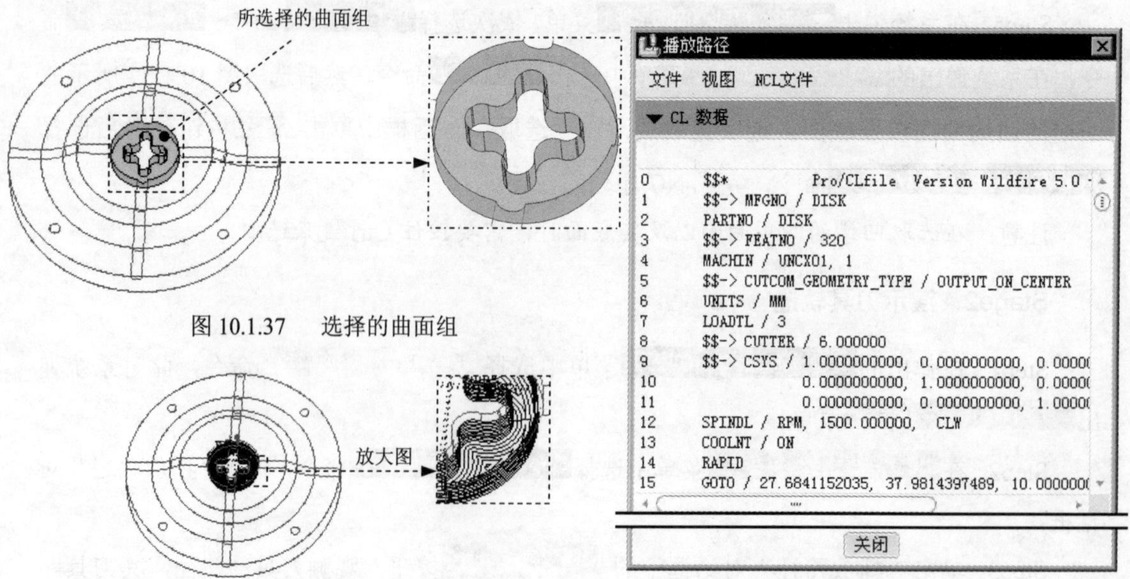

图 10.1.37　选择的曲面组

图 10.1.38　刀具路径

图 10.1.39　查看 CL 数据

Step4. 演示完成后，单击“播放路径”对话框中的关闭按钮。

Stage3．加工仿真

Step1. 在▼ PLAY PATH（播放路径）菜单中选择NC Check（NC 检查）命令，观察刀具切割工件的情况，在弹出的“NC 检查结果”对话框中单击按钮，仿真结果如图 10.1.40 所示。

Step2. 演示完成后，单击软件右上角的按钮，在弹出的“Save Changes Before Exiting VERICUT?”对话框中单击Save Checked Files按钮。

Step3. 在▼ NC SEQUENCE（NC序列）菜单中选择Done Seq（完成序列）命令。

Task7．轨迹加工

Stage1．加工方法设置

Step1. 选择下拉菜单步骤(S) ➡ 轨迹(T)命令。

Step2. 系统弹出▼ MACH AXES（加工轴）菜单，在菜单中选择3 Axis（3轴），然后选择Done（完成）命令。

Step3. 在弹出的▼ SEQ SETUP（序列设置）菜单中，选择图 10.1.41 所示的复选框，然后选择Done（完成）命令。

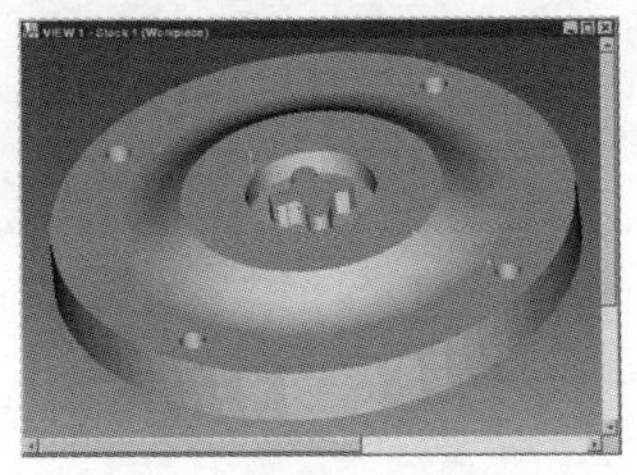

图 10.1.40 “NC 检测”动态仿真

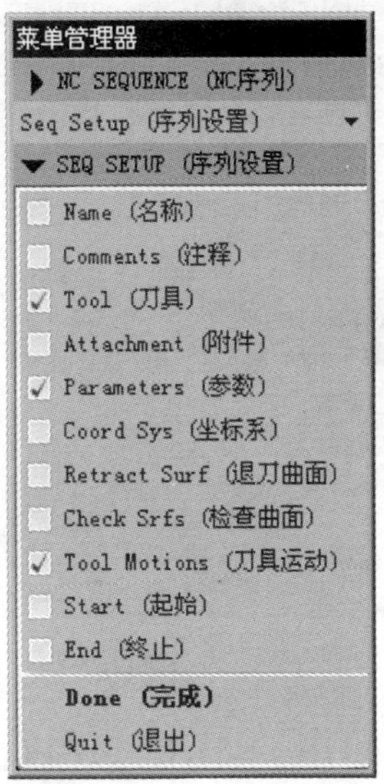

图 10.1.41 “序列设置”菜单

Step4. 在弹出的“刀具设定”对话框中，单击“新建”按钮，设置新的刀具参数（图 10.1.42），然后单击应用按钮并单击确定按钮完成刀具参数的设定。

Step5. 在系统弹出的编辑序列参数“轨迹铣削”对话框中设置基本的加工参数，如图 10.1.43 所示，选择下拉菜单文件(F)菜单中的另存为命令。将文件命名为 milprm03，单击“保存副本”对话框中的确定按钮，然后再次单击编辑序列参数“轨迹铣削”对话框中的确定按钮，完成参数的设置。系统弹出图 10.1.44 所示的“刀具运动”对话框。

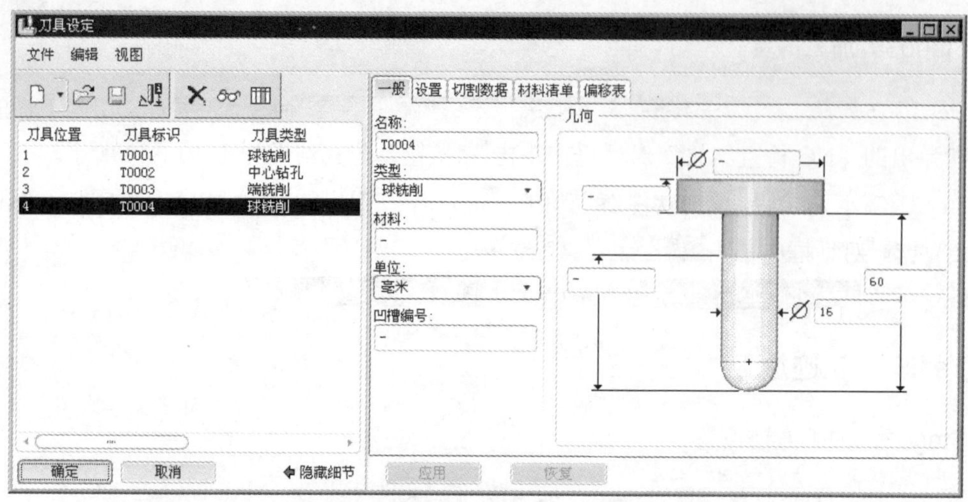

图 10.1.42　“刀具设定”对话框

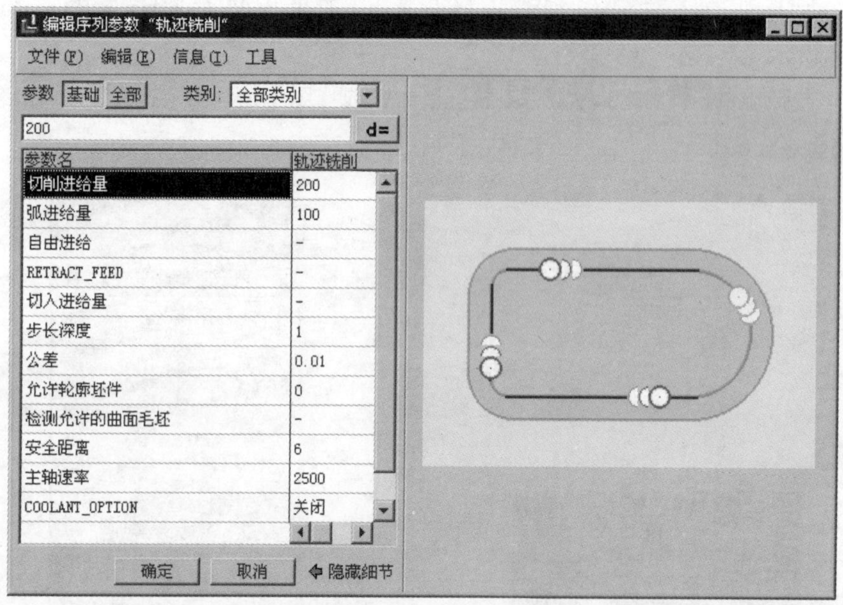

图 10.1.43　编辑序列参数“轨迹铣削”对话框

Step6. 绘制图 10.1.45 所示的草图 1（注：本步的详细操作过程请参见随书光盘中 video\ch10.01\reference\文件下的语音视频讲解文件 disk-r02.avi）。

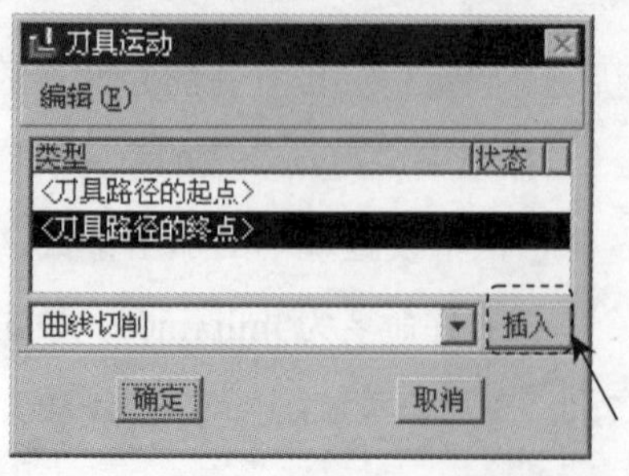

图 10.1.44　“刀具运动”对话框

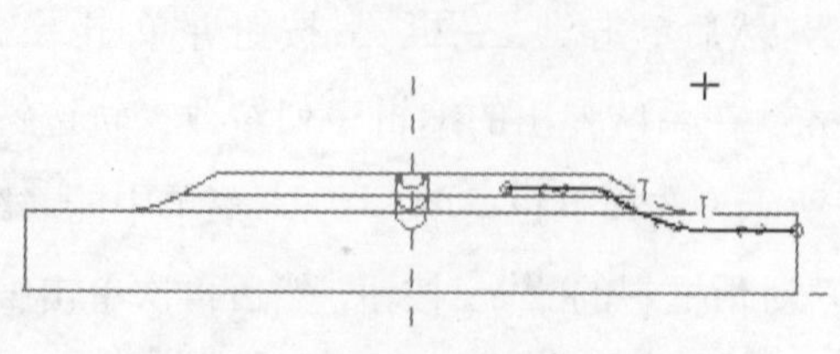

图 10.1.45　截面草图 1

Step7. 绘制草图 2。在基准工具条中单击按钮，系统弹出“草绘”对话框，单击对话框中的使用先前的按钮进入草绘环境，选取 DTM2 平面和 NC_ASM_TOP 基准平面为草绘参照，使用命令，绘制图 10.1.46 所示的截面草图，绘制完成后，单击命令，退出草绘环境。

Step8. 绘制草图 3。在基准工具条中单击按钮，系统弹出“草绘”对话框，选取 DTM2 基准平面为草绘平面，选取 TOP 平面为参照平面，方向为顶，单击草绘按钮，进入草绘环境后，选取 DTM1 平面和 NC_ASM_TOP 基准平面为草绘参照，使用命令，绘制图 10.1.47 所示的截面草图，绘制完成后，单击命令，退出草绘环境。

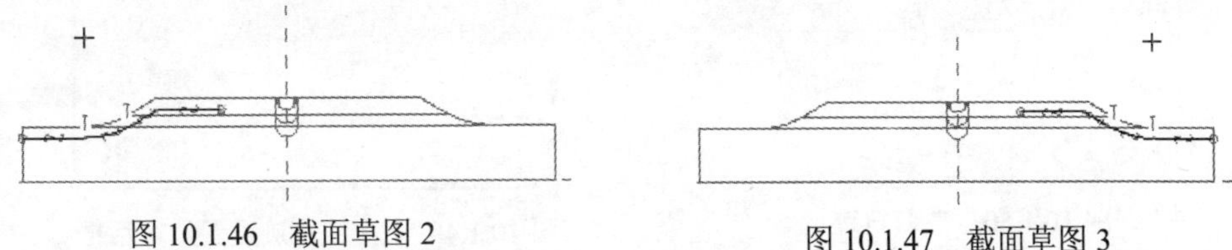

图 10.1.46　截面草图 2　　图 10.1.47　截面草图 3

Step9. 绘制草图 4。在基准工具条中单击按钮，系统弹出“草绘”对话框，单击对话框中的使用先前的按钮进入草绘环境，选取 DTM1 平面和 NC_ASM_TOP 基准平面为草绘参照，使用命令，绘制图 10.1.48 所示的截面草图，绘制完成后，单击命令，退出草绘环境。

Step10. 在“刀具运动”对话框中单击插入按钮，在弹出的图 10.1.49 所示的“曲线轨迹设置”对话框的放置选项区中，单击轨迹曲线收集器，将其激活。

Step11. 选取轨迹 1。然后在图形区选取草图 1，如图 10.1.50 所示的曲线，然后在“曲线轨迹设置”对话框中的放置选项区单击按钮更改曲线方向，结果如图 10.1.50 所示。然后单击对话框中的按钮，系统返回到“刀具运动”对话框中，选取〈刀具路径的终点〉选项，然后在插入下拉列表中选取退刀选项，然后单击插入按钮，在系统弹出的“退刀”对话框中单击确定按钮，结果如图 10.1.51 所示。

Step12. 在“刀具运动”对话框的插入下拉列表中选取曲线切削选项，单击插入按钮，系统弹出“曲线轨迹设置”对话框。

Step13. 选取轨迹 2。在图形区选取草图 3，如图 10.1.52 中的曲线，然后在“曲线轨迹设置”对话框中的放置选项区单击按钮更改曲线方向，结果如图 10.1.52 所示。然后单击对话框中的按钮，系统返回到“刀具运动”对话框中，选取〈刀具路径的终点〉选项，然后在插入下拉列表中选取退刀选项，然后单击插入按钮，单击“退刀”对话框中的确定按钮，退刀设置结果如图 10.1.53 所示。

Step14. 选取轨迹 3 和轨迹 4。参照选取轨迹 1 和选取轨迹 2 的方法，选取轨迹 3，并对退刀点进行设置如图 10.1.54 和图 10.1.55 所示。

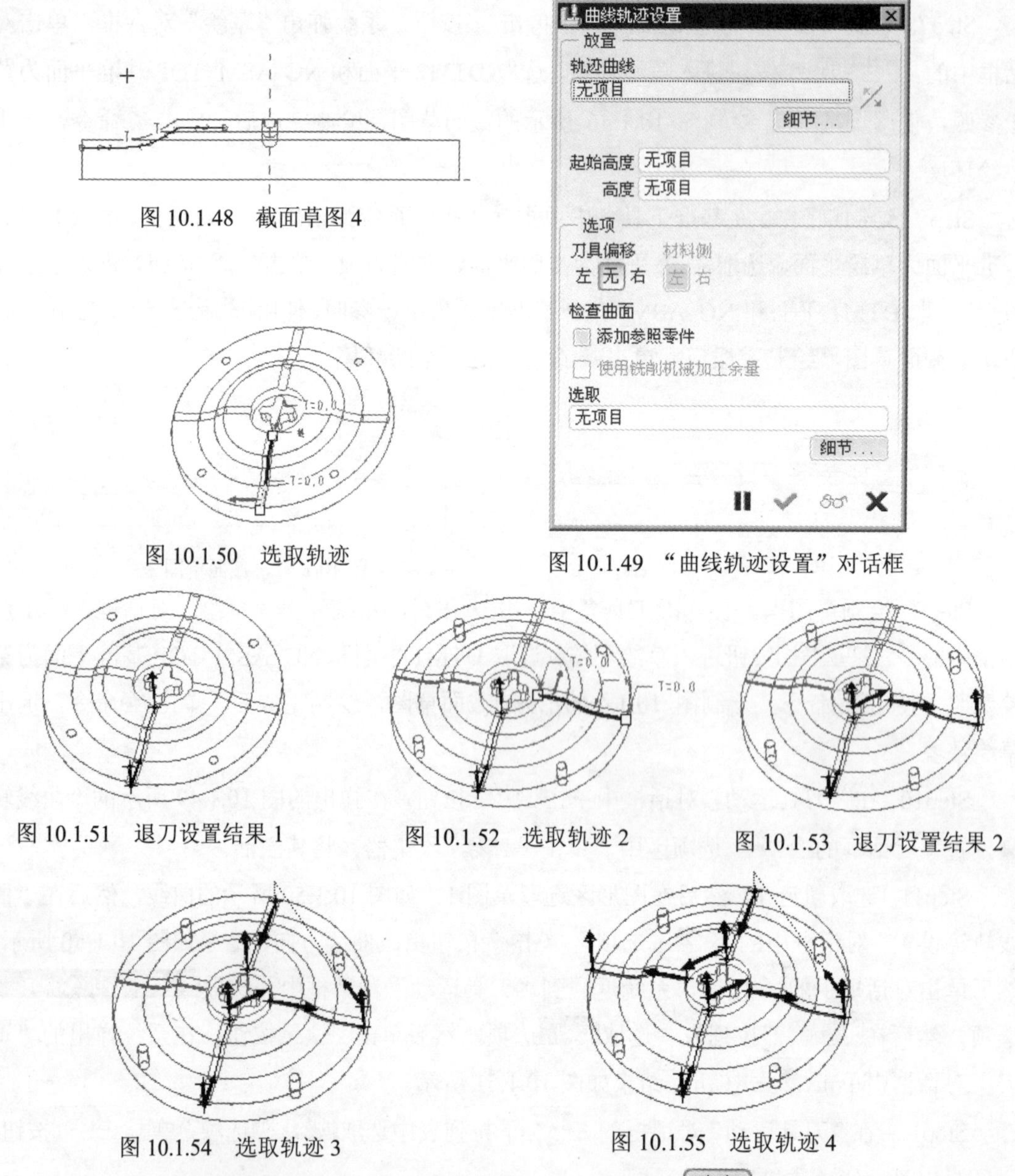

图 10.1.48　截面草图 4

图 10.1.49　“曲线轨迹设置”对话框

图 10.1.50　选取轨迹

图 10.1.51　退刀设置结果 1

图 10.1.52　选取轨迹 2

图 10.1.53　退刀设置结果 2

图 10.1.54　选取轨迹 3

图 10.1.55　选取轨迹 4

Step15. 完成上述操作后，单击“刀具运动”对话框中的 确定 按钮，完成刀具路径的定制。

Stage2. 演示刀具轨迹

Step1. 在弹出的 ▼ NC SEQUENCE (NC序列) 菜单中选择 Play Path (播放路径) 命令，此时系统弹出 ▼ PLAY PATH (播放路径) 菜单。

Step2. 在 ▼ PLAY PATH (播放路径) 菜单中选择 Screen Play (屏幕演示) 命令，系统弹出“播放路径”对话框。

Step3. 单击“播放路径”对话框中的 ▶ 按钮，观测刀具的路径，如图 10.1.56

所示。

Step4. 演示完成后，单击“播放路径”对话框中的 关闭 按钮。

Stage3. 加工仿真

Step1. 在 ▼ PLAY PATH (播放路径) 菜单中选择 NC Check (NC 检查) 命令，观察刀具切割工件的情况，在弹出的“NC 检查结果”对话框中单击按钮，仿真结果如图 10.1.57 所示。

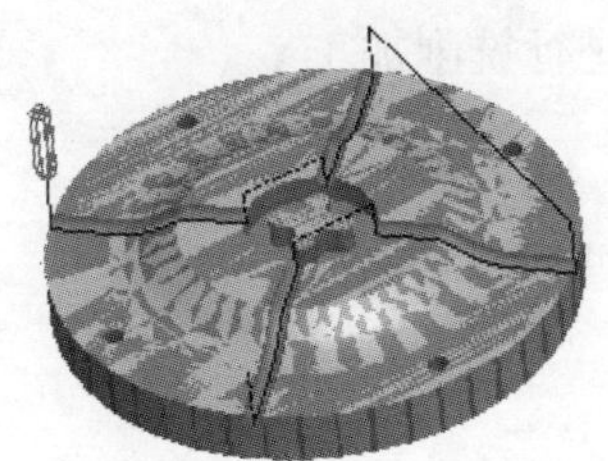

图 10.1.56 刀具路径

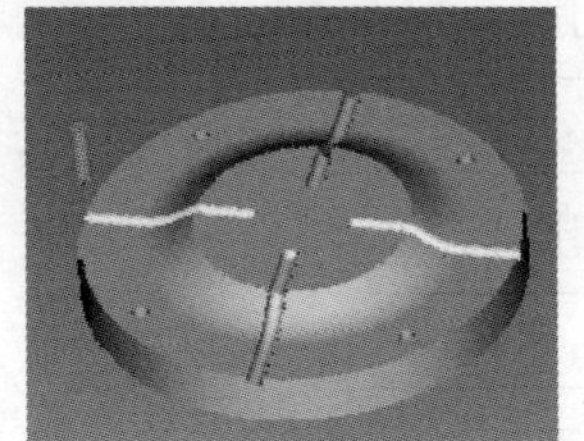

图 10.1.57 “NC 检测”动态仿真

Step2. 演示完成后，单击软件右上角的按钮，在弹出的“Save Changes Before Exiting VERICUT?”对话框中单击 Save Checked Files 按钮。

Step3. 在 ▼ PLAY PATH (演示路径) 菜单中选择 Done Seq (完成序列) 命令。

Step4. 选择下拉菜单 文件(F) → 保存(S) 命令，保存文件。

10.2 箱 体 加 工

下面介绍图 10.2.1 所示的箱体零件的加工过程，其加工工艺路线如图 10.2.2、图 10.2.3 所示。

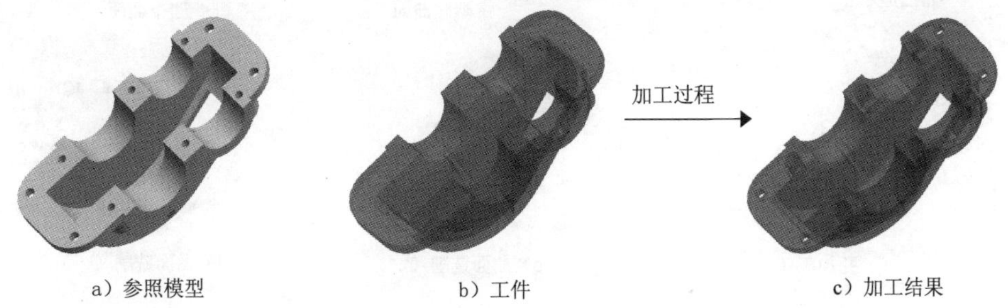

a）参照模型　　b）工件　　c）加工结果

图 10.2.1 加工模型和加工过程

其加工操作过程如下：

Task1. 新建一个数控制造模型文件

新建一个数控制造模型文件，操作提示如下：

Step1. 设置工作目录。选择下拉菜单 文件(F) → 设置工作目录(W)... 命令，将工作目录

设置至 D:\proewf5.9\work\ch10.02。

表面粗铣削
对零件进行带有余量的粗铣加工
表面精铣削
对大面积的没有任何曲面或凸台的零件表面进行加工
曲面铣削（一）
对零件的指定部位进行铣削加工
曲面铣削（二）
对零件的指定部位进行铣削加工
孔 加 工（一）
对零件的指定部位进行钻孔加工
孔 加 工（二）
对零件的指定部位进行镗孔加工

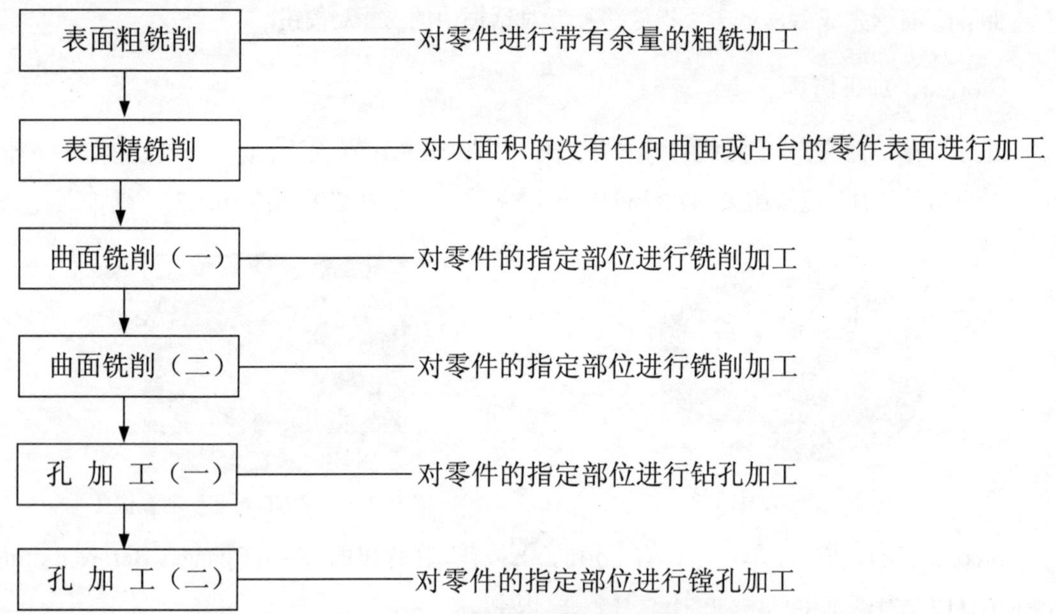

图 10.2.2 加工工艺路线（一）

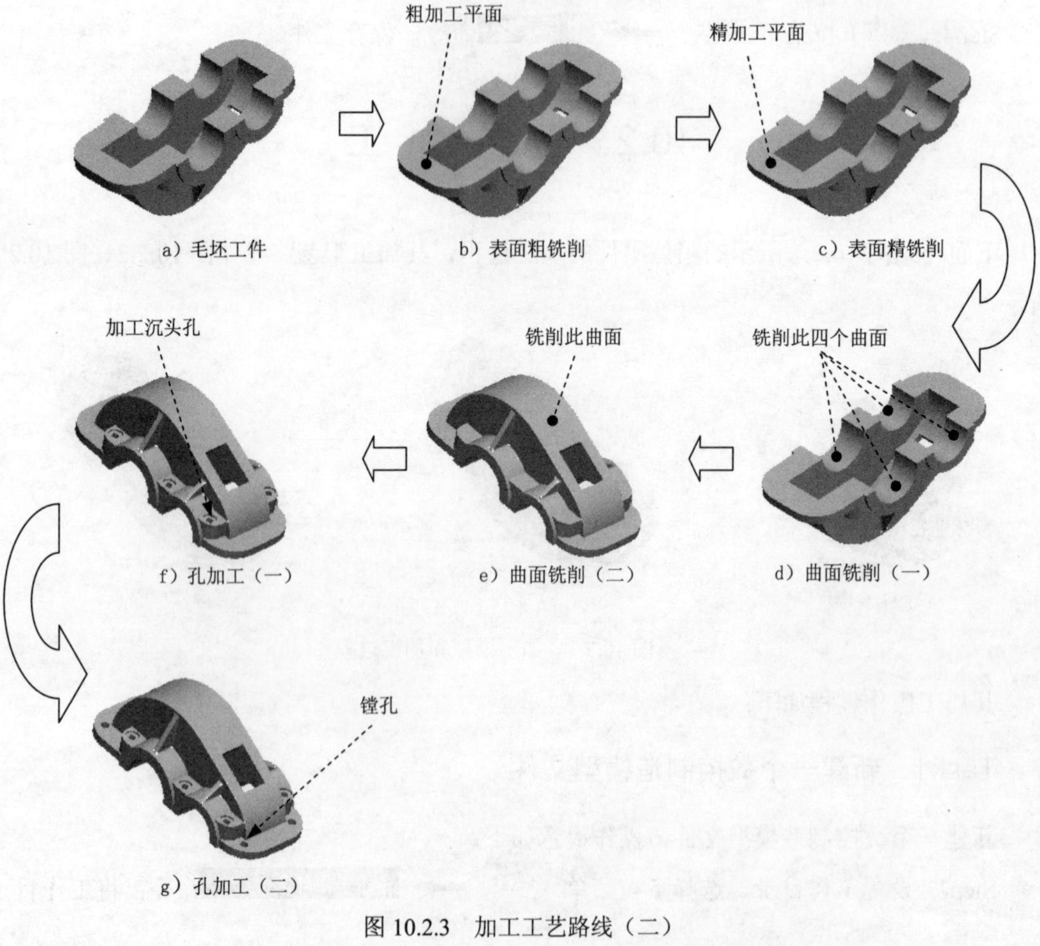

粗加工平面
精加工平面
a）毛坯工件
b）表面粗铣削
c）表面精铣削
加工沉头孔
铣削此曲面
铣削此四个曲面
f）孔加工（一）
e）曲面铣削（二）
d）曲面铣削（一）
镗孔
g）孔加工（二）

图 10.2.3 加工工艺路线（二）

Step2. 在工具栏中单击“新建”按钮，弹出“新建”对话框。

Step3. 在“新建”对话框中，选中类型选项组中的 制造 选项，选中子类型选项组中的 NC组件 选项，在名称后的文本框中输入文件名 gear_box_milling，取消使用缺省模板复选框中的“√”号，单击该对话框中的确定按钮。

Step4. 在系统弹出的“新文件选项”对话框中的模板选项组中选取 mmns_mfg_nc 模板，然后在该对话框中单击确定按钮。

Task2．建立制造模型

Stage1．引入参照模型

Step1. 选择下拉菜单 插入(I) → 参照模型(R) → 装配(A)... 命令，系统弹出“打开”对话框。

Step2. 从弹出的文件“打开”对话框中，选取三维零件模型——gear_box_milling.prt 作为参照零件模型，并将其打开。

Step3. 在“放置”操控板中选择 缺省 命令，然后单击按钮，此时系统弹出“创建参照模型”对话框，单击此对话框中的确定按钮，完成参照模型的放置，放置后如图 10.2.4 所示。

Stage2．引入工件模型

Step1. 选择下拉菜单 插入(I) → 工件(W) → 装配(A)... 命令，系统弹出“打开”对话框。

Step2. 从弹出的文件“打开”对话框中，选取三维零件模型—— gear_box_workpiece.prt 作为参照工件模型，并将其打开。

Step3. 在“放置”操控板中选择 缺省 命令，然后单击按钮，此时系统弹出“创建毛坯工件”对话框，单击此对话框中的确定按钮，完成参照毛坯工件的放置，放置后如图 10.2.5 所示。

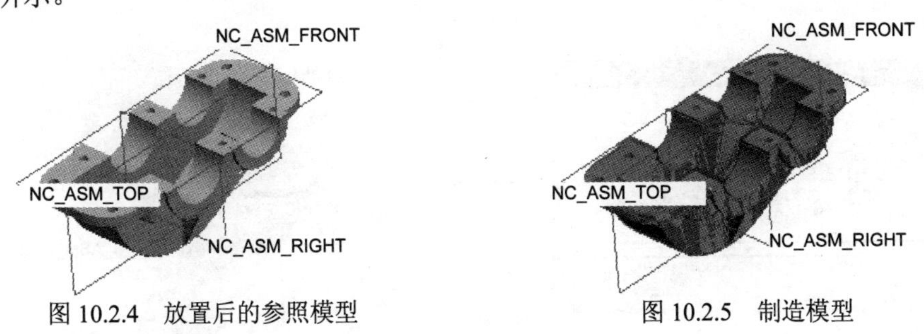

图 10.2.4　放置后的参照模型　　图 10.2.5　制造模型

Task3．制造设置

Step1. 选择下拉菜单 步骤(S) → 操作(O) 命令，此时系统弹出 “操作设置”对话框。

Step2. 机床设置。单击“操作设置”对话框中的按钮，弹出“机床设置”对话框，在机床类型(T)下拉列表中选择铣削，在轴数(X)下拉列表中选择3轴。

Step3. 刀具设置。在“机床设置”对话框中的切削刀具(C)选项卡中，单击切削刀具设置选项组中的按钮。

Step4. 在弹出的“刀具设定”对话框中设置刀具参数（图 10.2.6），设置完毕后在“刀具设定”对话框中单击应用按钮，然后单击确定按钮完成刀具设置。在“机床设置”对话框中单击确定按钮，返回到“操作设置”对话框。

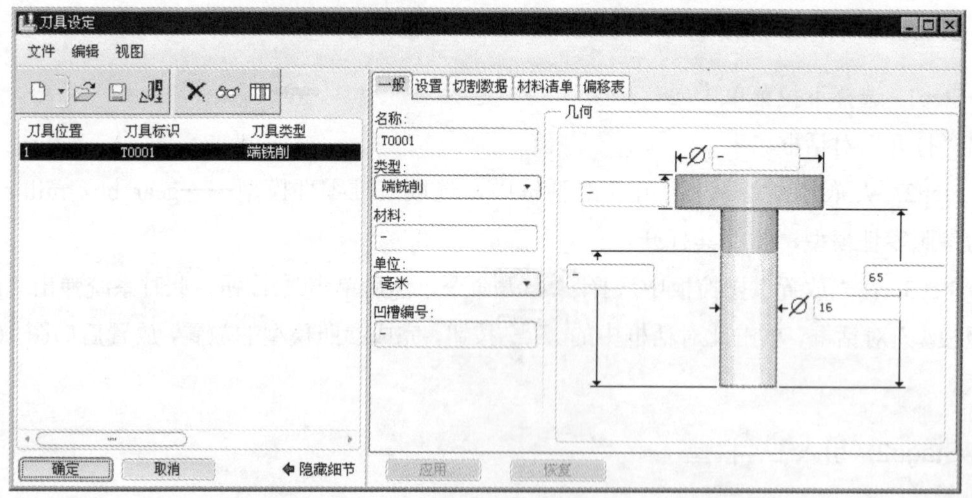

图 10.2.6 “刀具设定”对话框

Step5. 机床坐标系的设置。在“操作设置”对话框中的参照选项组中单击按钮，在弹出的MACH CSYS（制造坐标系）菜单中选择Select（选取）命令。

Step6. 选择下拉菜单插入(I) → 模型基准(D) → 坐标系(C)...，弹出图 10.2.7 所示的“坐标系”对话框，依次选择 NC_ASM_TOP、NC_ASM_RIGHT 基准平面和图 10.2.8 所示的曲面 1 作为创建坐标系的三个参照平面，最后单击“坐标系”对话框中的确定按钮完成坐标系的创建。

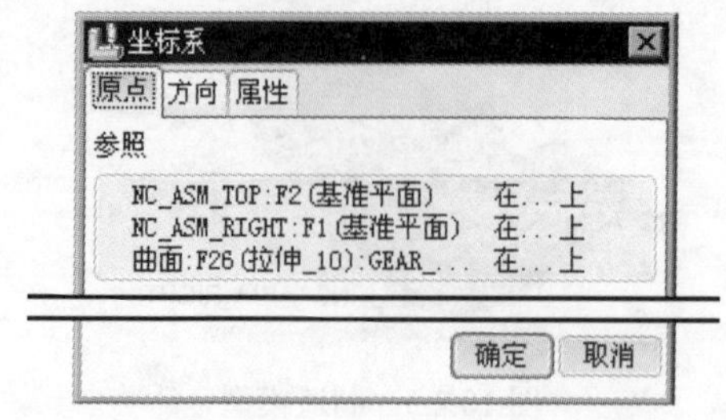

图 10.2.7 “坐标系”对话框

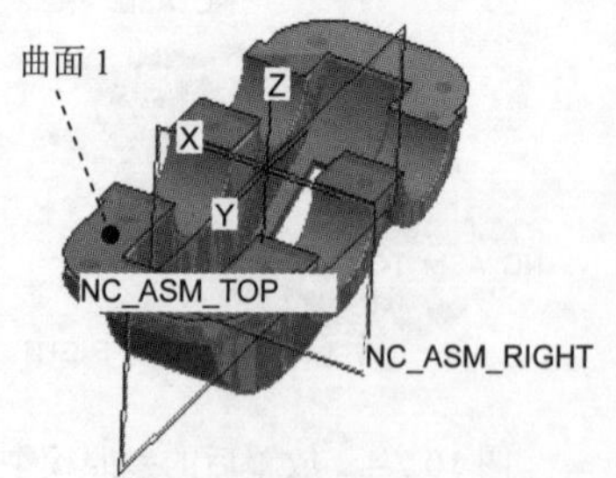

图 10.2.8 坐标系的建立

Step7. 退刀面的设置。在“操作设置”对话框中的退刀选项卡中选择按钮，系统弹出“退刀设置”对话框，然后在 类型 下拉列表中选取 平面 选项，选取坐标系 ACS0 为参照，在 值 文本框中输入 10.0，最后单击 确定 按钮，完成退刀平面的创建。

Step8. 在“操作设置”对话框的 公差 文本框中输入加工的公差值 0.02，然后单击 确定 按钮，完成制造设置。

Task4．粗铣

Stage1．加工方法设置

Step1. 选择下拉菜单 步骤(S) ➡ 端面(F) 命令。

Step2. 在弹出的 ▼ SEQ SETUP (序列设置) 菜单中选择 ☑ Tool (刀具)、☑ Parameters (参数) 和 ☑ Mach Geom (加工几何) 复选框，然后选择 Done (完成) 命令，在弹出的“刀具设定”对话框中单击 确定 按钮。

Step3. 在系统弹出编辑序列参数“端面铣削”对话框中设置基本加工参数，结果如图 10.2.9 所示。选择下拉菜单 文件(F) 菜单中的 另存为 命令。将文件命名为 milprm01，单击“保存副本”对话框中的 确定 按钮，然后再次单击编辑序列参数“端面铣削”对话框中的 确定 按钮，完成参数的设置。此时，系统弹出“曲面”对话框。

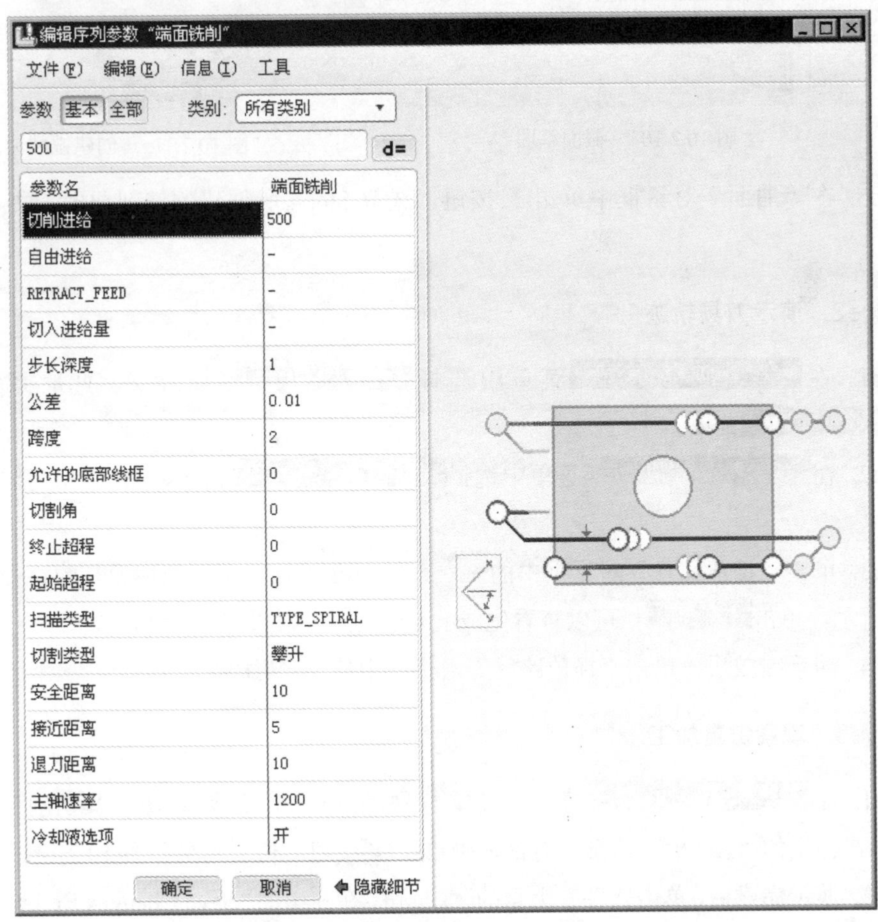

图 10.2.9　编辑序列参数“端面铣削”对话框

Step4. 选择下拉菜单 插入(I) → 制造几何(G) → 铣削曲面(S)... 命令，再次选择下拉菜单 插入(I) → 拉伸(E)... 命令，系统弹出“拉伸”操控板。

（1）在“拉伸”操控板中单击 放置 按钮，然后在弹出的界面中单击 定义... 按钮，系统弹出“草绘”对话框。选取 NC_ASM_TOP 基准平面为草绘平面，NC_ASM_RIGHT 为参照平面，方向为右，单击 草绘 按钮，系统进入草绘环境。

（2）绘制截面草图。进入截面草绘环境后，绘制的截面草图如图 10.2.10 所示。完成特征截面的绘制后，单击工具栏中的“完成”按钮✔。

（3）在“拉伸”操控板中选取拉伸类型为 ⊟，输入 150，单击“完成”按钮✔，则完成铣削曲面的创建。

（4）完成特征。在工具栏中单击“完成”按钮✔，则完成特征的创建，所创建的铣削曲面如图 10.2.11 所示。

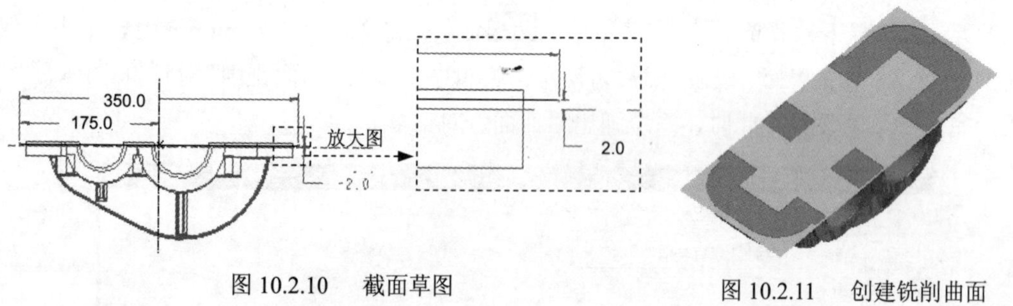

图 10.2.10　截面草图　　图 10.2.11　创建铣削曲面

Step5. 在“曲面”对话框中单击 ▶ 按钮。选取 Step4 所创建的铣削曲面，再单击 ✔ 按钮。

Stage2．演示刀具轨迹

Step1. 在 ▼ NC SEQUENCE (NC序列) 菜单中选择 Play Path (播放路径) 命令，此时系统弹出 ▼ PLAY PATH (播放路径) 菜单。

Step2. 在 ▼ PLAY PATH (播放路径) 菜单中选择 Screen Play (屏幕演示) 命令，系统弹出“播放路径”对话框。

Step3. 单击“播放路径”对话框中的 ▶ 按钮，可以观察刀具的路径，如图 10.2.12 所示。单击 ▶ CL数据 栏可以查看生成的 CL 数据，如图 10.2.13 所示。

Step4. 演示完成后，单击“播放路径”对话框中的 关闭 按钮。

Stage3．观察仿真加工

Step1. 在 ▼ PLAY PATH (播放路径) 菜单中选择 NC Check (NC 检查) 命令。观察刀具切割工件的运行情况，在弹出的“NC 检查结果”对话框中单击 ● 按钮，仿真结果如图 10.2.14 所示。

Step2. 演示完成后，单击软件右上角的 ✖ 按钮，在弹出的“Save Changes Before Exiting

VERICUT?”对话框中单击 Save Checked Files 按钮。

Step3. 在 ▼ NC SEQUENCE (NC序列) 菜单中选择 Done Seq (完成序列) 命令。

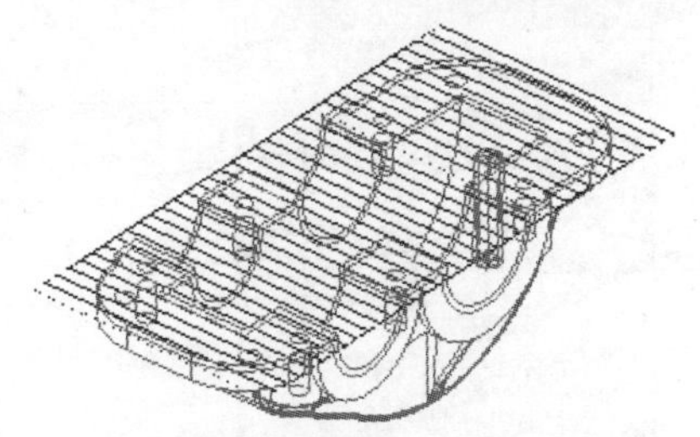

图 10.2.12　刀具路径

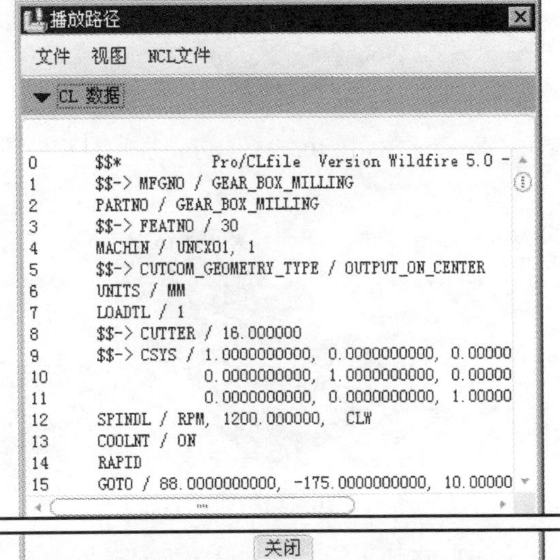

图 10.2.13　查看 CL 数据

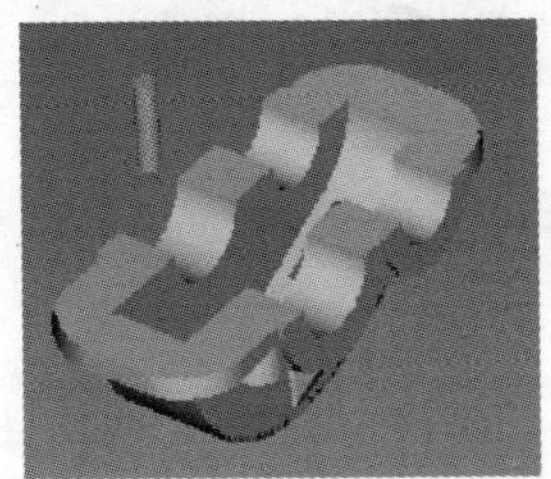

图 10.2.14　　NC 检测结果

Stage4．材料切减

Step1. 选择下拉菜单 插入(I) → 材料去除切削(V) → ▼ NC序列列表 → 1: 端面铣削, 操作: OP010 → ▼ MAT REMOVAL (材料删除) → Construct (构建) → Done (完成) 命令。

Step2. 此时在系统弹出的“特征类”菜单中依次选取 ▼ FEAT CLASS (特征类) → Solid (实体) → ▼ SOLID (实体) → Cut (切减材料) 命令。系统弹出“实体选项”菜单，在此菜单中选取 Use Quilt (使用面组) → Done (完成) 选项。

Step3. 此时系统弹出“实体化”操控板，在系统 ◇选取实体中要添加或去除材料的面组或曲面。提示下，选取图 10.2.15 所示的铣削曲面。单击 按钮可调整切减材料的侧面，如图 10.2.15 所示。然后单击操控板中的 ✓ 按钮，完成材料切减如图 10.2.16 所示。

Step4. 在系统弹出的 ▼ FEAT CLASS (特征类) 菜单中单击 Done/Return (完成/返回) 按钮。

Task5．精铣

Stage1．加工方法设置

Step1. 选择下拉菜单 步骤(S) → 端面(F) 命令。

Step2. 在弹出的 ▼ SEQ SETUP (序列设置) 菜单中，选择图 10.2.17 所示的复选框，然后选择 Done (完成) 命令。

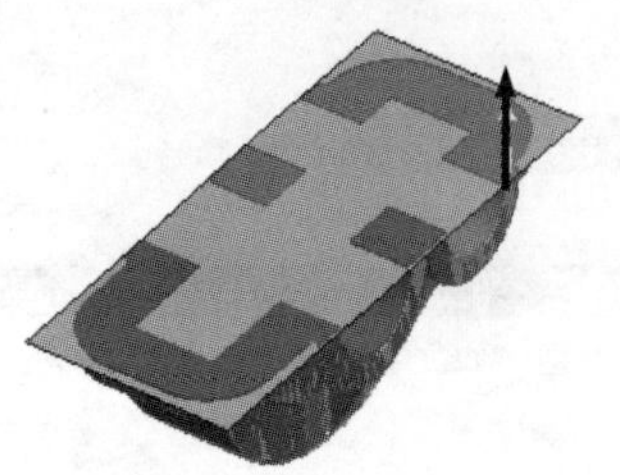

图 10.2.15　切减方向

图 10.2.16　材料切减后的工件

图 10.2.17　“序列设置”菜单

Step3. 在弹出的“刀具设定”对话框中选取刀具“T0001”，然后单击 确定 按钮完成刀具参数的设定。

Step4. 在系统弹出编辑序列参数“端面铣削”对话框中设置基本加工参数，结果如图 10.2.18 所示。选择下拉菜单 文件(F) 菜单中的 另存为 命令。将文件命名为 milprm02，单击“保存副本”对话框中的 确定 按钮，然后再次单击编辑序列参数“端面铣削”对话框中的 确定 按钮，完成参数的设置。此时，系统弹出“曲面”对话框。

Step5. 选择下拉菜单 插入(I) → 制造几何(G) → 铣削曲面(S)... 命令，再次选择下拉菜单 插入(I) → 拉伸(E)... 命令，系统弹出“拉伸”操控板。

（1）在“拉伸”操控板中单击 放置 按钮，然后在弹出的界面中单击 定义... 按钮，系统弹出“草绘”对话框。选取 NC_ASM_TOP 基准平面为草绘平面，NC_ASM_RIGHT 为参照平面，方向为右，单击 草绘 按钮，系统进入草绘环境。

（2）绘制截面草图。进入截面草绘环境后，绘制的截面草图如图 10.2.19 所示。完成特征截面的绘制后，单击工具栏中的“完成”按钮✔。

（3）在“拉伸”操控板中选取拉伸类型为⊟，输入 150.0，单击“完成”按钮✔，完成铣削曲面的创建。

（4）完成特征。在工具栏中单击“完成”按钮✔，完成特征的创建，所创建的铣削曲面如图 10.2.20 所示。

Step6. 在“曲面”对话框中单击▶按钮。选取 Step5 所创建的铣削曲面，再单击✔按钮。

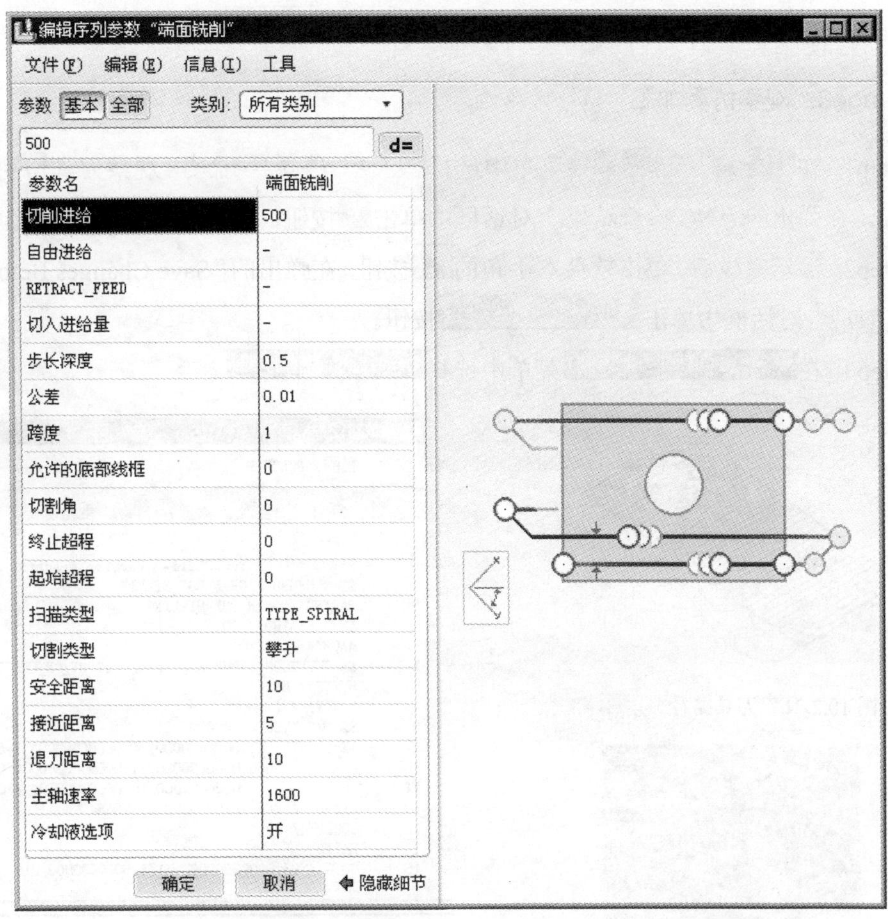

图 10.2.18　编辑序列参数“端面铣削”对话框

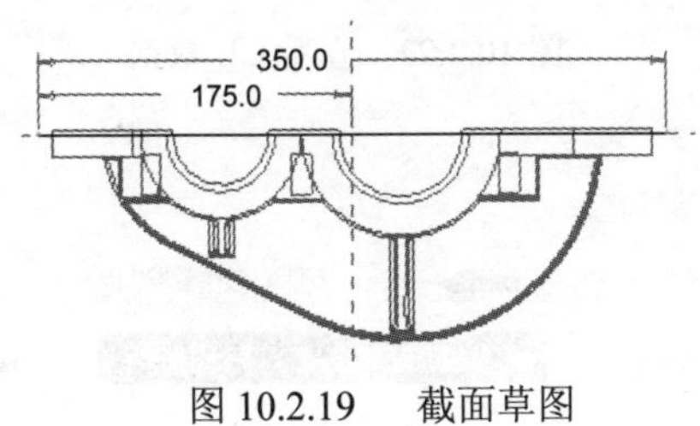

图 10.2.19　截面草图

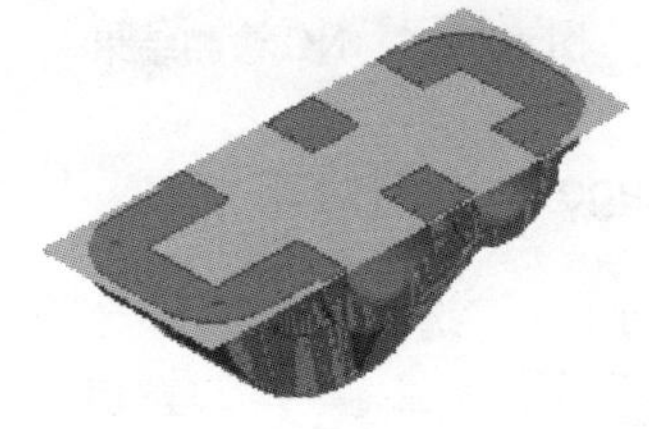

图 10.2.20　创建铣削曲面

Stage2．演示刀具轨迹

Step1．在 ▼ NC SEQUENCE (NC序列) 菜单中选择 Play Path (播放路径) 命令，此时系统弹出 ▼ PLAY PATH (播放路径) 菜单。

Step2．在 ▼ PLAY PATH (播放路径) 菜单中选择 Screen Play (屏幕演示) 命令，系统弹出“播放路径”对话框。

Step3．单击“播放路径”对话框中的 ▶ 按钮，可以观察刀具的路径，如图 10.2.21 所示。单击 ▶ CL数据 栏可以查看生成的 CL 数据，如图 10.2.22 所示。

Step4. 演示完成后，单击“播放路径”对话框中的 关闭 按钮。

Stage3. 观察仿真加工

Step1. 在 ▼ PLAY PATH (播放路径) 菜单中选择 NC Check (NC 检查) 命令。观察刀具切割工件的运行情况，在弹出的“NC 检查结果”对话框中单击 按钮，仿真结果如图 10.2.23 所示。

Step2. 演示完成后，单击软件右上角的 按钮，在弹出的“Save Changes Before Exiting VERICUT?”对话框中单击 Save Checked Files 按钮。

Step3. 在 ▼ NC SEQUENCE (NC序列) 菜单中选择 Done Seq (完成序列) 命令。

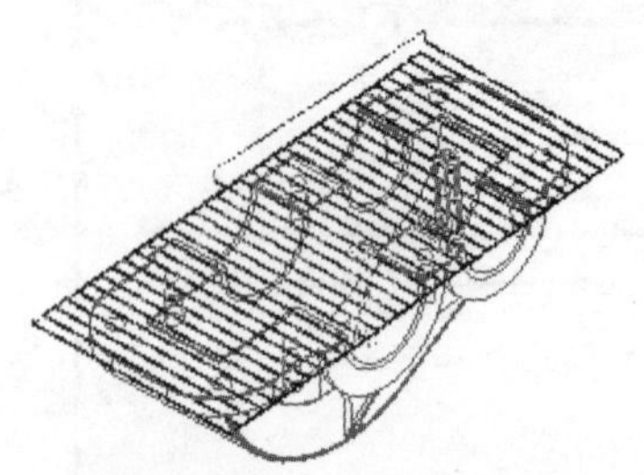

图 10.2.21　刀具路径

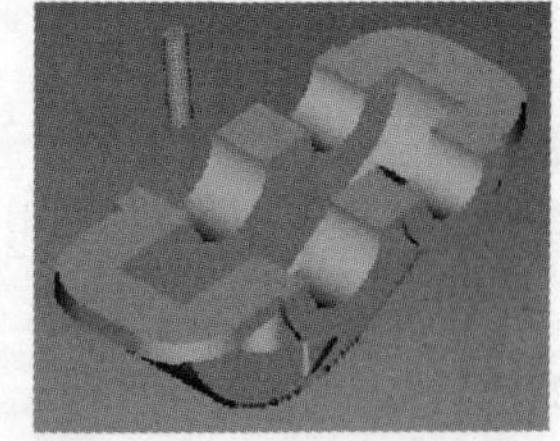

图 10.2.23　NC 检测结果

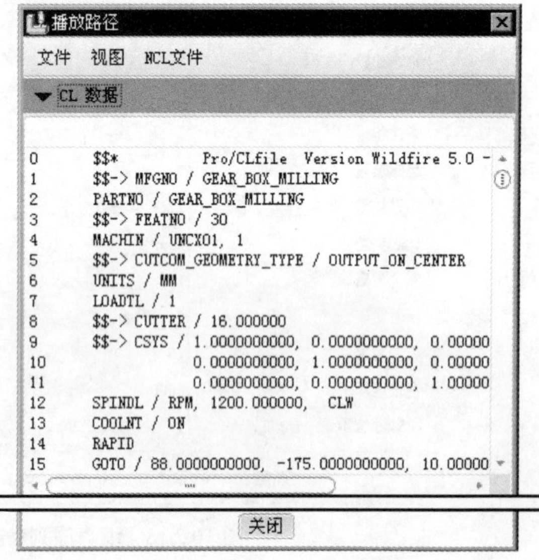

图 10.2.22　查看 CL 数据

Stage4. 材料切减

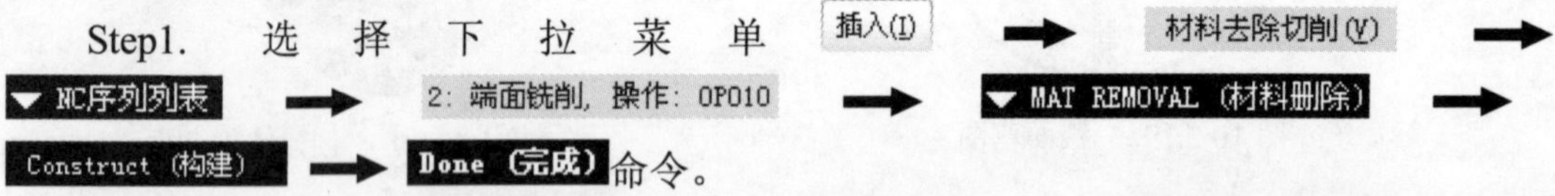

Step1. 选择下拉菜单 插入(I) → 材料去除切削(V) → ▼ NC序列列表 → 2: 端面铣削, 操作: OP010 → ▼ MAT REMOVAL (材料删除) → Construct (构建) → Done (完成) 命令。

Step2. 此时在系统弹出的“特征类”菜单中依次选取 ▼ FEAT CLASS (特征类) → Solid (实体) → ▼ SOLID (实体) → Cut (切减材料) 命令。系统弹出“实体选项”菜单，在此菜单中选取 Use Quilt (使用面组) → Done (完成) 选项。

Step3. 此时系统弹出“实体化”操控板，在系统 ◆选取实体中要添加或去除材料的面组或曲面。提示下，选取图 10.2.24 所示的铣削曲面。单击 按钮调整切减材料的侧面，如图 10.2.24 所示。然后单击操控板中的 按钮，完成材料切减如图 10.2.25 所示。

Step4. 在系统弹出的 ▼ FEAT CLASS (特征类) 菜单中单击 Done/Return (完成/返回) 按钮。

Task6. 曲面铣削（一）

Stage1. 加工方法设置

Step1. 选择下拉菜单 步骤(S) → 曲面铣削(S) 命令。

Step2. 在弹出的 ▼ SEQ SETUP (序列设置) 菜单中，选择图 10.2.26 所示的复选框，然后选择 Done (完成) 命令。

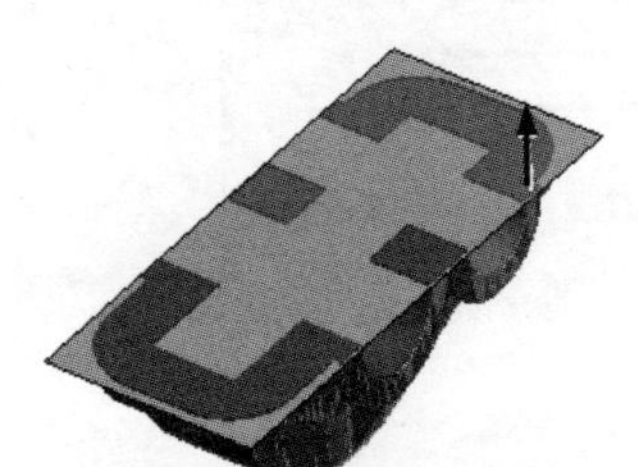

图 10.2.24　切减方向

图 10.2.25　材料切减后的工件

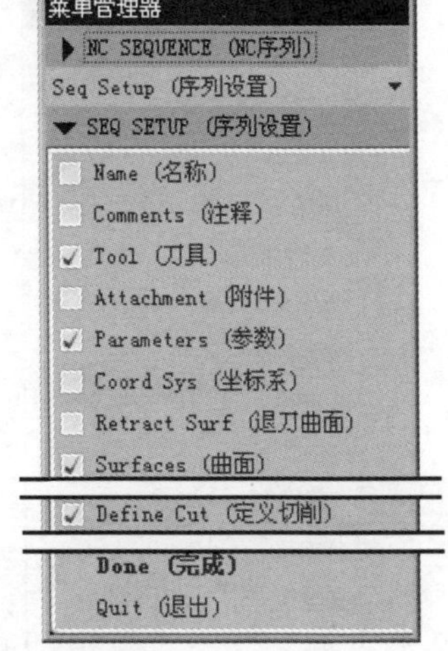

图 10.2.26　“序列设置”菜单

Step3. 在弹出的“刀具设定”对话框中，单击“新建”按钮设置新的刀具参数。设置刀具参数（图 10.2.27），然后单击 应用 按钮并单击 确定 按钮完成刀具参数的设定。

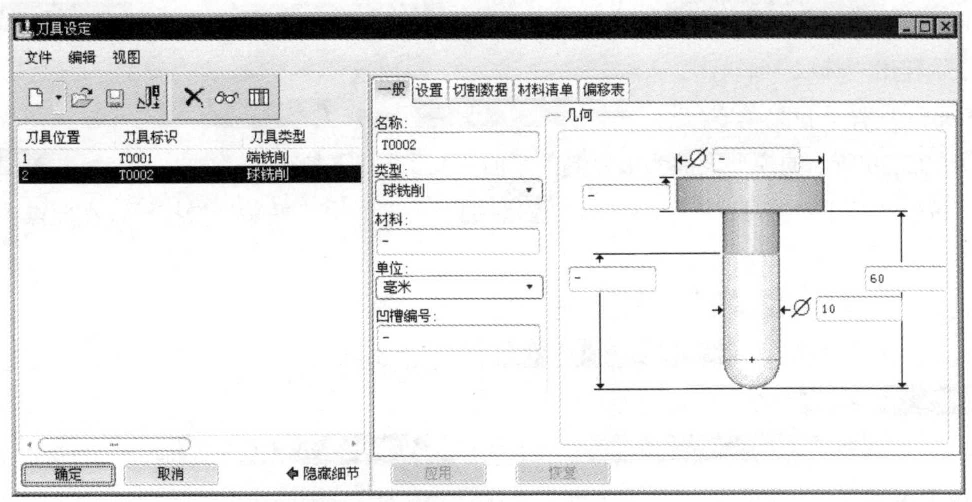

图 10.2.27　“刀具设定”对话框

Step4. 在系统弹出的编辑序列参数“曲面铣削”对话框中设置基本加工参数，结果如图 10.2.28 所示。选择下拉菜单 文件(F) 菜单中的 另存为 命令，将文件命名为 drlprm03，单击“保存副本”对话框中的 确定 按钮，然后再次单击编辑序列参数“曲面铣削”对话框中的 确定按钮，完成参数的设置。

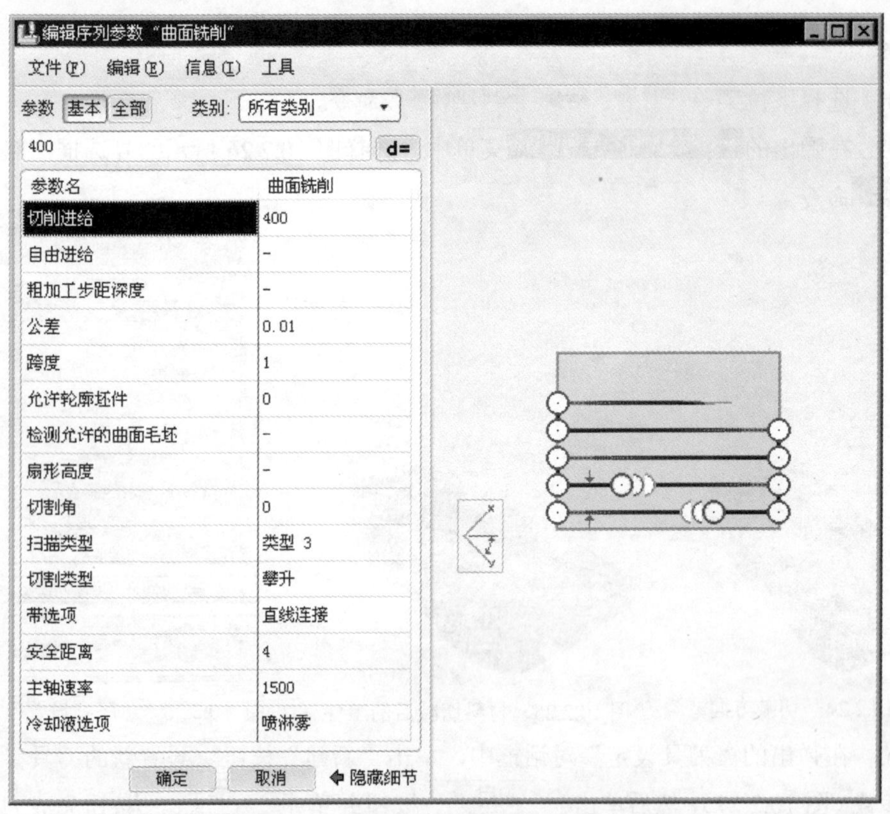

图 10.2.28 编辑序列参数“曲面铣削”对话框

Step5. 在▼ SURF PICK（曲面拾取）菜单中，依次选择Mill Surface（铣削曲面）→ Done（完成）命令，系统弹出“选取”菜单。

Step6. 选择下拉菜单插入(I) → 制造几何 → 铣削曲面...命令。在图形区选取图 10.2.29 所示的模型表面为被复制的平面，然后选择下拉菜单编辑(E) → 复制(C)命令，再次选择下拉菜单编辑(E) → 粘贴(P)命令，弹出“粘贴”操控板，在此操控板中单击✔按钮，然后再次单击✔按钮。

Step7. 在弹出的▼ DIRECTION（方向）菜单中选择Okay（确定）命令。

Step8. 在系统弹出的▼ SEL/SEL ALL（选取/全选）菜单中选择Select All（全选）命令，然后选择Done/Return（完成/返回）命令，完成曲面拾取。

Step9. 在▼ NCSEQ SURFS（NC序列 曲面）菜单中选择Done/Return（完成/返回）命令。此时系统弹出图 10.2.30 所示的“切削定义”对话框，选择⊙ 自曲面等值线单选项。

Step10. 在“曲线列表”中依次选中曲面标识，然后单击按钮，调整切削方向，最后调整后的结果如图 10.2.31 所示。单击“切削定义”对话框中的确定按钮，回到▼ NC SEQUENCE（NC序列）菜单。

说明：若方向相同就不需再进行调整。

Stage2．演示刀具轨迹

Step1．在系统弹出的▼ NC SEQUENCE (NC序列)菜单中选择 Play Path (播放路径) 命令，此时系统弹出▼ PLAY PATH (播放路径)菜单。

Step2．在▼ PLAY PATH (播放路径)菜单中选择Screen Play (屏幕演示)命令，此时弹出"播放路径"对话框。

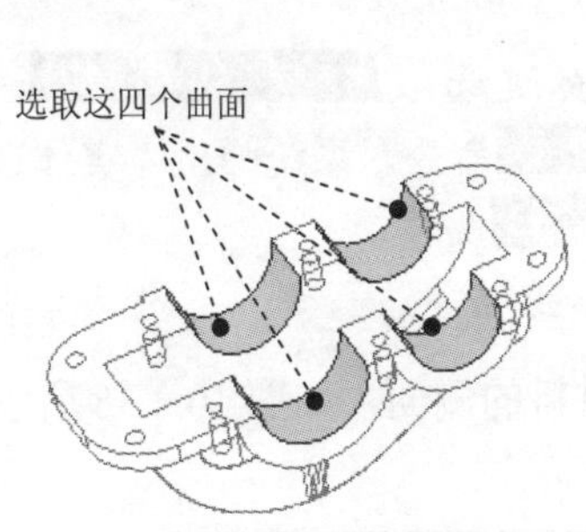

图 10.2.29　选取曲面

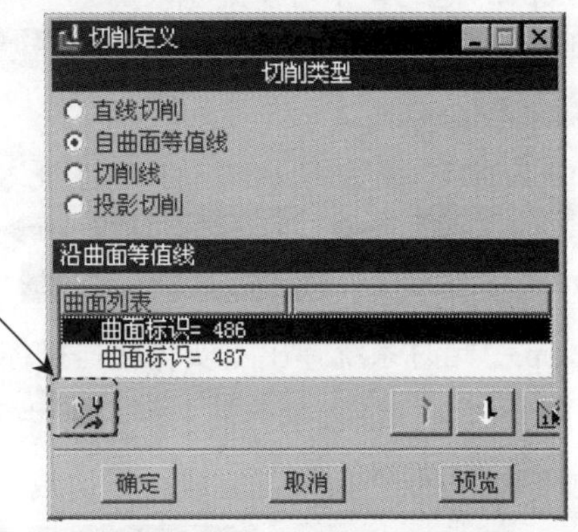

图 10.2.30　"切削定义"对话框

Step3．单击"播放路径"对话框中的▶按钮，可以观察刀具的路径，如图 10.2.32 所示。单击▶ CL数据栏可以查看生成的 CL 数据，如图 10.2.33 所示。

Step4．演示完成后，单击"播放路径"对话框中的 关闭 按钮。

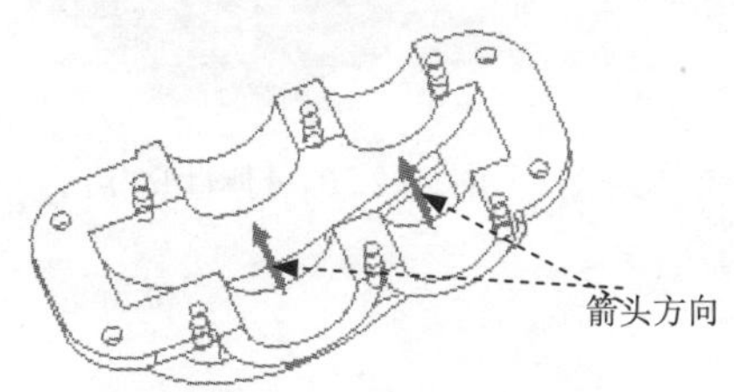

图 10.2.31　切削方向

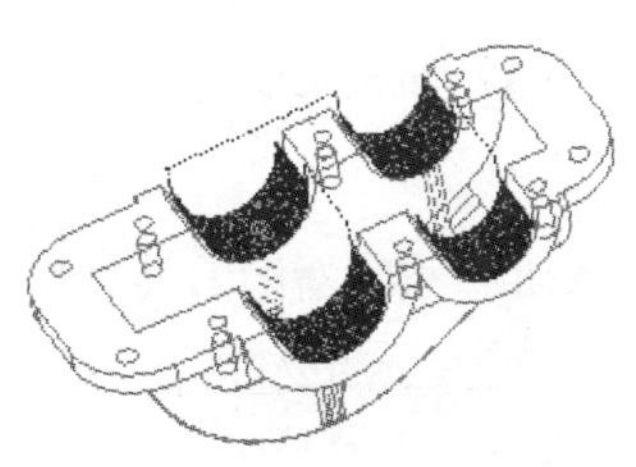

图 10.2.32　刀具路径

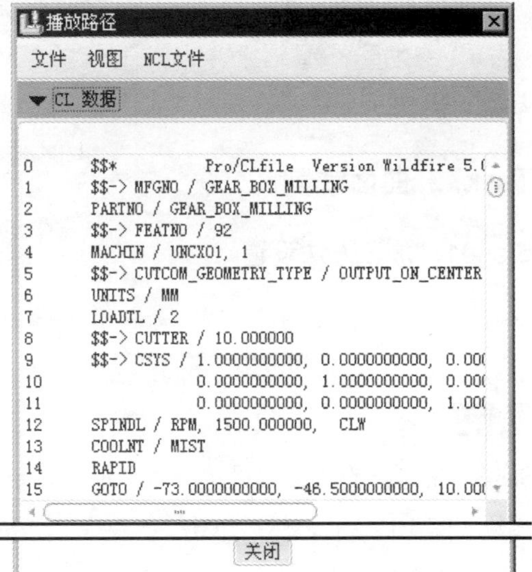

图 10.2.33　查看 CL 数据

Stage3．观察仿真加工

Step1．在▼ PLAY PATH (播放路径)菜单中选择 NC Check (NC 检查) 命令。观察刀具切割工件的运行情况，在弹出的"NC 检查结果"对话框中单击按钮，仿真结果如图 10.2.34 所示。

Step2. 演示完成后，单击软件右上角的 X 按钮，在弹出的“Save Changes Before Exiting VERICUT?”对话框中单击 Save Checked Files 按钮。

Step3. 在 NC Sequence (NC序列) 菜单中选择 Done Seq (完成序列) 命令。

Stage4．材料切减

Step1. 选择下拉菜单 插入(I) → 材料去除切削(V) → ▼NC序列列表 → 3: 曲面铣削, 操作: OP010 → ▼MAT REMOVAL (材料删除) → Construct (构建) → Done (完成) 命令。

Step2. 此时在系统弹出的“特征类”菜单中依次选取 ▼FEAT CLASS (特征类) → Solid (实体) → ▼SOLID (实体) → Cut (切减材料) 命令。系统弹出“实体选项”菜单，在此菜单中选取 Use Quilt (使用面组) → Done (完成) 选项。

Step3. 此时系统弹出“实体化”操控板，在系统 ◆选取实体中要添加或去除材料的面组或曲面。提示下，选取图 10.2.35 所示的铣削曲面。单击 ✗ 按钮调整切减材料的侧面，如图 10.2.35 所示。然后单击操控板中的 ✔ 按钮，完成材料切减如图 10.2.36 所示。

Step4. 在系统弹出的 ▼FEAT CLASS (特征类) 菜单中单击 Done/Return (完成/返回) 按钮。

图 10.2.34　NC 检测结果

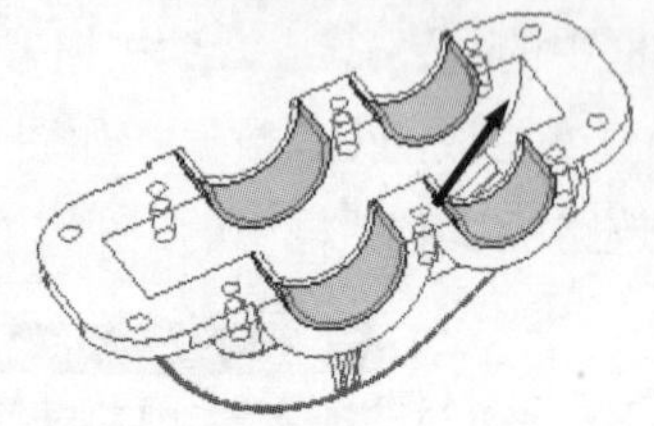

图 10.2.35　切减方向

图 10.2.36　材料切减后的工件

Task7．曲面铣削（二）

Stage1．加工方法设置

Step1. 选择下拉菜单 步骤(S) → 曲面铣削(S) 命令。

Step2. 在弹出的 ▼SEQ SETUP (序列设置) 菜单中，选择图 10.2.37 所示的复选框，然后选择 Done (完成) 命令。

Step3. 在弹出的“刀具设定”对话框中，单击“新建”按钮 □ 设置新的刀具参数。设置刀具参数（图 10.2.38），然后单击 应用 按钮并单击 确定 按钮完成刀具参数的设定。

Step4. 在系统弹出的编辑序列参数“曲面铣削”对话框中设置基本加工参数，结果如图 10.2.39 所示。选择下拉菜单 文件(F) 菜单中的 另存为 命令，将文件命名为 milprm04，单击“保存副本”对话框中的 确定 按钮，然后再次单击编辑序列参数“曲面铣削”对话框中的 确定 按钮，完成参数的设置。

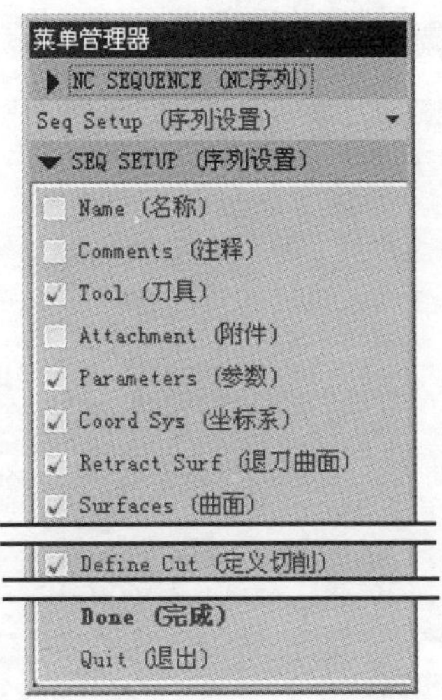

图 10.2.37 “序列设置”菜单

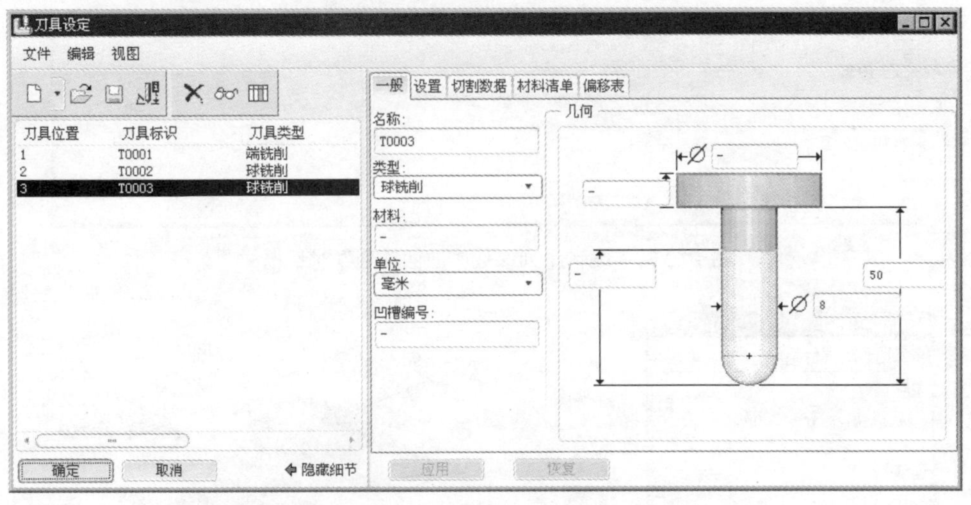

图 10.2.38 “刀具设定”对话框

Step5. 此时，系统弹出▼ SEQ CSYS (序列坐标系)菜单，在系统◆选取坐标系。的提示下来创建新的坐标系。

（1）在特征工具栏中单击按钮弹出“基准平面”对话框。选取 NC_ASM_FRONT 基准平面为参考平面，然后在平移文本框中输入 120，如图 10.2.40 所示。在“基准平面”对话框中单击确定按钮。完成创建后的基准平面 ADTM1 如图 10.2.41 所示。

（2）创建坐标系。在特征工具栏中单击按钮，弹出图 10.2.42 所示的“坐标系”对话框。依次选择 NC_ASM_RIGHT、NC_ASM_TOP 基准平面和图 10.2.43 所示的 ADTM1 基准平面作为创建坐标系的三个参照平面。单击“坐标系”对话框中的确定按钮完成坐标系的创建。

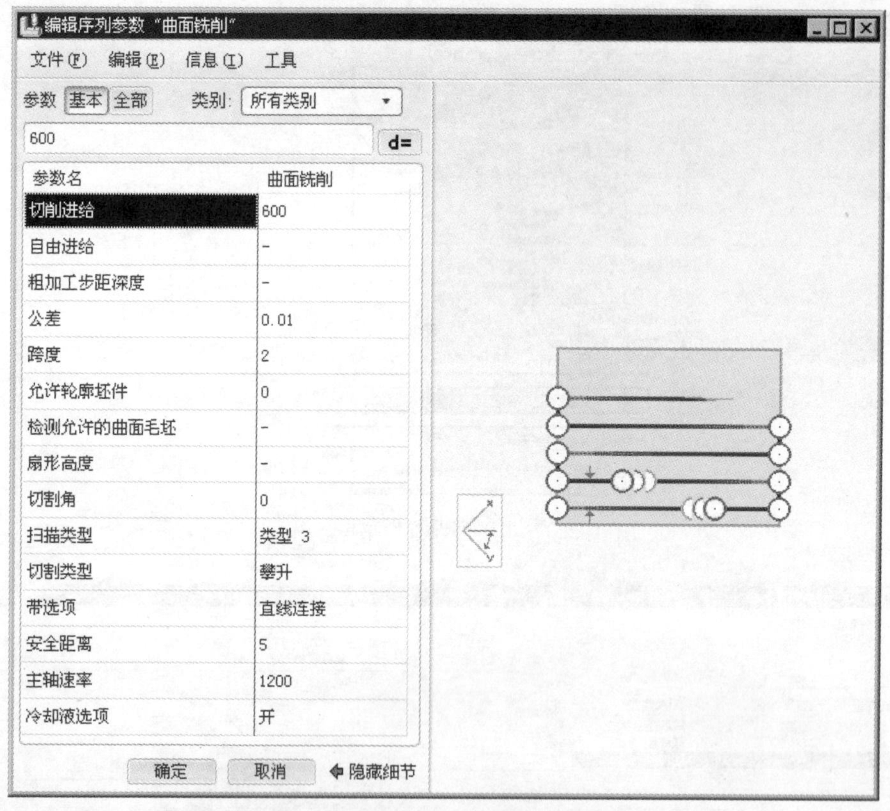

图 10.2.39　编辑序列参数"曲面铣削"对话框

图 10.2.40　"基准平面"对话框

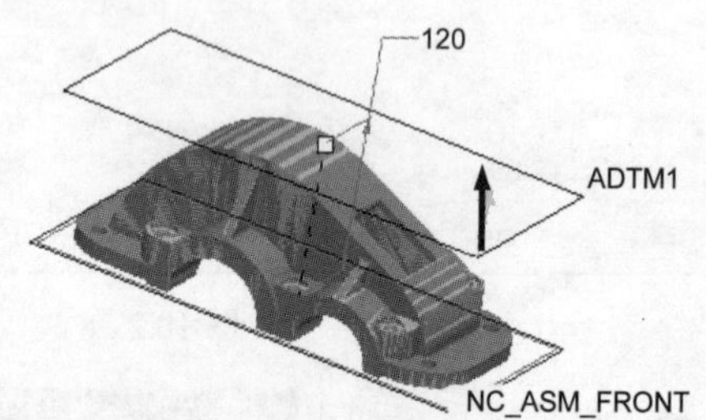

图 10.2.41　创建基准面 ADTM1

注意：单击参照选项组中的 按钮可以查看选取的坐标系。为确保 Z 轴的方向向上，可在"坐标系"对话框中选择方向选项卡，改变 X 轴或者 Y 轴的方向，最后单击确定按钮完成坐标系的创建，如图 10.2.43 所示。

Step6. 退刀面的设置。系统弹出"退刀设置"对话框，然后在类型下拉列表中选取平面选项，选取坐标系 ACS1 为参照，在值文本框中输入 5.0，最后单击确定按钮，完成退刀平面的创建。

Step7. 在系统弹出的▼ SURF PICK（曲面拾取）菜单中，依次选择 Model（模型） ➡ Done（完成）命令。在弹出的▼ SELECT SRFS（选取曲面）菜单中选择 Add（添加）命令，然后在工作区中选取图 10.2.44 所示的一组曲面。选取完成后，在“选取”对话框中单击确定按钮。

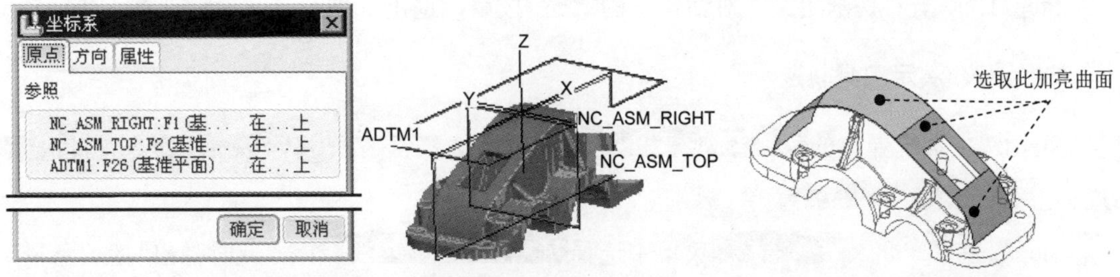

图 10.2.42　“坐标系”对话框　　图 10.2.43　创建坐标系　　图 10.2.44　所选取的曲面

Step8. 在系统弹出的▼ SELECT SRFS (选取曲面)菜单中选择Done/Return (完成/返回)命令，在▼ NCSEQ SURFS (NC序列 曲面)菜单中选择Done/Return (完成/返回)命令，此时系统弹出“切削定义”对话框，选择⊙ 切削线单选项，在切削线选项卡中选择⊙ 加工曲面单选项，在切削线造型选项组中选择◉ 开放端单选项，如图 10.2.45 所示。

Step9. 在“曲线列表”中单击＋按钮，在弹出的▼ CHAIN (链)菜单中，依次选择One By One (依次) ➞ Select (选取)命令，然后选取图 10.2.46 所示的直线，在“选取”对话框中单击确定按钮，在▼ CHAIN (链)菜单中选择Done (完成)命令。在弹出的“增加/重定义切削线”对话框中选择⊙ 从边单选项，然后单击确定按钮，完成第一条切割线的选取，如图 10.2.47 所示。

说明：若系统在选择Done (完成)命令后，不弹出的“增加/重定义切削线”对话框，只需在单击＋按钮即可。

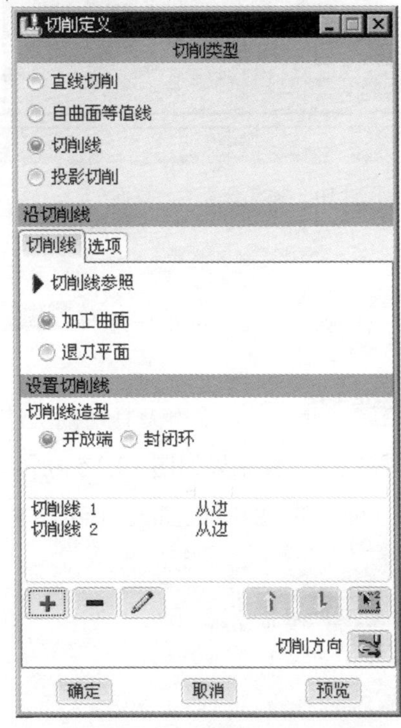

图 10.2.45　“切削定义”对话框

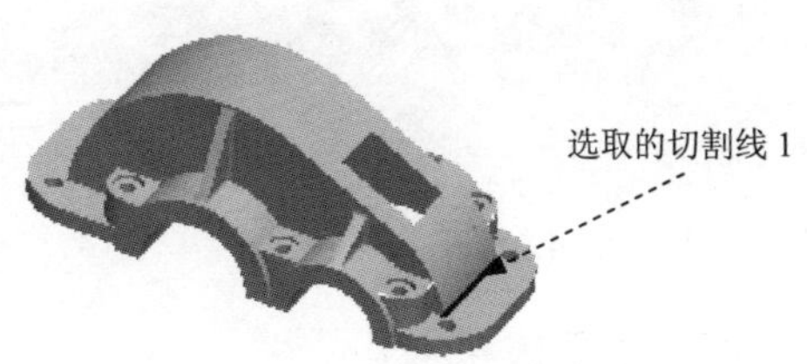

图 10.2.46　所选取的切割线 1

图 10.2.47　“增加/重定义切削线”对话框

Step10. 按照 Step8 完成第二条切割线的选取，如图 10.2.48 所示。

Step11. 单击“切削定义”对话框中的 确定 按钮，退出“切削定义”对话框。

Stage2. 演示刀具轨迹

Step1. 在系统弹出的 ▼ NC SEQUENCE (NC序列) 菜单中选择 Play Path (播放路径) 命令，此时系统弹出 ▼ PLAY PATH (播放路径) 菜单。

Step2. 在 ▼ PLAY PATH (播放路径) 菜单中选择 Screen Play (屏幕演示) 命令，此时弹出“播放路径”对话框。

Step3. 单击“播放路径”对话框中的 ▶ 按钮，可以观察刀具的路径，如图 10.2.49 所示。单击 ▶ CL数据 栏可以查看生成的 CL 数据，如图 10.2.50 所示。

Step4. 演示完成后，单击“播放路径”对话框中的 关闭 按钮。

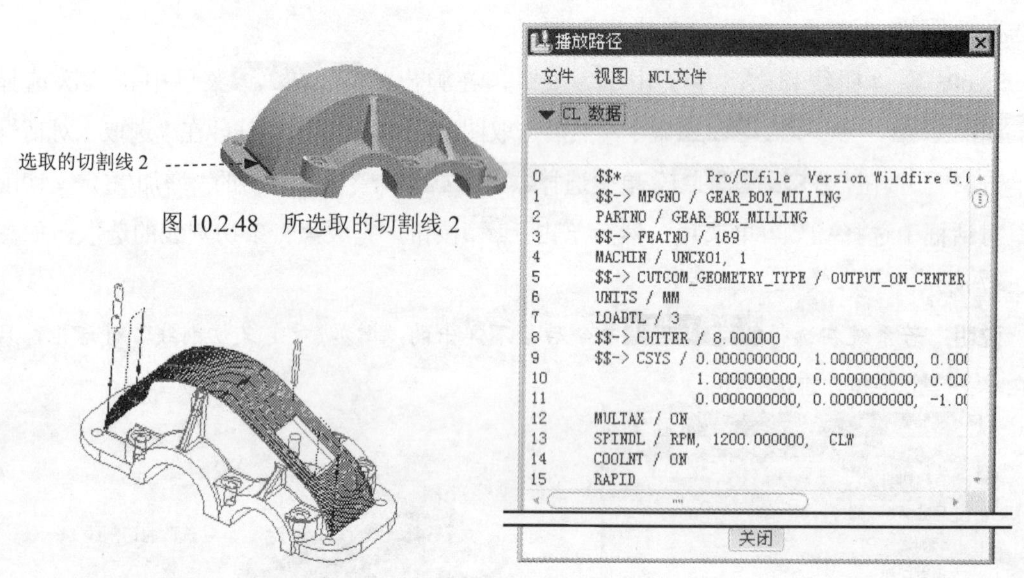

图 10.2.48 所选取的切割线 2

图 10.2.49 刀具路径

图 10.2.50 查看 CL 数据

Stage3. 观察仿真加工

Step1. 在模型树中右击 GEAR_BOX_WORKPIECE.PRT，在弹出的快捷菜单中选择 取消隐藏 命令，取消工件隐藏，否则不能观察仿真加工。

Step2. 在 ▼ PLAY PATH (演示路径) 菜单中选择 NC Check (NC检测) 命令。观察刀具切割工件的运行情况，在弹出的“NC 检查结果”对话框中单击 按钮，仿真结果如图 10.2.51 所示。

Step3. 演示完成后，单击软件右上角的 按钮，在弹出的“Save Changes Before Exiting VERICUT?”对话框中单击 Save Checked Files 按钮。

Step4. 在 ▼ NC SEQUENCE (NC序列) 菜单中选择 Done Seq (完成序列) 命令。

Task8. 钻孔

Stage1. 制造设置

Step1. 选择下拉菜单 步骤(S) ➡ 钻孔(D) ➡ 标准(S) 命令。

Step2. 在弹出的 ▼ SEQ SETUP (序列设置) 菜单中，选择图 10.2.52 所示的复选框，然后选择 Done (完成) 命令，系统弹出“刀具设定”对话框。

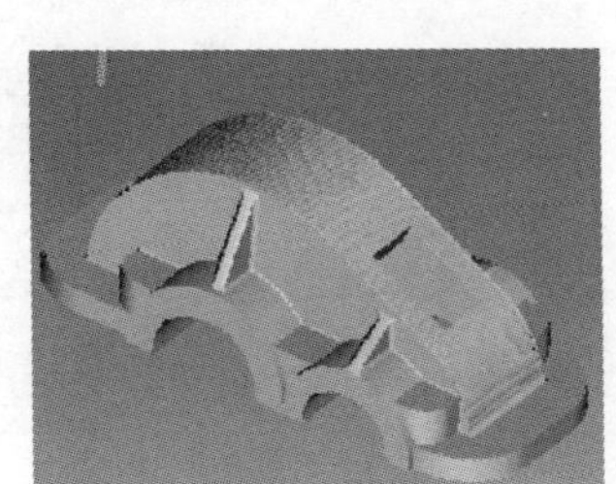

图 10.2.51　NC 检测结果

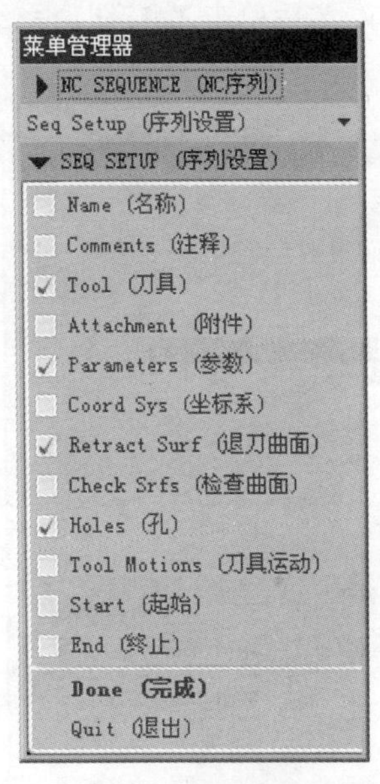

图 10.2.52　“序列设置”菜单

Step3. 刀具的设定。在弹出的“刀具设定”对话框中，单击“新建”按钮 设置新的刀具参数。设置刀具参数（图 10.2.53），然后单击 应用 和 确定 按钮完成刀具参数的设定。

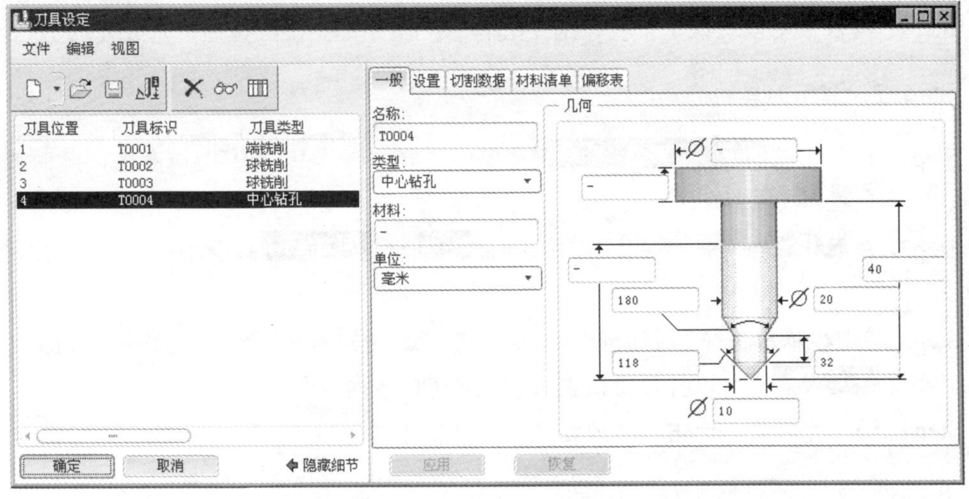

图 10.2.53　“刀具设定”对话框

Step4. 设置基本的加工参数（注：本步的详细操作过程请参见随书光盘中 video\ch10.02\reference\文件下的语音视频讲解文件 gear_box_workpiece-r01.avi）。

Step5. 此时，系统弹出“退刀设置”对话框，在设计树中选取坐标系 ACSO 为退刀参照，然后在 值 的文本框中输入 10.0，单击 确定 按钮。

Step6. 在系统弹出的“孔集”对话框中，单击 细节... 按钮。系统弹出图 10.2.54 所示的“孔集子集”对话框，在“子集”列表中选择“各个轴”，然后在图形区选取图 10.2.55 所示的六条轴，然后单击✔按钮。系统返回到“孔集”对话框，如图 10.2.56 所示。

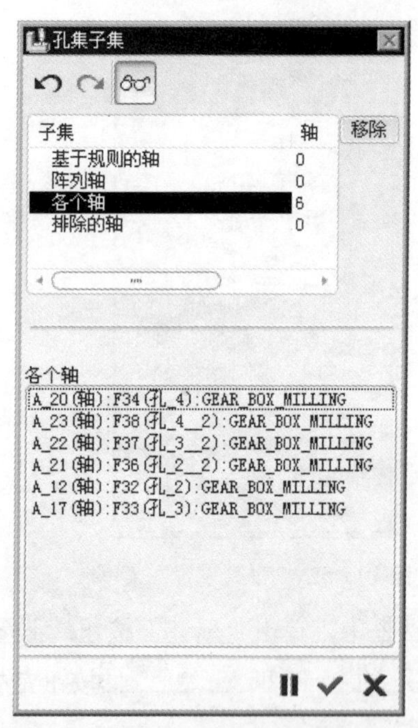

图 10.2.54 “孔集子集”对话框

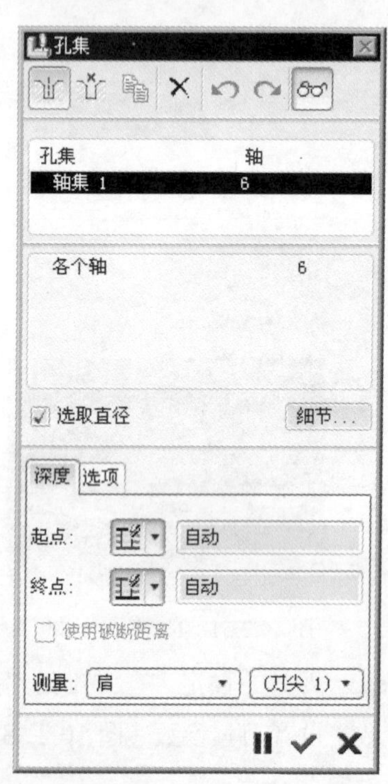

图 10.2.56 “孔集”对话框

Step7. 其他采用系统默认设置。在“孔集”对话框中单击✔按钮，完成孔加工的设置。

Stage2. 演示刀具轨迹

Step1. 在弹出的 ▼ NC SEQUENCE (NC序列) 菜单中选择 Play Path (播放路径) 命令，此时系统弹出 ▼ PLAY PATH (播放路径) 菜单。

Step2. 在 ▼ PLAY PATH (播放路径) 菜单中选择 Screen Play (屏幕演示) 命令，弹出“播放路径”对话框。

Step3. 单击“播放路径”对话框中的 ▶ 按钮，观测刀具的路径，如图 10.2.57 所示。单击 ▶ CL数据 栏可以打开窗口查看生成的 CL 数据。

Step4. 演示完成后，单击“播放路径”对话框中的 关闭 按钮。

Stage3. 观察仿真加工

Step1. 在 ▼ PLAY PATH (播放路径) 菜单中选择 NC Check (NC 检查) 命令，进入刀具模拟环境。观察刀具切割工件的情况，在弹出的“NC 检查结果”对话框中单击 按钮，仿真结果如图

10.2.58 所示。

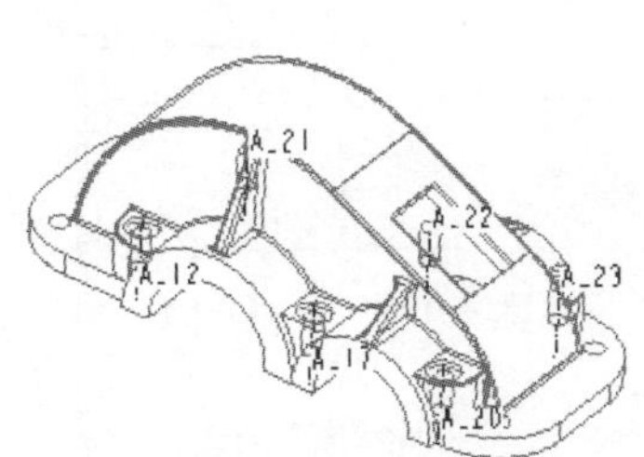

图 10.2.55　所选择的轴

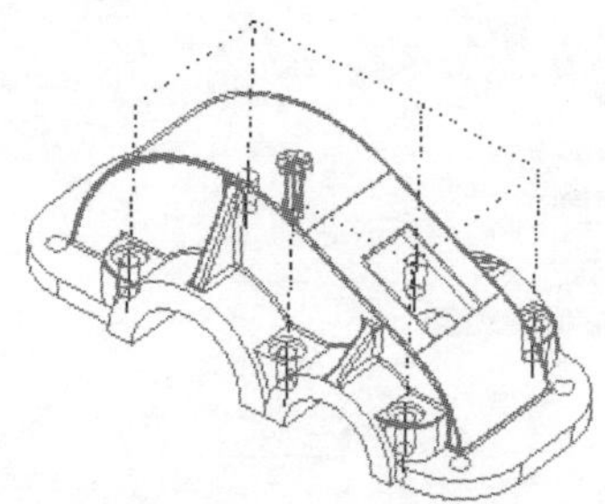
图 10.2.57　刀具路径

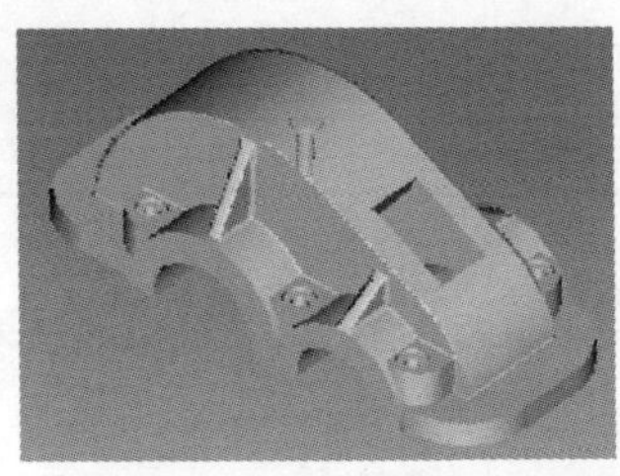
图 10.2.58　“NC 检测”动态仿真

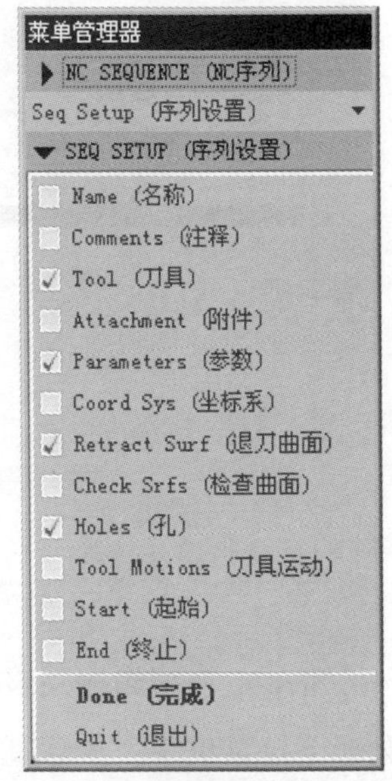

图 10.2.59 “序列设置”菜单

Step2. 演示完成后，单击软件右上角的 X 按钮，在弹出的“Save Changes Before Exiting VERICUT?”对话框中单击 Save Checked Files 按钮。

Step3. 在 NC SEQUENCE (NC序列) 菜单中选择 Done Seq (完成序列) 命令。

Stage4．材料切减

Step1. 选择下拉菜单 插入(I) → 材料去除切削(V) → NC序列列表 → 5: 孔加工, 操作: OP010 → MAT REMOVAL (材料删除) → Automatic (自动) → Done (完成) 命令。

Step2. 系统弹出“相交元件”对话框和“选取”对话框，单击 自动添加 按钮和 ☰ 按钮，然后单击 确定 按钮，完成材料切减。

Task9．镗孔

Stage1．制造设置

Step1. 选择下拉菜单 步骤(S) → 钻孔(D) → 镗孔(O) 命令。

Step2. 在弹出的 SEQ SETUP (序列设置) 菜单中选择图 10.2.59 所示的复选框，然后选择 Done (完成) 命令，系统弹出“刀具设定”对话框。

Step3. 刀具的设定。在弹出的“刀具设定”对话框中，单击“新建”按钮 设置新的刀具参数。设置刀具参数（图 10.2.60），然后单击 应用 按钮并单击 确定 按钮完成刀具参数的设定。

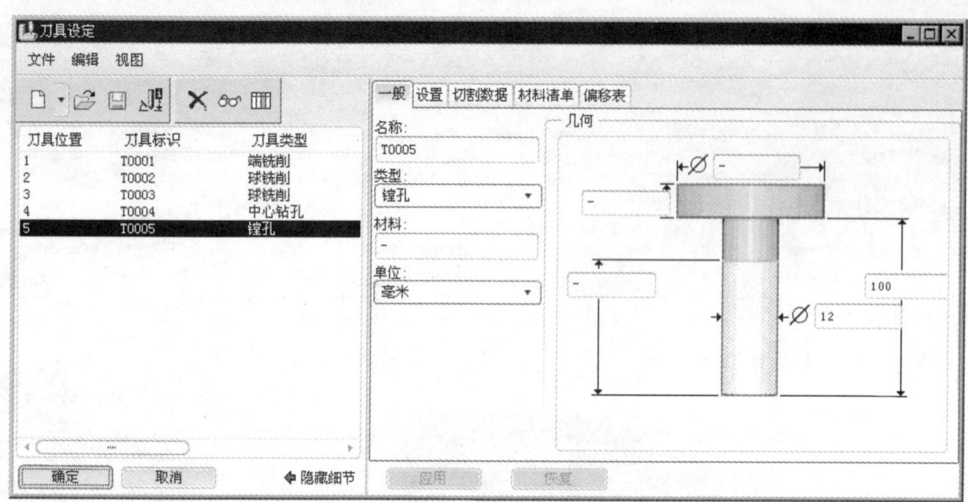

图 10.2.60 “刀具设定”对话框

Step4. 在编辑序列参数“孔加工”对话框中设置基本的加工参数，如图 10.2.61 所示，选择下拉菜单 文件(F) 菜单中的另存为命令。接受系统默认的名称，单击“保存副本”对话框中的确定按钮，然后再次单击编辑序列参数“孔加工”对话框中的确定按钮，完成参数的设置。

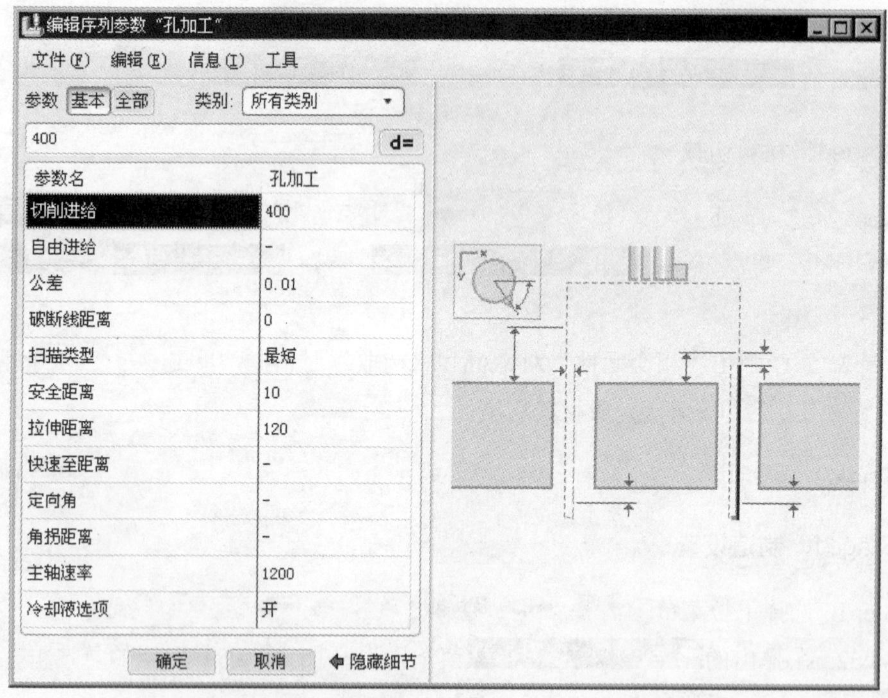

图 10.2.61 编辑序列参数“孔加工”对话框

Step5. 此时，系统弹出“退刀设置”对话框，选取 ACS1 坐标系为退刀参照，单击确定按钮。

Step6. 在系统弹出的“孔集”对话框中，单击细节...按钮。系统弹出图 10.2.62 所示

“孔集子集”对话框，在“子集”列表中选择“各个轴”，然后选择图 10.2.63 所示的孔内侧面，然后单击✓按钮。系统返回到“孔集”对话框，如图 10.2.64 所示。

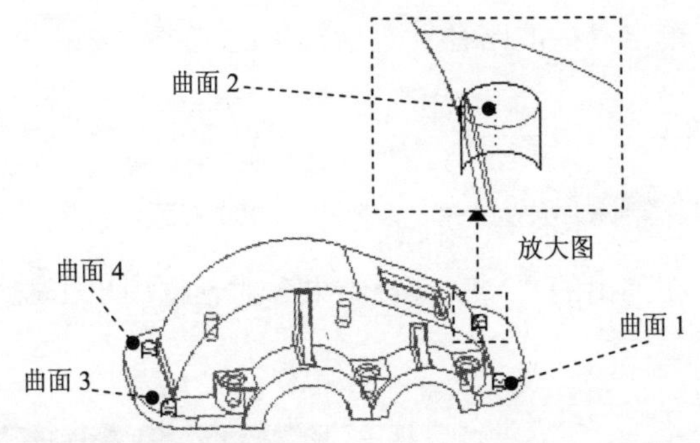

图 10.2.63　选择的曲面

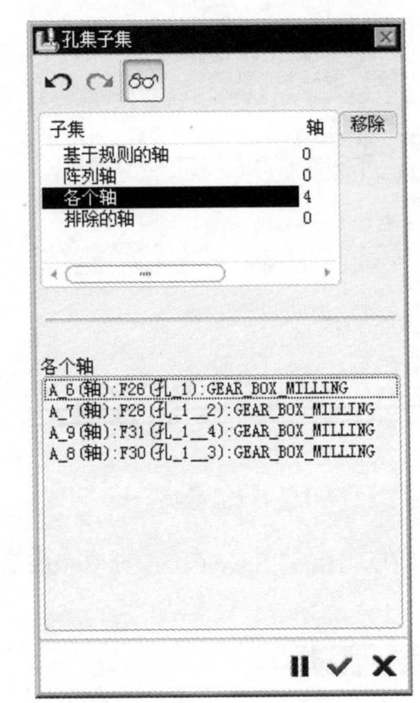

图 10.2.62　“孔集子集”对话框

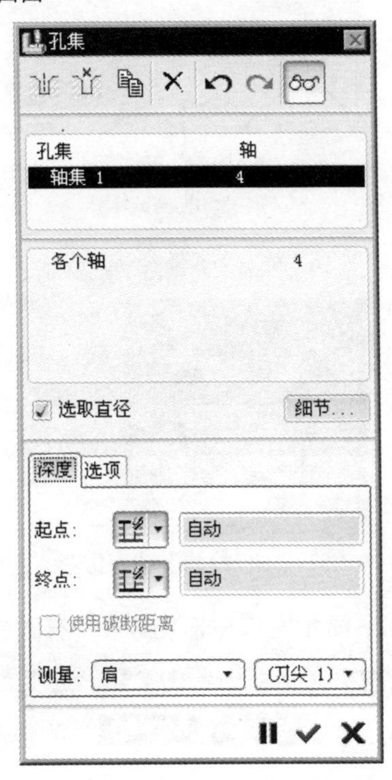

图 10.2.64　“孔集”对话框

Step7. 在“孔集”对话框中单击✓按钮，完成加工孔的设置。

Stage2. 演示刀具轨迹

Step1. 在弹出的▼ NC SEQUENCE (NC序列)菜单中选择 Play Path (播放路径) 命令，此时系统弹出▼ PLAY PATH (播放路径)菜单。

Step2. 在▼ PLAY PATH (播放路径)菜单中选择Screen Play (屏幕演示)命令，弹出“播放路径”对话框。

Step3. 单击对话框中的 ▶ 按钮，观测刀具的路径，如图 10.2.65 所示。单击 ▶ CL数据 栏可以打开窗口查看生成的 CL 数据，如图 10.2.66 所示。

Step4. 演示完成后，单击“播放路径”对话框中的 关闭 按钮。

Stage3. 观察仿真加工

Step1. 在 ▼ PLAY PATH (播放路径) 菜单中选择 NC Check (NC 检查) 命令，进入刀具模拟环境。观察刀具切割工件的情况，在弹出的“NC 检查结果”对话框中单击 按钮，仿真结果如图 10.2.67 所示。

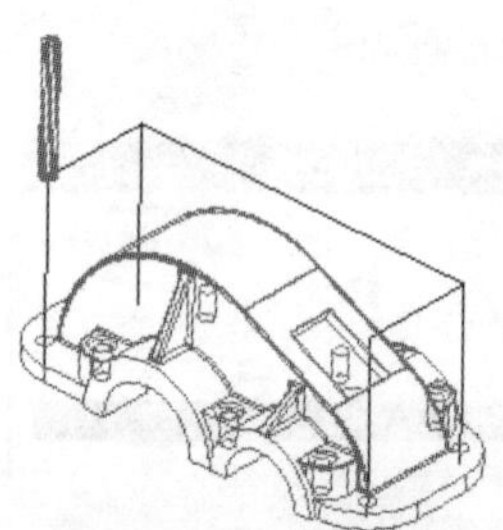

图 10.2.65　刀具路径

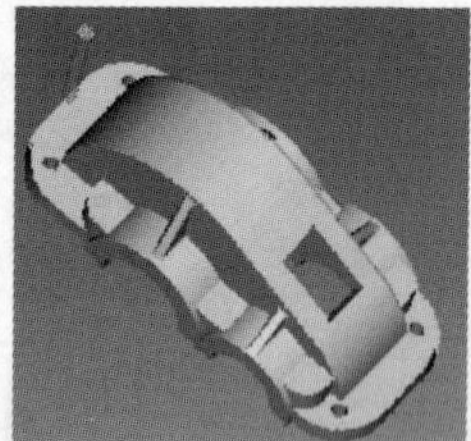

图 10.2.67 “NC 检测”动态仿真

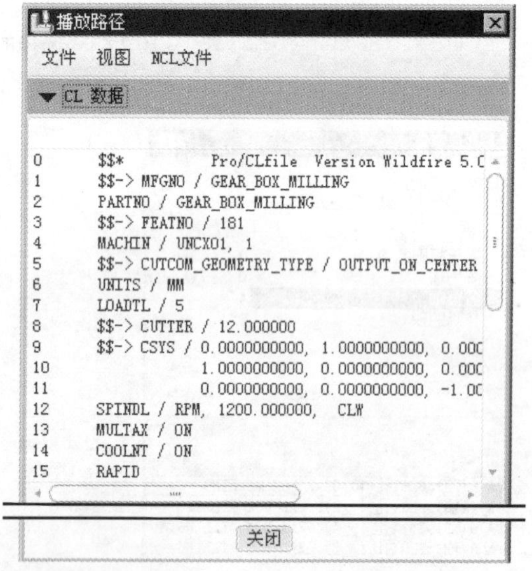

图 10.2.66　查看 CL 数据

Step2. 演示完成后，单击软件右上角的 ☒ 按钮，在弹出的“Save Changes Before Exiting VERICUT?”对话框中单击 Save Checked Files 按钮。

Step3. 在 NC Sequence (NC序列) 菜单中选择 Done Seq (完成序列) 命令。

Stage4. 材料切减

Step1. 选择下拉菜单 插入(I) → 材料去除切削(V) → ▼ NC序列列表 → 6: 孔加工, 操作: OP010 → ▼ MAT REMOVAL (材料删除) → Automatic (自动) → Done (完成) 命令。

Step2. 系统弹出“相交元件”对话框和“选取”对话框，单击“相交元件”对话框中的 自动添加 按钮和 按钮，然后单击 确定 按钮，完成材料切减。

Step3. 选择下拉菜单 文件(F) → 保存(S) 命令，保存文件。

10.3　轴　加　工

下面介绍图 10.3.1 所示的轴零件的加工过程，其加工工艺路线如图 10.3.2、图 10.3.3 所示。

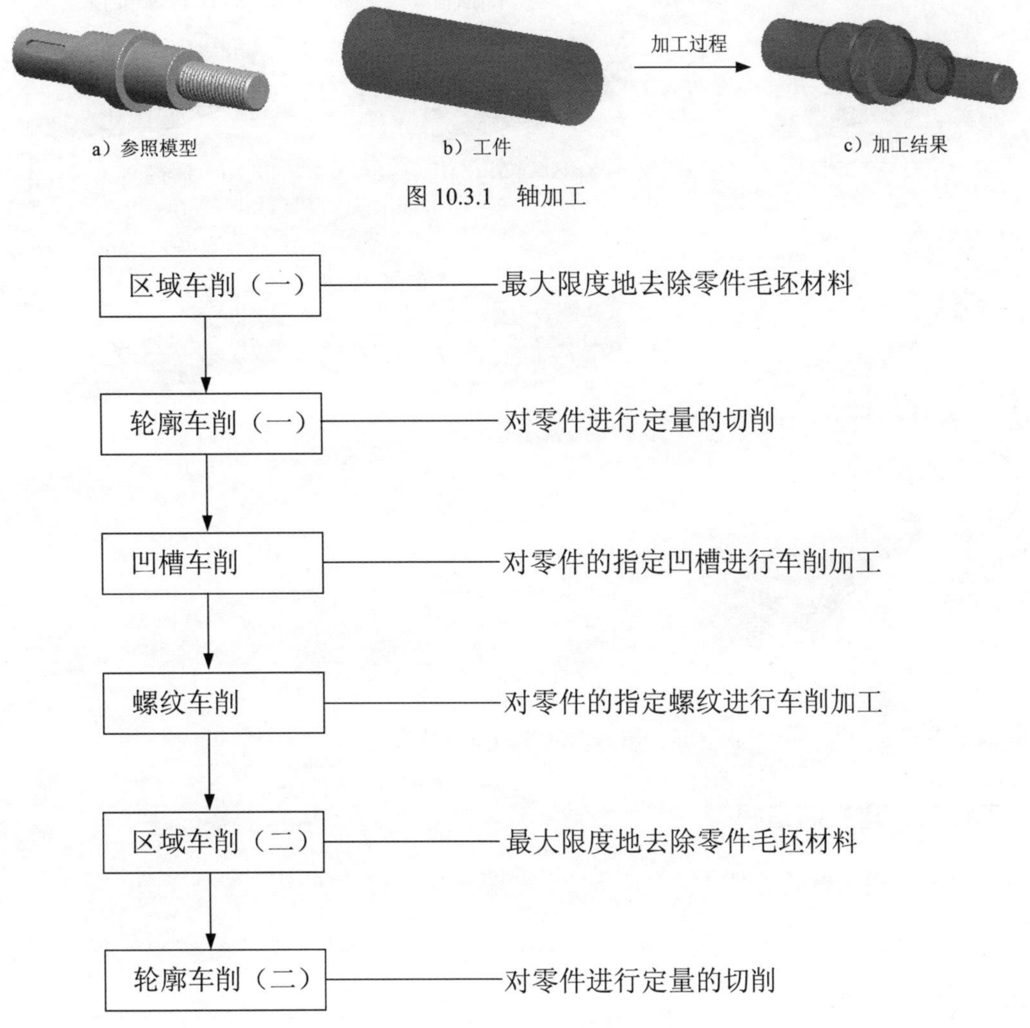

图 10.3.1　轴加工

图 10.3.2　加工工艺路线（一）

轴的加工过程如下：

Task1．新建一个数控制造模型文件

新建一个数控制造模型文件，操作提示如下：

Step1. 设置工作目录。选择下拉菜单 文件(F) → 设置工作目录(W)... 命令，将工作目录设置至 D:\proewf5.9\work\ch10.03\。

Step2. 选择下拉菜单 文件(F) → 新建(N)...，弹出“新建”对话框。

Step3. 在“新建”对话框中，选中 类型 选项组中的 制造 选项，选中 子类型 选项组中的 NC组件 选项，在 名称 文本框中输入文件名 turning，取消 使用缺省模板 复选框中的“√”号，单击该对话框中的 确定 按钮。

Step4. 在系统弹出的“新文件选项”对话框的模板选项组中选取 mmns_mfg_nc 模板，然后在该对话框中单击 确定 按钮。

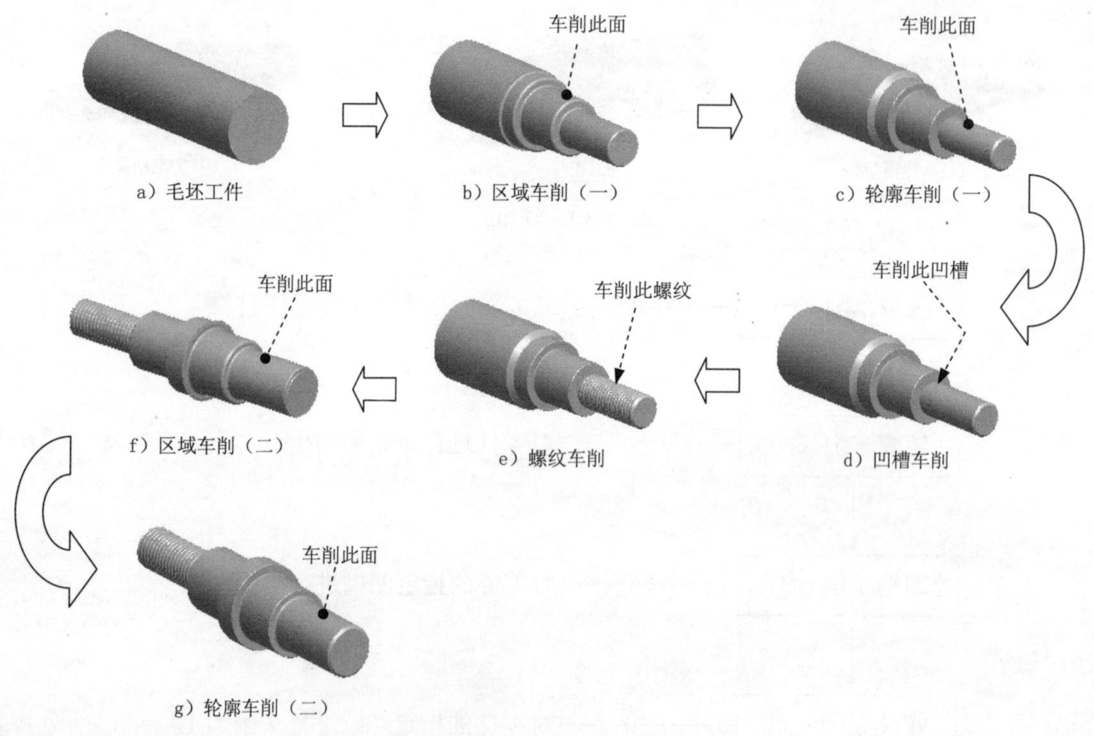

图 10.3.3　加工工艺路线（二）

Task2. 建立制造模型

Stage1. 引入参照模型

Step1. 选择下拉菜单 插入(I) → 参照模型(R) → 装配(A)... 命令，系统弹出“打开”对话框。

Step2. 从弹出的文件“打开”对话框中，选取三维零件模型——turning.prt 作为参照零件模型，并将其打开。系统弹出“放置”操控板。

Step3. 在“放置”操控板中选择 缺省 命令，然后单击 ✓ 按钮，此时系统弹出“创建参照模型”对话框，单击此对话框中的 确定 按钮，完成参照模型的放置，放置后如图 10.3.4 所示。

Step4.选择下拉菜单 插入(I) → 模型基准(D) → 坐标系(C)... 命令，弹出“坐标系”对话框，如图 10.3.5 所示。依次选择 NC_ASM_TOP、NC_ASM_FRONT 基准面和图

10.3.6 所示的曲面 1 为三个参照平面，单击确定按钮完成坐标系的创建。

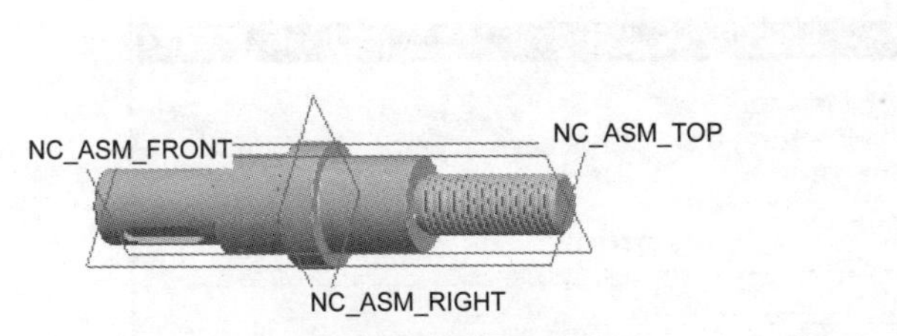

图 10.3.4　放置后的参照模型

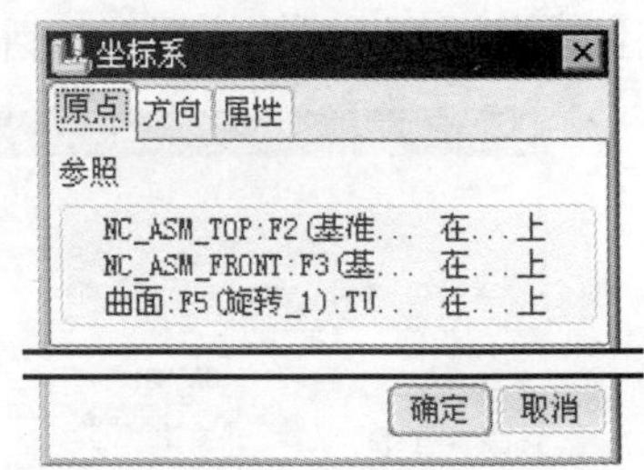

图 10.3.5　“坐标系”对话框

Stage2．创建工件

Step1. 选择下拉菜单插入(I) → 工件(W) → 自动工件(W)... 命令，系统弹出“创建工件”操控板。

Step2. 单击操控板中的按钮，然后在模型树中选取坐标系 ACSO 作为放置毛坯工件的原点，然后单击操控板中的选项按钮，在总直径文本框中输入 38.0，单击操控板中的按钮，完成工件的创建如图 10.3.7 所示。

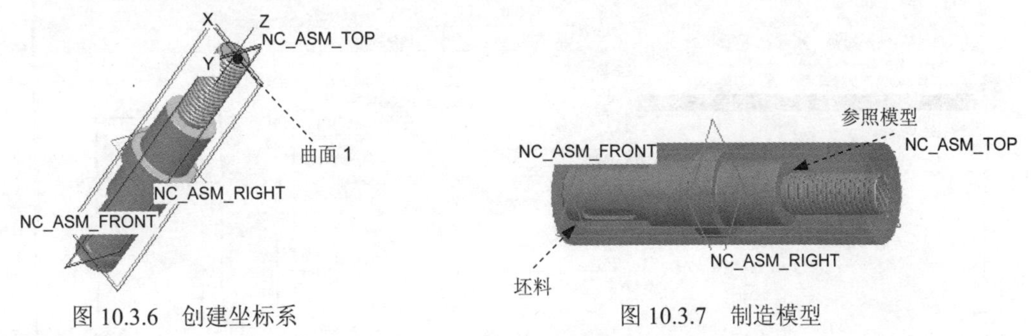

图 10.3.6　创建坐标系　　　　图 10.3.7　制造模型

Task3．制造设置

Step1. 选择下拉菜单步骤(S) → 操作(O)命令，此时系统弹出“操作设置”对话框。

Step2. 机床设置。单击“操作设置”对话框中的按钮，弹出“机床设置”对话框。在机床类型(T)下拉列表中选择车床，在转塔数(U)下拉列表中选择1个塔台，如图 10.3.8 所示。

Step3. 刀具设置。在“机床设置”对话框中的切削刀具(C)选项卡中，单击切削刀具设置选项组中的按钮。

Step4. 在弹出的“刀具设定”对话框中，设置刀具参数如图 10.3.9 所示，单击“刀具设定”对话框中的应用按钮，然后单击确定按钮，返回到“机床设置”对话框。

Step5. 在“机床设置”对话框中单击确定按钮，完成机床设置，返回“操作设置”对话框。

Step6. 机床坐标系的设置。在“操作设置”对话框中的参照选项组中单击按钮，在弹出的▼ MACH CSYS（制造坐标系）菜单中选择 Select（选取）命令，然后选取坐标系 ACSO，系统自动返回到“操作设置”对话框。

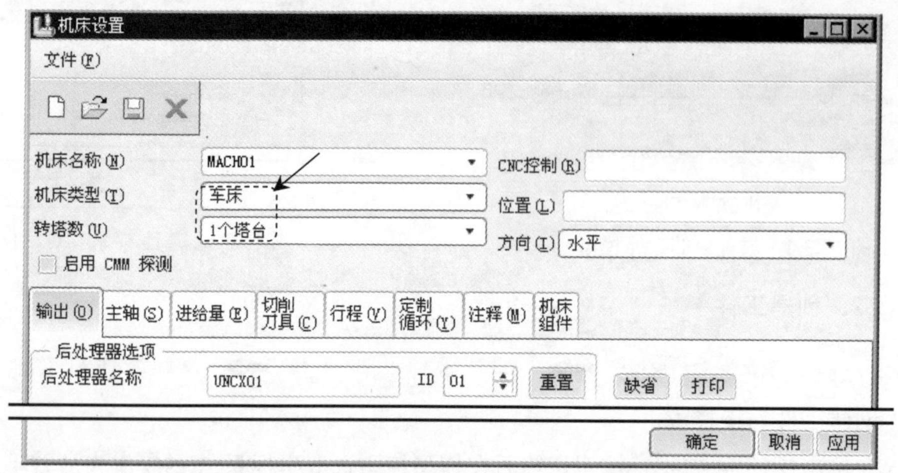

图 10.3.8　“机床设置”对话框

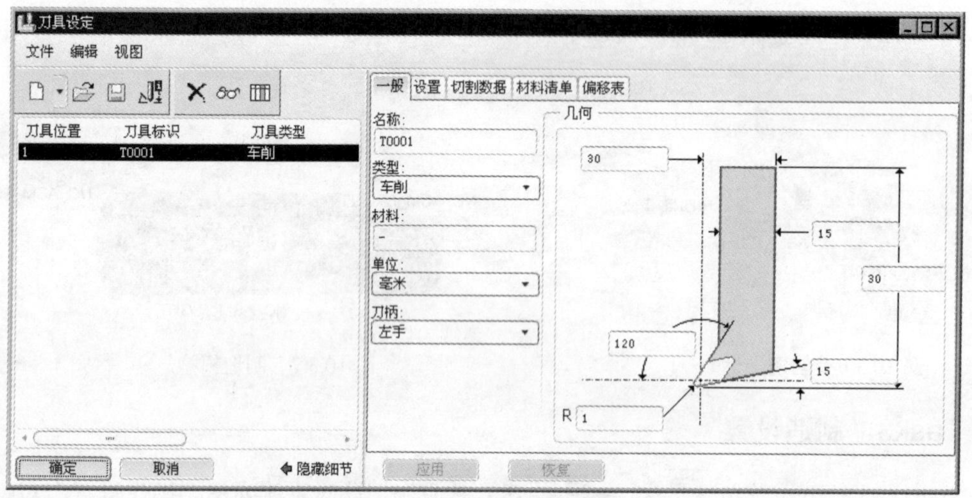

图 10.3.9　“刀具设定”对话框

Step7. 退刀面的设置。在“操作设置”对话框中的 退刀 选项卡中选择 按钮，系统弹出“退刀设置”对话框，然后在 类型 下拉列表中选取 平面，选取坐标系 ACSO 为参照，在 值 文本框中输入 10.0，最后单击 确定 按钮，完成退刀平面的创建。

Step8. 在“操作设置”对话框的 公差 文本框中输入加工的公差值 0.015，然后单击 确定 按钮，完成制造设置。

Task4. 区域车削

Step1. 选择下拉菜单 步骤(S) → 区域车削(A) 命令，如图 10.3.10 所示。

Step2. 在系统弹出的▼ SEQ SETUP（序列设置）菜单中选择图 10.3.11 所示的复选框，然后选择 Done（完成）命令。

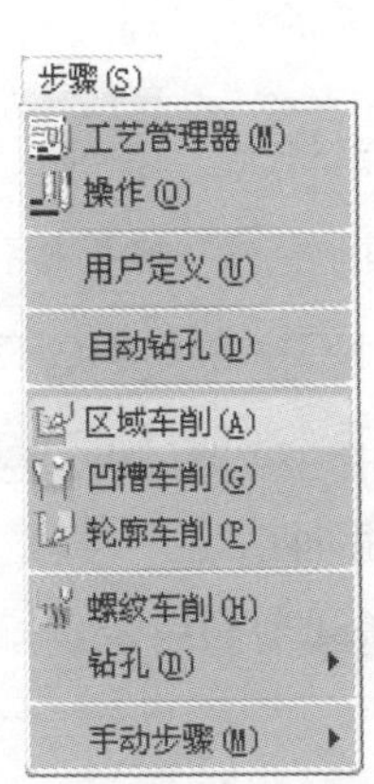

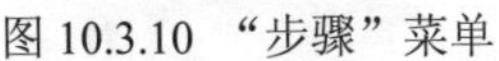

图 10.3.10 “步骤”菜单

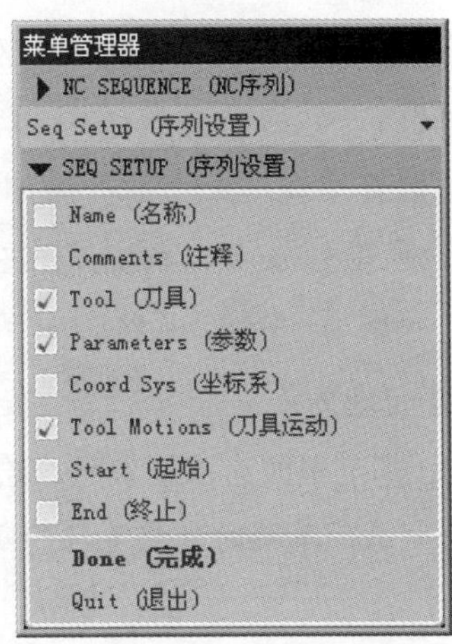

图 10.3.11 “序列设置”菜单

Step3. 在系统弹出的“刀具设定”对话框中单击 确定 按钮。

Step4. 在系统弹出的“编辑序列参数‘区域车削’”对话框中设置基本的加工参数，如图 10.3.12 所示，选择下拉菜单 文件(F) 菜单中的 另存为 命令。将文件命名为 trnprm01，单击“保存副本”对话框中的 确定 按钮，然后再次单击“编辑序列参数‘区域车削’”对话框中的 确定 按钮，完成参数的设置。

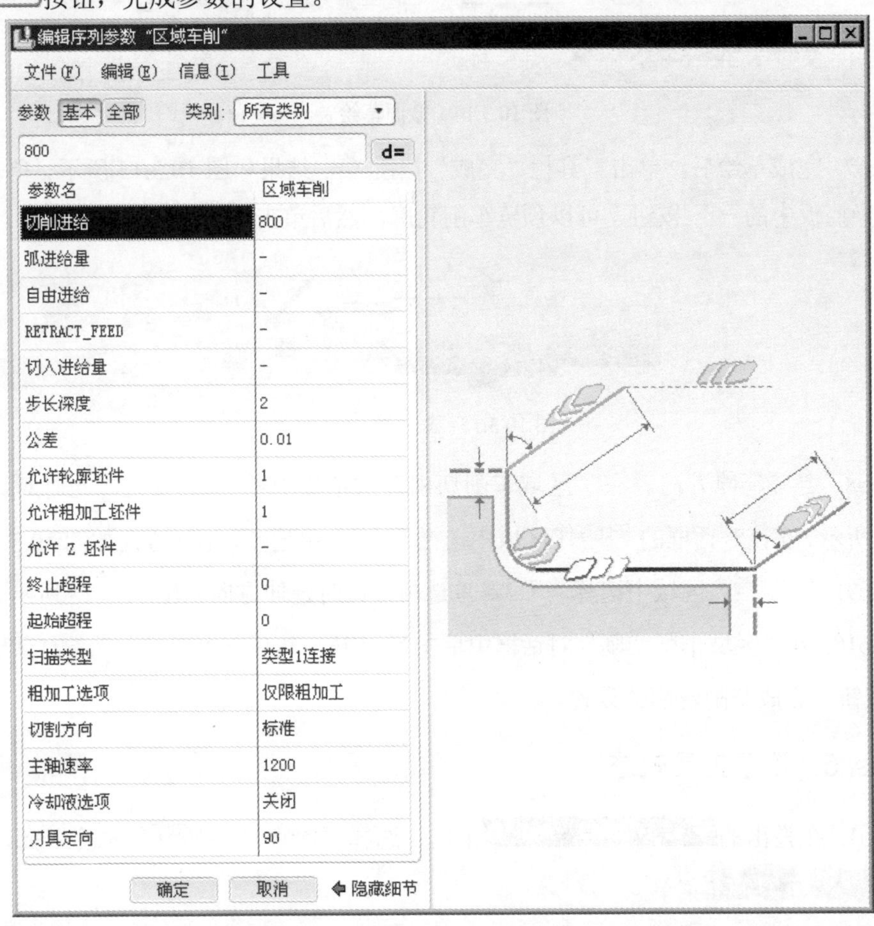

图 10.3.12 “编辑序列参数‘区域车削’”对话框

Step5. 在系统弹出的“刀具运动”对话框中单击 插入 按钮，此时系统弹出 “区域车削切削”对话框。

Step6. 此时在系统 选取车削轮廓. 的提示下，选择下拉菜单 插入(I) ➡ 制造几何(G) ➡ 车削轮廓(P)... 命令，系统弹出图 10.3.13 所示的“车削轮廓”操控板，依次单击操控板中的 ➡ 按钮，系统弹出“草绘”对话框，选取 NC_ASM_RIGHT 基准平面为草绘参照，方向选为右。单击 草绘 按钮，进入草绘环境后，选取 NC_ASM_RIGHT、NC_ASM_TOP 基准平面为草绘参照。绘制图 10.3.14 所示的截面草绘。

说明：绘制截面草图时可将毛坯隐藏，截面草图都是沿着模型的轮廓线。

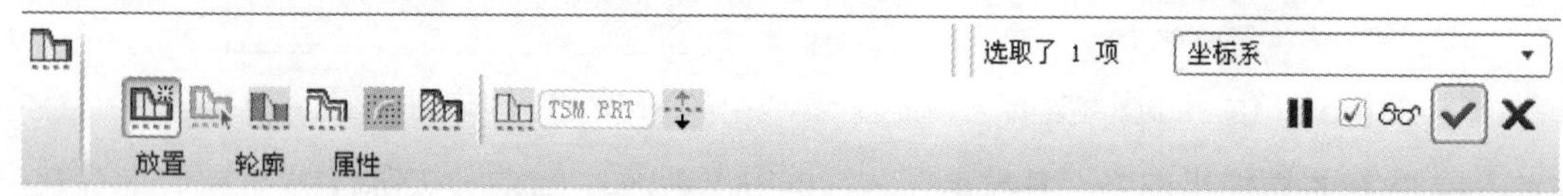

图 10.3.13　“车削轮廓”操控板

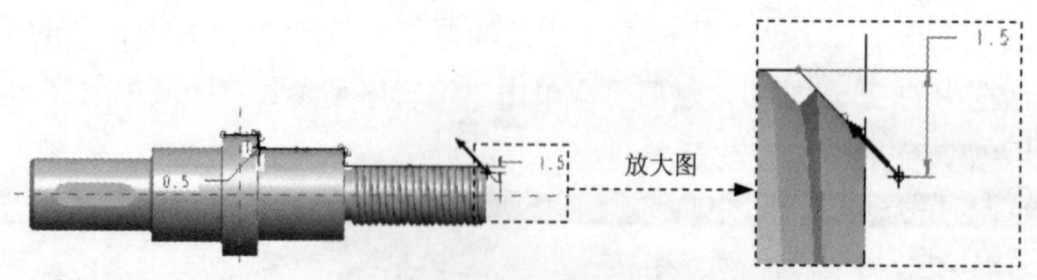

图 10.3.14　截面草绘

Step7. 完成草绘后，单击工具栏“完成”按钮，结果如图 10.3.15 所示。单击“车削轮廓”操控板中的按钮，可以预览车削轮廓，然后单击按钮。

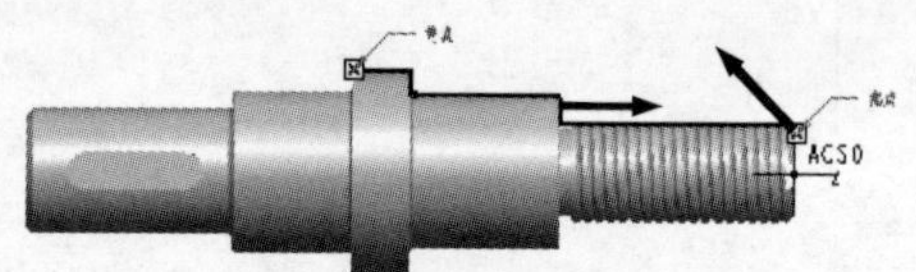

图 10.3.15　选择方向

Step8. 定义延伸方向。在“区域车削切削”对话框中单击按钮，此时对话框如图 10.3.16 所示。在该对话框的 开始延伸 区域中选择 Z 正向 单选项，延伸方向如图 10.3.17 所示。

Step9. 在 结束延伸 区域中选择 X 正向 单选项，此时延伸方向如图 10.3.18 所示。

Step10. 在“区域车削切削”对话框中单击按钮，然后在“刀具运动”对话框中单击 确定 按钮，完成车削轮廓的设置。

Task5. 演示刀具轨迹

Step1. 在弹出的 ▼ NC SEQUENCE (NC序列) 菜单中选择 Play Path (播放路径) 命令，此时系统弹出 ▼ PLAY PATH (播放路径) 菜单。

Step2. 在▼ PLAY PATH（播放路径）菜单中选择Screen Play（屏幕演示）命令，弹出“播放路径”对话框。

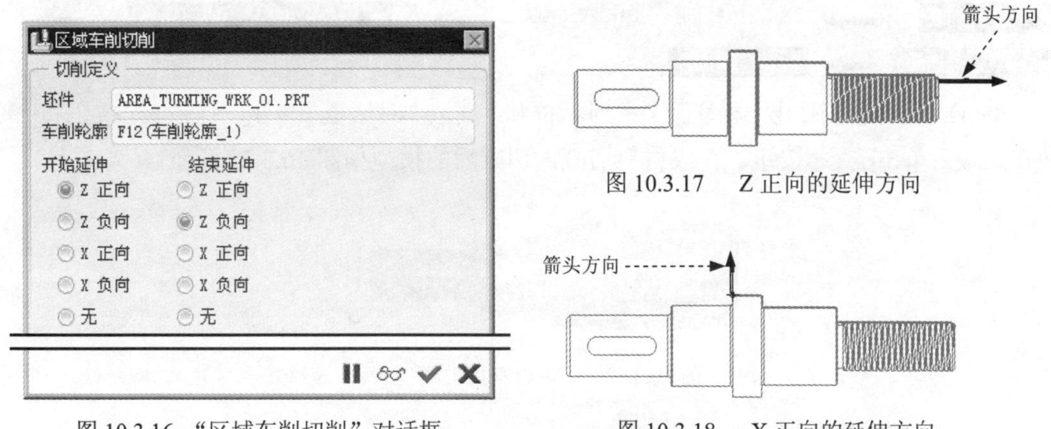

图 10.3.16 “区域车削切削”对话框

图 10.3.17　Z 正向的延伸方向

图 10.3.18　X 正向的延伸方向

Step3. 单击“播放路径”对话框中的▶按钮，观测刀具的路径，如图 10.3.19 所示。单击▶ CL数据栏打开窗口查看生成的 CL 数据，其 CL 数据如图 10.3.20 所示。

Step4. 演示完成后，单击“播放路径”对话框中的关闭按钮。

Task6. 加工仿真

Step1. 在▼ PLAY PATH（播放路径）菜单中选择 NC Check（NC 检查）命令。观察刀具切割工件的运行情况，在弹出的“NC 检查结果”对话框中单击按钮，运行结果如图 10.3.21 所示。

Step2. 演示完成后，单击软件右上角的按钮，在弹出的“Save Changes Before Exiting VERICUT?”对话框中单击Save Checked Files按钮。

Step3. 在▼ NC SEQUENCE（NC序列）菜单中选择Done Seq（完成序列）命令。

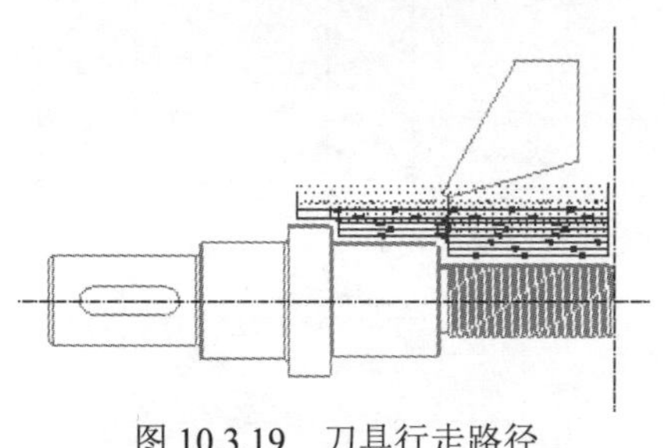

图 10.3.19　刀具行走路径

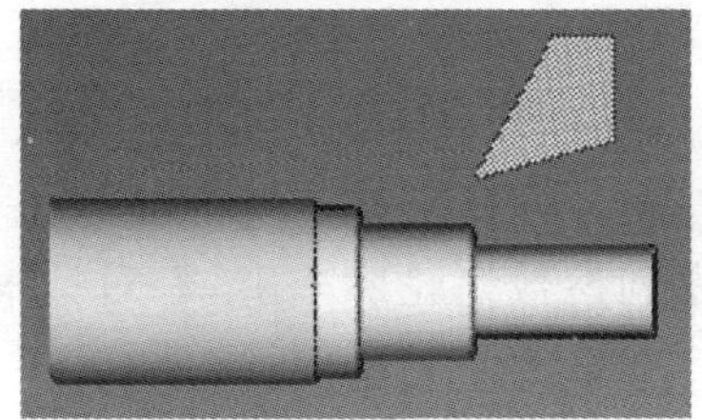

图 10.3.21　NC 检测运行结果

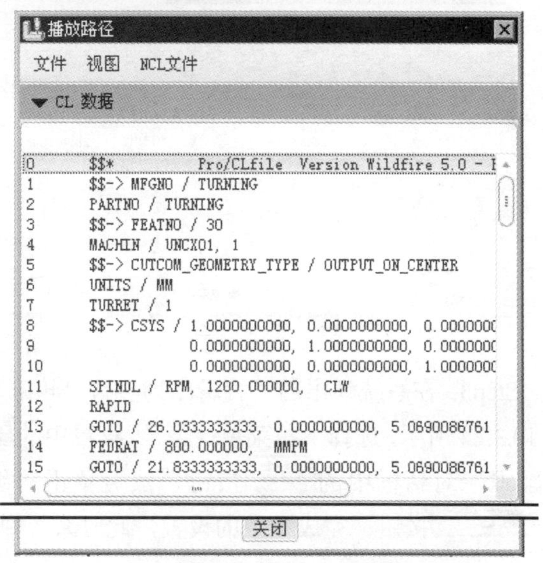

图 10.3.20　查看 CL 数据

Task7．切减材料

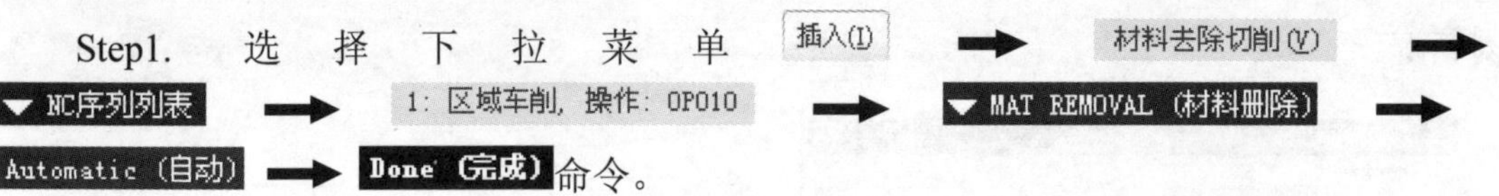

Step1. 选择下拉菜单 插入(I) → 材料去除切削(V) → ▼ NC序列列表 → 1：区域车削，操作：OP010 → ▼ MAT REMOVAL（材料删除）→ Automatic（自动）→ Done（完成）命令。

Step2. 此时系统弹出“相交元件”对话框和“选取”对话框。单击 自动添加 按钮和 按钮，最后单击 确定 按钮，完成材料切减，切减后的模型如图 10.3.22 所示。

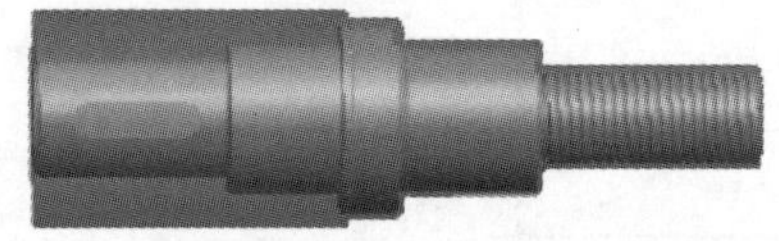

图 10.3.22　切减材料后的模型

Task8．轮廓车削

Step1. 选择下拉菜单 步骤(S) → 轮廓车削(P) 命令，此时系统弹出“序列设置”菜单。

Step2. 在弹出的 ▼ SEQ SETUP（序列设置）菜单中选择 ☑ Tool（刀具）、☑ Parameters（参数）和 ☑ Tool Motions（刀具运动）复选框，然后选择 Done（完成）命令。在弹出的“刀具设定”对话框中选择下拉菜单 文件 → 新建 命令，然后设置图 10.3.23 所示的刀具参数，依次单击 应用 和 确定 按钮。

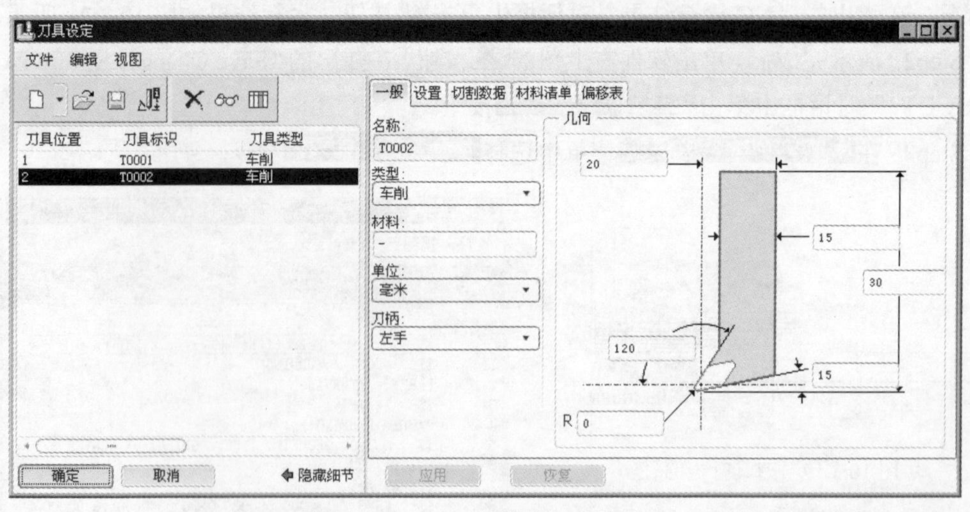

图 10.3.23　“刀具设定”对话框

Step3. 在系统弹出的“编辑序列参数‘轮廓车削’”对话框中设置基础的加工参数，如图 10.3.24 所示，选择下拉菜单 文件(F) 菜单中的 另存为 命令。将文件命名为 trnprm02，单击“保存副本”对话框中的 确定 按钮，然后单击“编辑序列参数‘轮廓车削’”对话框中的 确定 按钮，完成参数的设置，此时系统弹出“刀具运动”对话框。

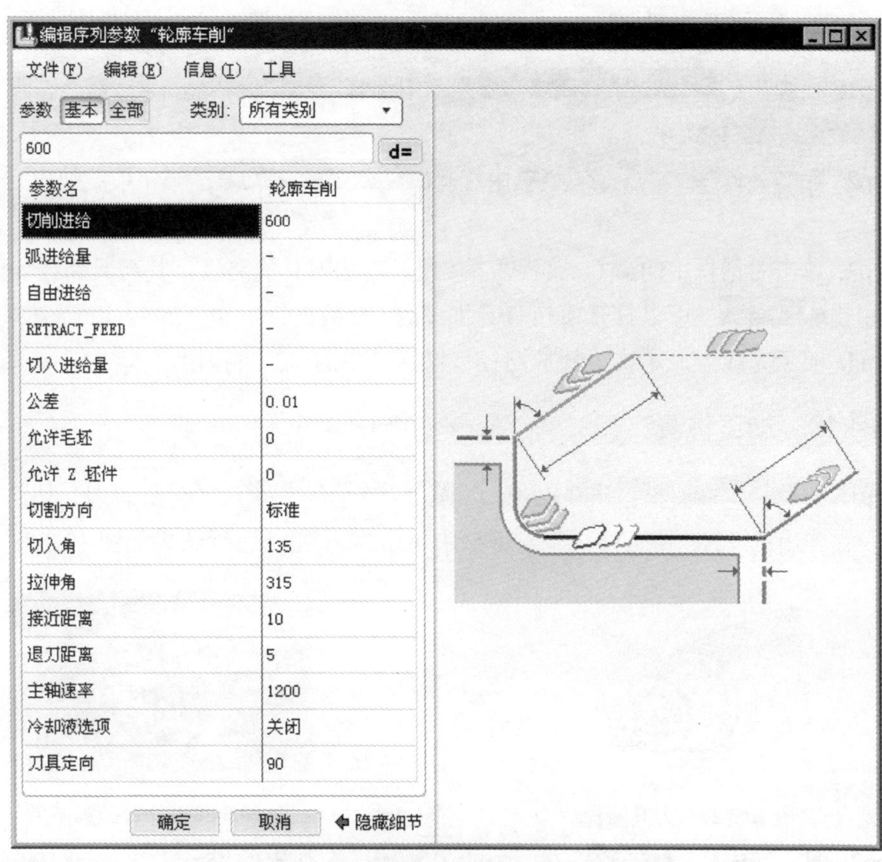

图 10.3.24　编辑序列参数“轮廓车削”对话框

Step4. 在系统弹出的“刀具运动”对话框中单击 插入 按钮，此时系统弹出“轮廓车削切削”对话框，如图 10.3.25 所示。

Step5. 选择车削轮廓。在模型树里面选取 车削轮廓 1 [车削轮廓] 。

Step6. 在“轮廓车削切削”对话框中单击 ✔ 按钮，系统返回“刀具运动”对话框，如图 10.3.26 所示，然后单击 确定 按钮，完成轮廓车削的设置。

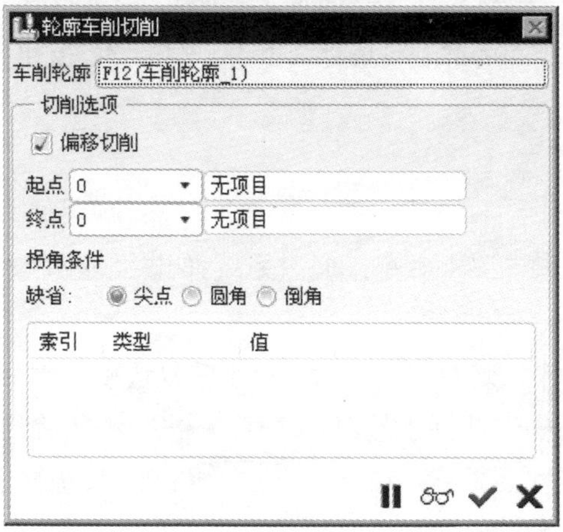

轮廓车削切削
车削轮廓 F12 (车削轮廓_1)
切削选项
偏移切削
起点 0　无项目
终点 0　无项目
拐角条件
缺省:　尖点　圆角　倒角
索引　类型　值

图 10.3.25　“轮廓车削切削”对话框

图 10.3.26　“刀具运动”对话框

Task9. 演示刀具轨迹

Step1. 在弹出的▼ NC SEQUENCE (NC序列)菜单中选择 Play Path (播放路径) 命令，此时系统弹出▼ PLAY PATH (播放路径)菜单。

Step2. 在▼ PLAY PATH (播放路径)菜单中选择Screen Play (屏幕演示)命令，系统弹出“播放路径”对话框。

Step3. 单击对话框中的▶按钮，观测刀具的路径，其刀具路径如图 10.3.27 所示。单击▶ CL数据栏可以打开窗口查看生成的 CL 数据。

Step4. 演示完成后，单击“播放路径”对话框中的关闭按钮。

Task10. 加工仿真

Step1. 在▼ PLAY PATH (播放路径)菜单中选择 NC Check (NC 检查) 命令。观察刀具切割工件的运行情况，在弹出的“NC 检查结果”对话框中单击按钮，运行结果如图 10.3.28 所示。

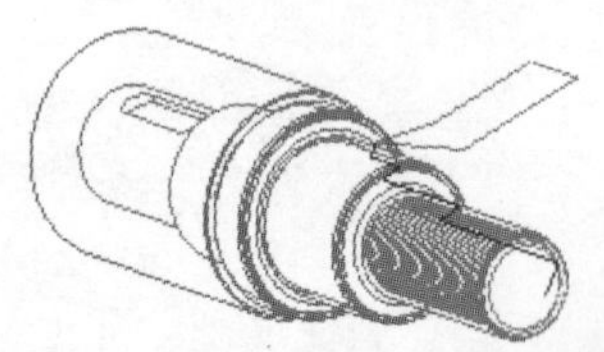

图 10.3.27 刀具路径

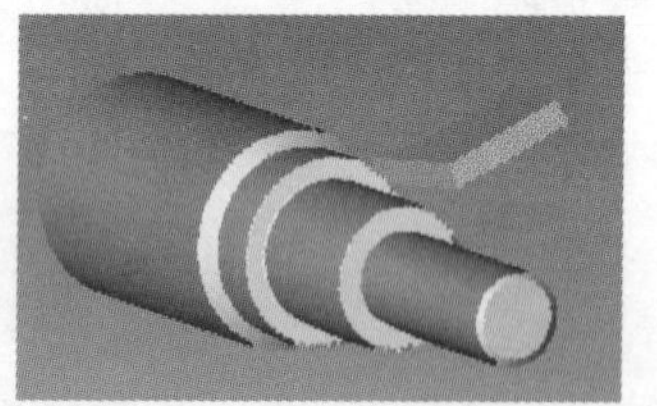

图 10.3.28 NC 检测结果

Step2. 演示完成后，单击软件右上角的☒按钮，在弹出的“Save Changes Before Exiting VERICUT?”对话框中单击 Save Checked Files 按钮。

Step3. 在▼ NC SEQUENCE (NC序列)菜单中选择Done Seq (完成序列)命令。

Task11. 切减材料

Step1. 选择下拉菜单 插入(I) ➡ 材料去除切削(V) ➡ ▼ NC序列列表 ➡ 2: 轮廓车削, 操作: OP010 ➡ ▼ MAT REMOVAL (材料删除) ➡ Automatic (自动) ➡ 命令。

Step2. 此时系统弹出“相交元件”对话框和“选取”对话框，单击自动添加按钮和按钮，最后单击确定按钮，完成材料切减。

Task12. 坡口切削

Step1. 选择下拉菜单 步骤(S) ➡ 凹槽车削(G) 命令，此时系统弹出“序列设置”菜单。

Step2. 在弹出的▼ SEQ SETUP (序列设置)菜单中，选择图 10.3.29 所示的复选框，然后选择 Done (完成)命令，在弹出的“刀具设定”对话框中选择下拉菜单 文件 ➡ 新建 命令，然后设置图 10.3.30 所示的刀具参数，依次单击 应用 和 确定 按钮，系统弹出“编辑序列参数‘凹槽车削’”对话框。

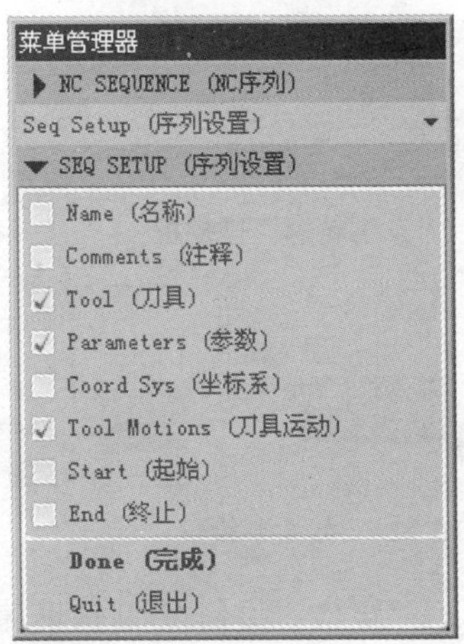

图 10.3.29 “序列设置”菜单

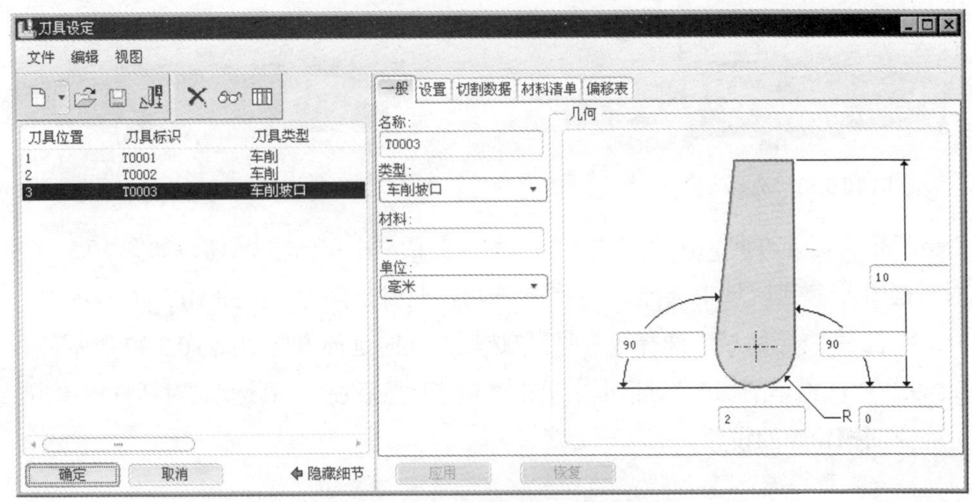

图 10.3.30 “刀具设定”对话框

Step3. 在系统弹出的“编辑序列参数‘凹槽车削’”对话框中设置基本的加工参数（注：本步的详细操作过程请参见随书光盘中 video\ch10.03\reference\文件下的语音视频讲解文件 turning-r01.avi）。

Step4. 在系统弹出的“刀具运动”对话框中单击 插入 按钮，此时系统弹出“凹槽车削切削”对话框。

Step5. 此时在系统 选取车削轮廓. 的提示下，选择下拉菜单 插入(I) → 制造几何(G) → 车削轮廓(P)... 命令，系统弹出图 10.3.31 所示的“车削轮廓”操控板，依次单击操控板中的 → 按钮，系统弹出“草绘”对话框，选取 NC_ASM_RIGHT 基准平面为草绘参照，方向选为右。单击 草绘 按钮，进入草绘环境后，选取 NC_ASM_TOP、NC_ASM_RIGHT 基准平面为草绘参照。绘制图 10.3.32 所示的截面草绘。

说明：绘制截面草图时可将毛坯隐藏。

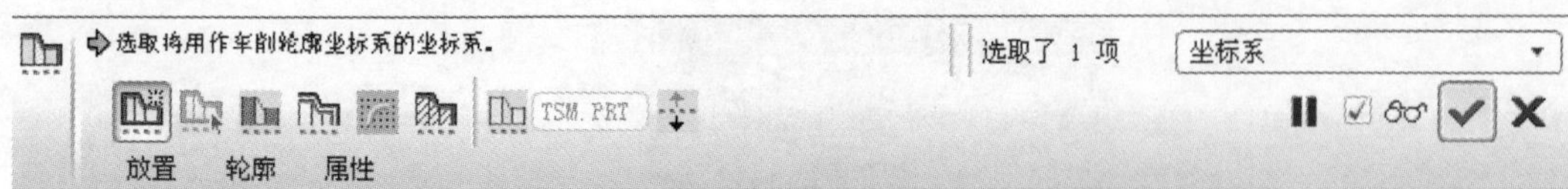

图 10.3.31　“车削轮廓”操控板

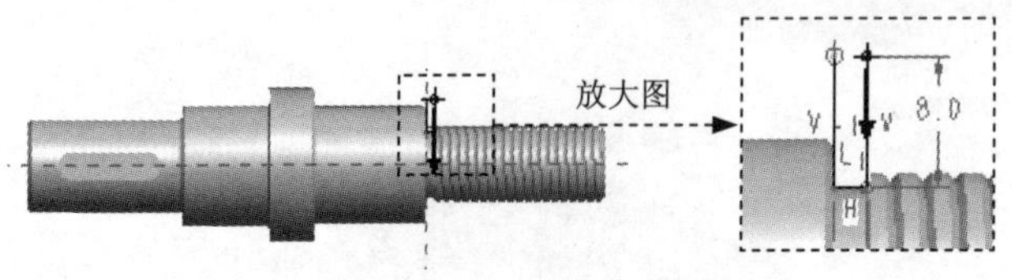

图 10.3.32　截面草绘

Step6. 完成草绘后，单击工具栏“完成”按钮，结果如图 10.3.33 所示。单击“车削轮廓”操控板中的按钮，可以预览车削轮廓如图 10.3.34 所示，然后单击按钮。

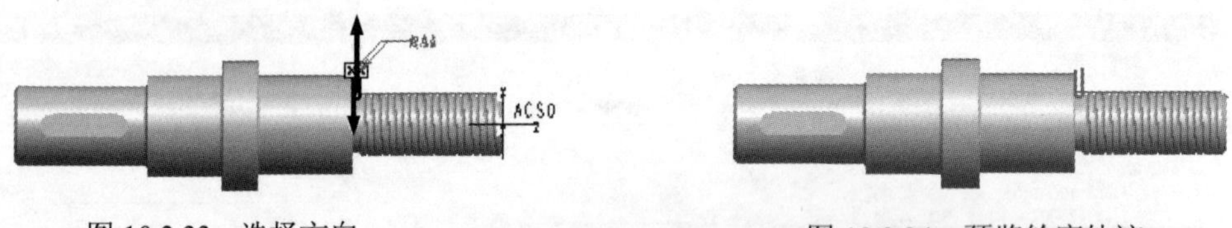

图 10.3.33　选择方向　　　　图 10.3.34　预览轮廓轨迹

Step7. 定义延伸方向。在“凹槽车削切削”对话框中单击按钮，如图 10.3.35 所示。在该对话框的 开始延伸 区域中选择 X 正向 单选项，此时延伸方向如图 10.3.36 所示。

Step8. 在 结束延伸 区域中选择 X 正向 单选项，此时延伸方向如图 10.3.37 所示。

Step9. 在“凹槽车削切削”对话框中单击按钮，然后在“刀具运动”对话框中单击 确定 按钮，完成凹槽轮廓的设置。

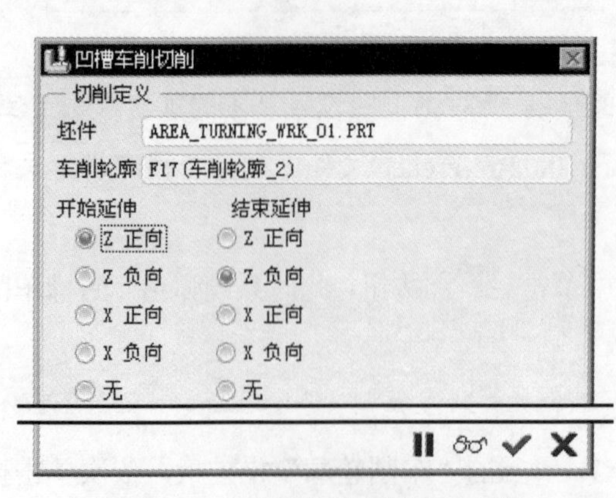

图 10.3.35　“凹槽车削切削”对话框

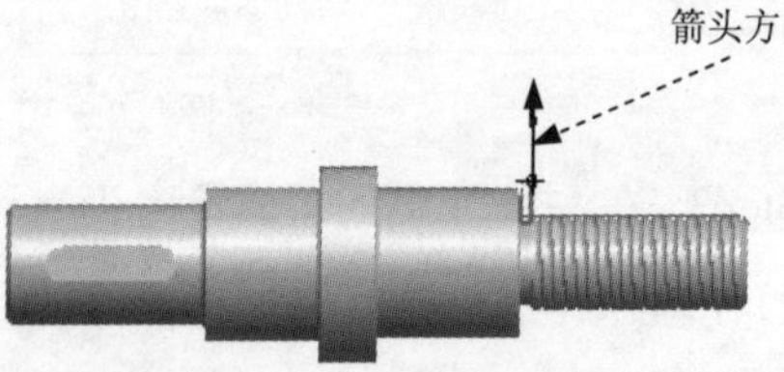

箭头方向

图 10.3.36　X 正向的延伸方向

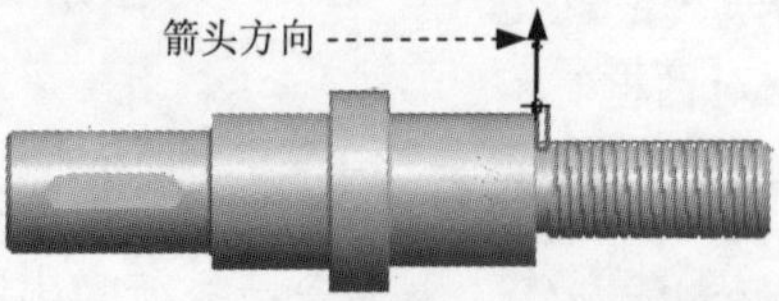

箭头方向

图 10.3.37　X 正向的延伸方向

Task13. 演示刀具轨迹

Step1. 在系统弹出的 ▼ NC SEQUENCE（NC序列）菜单中选择 Play Path（播放路径）命令，系统弹出 ▼ PLAY PATH（播放路径）菜单。

Step2. 在▼ PLAY PATH (播放路径)菜单中选择Screen Play (屏幕演示)命令，系统弹出“播放路径”对话框。

Step3. 单击“播放路径”对话框中的▶按钮，观测刀具的路径，其刀具路径如图 10.3.38 所示。单击▶ CL数据栏可以打开窗口查看生成的 CL 数据，如图 10.3.39 所示。

Step4. 演示完成后，单击“播放路径”对话框中的关闭按钮。

Task14．加工仿真

Step1. 在▼ PLAY PATH (播放路径)菜单中选择 NC Check (NC 检查)命令，观察刀具切割工件的运行情况，在弹出的“NC 检查结果”对话框中单击按钮，如图 10.3.40 所示。

注意：在此步骤操作前应先将毛坯显示出来。

Step2. 演示完成后，单击软件右上角的按钮，在弹出的“Save Changes Before Exiting VERICUT?”对话框中单击Save Checked Files按钮。

Step3. 在▼ NC SEQUENCE (NC序列)菜单中选取Done Seq (完成序列)命令。

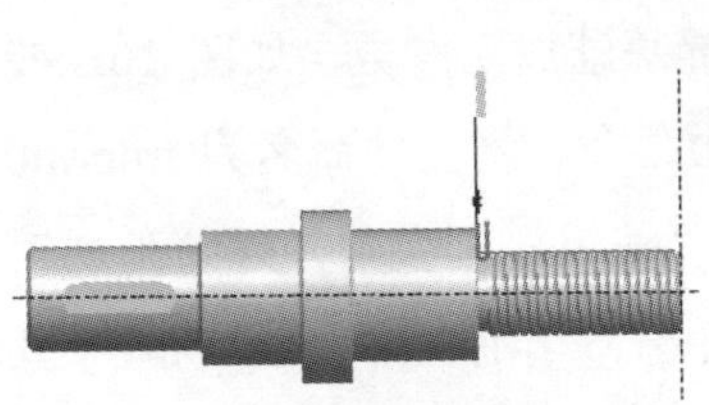

图 10.3.38　刀具路径

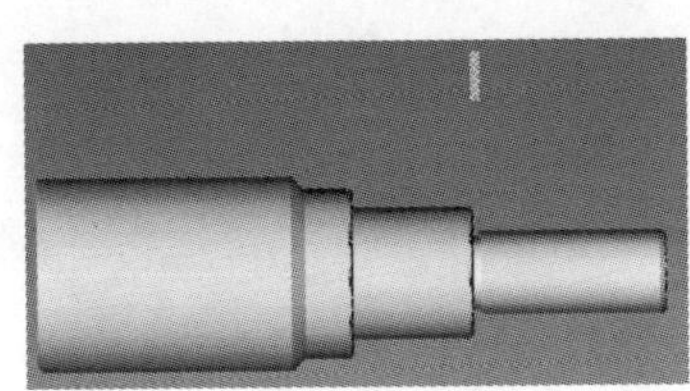

图 10.3.40　NC 检测结果

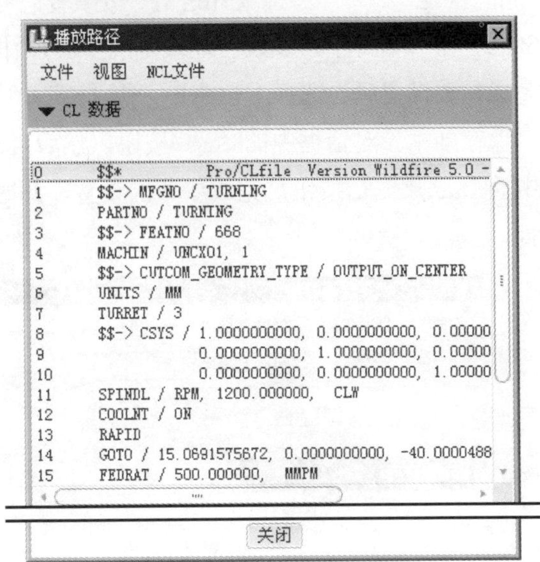

图 10.3.39　查看 CL 数据

Task15．螺纹车削

Step1. 选择下拉菜单 步骤(S) → 螺纹车削(H) 命令，此时系统弹出“螺纹类型”菜单。

Step2. 在弹出的▼ THREAD TYPE (螺纹类型)菜单中，依次选择Unified (统一) → Outside (外侧) → AI Macro (AI宏) → Done (完成)命令。

Step3. 在▼ SEQ SETUP (序列设置)菜单中选择☑ Tool (刀具)、☑ Parameters (参数)和☑ Turn Profile (车削轮廓)复选框，然后选择Done (完成)命令。

Step4. 在系统弹出的“刀具设定”对话框中选择下拉菜单 文件 → 新建 命令，然后设置图 10.3.41 所示的刀具参数，依次单击 应用 和 确定 按钮，系统弹出“编辑序列设置‘螺纹车削’”对话框。

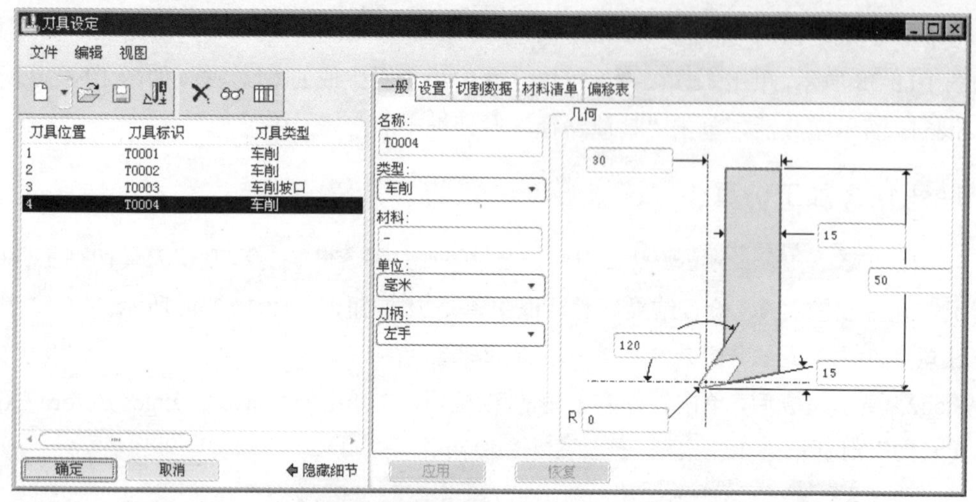

图 10.3.41　“刀具设定”对话框

Step5. 在“编辑序列参数‘螺纹车削’”对话框中设置基础加工参数，如图 10.3.42 所示。完成参数设置后，选择下拉菜单 文件(F) 菜单中的 另存为 命令。将文件命名为 trnprm04，单击“保存副本”对话框中的 确定 按钮，然后再次单击“编辑序列参数‘螺纹车削’”对话框中的 确定 按钮，完成参数的设置，此时系统弹出“车削轮廓”菜单和“选取”对话框。

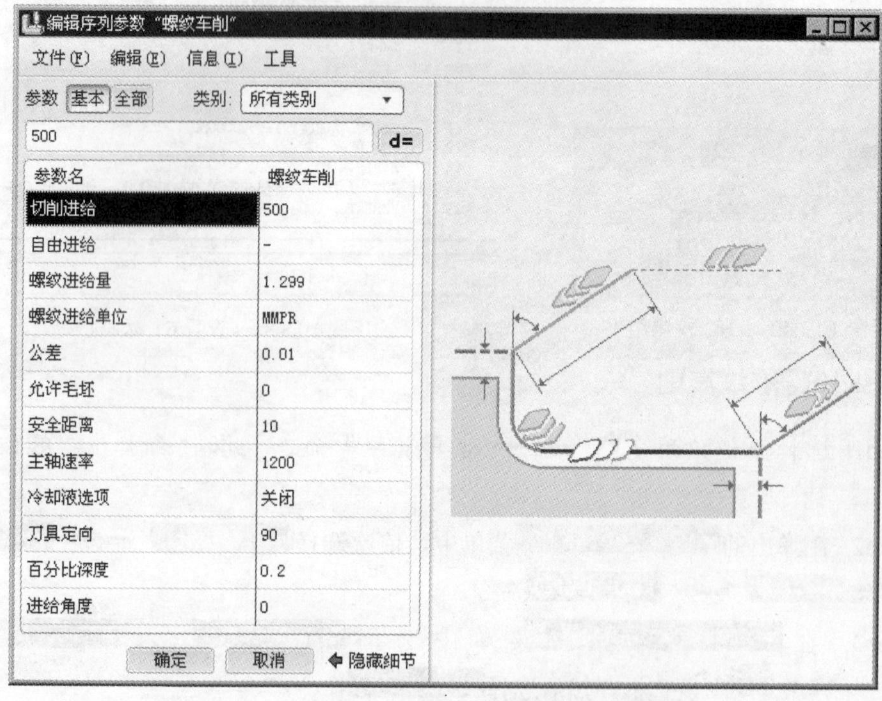

图 10.3.42　“编辑序列参数‘螺纹车削’”对话框

Step6．在系统 选取或创建车削轮廓。 的提示下，选择下拉菜单 插入(I) → 制造几何(G) → 车削轮廓(P)... 命令，系统弹出图 10.3.43 所示的“车削轮廓”操控板，依次单击操控板中的 → 按钮，系统弹出的“草绘”对话框，选取 NC_ASM_RIGHT 基准平面为草绘参照，方向选为右。单击 草绘 按钮，进入草绘环境后，选取 NC_ASM_TOP、NC_ASM_RIGHT 基准平面为草绘参照。绘制图 10.3.44 所示的截面草绘。

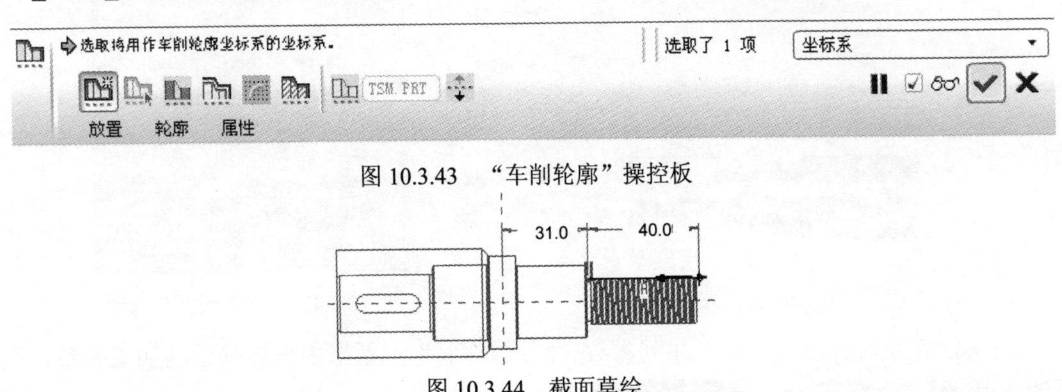

图 10.3.43　“车削轮廓”操控板

图 10.3.44　截面草绘

Step7．完成草绘后，单击工具栏“完成”按钮，在操控板中单击按钮设置要移除的材料侧，结果如图 10.3.45 所示。单击“车削轮廓”操控板中的按钮，可以预览车削轮廓，然后单击按钮。

Task16．演示刀具轨迹

Step1．在弹出的 NC SEQUENCE (NC序列) 菜单中选择 Play Path (播放路径) 命令，此时系统弹出 PLAY PATH (播放路径) 菜单。

Step2．在 PLAY PATH (播放路径) 菜单中选择 Screen Play (屏幕演示) 命令，系统弹出“播放路径”对话框。

Step3．单击“播放路径”对话框中的按钮，观测刀具路径，其刀具路径如图 10.3.46 所示。单击 CL数据 按钮可以打开窗口查看生成的 CL 数据。

Step4．演示完成后，单击“播放路径”对话框中的 关闭 按钮。

Step5．在系统弹出的 NC SEQUENCE (NC序列) 菜单中选择 Done Seq (完成序列) 命令。

Task17．制造设置（注：本 Task 的详细操作过程请参见随书光盘中 video\ch10.03\reference\文件下的语音视频讲解文件 turning-r02.avi）。

Task18．区域车削

Step1．选择下拉菜单 步骤(S) → 区域车削(A) 命令。

Step2．在系统弹出的 SEQ SETUP (序列设置) 菜单中选择图 10.3.47 所示的复选框，然后选择 Done (完成) 命令。

Step3．在系统弹出的“刀具设定”对话框中，选取刀具标识为“T0001”的刀具，单击

对话框中的 确定 按钮。

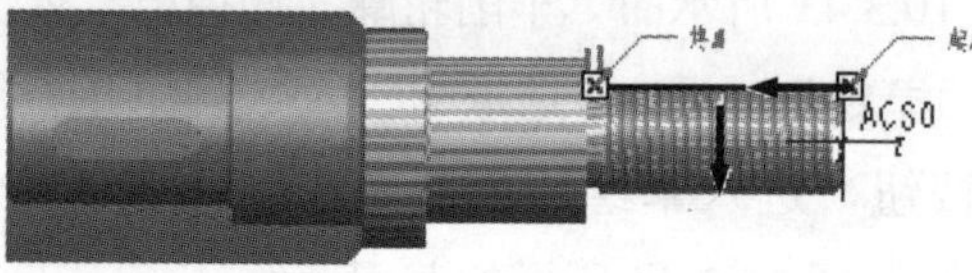

图 10.3.45 选择方向

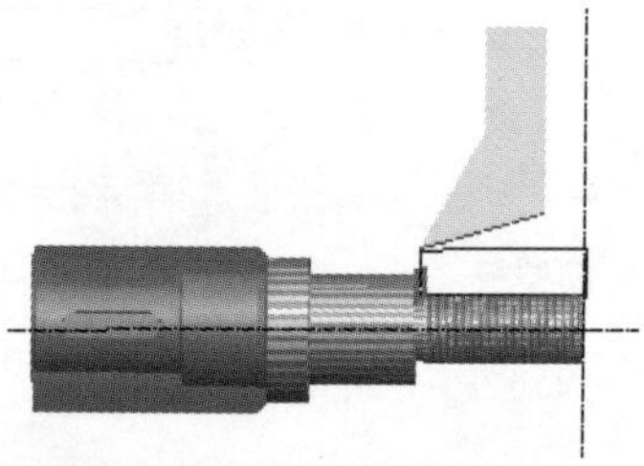

图 10.3.46 刀具路径

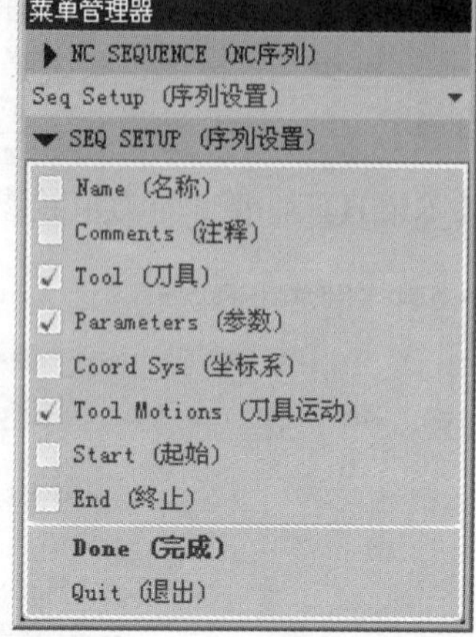

图 10.3.47 “序列设置”菜单

Step4. 在系统弹出的“编辑序列参数‘区域车削’”对话框中设置基础的加工参数，选取下拉菜单 文件(F) ➡ 打开... 命令，系统弹出“打开”对话框，选取“trnprm01”，然后单击“打开”对话框中的 打开 按钮，结果如图 10.3.48 所示，最后单击编辑序列参数“区域车削”对话框中的 确定 按钮，完成参数的设置。

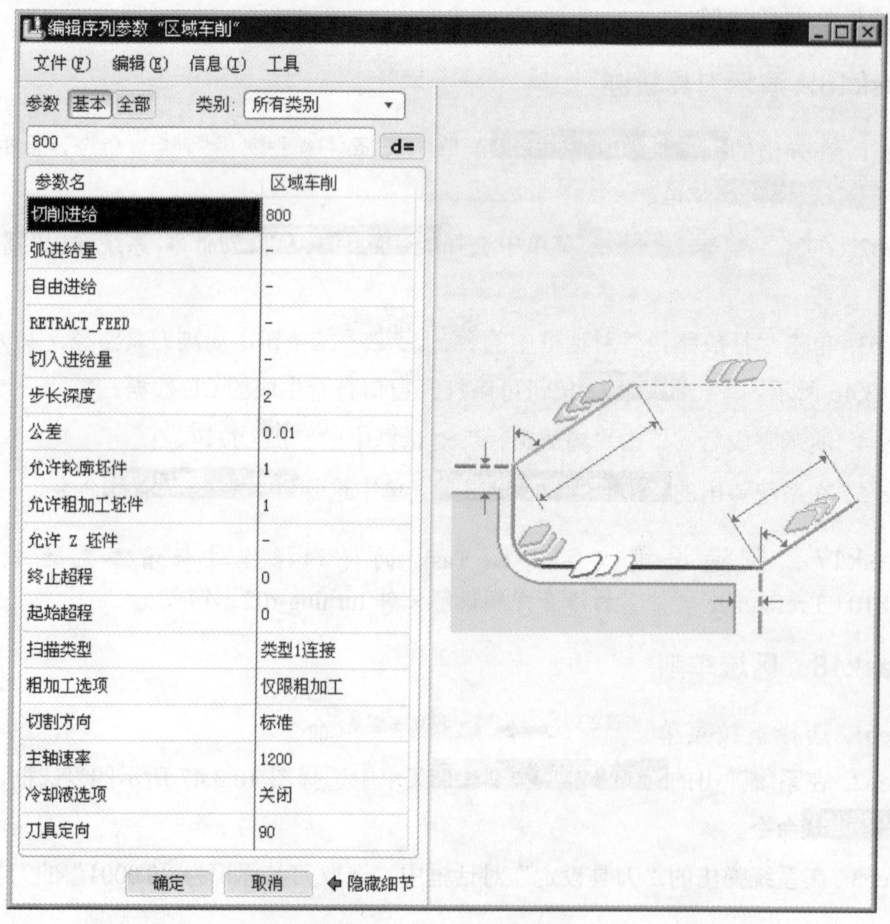

图 10.3.48 “编辑序列参数‘区域车削’”对话框

Step5. 在系统弹出的“刀具运动”对话框中单击 插入 按钮，此时系统弹出“区域车削切削”对话框。

Step6. 此时在系统 选取车削轮廓. 的提示下，选择下拉菜单 插入(I) → 制造几何(G) → 车削轮廓(P)... 命令，系统弹出“车削轮廓”操控板，依次单击操控板中的 → 按钮，系统弹出“草绘”对话框，选取 NC_ASM_RIGHT 基准平面为草绘参照，方向选为左。单击 草绘 按钮，进入草绘环境后，选取 NC_ASM_RIGHT、NC_ASM_FRONT 基准平面为草绘参照，绘制图 10.3.49 截面草绘。

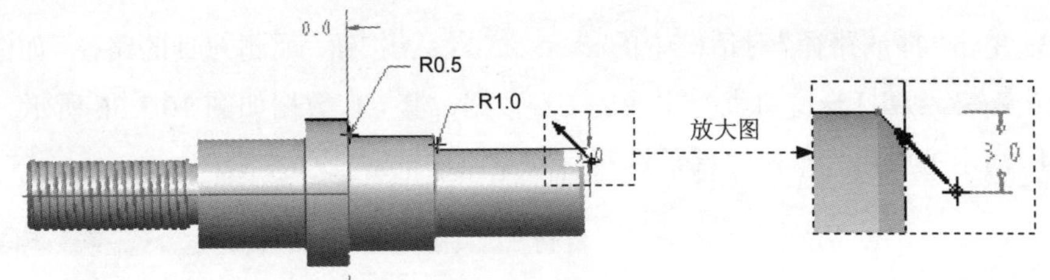

图 10.3.49　截面草图

Step7. 完成草绘后，单击工具栏“完成”按钮，结果如图 10.3.50 所示。单击“车削轮廓”操控板中的 按钮，可以预览车削轮廓如图 10.3.51 所示，然后单击 按钮。

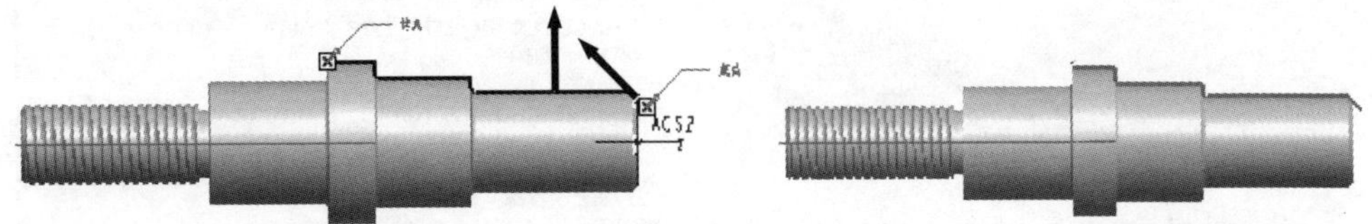

图 10.3.50　选择方向　　　　图 10.3.51　预览车削轮廓

Step8. 定义延伸方向。在“区域车削切削”对话框中单击 按钮，此时对话框如图 10.3.52 所示，在该对话框的 开始延伸 区域中选择 Z 正向 单选项，结果如图 10.3.53 所示。

Step9. 在 结束延伸 区域中选择 X 正向 单选项，此时延伸方向如图 10.3.54 所示。

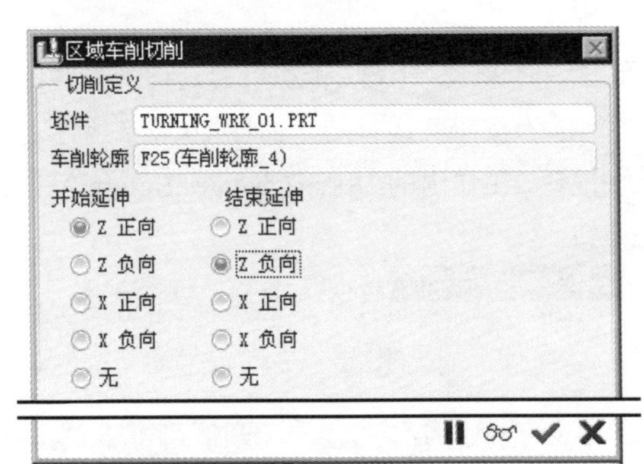

图 10.3.52 “区域车削切削”对话框

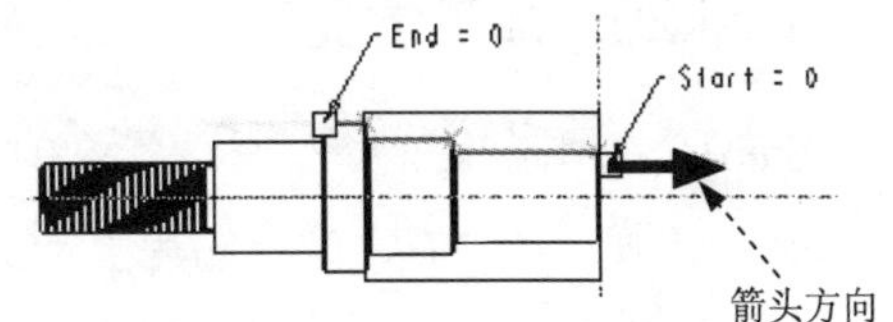

图 10.3.53　Z 正向的延伸方向

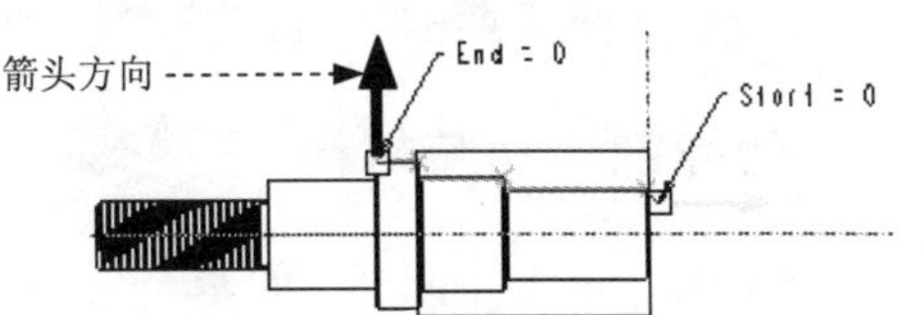

图 10.3.54　X 正向的延伸方向

Step10. 在“区域车削切削”对话框中单击✓按钮，然后在“刀具运动”对话框中单击确定按钮，完成车削轮廓的设置。

Task19. 演示刀具轨迹

Step1. 在弹出的▼ NC SEQUENCE (NC序列)菜单中选择 Play Path (播放路径) 命令，此时系统弹出▼ PLAY PATH (播放路径)菜单。

Step2. 在▼ PLAY PATH (播放路径)菜单中选择Screen Play (屏幕演示)命令，弹出“播放路径”对话框。

Step3. 单击“播放路径”对话框中的▶按钮，观测刀具的路径，如图 10.3.55 所示。单击▶ CL数据打开窗口查看生成的 CL 数据，其 CL 数据如图 10.3.56 所示。

Step4. 演示完成后，单击“播放路径”对话框中的关闭按钮。

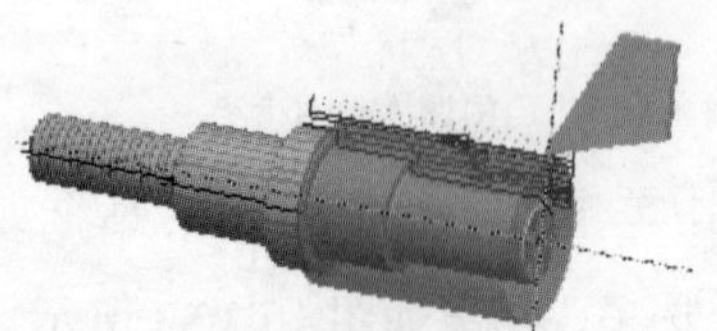

图 10.3.55 刀具行走路径

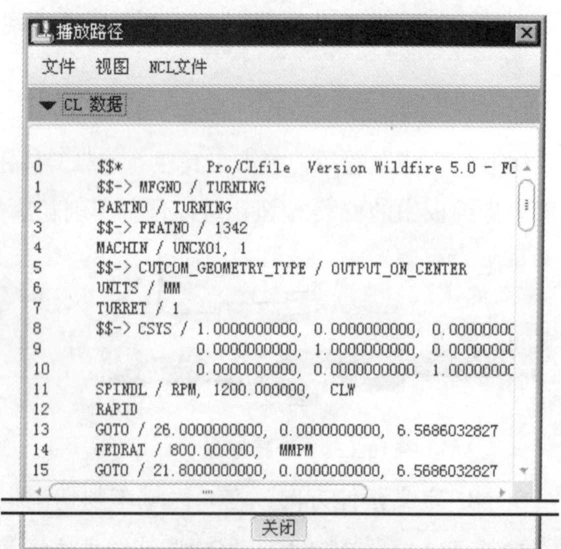

图 10.3.56 查看 CL 数据

Task20. 加工仿真

Step1. 在▼ PLAY PATH (播放路径)菜单中选择 NC Check (NC 检查) 命令。观察刀具切割工件的运行情况，在弹出的“NC 检查结果”对话框中单击按钮，运行结果如图 10.3.57 所示。

Step2. 演示完成后，单击软件右上角的✕按钮，在弹出的“Save Changes Before Exiting VERICUT?”对话框中单击 Save Checked Files 按钮。

Step3. 在▼ NC SEQUENCE (NC序列)菜单中选取 Done Seq (完成序列)命令。

Task21. 切减材料

Step1. 选择下拉菜单

Done (完成)命令。

Step2. 此时系统弹出“相交元件”对话框和“选取”对话框。单击自动添加按钮和☰按钮，最后单击确定按钮，完成材料切减，切减后的模型如图 10.3.58 所示。

Task22. 轮廓铣削

Step1. 选择下拉菜单 步骤(S) ➡ 轮廓车削(P) 命令。

Step2. 在弹出的▼ SEQ SETUP (序列设置)菜单中选择图 10.3.59 所示的复选框，然后选择 Done (完成)命令。在弹出的“刀具设定”对话框中选择刀具标识为“T0002”的刀具，单击确定按钮。

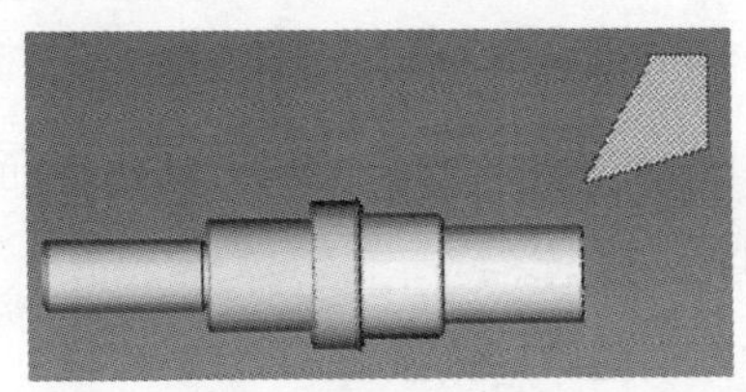

图 10.3.57 运行结果

图 10.3.58 切减材料后的模型

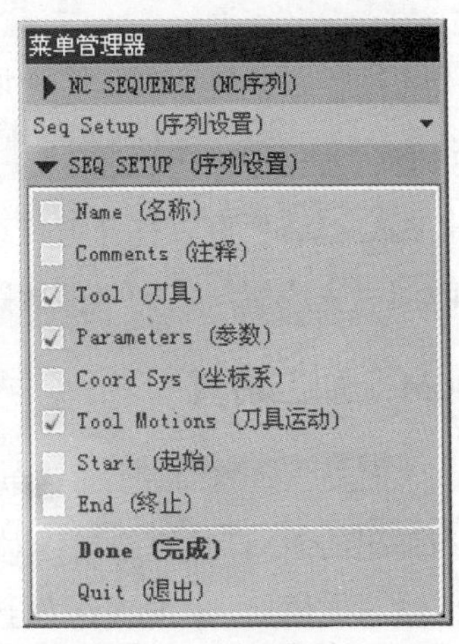

图 10.3.59 “序列设置”菜单

Step3. 在系统弹出的“编辑序列参数‘轮廓车削’”对话框中设置基础的加工参数，选取下拉菜单 文件(F) ➡ 打开... 命令，系统弹出“打开”对话框，选取“trnprm02”，然后单击“打开”对话框中的打开按钮，最后单击“编辑序列参数‘轮廓车削’”对话框中的确定按钮，完成参数的设置。

Step4. 在系统弹出的“刀具运动”对话框中单击插入按钮，此时系统弹出“轮廓车削切削”对话框图 10.3.60 和“刀具运动”对话框（图 10.3.61）。

Step5. 选择车削轮廓。在模型树里面选取 车削轮廓 4 [车削轮廓] 。

Step6. 在“轮廓车削切削”对话框中单击✔按钮，系统返回“刀具运动”对话框，如图 10.3.61 所示，然后单击确定按钮，完成轮廓车削的设置。

Task23. 演示刀具轨迹

Step1. 在弹出的▼ NC SEQUENCE (NC序列)菜单中选择 Play Path (播放路径) 命令，此时系统弹出▼ PLAY PATH (播放路径)菜单。

Step2. 在▼ PLAY PATH (播放路径)菜单中选择Screen Play (屏幕演示)命令，系统弹出“播放路径”对话框。

图 10.3.60 “轮廓车削切削”对话框

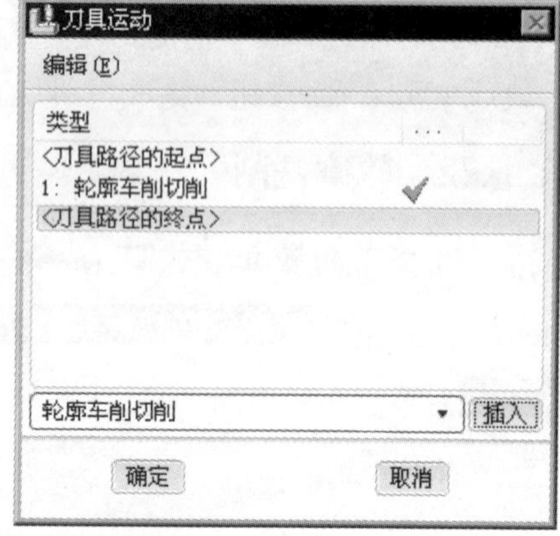

图 10.3.61 “刀具运动”对话框

Step3. 单击对话框中的 ▶ 按钮，观测刀具的路径，其刀具路径如图 10.3.62 所示。单击 ▶ CL数据 栏可以打开窗口查看生成的 CL 数据。

Step4. 演示完成后，单击“播放路径”对话框中的 关闭 按钮。

Task24. 加工仿真

Step1. 在 ▼ PLAY PATH (播放路径) 菜单中选择 NC Check (NC 检查) 命令。观察刀具切割工件的运行情况，在弹出的“NC 检查结果”对话框中单击按钮，运行结果如图 10.3.63 所示。

Step2. 演示完成后，单击软件右上角的按钮，在弹出的“Save Changes Before Exiting VERICUT?”对话框中单击 Save Checked Files 按钮。

Step3. 在 ▼ NC SEQUENCE (NC序列) 菜单中选择 Done Seq (完成序列) 命令。

Task25. 切减材料

Step1. 选择下拉菜单 插入(I) ➡ 材料去除切削(V) ➡ ▼ NC序列列表 ➡ 2: 轮廓车削, 操作: OP010 ➡ ▼ MAT REMOVAL (材料删除) ➡ Automatic (自动) ➡ Done (完成) 命令。

Step2. 此时系统弹出“相交元件”对话框和“选取”对话框，单击 自动添加 按钮和按钮，最后单击 确定 按钮，完成材料切减。切减后的模型如图 10.3.64 所示。

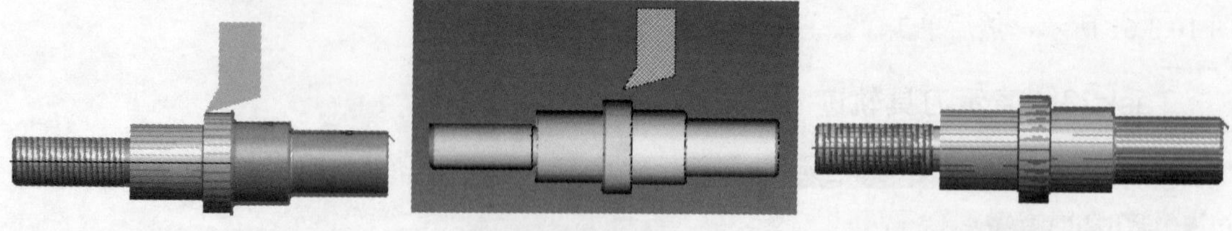

图 10.3.62 刀具路径　　图 10.3.63 NC 检测结果　　图 10.3.64 切减材料后的模型

Step3. 在 文件(F) 下拉菜单中选择 保存(S) 命令，保存文件。

读者意见反馈卡

尊敬的读者:

感谢您购买机械工业出版社出版的图书!

我们一直致力于 CAD、CAPP、PDM、CAM 和 CAE 等相关技术的跟踪，希望能将更多优秀作者的宝贵经验与技巧介绍给您。当然，我们的工作离不开您的支持。如果您在看完本书之后，有什么好的批评和建议，或是有一些感兴趣的技术话题，都可以直接与我联系。

责任编辑: 管晓伟

注：本书下载文件夹中含有该“读者意见反馈卡”的电子文档，您可将填写后的文件采用电子邮件的方式发给本书的责任编辑或主编。

E-mail: 詹友刚 zhanygjames@163.com ；管晓伟 guancmp@163.com。

请认真填写本卡，并通过邮寄或 *E-mail* 传给我们，我们将奉送精美礼品或购书优惠卡。

书名:《Pro/ENGINEER 中文野火版 5.0 数控加工教程（修订版)》

1. 读者个人资料:

姓名: _________性别: ___年龄: ____职业: ________职务: ________学历: ______

专业: _______单位名称: ___________________电话: ___________手机: _________

邮寄地址: __________________________邮编: ____________E-mail: ____________

2. 影响您购买本书的因素（可以选择多项):

□内容　　□作者　　□价格

□朋友推荐　　□出版社品牌　　□书评广告

□工作单位（就读学校）指定　　□内容提要、前言或目录　　□封面封底

□购买了本书所属丛书中的其他图书　　□其他____________

3. 您对本书的总体感觉:

□很好　　□一般　　□不好

4. 您认为本书的语言文字水平:

□很好　　□一般　　□不好

5. 您认为本书的版式编排:

□很好　　□一般　　□不好

6. 您认为 Pro/E 哪些方面的内容是您所迫切需要的?

____

7. 其他哪些 CAD/CAM/CAE 方面的图书是您所需要的?

____

8. 认为我们的图书在叙述方式、内容选择等方面还有哪些需要改进的?

____

如若邮寄，请填好本卡后寄至:

北京市百万庄大街 22 号机械工业出版社汽车分社　管晓伟（收）

邮编: 100037　　联系电话:（010）88379949　　传真:（010）68329090

如需本书或其他图书，可与机械工业出版社网站联系邮购:

http://www.golden-book.com　咨询电话:（010）88379639。